全国中医药行业高等教育"十二五"规划教材
全国高等中医药院校规划教材（第九版）

生物化学

（新世纪第三版）

（供中医学类、中药学类、中西医临床医学、
护理学、康复治疗学等专业用）

主　审　王继峰（北京中医药大学）
　　　　金国琴（上海中医药大学）
主　编　唐炳华（北京中医药大学）
副主编　（以姓氏笔画为序）
　　　　王和生（贵阳中医学院）
　　　　冯雪梅（成都中医药大学）
　　　　施　红（福建中医药大学）
　　　　谭宇蕙（广州中医药大学）

中国中医药出版社
·北　京·

图书在版编目（CIP）数据

生物化学/唐炳华主编．—3 版．—北京：中国中医药出版社，2012.7（2016.8重印）

全国中医药行业高等教育"十二五"规划教材

ISBN 978 - 7 - 5132 - 0953 - 3

Ⅰ．①生…　Ⅱ．①唐…　Ⅲ．①生物化学 - 中医药院校 - 教材　Ⅳ．①Q5

中国版本图书馆 CIP 数据核字（2012）第 111429 号

中 国 中 医 药 出 版 社 出 版

北京市朝阳区北三环东路 28 号易亨大厦 16 层

邮政编码　100013

传真　010 64405750

三河鑫金马印刷有限公司印刷

各地新华书店经销

*

开本 787 × 1092　1/16　印张 25.5　字数 571 千字

2012 年 7 月第 3 版　2016 年 8 月第 10 次印刷

书　号　ISBN 978 - 7 - 5132 - 0953 - 3

*

定价　37.00 元

网址　www.cptcm.com

全国中医药行业高等教育"十二五"规划教材
全国高等中医药院校规划教材（第九版）
专家指导委员会

名誉主任委员	王国强（国家卫生和计划生育委员会副主任 　　　　国家中医药管理局局长）
	邓铁涛（广州中医药大学教授　国医大师）
主 任 委 员	王志勇（国家中医药管理局副局长）
副主任委员	王永炎（中国中医科学院名誉院长　教授　中国工程院院士）
	张伯礼（中国中医科学院院长　天津中医药大学校长　教授 　　　　中国工程院院士）
	洪　净（国家中医药管理局人事教育司巡视员）
委　　　员	（以姓氏笔画为序）
	王　华（湖北中医药大学校长　教授）
	王　键（安徽中医药大学校长　教授）
	王之虹（长春中医药大学校长　教授）
	王国辰（国家中医药管理局教材办公室主任 　　　　全国中医药高等教育学会教材建设研究会秘书长 　　　　中国中医药出版社社长）
	王省良（广州中医药大学校长　教授）
	车念聪（首都医科大学中医药学院院长　教授）
	孔祥骊（河北中医学院院长　教授）
	石学敏（天津中医药大学教授　中国工程院院士）
	匡海学（黑龙江中医药大学校长　教授）
	刘振民（全国中医药高等教育学会顾问　北京中医药大学教授）
	孙秋华（浙江中医药大学党委书记　教授）
	严世芸（上海中医药大学教授）
	杨　柱（贵阳中医学院院长　教授）
	杨关林（辽宁中医药大学校长　教授）
	李大鹏（中国工程院院士）
	李亚宁（国家中医药管理局中医师资格认证中心）
	李玛琳（云南中医学院院长　教授）

全国中医药行业高等教育"十二五"规划教材

全国高等中医药院校规划教材（第九版）

《生物化学》编委会

前　言

　　"全国中医药行业高等教育'十二五'规划教材"（以下简称："十二五"行规教材）是为贯彻落实《国家中长期教育改革和发展规划纲要（2010—2020）》《教育部关于"十二五"普通高等教育本科教材建设的若干意见》和《中医药事业发展"十二五"规划》的精神，依据行业人才培养和需求，以及全国各高等中医药院校教育教学改革新发展，在国家中医药管理局人事教育司的主持下，由国家中医药管理局教材办公室、全国中医药高等教育学会教材建设研究会，采用"政府指导，学会主办，院校联办，出版社协办"的运作机制，在总结历版中医药行业教材的成功经验，特别是新世纪全国高等中医药院校规划教材成功经验的基础上，统一规划、统一设计、全国公开招标、专家委员会严格遴选主编、各院校专家积极参与编写的行业规划教材。鉴于由中医药行业主管部门主持编写的"全国高等中医药院校教材"（六版以前称"统编教材"），进入2000年后，已陆续出版第七版、第八版行规教材，故本套"十二五"行规教材为第九版。

　　本套教材坚持以育人为本，重视发挥教材在人才培养中的基础性作用，充分展现我国中医药教育、医疗、保健、科研、产业、文化等方面取得的新成就，力争成为符合教育规律和中医药人才成长规律，并具有科学性、先进性、适用性的优秀教材。

　　本套教材具有以下主要特色：

　　1. 坚持采用"政府指导，学会主办，院校联办，出版社协办"的运作机制

　　2001年，在规划全国中医药行业高等教育"十五"规划教材时，国家中医药管理局制定了"政府指导，学会主办，院校联办，出版社协办"的运作机制。经过两版教材的实践，证明该运作机制科学、合理、高效，符合新时期教育部关于高等教育教材建设的精神，是适应新形势下高水平中医药人才培养的教材建设机制，能够有效解决中医药事业人才培养日益紧迫的需求。因此，本套教材坚持采用这个运作机制。

　　2. 整体规划，优化结构，强化特色

　　"'十二五'行规教材"，对高等中医药院校3个层次（研究生、七年制、五年制）、多个专业（全覆盖目前各中医药院校所设置专业）的必修课程进行了全面规划。在数量上较"十五"（第七版）、"十一五"（第八版）明显增加，专业门类齐全，能满足各院校教学需求。特别是在"十五""十一五"优秀教材基础上，进一步优化教材结构，强化特色，重点建设主干基础课程、专业核心课程，增加实验实践类教材，推出部分数字化教材。

　　3. 公开招标，专家评议，健全主编遴选制度

　　本套教材坚持公开招标、公平竞争、公正遴选主编的原则。国家中医药管理局教材办公室和全国中医药高等教育学会教材建设研究会，制订了主编遴选评分标准，排除各种可能影响公正的因素。经过专家评审委员会严格评议，遴选出一批教学名师、教学一线资深教师担任主编。实行主编负责制，强化主编在教材中的责任感和使命感，为教材质量提供保证。

　　4. 进一步发挥高等中医药院校在教材建设中的主体作用

　　各高等中医药院校既是教材编写的主体，又是教材的主要使用单位。"'十二五'行规教材"，得到各院校积极支持，教学名师、优秀学科带头人、一线优秀教师积极参加，凡被选中参编的教师都以高涨的热情、高度负责、严肃认真的态度完成了本套教材的编写任务。

5. 继续发挥教材在执业医师和职称考试中的标杆作用

我国实行中医、中西医结合执业医师资格考试认证准入制度，以及全国中医药行业职称考试制度。2004 年，国家中医药管理局组织全国专家，对"十五"（第七版）中医药行业规划教材，进行了严格的审议、评估和论证，认为"十五"行业规划教材，较历版教材的质量都有显著提高，与时俱进，故决定以此作为中医、中西医结合执业医师考试和职称考试的蓝本教材。"十五"（第七版）行规教材、"十一五"（第八版）行规教材，均在 2004 年以后的历年上述考试中发挥了权威标杆作用。"十二五"（第九版）行业规划教材，已经并继续在行业的各种考试中发挥标杆作用。

6. 分批进行，注重质量

为保证教材质量，"十二五"行规教材采取分批启动方式。第一批于 2011 年 4 月，启动了中医学、中药学、针灸推拿学、中西医临床医学、护理学、针刀医学 6 个本科专业 112 种规划教材，于 2012 年陆续出版，已全面进入各院校教学中。2013 年 11 月，启动了第二批"'十二五'行规教材"，包括：研究生教材、中医学专业骨伤方向教材（七年制、五年制共用）、卫生事业管理类专业教材、中西医临床医学专业基础类教材、非计算机专业用计算机教材，共 64 种。

7. 锤炼精品，改革创新

"'十二五'行规教材"着力提高教材质量，锤炼精品，在继承与发扬、传统与现代、理论与实践的结合上体现了中医药教材的特色；学科定位更准确，理论阐述更系统，概念表述更为规范，结构设计更为合理；教材的科学性、继承性、先进性、启发性、教学适应性较前八版有不同程度提高。同时紧密结合学科专业发展和教育教学改革，更新内容，丰富形式，不断完善，将各学科的新知识、新技术、新成果写入教材，形成"十二五"期间反映时代特点、与时俱进的教材体系，确保优质教材进课堂。为提高中医药高等教育教学质量和人才培养质量提供有力保障。同时，"十二五"行规教材还特别注重教材内容在传授知识的同时，传授获取知识和创造知识的方法。

综上所述，"十二五"行规教材由国家中医药管理局宏观指导，全国中医药高等教育学会教材建设研究会倾力主办，全国各高等中医药院校高水平专家联合编写，中国中医药出版社积极协办，整个运作机制协调有序，环环紧扣，为整套教材质量的提高提供了保障，打造"十二五"期间全国高等中医药教育的主流教材，使其成为提高中医药高等教育教学质量和人才培养质量最权威的教材体系。

"十二五"行规教材在继承的基础上进行了改革和创新，但在探索的过程中，难免有不足之处，敬请各教学单位、教学人员及广大学生在使用中发现问题及时提出，以便在重印或再版时予以修正，使教材质量不断提升。

国家中医药管理局教材办公室

全国中医药高等教育学会教材建设研究会

中国中医药出版社

2014 年 12 月

编写说明

为适应新时期中医药人才培养和高等中医药教育的需要，全面推进素质教育，培养21世纪高素质创新人才，根据《教育部关于"十二五"普通高等教育本科教材建设的若干意见》的精神，国家中医药管理局教材办公室和全国高等中医药教材建设研究会于2011年启动全国中医药行业高等教育"十二五"规划教材建设工作。《生物化学》（新世纪第三版）作为主干教材首批推出。

集传统医学与现代科学结合之大成，全国高等中医药院校教材《生物化学》应新中国高等中医药教育之门的开启而诞生。在过去的60年中先后六次发行统编版，两次发行新世纪规划版，在新中国中医药人才培养及新世纪中医药事业发展中发挥了历史性作用。历任主编齐治家教授和赵伟康教授是我国中西医结合事业的奠基人，周梦圣教授和王继峰教授是德高望重的生物化学大家。他们深厚的学术造诣和严谨的治学态度为本教材的编写奠定了基础。

《生物化学》（新世纪第三版）是全国中医药行业高等教育十二五规划教材，在普通高等教育"十一五"国家级规划教材、新世纪（第二版）全国高等中医药院校规划教材、北京市精品教材《生物化学》（王继峰主编）基础上修订而成，可供全国高等院校中医药类、药学类、中西医临床医学、护理学、康复治疗学、医学检验等专业使用，也可作为全国医师资格考试、全国硕士研究生统一入学考试的参考用书。

《生物化学》（新世纪第三版）力求保持上版成熟的完善体系，突出图表直观、叙述简洁的风格，精益求精，在修订时一方面科学把握与细胞生物学、分子生物学、组织学、生理学、药理学、病理学、病理生理学、内科学等其他课程的关系，另一方面有机结合新版全国医师资格考试大纲、全国硕士研究生统一入学考试大纲及历年考点。为此作以下修订：①增加"蛋白质的分离与鉴定"、"核酸的提取与定量"、"微量元素"、"血液生化"、"药物代谢"等章节；②增加数十个临床病例（文首以▤标注）；③增加血糖、血脂、尿素、尿酸等检验技术；④更新氧化磷酸化磷/氧比的相关内容；⑤更新中西医结合生物化学进展内容；⑥更新大部分图表。

同时编写与本教材配套的《生物化学习题集》、《生物化学》口袋书、《生物化学》多媒体资料，以方便读者学好生物化学。

此次修订由全国30所高等医药院校的教师共同完成，他们的学高身正将在本教材中得到充分体现，并有望使读者的收获更在知识之外。在教材编写过程中，编委会充分承民主之传统，扬学术之正气，学科内集思广益特色鲜明，学科间融会贯通与时俱进。

此次修订得到北京中医药大学及全国兄弟院校同道们的支持。山东中医药大学、成都中医药大学先后承办《生物化学》（新世纪第三版）的编写会议和定稿会议。北京中医药大学生物化学教研室全体教师倾力支持本教材的编写，在此一并致以衷心感谢。

　　教材建设是一项长期工作。由于生物化学内容丰富、编者学识有限，加之生物化学发展迅速，本教材难免存在遗漏或错讹，谨请读者提出宝贵意见和建议，随时通过 prc. no. 1@sina. com 与编委会联系，编委会将及时回复并深表感谢，更将在修订时充分考虑您的意见和建议。

《生物化学》编委会

2012 年 6 月

目　录

绪　论

　　生物化学在分子水平上研究生物体的化学组成和结构、生命活动的化学原理，以阐明生命的本质，从而应用于医药、营养、农业、工业等领域，最终服务于人类社会。简而言之，生物化学是研究生命化学的科学。

　　生物化学是一门重要的基础医学课程。它以化学、生物学、遗传学、解剖学、组织学、生理学为基础，同时又是药理学、病理学等后续课程和其他临床课程的基础，起着承前启后的作用。

一、生物化学发展简史

　　生物化学是一门既古老又年轻的科学。生物化学研究始于 18 世纪，作为一门独立学科建立于 20 世纪初。1903 年，Neuberg 首先提出了生物化学（biochemistry）这一名词。

　　生物化学的发展过程大致分为三个阶段，即叙述生物化学、动态生物化学和机能生物化学。**叙述生物化学**又称静态生物化学，主要研究生命物质的组成和性质，如 Scheele 研究生物体各种组织的化学组成，奠定了生物化学的基础。在了解了生命的物质组成之后，生物化学开始研究维持生命活动的化学反应，即研究生命物质的代谢过程以及酶、维生素和激素等在代谢过程中的作用。由于代谢是一个动态过程，这一阶段称为**动态生物化学**。随着生物化学研究的不断发展，人们对生命现象和生命本质有了更深入的认识，认识到物质代谢主要在细胞内进行，不同细胞构成不同的组织和器官，并赋予它们不同的生理功能。**机能生物化学**研究生物分子、细胞器、细胞、组织和器官的结构与功能的关系，即从生物整体的角度研究生命。

　　20 世纪后半叶以来，生物化学发展的显著特征是分子生物学的崛起。1953 年，Watson 和 Crick 提出 DNA 双螺旋模型，这是生物化学发展进入分子生物学时代的重要标志。此后，DNA、RNA 和蛋白质的合成过程得到研究，遗传信息传递的中心法则被阐明。20 世纪 70 年代初，随着限制酶的发现和核酸分子杂交技术的建立，重组 DNA 技术得到发展。1972 年，Berg 首次将不同的 DNA 片段连接起来，形成重组 DNA 分子，并将其导入细胞进行扩增，获得重组 DNA 克隆。1976 年，Kan 等应用 DNA 实验技术用胎儿羊水细胞 DNA 诊断 α 地中海贫血。1977 年，第一个人体基因被克隆，用重组 DNA 技术成功地生产出人生长抑素。1982 年，Cech 发现核酶。1983 年，Mullis 发明 PCR 技术，使人们可以简便快速地在体外扩增 DNA。1990 年，基因治疗临床实验获得成功。2003年，人类基因组计划基本完成，功能基因组计划在此基础上进一步研究各种基因的功能及其表达调控。自 20 世纪 80 年代以来，分子生物学的研究对生命科学的发展起到巨大的推动作用，受到国际科学界的高度重视。

我国生命科学工作者对生物化学的发展作出了重大贡献。自古以来我国劳动人民的生产和生活中就蕴涵了生物化学知识和技术，"不得其酱不食"表明在周朝就已经食用酱。制酱造饴需将谷物发酵，成为食品生化的发端。20 世纪 20 年代以来，我国科技工作者在蛋白质化学、免疫化学和营养学等方面取得成就。生化学家吴宪在血液分析方面创立了血滤液的制备方法及血糖的测定方法，在蛋白质研究方面提出了蛋白质变性学说。我国科技工作者 1965 年人工合成有活性的蛋白质——牛胰岛素，1972 年用 X 射线衍射技术阐明分辨率达 0.18nm 的猪胰岛素分子空间结构，1979 年合成酵母丙氨酸 tRNA，1990 年培育转基因家畜。此外，我国是人类基因组计划国际大协作的成员。自实施"863"计划以来，我国科技工作者在生命领域取得了举世瞩目的成就，为生物化学的发展作出了贡献。

二、生物化学的主要内容

生物化学研究的内容大体上可以分为三个部分。

（一）生物体的物质组成及生物分子的结构与功能

生物体是由许多物质按规律构建起来的。人体含水 55% ~ 67%、蛋白质 15% ~ 18%、脂类 10% ~ 15%、糖类 1% ~ 2%、无机盐 3% ~ 4%。生物体的物质组成看起来比较简单，其实非常复杂。除了水之外，上述每一类物质又包括各种化合物，如人体蛋白质就有十万多种。各种蛋白质的组成和结构不同，因而生理功能不同。

当代生物化学研究的重点是生物大分子。**生物大分子**（biopolymer）主要是指蛋白质和核酸，它们属于信息载体和信息产物，故又称生物信息分子。生物大分子是由一些基本结构单位按一定规律连接形成的多聚体，这些基本结构单位称为**单体**（monomer）。

单体的种类不多，并且在不同生物体内都是一样的，但不同生物大分子所含单体的数量、比例不同，所形成分子的结构也不同，因而有着不同的生理功能。结构与功能密切相关，结构是功能的基础，功能是结构的体现。生物大分子的功能是通过分子的相互识别和相互作用实现的，因此，分子结构、分子识别和相互作用是实现生物大分子功能的基本要素，这一领域是当代生物化学研究的热点之一。

（二）代谢及其调节

发生在机体内的化学反应称为**代谢**（metabolism），机体的各种物质都按一定规律进行代谢，通过代谢更新组织成分和为生命活动提供能量，这是生命现象的基本特征。代谢是机体与环境进行的物质交换和能量交换过程。代谢既要适应环境变化，又要维持机体的相对稳定，这就需要各种代谢之间相互协调。一旦出现代谢紊乱，机体就会发生疾病。现在，机体内主要的代谢途径虽然已经基本阐明，但仍然有许多问题有待探讨，代谢调节的分子机制也有待进一步阐明。细胞信号转导参与代谢调节及生长、繁殖等生命进程的调控。信号转导机制及信号转导网络也是当代生物化学研究的热点。

（三）基因表达及其调控

随着生物化学理论与技术的不断发展及与相关学科的相互渗透，人类对生物大分子结构与功能关系的认识日趋完善，并进一步从分子水平揭示了遗传的物质基础和基因的表达机制及其调控规律。**基因表达**是指基因通过转录和翻译等一系列复杂过程指导合成具有特定功能的产物。基因表达调控可以在多环节上进行，是一个错综复杂而协调有序的过程，这一过程与细胞生长、分化以及机体生长、发育密切相关。对基因表达调控的研究将进一步阐明大分子功能和疾病发生机制，从而在分子水平上为疾病的诊断、治疗和预防提供科学依据和技术支持。因此，基因表达及其调控是目前分子生物学最重要、最活跃的领域之一。

三、生物化学与医学及中医药学的关系

医学生物化学是生物化学的一个重要分支，生物化学的理论和技术已经渗透到医药领域。无论是基础医学还是临床医学的研究都涉及分子变化问题，都在应用生物化学的理论与技术解决问题，从而建立了分子遗传学、分子免疫学、分子病理学、分子血液学、分子肿瘤学、分子心脏病学和分子流行病学等一批新的交叉学科或分支学科，有的已经初步形成体系。

生物化学与医学发展密切相关，相互促进。由于生物化学和分子生物学的发展，我们不仅对许多疾病的本质有了更深入的认识，而且建立了新的诊治方法，特别是基因诊断和基因治疗等技术，必将推动人类健康水平的不断提高。

生物化学理论与技术在药物研发方面同样发挥重要作用。例如：依据酶学理论研制助消化药物及某些溶栓药物等，依据基因结构与性质应用重组 DNA 技术生产胰岛素等。

生物化学理论与技术应用于中医药研究也将大大促进中医药的发展。在中医证候中必然存在着生物化学的变化规律，同时也需要生化指标加以量化。在中药研究方面也是如此，如中药成分对机体代谢及生物大分子的影响等。中医药要面向世界、面向现代化、面向未来，就要与现代科学特别是现代医学相结合，生物化学与分子生物学是实现这一有机结合的核心。

☯ **链 接**

生物技术

生物技术和生命科学将成为 21 世纪引发新科技革命的重要推动力量，基因组学和蛋白质组学研究正在引领生物技术向系统化研究方向发展。基因组序列测定与基因结构分析已经转向功能基因组研究以及功能基因的发现和应用；药物及动植物品种的分子定向设计与构建已经成为种质和药物研究的重要方向；生物芯片、干细胞和组织工程等前沿技术研究与应用，孕育着诊断、治疗及再生医学的重

大突破。必须在功能基因组、蛋白质组、干细胞与治疗性克隆、组织工程、生物催化与转化技术等方面取得关键性突破。

——摘自《国家中长期科学和技术发展规划纲要（2006—2020年）》（中华人民共和国国务院）

中医药传承与创新发展

重点开展中医基础理论创新及中医经验传承与挖掘，研究中医药诊疗、评价技术与标准，发展现代中药研究开发和生产制造技术，有效保护和合理利用中药资源，加强中医药知识产权保护研究和国际合作平台建设。

——摘自《国家中长期科学和技术发展规划纲要（2006—2020年）》（中华人民共和国国务院）

第一章　糖　类　化　学

糖类（saccharide）是多羟基醛、多羟基酮及其衍生物、缩聚物。所有的糖都含有碳、氢、氧三种元素，其中多数糖的组成可写成 $C_n(H_2O)_m$，即其氢、氧元素物质的量之比为 $2:1$，与水一致，所以糖类又称**碳水化合物**（carbohydrate）。不过有些糖的元素组成并不符合该规律，例如脱氧核糖（$C_5H_{10}O_4$）；而有些元素组成符合该规律的化合物并不是糖，例如乳酸（$C_3H_6O_3$）。

糖类是生物体的重要结构成分、主要供能物质，在各种生物体内含量丰富。每年通过光合作用生成的糖就有 $10^{14}kg$。地球上一半以上的有机碳都存在于糖分子（特别是淀粉和纤维素）中。糖类可以根据分子组成的复杂程度分为单糖、寡糖和多糖。

单糖（monosaccharide）是多羟基醛、多羟基酮及其衍生物，是寡糖、多糖的结构单位。

寡糖（oligosaccharide）又称低聚糖，是由 2~10 个单糖以糖苷键结合而成的化合物。

多糖（polysaccharide）是由 10 个以上单糖以糖苷键结合而成的大分子化合物。

第一节　单　糖

单糖可以根据所含碳原子数分为丙糖、丁糖、戊糖和己糖等，但主要是根据结构特点分为醛糖、酮糖及其衍生物。**醛糖**（aldose）是多羟基醛及其分子内半缩醛，例如甘油醛、α-D-吡喃葡萄糖。**酮糖**（ketose）是多羟基酮（羰基位于 C-2 位）及其分子内半缩醛，例如二羟丙酮、β-D-呋喃果糖。

一、单糖结构

己糖和戊糖是生物体内含量最丰富的单糖，其中与生命活动关系最密切的是葡萄糖、核糖和脱氧核糖等。葡萄糖既是生物体内含量最丰富的单糖，又是许多寡糖和多糖的组成成分。因此，我们以葡萄糖为例介绍单糖的结构和性质。

1. 葡萄糖　葡萄糖（glucose）的分子式是 $C_6H_{12}O_6$，研究证明它是一种五羟基己醛，是手性分子，具有旋光性。

手性分子是指具有结构不对称性、不能与其镜像重合的分子，这种不对称性称为**手性分子的构**

型。手性分子之所以具有结构不对称性，多数是因为其含有手性碳原子。**手性碳原子**是以共价键连接了四个不相同的原子或基团的碳原子，因而也具有结构不对称性，不能与其镜像重合，这种不对称性称为**手性碳原子的构型**。

旋光性是指手性分子溶液可以使通过溶液的偏振光的偏振面发生旋转的现象，顺时针旋转称为**右旋**，用"＋"表示，逆时针旋转称为**左旋**，用"－"表示，旋转的角度值称为**旋光度**，一定条件下的旋光度称为**比旋光度**。不同手性分子具有不同的比旋光度，例如蔗糖的比旋光度为＋66.47°，胆固醇的比旋光度为－31.5°。比旋光度是手性分子的特征常数。

（1）葡萄糖的开链结构与 Fischer 投影式：观察葡萄糖的开链结构，可以看出葡萄糖是手性分子，其 C-2、C-3、C-4 和 C-5 都是手性碳原子。其分子结构中离 C-1 羰基最远的手性碳原子 C-5 与 D-甘油醛 C-2 一致，所以葡萄糖为 D-构型。生物体内的单糖几乎都是手性分子，多数为 D-构型（书中介绍 D-构型单糖时不再注明其构型）。二羟丙酮例外，作为最简单的单糖之一，它不含手性碳原子，不是手性分子。

L-甘油醛　　　　D-甘油醛　　　　D-葡萄糖

Fischer 投影式是以平面书写表示手性碳原子构型的一种规则：①在纸平面上画一个十字形交叉，手性碳原子位于交叉点（通常可以不写出）。②交叉点伸出的两条竖线代表朝向平面后方的键，两条横线代表朝向平面前方的键。

（2）葡萄糖的环式结构与 Haworth 透视式：在溶解状态下，通过旋转碳－碳单键，葡萄糖的 C-5 羟基可以接近 C-1，并与 C-1 羰基发生分子内加成反应，形成环式**半缩醛**（hemiacetal）结构，羰基氧形成的羟基称为**半缩醛羟基**。

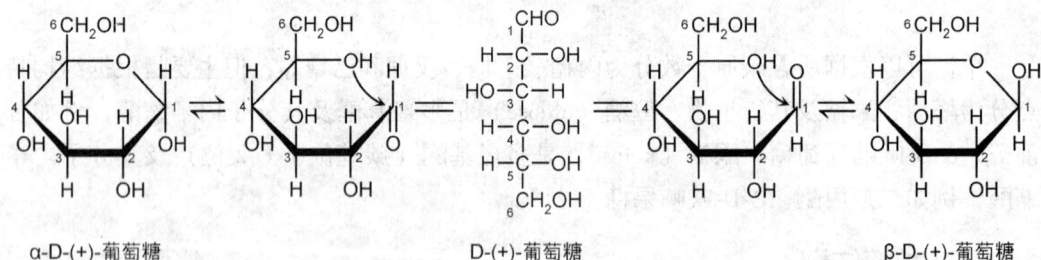

α-D-(+)-葡萄糖　　　　D-(+)-葡萄糖　　　　β-D-(+)-葡萄糖

葡萄糖的环式结构可以用 **Haworth 透视式**（Haworth representation）表示。在书写 Haworth 透视式时，把糖环顺时针横写并省略成环碳原子（书中各种单糖的 Haworth 透视式还省略成环碳原子所结合的氢），粗线表示在纸平面前方的键。

葡萄糖的环式骨架类似于吡喃（pyran），这种结构的糖称为**吡喃糖**（pyranose）。

成环使葡萄糖的 C-1 成为手性碳原子，形成两种立体异构体，分别称为 α-D-(+)-吡喃葡萄糖和 β-D-(+)-吡喃葡萄糖（α/β 表示半缩醛羟基的取向，在环的逆时针面为

α、顺时针面为β，其他 D-构型单糖同此）。

吡喃　　　　　　　α-D-(+)-吡喃葡萄糖　　　　　　　β-D-(+)-吡喃葡萄糖

一种葡萄糖立体异构体溶解于水时会开环，并有一部分转化成另一种立体异构体，直到形成平衡体系。在该平衡体系中，α-D-(+)-葡萄糖约占 36%，β-D-(+)-葡萄糖约占 64%，开链结构葡萄糖仅占 0.024%。因为两种葡萄糖的比旋光度不同，所以上述平衡体系形成过程中溶液的旋光度会发生改变，这一现象称为葡萄糖溶液的**变旋现象**（mutarotation），例如新配制的 α-D-(+)-葡萄糖溶液的比旋光度是 +112°，形成平衡体系的比旋光度为 +52.7°。实际上，其他糖溶液也有变旋现象。

在葡萄糖溶液中，虽然开链结构葡萄糖所占比例极小，但 α-D-(+)-葡萄糖与 β-D-(+)-葡萄糖的异构必须通过它才能实现。另外，只有开链结构葡萄糖才会发生某些化学反应，例如还原反应。

（3）葡萄糖的构象：**构象**（conformation）是分子的一种空间结构特征，它反映分子中原子或基团的空间排布，而且这种排布可以因旋转单键而改变。吡喃葡萄糖有椅式构象和船式构象等典型构象，其中椅式构象比较稳定。在所有吡喃糖的构象中，β-D-(+)-吡喃葡萄糖的椅式构象是最稳定的。

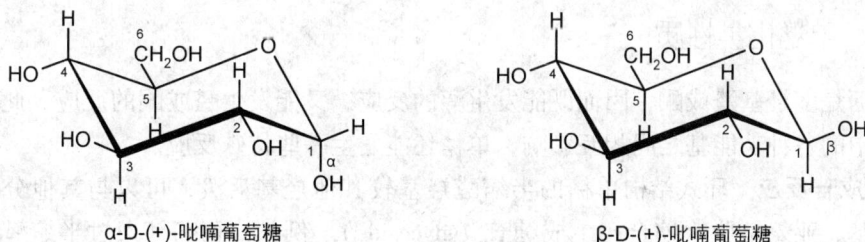

α-D-(+)-吡喃葡萄糖　　　　　　　β-D-(+)-吡喃葡萄糖

2. 半乳糖和果糖　除了葡萄糖之外，其他己糖也都有开链结构和环式结构，例如半乳糖和果糖。

（1）半乳糖（galactose）是己醛糖，与葡萄糖相比只是 C-4 的构型不同，这样两种只有一个手性碳原子构型不同的手性分子互为**差向异构体**（epimer）。半乳糖发生分子内加成反应也可以得到两种吡喃糖：α-D-吡喃半乳糖和 β-D-吡喃半乳糖。

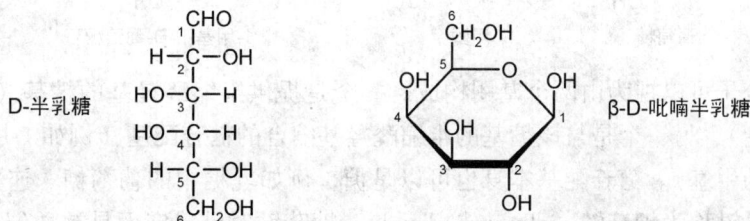

D-半乳糖　　　　　　　　　　　　　　　β-D-吡喃半乳糖

（2）果糖（fructose）是己酮糖，可发生两种方式的分子内加成反应，形成两类不同的环式结构：①吡喃糖结构：是游离型果糖的主要结构。②**呋喃糖**（furanose）结构：其环式骨架类似于呋喃（furan），是结合型果糖（糖苷，见后）的主要结构。

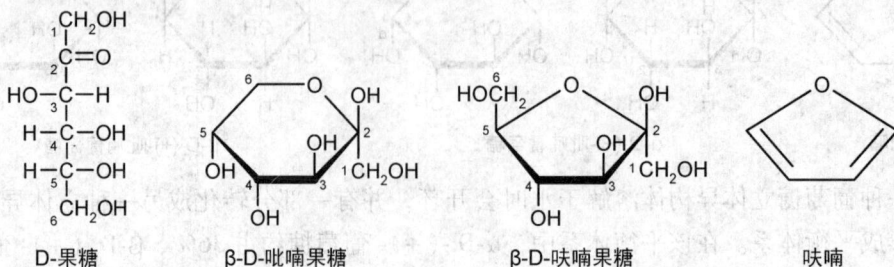

| D-果糖 | β-D-吡喃果糖 | β-D-呋喃果糖 | 呋喃 |

3. 核糖和脱氧核糖　核糖（ribose）和脱氧核糖（deoxyribose）是核酸的组成成分。它们都是戊醛糖，都有开链结构和环式结构。游离型核糖和脱氧核糖主要以吡喃糖形式存在，结合型核糖和脱氧核糖都以呋喃糖形式存在。

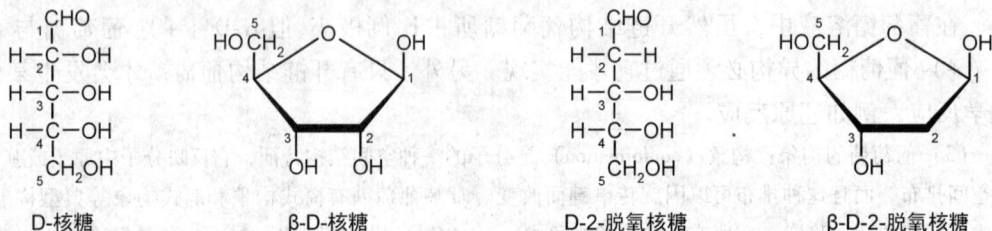

| D-核糖 | β-D-核糖 | D-2-脱氧核糖 | β-D-2-脱氧核糖 |

二、单糖化学性质

单糖是多羟基醛或酮，因而既能发生醇的反应，又能发生醛或酮的反应。此外，因为分子中的各种功能基之间相互影响，单糖还能发生一些特殊反应。

1. 成苷反应　环式结构单糖的半缩醛羟基较其他羟基活泼，可以与其他分子的羟基或氨基、亚氨基脱水缩合，生成**糖苷**（glycoside）。例如：葡萄糖通过半缩醛羟基与甲醇缩合，生成 1-甲基-β-D-葡萄糖苷。

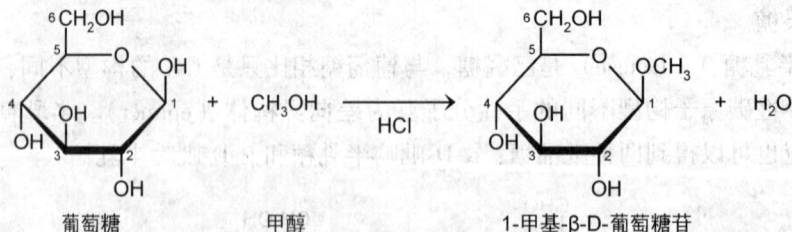

| 葡萄糖 | 甲醇 | 1-甲基-β-D-葡萄糖苷 |

糖苷分子可以视为由两个基团构成，一个是提供半缩醛羟基的**糖基**（可以是单糖、寡糖、多糖），另一个是与该糖基的半缩醛羟基缩合的**糖苷配基**（例如 1-甲基-β-D-葡萄糖苷分子的甲基）。糖苷配基本身也可以是糖，例如乳糖中的葡萄糖。连接糖基和糖苷配基的化学键称为**糖苷键**（glycosidic bond）。糖苷键对碱稳定而易被酸催化水解。生物分子中有两种糖苷键，即 O-糖苷键（如麦芽糖、淀粉中的糖苷键）和 N-糖苷键（如

苷酸中的糖苷键）。

2. 成酯反应　单糖分子中所有的羟基都能与酸缩合成酯，其中具有重要生物学意义的是磷酸酯，如3-磷酸甘油醛、6-磷酸葡萄糖、6-磷酸果糖和1,6-二磷酸果糖，它们都是糖代谢途径重要的中间产物（在书写分子结构时，我们用Ⓟ表示磷酸基团）。

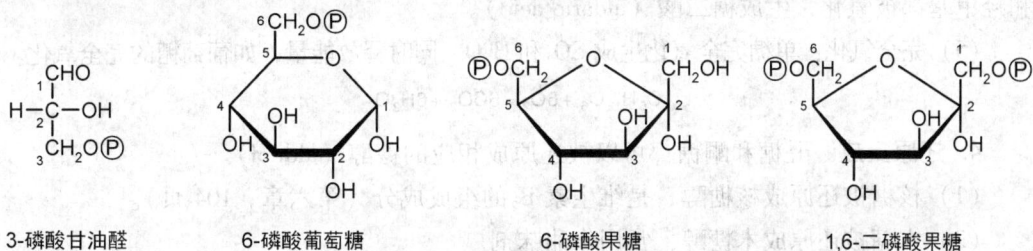

3-磷酸甘油醛　　　6-磷酸葡萄糖　　　　6-磷酸果糖　　　　1,6-二磷酸果糖

3. 氧化反应　在一定条件下，单糖可以被氧化。氧化条件不同，氧化产物也就不同。

（1）与碱性弱氧化剂反应：葡萄糖的醛基能被 Benedict 试剂、Fehling 试剂、Tollens 试剂等碱性弱氧化剂（表1-1）氧化，生成葡萄糖酸（gluconic acid）等氧化产物。

表1-1　常用碱性弱氧化剂

碱性弱氧化剂	组成	反应现象
Benedict 试剂	硫酸铜、碳酸钠、柠檬酸钠	生成砖红色沉淀（Cu_2O）
Fehling 试剂	硫酸铜、氢氧化钠、酒石酸钾钠	生成砖红色沉淀（Cu_2O）
Tollens 试剂	硝酸银、氨水	形成银镜（Ag）

凡是在碱性条件下能被弱氧化剂氧化的糖统称**还原糖**（reducing sugar）。除了葡萄糖之外，半乳糖、核糖等醛糖也含有醛基，能与碱性弱氧化剂反应。二羟丙酮、果糖等酮糖在碱性条件下可以通过醛–酮异构转化成醛糖（见10页），形成醛基，从而与碱性弱氧化剂反应。因此，醛糖和酮糖都是还原糖。形成糖苷的糖基没有游离半缩醛羟基，不能自发开环形成醛基，因而不是还原糖。

Benedict 试剂性质稳定，使用方便，而且与糖的反应不受尿酸和肌酸等干扰，临床上曾用于检验**尿糖**（尿液中的葡萄糖）。不过，Benedict 试剂与葡萄糖的反应是非特异性的，因此目前临床上多采用葡萄糖氧化酶法测定血糖。葡萄糖氧化酶法特异性很高，可以排除其他单糖的干扰（第八章，159页）。

（2）与非碱性弱氧化剂反应：醛糖与非碱性弱氧化剂反应生成糖酸（aldonic acid），例如葡萄糖与溴水或 Schiff 试剂（碱性品红–亚硫酸氢钠–盐酸）反应生成葡萄糖酸。酮糖无此性质，因此利用该反应可以鉴别醛糖和酮糖。

D-葡萄糖酸　　　　　D-葡糖醛酸　　　　　D-葡萄糖二酸

（3）酶促氧化反应：在肝细胞内，葡萄糖分子中的羟甲基经酶促氧化成羧基，生成葡糖醛酸（glucuronic acid，第八章，150 页），后者参与生物转化，具有保肝解毒作用（第十八章，311 页）。

（4）与较强氧化剂反应：醛糖与较强氧化剂（如稀 HNO_3）作用时，分子中的醛基和羟甲基都被氧化，生成糖二酸（aldaric acid）。

（5）完全氧化：单糖完全氧化生成 CO_2 和 H_2O，同时释放能量，如葡萄糖的完全氧化。

$$C_6H_{12}O_6 + 6O_2 = 6CO_2 + 6H_2O$$

4. 还原反应 醛糖和酮糖都可以被还原成相应的糖醇（alditol）。

（1）核糖被还原成核糖醇，是维生素 B_2 的组成成分（第六章，104 页）。

（2）木糖被还原成木糖醇，常用作甜味剂。

（3）葡萄糖被还原成葡萄糖醇，又称山梨醇，常用作甜味剂、轻泻药。山梨醇在糖尿病患者的视网膜细胞和晶状体内积累会引起视网膜病变和白内障。

核糖醇   木糖醇   山梨醇

5. 异构反应 一种单糖或其磷酸酯可以异构成另一种单糖或其磷酸酯。

（1）醛 - 酮异构：醛糖与相应酮糖在碱性条件下可以相互转化，例如葡萄糖异构成果糖。在细胞内，醛 - 酮异构反应是由异构酶催化进行的，例如磷酸二羟丙酮异构成 3-磷酸甘油醛（第八章，138 页）。

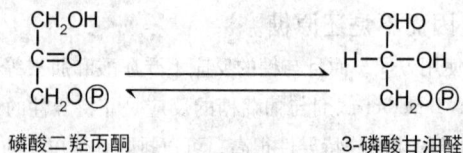

磷酸二羟丙酮   3-磷酸甘油醛

（2）差向异构：葡萄糖在碱性条件下可以异构成甘露糖。在细胞内，葡萄糖可以由酶催化异构成半乳糖。葡萄糖和半乳糖只有 C-4 构型不同，是差向异构体；葡萄糖和甘露糖只有 C-2 构型不同，也是差向异构体。

6-磷酸半乳糖   6-磷酸葡萄糖   6-磷酸甘露糖

第二节 寡 糖

常见的寡糖是二糖（disaccharide），由两个单糖构成，如麦芽糖、乳糖和蔗糖。

1. 麦芽糖（maltose） 由两个葡萄糖以 α-1,4-糖苷键结合而成，其中一个葡萄糖含有游离半缩醛羟基，在溶液中可以开环形成醛基，因此麦芽糖是还原糖。麦芽糖是淀粉和糖原在消化道内消化过程的中间产物，也存在于麦芽中。

2. 乳糖（lactose） 由半乳糖和葡萄糖以 β-1,4-糖苷键结合而成，其中葡萄糖含有游离半缩醛羟基，在溶液中可以开环形成醛基，因此乳糖是还原糖。乳糖存在于哺乳动物的乳汁中。

3. 蔗糖（sucrose） 由葡萄糖和果糖以 α-1,2-β-糖苷键结合而成，分子中没有游离半缩醛羟基，在溶液中不能开环形成醛基，因此蔗糖不是还原糖。蔗糖是植物代谢物，在甘蔗和甜菜中含量尤为丰富。

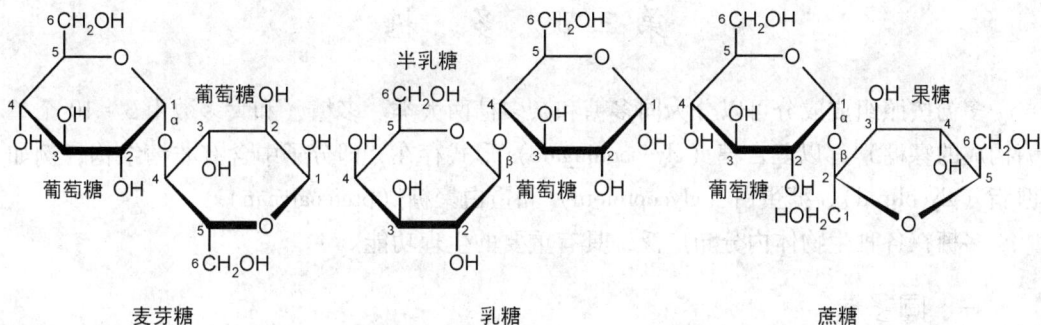

麦芽糖　　　　　　　　乳糖　　　　　　　　蔗糖

4. 细胞膜寡糖 细胞膜由蛋白质、类脂、寡糖和少量多糖构成，总糖量 2% ~10%。细胞膜糖主要由半乳糖、甘露糖、N-乙酰-β-D-葡糖胺和 N-乙酰-β-D-半乳糖胺等组成，而且带有分支结构，分支末端一般是岩藻糖（fucose）或唾液酸（sialic acid）。这些糖链都以糖蛋白或糖脂等复合糖形式存在，并且伸出细胞膜外。

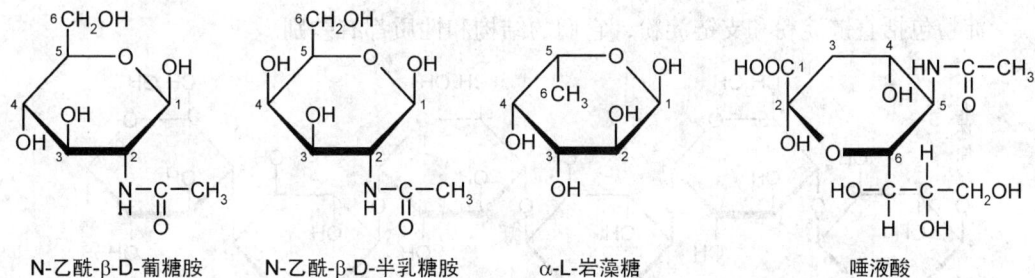

N-乙酰-β-D-葡糖胺　　　N-乙酰-β-D-半乳糖胺　　　α-L-岩藻糖　　　唾液酸

细胞膜糖链结构复杂，功能多样：有的构成细胞膜受体的可识别部分，能与神经递质、激素等化学信号特异结合；有的是抗原决定簇，参与免疫识别。

5. 血型抗原 目前国际输血协会认可的红细胞血型系统有 23 个，其中与临床关系最密切的是 ABO 血型系统和 Rh 血型系统。ABO 血型的分类依据是红细胞表面抗原（又称凝集原），其化学本质是构成红细胞膜的糖脂和糖蛋白所含的寡糖基，被称为**血型抗原**。

H抗原：R = H
A抗原：R = N-乙酰-α-D-半乳糖胺
B抗原：R = α-D-半乳糖

ABO血型抗原

研究表明：血型不同是因为血型抗原的结构不同。O 型血的血型抗原称为 **H 抗原**；如果在 H 抗原的半乳糖上再连接一个 N-乙酰-α-D-半乳糖胺，则成为 A 型血的血型抗原，称为 **A 抗原**；如果在 H 抗原的半乳糖上再连接一个 α-D-半乳糖，则成为 B 型血的血型抗原，称为 **B 抗原**；AB 型血的红细胞膜上同时存在 A 抗原和 B 抗原。血型抗原寡糖链的结构由遗传信息控制，不同血型个体催化合成寡糖链的糖苷转移酶存在遗传差异。

第三节　多　糖

多糖按照组成成分可以分为同多糖和杂多糖两大类。多糖（和大多数由 3 ~ 10 个单糖构成的寡糖）都以**复合糖**（glycoconjugate）形式存在，即分子中含有非糖结构，例如糖脂（glycolipid）、糖蛋白（glycoprotein）和蛋白聚糖（proteoglycan）。

多糖在各种生物体内分布广泛，具有重要的生理功能。

一、同多糖

同多糖（homopolysaccharide）是仅由一种单糖构成的多糖。重要的同多糖有淀粉、糖原和纤维素等，它们是糖的储存形式或机体的结构成分。

1. **淀粉**（starch）　是人类膳食中的主要糖类。淀粉是植物体糖的储存形式，主要存在于植物的种子和根茎（例如大米、玉米、小麦、马铃薯、红薯和芋头）中。

淀粉包括直链淀粉和支链淀粉，它们的结构和性质都有差别。

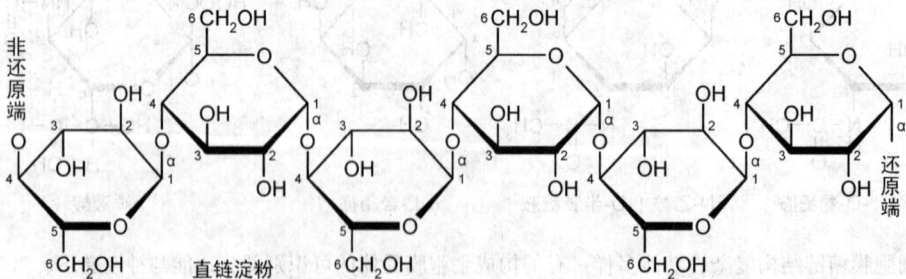

直链淀粉

（1）直链淀粉（amylose）由 50 ~ 5000 个葡萄糖以 α-1,4-糖苷键连接而成，占总淀粉量的20%。直链淀粉没有分支，因而只有两个末端。其中一个末端葡萄糖的半缩醛羟基没有与葡萄糖形成糖苷键，该末端称为**还原端**（reducing end）；另一个末端葡萄糖的半缩醛羟基已经与葡萄糖形成糖苷键，该末端称为**非还原端**（nonreducing end）。

直链淀粉的分子构象并不是伸展的，而是卷曲成螺旋状，每一螺旋含有 6 个葡萄糖（图 1 – 1）。

直链淀粉可溶于热水，溶液在室温下与碘呈蓝色，机制可能是碘分子嵌入直链淀粉螺旋内部，形成螯合物。

图 1 – 1 直链淀粉螺旋结构

（2）支链淀粉（amylopectin）比直链淀粉大，由上万个葡萄糖以 α-1,4-糖苷键连接而成，不过每隔 24 ~ 30 个葡萄糖就形成一个分支，分支点的葡萄糖以 α-1,6-糖苷键连接。支链淀粉有许多末端，其中只有一个是还原端，其余都是非还原端。

支链淀粉不溶于水，在热水中膨胀成糊状，在室温下与碘呈紫色。

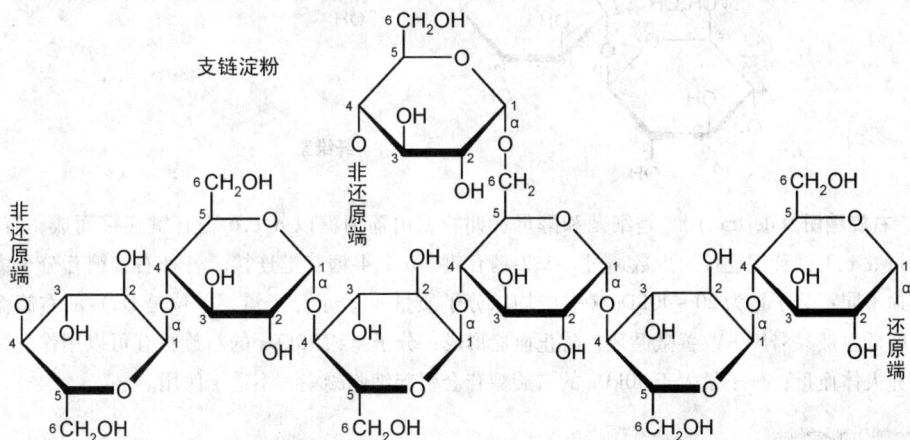

淀粉在酸或淀粉酶的催化下可以水解，水解过程中生成一系列大小不同的中间产物，统称**糊精**（dextrin）。根据与碘呈色的不同，它们分别称为紫糊精、红糊精和无色糊精等。

2. 糖原（glycogen） 又称动物淀粉，由多达 5 万个葡萄糖构成，是糖在动物体内的储存形式，其存在形式称为糖原颗粒（直径 $0.1 \sim 0.2 \mu m$），主要存在于肝脏和骨骼肌的细胞质中，因而有肝糖原和肌糖原之分。

糖原与支链淀粉一样有两种糖苷键，因而也有分支，但分支更短，长度为 $8 \sim 14$ 个葡萄糖（图 1-2）。

糖原溶于热水，溶液在室温下与碘呈紫红色或红褐色。

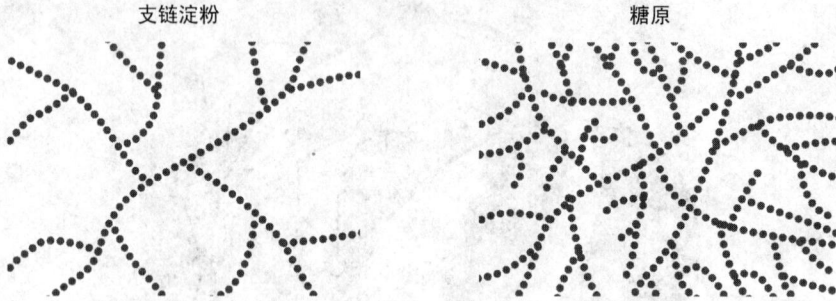

图 1-2 支链淀粉和糖原结构

3. 纤维素（cellulose） 由多达 15000 个葡萄糖以 β-1,4-糖苷键连接而成，没有分支。纤维素是植物细胞的主要结构成分，占树叶干重的 10% ~ 20%、木材干重的 50% ~ 70%。棉花含纤维素92% ~ 98%，而脱脂棉和滤纸几乎是纯纤维素。

纤维素

4. 右旋糖酐（dextran） 是细菌和酵母代谢物，由葡萄糖以 α-1,6-糖苷键连接而成，有分支，主要通过 α-1,3-糖苷键连接，少数通过 α-1,2-糖苷键、α-1,4-糖苷键连接。各种右旋糖苷分子大小不一，用途不同：分子量为 $20 \sim 40kDa$（书中均以分子质量 m 表示分子量，单位是 Da）的右旋糖苷主要用于降低血液黏滞度，改善微循环，防止血栓形成；分子量约75kDa 的右旋糖苷可以用作血浆代用品，扩充人体血量；分子量大于 90kDa 的右旋糖苷会引起细胞凝集，不适于医用。

二、杂多糖

杂多糖（heteropolysaccharide）是由两种及两种以上单糖构成的多糖，是细胞外基质成分，可以维持细胞、组织、器官形态并提供保护。杂多糖以糖胺聚糖最为重要。

糖胺聚糖（glycosaminoglycan）一般由二糖单位重复连接构成，二糖单位由一个糖醛酸（D-葡糖醛酸或 L-艾杜糖醛酸）和一个 N-乙酰氨基己糖（N-乙酰葡糖胺或 N-乙酰半乳糖胺）构成。有的糖胺聚糖（特别是所含氨基己糖）还被硫酸化，因而呈酸性。糖胺聚糖溶液具有较大黏性，故曾称为**黏多糖**（mucopolysaccharide）。糖胺聚糖通过还原端半缩醛羟基与蛋白质共价结合，形成**蛋白聚糖**（proteoglycan）。糖胺聚糖广泛分布于动物体内，包括透明质酸、硫酸软骨素、硫酸皮肤素、肝素和硫酸角质素等。

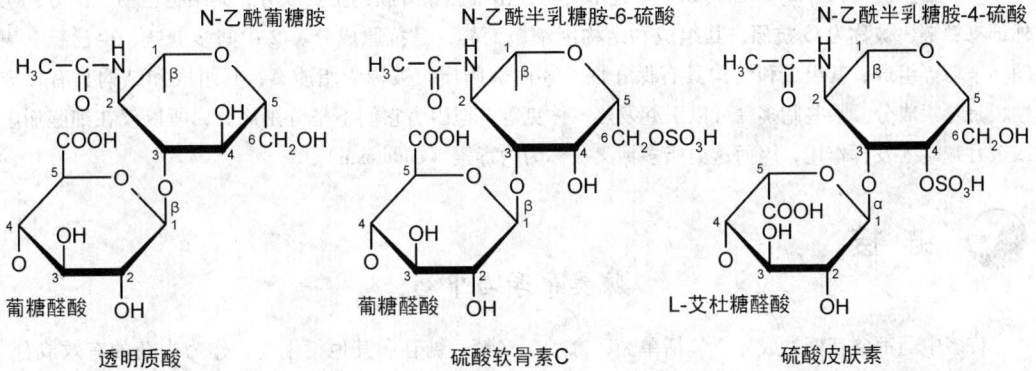

透明质酸 硫酸软骨素C 硫酸皮肤素

1. **透明质酸**（hyaluronic acid） 由多达 50000 个二糖单位以 β-1,4-糖苷键连接而成（分子量大于 1000kDa），二糖单位由葡糖醛酸和 N-乙酰葡糖胺以 β-1,3-糖苷键连接而成。透明质酸溶液黏稠透明，是脊椎动物关节滑液和眼球玻璃体液的主要成分，赋予其润滑性；是软骨、肌腱细胞外基质的主要成分，赋予其抗张强度和弹性。透明质酸可以被透明质酸酶（hyaluronidase）水解，导致黏度降低。例如：精子通过释放透明质酸酶水解卵子表面的透明质酸，进行受精。某些蛇毒和细菌中也含有透明质酸酶。

2. **硫酸软骨素**（chondroitin sulfate） 有 A、C、D 和 E 四种，其中硫酸软骨素 C 由 20～60 个二糖单位以 β-1,4-糖苷键连接而成，二糖单位由葡糖醛酸和 N-乙酰半乳糖胺-6-硫酸以 β-1,3-糖苷键连接而成。在机体内，硫酸软骨素与蛋白质结合形成蛋白聚糖，是软骨、肌腱、韧带、主动脉壁的重要组成成分，赋予其抗张强度。

3. **硫酸皮肤素**（dermatan sulfate） 旧称硫酸软骨素 B，由 20～60 个二糖单位以 β-1,4-糖苷键连接而成，二糖单位由 L-艾杜糖醛酸和 N-乙酰半乳糖胺-4-硫酸以 α-1,3-糖苷键连接而成。硫酸皮肤素主要分布于皮肤、血管和心脏瓣膜，赋予其柔韧性。

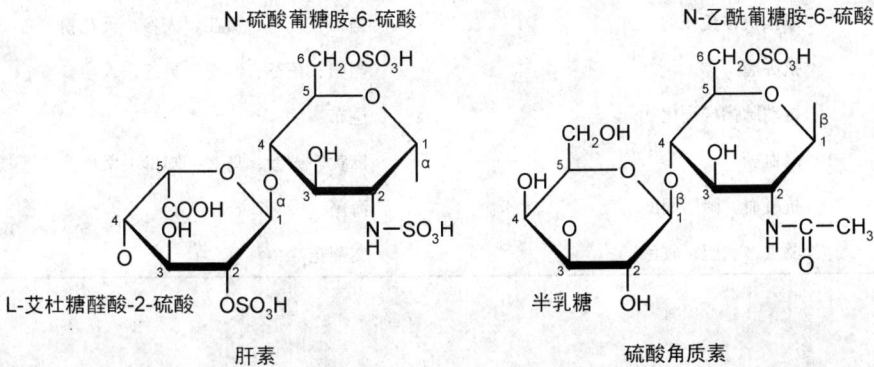

肝素 硫酸角质素

4. **肝素**（heparin） 因最早在犬肝脏内发现而得名，由 15～90 个二糖单位以 α-1,4-糖苷键连接而成，二糖单位由 L-艾杜糖醛酸-2-硫酸和 N-硫酸葡糖胺-6-硫酸以 α-1,4-糖苷键连接而成。肝素广泛分布于动物的肺、肝和肠黏膜等组织的肥大细胞和嗜碱性粒细胞内并释放到血液中，具有抗凝血活性，是动物体内的天然抗凝血物质，主要作用机制是激活抗凝血酶Ⅲ，后者抑制凝血酶活性。临床上血检和输血时常用肝素作为抗凝剂。

5. 硫酸角质素（keratan sulfate）　由约25个二糖单位以 β-1,3-糖苷键连接而成，二糖单位由半乳糖和 N-乙酰葡糖胺-6-硫酸以 β-1,4-糖苷键连接而成。硫酸角质素与蛋白质结合形成蛋白聚糖，广泛分布于角膜、软骨、骨骼及角、发、蹄、甲、爪等死亡细胞形成的角质化结构中。

脂多糖（lipopolysaccharide）　是革兰阴性菌细胞壁外膜的主要成分，其结构包括三部分：①外部寡糖链，被称为 O 抗原，其组成和结构因细菌而异，是抗原成分。②中间多糖链，由己糖、庚糖、辛糖等组成，其组成和结构具有保守性。③内部脂质，被称为脂质 A，其组成和结构具有保守性，是毒素成分。某些脂多糖可以引起发热、休克等，但因为它们不是分泌成分，所以仅在细胞崩解或被吞噬时才发挥作用，因而这类脂多糖又被称为内毒素（endotoxin）。

链 接

糖类化学与中药

许多中药都含有糖类成分，包括单糖、寡糖、多糖、糖苷和其他衍生物。作为中药的有效成分，它们具有广泛的药理活性（表1-2）。

表1-2　部分中药的糖类成分

中药糖类	作用	中药来源
甘露醇	降颅内压、眼内压，利尿	地黄、冬虫夏草、防风、女贞子、秦皮
黄酮苷	止咳，平喘，扩张冠状动脉血管	大豆、砂仁、银杏
苦杏仁苷	止咳，平喘	杏仁
芸香苷	维持血管正常功能	槐花米
洋地黄苷	强心	洋地黄
三七皂苷	活血化瘀	三七
天麻苷	安神	天麻
人参皂苷	调节中枢神经系统功能，增强机体免疫力	人参
多糖	增强机体免疫力	当归、茯苓、黄芪、人参、天花粉
	抗肿瘤	当归、茯苓、红花、灵芝、人参
	抗动脉粥样硬化	昆布
	降血糖	麻黄、人参、乌头、知母、紫草
	抗凝血，降胆固醇	海藻
	驱虫，利胆，收敛	艾菊花

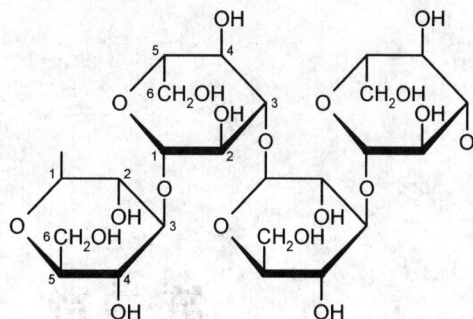

芸香苷   茯苓多糖

有些结合状态的糖如糖苷中的糖基不一定有药理活性，但对药效有一定影响，可以增强或缓解药性，使毒性减弱或药效延缓。例如：茵陈蒿中的色原酮类化合物对四氯化碳所致的肝损伤没有治疗作用，若与糖成苷则疗效显著；有些黄酮类化合物对磷酸二酯酶有强抑制作用，成苷后抑制作用明显减弱；大黄的蒽醌化合物成苷后泻下作用延缓。

小　结

糖类又称碳水化合物，包括单糖、寡糖和多糖。

单糖包括丙糖、丁糖、戊糖和己糖等，根据结构特点分为醛糖、酮糖及其衍生物。与生命活动关系最密切的单糖是葡萄糖、核糖和脱氧核糖等。生物体内的单糖几乎都是手性分子，多数为D-构型。戊糖和己糖既有开链结构又有环式结构，环式结构的单糖包括吡喃糖和呋喃糖，环式葡萄糖为吡喃糖，核酸分子中的核糖和脱氧核糖为呋喃糖。

常见的寡糖包括麦芽糖、乳糖和蔗糖：麦芽糖由两个葡萄糖以 α-1,4-糖苷键结合而成，是还原糖；乳糖由半乳糖和葡萄糖以 β-1,4-糖苷键结合而成，是还原糖；蔗糖由葡萄糖和果糖以 α-1,2-β-糖苷键结合而成，不是还原糖。ABO 血型的化学本质是血型抗原，即构成红细胞膜的糖脂和糖蛋白所含的寡糖基。

多糖包括同多糖和杂多糖，都以复合糖形式存在，包括糖脂、糖蛋白和蛋白聚糖。

同多糖仅由一种单糖构成，是糖的储存形式或机体的结构成分，包括淀粉、糖原和纤维素等。淀粉是人类膳食的主要糖类。淀粉是植物体糖的储存形式，包括直链淀粉和支链淀粉。直链淀粉由葡萄糖以 α-1,4-糖苷键连接而成，没有分支结构。支链淀粉由葡萄糖以 α-1,4-糖苷键和 α-1,6-糖苷键连接而成，存在分支结构。糖原是动物体糖的储存形式，有肝糖原和肌糖原之分。

杂多糖由两种及两种以上单糖构成，是细胞外基质成分，可以维持细胞、组织、器官形态并提供保护，以糖胺聚糖最为重要。糖胺聚糖广泛分布于动物体内，包括透明质酸、硫酸软骨素、硫酸皮肤素、肝素和硫酸角质素等。

第二章　脂类化学

　　脂类（lipid）是易溶于非极性溶剂而难溶于水的生物小分子。脂类具有化学多样性，可以分为脂肪和类脂。**脂肪**即甘油三酯，由甘油和脂肪酸构成。**类脂**是除脂肪之外的其他疏水性生物小分子，主要有磷脂、糖脂和类固醇，此外还有脂溶性维生素、脂类激素、萜类、蜡等。脂类广泛存在于生物体内，具有功能多样性，包括储存能量（脂肪）、构成生物膜（磷脂和胆固醇等）、乳化食物脂类（胆汁酸）、调节代谢（前列腺素）等。脂类多数可以在人体内合成。

第一节　脂肪酸

　　脂肪酸（fatty acid）是脂类的基本组成成分，其元素组成特点是富含碳和氢，该特点赋予其弱极性和疏水性。

一、脂肪酸的结构特点

　　以亚油酸为例（书中脂肪酸、脂酰基的结构均以结构简式表示，即以折线表示烃链结构，略去碳原子及其所结合的氢），脂肪酸具有以下结构特点：

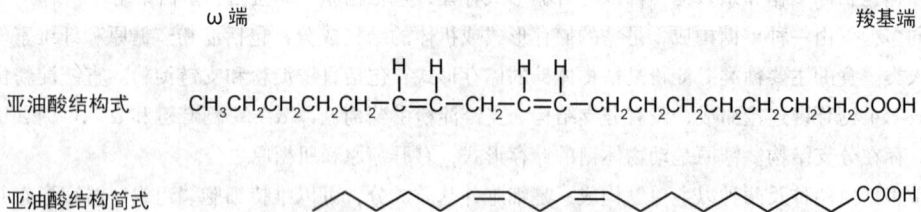

ω 端　　　　　　　　　　　　　　　　　　　　　　　　　　　　　　羧基端

亚油酸结构式　$CH_3CH_2CH_2CH_2CH_2-\overset{H}{C}=\overset{H}{C}-CH_2-\overset{H}{C}=\overset{H}{C}-CH_2CH_2CH_2CH_2CH_2CH_2COOH$

亚油酸结构简式　

　　1. 大多数是直链一元羧酸，其两端分别称为羧基端和甲基端（ω 端）。

　　2. 大多数含有偶数碳原子（植物和一些海洋生物脂类含奇数碳脂肪酸），碳原子数目为 $4 \sim 28$，主要是 $C_{12} \sim C_{24}$，尤以 C_{16} 和 C_{18} 最多。

　　3. 既有饱和脂肪酸，又有不饱和脂肪酸。不饱和脂肪酸含有碳 – 碳双键，碳 – 碳双键有顺式和反式两种构型，天然不饱和脂肪酸碳 – 碳双键大多数是顺式构型（即双键碳结合的氢位于双键同侧）。

　　牛肉、牛奶中的脂类含少量反式脂肪酸。油炸食品及人造黄油在生产过程中产生部分反式脂肪酸。过多摄取反式脂肪酸会使血浆高密度脂蛋白（好胆固醇）减少、低密度脂蛋白（坏胆固醇）增多（第九章，185 页），因此通常建议控制反式脂肪酸摄入量。

4. 如果不饱和脂肪酸存在多个碳 - 碳双键，则相邻碳 - 碳双键被一个亚甲基隔开（—CH＝CH—CH$_2$—CH＝CH—）。

表 2 - 1 是生物体内常见的脂肪酸。

表 2 - 1　生物体内常见的脂肪酸

分类	碳原子数：碳 - 碳双键数	习惯名称	系统名称	脂肪酸结构
饱和脂肪酸	12：0	月桂酸	十二烷酸	$CH_3(CH_2)_{10}COOH$
	14：0	豆蔻酸	十四烷酸	$CH_3(CH_2)_{12}COOH$
	16：0	软脂酸	十六烷酸	$CH_3(CH_2)_{14}COOH$
	18：0	硬脂酸	十八烷酸	$CH_3(CH_2)_{16}COOH$
	20：0	花生酸	二十烷酸	$CH_3(CH_2)_{18}COOH$
	22：0	山嵛酸	二十二烷酸	$CH_3(CH_2)_{20}COOH$
	24：0	掬焦油酸	二十四烷酸	$CH_3(CH_2)_{22}COOH$
不饱和脂肪酸	16：1	棕榈油酸	十六碳烯酸	$CH_3(CH_2)_5CH＝CH(CH_2)_7COOH$
	18：1	油酸	十八碳烯酸	$CH_3(CH_2)_7CH＝CH(CH_2)_7COOH$
	18：2	亚油酸	十八碳二烯酸	$CH_3(CH_2)_3(CH_2CH＝CH)_2(CH_2)_7COOH$
	18：3	α亚麻酸	十八碳三烯酸	$CH_3(CH_2CH＝CH)_3(CH_2)_7COOH$
	20：4	花生四烯酸	二十碳四烯酸	$CH_3(CH_2)_3(CH_2CH＝CH)_4(CH_2)_3COOH$
	20：5	EPA	二十碳五烯酸	$CH_3(CH_2CH＝CH)_5(CH_2)_3COOH$
	22：5	DPA	二十二碳五烯酸	$CH_3(CH_2CH＝CH)_5(CH_2)_5COOH$
	22：6	DHA	二十二碳六烯酸	$CH_3(CH_2CH＝CH)_6(CH_2)_2COOH$

二、脂肪酸的分类

脂肪酸种类繁多，它们的主要区别是所含碳原子数目、双键数目和双键位置等不同。

1. 脂肪酸可以按其所含碳原子数目分为**短链脂肪酸**（碳原子数小于 6）、**中链脂肪酸**（碳原子数 6 ~ 12）和**长链脂肪酸**（碳原子数大于 12）。

2. 脂肪酸可以按其是否含有碳 - 碳双键分为**饱和脂肪酸**和**不饱和脂肪酸**。

3. 不饱和脂肪酸可以按其所含碳 - 碳双键数目分为**单不饱和脂肪酸**（含有一个碳 - 碳双键）和**多不饱和脂肪酸**（含有两个及两个以上的碳 - 碳双键）。

4. 不饱和脂肪酸还可以按其离 ω 端最近碳 - 碳双键的位置分为以下四类：

（1）ω-7 类：是棕榈油酸及其衍生的脂肪酸。

（2）ω-9 类：是油酸及其衍生的脂肪酸。

（3）ω-6 类：是亚油酸及其衍生的脂肪酸。

（4）ω-3 类：是 α 亚麻酸及其衍生的脂肪酸。

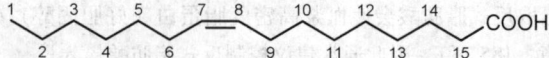

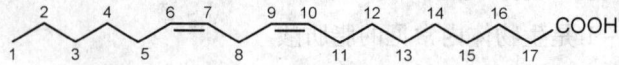

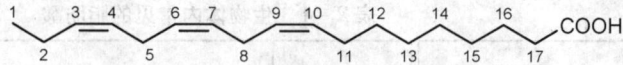

亚油酸、α亚麻酸和花生四烯酸是多不饱和脂肪酸，是维持生命活动所必需的，但哺乳动物体内不能合成（亚油酸、α亚麻酸），或合成量不足（花生四烯酸可由亚油酸部分合成），因此必须从膳食中摄取，被称为**必需脂肪酸**（essential fatty acid）。一些植物油、海洋鱼油含有较多的必需脂肪酸（表2-2）。如果膳食中长期缺乏植物油，可能导致人体内缺乏必需脂肪酸及相应代谢物。

表2-2　各种油脂所含的主要脂肪酸（%）

油脂	饱和脂肪酸			不饱和脂肪酸			
	豆蔻酸	软脂酸	硬脂酸	棕榈油酸	油酸	亚油酸	α亚麻酸
动物脂							
牛脂	2～5	24～34	15～30		35～45	1～3	0～1
黄油	8～15	25～29	9～12	4～6	18～33	2～4	
猪脂	1～2	25～30	12～18	4～6	48～60	6～12	0～1
鳕鱼肝油	5～7	8～10	0～1	18～22	27～33	27～32	
植物油							
椰子油	15～20	9～12	2～4	0～1	6～9	0～1	
橄榄油	0～1	5～15	1～4		67～84	8～12	
亚麻籽油		4～7	2～4		14～30	14～25	45～60
花生油		7～12	2～6		30～60	20～38	7
棉籽油	1～2	18～25	1～4	1～3	17～38	45～55	
豆油	1～2	6～10	2～4		20～30	50～58	5～10
玉米油	1～2	7～11	3～4	1～2	25～35	50～60	

三、多不饱和脂肪酸的重要衍生物——类花生酸

类花生酸（eicosanoid）是花生四烯酸的衍生物，包括前列腺素、血栓素和白三烯，属于激素。它们在体内含量少，分布广，具有重要的生理功能，参与生殖、炎症、发热、痛觉、凝血、血压调节、胃酸分泌等过程。

花生四烯酸

1. 前列腺素（PG）　因首先发现于前列腺（Euler，1935 年）而得名，Bergström、Samuelsson 和 Vane 因为研究前列腺素而获得 1982 年诺贝尔生理学或医学奖。前列腺素是前列腺烷酸（prostanoic acid）衍生物，可以根据其五元环上双键和取代基的位置、有无内过氧化结构等分为九类，分别命名为 PGA、PGB、PGC、PGD、PGE、PGF、PGG、PGH、PGI；每一种类型又根据侧链上所含双键数目分为三类，如 PGE 包括 PGE_1、PGE_2、PGE_3，再根据五元环上羟基取向进一步分为 α 型与 β 型，如 $PGF_{1\alpha}$。天然前列腺素均为 α 型。

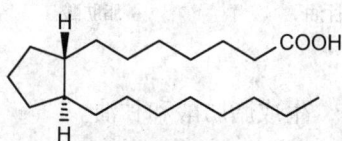

前列腺烷酸

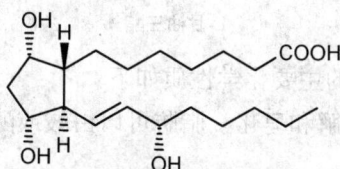

前列腺素$F_{1\alpha}$

前列腺素广泛分布于人体和其他哺乳动物体内，其中精囊内稍多，其他组织细胞内甚微，红细胞内没有。前列腺素种类多，活性高，功能多样，作用广泛，并且具有特异性，例如刺激支气管扩张（PGE_2），刺激子宫平滑肌收缩（$PGF_{2\alpha}$），控制器官供血（PGE_2），影响信号转导，调节睡眠周期，升高体温（PGE_2），引起炎症（PGE_2）和痛觉（PGE_2）。

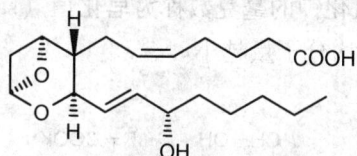

血栓素A_2

白三烯B_4

2. 血栓素（TX）　又称血栓烷，分子中含有前列腺烷酸骨架，包括 TXA_2 和 TXB_2，由血小板合成。①TXA_2 具有诱导血管收缩、促进血小板聚集作用，促进凝血及血栓形成。长期服用低剂量阿司匹林可以抑制血栓素合成，降低心肌梗死和中风的风险。②TXB_2 是 TXA_2 的灭活产物。

阿司匹林、布洛芬等非类固醇抗炎药物（NSAID）抑制前列腺素 H 合酶（PGHS，又称环加氧酶，COX）活性，从而抑制前列腺素、血栓素合成。

3. 白三烯（LT）　因发现于白细胞且以含三个共轭双键为结构特征而得名。不同类型白三烯的生理功能有所不同，如 LTB_4 能够调节白细胞的功能，促进其游走及发挥趋化作用，诱发多核白细胞脱颗粒，使溶酶体释放水解酶，促进炎症和过敏反应的发展；LTD_4 能够提高毛细血管通透性，刺激冠状动脉和肺气管收缩，促进血小板凝集，抑制胰岛素分泌。

白三烯合成过量引发哮喘。平喘药强的松（抑制磷脂酶 A_2）的靶点就是白三烯（和前列腺素、血栓素）合成。某些人对蜂毒或青霉素会产生过敏性休克，部分原因就是肺平滑肌强烈收缩。

第二节　脂　肪

脂肪（fat）又称油脂、**甘油三酯**、三酰甘油（TAG），包括油和脂。植物脂肪含不饱和脂肪酸较多，熔点较低，在室温下呈液态，通常称为油。动物脂肪含饱和脂肪酸较多，熔点较高，在室温下呈固态，通常称为脂。脂肪由脂肪酸和甘油以酯键连接而成，仅含一种脂酰基的为**单纯甘油三酯**（simple triglyceride），含不止一种脂酰基的为**混合甘油三酯**（mixed triglyceride）。生物体内的脂肪大多是混合甘油三酯。

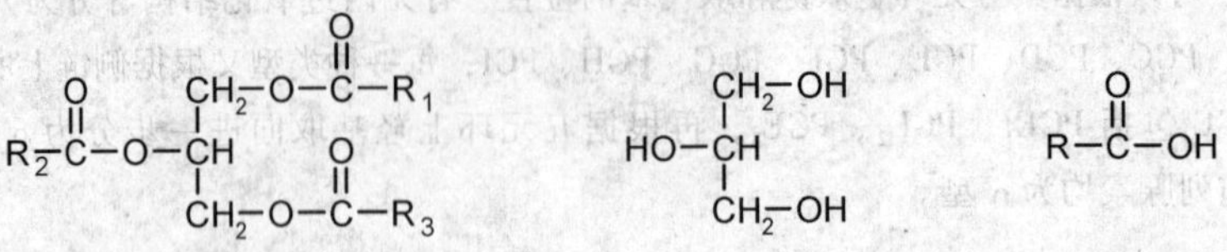

L-甘油三酯   甘油   脂肪酸

脂肪的主要化学性质如下：

1. 水解和皂化   脂肪可以由酸或酶催化水解，生成脂肪酸和甘油。

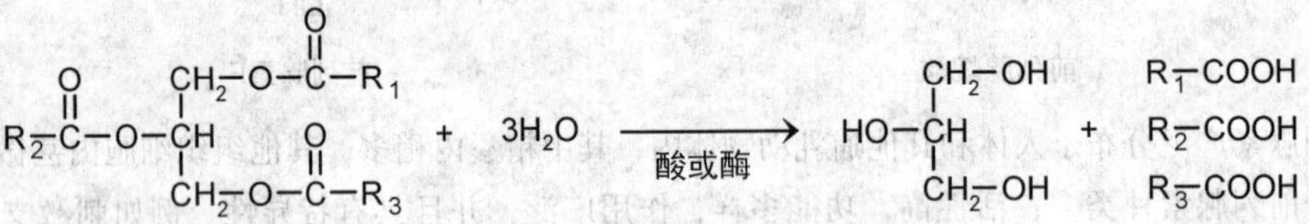

L-甘油三酯   甘油   脂肪酸

脂肪也可以由碱催化水解，生成脂肪酸盐（即肥皂成分）和甘油，这一反应称为**皂化反应**（saponification）。水解 1 克脂肪所消耗氢氧化钾的毫克数称为**皂化值**（saponification number）。皂化值越大表示脂肪中脂肪酸的平均分子量越小。

L-甘油三酯   甘油   脂肪酸钾

2. 氢化和碘化   脂肪中不饱和脂肪酸的碳－碳双键可以与氢气或碘发生加成反应，分别称为氢化和碘化。

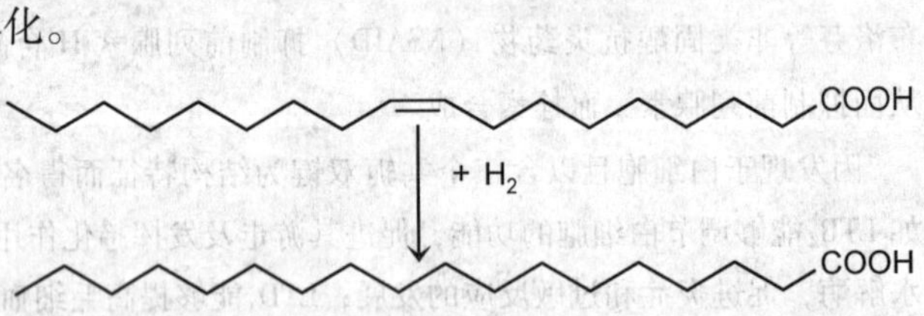

碘化反应可以用于分析脂肪酸的不饱和程度。通常将 100 克脂肪发生加成反应所消耗碘的克数称为**碘值**（iodine number）。脂肪所含的不饱和脂肪酸越多，不饱和程度越高，则其碘值越大。植物油比动物脂所含的不饱和脂肪酸多，所以碘值较大。

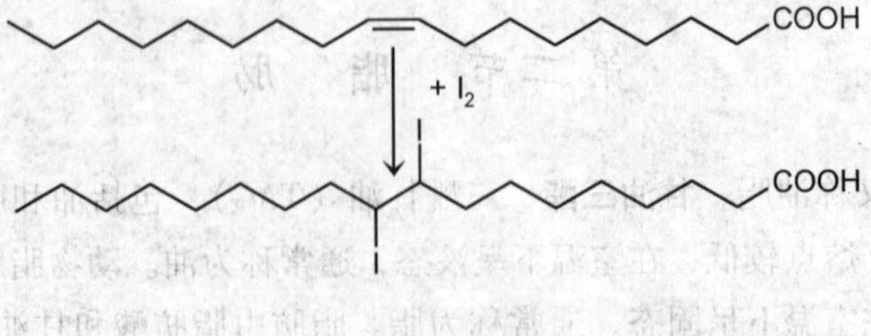

3. 酸败 脂肪及其他脂类样品中的**游离脂肪酸**可以用氢氧化钾中和。中和 1 克样品所消耗氢氧化钾的毫克数称为该样品的**酸值**（acid number）。酸值越小，说明其所含游离脂肪酸越少。

如果将脂肪长期置于湿热的空气中，其分子中的碳－碳双键和酯键等会发生氧化、水解等反应，生成低级的醛、醛酸和羧酸等物质而产生臭味，这一现象称为**酸败**（rancidity）。酸败产物会破坏脂肪中溶解的脂溶性维生素。

酸败导致酸值增大，因此常以酸值作为评价油脂品质的参数之一，酸值大于 6 的油脂一般不宜食用。

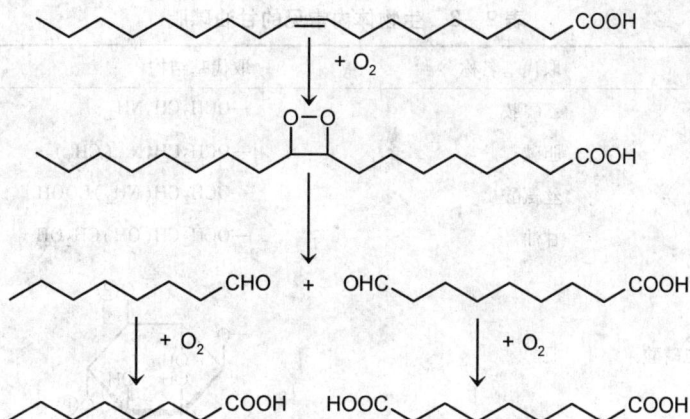

第三节 类 脂

除了脂肪之外，生物体内还有许多类脂化合物，包括磷脂、糖脂、类固醇和脂溶性维生素等。

一、磷脂

磷脂（phospholipid）是分子中含有磷酸基的类脂，占生物膜脂的 50% 以上。磷脂组成复杂，种类繁多，广泛分布于动植物体内，特别是动物的脑组织及其他神经组织、骨髓、心脏、肝脏、肾脏等组织器官内。

磷脂根据所含醇的不同分为甘油磷脂和鞘磷脂。

1. 甘油磷脂（phosphoglyceride） 包括磷脂酸（phosphatidic acid）及其衍生物（X表示取代基）。

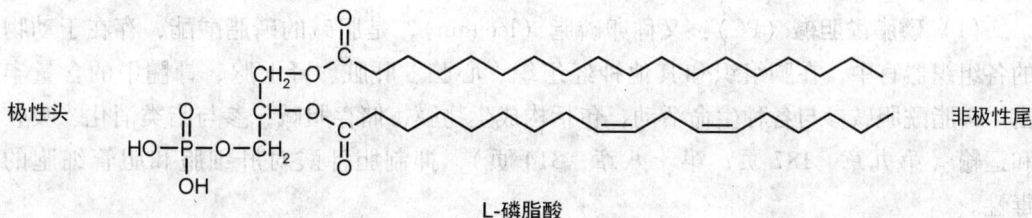

L-磷脂酸

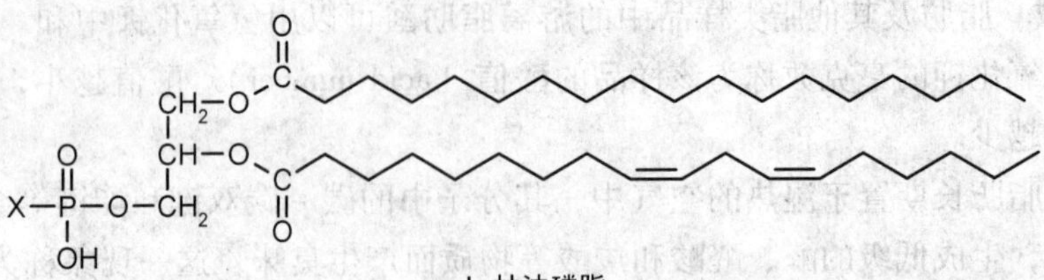

L-甘油磷脂

磷脂酸通过磷酸基与含羟基的分子缩合，形成其他甘油磷脂，包括磷脂酰胆碱、磷脂酰乙醇胺、磷脂酰丝氨酸和磷脂酰肌醇等（表2-3）。

表2-3 生物体内常见的甘油磷脂

甘油磷脂	取代基名称	取代基结构
磷脂酰乙醇胺	乙醇胺	$—OCH_2CH_2NH_2$
磷脂酰胆碱	胆碱	$—OCH_2CH_2N^+(CH_3)_3$
磷脂酰丝氨酸	丝氨酸	$—OCH_2CH(NH_2)COOH$
磷脂酰甘油	甘油	$—OCH_2CH(OH)CH_2OH$
磷脂酰肌醇-4,5-二磷酸	肌醇	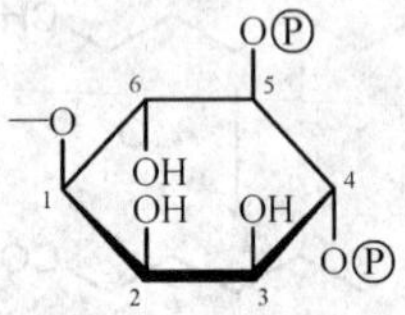
心磷脂	磷脂酰甘油	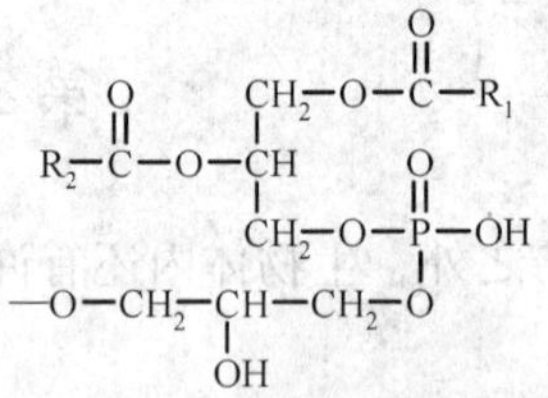

甘油磷脂具有**两亲性**（amphiphilicity）：所含的磷酸基和取代基 X 构成整个分子的极性部分，称为**极性头**（polar head），是亲水的；所含的两个酰基长链（心磷脂有四个酰基长链）构成整个分子的非极性部分，称为**非极性尾**（nonpolar tail），是疏水的。甘油磷脂在水中可以形成脂双层（lipid bilayer）结构，极性头位于脂双层表面，指向水相；非极性尾位于脂双层内部，避开水相。甘油磷脂的这一特性是其形成生物膜结构的化学基础。另外，甘油磷脂的甘油 C-1 羟基通常结合硬脂酸或软脂酸，C-2 羟基通常结合 $C_{18} \sim C_{20}$ 的不饱和脂肪酸，因此甘油的 C-2 羟基是必需脂肪酸的结合位点。

（1）**磷脂酰胆碱**（PC）：又称卵磷脂（lecithin），是胆碱的磷脂酸酯，存在于动物的各组织器官中，在脑组织和其他神经组织、心脏、肝脏、肾上腺、骨髓中的含量丰富。磷脂酰胆碱参与各种生命活动，包括构成生物膜，储存胆碱，参与脂类消化、吸收和运输（第九章，187 页；第十八章，314 页），抑制胆汁酸对肝细胞和胆管细胞的毒性。

L-磷脂酰胆碱

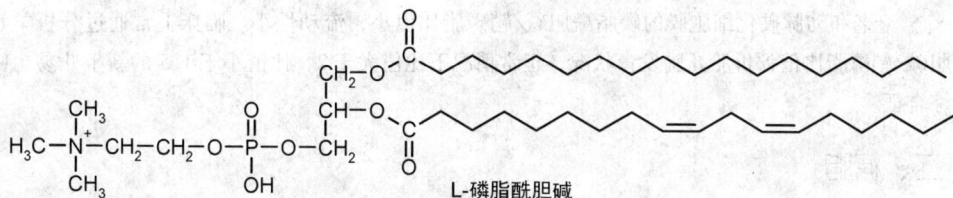

（2）**磷脂酰乙醇胺**（PE）：曾称为脑磷脂（cephalin），是乙醇胺的磷脂酸酯，存在于动物的各组织器官中，在脑组织和其他神经组织中含量较多。磷脂酰乙醇胺参与各种生命活动，包括构成生物膜，参与凝血。

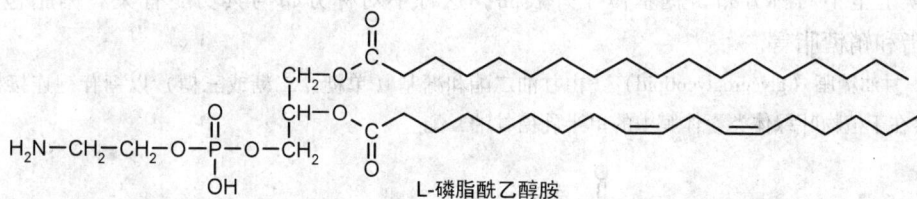

L-磷脂酰乙醇胺

（3）**磷脂酰肌醇**（PI）：主要存在于细胞膜内层脂中，其磷酸化产物磷脂酰肌醇-4,5-二磷酸的水解产物甘油二酯和三磷酸肌醇是重要的第二信使（第十二章，236页）。

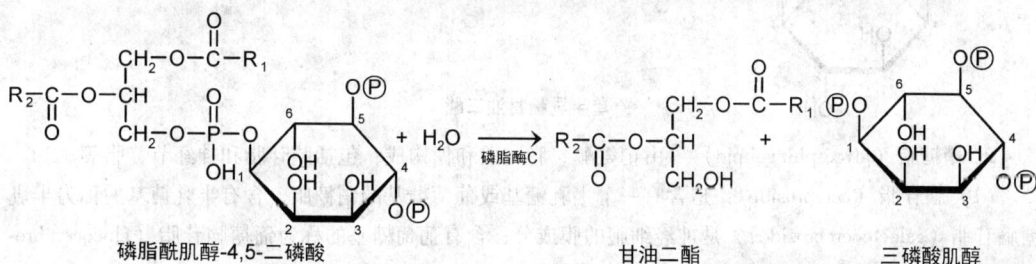

磷脂酰肌醇-4,5-二磷酸　　　甘油二酯　　　三磷酸肌醇

2. **鞘磷脂**（sphingomyelin）　由鞘氨醇、脂肪酸（$C_{16} \sim C_{24}$，为饱和脂肪酸或单不饱和脂肪酸）、磷酸、胆碱（或乙醇胺）构成，是构成生物膜的重要磷脂，占红细胞膜脂的23%，在脑组织和其他神经组织中含量也较多，是某些神经髓鞘的主要成分。

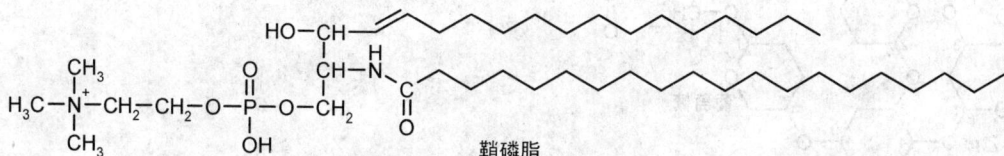

鞘氨醇

神经酰胺

鞘磷脂

衰老和动脉硬化细胞膜的磷脂酰胆碱/鞘磷脂比值小，流动性小。临床上常通过分析羊水磷脂酰胆碱/鞘磷脂比值评价胎儿肺发育状况，正常情况下比值大于2，比值小于1.5的新生儿易患呼吸窘迫综合征。

二、糖脂

糖脂（glycolipid）是含糖基的类脂，存在于原核生物和真核生物的细胞膜上，占膜脂的5%以下，在脑组织和神经髓鞘中含量最多，占其膜脂的5%～10%。不同细胞膜所含糖脂种类不同，如神经细胞膜含神经节苷脂，红细胞膜含ABO血型抗原。糖脂在细胞膜上呈不对称分布，糖基位于外表面，这种不对称分布与其功能有关。糖脂包括甘油糖脂和鞘糖脂等。

1. 甘油糖脂（glyceroglycolipid）　由甘油二酯和糖基（单糖、二糖或三糖）以糖苷键连接构成，例如存在于植物叶绿体类囊体膜中的单半乳糖甘油二酯。

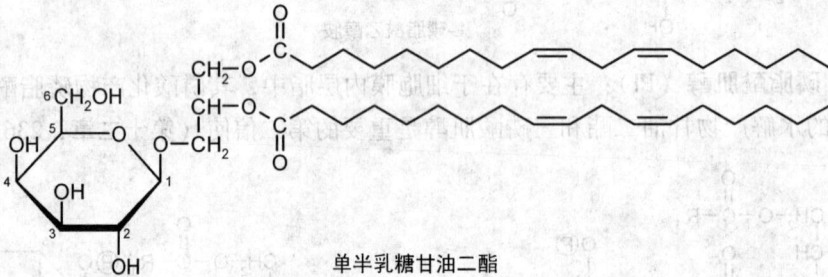

单半乳糖甘油二酯

2. 鞘糖脂（glycosphingolipid）　由鞘氨醇、脂肪酸和糖构成，包括脑苷脂和神经节苷脂等。

（1）脑苷脂（cerebroside）：是含有一个半乳糖基或葡萄糖基的鞘糖脂，含有半乳糖基的称为半乳糖脑苷脂（galactocerebroside），是神经细胞的膜成分；含有葡萄糖基的称为葡糖脑苷脂（glucocerebroside），是其他细胞的膜成分。

半乳糖脑苷脂

（2）神经节苷脂（ganglioside）：是含寡糖基的鞘糖脂，寡糖基由己糖、氨基己糖和唾液酸等构成。神经节苷脂种类很多，例如神经节苷脂GM1。

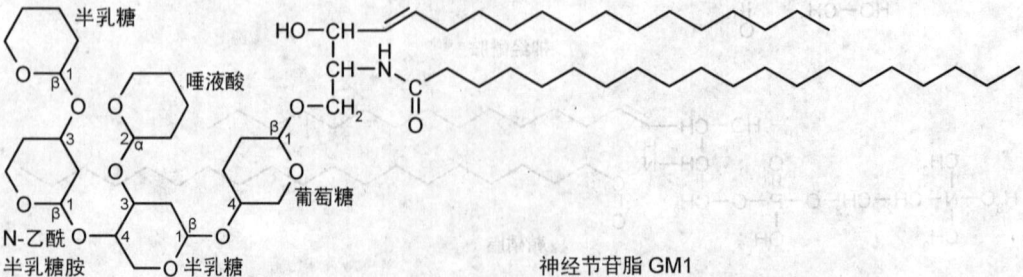

神经节苷脂 GM1

神经节苷脂在脑灰质中含量最多，是神经组织细胞膜特别是突触的重要组成成分，参与神经传导。神经节苷脂分子的寡糖部分是亲水基团，向细胞膜的外表面突出，形成许多结合位点，是某些细胞膜受体的重要组成成分，参与细胞免疫和细胞识别，例如 GM1 就是霍乱毒素的受体。

3. **与膜脂贮积有关的遗传病**　膜脂属于固定脂，其合成与降解保持平衡，因而水平相当稳定。膜脂降解在溶酶体中进行，由一组酶催化。不同的酶水解不同的化学键。其中某些酶的缺乏或缺陷导致水解的中间产物在组织中积累，引起严重疾病（图 2 - 1）。

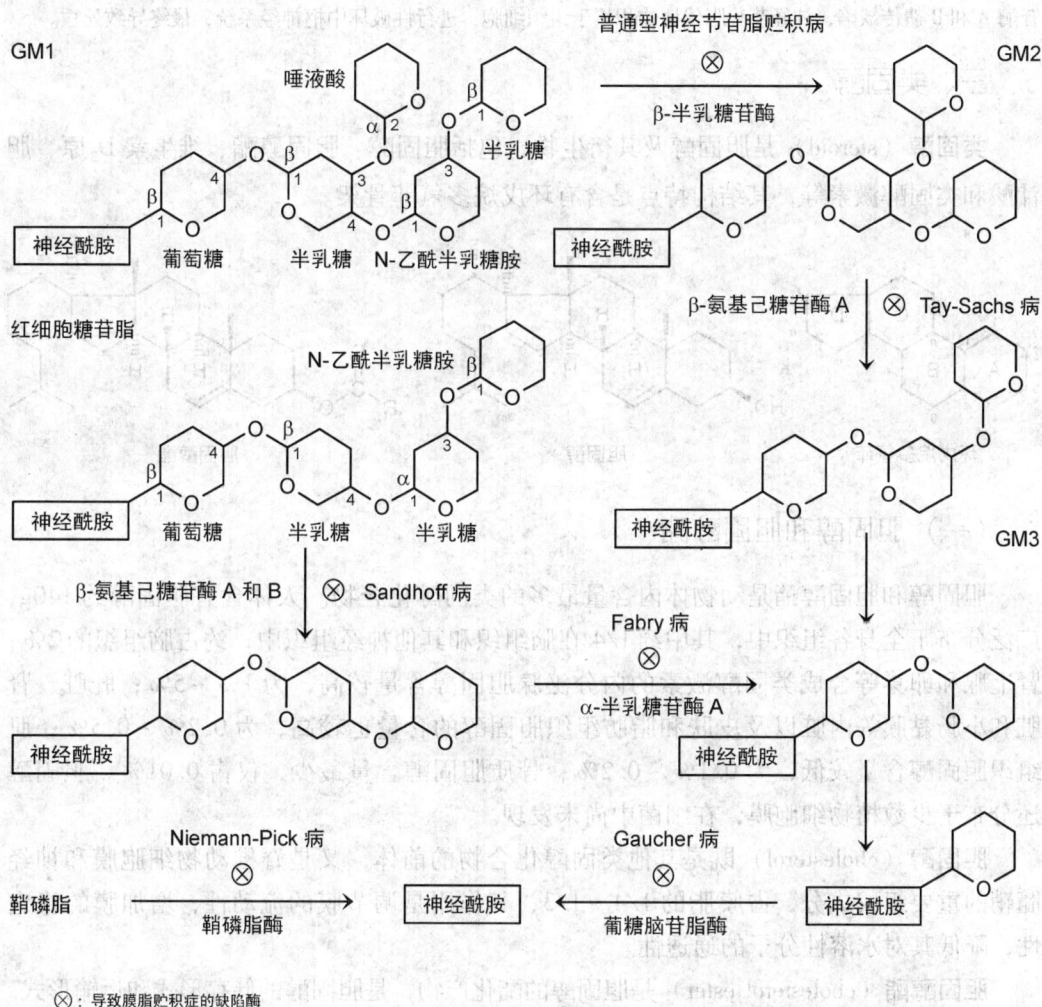

图 2 - 1　膜脂贮积症

Tay-Sachs 病：又称 GM2 神经节苷脂贮积症、氨基己糖苷酶 A 缺乏症，因英国眼科医生 Tay 于 1881 年最早报道一视网膜红斑病例、美国神经学家 Sachs 研究其细胞病理而得名。患儿存在β-氨基己糖苷酶 A 遗传缺陷，GM2 积累于脑、脾，导致发育迟缓、麻痹、失明，3～4 岁前死亡。

Gaucher 病：一种溶酶体贮积症（LSD），因法国医生 Gaucher 于 1882 年最早报道此病而得名。患者存在溶酶体葡糖脑苷脂酶遗传缺陷，葡糖脑苷脂积累于血细胞，虽被巨噬细胞吞噬但不能降解，巨噬细胞发展成 Gaucher 细胞，导致多种组织器官形态及功能异常，例如肝大、脾大、贫血等。

Fabry 病：一种溶酶体贮积症，因德国皮肤病医生 Fabry 等于 1898 年最早报道此病而得名。

患者存在α-半乳糖苷酶遗传缺陷，红细胞糖脂代谢物积累于血管及其他组织器官导致其损伤，所致疾病有肾衰竭、心血管功能障碍、中风、血管角质瘤、神经病等，患者平均寿命为女性15岁、男性20岁。

🏥 Niemann-Pick 病：因德国医生 Niemann 于 1914 年最早报道此病、德国病理学家 Pick 阐明其病理而得名。患儿存在鞘磷脂酶遗传缺陷，鞘磷脂积累于肝、脾、脑，导致精神发育迟缓、肝脾大、淋巴结病、贫血，多数 1.5 岁前死亡。

🏥 Sandhoff 病：因德国生物化学家 Sandhoff 等于 1965 年最早报道此病而得名。患者存在β-氨基己糖苷酶 A 和 B 遗传缺陷，神经节苷脂代谢物积累于组织细胞，进行性破坏中枢神经系统，最终导致死亡。

三、类固醇

类固醇（steroid）是胆固醇及其衍生物，包括胆固醇、胆固醇酯、维生素 D_3 原、胆汁酸和类固醇激素等，其结构特点是含有环戊烷多氢菲骨架。

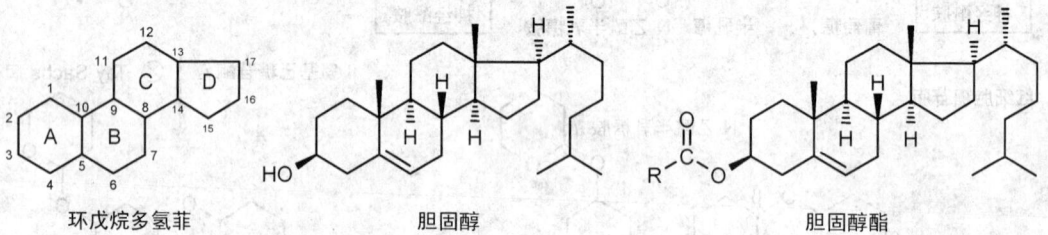

环戊烷多氢菲　　　　　胆固醇　　　　　胆固醇酯

（一）胆固醇和胆固醇酯

胆固醇和胆固醇酯是动物体内含量最多的类固醇化合物。人体含有胆固醇约 140g，广泛分布于全身各组织中，其中约 1/4 在脑组织和其他神经组织中，约占脑组织的 2%；肾上腺和卵巢等合成类固醇激素的内分泌腺胆固醇含量较高，为 1%～5%；肝脏、肾脏和小肠黏膜等内脏以及皮肤和脂肪组织胆固醇的含量也较高，为 0.2%～0.5%；肌组织胆固醇含量较低，为 0.1%～0.2%；骨质胆固醇含量最少，仅占 0.01%。胆固醇还分布于少数植物细胞膜，在细菌中尚未发现。

胆固醇（cholesterol）既是其他类固醇化合物的前体，又是脊椎动物细胞膜和神经髓鞘的重要组成成分，占膜脂的 1/4～1/3，其作用是调节膜的流动性，增加膜的稳定性，降低其对水溶性分子的通透性。

胆固醇酯（cholesterol ester）是胆固醇的酯化产物，是胆固醇的储存形式和运输形式。

胆固醇和胆固醇酯在不同组织中的含量比例不同：在肝脏内胆固醇和胆固醇酯各占 50%，在中枢神经系统、红细胞和胆汁中基本上只含有胆固醇，在血浆中胆固醇酯占总胆固醇的 65%。

（二）胆汁酸

胆汁酸（bile acid）是胆固醇的转化产物，有游离胆汁酸和结合胆汁酸两种形式。游离胆汁酸包括胆酸、脱氧胆酸、鹅脱氧胆酸和石胆酸。游离胆汁酸与牛磺酸或甘氨酸构成结合胆汁酸（第十八章，314 页），是人和其他动物胆汁的主要成分。

胆汁酸

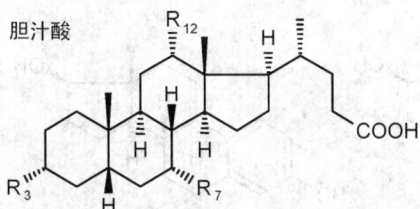

	胆酸	鹅脱氧胆酸	脱氧胆酸	石胆酸
R_3	OH	OH	OH	OH
R_7	OH	OH	H	H
R_{12}	OH	H	OH	H

胆汁酸在胆汁中以钠盐或钾盐形式存在，称为胆汁酸盐，简称胆盐（各种酸在体液中主要以盐的形式存在，如磷酸和柠檬酸。为叙述方便，书中仍称之为"酸"）。胆汁酸分子中的甲基和羟基分别位于疏水面和亲水面，因而胆汁酸是很好的乳化剂，在肠道中促进脂类的消化吸收。

甘氨胆酸钠构象

（三）类固醇激素

类固醇激素（steroid hormone）包括肾上腺皮质激素和性激素等。

1. 肾上腺皮质激素（adrenal cortical hormone） 是由肾上腺皮质分泌的一类激素，如皮质醇（又称氢化可的松）、皮质酮和醛固酮。

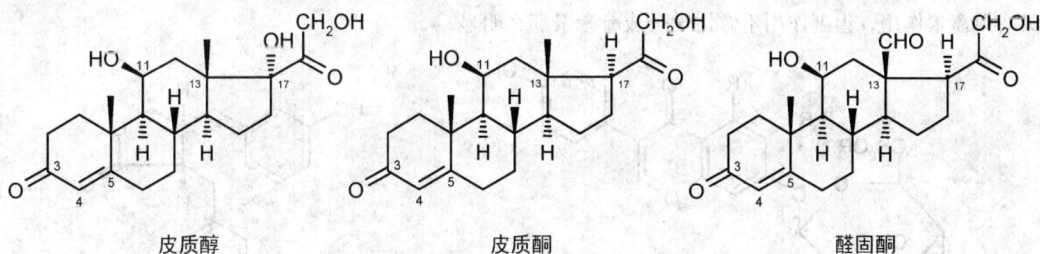

皮质醇　　　　　　　　　皮质酮　　　　　　　　　醛固酮

肾上腺皮质激素具有提高血糖水平或促进肾脏保钠排钾的作用。其中皮质醇、皮质酮由肾上腺皮质束状带分泌，对血糖的调节作用（调节糖异生）较强，而对肾脏保钠排钾的作用很弱，是典型的**糖皮质激素**（glucocorticoid）；醛固酮由肾上腺皮质球状带分泌，对水盐平衡的调节作用（肾脏对 Na^+、Cl^-、HCO_3^- 的重吸收）较强，是典型的**盐皮质激素**（mineralocorticoid）。

2. 性激素（gonadal hormone） 包括孕激素、雄激素和雌激素。它们主要由卵巢和睾丸等性腺分泌，在青春期之前主要由肾上腺皮质网状带分泌。性激素对机体的生长和发育、第二性征（又称副性征）的发生和成熟都起重要作用。

（1）**孕激素**（progestogen）：主要由黄体分泌。人体内的孕激素主要是孕酮，其主要作用是：①调节生殖周期，使子宫内膜发生分泌期变化，有利于受精卵着床。②降低子宫肌细胞膜兴奋性。③降低母体对胎儿的排斥反应。

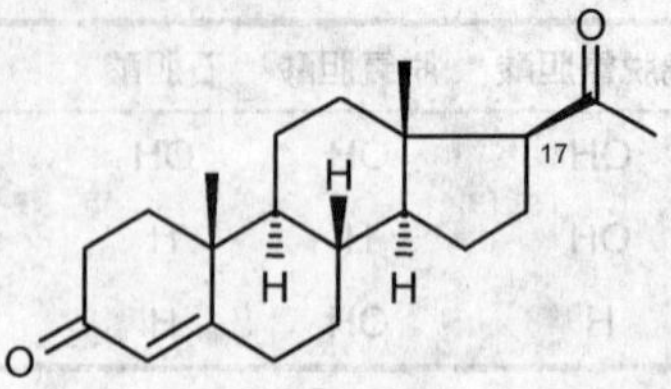

孕酮 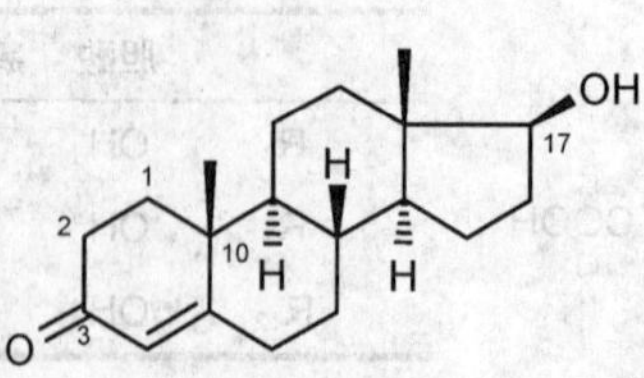　　　　　　　　　　　睾酮 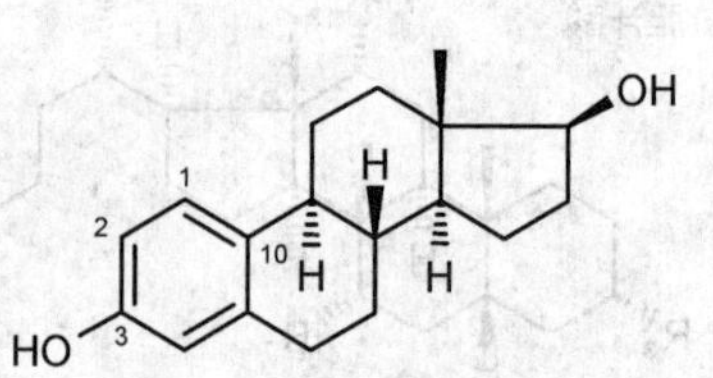　　　　　　　　　　　雌二醇

（2）**雄激素**（androgen）：男性主要由睾丸分泌，肾上腺皮质也有少量分泌；女性体内有少量雄激素，主要由卵泡内膜细胞和肾上腺皮质网状带分泌。雄激素有睾酮、双氢睾酮和脱氢异雄酮等，其中睾酮水平最高，是双氢睾酮的 19 倍；双氢睾酮活性最高，与雄激素受体的亲和力是睾酮的 3 倍。雄激素的主要作用是：①影响胚胎发育。②维持生精作用。③刺激副性器官生长发育并维持在成熟状态，维持正常性欲。④刺激男性第二性征出现。⑤促进肌肉与骨骼生长。

（3）**雌激素**（estrogen）：由卵巢中成熟的卵泡和黄体分泌，肾上腺皮质网状带也有少量分泌。雌激素主要有雌酮（E_1）、雌二醇（E_2）和雌三醇（E_3）等，其主要作用是：①促进女性第一性征和第二性征的生长发育并维持其正常功能。②拮抗甲状旁腺素，抑制破骨细胞活动，刺激成骨细胞活动。③促进醛固酮分泌，从而保钠排钾。

链　接

植物雌激素

绝经期女性的许多疾病与其体内雌激素水平的低下有直接关系，因而长期以来多以化学合成的雌激素作为治疗药物，但化学合成雌激素具有明显的副作用，特别是致癌作用。相比之下，植物雌激素具有雌激素作用，但副作用不像化学合成雌激素那么明显。

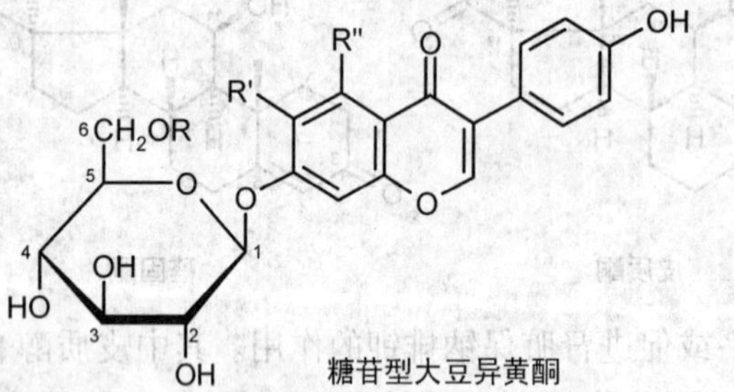

糖苷型大豆异黄酮 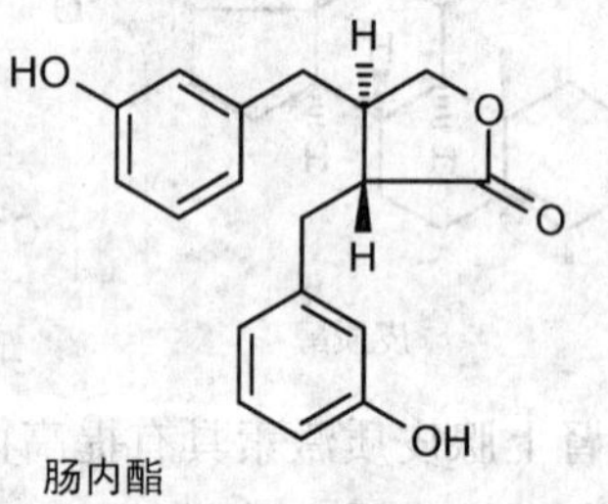　　　　　　　　　　　　　肠内酯

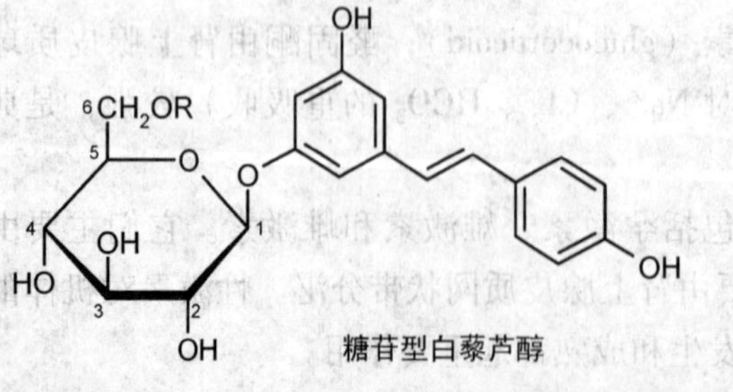

糖苷型白藜芦醇 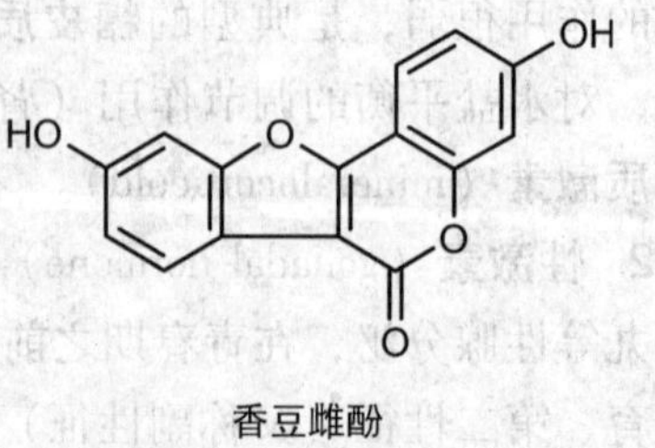　　　　　　　　　　　　　香豆雌酚

植物雌激素（phytoestrogen）是指一类来源于植物、具有雌激素活性的非固醇类化合物。它们可以与雌激素受体结合，起受体调节剂作用，表现为当体内雌激素水平较高时起抗雌激素作用，当体内雌激素水平较低时起雌激素作用。植物雌激素大多数具有两个羟基，目前根据其结构特征分为四类，

即异黄酮类、木脂素类、香豆素类和二苯乙烯类。

1. 异黄酮类 只存在于天然植物中，在豆类作物中尤为丰富，对人体有明显的保健作用，副作用较低，因而受到广泛重视。大豆异黄酮是多酚类化合物，在植物体内多以 β-葡萄糖苷形式存在。

2. 木脂素类 在芝麻中含量丰富，是一类苯丙素类化合物，本身没有活性，在肠道内经过代谢产生的肠内酯和肠二醇等为其活性形式。

3. 香豆素类 紫苜蓿全草、蒲公英根、白车轴草等所含的香豆雌酚具有雌激素活性。

4. 二苯乙烯类 葡萄、藜芦和虎杖等所含的白藜芦醇是一类多酚类化合物，在植物中与其 3-β-葡萄糖苷形式同时存在。白藜芦醇存在顺反异构体，反式白藜芦醇活性更强。

植物雌激素可以用于预防肿瘤、心血管疾病和骨质疏松，改善绝经期综合征等。

小　结

脂类包括脂肪和类脂，是重要的生命物质。脂肪由甘油和脂肪酸构成。类脂包括磷脂、糖脂、类固醇及脂溶性维生素、脂类激素、萜类、蜡等。

脂肪酸是脂类的基本组成成分，可以分为短链脂肪酸、中链脂肪酸和长链脂肪酸，也可以分为饱和脂肪酸和不饱和脂肪酸。不饱和脂肪酸可以分为单不饱和脂肪酸和多不饱和脂肪酸，也可以分为 ω-7 类、ω-9 类、ω-6 类、ω-3 类不饱和脂肪酸。

亚油酸、亚麻酸和花生四烯酸是必需脂肪酸。类花生酸是花生四烯酸的衍生物，包括前列腺素、血栓素和白三烯，属于激素。它们在体内含量少，分布广，具有重要的生理功能。

脂肪包括油和脂，其所含脂肪酸的不饱和程度可以用碘值来评价，酸败程度可以用酸值表示。

磷脂是生物膜的重要组成成分，包括甘油磷脂和鞘磷脂，其中甘油磷脂包括磷脂酸、磷脂酰胆碱、磷脂酰乙醇胺、磷脂酰丝氨酸和磷脂酰肌醇等。

糖脂包括甘油糖脂和鞘糖脂等，是细胞膜的结构成分，也是血型物质，在脑和神经髓鞘中含量最多。

类固醇包括胆固醇、胆固醇酯、维生素 D_3 原、胆汁酸和类固醇激素等，其结构特点是含有环戊烷多氢菲骨架。

胆固醇既是其他类固醇化合物的前体，又是脊椎动物细胞膜和神经髓鞘的重要组成成分，在脑和其他神经组织中含量较多。

胆固醇酯是胆固醇的酯化产物，是胆固醇的储存形式和运输形式。

胆汁酸是人和其他动物胆汁的主要成分，包括游离胆汁酸和结合胆汁酸，是很好的乳化剂，在肠道中促进脂类的消化吸收。

类固醇激素包括肾上腺皮质激素和性激素等。肾上腺皮质激素包括糖皮质激素和盐皮质激素，由肾上腺皮质分泌，具有提高血糖水平或促进肾脏保钠排钾的作用。性激素包括孕激素、雄激素和雌激素，主要由卵巢和睾丸等性腺分泌，在青春期之前由肾上腺皮质网状带分泌，对机体的生长和发育、第二性征的发生和成熟都起重要作用。

第三章 蛋白质化学

蛋白质（protein）是一类生物大分子，由一条或多条肽链构成，每条肽链都由一定数量的氨基酸按一定顺序以肽键连接形成。蛋白质是生命的物质基础，是一切细胞和组织的重要组成成分。蛋白质的希腊名字（*proteios*）的本意是第一、最初，这也反映出它的重要性。蛋白质约占人体干重的 45%，细胞干重的 50%～70%，是细胞内除水之外含量最多的生命物质。大肠杆菌有 3000 多种蛋白质，酵母有 5000 多种，哺乳动物细胞则有上万种。

不同蛋白质具有不同的生理功能。例如：有些蛋白质称为酶，它们具有催化活性，体内代谢所发生的各种化学反应几乎都要由酶催化；有些蛋白质是结构成分；肽类激素、蛋白质激素及受体参与信号转导和代谢调节；免疫球蛋白和干扰素参与机体防御。此外，物质转运、营养储存、肌肉收缩、血液凝固、损伤修复、生长和繁殖、遗传和变异甚至高等动物的识别和记忆、感觉和思维等生命现象均由蛋白质参与完成。因此，生命活动离不开蛋白质。

第一节 蛋白质的分子组成

蛋白质种类多、含量多、功能复杂但组成简单，其主要组成元素是碳、氢、氧、氮和硫，结构单位是氨基酸。有些蛋白质含非氨基酸成分。

一、蛋白质的元素组成

碳、氢、氧、氮和硫是组成蛋白质的主要元素，有些蛋白质还含有磷、铁、铜、锌、锰、硒和碘等。氮是蛋白质的特征元素，各种蛋白质的含氮量接近，平均值为 16%。因为蛋白质是主要含氮生命物质，所以只要测定生物样品的含氮量就可以大致算出其蛋白质含量：

$$样品蛋白质含量 = 样品含氮量 \times 6.25$$

式中 6.25 即 16% 的倒数，为 1 克氮所代表的蛋白质的量（克）。

凯氏定氮法（Kjeldahl method）是分析样品总氮的经典方法。样品与硫酸和催化剂一同加热消化，使样品总氮转化成铵盐，然后加碱将铵盐转化为氨，随水蒸气馏出，用硼酸吸收后再用标准碱滴定，就可计算出样品总氮。凯氏定氮法可用于分析食品蛋白质含量。该法的优点是不需要提纯蛋白质，缺点是非蛋白氮会使测定值偏高。

二、蛋白质的结构单位

蛋白质的结构单位是**氨基酸**（amino acid）。各种生物体内的氨基酸合计有 300 多种，但用于合成蛋白质的只有 20 种，这 20 种氨基酸称为**标准氨基酸**。标准氨基酸名称都有自己的三字母和单字母缩写形式，主要用于书写蛋白质的氨基酸序列。其他非标准氨基酸有些是在蛋白质中由 20 种标准氨基酸转化生成的，例如胶原蛋白中的羟脯氨酸和羟赖氨酸、凝血因子中的γ-羧基谷氨酸；有些并不存在于蛋白质中，例如参与尿素合成的鸟氨酸和瓜氨酸、参与含硫氨基酸代谢的同型半胱氨酸。

（一）氨基酸的结构

在 20 种标准氨基酸中只有脯氨酸是 α-亚氨基酸，其他氨基酸都是 **α-氨基酸**（羧酸分子中与羧基碳成键的碳原子称为 α-碳原子，α-碳原子上的氨基称为 α-氨基）。除了甘氨酸之外，其他氨基酸的 α-碳原子都结合了 4 个不同的原子或基团：羧基、氨基、R 基和一个氢原子，所以是手性碳原子，氨基酸是手性分子，具有 L-构型。甘氨酸的 α-碳原子不是手性碳原子，甘氨酸不是手性分子，没有构型。D-构型的氨基酸最初发现于细菌细胞壁的部分肽及某些肽类抗生素中，后来人体内也有发现，如 D-丝氨酸为重要的脑神经递质。书中介绍 L-氨基酸时一般不再注明其构型。

氨基酸的碳原子有两种编号规则：一种是将碳原子按照与羧基碳原子的距离依次编号为 α、β、γ、δ 等；另一种是用阿拉伯数字编号，羧基是主要功能基，其碳原子编为 1 号，其他碳原子依次编为 2 号、3 号等。含环结构氨基酸有特殊编号，见表 3 – 2、3 – 4、3 – 5。

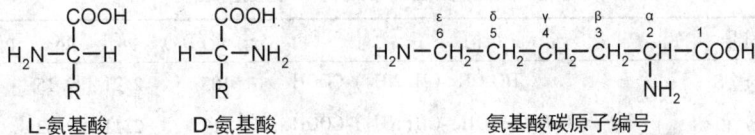

$$
\begin{array}{ccc}
\text{COOH} & \text{COOH} & \\
| & | & \\
\text{H}_2\text{N}-\text{C}-\text{H} & \text{H}-\text{C}-\text{NH}_2 & \underset{\text{NH}_2}{\text{H}_2\text{N}-\overset{\varepsilon}{\text{CH}_2}-\overset{\delta}{\text{CH}_2}-\overset{\gamma}{\text{CH}_2}-\overset{\beta}{\text{CH}_2}-\overset{\alpha}{\text{CH}}-\overset{1}{\text{COOH}}} \\
| & | & \\
\text{R} & \text{R} & \\
\text{L-氨基酸} & \text{D-氨基酸} & \text{氨基酸碳原子编号}
\end{array}
$$

（二）氨基酸的分类

将氨基酸分类有助于认识氨基酸的结构、性质和作用。研究的目的不同，氨基酸的分类也就不同（表 3 – 1）。20 种标准氨基酸可以根据 R 基的结构与性质分为五类。

表 3 – 1 标准氨基酸分类

分类依据	分类
R 基结构与性质	非极性脂肪族 R 基氨基酸、极性不带电荷 R 基氨基酸、芳香族 R 基氨基酸、带正电荷 R 基氨基酸、带负电荷 R 基氨基酸
R 基酸碱性	酸性氨基酸、碱性氨基酸、中性氨基酸
人体内能否自己合成	必需氨基酸、非必需氨基酸
分解产物进一步转化	生糖氨基酸、生酮氨基酸、生糖兼生酮氨基酸

1. 非极性脂肪族 R 基氨基酸 这类氨基酸有七种，其 R 基是非极性疏水的。其中

异亮氨酸、亮氨酸、缬氨酸和丙氨酸的 R 基在蛋白质分子内可以通过疏水作用结合在一起，以稳定蛋白质结构。甘氨酸的结构最简单，它的 R 基太小（是一个氢原子），因而与其他氨基酸的 R 基无疏水作用。甲硫氨酸（又称蛋氨酸）是两种**含硫氨基酸**之一，它的 R 基含有非极性硫醚基。脯氨酸的 R 基形成环状结构，这种结构具有刚性，在蛋白质的空间结构中具有特殊意义（表 3－2）。

表 3－2　非极性脂肪族 R 基氨基酸

习惯名称	符号		结构	分子量(Da)	pK_1	pK_2	pK_R	等电点
甘氨酸	Gly	G	$CH_2(NH_2)-COOH$	75	2.34	9.60		5.97
丙氨酸	Ala	A	$CH_3-CH(NH_2)-COOH$	89	2.34	9.69		6.01
脯氨酸	Pro	P		115	1.99	10.96		6.48
缬氨酸	Val	V	$(CH_3)_2CH-CH(NH_2)-COOH$	117	2.32	9.62		5.97
亮氨酸	Leu	L	$(CH_3)_2CH-CH_2-CH(NH_2)-COOH$	131	2.36	9.60		5.98
异亮氨酸	Ile	I	$C_2H_5-CH(CH_3)-CH(NH_2)-COOH$	131	2.36	9.68		6.02
甲硫氨酸	Met	M	$CH_3-S-[CH_2]_2-CH(NH_2)-COOH$	149	2.28	9.21		5.74

2. 极性不带电荷 R 基氨基酸　这类氨基酸有五种，其 R 基是极性亲水的，可以与水形成氢键（半胱氨酸除外）。因此，与非极性脂肪族 R 基氨基酸相比它们较易溶于水。丝氨酸和苏氨酸的极性源于其 R 基羟基，半胱氨酸源于其巯基，天冬酰胺和谷氨酰胺则源于其酰胺基（表 3－3）。

表 3－3　极性不带电荷 R 基氨基酸

习惯名称	符号		结构	分子量(Da)	pK_1	pK_2	pK_R	等电点
丝氨酸	Ser	S	$HO-CH_2-CH(NH_2)-COOH$	105	2.21	9.15		5.68
苏氨酸	Thr	T	$CH_3-CH(OH)-CH(NH_2)-COOH$	119	2.11	9.62		5.87
半胱氨酸	Cys	C	$HS-CH_2-CH(NH_2)-COOH$	121	1.96	10.28	8.18	5.07
天冬酰胺	Asn	N	$H_2N-CO-CH_2-CH(NH_2)-COOH$	132	2.02	8.80		5.41
谷氨酰胺	Gln	Q	$H_2N-CO-[CH_2]_2-CH(NH_2)-COOH$	146	2.17	9.13		5.65

3. 芳香族 R 基氨基酸　这类氨基酸有三种，其 R 基都有苯环结构，所以称为**芳香族氨基酸**。酪氨酸是 R 基含羟基的第三种标准氨基酸（表 3－4）。

4. 带正电荷 R 基氨基酸　这类氨基酸有三种，其中赖氨酸 R 基所含的氨基、精氨酸 R 基所含的胍基和组氨酸 R 基所含的咪唑基在生理条件下可以结合 H^+ 而带正电荷，又称**碱性氨基酸**。组氨酸咪唑基的 $pK_R = 6$，接近生理 pH，所以在酶促反应中咪唑基既可以作为 H^+ 供体又可以作为 H^+ 受体，发挥酸碱催化作用（第五章，83 页）（表 3－5）。

表 3-4 芳香族 R 基氨基酸

习惯名称	符号	结构	分子量（Da）	pK_1	pK_2	pK_R	等电点
苯丙氨酸	Phe F	β α CH$_2$-CH(NH$_2$)-COOH	165	1.83	9.13		5.48
酪氨酸	Tyr Y	HO— β α CH$_2$-CH(NH$_2$)-COOH	181	2.20	9.11	10.07	5.66
色氨酸	Trp W	β α CH$_2$-CH(NH$_2$)-COOH	204	2.38	9.39		5.89

表 3-5 带正电荷 R 基氨基酸

习惯名称	符号	结构	分子量(Da)	pK_1	pK_2	pK_R	等电点
赖氨酸	Lys K	H$_2$N-[CH$_2$]$_4$-CH(NH$_2$)-COOH	146	2.18	8.95	10.53	9.74
组氨酸	His H	β α CH$_2$-CH(NH$_2$)-COOH	155	1.82	9.17	6.00	7.59
精氨酸	Arg R	H$_2$N-C(=NH)-NH-[CH$_2$]$_3$-CH(NH$_2$)-COOH	174	2.17	9.04	12.48	10.76

5. 带负电荷 R 基氨基酸 天冬氨酸和谷氨酸 R 基所含的羧基在生理条件下可以给出 H$^+$ 而带负电荷，又称**酸性氨基酸**（表 3-6）。

表 3-6 带负电荷 R 基氨基酸

习惯名称	符号	结构	分子量（Da）	pK_1	pK_2	pK_R	等电点
天冬氨酸	Asp D	HOOC-CH$_2$-CH(NH$_2$)-COOH	133	1.88	9.60	3.65	2.77
谷氨酸	Glu E	HOOC-[CH$_2$]$_2$-CH(NH$_2$)-COOH	147	2.19	9.67	4.25	3.22

（三）氨基酸的性质

各种氨基酸的理化性质不尽相同，甚至都有自己的特性。这里介绍氨基酸的典型性质。

1. 紫外吸收特征 分析吸收光谱可知，色氨酸和酪氨酸在 280nm 波长附近存在吸收峰（图 3-1）。由于大多数蛋白质都含有色氨酸和酪氨酸，所以测定溶液对 280nm 紫外线的吸光度可以快速简便地进行蛋白质定量分析。

2. 茚三酮反应 氨基酸与水合茚三酮发生反应，生成蓝紫色化合物，该化合物在 570nm 波长附近存在吸收峰。茚三酮反应可以用于氨基酸定量分析。

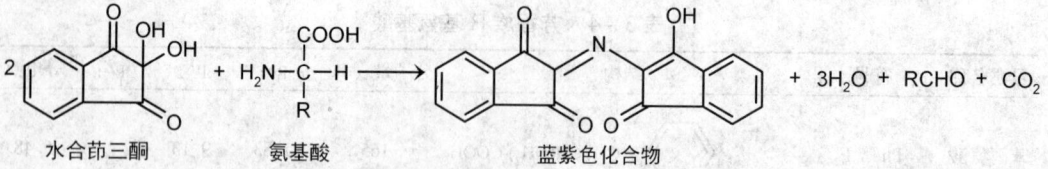

水合茚三酮　氨基酸 + 3H₂O + RCHO + CO₂ → 蓝紫色化合物

3. 两性解离与等电点　氨基酸是**两性电解质**（ampholyte，是指在溶液中既可以给出 H^+ 而表现酸性，又可以结合 H^+ 而表现碱性的电解质，例如 HCO_3^-、$H_2PO_4^-$），在溶液中其羧基可以给出 H^+ 而表现酸性，其氨基可以结合 H^+ 而表现碱性（图 3-2）。在一定条件下，氨基酸是一种既带正电荷、又带负电荷的离子，这种离子称为**兼性离子**（zwitterion）。

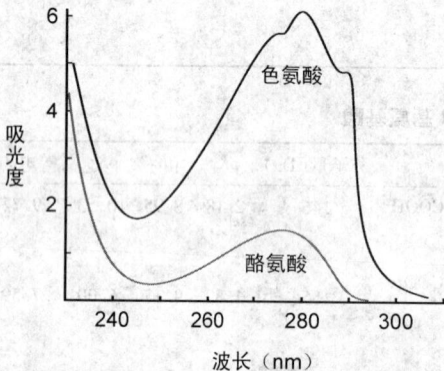

图 3-1　氨基酸的紫外吸收光谱

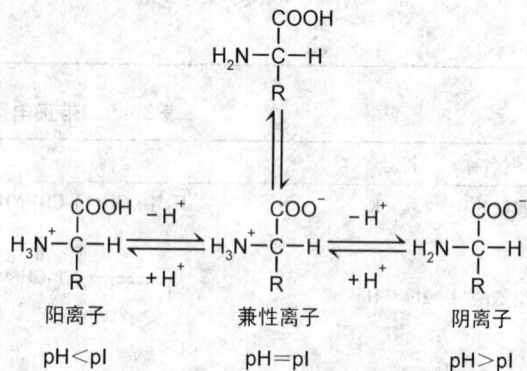

图 3-2　氨基酸的两性解离与等电点

氨基酸在溶液中的解离程度受 pH 值影响，在某一 pH 值条件下，氨基酸解离成阳离子和阴离子的程度相等，溶液中的氨基酸以兼性离子形式存在，且净电荷为零，此时溶液的 pH 值称为该氨基酸的**等电点**（pI）。等电点是氨基酸的特征常数。如果溶液的 pH 值高于氨基酸的等电点，则氨基酸的净电荷为负，在电场中将向正极移动；反之，如果溶液的 pH 值低于氨基酸的等电点，则氨基酸的净电荷为正，在电场中将向负极移动。溶液的 pH 值越偏离等电点，氨基酸所带净电荷越多，在电场中的移动速度就越快。

三、蛋白质的辅基

蛋白质的辅基（prosthetic group）是指蛋白质所含的非氨基酸成分。蛋白质可以根据组成分为单纯蛋白质和缀合蛋白质：**单纯蛋白质**（simple protein）完全由氨基酸构成，例如胰岛素；**缀合蛋白质**（conjugated protein，又称结合蛋白质）由脱辅蛋白质（apoprotein）和辅基构成，例如血红蛋白、细胞色素、视紫红质。生物体内多数蛋白质都是缀合蛋白质。

不同缀合蛋白质所含辅基的化学本质不同（表 3-7），其功能也不同，例如酶的辅助因子（第五章，79 页）。

表 3-7　缀合蛋白质组成与分类

分类	辅基	举例
糖蛋白（glycoprotein）	糖类	免疫球蛋白、凝集素、干扰素、人绒毛膜促性腺激素
磷蛋白（phosphoprotein）	磷酸基	酪蛋白
核糖核蛋白（nucleoprotein）	核酸	核糖体、端粒酶、信号识别颗粒
血红素蛋白（hemoprotein）	血红素	血红蛋白
黄素蛋白（flavoprotein）	黄素核苷酸	琥珀酸脱氢酶
金属蛋白（metalloprotein）	铁	铁蛋白
	锌	醇脱氢酶、碳酸酐酶
	钙	钙调蛋白
	钼	固氮酶
	铜	铜蓝蛋白

第二节　肽键和肽

氨基酸通过肽键连接成肽。肽可以根据所含氨基酸多少分为寡肽和多肽，根据结构功能分为生物活性肽和蛋白质。

一、肽键与肽平面

肽键（peptide bond）存在于蛋白质和肽分子中，是由一个氨基酸的 α-羧基与另一个氨基酸的 α-氨基缩合形成的化学键。

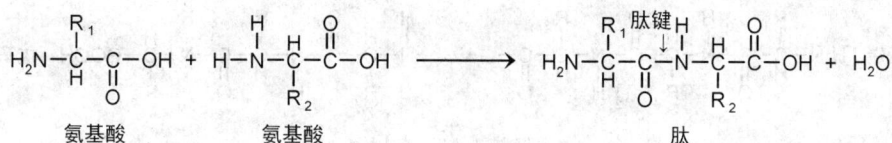

肽键结构的六个原子构成一个**肽单元**（peptide unit，$-C_\alpha-CO-NH-C_\alpha-$）。在肽单元中，羰基的 π 键电子对与氮原子的孤电子对存在部分共享（共振，图 3-3①），C—N 键的键长（0.132nm）介于 C—N 单键（0.147nm）和 C=N 双键（0.124nm）之间，具有一定程度的双键性质，不能自由旋转。因此，肽单元的六个原子处在同一个平面上，称为**肽平面**。肽平面多为反式构型，即两个 C_α 处于肽键两侧。N—C_α 键和 C_α—C 键可以旋转，主链构象的形成与改变就是通过围绕 C_α 旋转肽平面来实现的（图 3-3②）。

二、肽

肽（peptide）是指由两个或多个氨基酸通过肽键连接而成的分子。肽分子中的氨基酸是不完整的，氨基失去了氢，羧基失去了羟基，因而称为**氨基酸残基**（amino-acid residue）。

图 3 - 3   肽键共振结构和肽平面

1. 肽是氨基酸的链状缩合物   由两个氨基酸构成的肽称为二肽，由三个氨基酸构成的肽称为三肽，四肽、五肽等依此类推。通常把由 2 ~ 10 个氨基酸通过肽键连接而成的肽称为**寡肽**（oligopeptide），由 10 个以上氨基酸通过肽键连接而成的肽称为**多肽**（polypeptide）。多肽的化学结构呈链状，所以又称**多肽链**。多肽链中以—N—C_α—C—为单位构成的长链称为**主链**（main chain），又称**骨架**（backbone）；而氨基酸的 R 基相对很小，称为**侧链**（branch，side chain）。主链有一端的 α-氨基未与氨基酸形成肽键（许多是游离的，但在某些肽链中环化或酰胺化），这一端称为**氨基端**（N-terminal）或 **N端**；另一端的 α-羧基未与氨基酸形成肽键（许多是游离的，但在某些肽链中酰胺化），这一端称为**羧基端**（C-terminal）或 **C 端**。肽链有方向性，通常把氨基端视为头，这与其合成方向一致，即肽链的合成起始于氨基端，终止于羧基端。

书写肽链时，习惯上把氨基端写在左侧，用 H_2N-或 H-表示，羧基端写在右侧，用-COOH或-OH 表示，如图 3 - 4 所示。也可以用中文简称或英文符号表示，如 H-丙-甘-半-丙-*丝*-OH 或 H_2N-Ala-Gly-Cys-Ala-Ser-COOH （图 3 - 6）。

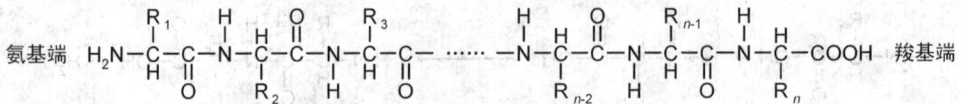

图 3 - 4   肽链结构

2. 蛋白质是大分子肽   多肽链是蛋白质的基本结构，实际上蛋白质就是具有特定构象的多肽。不过，多肽并不都是蛋白质，虽然两者没有严格界限，但可以从以下几方面区分：①由 11 ~ 50 个氨基酸构成的多肽不是蛋白质，由多于 50 个氨基酸构成的多肽是蛋白质。②一个多肽分子只有一条肽链，而一个蛋白质分子可以含有不止一条肽链。③多肽的生物活性可能与其构象无关，而蛋白质则不然，改变构象会改变其生物活性。④许多蛋白质含有辅基成分，而多肽一般不含辅基成分（表 3 - 8）。

用单纯蛋白质的分子量除以 110 可以估算其所含氨基酸的数目。虽然 20 种标准氨基酸的平均分子量是 138Da，但实际上多数蛋白质含较多的小分子氨基酸。分析已经研究的蛋白质中各种氨基酸的相对含量，统计其平均分子量约为 128Da，考虑到每形成一个肽键就要脱去一分子水，在蛋白质分子中氨基酸的平均分子量就是 128 - 18 = 110Da。

表3-8　一些蛋白质的分子量

蛋白质	来源	分子量（Da）	氨基酸数	肽链数
细胞色素 *c*	人	13000	104	1
核糖核酸酶 A	牛胰	13700	124	1
溶菌酶 C	鸡蛋清	13930	129	1
肌红蛋白	人	17053	153	1
糜蛋白酶 A	牛胰	21600	241	3
糜蛋白酶原 A	牛胰	22000	245	1
血红蛋白	人	64500	574	4
白蛋白	人	68500	609	1
己糖激酶	酵母	102000	972	2
RNA 聚合酶	大肠杆菌	450000	4158	5
载脂蛋白 B	人	513000	4536	1
谷氨酰胺合成酶	大肠杆菌	619000	5628	12

三、生物活性肽

生物活性肽（bioactive peptide）是指具有特殊生理功能的肽类物质。它们多为蛋白质多肽链的一个片段，当被降解释放之后就会表现出活性，例如参与代谢调节、神经传导。食物蛋白质的消化产物中也有生物活性肽，它们可以被直接吸收。人体内存在各种生物活性肽（表3-9）。

表3-9　生物活性肽

分类	举例（氨基酸数）	功能
（1）血液活性肽	①血管紧张素Ⅱ（8）	增大外周阻力，升高动脉血压
	②缓激肽（9）	抑制组织炎症
	③胰高血糖素（29）	促进肝糖原分解
（2）脑组织活性肽	①促甲状腺激素释放激素（3）	刺激垂体前叶促甲状腺激素分泌
	②促性腺激素释放激素（10）	促进黄体生成素和促卵泡激素分泌
	③生长激素释放抑制激素（14）	抑制生长激素等分泌
	④促肾上腺皮质激素释放激素（41）	促进促肾上腺皮质激素分泌
	⑤促肾上腺皮质激素（39）	刺激肾上腺皮质激素分泌
	⑥抗利尿激素（9）	增强肾脏钠水重吸收，刺激血管收缩
	⑦催产素（9）	刺激子宫收缩
	⑧β促黑激素（18）	调节黑素细胞代谢
（3）神经肽	脑啡肽（5）	神经传导，痛觉抑制
（4）肠道活性肽	①胃泌素 14、17、34（14、17、34）	调节消化道运动、消化腺分泌
	②胰泌素（27）	调节消化道运动、消化腺分泌
（5）其他组织活性肽	①心钠素（28）	促进心脏排钠排水，降低动脉血压
	②降钙素（32）	防止血钙血磷过高

谷胱甘肽（GSH）是由谷氨酸、半胱氨酸和甘氨酸通过肽键连接构成的酸性三肽（其中谷氨酸γ-羧基与半胱氨酸α-氨基形成**异肽键**），所含巯基为主要功能基团。谷胱甘肽具有还原性，是机体内重要的抗氧化剂（第八章，149 页；第十七章，303 页）。谷胱甘肽在机体内分布广泛，在肝细胞内水平最高，约 5mmol/L（90% 在细胞质，10% 在线粒体），在红细胞内水平也很高，约 2mmol/L，是红细胞内的主要抗氧化剂。

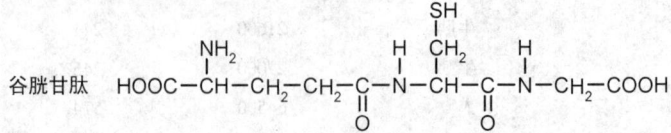

谷胱甘肽　HOOC—CH—CH₂—CH₂—C—N—CH—C—N—CH₂—COOH

此外，一些抗生素、蘑菇毒素（如鹅膏蕈碱）也是生物活性肽。

第三节　蛋白质的分子结构

蛋白质是由氨基酸连接形成的大分子化合物，分子中成千上万原子的空间排布十分复杂。蛋白质特定的氨基酸组成与结构是其具有独特生理功能的分子基础。在研究蛋白质的结构时，通常将其分成不同结构层次，包括一级结构、二级结构、三级结构和四级结构（图 3－5），其中二级结构、三级结构和四级结构称为**蛋白质的空间结构**或**构象**。一种蛋白质在生理条件下只有一种或少数几种稳定的构象。蛋白质的构象由氨基酸序列决定，主要靠非共价键维持。各种蛋白质构象独特，但有共同特征。

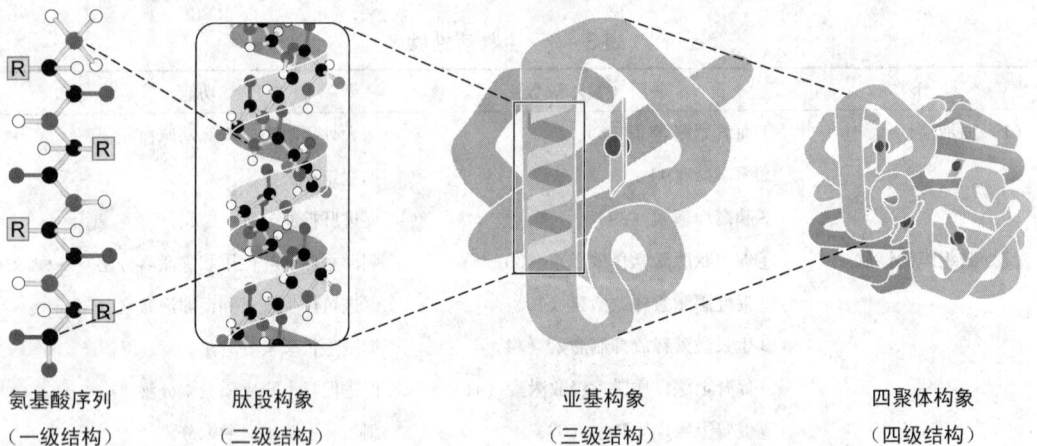

| 氨基酸序列 | 肽段构象 | 亚基构象 | 四聚体构象 |
| （一级结构） | （二级结构） | （三级结构） | （四级结构） |

图 3－5　血红蛋白结构

一、蛋白质的一级结构

蛋白质的一级结构（primary structure）通常描述为蛋白质多肽链中氨基酸的连接顺序，简称氨基酸序列。蛋白质的一级结构反映蛋白质分子的共价键结构。肽键是连接氨基酸的主要共价键，是维持其一级结构的主要化学键，此外分子中还可能存在二硫键等其他共价键。

如同成千上万个英文单词是用 26 个字母拼成的一样，生物体内各种蛋白质都是用 20 种氨基酸合成的，不同蛋白质所含氨基酸的数量、比例和连接顺序均不相同，因而其结构、性质和活性也不相同。

1921 年，Banting 和 Macloed（1923 年诺贝尔生理学或医学奖获得者）等发现了胰岛素（insulin），并于 1922 年应用于糖尿病治疗。1953 年，Sanger（1958 年诺贝尔化学奖获得者）报告了胰岛素的一级结构（图 3-6）：牛胰岛素由两条肽链构成，A 链有 21 个氨基酸，包括 4 个半胱氨酸；B 链有 30 个氨基酸，包括两个半胱氨酸。6 个半胱氨酸的巯基形成 3 个二硫键，其中两个在 A、B 链之间，1 个在 A 链内。牛胰岛素是第一种被阐明一级结构的蛋白质，也是第一种人工合成的蛋白质。

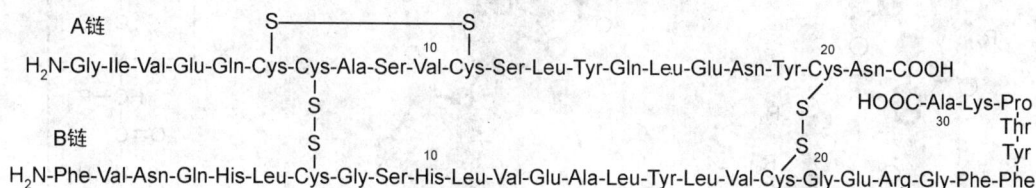

A链
$$S\text{---}S$$
H$_2$N-Gly-Ile-Val-Glu-Gln-Cys-Cys-Ala-Ser-Val-Cys-Ser-Leu-Tyr-Gln-Leu-Glu-Asn-Tyr-Cys-Asn-COOH

HOOC-Ala-Lys-Pro
Thr
Tyr

B链
H$_2$N-Phe-Val-Asn-Gln-His-Leu-Cys-Gly-Ser-His-Leu-Val-Glu-Ala-Leu-Tyr-Leu-Val-Cys-Gly-Glu-Arg-Gly-Phe-Phe

图 3-6 牛胰岛素的一级结构

研究蛋白质一级结构的意义：①一级结构是蛋白质生物活性的分子基础。②一级结构是蛋白质构象的基础，包含了形成特定构象所需的全部信息。③众多遗传病的分子基础是基因突变，导致其所表达的蛋白质的一级结构发生变化。④研究蛋白质的一级结构可以阐明生物进化史，不同物种的同源蛋白质的一级结构越相似，物种之间的进化关系越近。

二、蛋白质的二级结构

蛋白质的二级结构（secondary structure）是指蛋白质多肽链局部片段的构象，该片段的氨基酸序列是连续的，主链构象通常是规则的。

在蛋白质多肽链中，氨基酸通过肽键连接。肽平面是肽链主链可以卷曲折叠的基本单位。由于肽平面相对旋转的角度不同，多肽链可以形成各种二级结构，如 α 螺旋、β 折叠、β 转角和无规卷曲等，还可以在二级结构基础上进一步形成超二级结构。

1. α 螺旋（α-helix） 是指蛋白质多肽链局部肽段通过肽平面旋转盘绕形成的一种右手螺旋结构：每一螺旋含 3.6 个氨基酸，螺距为 0.54nm，螺旋直径为 0.5nm，氨基酸的 R 基分布在螺旋的外面（图 3-7①）。在 α 螺旋中，每一个肽键的氧与后面第四个肽键的氢形成氢键（图 3-7②③），从而使 α 螺旋非常稳定。在蛋白质的各种二级结构中 α 螺旋约占 1/4，但因蛋白质而异（表 3-10），如构成毛发、指甲的 α 角蛋白，其二级结构都是 α 螺旋。

2. β 折叠（β-pleated sheet） 是指蛋白质多肽链局部肽段的主链呈锯齿状伸展状态：一个折叠单位含两个氨基酸，其 R 基交替排布在 β 折叠两侧。多数 β 折叠比较短，只含 5~8 个氨基酸，但也有长的，如构成蜘蛛丝、蚕丝的丝心蛋白，其肽链二级结构几乎都是 β 折叠。

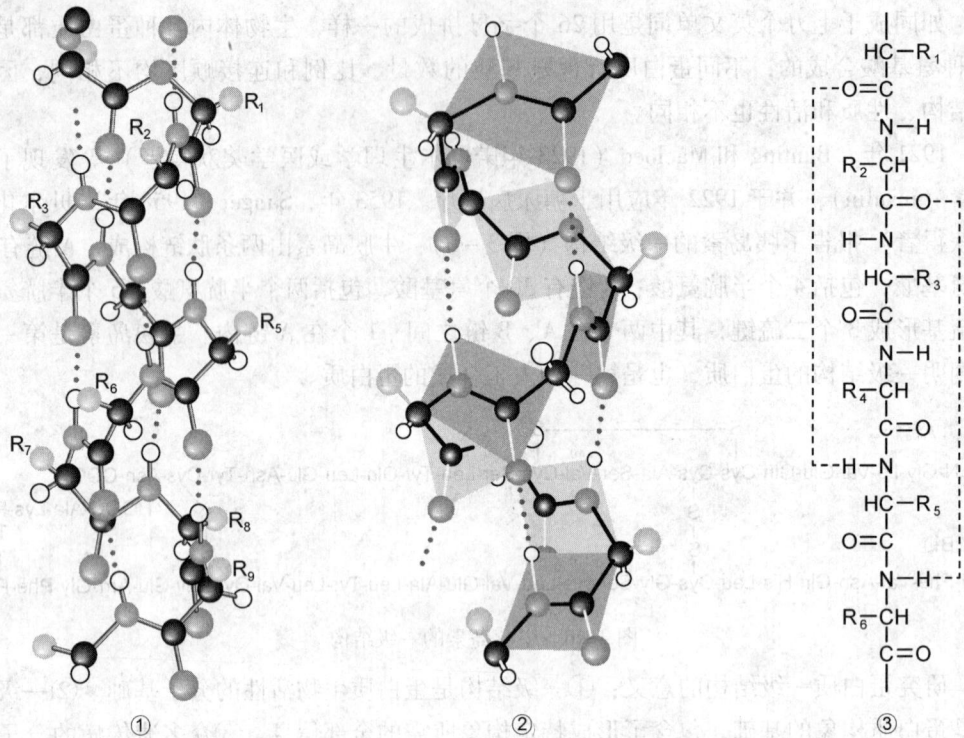

图 3 - 7 α 螺旋

同一条肽链或不同肽链上的数段 β 折叠可以平行结合，形成裙褶样结构。结合有同向平行和反向平行两种形式，两种形式构象中折叠单位的长度不同：**同向平行的 β 折叠单位为 0.65nm，反向平行的 β 折叠单位为 0.7nm**（图 3 - 8②③）。相邻 β 折叠肽段的肽单元之间形成的氢键是维持 β 折叠稳定性的主要作用力。

3. **β 转角**（β turn） 是指蛋白质多肽链中的一种回折结构（图 3 - 9）：一个 β 转角由四个氨基酸构成，其中第一个氨基酸的酰基氧与第四个氨基酸的氨基氢形成氢键，第二个氨基酸常为脯氨酸。

表 3 - 10 部分蛋白质的二级结构组成

蛋白质	氨基酸数	α 螺旋氨基酸数（%）	β 折叠氨基酸数（%）
糜蛋白酶	241	14	45
核糖核酸酶	124	26	35
羧肽酶	307	38	17
细胞色素 c	104	39	0
溶菌酶	129	40	12
肌红蛋白	153	78	0

4. **无规卷曲**（random coil） 是指蛋白质多肽链中的一些没有确定规律性的构象。

5. **超二级结构**（supersecondary structure） 又称**模体**（motif）、**基序**，是指几个二

①R基交替排布

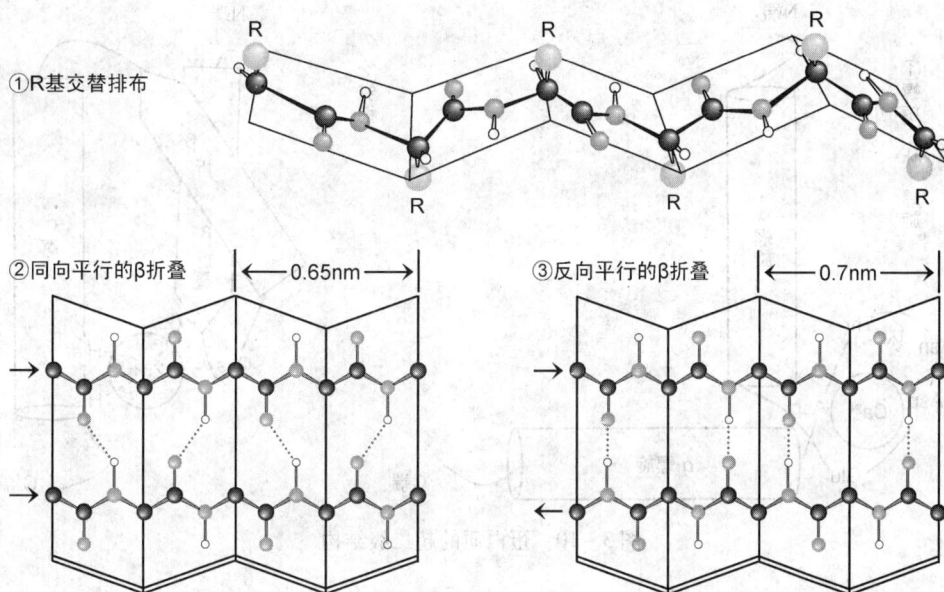

②同向平行的β折叠　←0.65nm→

③反向平行的β折叠　←0.7nm→

图 3 - 8　β折叠

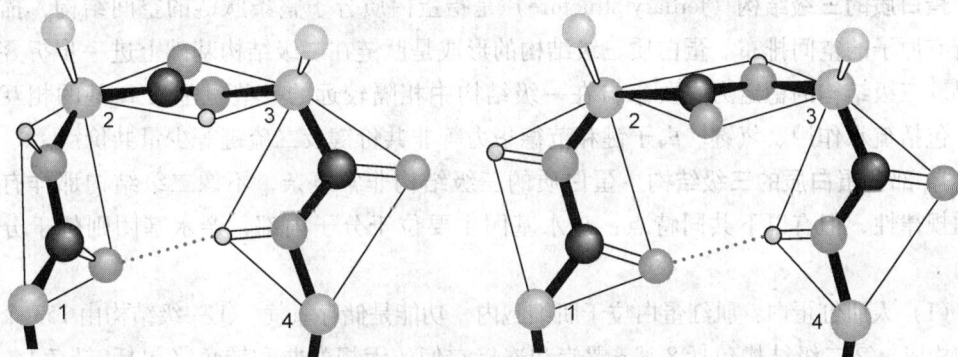

图 3 - 9　β转角

级结构单元进一步聚集和结合形成的特定构象单元，如 αα、βαβ、ββ、螺旋 - 转角 - 螺旋、亮氨酸拉链等。超二级结构的形成进一步降低了蛋白质分子的内能，使之更加稳定，它是蛋白质在二级结构基础上形成三级结构时经过的一个新的结构层次。

（1）**螺旋 - 环 - 螺旋**（HLH）：是许多钙结合蛋白分子中的一种结合 Ca^{2+} 的模体结构，由 α 螺旋、环、α 螺旋三个二级结构肽段组成，因此得名。螺旋 - 环 - 螺旋的环中有几个保守的侧链含氧的脂肪族氨基酸，通过侧链氧原子螯合 Ca^{2+}（图 3 - 10①）。

（2）**锌指**（zinc finger）：是一类常见的模体结构，其一级结构约含 30 个氨基酸，由一段 α 螺旋和两段反向平行 β 折叠构成，形如手指，序列中有两对氨基酸（Cys_2His_2 或 Cys_4）螯合一个 Zn^{2+}（图 3 - 10②）。

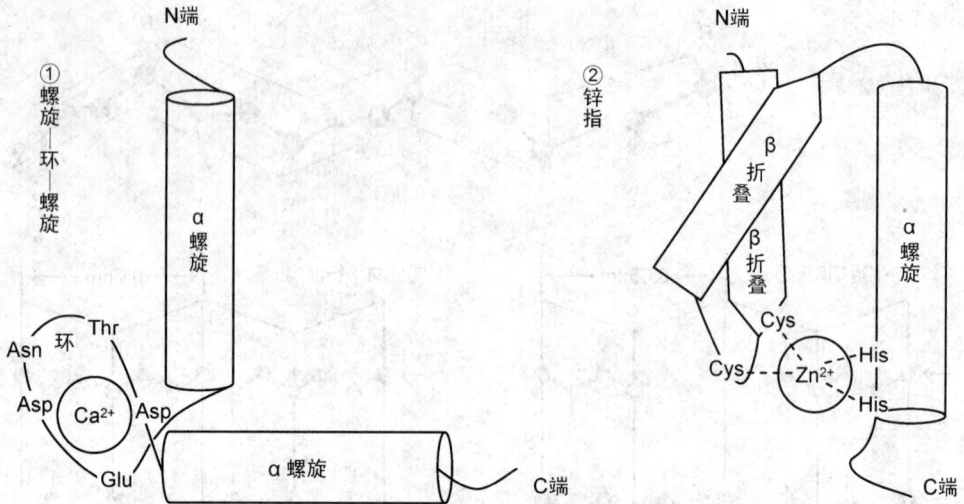

图 3-10 蛋白质的超二级结构

三、蛋白质的三级结构

蛋白质的三级结构（tertiary structure）是指蛋白质分子整条肽链的空间结构，描述其所有原子的空间排布。蛋白质三级结构的形成是肽链在二级结构基础上进一步折叠的结果。三级结构的稳定力主要来自在一级结构中相隔较远的一些氨基酸 R 基的相互作用，包括疏水作用、氢键、离子键和范德华力等非共价键及二硫键等少量共价键。

1. 部分蛋白质的三级结构 蛋白质的三级结构非常复杂，不像二级结构那样有明显的规律性，但有以下共同特点：疏水基团主要位于分子内部，亲水基团则位于分子表面。

（1）人肌红蛋白：肌红蛋白位于肌细胞内，功能是储存氧气。①一级结构由 153 个氨基酸构成。②二级结构包括 8 段α螺旋和连接它们的无规卷曲和转角（包括β转角）。约78% 的氨基酸位于α螺旋区，最长α螺旋段含 23 个氨基酸，最短α螺旋段含 7 个氨基酸。③整个分子呈球形（4.5nm×3.5nm×2.5nm），结构致密，内部 R 基几乎都是疏水基团，只有两个极性基团，其余极性基团都位于分子表面。④分子结构中有一个口袋区，内有一个血红素辅基，通过其 Fe^{2+} 与 His93 以配位键结合。氧分子即与该 Fe^{2+} 结合储存。海洋哺乳动物肌细胞含大量的肌红蛋白，可以储存氧气，因此能长时间潜水（图 3-11①）。

急性心肌梗死发病后，血中肌红蛋白增多，其峰值比血浆心肌酶出现还早。

（2）牛胰核糖核酸酶：一级结构由 124 个氨基酸构成，有 4 个二硫键、3 段较短的α螺旋和 3 段较长的β折叠（图 3-12）。

2. 结构域 许多较大（由几百个氨基酸构成）蛋白质的三级结构中存在着一个或多个稳定的球形折叠区，有时与其他部分之间界限分明，可以通过对多肽链的适当酶切与分子的其他部分分开，这种结构称为**结构域**（domain）。

结构域由多肽链或模体折叠形成，其肽链的缠绕致密而稳定。同一蛋白质分子中的各结构域相对独立，并且具有不同的生理功能，例如配体结合域（LBD）可以结合配

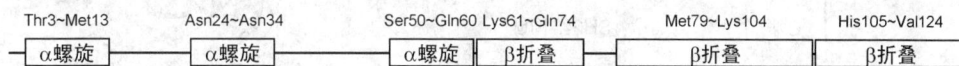

①肌红蛋白　　②血红蛋白

图 3 – 11　肌红蛋白三级结构和血红蛋白四级结构

①一级结构

②三级结构

图 3 – 12　牛胰核糖核酸酶

体，DNA 结合域（DBD）可以结合 DNA，蛋白质结合域可以结合其他蛋白质。结构域之间相对松弛，常常通过无规卷曲肽段连接，可以有轻度或广泛的相互作用。结构域之间呈韧性连接，因而可以相对移动，对蛋白质功能的表达极为重要。

例如：Src 是人体内的一种蛋白酪氨酸激酶，其一级结构含 535 个氨基酸，其中有三段序列在三级结构中形成三个结构域：SH3 结构域和 SH2 结构域的作用是与其他分子结合，蛋白激酶域的作用是催化特定蛋白质酪氨酸磷酸化（图 3 – 13）。

四、蛋白质的四级结构

许多蛋白质由不止一条肽链构成，每一条肽链都有特定且相对独立的三级结构，称为该蛋白质的一个**亚基**，亚基与亚基通过非共价键结合，形成特定的空间结构，这一结构层次称为该**蛋白质的四级结构**（quaternary structure）。四级结构的稳定力来自不同亚基上一些氨基酸的相互作用，包括疏水作用、氢键、离子键和范德华力等非共价键。

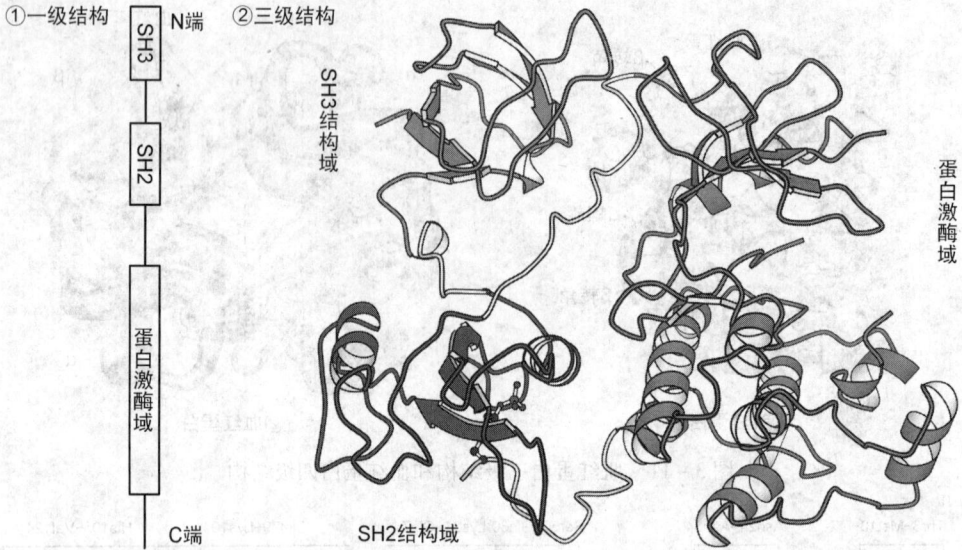

图 3 - 13　蛋白酪氨酸激酶 Src 结构域

具有四级结构的蛋白质由不止一个亚基构成，称为**多亚基蛋白**（multisubunit protein，又称寡聚蛋白质）。多亚基蛋白根据所含亚基数分别称为**二聚体**（dimer）、**四聚体**（tetramer）等，由相同亚基构成的蛋白质称为**同二聚体**（homodimer）、**同四聚体**（homotetramer）等，由不同亚基构成的蛋白质称为**异二聚体**（heterodimer）、**异四聚体**（heterotetramer）等。

血红蛋白是红细胞内的主要蛋白质（含量高达 33% ~ 34%，占红细胞总蛋白的 95%），也是体内主要的含铁蛋白质。血红蛋白的主要功能是运输 O_2 和 CO_2。人体通过呼吸获得的 O_2 有 98.5% 是由血红蛋白结合运输的，每 1000ml 血液可以运输 6.5ml O_2。我国成人血液血红蛋白水平男性 120 ~ 160g/L，女性 110 ~ 150g/L。

血红蛋白（Hb）是最早阐明四级结构的蛋白质（由 1962 年诺贝尔化学奖获得者 Perutz 和 Kendrew 于 1959 年阐明）。健康成人血红蛋白 HbA 是一种四聚体缀合蛋白质，由 α 和 β 两种亚基构成，两种亚基均由一条肽链和一个血红素辅基构成，其肽链部分称为**珠蛋白**：①α 亚基和 β 亚基分别由 141 和 146 个氨基酸构成，其一级结构中有 64 个氨基酸相同，其中有 27 个氨基酸与肌红蛋白相同。②两种亚基的二级结构和三级结构均颇为相似，且与肌红蛋白相似。③两个 α 亚基和两个 β 亚基构成血红蛋白异四聚体（图 3 - 11②）。

五、维持蛋白质结构的化学键

蛋白质的结构是由多种化学键共同维持的。这些化学键包括肽键、二硫键、疏水作用、氢键、离子键和范德华力，后四种属于非共价键，是维持蛋白质构象的主要化学键（图 3 - 14）。

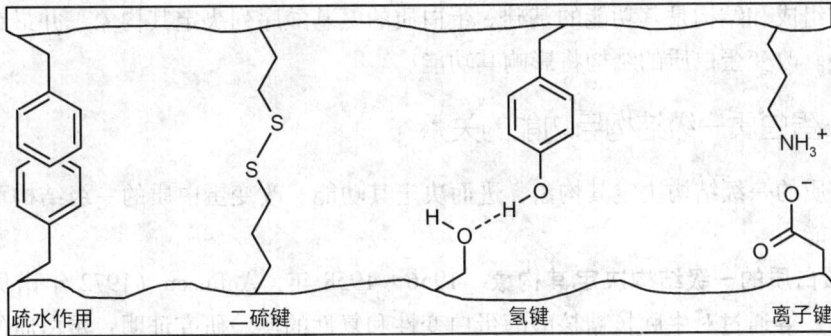

图 3 - 14 维持蛋白质构象的化学键

1. 二硫键（disulfide bond） 如果一个蛋白质分子中含有多个半胱氨酸，其巯基就可以通过氧化脱氢形成二硫键，反之二硫键也可以通过还原断开。二硫键对稳定蛋白质三级结构起重要作用。

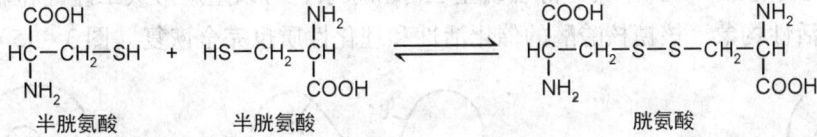

另一方面，蛋白质分子中的半胱氨酸不一定形成二硫键，半胱氨酸巯基还有其他重要功能。

2. 疏水作用（hydrophobic interaction） 是指疏水性分子或基团为减少与水的接触而彼此缔合的一种相对作用力。疏水作用对稳定蛋白质构象非常重要，球状蛋白质分子内部主要聚集了疏水氨基酸。

3. 氢键（hydrogen bond） 是指羟基氢或氨基氢与另一个氧原子或氮原子形成的化学键。氢键是蛋白质分子中数量最多的非共价键。

4. 离子键（ionic bond） 蛋白质分子中存在可解离基团，碱性氨基酸 R 基带正电荷，酸性氨基酸 R 基带负电荷。带电荷基团之间存在着离子相互作用，表现为同性电荷排斥，异性电荷吸引。存在于带异性电荷的基团之间的吸引力称为**离子键**，又称**盐键**、**盐桥**。两个带同性电荷的基团或离子可以与带异性电荷的第三个基团或离子形成离子键而间接结合，如两个羧基同时与一个 Ca^{2+} 或其他二价金属离子形成离子键。

5. 范德华力（Van der Waals interaction） 是任何两个原子保持范德华半径距离时都存在的一种作用力。

第四节 蛋白质结构与功能的关系

生物体内每一种蛋白质的氨基酸序列、构象、生物活性都是独特的。进一步研究发现：①功能不同的蛋白质其氨基酸序列一定不同。②已经阐明的数千种遗传病都存在蛋白质一级结构异常，其中 1/3 只是一个氨基酸被另一个氨基酸置换，因而一级结构改变会导致功能改变。③不同物种具有相似功能的蛋白质其一级结构和构象也相似。因此，蛋白质的组成和结构是其功能的基础。蛋白质的氨基酸序列决定其构象，并最终决定其生物活性。改变蛋白质的结构将影响其功能。

一、蛋白质一级结构与功能的关系

蛋白质的一级结构决定其构象，进而决定其功能。改变蛋白质的一级结构可以直接影响其功能。

1. 蛋白质的一级结构决定其构象 1956 ~ 1958 年，Anfinsen（1972 年诺贝尔化学奖获得者）等通过对牛胰核糖核酸酶蛋白变性和复性的实验研究证明：蛋白质的一级结构决定其构象。

牛胰核糖核酸酶（RNase）是第一种被阐明一级结构的酶分子。它由 124 个氨基酸组成，其中有 8 个是半胱氨酸，它们在分子中形成 4 个二硫键。用巯基乙醇和尿素处理核糖核酸酶，可以还原二硫键，破坏非共价键，使肽链完全展开，结果酶的催化活性完全丧失。如果透析（见 57 页）除去巯基乙醇和尿素，可以重新形成二硫键和非共价键，重新形成活性构象，核糖核酸酶的催化活性和理化性质也完全恢复（图 3 - 15）。

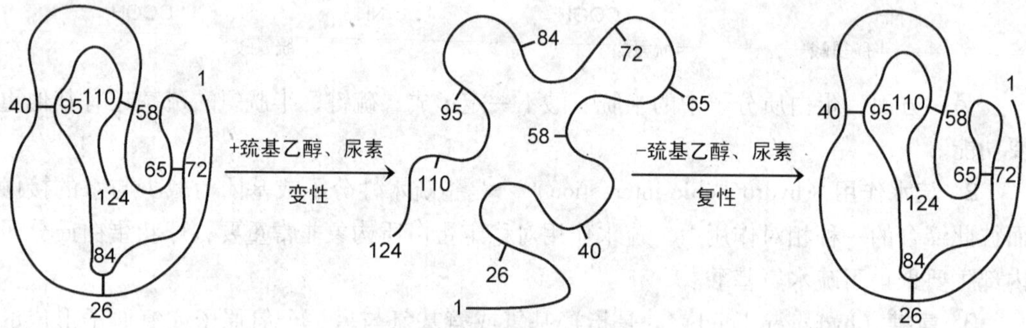

图 3 - 15　核糖核酸酶变性与复性

从理论上计算，如果通过随机配对形成 4 个二硫键，8 个半胱氨酸有 105 种配对方式。只有与天然核糖核酸酶分子完全相同的配对方式才能形成活性构象，表现出催化活性，其形成率只有 1/105，而实际形成率却是 100%！显然，在核糖核酸酶形成天然构象时，半胱氨酸配对形成二硫键的过程并不是随机的，而是由蛋白质的一级结构决定的。因此，蛋白质的一级结构是其构象的基础。

2. 蛋白质的一级结构相似则其功能也一致 如果蛋白质的编码基因源自同一祖先基因，则称这些蛋白质**同源**（homology），属于同一个蛋白质家族，是**同源蛋白质**（homolog）。同源蛋白质包括**旁系同源蛋白质**（paralog，物种内同源，功能可以不同）和**直系同源蛋白质**（ortholog，物种间同源，功能通常相同）。在同源蛋白质的氨基酸序列中，有许多位置的氨基酸是相同的，这些氨基酸称为**不变残基**。不变残基大多是维持蛋白质构象和活性所必需的（提供必需基团）。相比之下，其他位置的氨基酸差异较大，这些氨基酸称为**可变残基**。

例如：哺乳动物的胰岛素都由 A 链和 B 链组成，猪、狗、兔和人胰岛素的 A 链完全相同，猪、狗、牛、马和山羊的 B 链完全相同（表 3 - 11），这些动物胰岛素的二硫键配对相同，分子构象也极为相似。虽然胰岛素的一级结构中有几个位置的氨基酸不同，但并不影响其基本功能，只是影响其免疫学性质。

表3-11 不同动物胰岛素一级结构的差异

胰岛素的来源	胰岛素的一级结构差异			
	A-8	A-9	A-10	B-30
人	苏氨酸	丝氨酸	异亮氨酸	苏氨酸
猪、狗	苏氨酸	丝氨酸	异亮氨酸	丙氨酸
牛	丙氨酸	丝氨酸	缬氨酸	丙氨酸
羊	丙氨酸	甘氨酸	缬氨酸	丙氨酸
马	苏氨酸	甘氨酸	异亮氨酸	丙氨酸
兔	苏氨酸	丝氨酸	异亮氨酸	丝氨酸

3. 改变蛋白质的一级结构可以直接影响其功能 基因突变可以改变蛋白质的一级结构，从而改变其生物活性甚至生理功能而致病。由基因突变造成蛋白质结构或合成量异常而导致的疾病称为**分子病**。

例如：**镰状细胞贫血**（sickle cell anemia）是由血红蛋白分子结构异常而导致的分子病。患者的血红蛋白称为**镰刀状血红蛋白**（HbS），其 β 亚基与健康成人血红蛋白（HbA）有一个氨基酸不同，即氨基端 6 号谷氨酸被缬氨酸置换。谷氨酸的 R 基是极性的，带一个负电荷；而缬氨酸的 R 基是非极性疏水的，不带电荷。因此，与 HbA 相比 HbS 疏水性强（亲水基团少，疏水基团多），分子间排斥力弱（少两个负电荷），因而溶解度降低，在 pH 偏低及脱氧状态下容易呈现过饱和而析出，形成棒状聚集体，使红细胞扭曲成镰状，细胞膜受损，易被脾脏清除，发生**溶血性贫血**（hemolytic anemia）。

不过，蛋白质一级结构改变未必导致其功能改变。事实上，人体蛋白的 20% ~ 30% 具有**多态性**（polymorphism），即在不同个体间存在一级结构差异，许多差异对其功能基本没有影响或影响极小，因为这种差异发生在可变残基上。

二、蛋白质构象与功能的关系

蛋白质分子的构象直接决定其功能，体现在以下两方面：

1. 构象决定性质和功能 不同蛋白质的构象不同，理化性质和生理功能也就不同。蛋白质可以根据构象分为纤维状蛋白质和球状蛋白质。

纤维状蛋白质（fibrous protein）基本上都不溶于水，多数是结构蛋白（例如 α 角蛋白、胶原蛋白、丝心蛋白），是动物体的支架和外保护成分，赋予组织强度和柔性，其构象中所含二级结构比较单一，如指甲和毛发中的蛋白质成分几乎都是 α 角蛋白（α-keratin）。α 角蛋白由大量二级结构为 α 螺旋的肽链经过多级缠绕形成，坚韧而富有弹性，这与其保护功能一致。

球状蛋白质（globular protein）主要是酶、调节蛋白、转运蛋白和免疫球蛋白等，其构象中包含各种二级结构，由二级结构形成的结构域常常是酶的活性中心，或者是调节蛋白的蛋白质结合位点、转运蛋白的受体结合位点、免疫球蛋白的抗原结合位点等。

2. **变构改变活性** 变构蛋白在不改变一级结构的前提下，通过变构就可以改变活性。

（1）血红蛋白变构：Hb 由四个亚基构成，每个亚基都能通过血红素 Fe^{2+} 结合一个氧分子（非酶促），因此一分子血红蛋白最多可结合四个氧分子。①未结合氧分子的血红蛋白称为**脱氧血红蛋白**。脱氧血红蛋白亚基之间结合力强，四级结构紧密，氧合力弱，其构象称为紧张态（T 态）。②结合氧分子的血红蛋白称为**氧合血红蛋白**。氧合血红蛋白亚基之间结合力弱，四级结构松弛，氧合力强，其构象称为松弛态（R 态）。③当第一个亚基与氧分子结合时，该亚基的构象发生微小改变，与其他亚基的作用力改变，主要是离子键断裂，结合力减弱，导致亚基的空间排布即血红蛋白的四级结构改变，从紧张态转换成松弛态，使其余亚基氧合力增强，即更容易结合氧分子。

（2）**血红蛋白氧解离曲线**：是反映氧分压与血红蛋白氧饱和度（氧合血红蛋白占总血红蛋白的百分数）关系的曲线，反映血红蛋白的运氧能力，其特征是呈 S 型（图 3 - 16）。

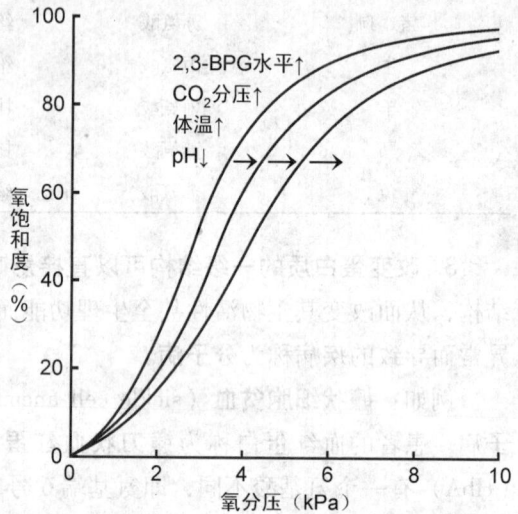

图 3 - 16 血红蛋白 HbA 氧解离曲线

（3）血红蛋白运氧能力影响因素：血液 pH、CO_2 分压、温度、2,3-二磷酸甘油酸、CO 等因素影响血红蛋白氧合力，从而影响其运氧能力。①CO_2 分压升高、2,3-二磷酸甘油酸（2,3-BPG）水平升高、体温升高、pH 下降时，血红蛋白氧合力减弱，使氧解离曲线发生右移。②2,3-二磷酸甘油酸是糖酵解 2,3-二磷酸甘油酸支路（第十七章，302 页）的中间产物，在红细胞内含量极高。2,3-二磷酸甘油酸使血红蛋白氧合力减弱，从而调节其运氧能力。糖酵解加强使 2,3-二磷酸甘油酸水平升高，氧解离曲线发生右移。③CO 使血红蛋白氧合力增强，氧解离曲线发生左移。

煤气中毒机制：主要是因为煤气中的 CO 和血红蛋白结合，使其丧失运氧能力，导致中毒者缺氧。CO 与血红蛋白的亲和力是 O_2 的 250 倍。健康人血红蛋白 CO 结合率为 1%，吸烟者则高达 3% ~15%。若空气中 CO 水平达到 570ppm，则几小时内就可使血红蛋白 CO 结合率达到 50%。CO 的结合导致供氧不足：通常结合率 15% 时感觉轻微头疼；结合率 20% ~30% 时疼痛严重、恶心、头晕、意识错乱、定向障碍、视觉障碍（这些症状可通过氧疗逆转）；结合率 30% ~50% 时神经性症状更加严重；结合率 50% 导致昏迷，呼吸衰竭，造成永久性损害；结合率 60% 以上则导致死亡。

（4）变构蛋白与变构效应：生命活动是通过生物分子的相互作用实现的，绝大多数情况下相互作用的生物分子中有一种是蛋白质，如果该蛋白质是研究对象，通常把与其作用的其他成分称为**配体**（ligand）。配体与蛋白质分子的特定部位结合，该部位称为**配体结合位点**。配体结合位点通常是蛋白质分子的一个结构域，称为**配体结合域**。例如：①O_2、CO、2,3-二磷酸甘油酸是血红蛋白的配体。②激素是受体的配体，通过与受体的配体结合域结合将其激活，转导信号。

变构蛋白具有以下特征：它们有两种或多种构象，有两个或多个配体结合位点，配体与其中一个结合位点结合导致蛋白质变构，即从一种构象转换成另一种构象，这种变构影响到其他配体结合位点与配体的结合。导致蛋白质变构的配体称为**变构剂**，变构剂结合位点称为**调节部位**（属于配体结合位点），变构剂结合或解离导致蛋白质变构的现象称为**变构效应**。如果变构剂和配体是不同物质，产生的变构效应称为**异促效应**（heterotropic effect）；如果变构剂和配体是同种物质，产生的变构效应称为**同促效应**（homotropic effect）。同促效应又称**协同效应**，其中促进结合的称为**正协同效应**，抑制结合的称为**负协同效应**。

例如血红蛋白是变构蛋白：它有 R 态和 T 态两种构象，有一个 2,3-二磷酸甘油酸结合位点和四个 O_2 结合位点，其中 O_2 结合位点可以被 CO 竞争性结合。O_2、CO、2,3-二磷酸甘油酸既是配体又是变构剂：第一个氧分子的结合导致血红蛋白构象由 T 态转换成 R 态，促进后三个氧分子的结合，为同促效应、协同效应、正协同效应；2,3-二磷酸甘油酸的结合导致血红蛋白构象由 R 态转换成 T 态，促进氧分子的释放，为异促效应。

3. **蛋白质构象病** 是指构象异常的蛋白质聚集成淀粉样纤维沉淀而导致的疾病，例如朊病毒病和 Alzheimer 病。**朊病毒**（prion）是一类能引起同种或异种蛋白质构象改变而使其功能改变或致病的蛋白质。例如哺乳动物脑组织细胞膜上的一种糖蛋白就是**朊病毒蛋白**（PrP），它由 208 个氨基酸构成，三级结构有两种构象：一种是正常的 PrP^C 构象，以 α 螺旋为主；另一种是致病的 PrP^{Sc} 构象，以 β 折叠为主（图 3-17）。PrP^{Sc} 分子能"复制"——将其他 PrP 的 PrP^C 构象转换成 PrP^{Sc} 构象。遗传性朊病毒病患者的 PrP 存在突变，其一个氨基酸被另一个氨基酸置换，突变 PrP 比正常 PrP 更容易形成 PrP^{Sc} 构象。疯牛病（传染性海绵样脑病）和 Creutzfeldt-Jakob 病等也与此有关。Prusiner 因发现朊病毒而获得 1997 年诺贝尔生理学或医学奖。

图 3-17 朊病毒蛋白构象

第五节 蛋白质的理化性质

蛋白质的理化性质既是分析和研究蛋白质的基础，又是诊断和治疗疾病的基础。

一、一般性质

蛋白质含有肽键和芳香族氨基酸，所以对紫外线有吸收。蛋白质可以发生各种呈色反应。蛋白质是两性电解质，所以在溶液中发生两性解离。

1. 紫外吸收特征　单纯蛋白质本身不吸收可见光，是无色的。一些缀合蛋白质的辅基能吸收可见光，所以呈现不同颜色，如血红素使血红蛋白呈红色。不过蛋白质因为以下两个因素而吸收紫外线：一是肽键结构吸收 220nm 以下紫外线；二是所含色氨酸和酪氨酸吸收 280nm 紫外线（图 3-1）。在一定条件下，蛋白质稀溶液对 280nm 紫外线的吸光度与浓度成正比，常用于蛋白质定量分析。

2. 呈色反应　以下呈色反应常用于蛋白质定量分析：

（1）茚三酮反应：蛋白质分子中含有游离氨基，所以与水合茚三酮反应呈蓝紫色。

（2）双缩脲反应：两分子尿素脱氨缩合生成**双缩脲**，在碱性条件下双缩脲与 Cu^{2+} 螯合呈紫红色，称为**双缩脲反应**。蛋白质分子中的肽键也能发生双缩脲反应。

（3）酚试剂反应：**酚试剂**含有磷钼酸-磷钨酸，在碱性条件下与蛋白质发生复杂的呈色反应：①蛋白质与 Cu^{2+} 作用生成螯合物。②蛋白质分子中的色氨酸、酪氨酸将磷钼酸-磷钨酸试剂还原，呈深蓝色（磷钼蓝和磷钨蓝混合物）。酚试剂反应的灵敏度比双缩脲反应高 100 倍。

3. 氨基端反应　2,4-二硝基氟苯、丹磺酰氯、异硫氰酸苯酯可以与肽链氨基端的α-氨基反应，水解后得到相应的衍生物，可以通过层析鉴定。这些试剂在分析蛋白质一级结构时常用于鉴定氨基端的氨基酸。

4. 两性解离与等电点　蛋白质是两性电解质，因为它们既有羧基端的羧基、谷氨酸的γ-羧基和天冬氨酸的β-羧基，可以给出 H^+ 而带负电荷；又有氨基端的氨基、赖氨酸的ε-氨基、精氨酸的胍基和组氨酸的咪唑基，可以结合 H^+ 而带正电荷。这些基团的解离状态决定着蛋白质的带电荷状态，而解离状态受溶液的 pH 值影响。在某一 pH 值条件下，蛋白质的净电荷为零，则该 pH 值称为**蛋白质的等电点**（pI）。如果溶液 pH < pI，则蛋白质带正电荷，在电场中向负极移动；如果溶液 pH > pI，则蛋白质带负电荷，在电场中向正极移动。

$$H_3N^+ - \boxed{蛋白质} - COOH \underset{+H^+}{\overset{-H^+}{\rightleftharpoons}} H_3N^+ - \boxed{蛋白质} - COO^- \underset{+H^+}{\overset{-H^+}{\rightleftharpoons}} H_2N - \boxed{蛋白质} - COO^-$$

pH<pI　　　　　　　　　　pH=pI　　　　　　　　　　pH>pI

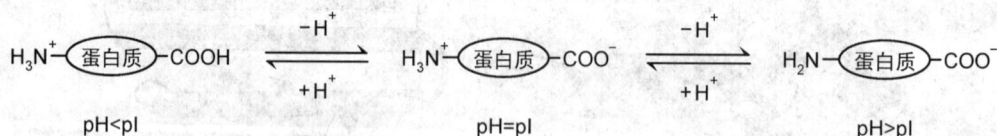

碱性蛋白质含碱性氨基酸多，等电点高，在生理条件下净带正电荷，如组蛋白和精蛋白等；酸性蛋白质含酸性氨基酸多，等电点低，在生理条件下净带负电荷，如胃蛋白酶。人体许多蛋白质的等电点在 5.0 左右（表 3-12），低于体液的 pH 值，所以净带负电荷。

表 3－12 部分蛋白质等电点

蛋白质	等电点	蛋白质	等电点	蛋白质	等电点
胃蛋白酶	<1.0	β乳球蛋白	5.2	细胞色素 c	10.7
卵清蛋白	4.6	血红蛋白	6.8	溶菌酶	11.0
白蛋白	4.9	肌红蛋白	7.0		
尿素酶	5.0	糜蛋白酶原	9.5		

二、大分子特性

蛋白质是生物大分子，具有一般小分子没有的特性。

1. **蛋白质溶液是胶体溶液** 蛋白质分子的直径已经达到胶体颗粒的范围（1～100nm），其水溶液是一种比较稳定的胶体溶液，同性电荷与水化膜是其主要稳定因素：①蛋白质在非等电点状态下带有同性电荷，同性电荷使蛋白质分子相互排斥，不易形成可以沉淀的大颗粒。②球状蛋白质分子表面有较多的亲水基团，可以与水结合，使蛋白质分子表面被水分子包裹，形成水化膜，从而阻止蛋白质分子的聚集。如果这两种因素被破坏，蛋白质就会从溶液中析出。

2. **沉降与沉降系数** 蛋白质颗粒的密度比水大，在溶液中有在重力作用下沉降的趋势，但水分子对蛋白质颗粒的不断碰撞使之产生布朗运动，足以抵消沉降趋势，使蛋白质溶液维持均相状态。然而，如果应用超速离心技术制造重力场，增加其相对重力，则蛋白质颗粒就会克服布朗运动，沿着相对重力场方向沉降，沉降速度（sedimentation velocity）与分子量及分子形状相关。对于特定蛋白质颗粒，其沉降速度与离心加速度（相对重力）之比为一常数，该常数称为**沉降系数**（sedimentation coefficient），以 s 表示。因为沉降系数值很小，所以规定用 S（Svedberg）作为单位：$1S = 10^{-13}$ 秒。

3. **变性与复性** 蛋白质变性（denaturation）是指由于稳定蛋白质构象的化学键被破坏，造成其四级结构、三级结构甚至二级结构被破坏，结果其天然构象部分或全部改变。变性导致蛋白质理化性质改变，生物活性丧失。因为变性只破坏稳定蛋白质构象的化学键，所以只破坏其构象，不改变其氨基酸序列。

变性导致位于蛋白质分子内部的疏水基团暴露出来，分子的对称性丧失，结晶性丧失，扩散系数减小，黏度增大，对280nm紫外吸收增强，溶解度降低，生物活性丧失，易被蛋白酶水解。

导致蛋白质变性的因素包括各种物理因素和化学因素（即**变性剂**），例如高温、强酸、强碱、重金属离子、离子强度异常、有机溶剂（甲醛、乙醇、丙酮等）、尿素、盐酸胍、去污剂（十二烷基硫酸钠等）。在临床上，上述部分变性因素常用于消毒灭菌。反之，防止蛋白质变性是有效保存蛋白质制剂（例如疫苗）的关键。

如果蛋白质溶液的 pH 值接近其等电点，则加热可以使其形成较坚固的凝块，该凝块不溶于强酸或强碱，这种现象称为**蛋白质凝固**（solidification），如鸡蛋煮熟后蛋清形成凝块。凝固实际上是蛋白质变性后进一步发展的不可逆结果。

有些蛋白质的变性是可逆的。当变性程度较轻时，如果除去变性因素，使变性蛋白重新处于能够形成稳定天然构象的条件下，则这些蛋白质的构象及功能可以恢复或部分恢复，这种现象称为**蛋白质复性**（renaturation）。例如：核糖核酸酶在巯基乙醇和尿素作用下发生变性，生物活性丧失；如果通过透析除去尿素和巯基乙醇，则其构象和活性可以完全恢复（图 3 – 15）。

第六节　蛋白质的分离与鉴定

生命科学是实验科学，其理论体系是通过研究生命物质及生命活动建立起来的。分析技术的建立和发展是生命科学发展的保障。这里简单介绍部分生物技术。需要说明的是：其中许多技术不仅适用于研究蛋白质，也适用于研究其他生物分子。

一、蛋白质沉淀

蛋白质沉淀（precipitation）是指蛋白质从溶液中析出的现象。凡能破坏蛋白质溶液稳定因素的方法都可以使蛋白质分子聚集成颗粒并析出。如图 3 – 18 所示，如果将蛋白质溶液的 pH 值调到等电点，使蛋白质分子净电荷为零。此时虽然分子之间的同性电荷相互排斥作用消失了，但是还有水化膜起保护作用，一般不会导致蛋白质沉淀。如果再加入脱水剂破坏水化膜，则蛋白质分子就会凝聚成颗粒而沉淀；或者，如果先加入脱水剂破坏水化膜，然后再将溶液的 pH 值调到等电点，同样也可以使蛋白质凝聚成颗粒而沉淀。蛋白质沉淀常用于浓缩蛋白质溶液及与非蛋白质成分分离。

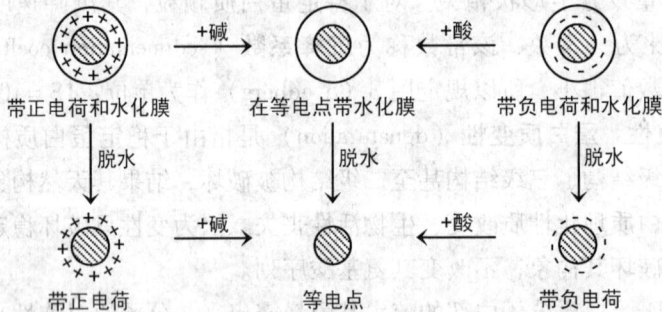

图 3 – 18　蛋白质沉淀

1. **盐析**　蛋白质的溶解度受 pH、温度、离子强度等因素影响。在蛋白质溶液中加入大量中性盐以提高离子强度，会中和蛋白质表面电荷并破坏水化膜，导致蛋白质溶解度下降，从不饱和到过饱和而析出，称为**盐析**（salting out）。常用的中性盐有（NH_4）$_2SO_4$、Na_2SO_4 和 NaCl 等。通过控制离子强度，可以使不同蛋白质分级析出。例如：在血清中加（NH_4）$_2SO_4$ 使之达到 50% 饱和度，则血清中的球蛋白会析出；如果加（NH_4）$_2SO_4$ 使之达到 100% 饱和度，则血清中的**白蛋白**（又称**清蛋白**）也会析出。因此，盐析法可以用来分离蛋白质组成成分。调节溶液 pH 值至蛋白质的等电点之后再进行盐析，则蛋白质沉淀的效果会更好。盐析得到的蛋白质沉淀经过透析脱盐后仍具有生物活性。

2. 有机溶剂沉淀蛋白质 乙醇和丙酮等有机溶剂对水的亲和力很大，能破坏蛋白质分子的水化膜，在等电点条件下沉淀蛋白质。在常温下，有机溶剂沉淀蛋白质往往导致蛋白质变性（这正是酒精灭菌消毒的化学基础），因此用有机溶剂沉淀蛋白质时应在低温条件下操作，并对样品及时进行后处理。

3. 重金属离子沉淀蛋白质 调节蛋白质溶液的 pH 值使之高于等电点，此时蛋白质分子净带负电荷，易与重金属离子 Hg^{2+}、Pb^{2+}、Cu^{2+} 和 Ag^+ 等结合而沉淀。重金属离子沉淀蛋白质常导致其变性。

　　临床上抢救重金属中毒时，可以给患者口服大量蛋白质，并用催吐剂解毒。

4. 生物碱试剂以及某些酸类沉淀蛋白质 蛋白质可以与生物碱试剂（如苦味酸、钨酸和鞣酸）或某些酸（如三氯醋酸和过氯酸）结合并沉淀，沉淀的条件是 pH 值低于等电点，这样蛋白质净带正电荷，易于与带负电荷的酸根离子结合。该沉淀法往往导致蛋白质变性，常用于除去样品中的杂蛋白。

蛋白质变性、沉淀与凝固的关系：变性导致蛋白质构象破坏，活性丧失，但不一定沉淀；沉淀是蛋白质溶液稳定因素被破坏的结果，蛋白质构象不一定改变，活性也不一定丧失，所以不一定变性；蛋白质凝固是变性的特殊类型，是变性蛋白质进一步形成较坚固的凝块。

二、离心技术

离心技术（centrifugation）是将含有微小粒子的悬浮液置于离心机转头中，利用转头高速旋转所产生的强大离心力，将悬浮粒子按密度差异或质量差异分离，是生命科学研究的常规技术，常用于分析蛋白质及其他生物大分子、细胞器。常用离心方法如下：

1. 差速离心 利用不同粒子在同一离心条件下沉降速度的差别，通过分步提高离心速度，使悬浮液内直径、密度不同的粒子分步沉降。

2. 区带离心 ①离心前先在离心管内装入密度梯度介质，顶端密度最小，底部密度最大，且介质最大密度小于样品粒子最小密度。②悬浮液铺于梯度介质顶端。③离心一定时间后，悬浮液内直径、密度不同的粒子在梯度介质中分离成一系列区带，达到彼此分离的目的。

3. 等密度离心 ①原理同区带离心，但介质最大密度大于样品粒子最大密度，最小密度小于样品粒子最小密度。②悬浮液铺于梯度介质顶端。③经过长时间离心，样品粒子形成阶梯状等浮力密度区带，即按粒子密度不同进行分离。等密度离心与区带离心统称**密度梯度离心法**。

三、电泳技术

电泳（electrophoresis）原为胶体特性之一，是指带电荷胶体粒子在电场中定向移动，带正电荷的向负极移动，带负电荷的向正极移动，质量小带电荷多的移动快，质量大带电荷少的移动慢；现指以此为基础建立的一类技术，常用于蛋白质等大分子研究，例如分析分离混合样品中蛋白质成分、鉴定蛋白质样品中杂蛋白含量、测定蛋白质分子量和等电点等。常用电泳方法如下：

1. 凝胶电泳 是指以聚丙烯酰胺凝胶或琼脂糖凝胶为支持物的电泳技术。

（1）聚丙烯酰胺凝胶电泳具有很高的分辨率，是生物化学与分子生物学的核心技术，常用于鉴定蛋白质及较小的核酸片段（5~500bp）。

聚丙烯酰胺凝胶电泳操作繁琐且受较多因素影响，例如蛋白质的泳动速度取决于蛋白质分子的大小和形状、电泳介质的离子强度和 pH 值、电泳凝胶浓度。

（2）琼脂糖凝胶电泳条件简易，操作简便，多用于鉴定较大的核酸片段（0.1~60kb），特别是分子量测定。

2. 薄膜电泳 是指以醋酸纤维薄膜等膜材料为支持物的电泳技术，其特点是操作简单、区带清晰无拖尾、样品易回收，但分辨率太低。薄膜电泳可用于血浆蛋白质临床分析。

3. 毛细管电泳 是指以毛细管为分离通道、高压电场为驱动力的电泳技术，常用于 DNA 测序。

四、层析技术

层析技术（chromatography）是以物质在两相（固定相和流动相）之间分配的差异为基础建立的一类技术。所有层析系统都由固定相（通常以一种多孔材料为载体）和流动相（通常是缓冲溶液）组成。将固定相装入层析柱（或铺板），上端加入蛋白质分析物（analyte）并加流动相淋洗，流动相定向流过固定相，溶于流动相中的分析物与固定相发生静电吸引、排阻、分配、吸附、亲和等作用，不同分析物与固定相作用强弱不同，在固定相中滞留时间不同，从而先后随流动相流出。分部收集流出液，可得到分离的分析物。层析技术有很多种类。

⊕ 阴离子交换树脂　　○ 葡聚糖凝胶　　◉ 抗体亲和树脂
⊖ 阴离子　　· 小分子量样品　　☽ 抗原
○ 中性粒子　　● 大分子量样品　　∘ 其他成分
⊕ 阳离子

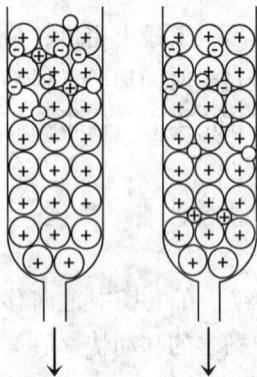

图 3-19　离子交换层析　　　　图 3-20　凝胶过滤　　　　图 3-21　亲和层析

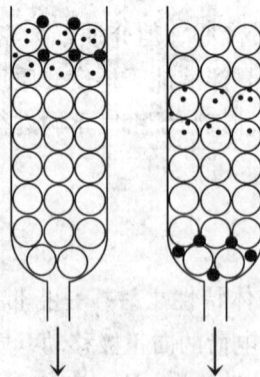

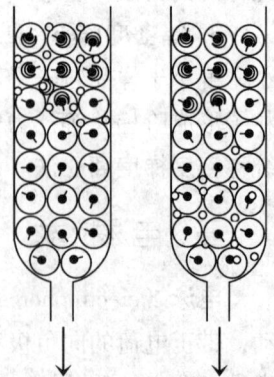

1. **离子交换层析**　分为阴离子交换层析和阳离子交换层析。以阴离子交换层析为例，其固定相有大量带正电荷基团，可以与流动相中带负电荷的蛋白质阴离子结合，导致其移动速度慢于带正电荷的阳离子及中性分子，因而最后流出（图 3 - 19）。

2. **凝胶过滤**　常用葡聚糖凝胶，其特点是含大量大小不等的孔隙。大的分子只能进入有限的大孔隙，滞留时间短，先流出；小的分子既可以进入大孔隙，又可以进入更多的小孔隙，滞留时间长，后流出。因此，凝胶过滤是利用分子大小和形状不同进行分析分离，常用于蛋白质样品的分子量测定或脱盐（图 3 - 20）。

3. **亲和层析**　是以分析物与其配体结合的特异性为基础建立的层析技术。固定相共价结合了特定配体（例如抗体），分析物（例如抗原）与之有高亲和力，随流动相流过时被固定相吸附结合，其他成分流出，随后改变流动相，可将结合的分析物洗脱下来（图 3 -21）。

五、透析技术

透析（dialysis）是指利用半透膜将蛋白质与小分子分离。半透膜不允许胶体透过，因此将含有小分子的蛋白质溶液装入半透膜制成的透析袋内，浸入水或低离子强度缓冲溶液中，小分子就会从透析袋内透出，与蛋白质分离。透析常用于蛋白质样品的脱盐，在临床上则发展成为新的治疗手段——透析疗法。

透析疗法是指使某些体液成分通过半透膜排出体外的治疗方法，例如血液透析和腹膜透析。

1. **血液透析**（hemodialysis）　临床上是指把血液和透析液同时引入透析器，透过半透膜进行物质交换，血液中的某些成分（例如尿素、肌酸、水）透出而进入透析液，血液中缺乏的成分（例如无机盐）从透析液透入而得到补充，从而使血液组成维持稳态，功能得到保障。血液透析是一种较安全、易行、应用广泛的血液净化方法。

2. **腹膜透析**（peritoneal dialysis）　基本原理与血液透析一致，只是利用腹膜的半透膜性质，在腹腔内进行物质交换，即利用透析导管将透析液导入患者腹膜腔，血液中的某些成分就会通过腹膜上的毛细血管透出而进入透析液，达到清除体内非营养物质，纠正水盐代谢紊乱的目的。非脂溶性毒物（例如苯巴比妥、水杨酸类、甲醇、乙二醇、茶碱、锂等）可以采用腹膜透析排出。

☯ 链 接

蛋白质化学与中药

氨基酸、多肽和蛋白质广泛存在于动植物类中药中，是中药有效成分研究不可忽视的内容之一。

1. **氨基酸**　中药中的氨基酸成分除了 20 种标准氨基酸之外，还有非标准氨基酸和氨基酸衍生物，具有各种药理作用（表 3 - 13）。

例如蒜氨酸是大蒜的成分，可以由蒜氨酸酶催化合成蒜素，而蒜素不仅能够杀死病变细胞和细菌，还能够杀死肿瘤细胞。

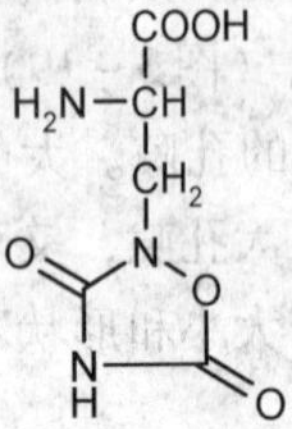

使君子氨酸 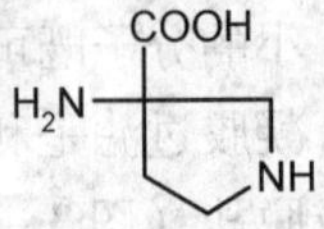　　　南瓜子氨酸 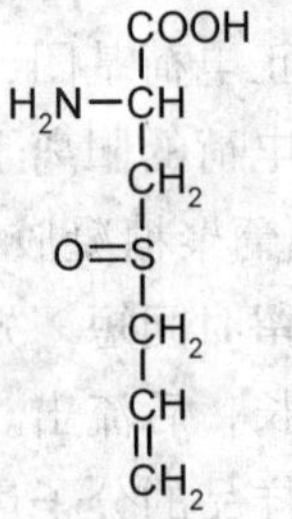　　　蒜氨酸 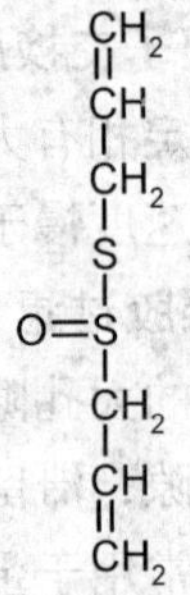　　　蒜素

表 3-13　部分中药的氨基酸成分

氨基酸	作用	中药来源
使君子氨酸	驱蛔虫	使君子
南瓜子氨酸	驱血吸虫，驱绦虫	南瓜子
三七素	止血	三七
γ-氨基丁酸	降压	半夏、黄芪、天南星
昆布氨酸	降压	褐藻
蒜氨酸	抗菌，抗癌	大蒜

　　2. **多肽**　中药所含的多肽大多是中药原植物或原动物合成蛋白质过程的中间体或由氨基酸合成的游离肽，有些是在中药加工过程中其蛋白质成分不完全水解的产物，其中一些多肽是中药的有效成分，如牛黄含有的一种多肽具有降压作用，水蛭含有的一种多肽具有抗凝血作用；也有一些多肽是有毒成分，如蜂毒含有的蜂毒肽是一种二十六肽，具有溶血毒性，所含的蜂毒明肽是一种十八肽，具有神经毒性。

　　3. **蛋白质**　中药中具有生物活性的蛋白质不断被发现，有些已经应用于临床，并取得较好的疗效。如天花粉的天花粉蛋白（trichosanthin）是一种由 224 个氨基酸组成的单体蛋白，分子量为 24kDa，用于妊娠引产，或治疗恶性葡萄胎和绒毛膜癌，此外还具有抗病毒作用，对 HIV 也具有抑制作用。

小　结

　　蛋白质是生命的物质基础，是一切细胞和组织的重要组成成分。

　　蛋白质种类多、含量多、功能复杂但组成简单，其主要组成元素是碳、氢、氧、氮和硫，其中氮是蛋白质的特征元素。

　　蛋白质的结构单位是氨基酸。用于合成蛋白质的是 20 种标准氨基酸，包括非极性脂肪族 R 基氨基酸、极性不带电荷 R 基氨基酸、芳香族 R 基氨基酸、带正电荷 R 基氨基酸、带负电荷 R 基氨基酸。除了甘氨酸之外，它们都属于 L-α-氨基酸。

　　蛋白质可以根据组成分为单纯蛋白质和缀合蛋白质，生物体内多数蛋白质都是缀合蛋白质。

　　氨基酸通过肽键连接成肽，包括寡肽和多肽。人体内存在各种生物活性肽。谷胱甘肽是重要的抗氧化剂。

　　蛋白质的结构包括一级结构、二级结构、三级结构和四级结构。

　　蛋白质的一级结构通常描述为蛋白质的氨基酸序列。蛋白质的一级结构反映蛋白质分子的共价键结构。肽键是连接氨基酸的主要共价键，是维持其一级结构的主要化学键。牛胰岛素是第一种被阐明一级结构的蛋白质。

　　蛋白质的二级结构是指蛋白质多肽链局部片段的构象，有 α 螺旋、β 折叠、β 转角和无规卷曲等。二级结构的稳定力是氢键。

　　蛋白质的三级结构是指蛋白质分子整条肽链的空间结构，描述其所有原子的空间排布。三级结构的稳定力是各种非共价键及少量二硫键。

　　蛋白质的四级结构是指多亚基蛋白的亚基通过非共价键结合在一起形成的特定空间结构。四级结构的稳定力是各种非共价键。

　　蛋白质的一级结构决定其构象，进而决定其生理功能。改变蛋白质的一级结构可以直接影响其功能。蛋白质分子的构象直接决定其功能。

　　色氨酸和酪氨酸在 280nm 波长附近存在吸收峰，成为蛋白质的紫外吸收特征，肽键结构还使蛋白质对 220nm 以下的紫外线有强吸收。

　　蛋白质可以发生多种呈色反应，这些反应常用于蛋白质定量分析。

　　氨基酸和蛋白质是两性电解质，所以在溶液中发生两性解离，解离程度受 pH 值影响，等电点是氨基酸和蛋白质的特征常数。

　　蛋白质溶液是一种比较稳定的胶体溶液，同性电荷与水化膜是其主要稳定因素。如果这两种因素被破坏，蛋白质就会从溶液中析出。

　　蛋白质等大分子颗粒在溶液中的沉降特性可以用沉降系数来描述。

　　一些物理因素或化学因素可以导致蛋白质变性，有些蛋白质的变性是可逆的，如果除去变性因素，变性蛋白质可以复性。

　　常用蛋白质研究技术有沉淀技术、离心技术、电泳技术、层析技术、透析技术等。

第四章　核酸化学

核酸（nucleic acid）是生物大分子，核苷酸缩聚物，细胞核的主要成分。各种生物都含有两类核酸，即**脱氧核糖核酸**（DNA）和**核糖核酸**（RNA），但病毒例外，一种病毒只含有 DNA 或 RNA，因此病毒可以分为 DNA 病毒和 RNA 病毒。

DNA 是遗传的物质基础。DNA 绝大多数存在于细胞核染色体中，称为**染色体 DNA**；线粒体及植物叶绿体含有一种小的环状 DNA，分别称为**线粒体 DNA** 和**叶绿体 DNA**。原核生物除染色体 DNA 之外也有一种小的环状 DNA，称为**质粒 DNA**。

RNA 功能广泛。目前已经阐明的几类主要的细胞质 RNA 中，**信使 RNA** 从 DNA 转录遗传信息，指导合成蛋白质；**转移 RNA** 在蛋白质合成过程中既转运氨基酸，又把核酸语言翻译成蛋白质语言；**核糖体 RNA** 是核糖体的结构成分，而核糖体是蛋白质的合成机器。

第一节　核酸的分子组成

碳、氢、氧、氮和磷是核酸的组成元素，其中磷是核酸的特征元素，其特点是含量相对恒定。一般 DNA 含磷 9.2%，RNA 含磷 9.0%。

在蛋白质化学中我们曾介绍，氨基酸是蛋白质的结构单位和水解产物。同为生物大分子的核酸在分子组成上与蛋白质有可比性，即核苷酸是核酸的结构单位和水解产物。不过，核苷酸可以进一步水解。

一、核苷酸的组成

水解核苷酸可以得到它的三种组成成分：磷酸、戊糖和碱基（表 4 - 1）。

表 4 - 1　核苷酸的组成

核酸	磷酸	戊糖	碱基
DNA	磷酸	脱氧核糖	腺嘌呤（A），鸟嘌呤（G），胞嘧啶（C），胸腺嘧啶（T）
RNA	磷酸	核糖	腺嘌呤（A），鸟嘌呤（G），胞嘧啶（C），尿嘧啶（U）

1. 磷酸　核酸是含磷酸最多的生物大分子。磷酸基使核酸带大量负电荷，可以与带正电荷的蛋白质结合。

2. 戊糖 组成核酸的戊糖包括 D-核糖和 D-2-脱氧核糖。RNA 含有核糖，DNA 含有脱氧核糖。

β-D-核糖　　　　　　β-D-2-脱氧核糖

3. 碱基 DNA 和 RNA 均含有四种常规碱基，包括两种嘌呤碱和两种嘧啶碱。嘌呤碱均为腺嘌呤（A，但 A 也可以表示腺苷、腺苷酸，以下同）和鸟嘌呤（G）；两种嘧啶碱之一均为胞嘧啶（C），但另一种则有区别，在 DNA 中为**胸腺嘧啶**（T），在 RNA 中为**尿嘧啶**（U）。

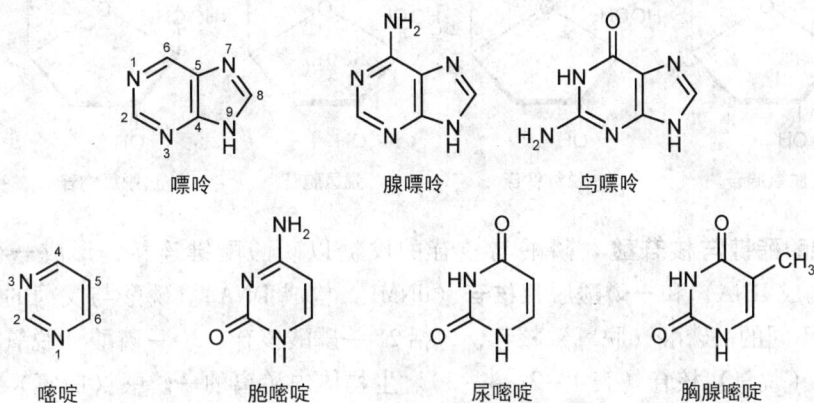

嘌呤　　　　　　　腺嘌呤　　　　　　　鸟嘌呤

嘧啶　　　　　胞嘧啶　　　　　尿嘧啶　　　　　胸腺嘧啶

除了常规碱基之外，核酸还含有少量其他碱基，称为**稀有碱基**（minor base）。稀有碱基含量虽少，却具有重要的生物学意义。在 DNA 中的稀有碱基多数是常规碱基的甲基化产物（如 5-甲基胞嘧啶、N^6-甲基腺嘌呤、7-甲基鸟嘌呤，第十六章，293 页），某些病毒 DNA 含有羟甲基化碱基（如 5-羟甲基鸟嘌呤），它们起保护遗传信息和调节基因表达的作用。RNA 特别是转移 RNA 含有较多的稀有碱基，如 5,6-二氢尿嘧啶（DHU）、次黄嘌呤（I）。

二、核苷酸的结构

在核苷酸中，磷酸、戊糖和碱基通过糖苷键、磷酸酯键和酸酐键连接在一起。

为了便于命名和表述，通常要对核苷酸中碱基和戊糖的杂环原子进行编号，其中戊糖中杂环原子的编号加撇（′），以区别于碱基杂环原子。

1. 糖苷键与核苷 嘌呤碱基的 N-9 或嘧啶碱基的 N-1 与戊糖的 C-1′以 N-β-糖苷键连接，形成**核苷**（nucleoside）。核苷包括构成 RNA 的**核糖核苷**和构成 DNA 的**脱氧核糖核苷**（表 4 - 2、4 - 3）。

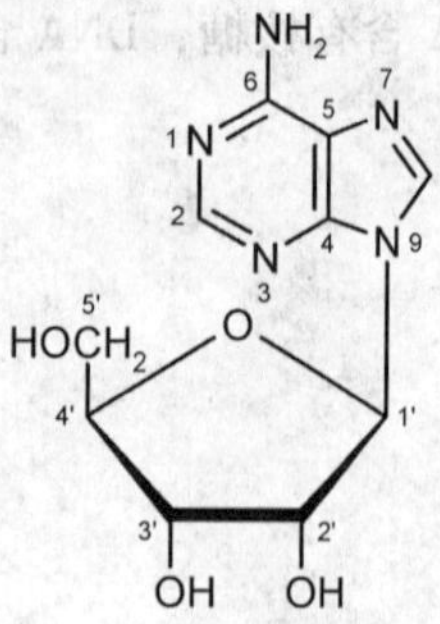

腺苷 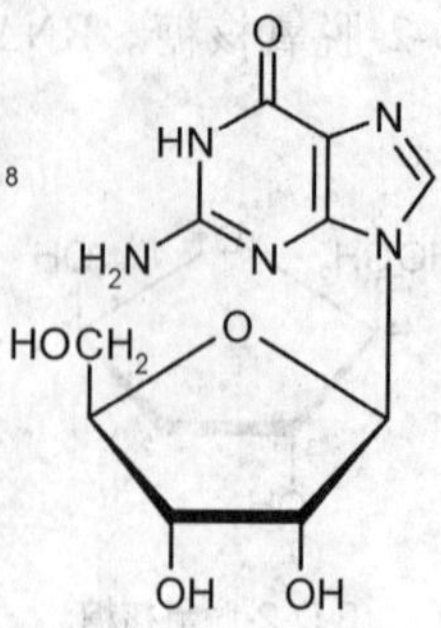　　　　　鸟苷 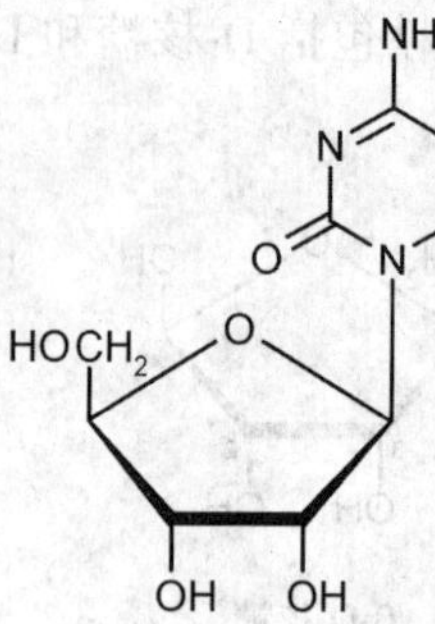　　　　　胞苷 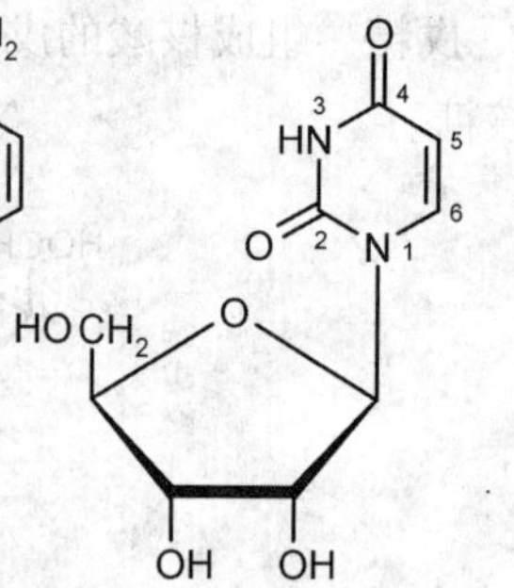　　　　　尿苷

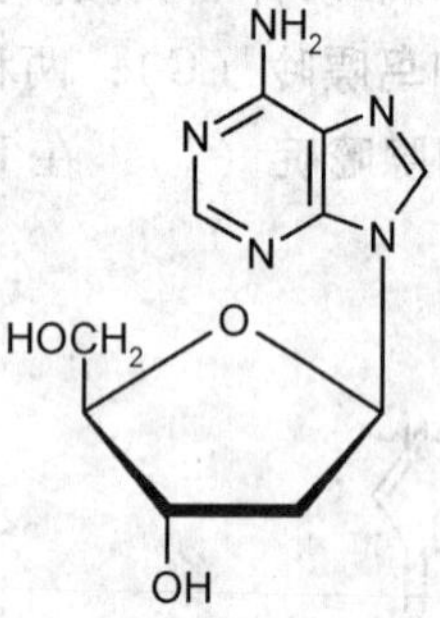

脱氧腺苷 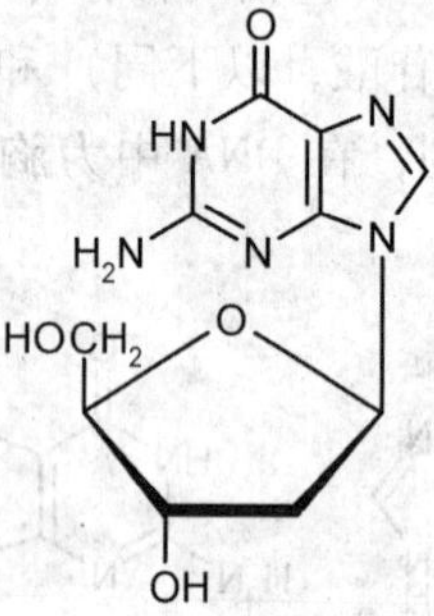　　　脱氧鸟苷 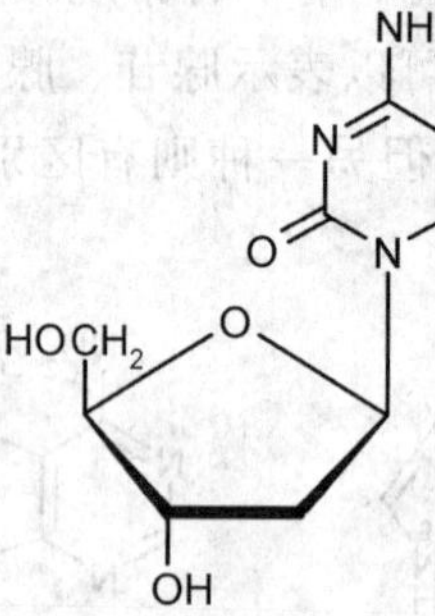　　　脱氧胞苷 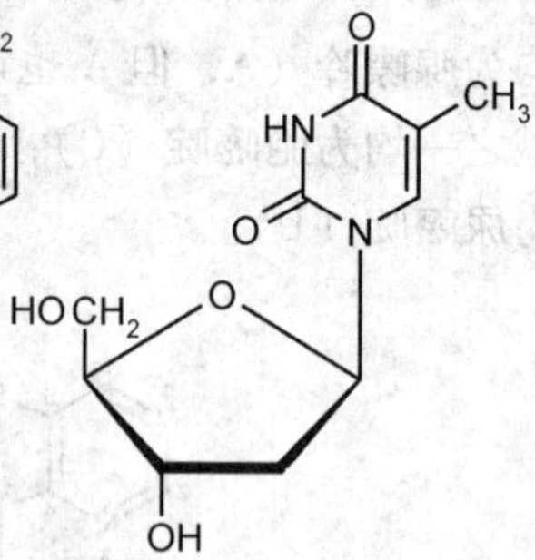　　　脱氧胸苷

2. 磷酸酯键与核苷酸　磷酸与核苷的戊糖以磷酸酯键连接，形成**一磷酸核苷**（NMP，构成 RNA）和**一磷酸脱氧核苷**（dNMP，构成 DNA）。磷酸与戊糖的不同羟基连接形成不同的一磷酸（脱氧）核苷，包括 2′—磷酸核苷、3′—磷酸（脱氧）核苷和 5′—磷酸（脱氧）核苷（表 4-2、4-3）。生物体内游离的一磷酸（脱氧）核苷大多是 5′—磷酸（脱氧）核苷。

表 4-2　核糖核苷、核糖核苷酸名称和符号

碱基	核糖核苷	一磷酸核苷，NMP	二磷酸核苷，NDP	三磷酸核苷，NTP
腺嘌呤，A	腺苷	一磷酸腺苷，AMP	二磷酸腺苷，ADP	三磷酸腺苷，ATP
鸟嘌呤，G	鸟苷	一磷酸鸟苷，GMP	二磷酸鸟苷，GDP	三磷酸鸟苷，GTP
胞嘧啶，C	胞苷	一磷酸胞苷，CMP	二磷酸胞苷，CDP	三磷酸胞苷，CTP
尿嘧啶，U	尿苷	一磷酸尿苷，UMP	二磷酸尿苷，UDP	三磷酸尿苷，UTP

表 4-3　脱氧核糖核苷、脱氧核糖核苷酸名称和符号

碱基	脱氧核糖核苷	一磷酸脱氧核苷，dNMP	二磷酸脱氧核苷，dNDP	三磷酸脱氧核苷，dNTP
腺嘌呤，A	脱氧腺苷	一磷酸脱氧腺苷，dAMP	二磷酸脱氧腺苷，dADP	三磷酸脱氧腺苷，dATP
鸟嘌呤，G	脱氧鸟苷	一磷酸脱氧鸟苷，dGMP	二磷酸脱氧鸟苷，dGDP	三磷酸脱氧鸟苷，dGTP
胞嘧啶，C	脱氧胞苷	一磷酸脱氧胞苷，dCMP	二磷酸脱氧胞苷，dCDP	三磷酸脱氧胞苷，dCTP
胸腺嘧啶，T	脱氧胸苷	一磷酸脱氧胸苷，dTMP	二磷酸脱氧胸苷，dTDP	三磷酸脱氧胸苷，dTTP

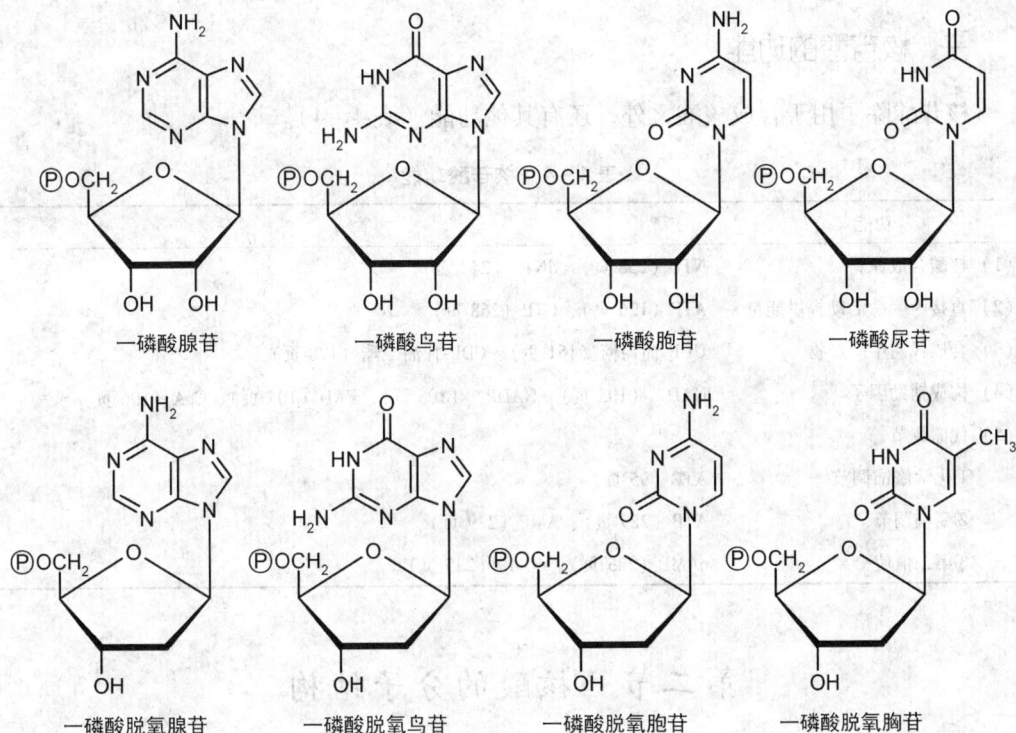

一磷酸腺苷　　　　　一磷酸鸟苷　　　　　一磷酸胞苷　　　　　一磷酸尿苷

一磷酸脱氧腺苷　　　一磷酸脱氧鸟苷　　　一磷酸脱氧胞苷　　　一磷酸脱氧胸苷

除了上述常规一磷酸（脱氧）核苷之外，体内还存在由稀有碱基构成的一磷酸核苷，如一磷酸次黄嘌呤核苷（IMP）等。

3. **酸酐键与高能化合物**　一磷酸（脱氧）核苷可以通过酸酐键结合第二个、第三个磷酸基，形成**二磷酸（脱氧）核苷**（NDP/dNDP）和**三磷酸（脱氧）核苷**（NTP/dNTP）（表4-2、4-3），如三磷酸腺苷（ATP）。三磷酸核苷的三个磷酸基依次编号为α、β、γ-磷酸基。连接磷酸基的酸酐键是**高能磷酸键**，属于**高能键**；β-磷酸基和γ-磷酸基是**高能磷酸基团**，属于**高能基团**；含有高能磷酸键或高能磷酸基团的化合物是**高能磷酸化合物**，属于**高能化合物**（第七章，126页）。

4. **磷酸二酯键与环核苷酸**　**环腺苷酸**（cAMP）和**环鸟苷酸**（cGMP）是两种结构特别的核苷酸，由磷酸与腺苷或鸟苷以**3′,5′-磷酸二酯键**连接构成，是重要的第二信使。

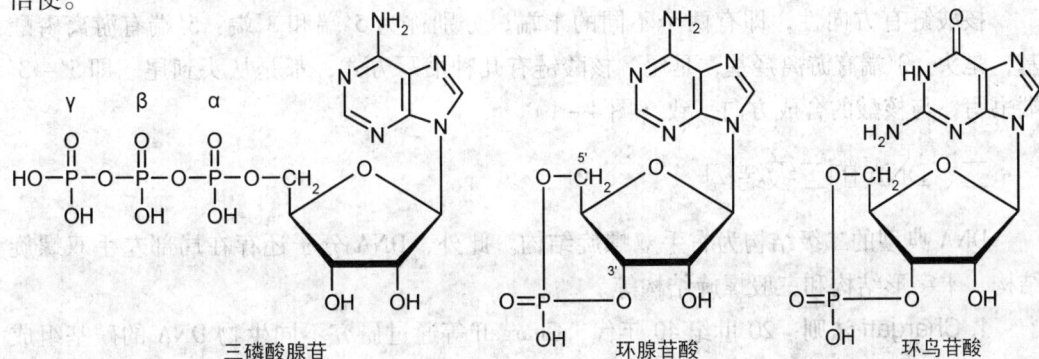

三磷酸腺苷　　　　　　　　　环腺苷酸　　　　　　　　　环鸟苷酸

三、核苷酸的功能

核苷酸除了用于合成核酸之外，还有其他功能（表4-4）。

表4-4　核苷酸功能

功能	举例
（1）核酸合成原料	NTP（258页）、dNTP（242页）
（2）直接为生命活动提供能量	ATP（126页）、GTP（268页）
（3）合成代谢中间产物	UDP-葡萄糖（151页）、CDP-甘油二酯（178页）
（4）构成辅助因子	NAD^+（105页）、$NADP^+$（105页）、FAD（104页）、CoA（106页）
（5）代谢调节	
①化学修饰调节	ATP（95页）
②变构调节	ATP（229页）、AMP（229页）
③第二信使	cAMP（235页）、cGMP（235页）

第二节　核酸的分子结构

和蛋白质一样，在研究核酸时，通常将其结构分成不同层次。**核酸的一级结构**是指核酸分子的核苷酸序列，由于核酸分子中核苷酸的区别主要在碱基，因此核苷酸序列又称碱基序列；**核酸的二级结构**是指核酸中规则、稳定的局部空间结构；**核酸的三级结构**是指核酸在二级结构基础上进一步形成的超级结构，例如超螺旋结构、染色体结构。

一、核酸的一级结构

核酸是核苷酸的缩聚物。通常把长度小于50nt（nt：核苷酸，这里代表单链核酸长度单位）的核酸称为**寡核苷酸**（oligonucleotide），更长的称为**多核苷酸**（polynucleotide）。寡核苷酸和多核苷酸统称**核酸**。

在核酸分子中，一个核苷酸的3'-羟基与相邻核苷酸的5'-磷酸基缩合，形成**3',5'-磷酸二酯键**。核酸主链又称**骨架**，由磷酸与戊糖交替连接构成，碱基相当于侧链。

核酸链有方向性，即有两个不同的末端，分别称为5'端和3'端：5'端有游离磷酸基，是头；3'端有游离羟基，是尾。核酸链有几种书写方式，都是从头到尾、即5'→3'端书写，与核酸的合成方向一致（图4-1）。

二、DNA的二级结构

DNA典型的二级结构为右手双螺旋结构。此外，DNA分子还存在局部左手双螺旋结构、十字形结构和三股螺旋结构等。

1. Chargaff法则　20世纪40年代，Chargaff等通过研究不同生物DNA的碱基组成提出Chargaff法则：①DNA的碱基组成有物种差异，没有组织差异，即不同物种DNA

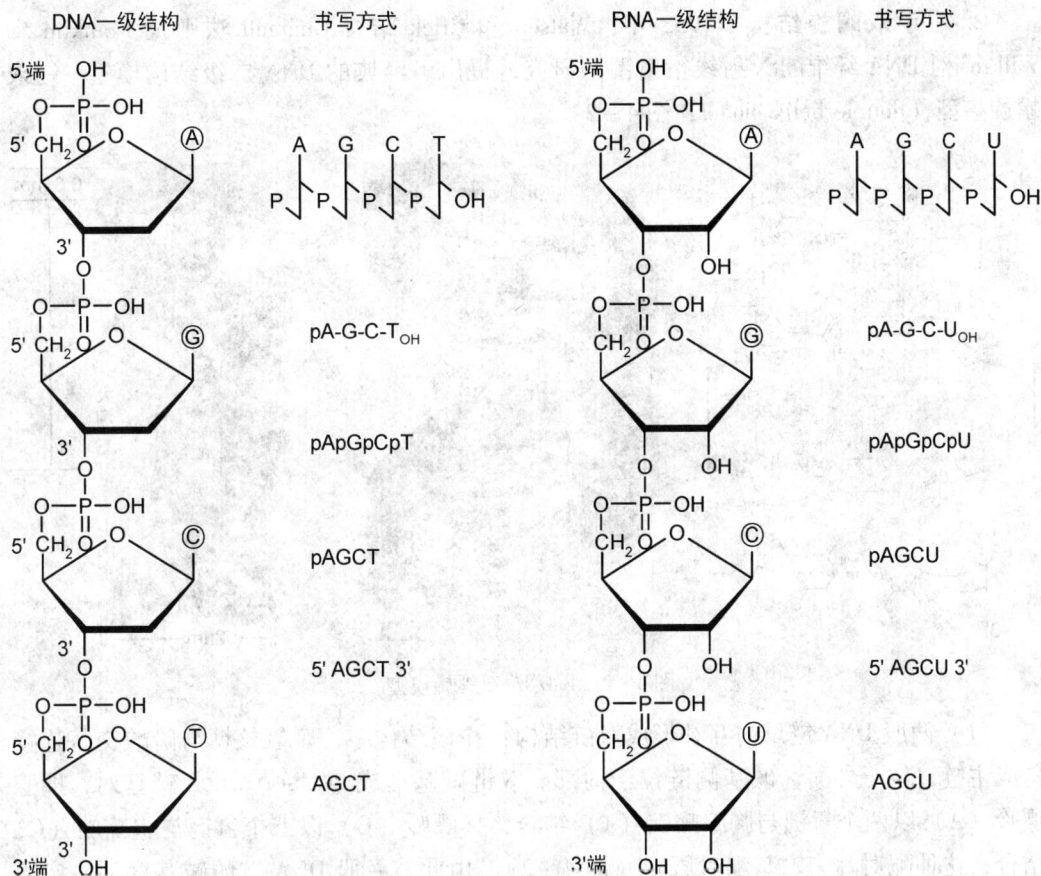

图 4 - 1 核酸一级结构和书写方式

的碱基组成不同，同一个体不同组织 DNA 的碱基组成相同。②DNA 的碱基组成不随个体的年龄、营养和环境改变而改变。③DNA 的碱基组成存在以下物质的量关系：A = T，G = C，A + G = T + C （表 4 - 5）。

表 4 - 5 部分生物及组织 DNA 的组成（摩尔分数）

生物	组织	A	T	G	C	(A + T) / (G + C)
大肠杆菌 K-12		26.0	23.9	24.9	25.2	1.00
肺炎双球菌		29.8	31.6	20.5	18.0	1.59
结核分枝杆菌		15.1	14.6	34.9	35.4	0.42
酵母		31.3	32.9	18.7	17.1	1.79
海胆	精子	32.8	32.1	17.7	18.4	1.85
鲱鱼	精子	27.8	27.5	22.2	22.6	1.23
大鼠	骨髓	28.6	28.4	21.4	21.5	1.33
人	胸腺	30.9	29.4	19.9	19.8	1.52
	肝	30.3	30.3	19.5	19.9	1.53
	精子	30.7	31.2	19.3	18.8	1.62

2. 右手双螺旋结构 1953 年，Watson 和 Crick 结合 Chargaff 法则及 Franklin 和 Wilkins 对 DNA 纤维的 X 射线衍射图的研究，提出了经典的 DNA 二级结构模型——**双螺旋模型**（double helix model，图 4-2）。

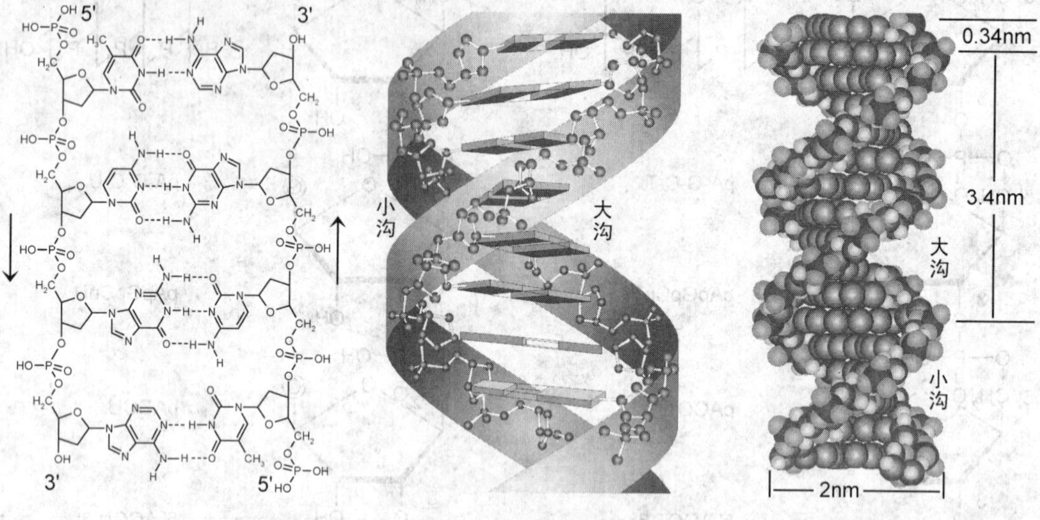

图 4-2 B-DNA 双螺旋模型

（1）两股 DNA 链反向互补形成双链结构：在该结构中，脱氧核糖与磷酸交替连接构成主链，位于外面，碱基侧链位于内部。双链碱基形成 **Watson-Crick 碱基对**，即腺嘌呤（A）以两个氢键与胸腺嘧啶（T）结合，鸟嘌呤（G）以三个氢键与胞嘧啶（C）结合，这种配对称为**碱基配对原则**（图 4-2）。由此，一股 DNA 链的碱基序列决定着另一股 DNA 链的碱基序列，两股 DNA 链称为**互补链**。

（2）DNA 双链进一步形成右手双螺旋结构：在双螺旋结构中，碱基平面与螺旋轴垂直，糖基平面与碱基平面接近垂直，与螺旋轴平行；双螺旋直径为 2nm，每一螺旋含 10bp（bp：双链核酸长度单位，1bp 为 1 个碱基对），螺距为 3.4nm，相邻碱基对之间的轴向距离为 0.34nm；双螺旋表面有两条沟槽：相对较深、较宽的为大沟（轴向沟宽 2.2nm），相对较浅、较窄的为小沟（轴向沟宽 1.2nm）。

（3）氢键和碱基堆积力维系 DNA 双螺旋结构的稳定性：碱基对氢键维系双链结构的横向稳定性，碱基对平面之间的碱基堆积力（属于疏水作用和范德华力）维系双螺旋结构的纵向稳定性。

上述右手双螺旋模型是 92% 相对湿度下获得的 DNA 钠盐纤维的二级结构，称为 **B-DNA**。在溶液状态下，B-DNA 每一螺旋含 10.5bp，螺距为 3.6nm。在生物体内的 DNA 几乎都以 B-DNA 结构存在。

3. 其他二级结构　DNA 还存在少量其他二级结构，例如 A-DNA、Z-DNA（图 4-3）、十字形结构、三股螺旋结构。

（1）A-DNA：也为右手螺旋 DNA，但与 B-DNA 相比大沟变深，小沟变浅。A-DNA 双螺旋直径为 2.6nm，每一螺旋含 11bp，螺距为 2.9nm。A-DNA 是 75% 相对湿度以下获得的 DNA 钠盐纤维的二级结构。一些小分子 DNA 晶体中存在 A-DNA 结构，不过目前尚未在生物体内发现。

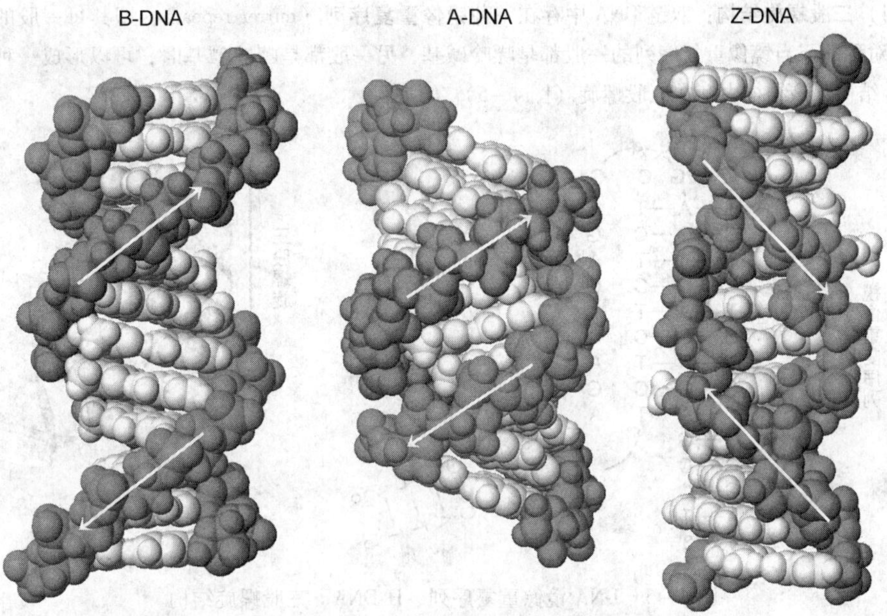

图 4 - 3　几种 DNA 双螺旋结构

（2）**Z-DNA**：为左手螺旋 DNA，是 1979 年 Rich 等用 X 射线衍射技术分析人工合成的 DNA 片段 CGCGCG 晶体时发现的。Z-DNA 双螺旋呈锯齿状，其表面只有一条沟槽，相当于 B-DNA 的小沟，窄而深。Z-DNA 双螺旋直径为 1.8nm，每一螺旋含 12bp，螺距为 4.5nm。研究表明：生物体内 DNA 分子中富含 CpG 的序列容易形成 Z-DNA 结构，其功能可能是参与基因表达调控或 DNA 重组。

（3）**十字形结构**：双链 DNA 中存在许多反向重复序列（IR），这种序列可以形成十字形结构。这种结构可能有助于 DNA 与 **DNA 结合蛋白**（DBP）结合，影响基因表达。此外，大肠杆菌 DNA 复制起点也存在十字形结构（图4 -4）。

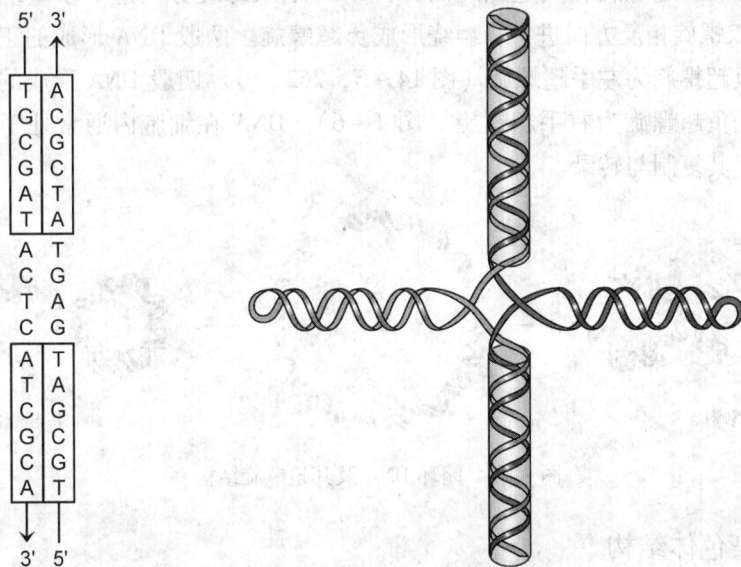

图 4 -4　DNA 反向重复序列与十字形结构

（4）**三股螺旋结构**：双链 DNA 中存在一种**镜像重复序列**（mirror repeat），即其每一股的碱基序列都是对称的。当镜像重复序列的一股都是嘌呤碱基，另一股是嘧啶碱基时，可以形成一种特殊的 **H-DNA** 结构，该结构中存在三股螺旋（图 4 - 5）。

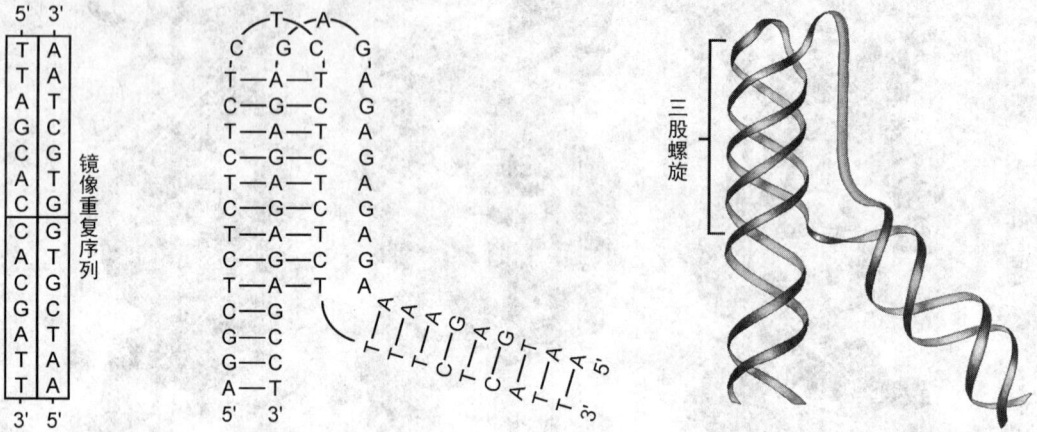

图 4 - 5 DNA 镜像重复序列、H-DNA、三股螺旋结构

三、DNA 的三级结构

DNA 的三级结构是指 DNA 双螺旋进一步扭曲盘绕形成的高级结构。

（一）超螺旋结构

细菌、线粒体及某些病毒等的 DNA 具有闭环结构，即其两股链均呈环状，这种 DNA 称为**闭环 DNA**。闭环 DNA 的三级结构是在双螺旋结构基础上进一步形成的**超螺旋**结构。超螺旋有正超螺旋和负超螺旋两种：DNA 依双螺旋方向进一步缠绕形成**正超螺旋**；DNA 依双螺旋相反方向进一步缠绕形成**负超螺旋**。两股 DNA 形成的正超螺旋为右手超螺旋、负超螺旋为左手超螺旋（图 14 - 5，262 页）。四股 DNA 形成的正超螺旋为左手超螺旋、负超螺旋为右手超螺旋（图 4 - 6）。DNA 在细胞内通常处于负超螺旋状态，这有利于其复制与转录。

负超螺旋　　　　　　　　　　　　　　正超螺旋

图 4 - 6 闭环 DNA 及其超螺旋结构

（二）染色体结构

真核生物细胞核 DNA 与组蛋白、非组蛋白及少量 RNA 在细胞分裂间期形成染色质结构，在细胞分裂期形成染色体结构，二者的主要区别是压缩程度不同。

1. 染色体的组成 染色体的主要化学成分是 DNA、RNA、组蛋白和非组蛋白，其中 DNA 和组蛋白的含量稳定，含量之比接近 1∶1；RNA 和非组蛋白的含量则随着生理状态的变化而变化。

（1）**组蛋白**（histone）：是真核生物染色体的基本结构蛋白，富含两种碱性氨基酸（精氨酸和赖氨酸），属于碱性蛋白质，等电点在 10 以上。组蛋白有 H1、H2A、H2B、H3 和 H4 共五种。从一级结构上看，H2A、H2B、H3 和 H4 高度保守，没有明显的种属特异性和组织特异性，含量也很稳定；H1 在不同生物体内的差异较大，在个体发育过程中也有变化。组蛋白在维持染色体的结构和功能方面起关键作用。

（2）**非组蛋白**（nonhistone）：富含酸性氨基酸，属于酸性蛋白质，种类繁多，具有种属特异性和组织特异性，并且在整个细胞周期中都有合成，而不像组蛋白仅在 S 期与 DNA 同步合成。非组蛋白既有骨架蛋白，又有酶和转录因子等，其功能是参与 DNA 折叠、复制、转录，调节基因表达。

（3）**RNA**：占染色体质量的 1%~3%，含量最少，变化较大，可能通过与组蛋白、非组蛋白相互作用而调节基因表达。

2. 染色体的结构 真核生物 DNA 双螺旋经过多级压缩形成染色体结构。

（1）染色体的基本结构单位是核小体。**核小体**（nucleosome）由组蛋白和 180~200bp DNA 构成，在结构上可以分为染色质小体和连接 DNA 两部分。约 146bp DNA 以左手螺线管（solenoid）方式缠绕组蛋白八聚体核（含 H2A、H2B、H3、H4 各两分子）不到两圈，再与 H1 及其结合的约 20bp DNA 构成**染色质小体**（chromatosome，又称核小体核心颗粒），另有 15~55bp 为**连接 DNA**（linker DNA）。若干个核小体呈串珠状排列，形成直径约为 10nm 的串珠纤维结构（图 4-7）。

（2）串珠纤维经过螺旋化形成直径约为 30nm、螺距约为 12nm 的螺线管，称为 **30nm 纤维**，其每一螺旋含 6 个核小体。H1 对螺线管的稳定起重要作用。

（3）30nm 纤维进一步螺旋化形成直径约为 300nm 的超螺线管（supersolenoid）结构，称为 **300nm 纤维**。

（4）在细胞分裂中期，300nm 纤维凝缩成直径约为 700nm 的**染色单体**（图 4-8）。

需要指出的是：①真核生物染色体结构尚未完全阐明，有多种模型，这里介绍的只是其中一种。②由于细胞内不断进行代谢，特别是基因表达及 DNA 复制，DNA 的扭曲盘绕是一个动态过程，所以在不同时期及 DNA 的不同区段，其盘绕方式和盘绕程度都不相同。

（三）DNA 三级结构的生物学意义

1. DNA 分子在长度上高度压缩，有利于装配。例如：人体细胞核内有 46 条染色体，其 DNA 总长度约 1.7m，被压缩到约 200nm，压缩了 8000~10000 倍。

2. 超螺旋结构影响 DNA 复制和转录。生物体内 DNA 结构处于动态变化之中。超螺旋的改变可以协调 DNA 局部解链，影响复制和转录等的启动及进程。

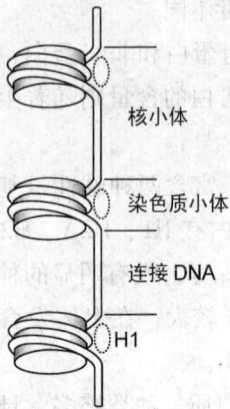

图 4-7 串珠纤维结构

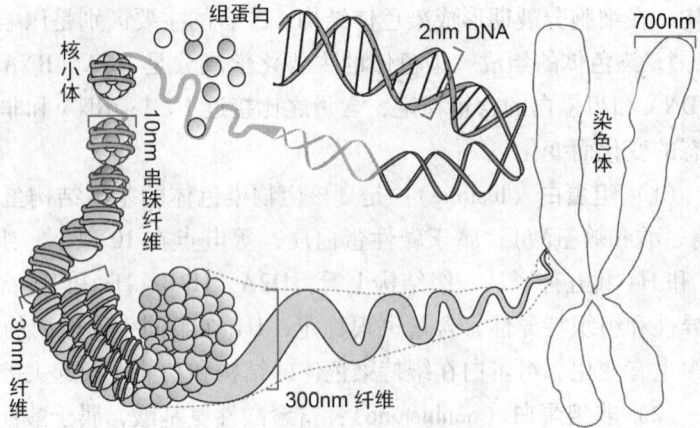

图 4-8 染色体装配模式

四、RNA 的种类和分子结构

DNA 是遗传信息的载体，许多遗传信息的作用通常通过其表达产物蛋白质来实现，但 DNA 并不直接指导蛋白质合成，直接指导蛋白质合成的是 RNA。

RNA 的一级结构与 DNA 一致，是由四种核苷酸通过 3′,5′-磷酸二酯键连接形成的长链。与 DNA 不同的是：①构成 RNA 的核苷酸含核糖而不含脱氧核糖，含尿嘧啶（U）而几乎不含胸腺嘧啶（T）。因此，构成 RNA 的四种常规核苷酸是一磷酸腺苷（AMP）、一磷酸鸟苷（GMP）、一磷酸胞苷（CMP）和一磷酸尿苷（UMP）。②RNA 含较多的稀有碱基，它们具有各种特殊的生理功能。③RNA 有较多核糖的 2′-羟基被甲基化了。

绝大多数 RNA 为线性单链结构，其构象少有 DNA 那样典型的双螺旋结构，但具有以下特点：①线性单链 RNA 也形成右手螺旋结构。②RNA 分子中的某些片段具有序列互补性，因而可以通过自身回折形成茎环结构或发夹结构，其中**茎环结构**由一段短的互补双链区（茎）和一个单链环构成（图 4-9），互补双链区碱基配对原则是 A 对 U、G 对 C，但含非 Watson-Crick 碱基对，特别是 G—U 碱基对。③各种 RNA 具有复杂的三级结构。

茎环结构　　　　　　发夹结构

图 4-9　RNA 茎环结构和发夹结构

与 DNA 相比，RNA 种类繁多，分子量较小，含量变化大。RNA 可以根据结构和功能的不同分为信使 RNA 和非编码 RNA。**非编码 RNA** 包括转移 RNA、核糖体 RNA、核酶、核小 RNA 等。

1. 信使 RNA（mRNA）　是在蛋白质合成过程中负责传递遗传信息、直接指导蛋白质合成的 RNA，具有以下特点（结构特点见第十五章，268 页）：

（1）含量少：占细胞内 RNA 总量的 2% ~5%。

（2）种类多：可达 10^5 种。不同的基因表达不同的 mRNA。

（3）寿命短：细菌 mRNA 的平均**半衰期**（又称半寿期，是指体内指定代谢物或药物、毒物等的总量减半所需的时间）约为 1.5 分钟。脊椎动物 mRNA 的平均半衰期约为 3 小时。不同 mRNA 指导合成不同的蛋白质，完成使命后即被降解。

（4）大小差异大：哺乳动物 mRNA 大小范围 $5 \times 10^2 \sim 1 \times 10^5$ nt。

2. 转移 RNA（tRNA） 是在蛋白质合成过程中负责转运氨基酸、解读 mRNA 遗传密码的 RNA。tRNA 占细胞内 RNA 总量的 10% ~15%，绝大多数位于细胞质中。

（1）tRNA 一级结构具有以下特点：①是一类单链小分子 RNA，长 73 ~93nt。②是含稀有碱基最多的 RNA，含 7 ~15 个稀有碱基，分布在非配对区。③5′端核苷酸往往是鸟苷酸。④3′端是 CCA 序列，其 3′-羟基是氨基酸结合位点。

（2）tRNA 二级结构呈三叶草形（图 4 - 10①）：在该结构中存在四臂三环，即**氨基酸臂、二氢尿嘧啶臂和二氢尿嘧啶环**（以含 DHU 为特征）、**反密码子臂**和**反密码子环**（以含**反密码子**为特征，第十五章，271 页）、**TΨC 臂**和**TΨC 环**（以含胸腺嘧啶核糖核苷和假尿苷 Ψ 为特征）。

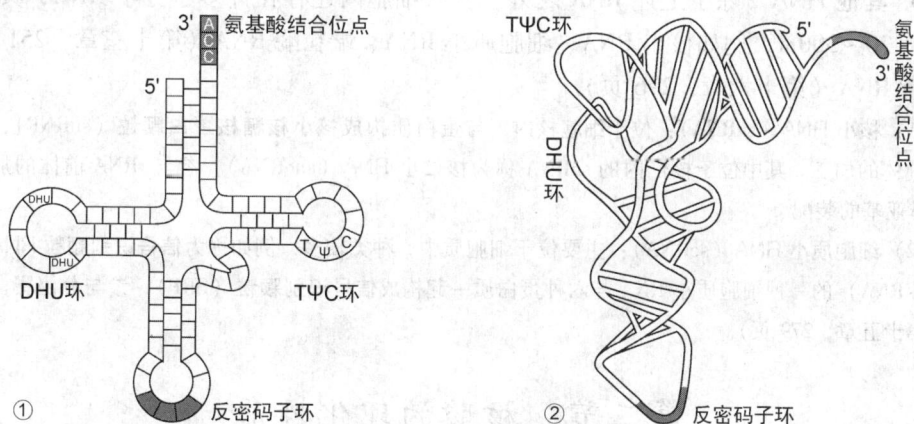

图 4 - 10 tRNA 结构

（3）tRNA 三级结构呈倒 L 形，氨基酸结合位点位于其一端，反密码子环位于其另一端，DHU 环和 TΨC 环虽然在二级结构中位于两侧，但在三级结构中却相邻（图 4 - 10②）。

3. 核糖体 RNA（rRNA） 与核糖体蛋白构成一种称为**核糖体**（ribosome）的核蛋白颗粒，原核生物和真核生物的核糖体都由一个大亚基和一个小亚基构成，两个亚基都由核糖体 RNA 和核糖体蛋白构成。核糖体、核糖体亚基及核糖体 RNA 的大小一般用沉降系数表示（表 4 - 6）。核糖体 RNA 具有以下特点：

（1）含量多：核糖体 RNA 是细胞内含量最多的 RNA，占细胞内 RNA 总量的 80% ~85%。

表4-6 原核生物与真核生物核糖体比较

类型	核糖体沉降系数	亚基种类	亚基沉降系数	核糖体 RNA 种类	亚基蛋白种类
原核生物核糖体	70S	大亚基	50S	23S、5S	33
		小亚基	30S	16S	21
真核生物核糖体	80S	大亚基	60S	28S、5.8S、5S	~49
		小亚基	40S	18S	~33

（2）寿命长：核糖体 RNA 更新慢，寿命长。

（3）种类少：原核生物有 5S、16S、23S 三种核糖体 RNA（约占核糖体重量的 65%）；真核生物主要有 5S、5.8S、18S、28S 四种核糖体 RNA，另有少量线粒体、叶绿体核糖体 RNA。

4. 核酶 科学家在研究 RNA 的转录后加工时发现某些 RNA 具有催化活性，可以催化 RNA 的剪接，这些由活细胞合成、起催化作用的 RNA 称为**核酶**（ribozyme）。许多核酶的底物也是 RNA，甚至就是其自身，其催化反应也具有特异性。如何评价核酶的理论意义与实际意义，如何看待核酶与传统意义上的酶在代谢中的地位，都有待于进一步研究（第五章，78 页）。

5. 其他 RNA 除了上述 RNA 之外，真核细胞内还存在许多小分子 RNA，其分子大小为 20～300nt，例如核小 RNA、细胞质小 RNA、端粒酶 RNA（第十三章，251 页）、小干扰 RNA（第十六章，296 页）。

（1）**核小 RNA**（snRNA）：位于细胞核内，与蛋白质构成**核小核糖核蛋白颗粒**（snRNP），参与 RNA 前体的加工。其中位于核仁内的 snRNA 称为**核仁小 RNA**（snoRNA），参与 rRNA 前体的加工及核糖体亚基的装配。

（2）**细胞质小 RNA**（scRNA）：主要位于细胞质中，种类较多，例如称为**信号识别颗粒 RNA**（又称 7SL RNA）的一种细胞质小 RNA 与六种蛋白质一起构成**信号识别颗粒**（SRP），参与分泌蛋白的转运（第十五章，279 页）。

第三节　核酸的理化性质

核酸是生物大分子，具有与蛋白质类似的大分子特性，包括胶体特性、沉降特性、黏度、变性和复性等。

一、紫外吸收特征

因为碱基中有共轭双键，所以核苷酸和核酸都有特征性紫外吸收光谱，在 260nm 附近存在吸收峰（图4-11，图4-12）。据此可以通过比色进行核苷酸和核酸的定量分析。此外，单链 DNA 的紫外吸收比双链 DNA 高 40%。据此可以判断核酸变性程度。

二、变性、复性与杂交

在一定条件下（例如加热）断开双链核酸碱基对氢键，可以使其局部解离，甚至

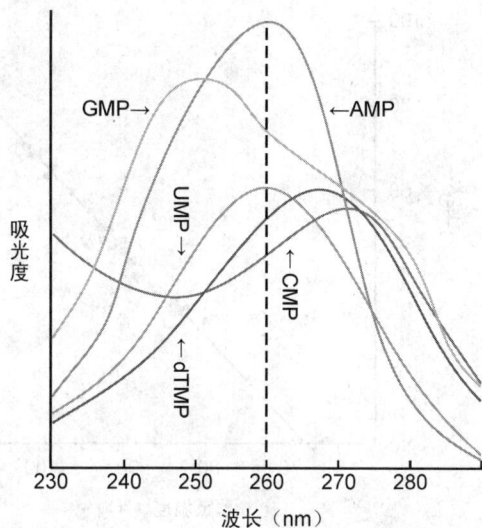

图 4-11 核苷酸紫外吸收光谱

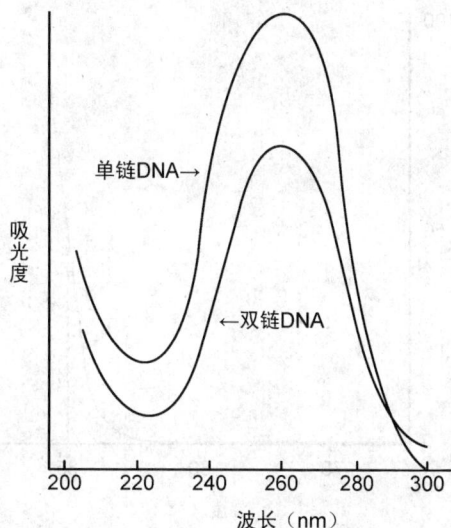

图 4-12 核酸紫外吸收光谱

完全解离成单链，形成无规线团，称为核酸的**熔解**（melting）、**变性**（denaturation）。反之，如果两股单链核酸的序列部分互补甚至完全互补，则在一定条件下可以自发结合，形成双链结构，称为**退火**（annealing）。同一来源变性核酸的退火称为**复性**（renaturation）。不同来源单链核酸的退火称为**杂交**（hybridization）。

1. 变性 生物体内的 DNA 几乎都是双链的，而 RNA 则几乎都是单链的。因此，核酸变性主要是指 DNA 变性。不过，许多 RNA 分子中因存在茎环、发夹等结构而含局部双链结构，并且这些结构往往影响其功能。因此，核酸变性也包括 RNA 变性。

变性导致核酸的一些物理性质改变，例如黏度下降、沉降速度加快、紫外吸收增强。其中变性导致其紫外吸收值增大的现象称为**增色效应**（hyperchromic effect）。

导致 DNA 变性的理化因素包括高温和化学试剂（如酸、碱、乙醇、尿素和甲酰胺）等。其中温度较其他变性因素更容易控制，因此实验室常用加热的方法使 DNA 变性。使双链 DNA 解链度达到 50% 所需的温度称为**解链温度**（T_m）、**变性温度**、**熔点**（图 4-13）。每一种 DNA 都有自己的解链温度，它的高低与 DNA 的分子大小和碱基组成、溶液的 pH 值和离子强度、变性剂等有关。

DNA 的 G—C 含量越高，其解链温度越高，因为 G—C 含有三个氢键，解开它需要更多的能量。因此，通过测定解链温度可以分析 DNA 的碱基组成（图 4-14），经验公式为：（G—C）% = (T_m - 69.3) × 2.44%（0.15mol/L NaCl - 0.15mol/L 柠檬酸钠溶液中）。

双链 RNA 及 DNA-RNA 杂交双链也可以变性解链。同样条件下，其解链温度分别比双链 DNA 高 20℃ ~ 25℃、10℃ ~ 15℃。

2. 复性 降低温度可以使热变性 DNA 复性，即重新形成互补双链结构。DNA 的最适复性温度通常比解链温度低 20℃ ~ 25℃。复性导致 DNA 的紫外吸收值减小，这一现象称为**减色效应**（hypochromic effect）。因此，通过检测 DNA 紫外吸收的变化可以实时

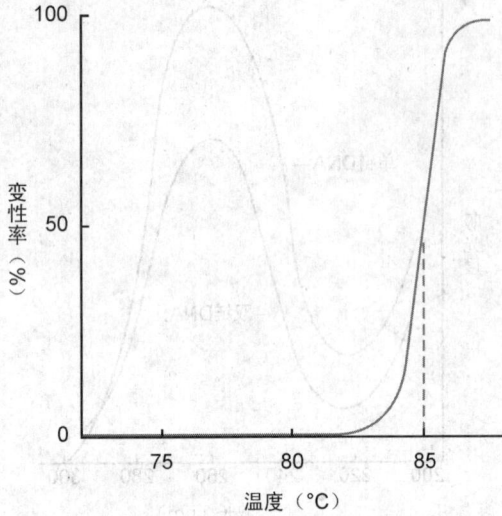

图 4-13 DNA 解链曲线

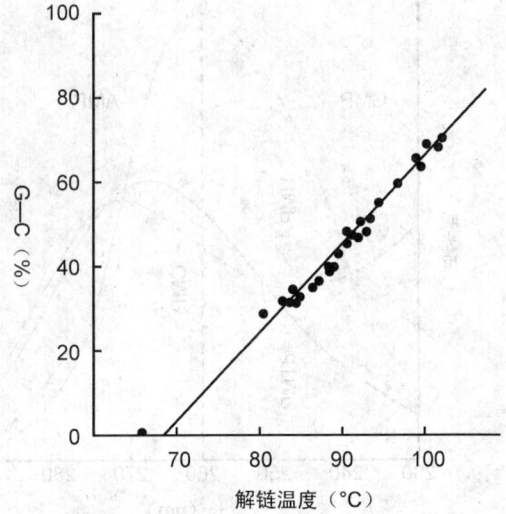

图 4-14 DNA 解链温度-组成关系曲线

分析其变性或复性程度。

　　DNA 复性并不是简单的逆变性过程，复性速度受多种因素影响：①DNA 浓度：DNA 浓度越高，两股互补链相遇的可能性就越大，因而复性越快。②DNA 序列复杂性：在一定条件下，序列简单的 DNA（例如重复序列）复性快，序列复杂的 DNA（例如单一序列）复性慢，因而可以通过测定复性速度分析 DNA 序列的复杂性。③DNA 大小：DNA 片段越大，寻找完全互补序列的难度就越大，因而复性越慢。④离子强度：DNA 溶液的离子强度越高，两股互补链重新结合的速度就越快，因而复性越快。⑤降温速度：降温过快来不及复性，形成无规线团，因此要缓慢降温。

　　3. 杂交　既包括 DNA 与 DNA 杂交，也包括 DNA 与 RNA 杂交、RNA 与 RNA 杂交。不同来源的单链核酸，只要其序列有一定的互补性就可以杂交。利用该特性我们可以从不同来源的 DNA 中寻找相同序列，这就是核酸分子杂交技术的分子基础。

　　核酸分子杂交技术是将已知序列的单链核酸片段进行标记以便检测，再与未知序列的待测核酸样品进行杂交，从中鉴定互补序列。核酸分子杂交技术可以用于分析样品中是否存在特定基因序列、基因序列是否存在变异，也可以用于研究目的基因的表达情况，因而广泛应用于基因组研究、遗传病检测、刑事案件侦破及法医鉴定等领域，是分子生物学的核心技术（第二十章，350 页）。

第四节　核酸的提取与定量

　　核酸是生物化学与分子生物学的主要研究对象。在研究核酸结构和功能时，通常先要提取核酸并进行定量。核酸样品的纯度和核酸结构的完整性将关系到后续研究结果的科学性和准确性。

一、核酸提取

核酸提取的总原则是保证核酸一级结构的完整性，避免杂质污染。

核酸提取的主要步骤包括：①破碎细胞。②除去与核酸结合的蛋白质、多糖等生物大分子。③分离核酸。④除去杂质（无机盐、不需要的其他核酸分子等）。由于不同核酸的结构状态和亚细胞定位不同，所用的具体提取方法也不尽相同。

1. 质粒 DNA 质粒是游离于细菌（及个别真核细胞）染色体 DNA 之外、能自主复制的遗传物质，多数是一种闭环 DNA，大小为 1 ~ 300kb。质粒 DNA 能够转化细菌，并利用细菌的酶系统进行扩增和表达，是在重组 DNA 技术中广泛应用的基因载体。

提取质粒 DNA 包括三个基本步骤：①培养细菌和扩增质粒。②收获和裂解细菌。③用氯化铯密度梯度分离法、碱裂解法或煮沸裂解法等分离纯化质粒。

2. 真核生物染色体 DNA ①用液氮冷冻组织材料，然后将其研成细粉。②用乙二胺四乙酸（EDTA）、去污剂和蛋白酶 K 共同裂解细胞。③用苯酚、氯仿、异戊醇等抽提除去蛋白质。经过数次抽提之后，可制得 100 ~ 200kb 的 DNA 片段。染色体 DNA 适用于基因组文库构建、DNA 印迹分析。

3. 真核生物 RNA RNA 容易被核糖核酸酶降解，而核糖核酸酶无处不在，并且耐高温，可以抵抗长时间煮沸。因此，RNA 的提取条件要比 DNA 苛刻，必须采取措施建立无核糖核酸酶环境。

（1）总 RNA 提取：提取真核细胞总 RNA 可以用异硫氰酸胍 – 酚氯仿法、异硫氰酸胍 – 氯化铯密度梯度分离法、氯化锂 – 尿素法、热酚法等。

（2）mRNA 提取：提取真核细胞 mRNA 可以用一种亲和层析技术——oligo(dT)-纤维素柱层析。真核生物 mRNA 绝大多数都有 poly(A)尾，在高离子强度条件下与 oligo(dT)结合，其他 RNA 等成分则被淋洗掉。然后，逐渐降低洗脱液的离子强度，可以将mRNA 洗下，浓缩得到高纯度 mRNA。mRNA 可用于研究基因表达、构建 cDNA 文库。

二、核酸定量

核酸由磷酸、戊糖、碱基以等物质的量构成，因此通过分析这三种成分的含量可以对核酸进行定量。

1. 定磷法 核酸含磷量比较均一。DNA 含磷约 9.2%，RNA 含磷约 9.0%。因此，分析核酸样品含磷量即可求算核酸含量。这就是定磷法的分子基础。

2. 定糖法 ①二苯胺法是 D-2-脱氧核糖的呈色反应，因此可以分析核酸水解液中D-2-脱氧核糖的含量，从而求算 DNA 含量。②地衣酚法是 D-戊糖的呈色反应，因此可以联合二苯胺法分析核酸水解液中 D-核糖的含量，从而求算 RNA 含量。

3. 紫外吸收法 核酸因碱基含共轭双键结构而对 260nm 紫外线有强吸收，并且吸光度在一定条件下与核酸的浓度成正比。因此，可以通过测定 OD_{260}（吸光度）对核酸样品进行定量。在标准条件下，1 个吸光度单位相当于 50μg/ml 的双链 DNA、40μg/ml的单链 DNA 或 RNA。不过，该方法受核酸纯度、溶液 pH 值和离子强度的影响，在中性 pH 值和低离子强度条件下测定纯度较高的核酸时结果比较准确。

核酸的其他研究技术见第二十章。

☯ 链 接

ETS、ITS 与中药

真核生物 rRNA 的基因序列包括**外转录间隔区 1**（ETS1）、18S、**内转录间隔区 1**（ITS1）、5.8S、ITS2、28S 和 ETS2（图 4 – 15），其中 18S、5.8S、28S rRNA 的基因序列在生物进化过程中变异很小，但 ITS 和 ETS 变异较大，可以作为生物进化的比较依据。因此，应用 PCR 和 DNA 测序技术可以很快地分析比较不同药材的 ETS、ITS 序列，通过比较其相似度可以鉴定中草药基原。

ETS1	18S rRNA	ITS1	5.8S rRNA	ITS2	28S rRNA	ETS2

图 4 – 15 真核生物 rRNA 基因结构

小　结

核酸是生物大分子，核苷酸缩聚物，包括 DNA 和 RNA。DNA 含量最稳定，绝大多数存在于细胞核染色体中，是遗传的物质基础。RNA 包括信使 RNA、转移 RNA、核糖体 RNA、核酶和小分子 RNA，主要功能是参与遗传信息的复制与表达。

核酸的组成元素是碳、氢、氧、氮和磷，其中磷是核酸的特征元素。核酸的结构单位是核苷酸。核苷酸由磷酸、戊糖（核糖和脱氧核糖）和碱基（腺嘌呤、鸟嘌呤、胞嘧啶、尿嘧啶和胸腺嘧啶）组成，DNA 和 RNA 的组成差别主要在戊糖和嘧啶碱基。

在核苷酸中，碱基与戊糖以 N-β-糖苷键连接，磷酸与戊糖以磷酸酯键连接，磷酸还可以通过酸酐键连接第二、第三个磷酸，某些核苷酸还存在磷酸二酯键。

核苷酸的功能包括合成核酸、为生命活动提供能量、参与其他物质合成、构成酶的辅助因子、调节代谢。

核酸的一级结构是指核酸分子的碱基序列。核酸主链由磷酸与戊糖以 3′,5′-磷酸二酯键交替连接构成，碱基相当于侧链。核酸链有方向性，5′端为头，3′端为尾。

DNA 典型的二级结构是右手双螺旋结构，右手双螺旋由两股链反向互补构成，两股链通过氢键结合在一起，氢键严格地形成于 A 与 T、G 与 C 之间，氢键和碱基堆积力维系双螺旋结构的稳定性。DNA 分子还存在局部左手螺旋结构、十字形结构和三股螺旋结构等。

在二级结构的基础上，DNA 双螺旋进一步盘曲形成三级结构。环状 DNA 的三级结构是超螺旋结构，真核生物的细胞核 DNA 则与 RNA、蛋白质形成染色体结构。

RNA 种类繁多，含量变化大。绝大多数 RNA 为线性单链结构，局部可以形成右手螺旋结构、茎环结构和发夹结构。

mRNA 的特点是含量少、种类多、寿命短、大小差异大。

tRNA 在组成和结构上有以下特点：长 73 ~ 93nt，含较多的稀有碱基，5′端往往是鸟苷酸，3′端是 CCA 序列，二级结构呈三叶草形，三级结构呈倒 L 形。

rRNA 是细胞内含量最多的 RNA，原核生物有三种 rRNA，真核生物有四种 rRNA，均与蛋白质构成核糖体。

核酶是由活细胞合成、起催化作用的 RNA。

碱基使核酸在 260nm 波长附近存在吸收峰，成为核酸的紫外吸收特征。

在一定条件下双链核酸可以变性，变性伴随增色效应。变性核酸可以复性，复性伴随减色效应。

不同来源的单链核酸，只要其序列有一定的互补性就可以杂交。以此为基础建立的核酸分子杂交技术是分子生物学的核心技术。

质粒 DNA、真核生物染色体 DNA 和 RNA 有不同的提取方法，基本原则都是保证核酸一级结构的完整性，避免杂质污染。提取的核酸可以用定磷法、定糖法或紫外吸收法进行定量。

第五章 酶

生命为维持生长和繁殖而进行的全部物理过程和化学过程称为**新陈代谢**（metabolism），简称**代谢**，代谢过程消耗的反应物、生成的中间产物及终产物统称**代谢物**（metabolite）。生命的基本特征之一是新陈代谢，包括物质代谢和能量代谢。虽然生物体内的代谢条件十分温和，但所有代谢都进行得极为迅速和顺利，因为它们几乎都是在**生物催化剂**（biocatalyst，在生物体内起催化作用的生物大分子）的催化作用下进行的。迄今为止，人们已经发现了两类生物催化剂：酶与核酶。**酶**（enzyme）是由活细胞合成、起催化作用的蛋白质。**核酶**（ribozyme）是由活细胞合成、起催化作用的 RNA。

第一节 酶的分子结构

由酶催化进行的化学反应称为**酶促反应**（enzyme-catalyzed reaction），酶促反应的反应物称为酶的**底物**（S）。酶的底物既有蛋白质等生物大分子，又有葡萄糖等小分子有机化合物，还有 CO_2 等无机化合物。即使是大分子底物，发生反应的也只是分子结构的一个小部位，例如胰蛋白酶只是催化水解底物蛋白中碱性氨基酸羧基形成的肽键。相比之下，酶的化学本质是蛋白质，都是生物大分子。因此，酶促反应是大分子作用于小分子或小部位。不过，酶促反应不是由整个酶蛋白对底物分子进行简单碰撞，而是通过酶的活性中心催化反应。

1. **酶的活性中心** 酶的分子结构中存在各种基团，例如羟基、氨基、甲基等，这些基团对酶活性的贡献大小不同。其中一些基团与酶活性密切相关，不可或缺，称为**酶的必需基团**（essential group）。酶的必需基团根据功能分为两类：一类维持酶活性构象（例如二硫键）或参与活性调节（例如羟基）；另一类直接参与催化反应，例如羟基、巯基、羧基、咪唑基。第二类必需基团集中在酶分子的特定部位，该部位称为活性中心。

酶的活性中心（active center）又称**活性部位**（active site），是酶的分子结构中可以结合底物并催化其反应生成产物的部位。酶的活性中心位于酶蛋白的特定结构域内，形如裂缝或凹陷，多为由氨基酸的疏水侧链构成的疏水环境。

活性中心内的必需基团分为两类：一类是**结合基团**（binding group），其作用是与底物结合，形成酶 – 底物复合物；另一类是**催化基团**（catalytic group），其作用是改变底物分子中特定化学键的稳定性，将其转化成产物。例如：人体果糖-2,6-二磷酸酶催化

2,6-二磷酸果糖水解生成 6-磷酸果糖和磷酸。该酶活性中心有六个氨基酸侧链提供必需基团，Arg258、Arg308、Arg353 提供的带正电荷胍基和 Lys357 提供的带正电荷氨基为结合基团，作用是通过离子键抓住 2,6-二磷酸果糖带负电荷的磷酸基；His259 和 His393 提供的咪唑基为催化基团，催化 2-磷酸酯键水解（图 5-1）。

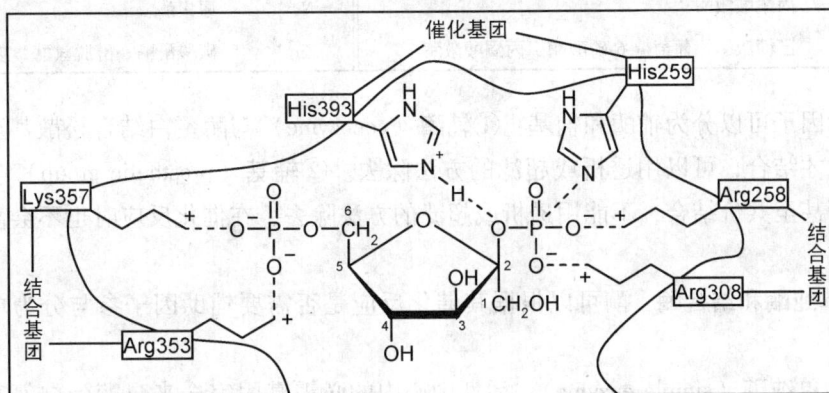

图 5-1 人体果糖-2,6-二磷酸酶活性中心

2. 酶的辅助因子 虽然酶的化学本质是蛋白质，但有的酶还含有各种非氨基酸成分，例如糖基、酰基、磷酸基、金属离子等，其中有些成分是酶活性所必需的，这些成分称为酶的辅助因子。

国际纯粹与应用化学联合会（IUPAC）于 1992 年推荐的辅助因子定义：**辅助因子**（cofactor）是某些酶在催化反应时所需的有机分子或离子（通常是金属离子），它们与酶结合牢固或松散，与无活性的酶蛋白结合成有活性的全酶。

从化学本质上看辅助因子有两类：①小分子有机化合物（包括金属有机化合物），多数是维生素（特别是 B 族维生素）的活性形式（表 5-1）。②无机离子，主要是金属离子（表 5-2）。

表 5-1 某些含有 B 族维生素的辅助因子

辅助因子	符号	转移基团或原子	所含维生素
生物素		羧基	生物素
辅酶 A	CoA	酰基	泛酸
5'-脱氧腺苷钴胺素		烷基	钴胺素
氧化型黄素单核苷酸	FMN	氢原子	核黄素
氧化型黄素腺嘌呤二核苷酸	FAD	氢原子	核黄素
硫辛酰胺		氢原子和酰基	硫辛酸
氧化型烟酰胺腺嘌呤二核苷酸	NAD$^+$	氢原子	烟酸
氧化型烟酰胺腺嘌呤二核苷酸磷酸	NADP$^+$	氢原子	烟酸
磷酸吡哆醛	PLP	氨基	吡哆醛
四氢叶酸	FH$_4$	一碳单位	叶酸
焦磷酸硫胺素	TPP	醛	硫胺素

表5-2 作为酶的辅助因子的金属离子

金属离子	酶	金属离子	酶
Cu^{2+}	细胞色素 c 氧化酶、铜蓝蛋白	Mn^{2+}	精氨酸酶、丙酮酸羧化酶
Fe^{2+}	细胞色素 c 氧化酶、过氧化氢酶、过氧化物酶	Mo^{3+}	黄嘌呤氧化酶
K^+	丙酮酸激酶	Ni^{2+}	尿素酶
Mg^{2+}	己糖激酶、葡萄糖-6-磷酸酶、丙酮酸激酶	Zn^{2+}	碳酸酐酶、醇脱氢酶、羧肽酶

辅助因子可以分为辅酶和辅基：①**辅酶**（coenzyme）与酶蛋白结合松散甚至只在催化反应时才结合，可以用透析或超滤的方法除去。②**辅基**（prosthetic group）与酶蛋白结合牢固甚至共价结合，不能用透析或超滤的方法除去，在催化反应时也不会离开活性中心。

3. 单纯酶和结合酶 酶可以根据其催化反应是否需要辅助因子参与分为单纯酶和结合酶。

（1）**单纯酶**（simple enzyme）：活性中心内的必需基团完全来自酶蛋白氨基酸的 R 基（如组氨酸的咪唑基、丝氨酸的羟基、半胱氨酸的巯基和天冬氨酸的羧基等），即催化反应不需要辅助因子参与，例如蛋白酶、淀粉酶、脂肪酶和核糖核酸酶等。

（2）**结合酶**（conjugated enzyme）：活性中心内的部分必需基团来自辅助因子（如转氨酶活性中心的一个醛基来自磷酸吡哆醛），即催化反应需要辅助因子参与，例如 L-乳酸脱氢酶需要烟酰胺腺嘌呤二核苷酸，L-氨基酸脱羧酶需要磷酸吡哆醛。

结合酶由酶蛋白和辅助因子构成，二者结合才能发挥催化作用：①**酶蛋白**（又称**脱辅基酶**，apoenzyme）即结合酶的蛋白质部分。②**辅助因子**（cofactor）即结合酶活性依赖的非氨基酸成分。绝大多数辅助因子直接参与催化反应，起传递电子、原子或基团的作用。一种辅助因子可以与不同酶蛋白结合，组成具有不同特异性的结合酶。

4. 单体酶、寡聚酶、多酶复合体和多功能酶 是酶的不同结构状态的一种分类。

（1）**单体酶**（monomeric enzyme）：仅具有三级结构，并且只有一个活性中心，如葡萄糖激酶。

（2）**寡聚酶**（oligomeric enzyme）：由多个亚基构成，有多个活性中心，这些活性中心位于不同的亚基上，催化相同的反应。有的寡聚酶仅由一种亚基构成，如 L-乳酸脱氢酶 LDH_1 含四个相同的亚基（H_4），每一个亚基都有一个活性中心；有的寡聚酶由多种亚基构成，如 L-乳酸脱氢酶 LDH_3 含两种亚基（H_2M_2），每一个亚基都有一个活性中心。

（3）**多酶复合体**（multienzyme complex）：由几种不同功能的酶构成，有两种或两种以上的活性中心，各活性中心催化的反应构成连续反应，即一种活性中心的产物恰好是另一种活性中心的反应物，前一活性中心的产物作为反应物直接转入后一活性中心，不会脱离酶蛋白。如丙酮酸脱氢酶复合体由三种酶构成：丙酮酸脱氢酶、二氢硫辛酰胺乙酰转移酶、二氢硫辛酰胺脱氢酶。

（4）**多功能酶**（multienzyme polypeptide），又称**串联酶**：由一条肽链构成，但含多个活性中心，这些活性中心催化不同的反应，如大肠杆菌 DNA 聚合酶 I 由一条肽链构成，含 $5'{\rightarrow}3'$ 聚合酶、$3'{\rightarrow}5'$ 外切酶、$5'{\rightarrow}3'$ 外切酶活性中心。多功能酶可以进一步构成多酶复合体。

5. 同工酶（isoenzyme） 是指能催化相同的化学反应、但酶蛋白的组成、结构、理化性质和免疫学性质都不相同的一组酶，是在生物进化过程中基因变异的产物。同工酶存在于同一种属或同一个体的不同组织或同种细胞的不同亚细胞结构中，在代谢中起重要作用。

国际生物化学与分子生物学联合会（IUBMB）推荐的同工酶命名法：命名采用同一名称后缀不同的数字编号，编号表示在区带电泳中由快到慢的泳动顺序，例如细胞质中的苹果酸脱氢酶1（泳动快）和线粒体内的苹果酸脱氢酶2（泳动慢）。

不同组织有不同的同工酶谱。同工酶差异可用于研究物种进化、个体发育、组织分化、遗传变异等。在医学方面，同工酶可用于临床诊断等。例如：分析血浆肌酸激酶同工酶和 L-乳酸脱氢酶同工酶水平变化可以辅助诊断急性心肌梗死。

（1）**肌酸激酶**（CK）：有三种同工酶，均为二聚体，由 B 亚基（脑型亚基）和 M 亚基（骨骼肌型亚基）构成，在各组织器官中的分布有差异：①CK_1 为 BB 型，主要位于脑组织。②CK_2 为 BM 型，位于心肌，占心肌肌酸激酶的 25%～30%。正常血浆几乎不含 CK_2。心肌梗死 3～6 小时血浆 CK_2 水平升高，12～24 小时达到高峰，3～4 天回落到正常水平，因此 CK_2 在急性心肌梗死的早期诊断中特异性最高（不过已经逐渐被肌钙蛋白检验替代）。③CK_3 为 MM 型，主要位于骨骼肌、心肌，占骨骼肌肌酸激酶的 98%、心肌肌酸激酶的 70%。正常血浆肌酸激酶主要是 CK_3，且在手术、骨骼肌损伤、酒精中毒、甲状腺功能亢进时升高明显。

（2）**L-乳酸脱氢酶**（LDH）：主要同工酶有五种（表 5-3），均为四聚体，由 H 亚基（心肌型亚基）和 M 亚基（骨骼肌型亚基）构成，在各组织器官中的分布有差异：①心肌含 LDH_1 最多。正常血浆 L-乳酸脱氢酶主要是 LDH_2，心肌梗死导致 L-乳酸脱氢酶释放入血，血浆 L-乳酸脱氢酶水平很快升高，但 LDH_1 低于 LDH_2，12 小时后 LDH_1 水平接近 LDH_2，24 小时后 LDH_1 水平超过 LDH_2，所以 LDH_1 升高最明显。48～72 小时后血浆 L-乳酸脱氢酶水平达到峰值。②肝脏含 LDH_5 最多。

表 5-3 人体 L-乳酸脱氢酶同工酶的分布（%）

同工酶	亚基组成	心肌	肾脏	肝脏	骨骼肌	红细胞	肺	胰腺	血清
LDH_1	H_4	67	52	2	4	42	10	30	27
LDH_2	H_3M	29	28	4	7	36	20	15	34
LDH_3	H_2M_2	4	16	11	21	15	30	50	21
LDH_4	HM_3	<1	4	27	27	5	25	0	12
LDH_5	M_4	<1	<1	56	41	2	15	5	6

胸水内 L-乳酸脱氢酶是反映炎症程度的指标，含量大于 500U/L 常提示为恶性肿瘤或胸水已并发细菌感染。

第二节　酶促反应的特点和机制

酶既有一般催化剂的共性，又有自己的特点。酶促反应的特点是由酶的催化机制决定的。

一、酶促反应特点

酶具有与一般催化剂一样的特点：①只催化热力学上允许的化学反应。②可以提高化学反应速度，但不改变化学平衡。③在化学反应前后没有质和量的改变，并且极少量就可以有效地催化反应。不过，酶也有自己的特点。

1. 高效性　酶能将化学反应速度提高 $10^5 \sim 10^{17}$ 倍（表 5-4）。

表 5-4　酶的催化效率

酶	催化效率	酶	催化效率
亲环素	10^5	磷酸葡糖变位酶	10^{12}
酵母己糖激酶	10^6	琥珀酰辅酶 A 转移酶	10^{13}
碳酸酐酶	10^7	尿素酶	10^{14}
磷酸丙糖异构酶	10^9	金黄色葡萄球菌核酸酶	10^{15}
羧肽酶 A	10^{11}	一磷酸乳清核苷脱羧酶	10^{17}

2. 特异性　与一般催化剂相比，酶对所催化反应的底物和反应类型具有更高的选择性，这种现象称为酶的**特异性**或**专一性**（specificity）。根据酶对其底物结构选择的特异程度不同，可以将酶的特异性分为绝对特异性、相对特异性和立体特异性。

（1）**绝对特异性**（absolute specificity）：具有绝对特异性的酶只能催化一种底物发生一种化学反应。例如：尿素酶（又称脲酶）只能催化尿素水解。

（2）**相对特异性**（relative specificity）：具有相对特异性的酶可以催化一类底物或一种化学键发生一种化学反应。例如：脂酰辅酶 A 合成酶可以催化软脂酸、硬脂酸、油酸等各种脂肪酸发生反应；胰脂肪酶既能水解甘油三酯，又能水解棕榈酸视黄酯；许多消化酶类都具有相对特异性。

（3）**立体特异性**（stereospecificity）：具有立体特异性的酶能够识别立体异构体的构型，因而只催化特定构型的立体异构体发生反应，或所催化的反应只生成特定构型的立体异构体。例如：延胡索酸酶只能催化延胡索酸（而不是马来酸）水化生成 L-苹果酸（而不是 D-苹果酸）；L-乳酸脱氢酶只能催化 L-乳酸（而不是 D-乳酸）脱氢。

不管是单纯酶还是结合酶，其特异性都由酶蛋白决定。

3. 不稳定性　酶促反应条件温和，可在常温常压下进行。酶是蛋白质，对导致蛋白质变性的因素（如高温、强酸、强碱等）非常敏感，极易受这些因素的影响而变性失活。

4. 可调节性　生物体内存在着复杂而精细的代谢调节系统，既可以通过改变酶蛋白的结构来调节酶蛋白的活性，又可以通过改变酶蛋白的总量来调节酶的总活性，从而调节酶促反应速度，以确保代谢活动的协调性和统一性，确保生命活动的正常进行（见第四节）。

二、酶促反应机制

研究酶促反应机制就是要阐明其高效性和特异性的化学基础。

1. 酶促反应高效性的机制 在一个化学反应体系中，实际发生反应的反应物分子称为**活化分子**，其特点是最低能量水平高于反应体系中全部反应物分子的平均能量水平，两个能量水平的差值称为**活化能**（activation energy）。关于活化能与化学反应速度的关系：①活化能越高，反应体系中活化分子比例越低，反应越慢。②降低活化能可以相对增加反应体系中的活化分子数，从而提高化学反应速度。③酶提高化学反应速度的机制正是降低反应的活化能（图5-2）。

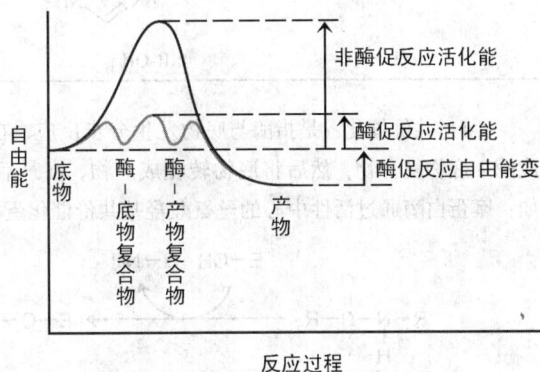

图5-2 酶促反应活化能的改变

例如 H_2O_2 的分解反应：$2H_2O_2 \rightarrow 2H_2O + O_2$。该反应在无催化剂时需活化能 70~76kJ/mol，由铂（Pt）催化反应时需活化能 49kJ/mol，由过氧化氢酶催化反应时需活化能 8kJ/mol。当活化能由 70~76kJ/mol 降低至 8kJ/mol 时，反应速度会提高 10^9 倍。相比之下，过氧化氢酶的催化效率比铂高 10^6 倍。

关于酶降低酶促反应活化能、提高酶促反应速度的机制，目前比较公认的是 Henri 于 1903 年提出的**酶-底物复合物学说**。该学说认为：在酶促反应中，酶先与底物结合成称为**活化络合物**（activated complex）的不稳定酶-底物复合物，然后酶-底物复合物转化成酶-产物复合物，再释出产物（图5-2）。

目前认为，酶通过形成酶-底物复合物降低活化能，使反应加快，是邻近效应与定向排列、表面效应、酸碱催化、共价催化和金属离子催化等综合作用的结果。

（1）邻近效应与定向排列：元反应化学反应速度与反应物浓度成正比，因此只要提高反应物浓度，就能提高反应速度。在酶促反应中，酶就是通过提高底物分子在活性中心的局部浓度来提高反应速度的，活性中心的这种催化效应称为邻近效应；此外，活性中心还通过与底物的结合使反应基团相互正确定向，这更有利于底物作用，提高反应速度。

（2）表面效应：酶的活性中心多为疏水环境，限制水分子及其他与反应无关成分的进入，防止它们干扰活性中心必需基团与底物的作用，提高活性中心的催化效率。

（3）酸碱催化：酸碱催化作用是最普通、最有效的催化机制，但普通酸碱催化剂多为强酸或强碱，它们通常只有一种解离状态，从而只能起酸催化或碱催化作用。酶蛋白是两性电解质，所含的各种弱解离基团具有不同的解离常数，即使同一种解离基团，其解离常数也会因受邻近基团影响而改变。因此，酶活性中心的弱解离基团可以参与质子转移，即既作为质子供体起酸催化作用，又作为质子受体起碱催化作用（表5-5）。酶的这种作用属于酸碱催化作用，可将反应速度提高 10^2~10^5 倍。

表 5-5　酶活性中心起酸碱催化作用的必需基团

必需基团来源	共轭酸形式（质子供体）	共轭碱形式（质子受体）
Glu/Asp	R-COOH	R-COO$^-$
Lys/Arg	R-NH$_3^+$	R-NH$_2$
Cys	R-SH	R-S$^-$
His		
Ser/Tyr	R-OH	R-O$^-$

（4）共价催化：是指酶与底物发生分步反应，在第一步反应中作为反应物与底物共价结合，形成酶-底物复合物，然后将底物转化成产物，在最后一步反应中断开与产物的共价结合而再生。例如：糜蛋白酶通过活性中心的丝氨酸羟基共价催化蛋白质水解：

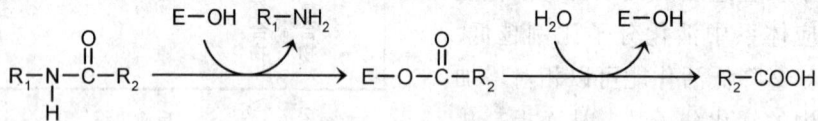

$$R_1\text{-}N\text{-}C\text{-}R_2 \xrightarrow{\quad E\text{-}OH \quad R_1\text{-}NH_2 \quad} E\text{-}O\text{-}C\text{-}R_2 \xrightarrow{\quad H_2O \quad E\text{-}OH \quad} R_2\text{-}COOH$$

（5）金属离子催化：有约 1/3 的酶在催化反应时需要金属离子参与，其作用是通过形成离子键促进底物在活性中心的定向排列，或削弱带负电荷基团的斥力，或在氧化还原反应中传递电子。

2. 酶促反应特异性的机制　有几个学说试图阐明酶促反应特异性的机制，例如锁钥学说、诱导契合学说、三点附着学说等。

（1）**锁钥学说**（lock-and-key theory）　由 Fischer 于 1894 年提出，认为酶的特异性源于其活性中心与底物构象的严格互补，恰似锁和钥匙的关系。该学说似是而非，例如它不能解释可逆反应。

（2）**诱导契合学说**（induced fit theory）　由 Koshland 于 1958 年提出，认为酶的活性中心在结构上是柔性的，即具有可塑性或弹性。当底物与活性中心接触时，彼此通过非共价键相互影响，构象发生变化。这种变化使活性中心的必需基团与底物的反应部位正确排列和定向，适于相互作用而发生反应（图 5-3）。值得注意的是：诱导契合学说认为底物在构象上与活性中心最吻合时最不稳定，因而容易发生反应。

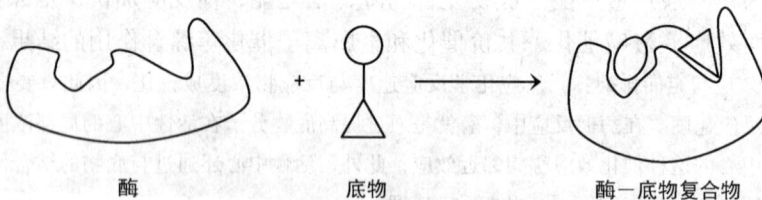

酶　　　　　　底物　　　　　酶-底物复合物

图 5-3　诱导契合学说

实际上，诸如抗原-抗体、激素-受体等绝大多数生物分子相互作用时都发生不同程度的诱导契合。

（3）**三点附着学说**（three-point attachment theory）　由 Ogston 于 1948 年提出，认为酶的结合基团与底物的至少三个点正确结合，其催化基团才能催化反应发生。用三点附着学说可以解释酶的立体特异性。

第三节 酶促反应动力学

酶促反应动力学（enzyme kinetics）简称酶动力学，是研究酶促反应速度及其影响因素的科学。研究酶促反应动力学需要注意以下几点：①**酶促反应速度**（又称速率）通常用单位时间内产物浓度的升高值来表示，单位 $mol/(L \cdot s)$ 或 M/s。②酶促反应动力学通常研究反应刚开始时的速度，称为**初速度**（V_0）。③在研究某一因素对酶促反应速度的影响时，应当控制其他因素不变。

一、酶浓度对酶促反应速度的影响

在酶促反应中，如果底物浓度远高于酶浓度，并且使酶饱和，则酶促反应速度与酶浓度成正比（图 5-4）。

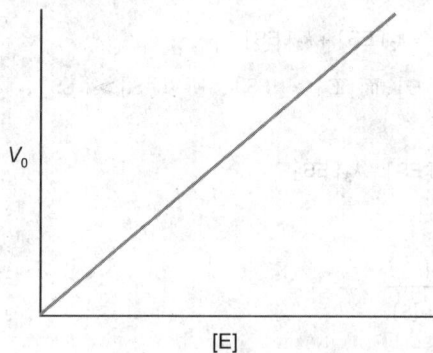

图 5-4 酶浓度与酶促反应速度的关系　　图 5-5 底物浓度与酶促反应速度的关系

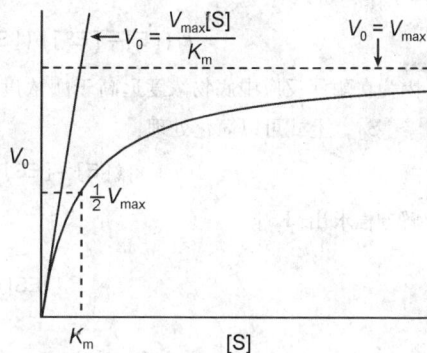

二、底物浓度对酶促反应速度的影响

对于单底物反应，以反应速度 V_0 对底物浓度 [S] 作图，可以得到图 5-5。由图可见，①在底物浓度很低时，反应速度随着底物浓度的升高而提高，二者成正比，表现为一级反应。②在底物浓度较高时，随着底物浓度继续升高，反应速度还在提高，但提高幅度越来越小，二者不再成正比。③在底物浓度很高时，即使底物浓度继续升高，反应速度也基本不再提高，表现为零级反应，说明此时所有酶分子与底物结合，接近饱和状态。

1. 单底物反应的米氏方程　Henri 提出的酶-底物复合物学说可以解释单底物反应的上述动力学特征：在酶促反应过程中有酶-底物复合物形成。

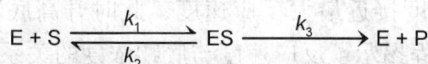

$$E + S \underset{k_2}{\overset{k_1}{\rightleftharpoons}} ES \xrightarrow{k_3} E + P$$

1913 年，Michaelis 和 Menten 进一步发展了这一学说：在酶促反应过程中，酶与底物可逆结合并快速达到平衡（在毫秒级的时间内），产物生成速度 V_0 与酶-底物复合物浓度成正比。他们根据定量研究的实验数据归纳出一个反映酶促反应速度与底物浓度关

系的数学方程式，称为**米氏方程**（Michaelis-Menton equation），可用米氏方程表达的酶促反应动力学称为**米氏动力学**。

$$V_0 = \frac{V_{max}[S]}{K_m + [S]}$$

米氏方程推导如下：

依据化学反应动力学中关于元反应的**质量作用定律**：元反应的反应速度与各反应物浓度幂之积成正比。针对单底物(S)由酶(E)催化生成产物(P)的反应，可以列出反映产物(P)生成速度 V_0、酶–底物复合物(ES)生成速度 $V_{生成}$ 和分解速度 $V_{分解}$ 的速度方程：

$$V_0 = k_3[ES]$$

$$V_{生成} = k_1([E] - [ES]) \cdot ([S] - [ES])$$

$$V_{分解} = k_2[ES] + k_3[ES]$$

因为酶与底物可逆结合并快速达到平衡，酶–底物复合物浓度[ES]在一段时间内保持不变，即 $V_{生成} = V_{分解}$，所以有：

$$k_1([E] - [ES]) \cdot ([S] - [ES]) = k_2[ES] + k_3[ES]$$

因为在酶促反应中底物浓度远高于酶浓度，$[S] \gg [E]$，而 $[E] \geqslant [ES]$，所以 $[S] \gg [ES]$，$[S]-[ES] \approx [S]$，上式可以简化处理：

$$k_1([E] - [ES]) \cdot [S] = k_2[ES] + k_3[ES]$$

解方程求出[ES]

$$[ES] = \frac{[E][S]}{\dfrac{k_2 + k_3}{k_1} + [S]}$$

代入 $V_0 = k_3[ES]$

$$V_0 = \frac{k_3[E][S]}{\dfrac{k_2 + k_3}{k_1} + [S]}$$

因为 $[ES] \leqslant [E]$，所以 $V_0 = k_3[ES] \leqslant k_3[E]$，即 $k_3[E]$ 为最大反应速度 V_{max}。另令 $K_m = (k_2 + k_3)/k_1$，并与 V_{max} 一同代入上式，即得米氏方程：

$$V_0 = \frac{V_{max}[S]}{K_m + [S]}$$

米氏方程中 V_0 为在不同底物浓度时的反应速度，V_{max} 为**最大反应速度**（maximum rate），[S]为底物浓度，K_m 称为**米氏常数**（Michaelis constant），$K_m = (k_2 + k_3)/k_1$。

分析米氏方程可知：当底物浓度极低即 $[S] \ll K_m$ 时，$K_m + [S] \approx K_m$，$V_0 \approx (V_{max}/K_m)[S]$，即反应速度与底物浓度成正比。当底物浓度极高即 $[S] \gg K_m$ 时，$K_m + [S] \approx [S]$，$V_0 \approx V_{max}$，即反应速度接近最大反应速度，此时升高底物浓度已经基本不再提高反应速度。因此，米氏方程揭示了反应速度与底物浓度的关系。

2. K_m 值和 V_{max} 值的意义　分析米氏方程可知 K_m 和 V_{max} 有以下意义：

（1）K_m 值是反应速度为最大反应速度一半时的底物浓度：当反应速度为最大反应速度的一半时，将 $V_0 = \frac{1}{2}V_{max}$ 代入米氏方程，可以求得 $K_m = [S]$。因此，K_m 的单位为底物浓度单位 mol/L 或 mmol/L。

（2）K_m 是酶的特征常数：K_m 值大致在 $0.01 \sim 10$ mmol/L（表 $5-6$），通常与其底物的生理水平在同一数量级。K_m 值只与酶的性质、底物的种类和酶促反应的条件有关，与酶的浓度无关。① K_m 值小表示相对较低的底物浓度就可以接近最大反应速度。②对于同一底物，不同的同工酶有不同的 K_m 值，因此对于来自不同组织或同一组织不同发育期的催化同一反应的酶，通过比较 K_m 值可以判断它们是同工酶还是同一种酶。③对于同一种酶，有几种底物就有几个 K_m 值，其中 K_m 值最小的底物在同等条件下反应最快，该底物称为**酶的最适底物**。K_m 值因底物而异的现象可以帮助我们分析酶的特异性，研究酶的活性中心。④ K_m 值与 pH 值、温度、离子强度、激活剂和抑制剂等反应条件有关。通过研究不同物质对酶促反应 K_m 值的影响，可以鉴定激活剂或抑制剂，发现有意义的调节物。

表 $5-6$ 部分酶对部分底物的 K_m（mmol/L）

酶	底物	K_m	酶	底物	K_m
己糖激酶（脑）	ATP	0.4	碳酸酐酶	H_2CO_3	26
	葡萄糖	0.05	β-半乳糖苷酶	乳糖	4.0
	果糖	1.5	苏氨酸脱水酶	苏氨酸	5.0

（3）K_m 值反映酶与底物的亲和力：当 $k_2 \gg k_3$ 时，即酶 - 底物复合物解离成酶和底物的速度大大超过分解成酶和产物的速度时，k_3 可以忽略不计。此时 K_m 值近似于酶 - 底物复合物的解离常数 K_d 值：

$$K_m = (k_2 + k_3)/k_1 \approx k_2/k_1 = [E][S]/[ES] = K_d$$

在这种情况下，K_m 值可以反映酶与底物亲和力的大小，K_m 值越小，酶与底物的亲和力越大，表示不需要很高的底物浓度就可以使酶达到饱和。不过，K_m 值和 K_d 值的含义不同，对于不满足 $k_2 \gg k_3$ 的酶促反应不能相互代替。

（4）从 V_{max} 可以计算酶的转换数：**酶的转换数**（turnover number，又称催化常数）即酶 - 底物复合物分解生成产物的速度常数 k_3。只要确定了酶浓度和最大反应速度，就可以根据 $V_{max} = k_3[E]$ 计算 k_3 值，$k_3 = V_{max}/[E]$，由此可知转换数的物理意义：转换数是当酶被底物饱和时，一个酶分子每秒钟催化反应的底物分子数。因此它是反映酶催化效率的物理量，数值越大表示酶的催化效率越高。生理条件下酶的转换数为 $1 \sim 10^4/s$（表 $5-7$）。

表 $5-7$ 部分酶的转换数

酶	底物	转换数	酶	底物	转换数
过氧化氢酶	H_2O_2	40000000	L-乳酸脱氢酶	乳酸	1000
碳酸酐酶	H_2CO_3	400000	延胡索酸酶	延胡索酸	800
乙酰胆碱酯酶	乙酰胆碱	14000	DNA 聚合酶 I	dNTP	15
β-内酰胺酶	氨苄青霉素	2000	RecA	ATP	0.4

3. K_m 值和 V_{max} 值的测定　从图 5 - 5 可见，用酶促反应速度作为底物浓度的函数作图，得到一条矩形双曲线，即底物浓度再高也只能使反应速度趋近 V_{max}，达不到 V_{max}，因此无法从图 5 - 5 中直接得到 K_m 和 V_{max} 的准确值。如果将米氏方程两边取倒数，可以得到一个双倒数方程，称为**林 - 贝氏方程**（Lineweaver-Burk equation）：

$$\frac{1}{V_0} = \frac{K_m}{V_{max}} \frac{1}{[S]} + \frac{1}{V_{max}}$$

在林 - 贝氏方程中，$1/V_0$ 与 $1/[S]$ 呈线性关系。因此，以 $1/V_0$ 对 $1/[S]$ 作图得到一条直线，这种作图方法称为**双倒数作图法**（double reciprocal plot），又称**林 - 贝氏作图法**（图5 - 6）。

双倒数作图法中直线在纵轴上的截距为 $1/V_{max}$，在横轴上的截距为 $-1/K_m$。因此，用双倒数作图法可以得到 K_m 和 V_{max} 的准确值。

三、温度对酶促反应速度的影响

酶是生物催化剂，其化学本质是蛋白质。因此，温度对酶促反应速度的影响具有两重性：一方面升高反应体系温度可以增加活化分子数，使酶促反应加快；另一方面温度过高会导致酶蛋白变性失活，使酶促反应减慢。酶促反应最快时的反应体系温度称为该**酶促反应的最适温度**（optimum temperature）。人体多数酶的最适温度为 37℃ ~ 40℃。

当反应体系温度低于最适温度时，升高温度增加活化分子数起主导作用，使酶促反应加快，温度每升高 10℃，反应可以加快 1 ~ 2 倍；当反应体系温度高于最适温度时，升高温度导致酶蛋白变构、变性失活，使酶促反应减慢（图5 - 7）。多数酶在 60℃ 以上变性显著，80℃ 以上发生不可逆变性。

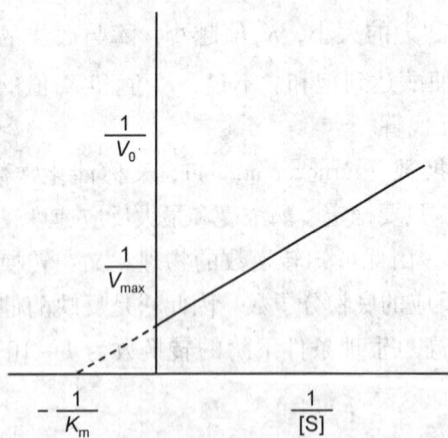

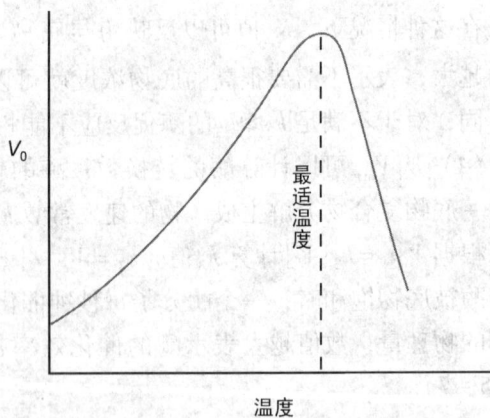

图 5 - 6　双倒数作图法　　　　图 5 - 7　温度与酶促反应速度的关系

低温不会导致酶蛋白变性失活，但会使活化分子数减少，从而使酶促反应减慢。因此：①在科学研究和临床检验中分析酶活性时，要严格控制反应体系温度。②临床上常通过低温麻醉使组织细胞代谢减慢，以适应氧气和营养物质的缺乏。③各种菌种、细胞株、活体组织通常采取低温保存，甚至冻存。

需要说明的是：最适温度不是酶的特征常数，它与酶促反应条件例如反应体系离子强度及反应持续时间有关。酶可以在短时间内耐受较高的温度，延长反应时间会导致最适温度下降。

四、pH 值对酶促反应速度的影响

酶促反应体系的 pH 从以下几方面影响酶与底物的结合，从而影响酶促反应的速度：①影响酶和底物的解离状态。②影响酶和底物的构象。③过酸或过碱导致酶蛋白变性失活。综合这些因素，在某一 pH 值下酶促反应最快，该 pH 值称为**酶促反应的最适 pH 值**（optimum pH）（图 5 – 8）。

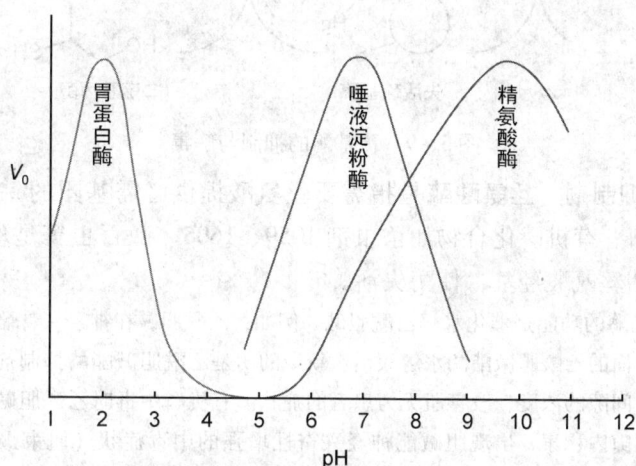

图 5 – 8　pH 值与酶促反应速度的关系

动物体内多数酶的最适 pH 值接近中性，但也有例外，例如胃蛋白酶的最适 pH = 1.8，所以临床上胃蛋白酶制剂常配合稀盐酸一起服用；胰蛋白酶的最适 pH = 8，所以药用胰蛋白酶配以 $NaHCO_3$ 效果更好。

与最适温度类似，最适 pH 值不是酶的特征常数，它受底物浓度、酶纯度、缓冲系组成和浓度等因素影响。

五、抑制剂对酶促反应速度的影响

能使酶促反应速度下降而不引起酶蛋白变性的物质称为**酶的抑制剂**（I）。研究抑制剂有助于阐明酶的以下内容：①酶的催化机制。②酶的特异性。③酶活性的调节方式。④某些药物和毒物的作用机制。

抑制剂对酶的抑制作用可以分为不可逆抑制作用和可逆抑制作用。

（一）不可逆抑制剂与不可逆抑制作用

有些抑制剂通过与酶的必需基团共价结合使酶**失活**（inactivation），从而使酶促反应减慢甚至停止，而且用透析等物理方法不能将其除去，所以称为**不可逆抑制剂**（irreversible inhibitor），它们的抑制作用称为**不可逆抑制作用**（irreversible inhibition）。常见的不可逆抑制剂有巯基酶抑制剂和丝氨酸酶抑制剂。

1. 巯基酶抑制剂 巯基酶是指以巯基为必需基团的一类酶，如 3-磷酸甘油醛脱氢酶、脂肪酸合酶。砷化合物和重金属离子 Ag^+、Hg^{2+}、Pb^{2+} 等是巯基酶抑制剂，其作用机制是破坏巯基，使酶活性丧失。临床上常使用二巯基丙醇或二巯基丁二酸钠解救重金属中毒，机制是以其分子中的巯基置换出酶蛋白巯基，使酶活性恢复（图 5-9）。

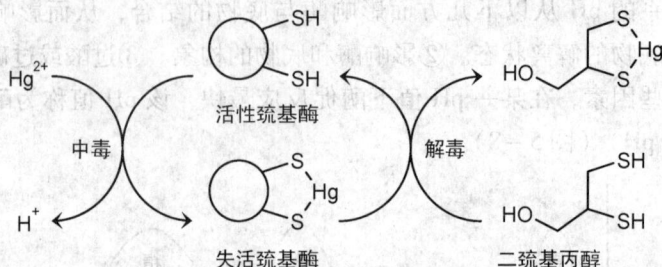

图 5-9　巯基酶的抑制与解毒

2. 丝氨酸酶抑制剂 丝氨酸酶是指需要丝氨酸提供必需基团的一类酶，如乙酰胆碱酯酶、糜蛋白酶。有机磷化合物如杀虫剂 1059、1605、敌百虫等是丝氨酸酶抑制剂，其作用机制是破坏丝氨酸羟基，使酶失活。

（1）乙酰胆碱酯酶的功能是催化水解乙酰胆碱。例如：乙酰胆碱在神经-骨骼肌接头完成信息传递后，被接头后膜表面的乙酰胆碱酯酶水解灭活。新斯的明是乙酰胆碱酯酶抑制剂，可以增加乙酰胆碱在神经-肌肉接头间隙的浓度，改善肌无力患者的症状。有机磷中毒时乙酰胆碱酯酶受到抑制，造成乙酰胆碱在接头间隙内积累，出现胆碱能神经兴奋性增强的中毒症状（肌束颤动、瞳孔缩小、胸闷、恶心呕吐、腹痛腹泻、大小便失禁、大汗、流泪流涎、气道分泌物增多、心率减慢等）。

🖐 临床上治疗有机磷中毒常使用乙酰胆碱酯酶复能药（例如解磷定，PAM）配合抗胆碱能药物（例如阿托品，拮抗已形成的乙酰胆碱），机制是以其分子中电负性较强的肟基（— CH ═NOH）置换出酶蛋白的丝氨酸羟基，使酶活性恢复（图 5-10，图中 OR、OR′代表烷氧基，X 代表 F 或 CN）。

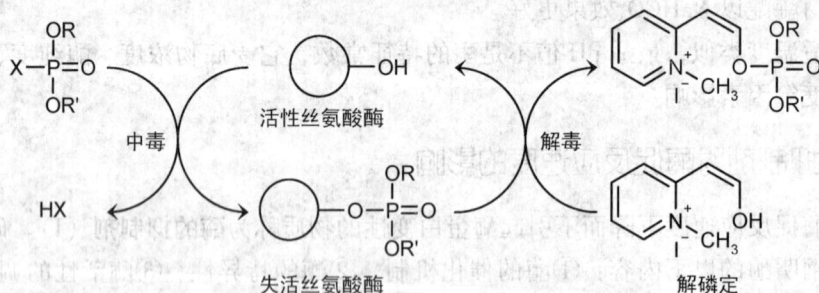

图 5-10　丝氨酸酶的抑制与解毒

🖐 有机磷杀虫剂中毒诊断标准：以健康人血液乙酰胆碱酯酶活性值为参照，定为 100%。胆碱酯酶活性降至 50% ~70% 为轻度中毒，降至 30% ~50% 为中度中毒，降至 30% 以下为重度中毒。

（2）肽聚糖转肽酶是一种丝氨酸酶，青霉素抑制革兰阳性菌该酶的活性，从而干扰其细胞壁形成。

（二）可逆抑制剂与可逆抑制作用

有些抑制剂通过与酶或酶-底物复合物的非共价结合抑制酶促反应，抑制效应的强弱取决于抑制剂与底物的浓度之比（[I]/[S]）以及它们与酶的亲和力之比。可以采用透析等物理方法将其除去，从而解除抑制，所以这些抑制剂称为**可逆抑制剂**（reversible inhibitor），它们的抑制作用称为**可逆抑制作用**（reversible inhibition）。可逆抑制作用可以分为竞争性抑制作用、非竞争性抑制作用和反竞争性抑制作用。

1. 竞争性抑制剂与竞争性抑制作用　有些抑制剂（I）与底物（S）结构相似，所以能与底物竞争酶（E）的活性中心，抑制底物与酶的结合，从而抑制酶促反应，这类抑制剂称为**竞争性抑制剂**（competitive inhibitor），这种抑制作用称为**竞争性抑制作用**（competitive inhibition，图5-11①）。

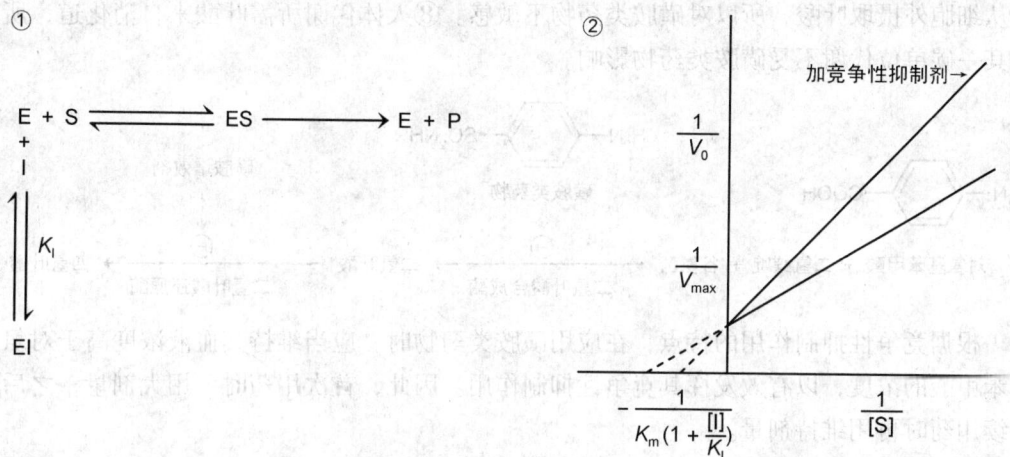

图5-11　竞争性抑制作用

竞争性抑制剂浓度、底物浓度与反应速度的动力学关系符合以下林-贝氏方程：

$$\frac{1}{V_0} = \frac{K_m}{V_{max}} \frac{1}{[S]} \left(1 + \frac{[I]}{K_I}\right) + \frac{1}{V_{max}}$$

根据该林-贝氏方程可作双倒数图（图5-11②），从图中可见，酶促反应体系中存在竞争性抑制剂时**表观K_m值**（存在抑制剂时测定的K_m值）增大，**表观V_{max}值**（存在抑制剂时测定的V_{max}值）不变。

（1）竞争性抑制作用特点：①抑制剂和底物的结构相似，都能与酶的活性中心结合。②抑制剂与底物存在竞争，即不能同时结合活性中心。③抑制剂通过与活性中心结合抑制酶促反应。④动力学特征是表观K_m值增大，表观V_{max}不变，因此提高底物浓度可以削弱甚至消除竞争性抑制剂的抑制作用。

例如：丙二酸对琥珀酸脱氢酶的抑制作用属于典型的竞争性抑制作用。丙二酸、戊二酸等一些二元羧酸的结构与琥珀酸相似，能与琥珀酸脱氢酶的活性中心结合，抑制琥珀酸的结合与脱氢。

（2）竞争性抑制作用意义：某些临床药物就是靶酶的竞争性抑制剂。①许多抗肿瘤药物通过竞争性抑制作用干扰肿瘤细胞代谢，抑制其生长，例如氨甲蝶呤（又称甲氨蝶呤）、5-氟尿嘧啶、6-巯基嘌呤。②磺胺类药物和磺胺增效剂是通过竞争性抑制作用抑制细菌生长繁殖的典型代表。

四氢叶酸（FH_4，THF）是一碳单位代谢不可缺少的辅助因子（第十章，206 页）。磺胺类药物敏感菌自己合成四氢叶酸：①利用对氨基苯甲酸等合成二氢叶酸（FH_2，DHF），反应由二氢叶酸合成酶催化。②二氢叶酸还原成四氢叶酸，反应由二氢叶酸还原酶催化。③磺胺类药物是对氨基苯甲酸的结构类似物，能竞争性抑制二氢叶酸合成酶，从而抑制二氢叶酸的合成。④磺胺增效剂是二氢叶酸的结构相似物，能竞争性抑制二氢叶酸还原酶，抑制二氢叶酸还原成四氢叶酸。⑤缺乏四氢叶酸时磺胺类药物敏感菌的一碳单位代谢受到影响，其核酸和蛋白质合成受阻。⑥单一应用磺胺类药物或磺胺增效剂只能抑制细菌的生长繁殖，联合应用则可以通过双重抑制作用抗菌。⑦有些细菌能够从细胞外摄取叶酸，所以对磺胺类药物不敏感。⑧人体代谢所需叶酸来自消化道，所以其一碳单位代谢不受磺胺类药物影响。

根据竞争性抑制作用的特点，在应用磺胺类药物时，应当维持其血液浓度高于对氨基苯甲酸的浓度，以有效发挥其竞争性抑制作用。因此，首次用药时要用大剂量，之后持续用药时再用维持剂量。

✍ 甲醇中毒的救治：甲醇被人体摄取之后，会被肝脏醇脱氢酶催化脱氢生成甲醛。甲醛可以损伤多种组织，包括致盲，因为眼睛对甲醛特别敏感。治疗甲醇中毒的方法之一是持续数小时缓慢静脉输入乙醇，机制是乙醇与甲醇竞争醇脱氢酶，从而抑制甲醇代谢，使其由肾脏排出。不过，虽然乙醇在此起竞争性抑制作用，但自己也被代谢了（氧化成乙醛），所以不是竞争性抑制剂。

2. 非竞争性抑制剂与非竞争性抑制作用　有些抑制剂（I）结合于酶（E）活性中心之外的特定部位，也不影响底物（S）与活性中心的结合，但妨碍酶活性构象的形成，从而抑制酶促反应，这类抑制剂称为**非竞争性抑制剂**（noncompetitive inhibitor），这种抑制作用称为**非竞争性抑制作用**（noncompetitive inhibition，图 5-12①）。

非竞争性抑制剂浓度、底物浓度与反应速度的动力学关系符合以下林-贝氏方程：

$$\frac{1}{V_0} = \frac{K_m}{V_{max}} \frac{1}{[S]}\left(1 + \frac{[I]}{K_I}\right) + \frac{1}{V_{max}}\left(1 + \frac{[I]}{K_I}\right)$$

根据该林-贝氏方程可作双倒数图（图 5-12②），从图中可见，酶促反应体系中存在非竞争性抑制剂时表观 K_m 值不变，表观 V_{max} 值减小。

（1）非竞争性抑制作用特点：①抑制剂结合于酶的活性中心之外。②抑制剂的结合不影响底物与活性中心的结合。③抑制剂的结合抑制底物转化成产物，即导致酶的催化活性丧失。④动力学特征是表观 K_m 值不变，表观 V_{max} 值减小，因此提高底物浓度可以

①

$$E + S \rightleftharpoons ES \longrightarrow E + P$$

(图显示非竞争性抑制作用机制)

EI + S ⇌ ESI

②

图中纵轴为 $\frac{1}{V_0}$，横轴为 $\frac{1}{[S]}$，标注 加非竞争性抑制剂 →，纵轴截距 $\frac{1}{V_{max}}(1 + \frac{[I]}{K_I})$，横轴截距 $-\frac{1}{K_m}$，$\frac{1}{[S]}$

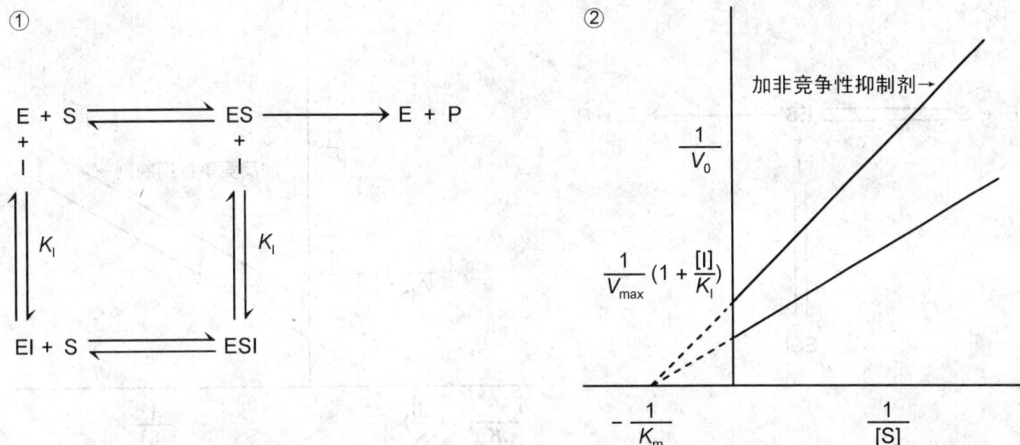

图 5 – 12　非竞争性抑制作用

削弱但不能消除非竞争性抑制剂的抑制作用。

（2）非竞争性抑制作用意义：非竞争性抑制剂不多，异亮氨酸是细菌苏氨酸脱水酶的非竞争性抑制剂。卡泊芬净（caspofungin）作为抗真菌药非竞争性抑制真菌β-1,3-葡聚糖合酶，从而干扰其细胞壁的形成。

3. 反竞争性抑制剂与反竞争性抑制作用　有些抑制剂（I）只与酶－底物复合物（ES）结合，使酶（E）失去催化活性。抑制剂与 ES 结合后，因为降低了 ES 的有效浓度，反而有利于底物与活性中心的结合，即在结合效应上恰好与竞争性抑制剂相反，因此这类抑制剂称为**反竞争性抑制剂**（uncompetitive inhibitor），这种抑制作用称为**反竞争性抑制作用**（uncompetitive inhibition，图 5 – 13①）。因为 ESI 的形成降低了 ES 的有效浓度，所以产物（P）的生成受到抑制。

反竞争性抑制剂浓度、底物浓度与反应速度的动力学关系符合以下林 – 贝氏方程：

$$\frac{1}{V_0} = \frac{K_m}{V_{max}}\frac{1}{[S]} + \frac{1}{V_{max}}(1 + \frac{[I]}{K_I})$$

根据该林 – 贝氏方程可作双倒数图（图 5 – 13②），从图中可见，酶促反应体系中存在反竞争性抑制剂时表观 K_m 值减小，表观 V_{max} 值减小。

（1）反竞争性抑制作用特点：①抑制剂只与酶－底物复合物 ES 结合。②抑制剂与 ES 结合后，ES 的有效浓度降低。③动力学特征是表观 K_m 值减小，表观 V_{max} 值减小。

（2）反竞争性抑制作用意义：反竞争性抑制剂少见，主要发生于双底物反应，偶见于水解反应。L-苯丙氨酸和肼分别是肠道碱性磷酸酶和胃蛋白酶的反竞争性抑制剂。治疗良性前列腺增生（BPH）的爱普列特（epristeride）的作用机制是反竞争性抑制类固醇 5α-还原酶，从而抑制睾酮还原成双氢睾酮（DHT）。

三种可逆性抑制作用特点总结见表 5 – 8。

①

$$E + S \rightleftharpoons ES \longrightarrow E + P$$

$$+$$

$$I$$

$$\Big\updownarrow K_I$$

$$ESI$$

②

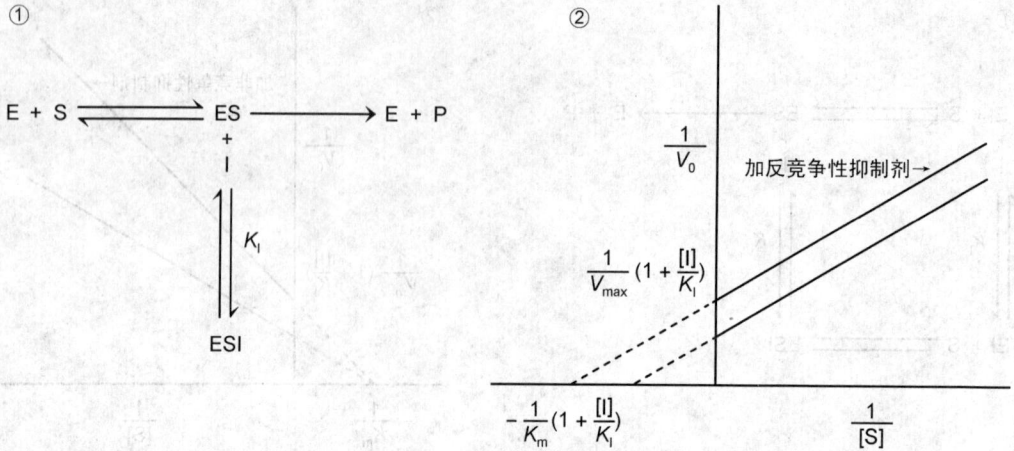

图 5-13　反竞争性抑制作用

表 5-8　可逆性抑制作用特点对比

作用特征	竞争性抑制	非竞争性抑制	反竞争性抑制
抑制剂结合对象	酶	酶、酶-底物复合物	酶-底物复合物
表观 K_m 值	增大	不变	减小
表观 V_{max} 值	不变	减小	减小

六、激活剂对酶促反应速度的影响

激活剂（activator）是能使酶促反应加快的物质。激活剂大多数是金属阳离子，如 Mg^{2+}、Mn^{2+} 和 K^+；少数是阴离子，如 Cl^-；也有些激活剂是有机化合物，如激活胰脂肪酶的胆汁酸盐。激活剂可以分为两类：①必需激活剂（essential activator）为反应所必需，没有时反应不能发生。例如 Mg^{2+} 是许多有高能化合物参与的反应的必需激活剂。大多数金属离子激活剂属于必需激活剂。②非必需激活剂（nonessential activator）并非反应所必需，没有时反应也能发生，只是较慢。例如 Cl^- 是唾液α淀粉酶的非必需激活剂。许多有机化合物类激活剂都属于非必需激活剂。

七、酶活性单位与酶活性测定

一定条件下，酶活性高低与其催化反应的速度成正比。因此通过分析酶促反应速度可以评价酶活性高低。

1. 酶活性单位　IUBMB 酶学委员会于 1964 年推荐酶活性单位（简称酶单位）：1 个**酶活性单位**（U）是指在 25℃、最适条件下，每分钟催化 1μmol 底物反应所需的酶量。

为了使酶活性单位符合国际单位制（SI），IUPAC 与 IUBMB 于 1972 年推荐表示酶活性的单位催量：1 **催量**（kat）是指在特定条件下，每秒钟催化 1mol 底物反应所需的酶量。催量与酶活性单位的换算关系：$1U = 16.67 \times 10^{-9} kat$。

2. 比活性　是指 1 毫克酶蛋白所具有的酶活性单位，也可以用 1 克或 1 毫升酶制剂所具有的酶活性单位来表示。

3. 酶活性测定的基本原则 测定酶活性时除酶量之外其他条件必须保持恒定，才能获得正确结果，因为酶促反应速度对反应条件非常敏感，不仅取决于酶量，还与底物浓度、酸碱度、温度、激活剂、抑制剂等密切相关，为此应控制足够的底物浓度、合适的离子强度、最适 pH 值、适宜温度，必要时应加入适量激活剂，还要排除抑制剂干扰。此外，应当尽可能分析酶促反应初速度，因为只有反应刚开始的反应速度是相对稳定的，反应进行一段时间之后速度会明显减慢。

第四节　酶的调节

在生物体内，一组连续的酶促反应构成一个**代谢途径**（metabolic pathway），代谢途径第一步反应的产物是第二步反应的反应物，第二步反应的产物是第三步反应的反应物，依次类推。例如由八步连续的酶促反应构成的三羧酸循环是一个代谢途径，该途径可以把乙酰辅酶 A 氧化成二氧化碳。

催化一个代谢途径全部反应的一组酶称为**多酶体系**（multienzyme system）。每个多酶体系都有这样一种或几种酶：它们不但催化特定反应，还负有控制代谢速度的使命，因而其活性受到调节。它们被称为代谢途径的**关键酶**（key enzyme，又称**调节酶**，regulatory enzyme），所催化的反应称为**关键反应**。实际上，机体就是通过调节关键酶的活性来控制代谢途径速度，以满足细胞对能量和代谢物的动态需要。

前已述及：酶促反应特点之一是酶活性受到调节，包括结构调节和数量调节。

一、酶的结构调节

酶的结构调节是指改变已有酶分子的结构，从而改变其催化活性，调节方式包括变构调节、化学修饰调节和酶原激活。

1. **变构调节**（allosteric regulation，又称**别构调节**）　是指特定小分子物质与酶活性中心之外的特定部位以非共价键特异结合，改变酶构象，从而改变其活性。能通过变构调节改变活性的酶称为**变构酶**（allosteric enzyme，又称**别构酶**，属于变构蛋白）。变构酶活性中心之外与特定小分子物质结合的部位称为**调节部位**（regulatory site）。能对变构酶进行变构调节的特定小分子物质称为**变构效应剂**（allosteric effector，又称别构效应物），简称**变构剂**，其中提高酶活性的称为**变构激活剂**（allosteric activator），降低酶活性的称为**变构抑制剂**（allosteric inhibitor）。

变构酶催化的反应一般位于代谢途径上游，某些下游产物甚至是终产物常常成为变构酶的变构抑制剂。它们的生成量一旦超过细胞需要量，就会作为变构抑制剂抑制变构酶活性，降低其所催化反应的速度，其后面的酶促反应也减速，使终产物生成量与细胞需要量一致。这种调节称为**反馈抑制**（feedback inhibition）。

2. **化学修饰调节**（chemical modification）　又称**共价修饰调节**（covalent modification），是指通过酶促反应改变酶蛋白特定部位的化学修饰状态，即与特定基团的共价结合状态，改变酶构象，从而改变其活性。

化学修饰以磷酸化和去磷酸化最为常见。**磷酸化**（phosphorylation）是指酶蛋白中特定基团（主要是特定部位丝氨酸、苏氨酸或酪氨酸的羟基）与来自 ATP 的 γ-磷酸基以酯键结合，反应由**蛋白激酶**（protein kinase）催化。**去磷酸化**（dephosphorylation）是指水解脱去上述磷酸化酶蛋白的磷酸基，反应由**蛋白磷酸酶**（protein phosphatase）催化。磷酸化和去磷酸化效应：改变酶蛋白的带电荷状态，影响底物的结合；或改变调节部位对催化部位（即活性中心）的影响，从而改变酶活性，即改变 V_{max} 或 K_m。

3. 酶原激活　有些酶在细胞内刚合成时、初分泌时或发挥作用前只是无活性前体，必须水解一个或几个特定肽键，或水解掉一个或几个特定肽段（称为**激活肽**，activation peptide），使酶蛋白的构象发生改变，从而表现出酶的活性。酶的这种无活性前体称为**酶原**（zymogen）。酶原向酶转化的过程称为**酶原激活**（activation）。酶原激活实际上是酶的活性中心形成或暴露的过程。

例如：人胰腺细胞分泌的羧肽酶原 A1（由 403 个氨基酸构成）没有活性，分泌入小肠后由胰蛋白酶催化水解掉氨基端激活肽（由 94 个氨基酸构成），改变构象，形成活性中心，成为有催化活性的羧肽酶 A1。

酶原具有重要的生理意义。

（1）酶原是酶的安全转运形式：一些消化酶类如胃蛋白酶、胰蛋白酶、糜蛋白酶和羧肽酶等都是以无活性的酶原形式分泌入消化道，经过激活才成为有活性的酶，发挥消化作用（图 5 - 14），这样可以避免在分泌过程中对细胞自身的蛋白质进行消化。

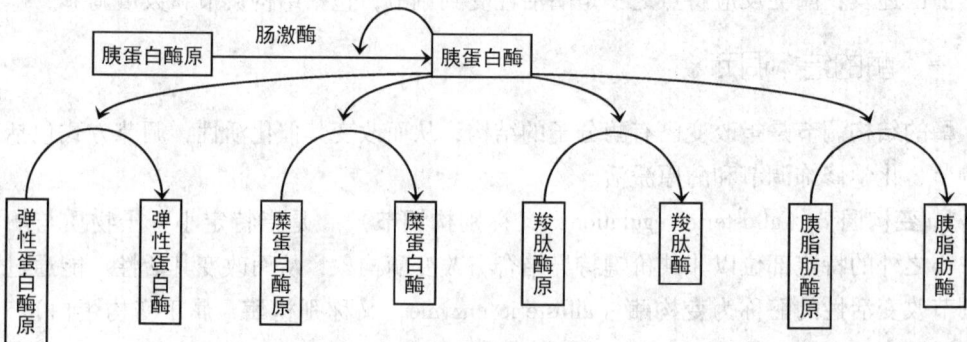

图 5 - 14　酶原激活

消化酶中的胰蛋白酶原既可以被肠激酶激活成胰蛋白酶，又可以被胰蛋白酶激活，所以其激活过程存在**正反馈**（positive feedback）。

（2）酶原是酶的安全储存形式：凝血因子和纤溶系统以酶原的形式存在于血液循环中（例如凝血因子Ⅱ），一旦需要便迅速激活成有活性的酶，发挥对机体的保护作用。

凝血因子和纤溶系统的激活具有典型的**级联反应**（cascade）性质。例如：只要激活少数凝血因子，就可以通过瀑布式的放大作用迅速激活大量凝血酶原，引发快速而有效的血液凝固。

二、酶的数量调节

酶的数量调节是指通过调节酶蛋白的合成和降解速度改变酶蛋白的水平，从而改变其总活性。

1. 酶蛋白合成调节 某些代谢物、激素和药物等可以在转录水平影响酶蛋白的合成过程，其中使酶蛋白合成增多的称为**诱导物**（inducer），使酶蛋白合成减少的称为**阻遏物**（repressor）。例如糖皮质激素是诱导物，能诱导糖异生关键酶的合成，使葡萄糖合成速度加快；胆固醇是阻遏物，能阻遏胆固醇合成关键酶的合成，使胆固醇合成速度减慢。诱导物和阻遏物主要通过调节酶蛋白基因的表达发挥作用（第十六章，283页）。

2. 酶蛋白降解调节 改变酶蛋白的降解速度也是调节酶数量的重要方式。酶蛋白可以通过溶酶体途径和泛素－蛋白酶体途径降解：①**溶酶体途径**：酶蛋白在溶酶体中由组织蛋白酶降解，不消耗 ATP。②**泛素－蛋白酶体途径**：酶蛋白被泛素化后由蛋白酶体降解，消耗 ATP。其他组织蛋白也可通过这两条途径降解（第十章，197页）。

第五节 酶的命名和分类

酶的命名有习惯命名法和系统命名法。

1. 习惯命名法 ①多数用底物名称加所催化反应类型，再加"酶"，例如苹果酸脱氢酶。②命名水解酶类时习惯上省略反应类型，只用底物名称加"酶"，例如蛋白酶。③有时在底物名称前加酶的来源，例如唾液淀粉酶。习惯命名法命名简单，应用方便，但有时会出现一酶数名或一名数酶的混乱现象，如琥珀酸硫激酶又称琥珀酰辅酶 A 合成酶。

2. 系统命名法 IUBMB 于 1961 年提出酶的系统命名法，规定每一种酶都有一个系统名称，它标明酶的所有底物和反应性质，底物名称之间以"："分隔。由于许多酶促反应是双底物或多底物反应，而且底物的化学名称很长，结果使得酶的系统名称冗长。为了应用方便，IUBMB 又从每一种酶的数个习惯名称中选定一个简便实用的推荐名称。例如催化下列反应的酶：

L-天冬氨酸＋α-酮戊二酸→L-谷氨酸＋草酰乙酸

系统名称为 L-天冬氨酸：α-酮戊二酸转氨酶，推荐名称为天冬氨酸转氨酶（又称谷丙转氨酶）。

3. 国际系统分类法 ①根据酶促反应的性质将酶分为六大类（表5-9），将酶按照这六大类编号 1、2、3、4、5、6。②每一类酶按照底物发生反应的基团或化学键的特点分为若干亚类，编号 1、2、3、4 等。③每一亚类按照底物性质分为若干亚亚类，编号 1、2、3、4 等。④每一亚亚类内的各种酶有一个流水号。因此，每一种酶的分类编号均由四组数字组成，数字前冠以 EC（酶学委员会）。例如 L-乳酸：NAD^+氧化还原酶（即 L-乳酸脱氢酶）的分类编号为 EC 1.1.1.27。

表5-9 酶的分类

序号	分类	催化反应类型	举例
1	氧化还原酶类	转移电子、氢原子、氢阴离子	L-乳酸脱氢酶
2	转移酶类	基团转移或交换	葡萄糖激酶
3	水解酶类	水解（以水为受体的基团转移）	胰脂肪酶
4	裂合酶类	基团加成于双键，或反之	醛缩酶
5	异构酶类	分子内基团转移，形成异构体	磷酸甘油酸变位酶
6	连接酶类	通过缩合反应形成 C—C、C—S、C—O、C—N 键，消耗 NTP	DNA 连接酶

第六节　酶与医学的关系

医学的根本任务是防病治病，提高人类的健康水平。从生物化学的角度来看，身体健康的表现是保持代谢稳态。因为代谢是通过酶促反应实现的，所以酶的调节机制的正常是代谢稳态的保证。疾病的生化表现就是代谢异常。代谢异常一方面是由先天性或继发性的酶活性异常引起的，另一方面又导致其他酶活性异常。因此，疾病的临床表现和治疗最终还是落实在酶活性的调节上。

随着临床实践以及有关酶学研究的发展，酶在医学上的重要性越来越受到重视。酶不仅与疾病的发生发展直接相关，而且已经成为临床诊断的重要手段。随着基因诊断和基因治疗的开展及酶工程的发展，酶也越来越多地用于治疗。因此，酶与医学的关系越来越密切。

一、酶与疾病发生的关系

体内的化学反应是在酶的催化下进行的，所以酶蛋白的结构和总量异常或酶的活性受到抑制都会引起疾病。另一方面，疾病也导致酶活性异常。

1. 酶异常导致疾病　①先天性或遗传性酶异常：酶基因发生突变，导致酶蛋白的合成不足，或结构异常、没有催化活性，从而使代谢出现异常，引起疾病。这类突变是可遗传的，所引起的疾病统称**遗传病**，例如酪氨酸酶缺陷引起白化病，6-磷酸葡萄糖脱氢酶缺陷引起蚕豆病，苯丙氨酸羟化酶缺陷导致苯丙酮酸尿症，胱硫醚合成酶缺陷导致同型胱氨酸尿症。②酶活性被抑制：许多中毒性疾病实际上是由某些酶活性被抑制引起的，例如有机磷抑制乙酰胆碱酯酶活性，重金属离子抑制巯基酶活性，氰化物抑制细胞色素 c 氧化酶活性，肼抑制谷氨酸脱羧酶活性，巯基乙酸抑制脂酰辅酶 A 脱氢酶、琥珀酸脱氢酶活性，都会使代谢出现异常，引起疾病。

2. 疾病导致酶异常　有些疾病会导致一些酶活性异常，例如胆道梗阻导致血浆碱性磷酸酶（ALP）增多，肝脏疾病（如肝炎、肝损害）导致血浆谷丙转氨酶（GPT）增多，急性心肌炎导致血浆谷草转氨酶（GOT）增多，急性心肌梗死导致血浆肌酸激酶（CK）同工酶 CK_2 增多。

二、酶在疾病诊断中的应用

酶既可以作为诊断指标，又可以作为诊断工具。

1. 酶作为诊断指标　酶异常与疾病互为因果关系，这就是诊断酶学的理论基础，以此可以进行疾病诊断、病程追踪、疗效评价、预后及预防。目前，酶诊断占临床化学检验总量的 25%，由此可见酶在临床诊断上发挥着重要作用。

酶诊断所用标本多为血清。其特点是取材方便、分析规范，但特异性受限，主要作为辅助诊断指标。例如：γ-谷氨酰转肽酶（GGT）可以辅助诊断原发性肝癌，酸性磷酸酶是前列腺癌的标志物，检测其血清水平可以筛查高危患者，诊断肿瘤复发。

血浆中存在的酶是由组织细胞合成的，包括以下三类：

（1）**血浆功能酶**：多数由肝细胞合成分泌，以血浆为功能场所，例如凝血因子、纤溶系统、卵磷脂－胆固醇酰基转移酶、脂蛋白脂肪酶、肾素等。肝细胞受损时此类酶的合成分泌减少，血浆水平下降。

（2）**外分泌酶**：由外分泌腺分泌，以其他细胞外场所为功能场所，例如胃蛋白酶、胰蛋白酶、唾液淀粉酶以消化道为功能场所。正常条件下仅有少量外分泌酶进入血浆。当外分泌腺受到损伤时，外分泌酶进入血浆增多，因而其水平具有临床诊断意义，例如急性胰腺炎时血浆中淀粉酶水平明显升高。

　　急性胰腺炎时胰腺腺泡细胞向血液释放消化酶类，其中血浆胰淀粉酶变化有以下特点：发病后 6～12 小时开始升高，48 小时开始下降，持续 3～5 天，因此发病 12 小时内即可作为急性胰腺炎诊断指标，淀粉酶 >500U/100ml 可诊断；淀粉酶水平越高，诊断准确率也越高；24 小时内都可分析。不过，淀粉酶水平高低不一定与病变程度成正比，例如晚期重症坏死性胰腺炎由于胰腺腺泡细胞大量坏死，无淀粉酶分泌，血浆淀粉酶水平可能正常，甚至下降。

（3）**细胞酶**：以细胞为功能场所，例如谷丙转氨酶、碱性磷酸酶、γ-谷氨酸转肽酶和 L-乳酸脱氢酶。正常条件下仅有少量细胞酶进入血浆。当组织细胞受到损伤时，会有大量细胞酶进入血浆。其中某些酶来自特定组织器官，因而可以作为相应器官病变的诊断指标。

2. 酶作为诊断工具 酶法分析灵敏、准确、方便和迅速，因而已经广泛应用于临床检验和科学研究。**酶法分析**（enzymatic analysis）又称酶偶联分析法，是指利用酶作为分析试剂，对一些酶、底物、激活剂和抑制剂等进行定量分析。酶法分析的原理是利用一种酶的底物或产物可以直接、简便分析的特点，把该酶作为**指示酶**（indicator enzyme）与不易直接分析的反应相偶联，组成可以分析的反应体系。

有些脱氢酶以 NAD^+/NADH 或 $NADP^+$/NADPH 为辅酶，NADH 和 NADPH 在波长 340nm 处有吸收峰，而 NAD^+ 和 $NADP^+$ 无该吸收峰。因此可以用这样的脱氢酶作指示酶，与待分析的酶建立偶联反应，通过分析 340nm 光吸收的变化测定 NADH 水平的变化，分析待测酶活性。例如用苹果酸脱氢酶作指示酶分析谷草转氨酶。

$$\text{天冬氨酸} \xrightarrow[\text{谷草转氨酶}]{\text{α-酮戊二酸}\quad\text{谷氨酸}} \text{草酰乙酸} \xrightarrow[\text{苹果酸脱氢酶}]{\text{NADH + H}^+\quad\text{NAD}^+} \text{苹果酸}$$

三、酶在疾病治疗中的应用

酶作为医药最早用于助消化。公元前 6 世纪我们的祖先就用富含消化酶的麦曲治疗胃肠疾病，并称之为神曲。治疗常用的几类酶制剂见表 5－10。

表 5－10 治疗酶类

分类	酶制剂
（1）助消化酶类	胃蛋白酶、胰蛋白酶、胰脂肪酶、淀粉酶
（2）清创和抗炎酶类	木瓜蛋白酶、菠萝蛋白酶、胰蛋白酶、糜蛋白酶、链激酶、尿激酶、纤溶酶
（3）抗栓酶类	尿激酶、链激酶、纤溶酶
（4）抗氧化酶类	超氧化物歧化酶、过氧化氢酶
（5）抗肿瘤细胞生长酶类	天冬酰胺酶、谷氨酰胺酶、神经氨酸酶

☯ **链　接**

酶与中药

利用中药调节酶活性越来越受到重视，一些对酶有抑制作用或激活作用的中药见表5-11。

表5-11　影响酶活性的中药

酶	中药（作用成分）
具有抑制作用的中药	
胃蛋白酶、胰酶	甘草、桂皮、黄柏、黄连、山椒
Na^+,K^+-ATP酶	杠柳皮、黄连、人参、五味子
生物氧化酶系	苍术、甘草、黄连、野百合
琥珀酸脱氢酶	芦丁、秦皮、石蒜
核酸、蛋白质合成酶系	巴豆、蓖麻子、长春花、大黄（大黄素）、汉防己、黄柏、黄连、三尖杉、喜树、野百合
磷酸二酯酶	槟榔、草果、柴胡、川芎、大腹皮、甘草、桂皮、合欢皮、红花、荆芥、决明子、连翘、秦皮、青皮、山椒、苏叶、五倍子、旋覆花、芫花、远志、知母、竹茹
葡萄糖-6-磷酸酶	柴胡
醛缩酶	灵芝
腺苷酸环化酶	黄连（小檗碱）
乙酰胆碱酯酶	杠柳皮、黄连（小檗碱）、灵芝、龙葵（龙葵胺）、一叶萩（一叶萩碱）
谷丙转氨酶	柴胡、垂盆草、灵芝、五味子、茵陈蒿、栀子
具有激活作用的中药	
纤溶酶	丹参、当归
腺苷酸环化酶	苍术、柴胡、赤芍、大枣、丹参、党参、防己、黄芪、牵牛子、人参、郁金
超氧化物歧化酶	何首乌、黄芪、人参、三七、五味子

甘草中的甘草次酸（glycyrrhetinic acid）可以抑制磷酸二酯酶的活性，因而能提高幽门和贲门黏膜细胞内cAMP的含量而抑制胃酸分泌。用甘草次酸合成的甘草次酸琥珀酸半酯二钠盐（生胃酮的主要成分）在胃内可以抑制胃蛋白酶的活性，同时增加胃黏膜的黏液分泌，减少胃上皮细胞的脱落，从而保护溃疡面，促进组织再生和愈合，用于治疗慢性消化性溃疡。

小　结

酶是由活细胞合成、具有催化作用的蛋白质。酶通过活性中心催化反应。酶的活性中心位于酶蛋白的特定结构域内，能与底物特异结合，并催化底物生成产物。

酶分为单纯酶和结合酶。结合酶由酶蛋白和辅助因子构成，结合酶的酶蛋白决定着酶促反应的特异性，辅助因子则传递电子、原子或基团，二者结合才能发挥催化作用。酶的辅助因子主要是小分子有机化合物和无机离子，可以分为辅酶和辅基。

酶有各种结构形式，常见有单体酶、寡聚酶、多酶复合体和多功能酶等。

同工酶是在生物进化过程中基因变异的产物，其研究具有重要的理论意义和临床意义。

酶具有不同于一般催化剂的特点，包括高效性、特异性、不稳定性和可调节性。

酶提高化学反应速度的机制是通过形成酶－底物复合物降低反应的活化能，是邻近效应与定向排列、表面效应、酸碱催化、共价催化和金属离子催化等综合作用的结果。

目前可以阐述酶促反应特异性机制的主要是诱导契合学说。

酶促反应动力学研究酶促反应速度及其与酶浓度、底物浓度、温度、pH 值、抑制剂和激活剂的关系。米氏方程揭示了反应速度与底物浓度的关系，其中 K_m 是酶的特征常数，可以用双倒数作图法求值。温度及酸碱度对酶促反应速度的影响具有两重性，因而在最适温度或最适 pH 值条件下酶促反应最快，但最适温度和最适 pH 值不是酶的特征常数。

抑制剂对酶的抑制作用包括不可逆抑制作用和可逆抑制作用。砷化合物和重金属离子对巯基酶的抑制和有机磷对丝氨酸酶的抑制是典型的不可逆抑制作用。在可逆抑制作用中，竞争性抑制作用的抑制剂结合于酶的活性中心，导致表观 K_m 值增大，但表观 V_{max} 不变；非竞争性抑制作用的抑制剂结合于酶的活性中心之外，导致表观 V_{max} 减小，但表观 K_m 值不变；反竞争性抑制作用的抑制剂结合于酶的活性中心之外，且只与酶－底物复合物结合，导致表观 K_m 值和表观 V_{max} 均减小。

生物体内的代谢途径由多酶体系催化，其中存在一种或几种关键酶，其活性受到结构调节和数量调节。结构调节包括变构调节、化学修饰调节和酶原激活。数量调节则调节酶蛋白的合成和降解速度。

酶与医学的关系十分密切，酶不但与疾病的发生发展直接相关，而且已经成为临床诊断的重要手段，并越来越多地用于治疗。

第六章　维生素和微量元素

维生素（vitamin）是维持生命正常代谢所必需的一类小分子有机化合物，是人体重要的营养物质之一。与糖、脂肪、蛋白质等营养物质相比，维生素具有以下特点：①维生素既不是机体组织结构材料，也不是供能物质，它们大多数参与构成酶的辅助因子，在代谢过程中发挥重要作用。②维生素种类多，化学结构各异，本质上都属于小分子有机化合物。③维生素的机体需要量很少，但多数不能在人体和其他脊椎动物体内合成，或合成量不足，必须从消化道摄取。④维生素摄取不足会造成代谢障碍，但长期过量摄取也会出现中毒症状。

维生素通常根据溶解性分为水溶性维生素和脂溶性维生素。**水溶性维生素**（water-soluble vitamin）包括维生素 C 和 B 族维生素（硫胺素、核黄素、烟酰胺、吡哆醛、泛酸、生物素、叶酸、钴胺素和硫辛酸等），**脂溶性维生素**（fat-soluble vitamin）包括维生素 A、维生素 D、维生素 E 和维生素 K 等，其中维生素 A 和维生素 D 是激素前体。

由维生素缺乏引起的疾病称为**维生素缺乏症**（avitaminosis）。导致维生素缺乏的原因有膳食中缺乏、吸收障碍、机体需要量增加、服用某些药物、慢性肝肾疾病和特异性缺陷等。

微量元素（trace element）是指人体内含量低于 0.01%、每日需要量在 100mg 以下的元素。

第一节　水溶性维生素

水溶性维生素的共同特点是：①易溶于水，不溶或微溶于有机溶剂。②机体储存量很少，必须经常摄取。③摄取过多部分可以随尿液排出体外，一般不会导致积累而引起中毒。

B 族维生素虽然生理功能各异，但通常都通过构成酶的辅助因子发挥作用。

一、维生素 C

1932 年，Szent-Györgyi、Waugh 和 King 分离并合成了维生素 C。**维生素 C**（VitC，以下同）又称**抗坏血酸**，是酸性多羟基化合物，具有强还原性。维生素 C 耐酸，对碱和热不稳定。

1. 来源　维生素 C 广泛存在于新鲜水果和蔬菜中。植物组织含有的维生素 C 氧化酶能分解维生素 C，所以蔬菜和水果久存导致维生素 C 损失。食物所含的维生素 C 会在干燥、研磨和烹调等过程中被破坏。干菜几乎不含维生素 C，但种芽可以合成维生素 C，因此各种豆芽也是维生素 C 的极好来源。大多数动物可以利用葡萄糖合成维生素 C，但人、其他灵长类、豚鼠等不能合成。

2. 生理功能、缺乏症与毒性　维生素 C 参与体内各种氧化还原代谢。维生素 C 可以氧化成脱氢维生素 C，而脱氢维生素 C 又可以还原成维生素 C。

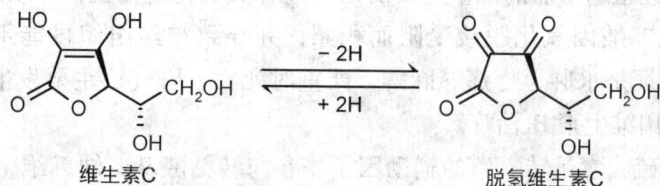

维生素C　　　　　　　　　　　脱氢维生素C

（1）维生素 C 是多种羟化酶的辅助因子：①在胶原蛋白的翻译后修饰过程中参与脯氨酸和赖氨酸的羟化，促进成熟胶原蛋白的合成。胶原蛋白是骨、毛细血管、结缔组织的重要组成成分。缺乏维生素 C 会引起胶原蛋白翻译后修饰发生障碍，难以形成前胶原分子，**导致坏血病**，症状是毛细血管易破裂出血、牙龈溃烂、创伤愈合不良，骨骼发育不良、骨痛等。②参与胆固醇转化，例如作为 7α-羟化酶的辅助因子参与胆固醇转化成胆汁酸的反应。③参与芳香族氨基酸代谢，例如苯丙氨酸转化成酪氨酸、黑色素和去甲肾上腺素，色氨酸转化成 5-羟色胺。④参与肉碱合成。⑤参与肽类激素酰胺化。

（2）维生素 C 参与其他代谢：①维持巯基酶活性中心巯基的还原状态，保护巯基酶。②把氧化型谷胱甘肽（GSSG）还原成还原型谷胱甘肽（GSH）。③把高铁血红蛋白还原成血红蛋白，恢复其运氧能力。④把 Fe^{3+} 还原成 Fe^{2+}，有利于非血红素铁的吸收。⑤保护低密度脂蛋白不被氧化。⑥保护叶酸不被氧化。⑦胃液中维生素 C 浓度极高，可以防止形成具有致癌性的 N-亚硝基化合物。

世界卫生组织（WHO）建议每日维生素 C 摄入量不能超过 1g。摄取过多导致胃肠功能紊乱、腹泻、高草酸尿（高钙尿患者形成草酸钙结石）。某些人群（例如蚕豆病患者）摄取过多维生素 C 会发生溶血。

临床上维生素 C 主要用于防治坏血病，治疗高铁血红蛋白症。此外还用于病毒性疾病、缺铁性贫血、组织创伤、血小板减少性紫癜等疾病的辅助治疗。

二、维生素 B_1

维生素 B_1 又称**硫胺素**、抗神经炎素、抗脚气病维生素，在酸性溶液中比较稳定，但在碱性溶液中加热极易分解。

1. 来源　维生素 B_1 主要存在于肝脏及豆类、谷物外皮和胚芽中，谷物加工过细会造成维生素 B_1 丢失。

2. 生理功能、缺乏症　维生素 B_1 的活性形式是**焦磷酸硫胺素**（TPP），占维生素 B_1 总量的80%，它参与以下代谢：

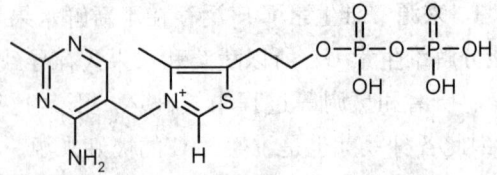

硫胺素　　　　　　　　　　　　　　焦磷酸硫胺素

（1）焦磷酸硫胺素是 α-酮酸脱氢酶复合体的辅助因子，参与 α-酮酸氧化脱羧：在正常情况下，神经组织所需的能量主要由糖通过有氧氧化途径提供。缺乏维生素 B_1 时，丙酮酸和 α-酮戊二酸因氧化脱羧受阻而积累，并导致神经组织供能不足，患**脚气病**（beriberi），其特征是水肿、疼痛、麻痹，严重时死亡。脚气病主要发生在以精加工粮食为膳食者，可用维生素 B_1 治疗。

（2）焦磷酸硫胺素是转酮酶的辅助因子，参与转糖醛基：缺乏维生素 B_1 时，神经髓鞘中的磷酸戊糖途径会受影响，容易引起末梢神经炎等，因此维生素 B_1 广泛用于神经痛、面神经麻痹及视神经炎等的辅助治疗。

（3）维生素 B_1 与乙酰胆碱水平呈正相关：一方面焦磷酸硫胺素促进丙酮酸氧化脱羧，生成的乙酰辅酶 A 用于合成乙酰胆碱；另一方面维生素 B_1 抑制乙酰胆碱酯酶水解乙酰胆碱。因此，缺乏维生素 B_1 导致乙酰胆碱不足，影响神经传导，造成胃肠道蠕动缓慢、消化液分泌减少、消化不良、食欲不振。可用维生素 B_1 辅助治疗。

三、维生素 B_2

维生素 B_2 又称核黄素，耐热，在酸性溶液中稳定，但易被碱和紫外线破坏。

黄素腺嘌呤二核苷酸

1. 来源　维生素 B_2 广泛存在于肉、蛋、奶及绿叶蔬菜、蘑菇、酵母中。

2. 生理功能、缺乏症　维生素 B_2 的活性形式统称**黄素辅酶**，包括氧化型黄素单核苷酸（FMN）、还原型黄素单核苷酸（$FMNH_2$）、氧化型黄素腺嘌呤二核苷酸（FAD）、还原型黄素腺嘌呤二核苷酸（$FADH_2$）。它们是多种需氧脱氢酶（例如黄嘌呤氧化酶、单胺氧化酶）和不需氧脱氢酶（例如琥珀酸脱氢酶）的辅助因子，主要在生物氧化过程中通过其异咯嗪环的氧化还原反应发挥递氢作用：

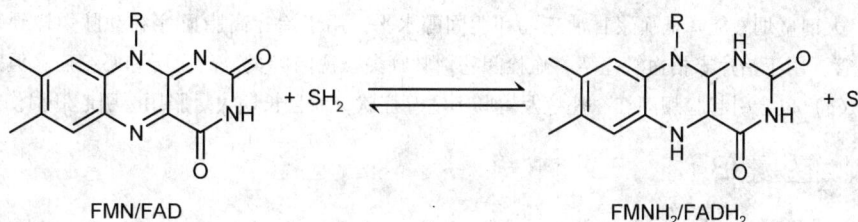

维生素 B_2 缺乏可引起唇炎、舌炎、口角炎、眼睑炎和阴囊炎等。光照治疗新生儿黄疸时，核黄素会被破坏，导致新生儿维生素 B_2 缺乏。

四、维生素 PP

维生素 PP 曾称维生素 B_3、抗癞皮病维生素，包括**烟酸**和**烟酰胺**。维生素 PP 性质稳定，耐热耐酸碱。

1. **来源** 维生素 PP 广泛存在于肉类、谷物、豆类、花生、芦笋以及酵母中。色氨酸也可以代谢生成维生素 PP，但产率很低，60mg 色氨酸仅能生成 1mg 维生素 PP。

2. **生理功能、缺乏症与毒性** 维生素 PP 的活性形式是**辅酶 I** （包括氧化型烟酰胺腺嘌呤二核苷酸 NAD^+ 和还原型烟酰胺腺嘌呤二核苷酸 NADH，Harden 和 Euler-Chelpin 因发现辅酶 I 并阐明其结构而获得 1929 年诺贝尔化学奖）和**辅酶 II** （包括氧化型烟酰胺腺嘌呤二核苷酸磷酸 $NADP^+$ 和还原型烟酰胺腺嘌呤二核苷酸磷酸 NADPH）。它们是多种氧化还原酶类的辅助因子，其中辅酶 I 是不需氧脱氢酶的辅助因子，主要在生物氧化过程中发挥递氢作用，而辅酶 II 主要在还原性合成代谢和生物转化中发挥递氢作用：

癞皮病是维生素 PP 缺乏症，主要症状有皮炎、腹泻和痴呆等，可以用维生素 PP 防治。

异烟肼（isoniazide）是一种抗结核药，通过抑制结核菌分枝菌酸合成干扰其细胞壁形成，可透过血脑屏障。异烟肼结构与维生素 PP 类似，所以两者有拮抗作用，长期服用异烟肼会导致维生素 PP 缺乏。

大剂量烟酸能降低血浆甘油三酯和胆固醇水平，用于治疗高脂血症和动脉粥样硬化；还能扩张小血管，用于治疗末梢血管痉挛、血栓闭塞性脉管炎、视网膜炎、高血压和心绞痛；但剂量过大（每日 $1 \sim 6g$）也会引起脸颊潮红、痤疮及胃肠不适等症状，而且长期大量服用会引起肝损伤。

五、维生素 B_6

维生素 B_6 即抗皮炎维生素，包括吡哆醇、吡哆醛和吡哆胺，对光和碱敏感，高温下分解。

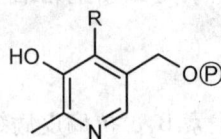

维生素 B_6
吡哆醇：$R = CH_2OH$
吡哆醛：$R = CHO$
吡哆胺：$R = CH_2NH_2$

维生素 B_6 活性形式
磷酸吡哆醛：$R = CHO$
磷酸吡哆胺：$R = CH_2NH_2$

1. 来源　维生素 B_6 广泛存在于肝脏、蛋黄、肉类、鱼、乳制品、谷物、豆类、葡萄、香蕉、青椒、菠菜、菜花和土豆中，在酵母和米糠中含量最多，此外肠道菌也可以合成维生素 B_6。

2. 生理功能、缺乏症　维生素 B_6 的活性形式是**磷酸吡哆醛和磷酸吡哆胺**。

（1）磷酸吡哆醛是氨基酸转氨酶和氨基酸脱羧酶的辅助因子，参与氨基酸的转氨基反应和脱羧反应。

（2）磷酸吡哆醛是血红素合成途径关键酶δ-氨基-γ-酮戊酸合酶的辅助因子，缺乏维生素 B_6 会造成小细胞低色素性贫血。

（3）磷酸吡哆醛是糖原磷酸化酶的辅助因子（占维生素 B_6 的80%），参与糖原分解。

磷酸吡哆醛能与异烟肼缩合（生成异烟腙）而失活。因此，在服用异烟肼时应注意补充维生素 B_6。

六、泛酸

泛酸又称遍多酸，在中性溶液中具有很强的热稳定性和抗氧化性。

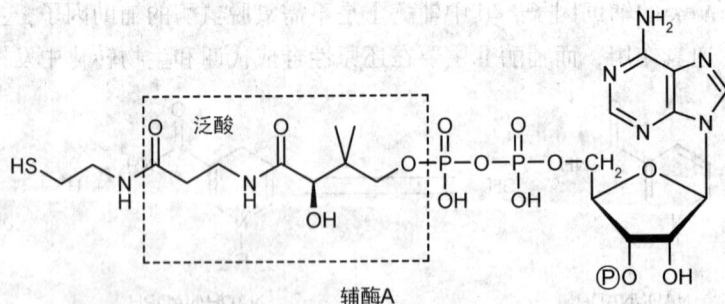

辅酶A

1. 来源　泛酸广泛存在于鸡蛋、肝脏、豆类、谷物、蘑菇和酵母中。

2. 生理功能、缺乏症　泛酸的活性形式是**辅酶 A（CoA）**和**酰基载体蛋白（ACP）**，它们是酰基转移酶的辅助因子，其中辅酶 A 参与酰基转移，ACP 参与脂肪酸合成。因此，泛酸与糖、脂肪和蛋白质代谢关系密切。

泛酸不足可能影响肾上腺功能，从而影响生殖能力，但在人类尚未发现典型的泛酸缺乏。

🖉 临床上在治疗其他 B 族维生素缺乏时同时给予适量泛酸常可提高疗效，例如用于治疗厌食、乏力等，对症状有改善作用。此外泛酸还用于白细胞减少症、原发性血小板减少性紫癜、功能性低热、脂肪肝、各种肝炎及动脉粥样硬化、心肌梗死等疾病的辅助治疗。

七、生物素

生物素又称维生素 B_7，至少有两种：α 生物素和 β 生物素。生物素在常温下相当稳定，但高温下易被氧化。

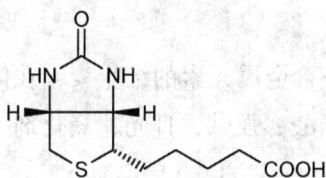
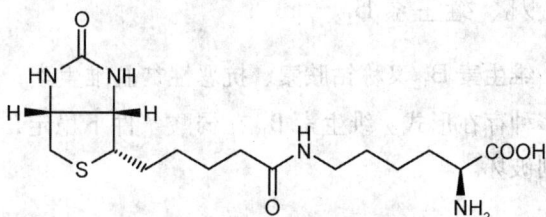

β 生物素   β 生物素—赖氨酸

1. **来源** 生物素广泛存在于肝脏、肾脏、蛋黄、谷物、蔬菜和酵母中，肠道菌也能合成生物素。

2. **生理功能、缺乏症** 生物素是丙酮酸羧化酶、乙酰辅酶 A 羧化酶和丙酰辅酶 A 羧化酶的辅助因子，与活性中心赖氨酸共价结合，作为羧基载体，参与羧化反应，在糖、脂肪和蛋白质代谢中起重要作用。

人类罕见生物素缺乏症。

🖉 蛋清中含抗生物素蛋白（avidin），能与生物素结合而抑制其吸收，导致缺乏。加热可使抗生物素蛋白变性，因此鸡蛋宜熟食。长期服用抗生素抑制肠道菌代谢，也会造成生物素缺乏，引起疲乏、恶心、厌食、皮炎、脱发。

八、叶酸

叶酸又称蝶酰谷氨酸，对光和酸敏感，食物中的叶酸在烹调时会被破坏。

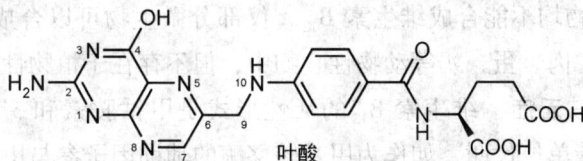

叶酸

1. **来源** 叶酸在绿叶蔬菜及豆类、麦芽、谷物、蘑菇、柑橘、芦笋、菠菜、香蕉、草莓、香瓜中含量丰富，也存在于肝脏、鸡蛋、肉类等动物性食物中。肠道菌也合成叶酸。

2. **生理功能、缺乏症** 5,6,7,8-四氢叶酸（FH_4，THF）是叶酸的活性形式，是一碳单位转移酶类的辅助因子，参与一碳单位代谢（第十章，206 页）。

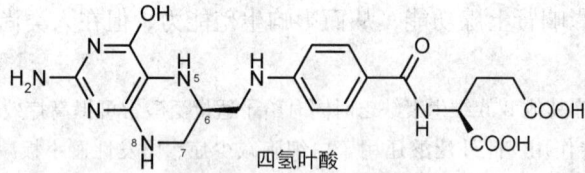
四氢叶酸

叶酸缺乏时，DNA复制及细胞分裂特别是红细胞成熟受阻，表现为幼红细胞分裂减慢，细胞体积变大，导致**巨幼红细胞性贫血**。体内通常储存有 $5 \sim 20mg$ 叶酸，每日仅消耗 $200\mu g$，因此叶酸摄取不足或吸收障碍对代谢的影响通常发生在 $3 \sim 4$ 个月之后。孕产妇代谢旺盛，应该适当补充叶酸，以降低胎儿脊柱裂和神经管畸形的危险性。

九、维生素 B_{12}

维生素 B_{12} 又称**钴胺素**、抗恶性贫血维生素，是唯一含金属元素的维生素，在体内有多种存在形式。维生素 B_{12} 在弱酸条件下稳定，可被强酸、强碱、日光、氧化剂、还原剂破坏。

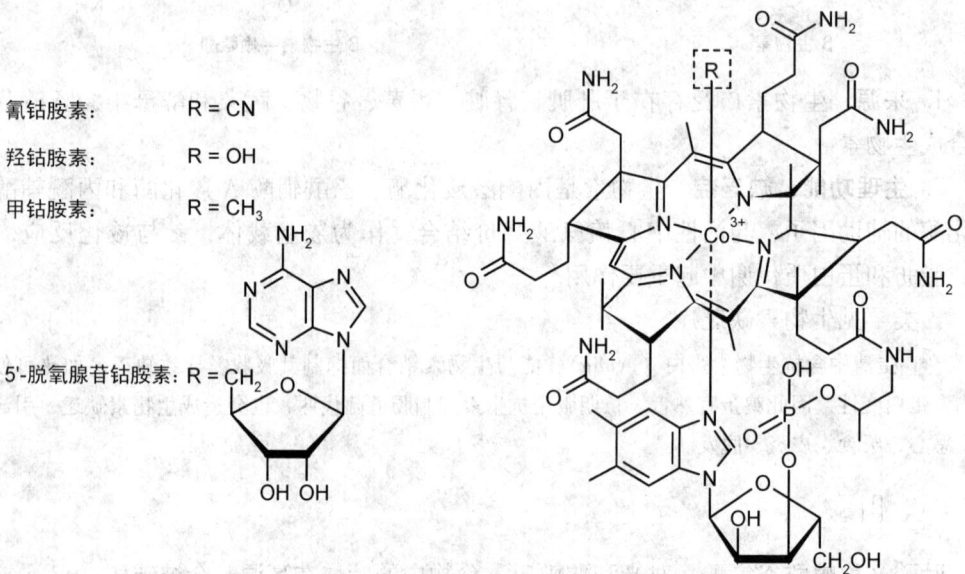

氰钴胺素：　R = CN

羟钴胺素：　R = OH

甲钴胺素：　R = CH₃

5'-脱氧腺苷钴胺素：R = CH₂

1. 来源　动植物均不能合成维生素 B_{12}，仅部分微生物可以合成。维生素 B_{12} 广泛存在于海产品、肝、肉、蛋、奶等动物性食物中，但不存在于植物性食物中。

2. 生理功能、缺乏症　维生素 B_{12} 的活性形式是甲钴胺素和 5'-脱氧腺苷钴胺素：①甲钴胺素参与一碳单位代谢，如作为甲基转移酶的辅助因子参与甲硫氨酸循环（第十章，207页）。缺乏维生素 B_{12} 会影响四氢叶酸再生，从而影响红细胞成熟，导致巨幼红细胞性贫血，可用维生素 B_{12} 治疗。②5'-脱氧腺苷钴胺素作为辅助因子参与丙酰辅酶 A 转化成琥珀酰辅酶 A 的反应。

维生素 B_{12} 缺乏症很少在膳食正常者中出现，偶见于有严重吸收障碍的患者及长期素食者。维生素 B_{12} 的吸收依赖于胃黏膜壁细胞分泌的一种**内因子**（intrinsic factor），所

形成的维生素 B_{12}·内因子复合物在回肠通过顶端膜受体介导吸收，因此以下因素会影响维生素 B_{12} 吸收，导致缺乏：①胃大部分切除或胃壁细胞损伤导致内因子缺乏，例如胃壁细胞自身免疫性破坏患者胃壁细胞数量减少，内因子分泌减少。②体内产生抗内因子抗体。③回肠被切除。这些因素导致的贫血必须补充维生素 B_{12}，并且应当注射补充，口服无效。

体内通常储存有 1～3mg 维生素 B_{12}，每日仅消耗 1～3μg，因此吸收障碍发生 3～4 年之后才会影响代谢，造成巨幼红细胞性贫血。

十、硫辛酸

硫辛酸又称 α 硫辛酸，是 α-酮酸脱氢酶复合体的辅助因子成分，以酰胺键与活性中心赖氨酸的 ε-氨基结合，参与 α-酮酸氧化脱羧反应。人体能够合成硫辛酸，目前未见有关硫辛酸缺乏症的报道。

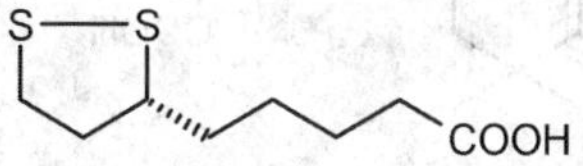

硫辛酸 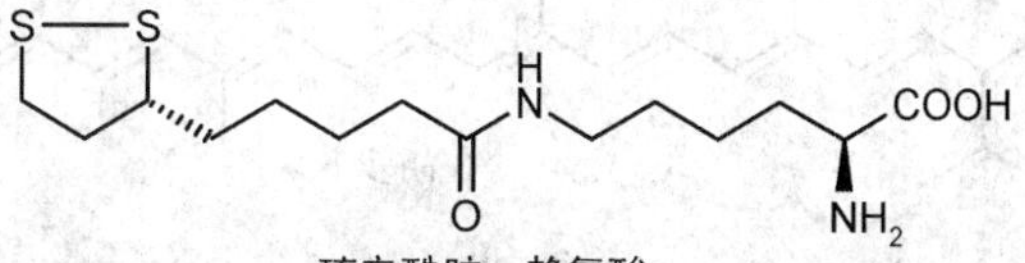　　　　　　　　　　硫辛酰胺—赖氨酸

第二节　脂溶性维生素

脂溶性维生素的共同特点是：①易溶于脂肪及有机溶剂，不溶于水。②在食物中常与脂类共存。③在血浆中与脂蛋白或特异的结合蛋白结合运输。④可以在脂肪组织、肝脏内储存。⑤会因脂类吸收不足而吸收不足，甚至出现缺乏症。⑥摄取过多会发生中毒。

一、维生素 A

维生素 A 即抗干眼病维生素，最早发现于鱼肝油中，包括维生素 A_1（视黄醇）和维生素 A_2（3-脱氢视黄醇）。维生素 A 化学性质活泼，接触空气会被氧化分解，且对紫外线敏感，所以维生素 A 制剂应当避光保存。

1. **来源**　维生素 A 主要来自动物性食物，在母乳、肝脏、鱼肝油、蛋黄和全脂牛奶中含量最多，且多以酯的形式存在。植物性食物（菠菜、南瓜、胡萝卜、芒果、杏、番木瓜等）富含胡萝卜素，特别是 β 胡萝卜素，被小肠吸收后一部分在小肠黏膜上皮细胞内被酶促裂解成维生素 A，所以 β 胡萝卜素又称**维生素 A 原**。由于受吸收率与转化率影响，14μg 的 β 胡萝卜素才相当于 1μg 维生素 A。

2. **生理功能、缺乏症与毒性**　视黄醇可以被氧化成视黄醛，视黄醛进一步被氧化成视黄酸（又称维甲酸）。视黄醇、视黄醛、视黄酸都是维生素 A 的活性形式。维生素 A 参与视觉传导，维持上皮细胞完整性，调节生长发育、生殖能力、免疫功能。

视黄醇

3-脱氢视黄醇

视黄醛

11-顺视黄醛

全反视黄酸

9-顺视黄酸

β 胡萝卜素

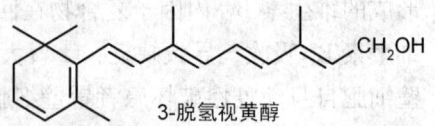

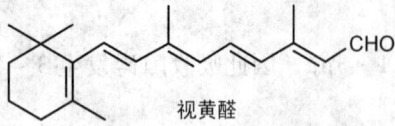

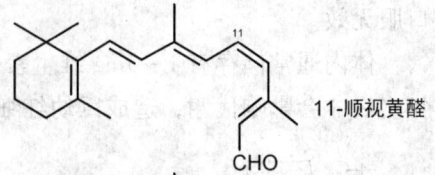

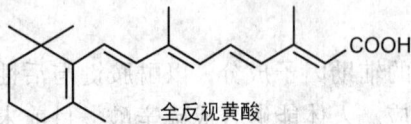

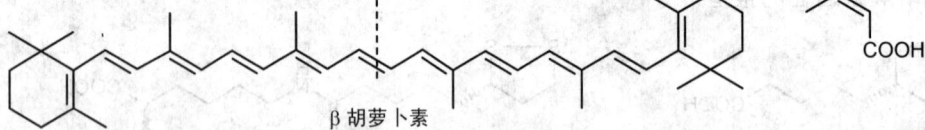

（1）维生素 A 参与视觉传导：人的视网膜上有两种感光细胞：视锥细胞主要感受强光，视杆细胞主要感受弱光。视杆细胞有一类感光物质，称为视紫红质，属于糖蛋白，可以感受弱光而产生暗视觉。视紫红质是由视蛋白与 11-顺视黄醛构成的，所以视杆细胞合成视紫红质需要维生素 A，缺乏维生素 A 会影响视紫红质的合成，导致感受弱光的能力减退，暗适应时间延长，严重时出现**夜盲**（nyctalopia）。维生素 A 在血液中由视黄醇结合蛋白运输，该蛋白质由肝脏合成分泌，因此肝脏病变导致血液维生素 A 水平下降，进而影响视杆细胞视紫红质的合成，也会出现夜盲。

（2）视黄酸调节基因表达，维持上皮细胞完整性，调节生长发育、生殖能力、免疫功能：①维持上皮组织正常形态与生长。缺乏维生素 A 会导致上皮组织杯形细胞减少、黏液分泌减少，引起皮肤、黏膜干燥、增生并角化，角膜干燥导致**干眼病**。皮肤干燥，形似鸡皮，导致机体抗感染能力下降，易患感染性疾病。②诱导细胞分化、抑制细胞癌变、促进肿瘤细胞凋亡。缺乏维生素 A 会产生以下非特异性后果：生长发育迟缓，生殖能力下降，发病率、死亡率上升，贫血风险增大。

视黄酸调节基因表达机制：全反视黄酸或 9-顺视黄酸与核受体形成复合物，与靶基因激素应答元件结合，调节基因表达（第十二章，237 页）。

（3）维生素 A 和胡萝卜素是抗氧化剂，参与清除自由基，控制脂质过氧化，保护细胞膜的完整性。

维生素 A 可以在体内储存，且主要储存于肝组织，占全身总量的 95%。维生素 A 有两种储存形式：维生素 A 本身主要以酯的形式储存于肝星形细胞内；维生素 A 原即胡萝卜素则储存于肝实质细胞及脂肪细胞内。食物脂类不足、胰腺疾病、胆汁淤积和其他肝脏疾患会导致维生素 A 缺乏。

因为维生素 A 在体内有储存，而且主要储存于肝脏，所以长期过量摄取会引起中毒，症状有肝损伤、骨异常、关节痛、头痛、呕吐、腹泻、食欲减退、易怒、脱发、脱屑等。

📖 临床上维生素 A 用于治疗夜盲症、干眼病、皮肤干燥、痤疮等。

二、维生素 D

维生素 D 即抗佝偻病维生素，是类固醇衍生物，包括维生素 D_3（**胆钙化醇**）和维生素 D_2（**麦角钙化醇**）。维生素 D 的结构稳定，不易被破坏。

1. 来源 维生素 D_3 主要存在于肝、鱼、蛋黄和乳制品等动物性食物中，以鱼肝油中含量最为丰富。

在人体内，7-脱氢胆固醇在皮下经紫外线作用转化成维生素 D_3，因而 7-脱氢胆固醇又称**维生素 D_3 原**。酵母麦角固醇并不能被人体吸收，但是经过紫外线照射后可以转化成能被吸收的维生素 D_2，所以麦角固醇称为**维生素 D_2 原**。维生素 D_2 生物活性同维生素 D_3，所以常作为食品添加剂。

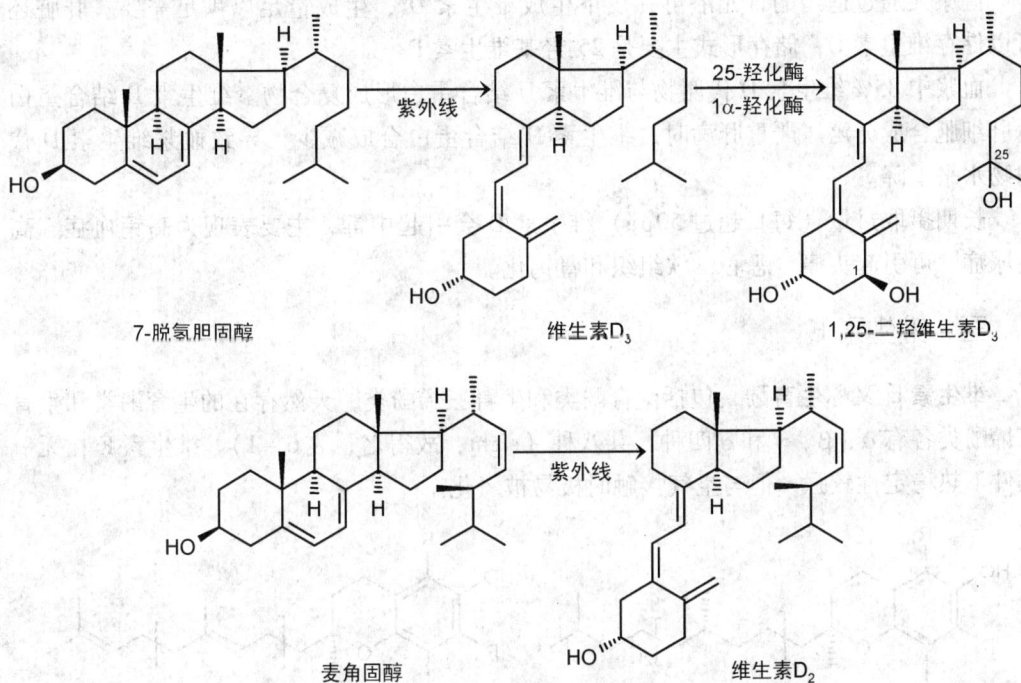

7-脱氢胆固醇 —紫外线→ 维生素D_3 —25-羟化酶 / 1α-羟化酶→ 1,25-二羟维生素D_3

麦角固醇 —紫外线→ 维生素D_2

2. 生理功能、缺乏症与毒性 维生素 D_3 在肝细胞微粒体膜和滑面内质网膜上由 25-羟化酶（属于单加氧酶）催化羟化，生成 25-羟基维生素 D_3，后者在肾近端小管细胞线粒体膜上由 1α-羟化酶（属于单加氧酶）催化生成 1,25-二羟维生素 D_3。**1,25-二羟维生素 D_3** 是维生素 D_3 的主要活性形式，其合成受到反馈调节，机制是 1,25-二羟维生素 D_3 阻遏 1α-羟化酶基因表达，同时诱导 24-羟化酶基因表达（24-羟化酶可以羟化灭活 25-羟基维生素 D_3、1,25-二羟维生素 D_3，第十八章，310 页）。

1,25-二羟维生素 D_3 起激素作用，作用机制是通过血液循环运往靶细胞，进入细胞核，激活维生素 D 受体（VDR），联合其他转录因子（例如 RXR）调节一组基因的表达，产生以下效应：

（1）主要功能是通过以下三条途径维持血钙血磷正常水平：①促进小肠吸收钙和磷。②激活破骨细胞，动员骨骼钙和磷。③促进肾脏重吸收钙和磷。维持血钙血磷正常水平是为了满足骨骼矿化、肌肉收缩、神经传导、其他代谢对钙的需要。因此，缺乏维生素 D 时，儿童会患**佝偻病**（rickets，早期诊断指标是血清 1,25-二羟维生素 D_3 降低），成人会出现**骨软化症**（osteomalacia）。

⚕ **维生素 D 缺乏性手足搐搦症** 又称婴儿性手足搐搦症，主要是由于维生素 D 缺乏，导致血钙低下，神经肌肉兴奋性增高，出现惊厥和手足搐搦等症状，多见于婴儿。

（2）影响细胞分化：皮肤、大肠、前列腺、乳腺、心、脑、骨骼肌、胰岛β细胞、单核细胞、淋巴细胞等均存在维生素 D 受体，这些细胞的分化受维生素 D 的调节。例如：①维生素 D 促进胰岛素合成与分泌，可以对抗 1 型和 2 型糖尿病。②维生素 D 可以抑制某些肿瘤细胞的增殖，促进其分化。③低日照与大肠癌、乳腺癌的发生率和死亡率有一定相关性。④维生素 D 缺乏会引起自身免疫性疾病。

健康人通过适当的日光浴可在皮下生成维生素 D_3，生成量足以满足需要。肝脏还可以储存维生素 D，储存形式主要是 25-羟基维生素 D_3。

血浆中 85% 维生素 D 代谢物与维生素 D 结合蛋白形成复合物。维生素 D 结合蛋白由肝细胞合成分泌。严重肝病时，维生素 D 结合蛋白合成减少，导致血浆维生素 D 代谢物水平下降。

长期摄取过量（每日超过 $50\mu g$）维生素 D 会引起中毒，主要表现为高钙血症、高钙尿症，可引起头痛、恶心，软组织和肾钙化。

三、维生素 E

维生素 E 又称**生育酚**，包括生育酚类和生育三烯酚类，天然存在的生育酚类和生育三烯酚类各有 α、β、γ 和 δ 四种，共八种（eight，故得名，表 6-1）。维生素 E 在无氧条件下热稳定性较强，但与空气接触时极易被氧化。

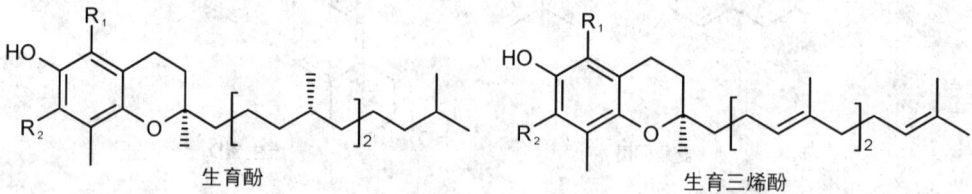

生育酚   生育三烯酚

表 6-1 维生素 E 种类与活性

生育酚类	R_1	R_2	生物活性（%）	生育三烯酚类	R_1	R_2	生物活性（%）
α 生育酚	CH_3	CH_3	100	α 生育三烯酚	CH_3	CH_3	30
β 生育酚	CH_3	H	50	β 生育三烯酚	CH_3	H	5
γ 生育酚	H	CH_3	10	γ 生育三烯酚	H	CH_3	未知
δ 生育酚	H	H	3	δ 生育三烯酚	H	H	未知

1. 来源 维生素E分布广泛，来源充足，在肉、奶、蛋、谷物、植物油中含量丰富。

2. 生理功能、缺乏症 许多疾病都与自由基有关。因为蛋白质、核酸、多不饱和脂肪酸等都会被自由基氧化，所以细胞内需要有一个抗氧化系统抵抗自由基氧化。维生素E作为该系统的主要脂溶性成分，大部分定位于生物膜脂双层内、血浆脂蛋白中，其功能就是保护多不饱和脂肪酸和其他膜成分及血浆中的低密度脂蛋白免受自由基氧化，特别是脂质过氧化。

（1）脂溶性抗氧化剂和自由基清除剂：清除生物膜上脂质过氧化产生的自由基，保护不饱和脂肪酸，从而保护生物膜的结构与功能。早产新生儿缺乏维生素E时会发生轻度溶血性贫血。

（2）与生殖功能有关：动物缺乏维生素E时其生殖器官发育受损，甚至不育，但在人类未见报道。

（3）与酶活性有关：能提高血红素合成途径关键酶δ-氨基-γ-酮戊酸合酶和δ-氨基-γ-酮戊酸脱水酶的活性，促进血红素合成。新生儿缺乏维生素E会发生贫血。

（4）调节基因表达：上调或下调维生素E摄取和降解相关基因、脂类摄取与动脉硬化相关基因、某些细胞外基质蛋白基因、细胞黏附与炎症相关基因、信号转导相关基因，因而具有抗炎、维持免疫功能、抑制细胞增殖作用，可以降低血浆低密度脂蛋白水平，在防治冠状动脉粥样硬化性心脏病、肿瘤、延缓衰老方面有一定作用。

维生素E少见缺乏，仅见于脂类吸收不良、肝病、转运蛋白遗传缺陷、早产儿，表现为红细胞脆性增加、贫血。

📖 动物实验表明以下疾病与维生素E缺乏有关：脑软化、渗出性素质、溶血、胰腺纤维化、肝坏死、肌变性、微血管病、肾变性、脂肪组织炎、睾丸变性、恶性高热。

📖 临床上维生素E用于治疗先兆流产、习惯性流产和不育症等。

四、维生素K

维生素K 即凝血维生素，常见的有维生素K_1和维生素K_2。维生素K热稳定性较强，但对光和碱敏感。

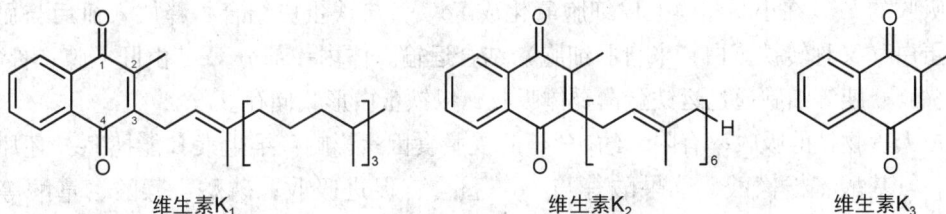

维生素K_1　　　　　　维生素K_2　　　　　　维生素K_3

1. 来源 维生素K分布广泛。维生素K_1在绿叶植物及动物肝脏内含量丰富，维生素K_2是肠道菌的代谢产物，维生素K_3是人工合成物，可以口服或注射。

2. 生理功能、缺乏症 维生素K是γ-谷氨酰羧化酶的辅助因子。γ-谷氨酰羧化酶位于内质网膜上，最适pH＝7.0，功能是在翻译后修饰环节催化一类钙结合蛋白（统称维生素 K 依赖性蛋白或 Gla 蛋白）特定谷氨酸的 γ-羧化作用，从而产生以下效应：

（1）促进肝脏合成的凝血因子 Ⅱ（又称凝血酶原）、Ⅶ、Ⅸ、Ⅹ 和抗凝物质蛋白 C、S 等的翻译后修饰，维持正常凝血功能。缺乏维生素 K 会导致继发性凝血酶缺陷，引起凝血功能障碍，表现为凝血时间延长，严重时发生皮下、肌肉及消化道出血。

（2）促进骨代谢。骨钙蛋白（osteocalcin）占骨蛋白 1%～2%，与磷灰石及钙结合。骨钙蛋白的 γ-谷氨酰羧化也依赖维生素 K。服用小剂量维生素 K 的女性，其股骨颈、脊柱的骨盐密度低于服用大剂量维生素 K 时的骨盐密度。

（3）减少动脉钙化，降低动脉硬化危险性。骨基质 Gla 蛋白也存在于血管壁，其作用可能是抑制动脉钙化。

维生素 K 分布广泛，一般不易缺乏，但以下因素导致缺乏：胆汁淤积、脂类吸收不良、胆瘘、食物中缺乏、服用抗生素。

第三节　微量元素

微量元素包括铁（Fe）、锌（Zn）、铜（Cu）、碘（I）、硒（Se）、钼（Mo）、铬（Cr）、钴（Co）、氟（F）、砷（As）、钒（V）、锡（Sn）、锰（Mn）、硼（B）、镍（Ni）等。人体必需微量元素在人体内的功能多数已经阐明或部分阐明。

一、铁

铁是人体必需微量元素中含量最多的一种，成年男性为 0.005%，成年女性为 0.003%。人体铁 75% 为血红素铁（例如血红蛋白、肌红蛋白、细胞色素），25% 为非血红素铁（例如铁蛋白、运铁蛋白、铁硫蛋白、含铁黄素蛋白、其他含铁酶类）。

1. 来源　体内铁可以重复利用，因而推荐日摄入量并不多（见附录一），主要用于补偿铁的丢失（每日 0.5～1mg）。食物铁也分为非血红素铁和血红素铁。非血红素铁主要存在于植物性食物中。血红素铁主要存在于动物性食物中（蛋黄、猪肝、肉类含铁较多，乳制品含铁较少），且以血红素的形式直接吸收，吸收率高于非血红素铁。

食物铁主要是 Fe^{3+}，但消化道主要吸收 Fe^{2+}，主要吸收部位是十二指肠和空肠上部。吸收的 Fe^{2+} 在小肠黏膜上皮细胞氧化成 Fe^{3+}，与铁蛋白结合，释放入血后与血浆运铁蛋白（又称转铁蛋白，来自肝细胞）结合运输。体内一部分 Fe^{3+} 由肝、脾、骨髓、小肠黏膜、胰等细胞通过运铁蛋白受体吸收，以铁蛋白形式储存。

成人食物铁的吸收率有限，约 5%，且受膳食因素影响：维生素 C 能把 Fe^{3+} 还原成 Fe^{2+}，氨基酸、柠檬酸、苹果酸等与 Fe^{2+} 螯合，促进吸收；磷酸、鞣酸、草酸等与 Fe^{3+} 结合析出，抑制吸收。

2. 生理功能、缺乏症　铁在代谢中起重要作用。

（1）构成血红素：①作为血红蛋白和肌红蛋白辅基，运输和储存分子氧。②作为细胞色素 a、b 和 c 辅基，参与生物氧化。③作为 P450 羟化酶系、过氧化氢酶等的辅基，参与生物转化。

（2）构成铁硫簇：①作为铁硫蛋白辅基，参与生物氧化。②作为黄嘌呤氧化酶辅基，参与生物转化。

（3）作为胶原蛋白羟化酶类、对羟基苯丙酮酸羟化酶等的辅助因子或其组成成分。

（4）铁可以提高机体的免疫力，激活中性粒细胞和吞噬细胞，增强机体的抗感染能力。

缺铁可影响血红素合成，导致**缺铁性贫血**（属于**小细胞低色素性贫血**），表现为血浆铁和骨髓储存铁减少。缺铁原因包括铁摄取不足，急性大量出血，长期慢性失血，儿童生长期、妇女妊娠期和泌乳期。

🖎 临床上常用硫酸亚铁、柠檬酸铁铵（又称枸橼酸铁铵）、延胡索酸亚铁（又称富马酸亚铁）等口服补铁。

二、碘

人体含碘 10～15mg，70%～90% 被甲状腺细胞摄取、储存，用于合成甲状腺激素。

1. 来源　富含碘的食物主要是海产品，如海带、紫菜、海鱼、海虾等。推荐日摄入量 100～300μg。

2. 生理功能、缺乏症与毒性　碘是甲状腺激素的合成原料（第十章，209 页）。甲状腺激素的作用主要是促进糖、脂肪和蛋白质代谢以及能量代谢，促进机体生长发育，对脑和骨的发育尤为重要，是影响神经系统发育最重要的激素。

缺碘会导致**碘缺乏病**（IDD，缺碘导致的一组疾病的总称）。例如：①缺碘影响甲状腺激素的合成，结果促甲状腺激素（TSH）不断刺激甲状腺，引起甲状腺组织增生、肿大，因此类疾病多具有地区性，被称为**地方性甲状腺肿**（endemic goiter），严重时导致发育迟缓、智力低下。②胎儿、婴幼儿缺碘会导致甲状腺激素缺乏，甲状腺功能减退，机体和神经的生长发育均受限，表现出智力低下、反应迟钝和身材矮小等特征，称为**呆小症**（又称克汀病，cretinism）。

🖎 碘化食盐（食盐中加入一定量的碘化钾或碘化钠）可以预防缺碘。我国将每年的 5 月 15 日定为“防治碘缺乏病日”。卫生部 2011 年 9 月 29 日发布《食用盐碘含量》标准，规定我国食盐碘含量标准平均水平为 20～30mg/kg。同样值得注意的是：碘摄入过多会引起碘甲亢。

三、锌

人体含锌 1.5～2.5g，广泛分布于各种组织，其中 20% 存在于皮肤，骨骼、牙齿、前列腺、精子、附睾、眼脉络膜中也较多。

1. 来源　富含锌的食物有贝类、肉类、内脏、蛋类、谷胚、燕麦、花生等。锌在血中与白蛋白或运铁蛋白结合运输，在细胞内与金属硫蛋白结合储存。

2. 生理功能与缺乏症　锌参与多种生理过程。

（1）是 80 多种含锌金属酶的组成成分，如碱性磷酸酶、碳酸酐酶、醇脱氢酶、羧肽酶 A/B、Cu/Zn 超氧化物歧化酶。

（2）人体 300 多种蛋白质含锌指结构，例如各种类固醇激素受体。它们多数是转录因子，调节基因表达，促进生长发育。锌能增强创伤组织的再生能力，促进伤口愈合。

缺锌可引起皮肤炎，伤口愈合缓慢，免疫功能减退，脱发，精神障碍，味觉障碍，异食癖；胎儿发育畸形；儿童生长缓慢，发育不良，睾丸萎缩；成人性功能低下。此外，缺锌往往伴随缺铁。

四、硒

人体含硒 14～21mg，分布于除脂肪组织外的所有组织，如肌肉、肾、肝、心等。

1. 来源　海产品、动物肝、肾、肉类含硒较多，蔬菜、水果含硒较少，精加工食品含硒少。烹调会导致硒挥发损失。

2. 生理功能、缺乏症与毒性　硒是硒代半胱氨酸的组成元素，构成各种含硒蛋白质：①谷胱甘肽过氧化物酶：清除过氧化氢，保护细胞膜免受氧化损伤。②硒蛋白 P：是硒在细胞外特别是血浆中的运输形式，此外还参与抗氧化保护作用。③硫氧还蛋白还原酶：清除过氧化物，催化二硫键异构，刺激细胞增殖，促进精子成熟。④甲状腺素脱碘酶：位于内质网膜上，催化 T_4 转化成 T_3，T_3 转化成 T_2，激活或灭活甲状腺激素。

缺硒可导致克山病（第七章，130 页）及其他心血管疾病、糖尿病、神经变性疾病等。硒摄取过多可致中毒，发生头发脱落和指甲变形，严重者可致死亡。

五、铜

人体含铜 80～110mg，分布于肌肉（50%）、肝脏（10%）、血液（5%～10%）。大部分铜与蛋白质结合或作为酶的组成成分，少量以游离状态存在。

1. 来源　铜在海产品、鸡蛋、坚果、樱桃、可可、蘑菇、谷物、豆类中含量较高。推荐日摄入量 1.5～3mg。

2. 生理功能、缺乏症　①铜是细胞色素 c 氧化酶的辅基，参与生物氧化。②铜是酪氨酸酶、多巴胺β-羟化酶的辅基，参与黑色素及儿茶酚胺的合成。③铜是 Cu/Zn 超氧化物歧化酶的辅基，参与自由基清除（第七章，132 页）。④铜参与铁代谢和造血过程：铜蓝蛋白是由肝脏合成后分泌入血浆的一种含铜糖蛋白，具有亚铁氧化酶活性（ferroxidase），能催化 Fe^{2+} 氧化成 Fe^{3+}，使其易被细胞吸收利用。

缺铜引起多种临床表现：缺铜早期血浆铜蓝蛋白含量减少，铁的利用出现障碍，肝铁含量增加，易出现含铁血黄素沉着、贫血；缺铜后期细胞色素 c 氧化酶活性下降，生物氧化受阻，ATP 合成减少，儿童发育迟缓、脑组织萎缩、神经组织脱髓鞘等。

六、钴

人体含钴 1.3～1.8mg，分布于骨骼（14%）、肌组织（43%）及其他软组织（43%）。

1. 来源　消化道以钴胺素形式吸收钴。

2. 生理功能与缺乏症　构成钴胺素参与代谢，钴缺乏即钴胺素缺乏。

七、钼

人体含钼约 11mg，主要分布于肝和肾脏。

1. 来源 各种食物都含有钼，动物肝脏、肾中含量丰富，谷类、豆类和乳制品是钼的良好来源。成人每日需要 $25 \sim 250 \mu g$。

2. 生理功能、缺乏症与毒性 人体内以下三种酶均为同二聚体，每个亚基含一个钼：①黄嘌呤氧化酶（第十一章，221 页）：分布于细胞质、过氧化物酶体中，催化以下两个反应：次黄嘌呤 $+ NAD^+ + H_2O \rightarrow$ 黄嘌呤 $+ NADH + H^+$，黄嘌呤 $+ H_2O + O_2 \rightarrow$ 尿酸 $+ H_2O_2$。②醛氧化酶：主要定位于肝细胞质，催化以下反应：醛 $+ H_2O + O_2 \rightarrow$ 羧酸 $+ H_2O_2$。③亚硫酸氧化酶：每个亚基还含一个血红素，定位于线粒体膜间隙，催化以下反应：亚硫酸 $+ O_2 + H_2O \rightarrow$ 硫酸 $+ H_2O_2$。

缺钼临床表现为昏睡、心动过速、夜盲，硫代硫酸盐排泄增加，血浆甲硫氨酸积累。上述症状可因摄取硫增多而加重。动物实验表明缺钼导致受孕率下降、流产率和死亡率上升。

钼和铜有拮抗作用，即钼会干扰铜的吸收，因而钼过多会导致铜缺乏。此外，钼过多导致成骨缺陷，骨骼和关节畸形、易折。

八、铬

人体含铬 $2 \sim 7mg$，主要存在于肺、肾、胰、骨、皮肤、脂肪组织等，除肺外，各组织和器官中的铬水平均随年龄而下降。

1. 来源 肉、谷、豆、乳制品富含铬。推荐每日摄入量 $33 \sim 40 \mu g$。

2. 生理功能、缺乏症与毒性 铬可以增强胰岛素效应，特别是降血糖效应。目前认为作用机制如下：胰岛素激活靶细胞胰岛素受体，胰岛素受体促进靶细胞从血浆吸收 Cr^{3+}，Cr^{3+} 与靶细胞内脱辅基铬调素（apo-chromodulin，一种多肽，由半胱氨酸、甘氨酸、谷氨酸、天冬氨酸构成，可结合四个 Cr^{3+}）结合形成铬调素（chromodulin），铬调素进一步激活胰岛素受体，促进靶细胞对葡萄糖的吸收。

健康人罕见铬缺乏。铬主要通过肾脏排泄。高血糖、高胰岛素导致铬排泄增加，进一步出现胰岛素抵抗，因此补铬可以使 2 型糖尿病患者糖代谢异常得到改善。不过，补铬对健康人无益，反而有潜在的致癌性。

☯ 链 接

维生素与中药

传统医学很早就应用富含维生素的中药治疗维生素缺乏症，如唐代孙思邈用猪肝、苍术和黄花治疗夜盲症，用白谷皮、糙米、防风和车前子治疗脚气病。虽然当时尚不了解引起这些疾病的原因和所用中药的有效成分，但这些宝贵经验说明，当人体缺乏维生素时，可以用中药所含的维生素进行补充。富含维生素的常见中药见表 6-2。

表6-2　某些富含维生素的中药

维生素	中药
维生素A（原）	山茱萸、天麻、五加皮、五味子、车前子、玄参、玉竹、白术、白芥子、决明子、地黄、地榆、地肤子、川芎、菟丝子、当归、辛夷、麦冬、苍术、桑叶、夜明砂、牛黄
维生素B_1	人参、火麻仁、车前子、甘遂、艾叶、蜂蜜、杏仁、苏子
维生素B_2	蜂蜜
维生素C	枸杞、人参、五味子、艾叶、柿叶、桑叶、松针
维生素E	仙灵脾
维生素K	人参、蜂蜜、桃仁、桑叶、夏枯草
维生素PP	枸杞、人参、猪苓、蜂蜜、桂皮、远志、柴胡、甘草、桃仁、瓜蒌、茵陈
泛酸	当归
生物素	川芎、黄芪、蜂蜜、虻虫
叶酸	蜂蜜、当归、苍术、柿叶

小　结

　　维生素是人体重要的营养物质之一，具有以下特点：①维生素既不是机体组织结构材料，也不是供能物质，它们大多数参与构成酶的辅助因子，在代谢过程中发挥重要作用。②维生素种类很多，化学结构各异，本质上都属于小分子有机化合物。③维生素的机体需要量很少，但多数不能在人体和其他脊椎动物体内合成，或合成量不足，必须从体外摄取。④维生素摄取不足会造成代谢障碍，但若长期过量摄取，也会出现中毒症状。

　　维生素通常根据溶解性分为水溶性维生素和脂溶性维生素。

　　水溶性维生素包括维生素C和B族维生素（硫胺素、核黄素、烟酰胺、吡哆醛、泛酸、生物素、叶酸、钴胺素和硫辛酸等）。B族维生素虽然生理功能各异，但通常都通过构成酶的辅助因子发挥作用。

　　水溶性维生素的共同特点是：①易溶于水，不溶或微溶于有机溶剂。②机体储存量很少，必须随时从体外摄取。③摄取过多部分可以随尿液排出体外，一般不会导致积累而引起中毒。

　　脂溶性维生素包括维生素A、维生素D、维生素E和维生素K等，其中维生素A和维生素D是激素前体。

　　脂溶性维生素的共同特点是：①易溶于脂肪及有机溶剂，不溶于水。②在食物中常与脂类共存。③在血浆中与脂蛋白或特异的结合蛋白结合运输。④可以在脂肪组织、肝脏内储存。⑤会因脂类吸收不足而吸收不足，甚至出现缺乏症。⑥摄取过多会发生中毒。

　　由维生素缺乏引起的疾病称为维生素缺乏症。导致维生素缺乏的原因有膳食中缺乏、吸收障碍、机体需要量增加、服用某些药物、慢性肝肾疾病和特异性缺陷等。

　　各种维生素来源功能等见表6-3。

　　微量元素包括铁、锌、铜、碘、硒、钼、铬、钴、氟、砷、钒、锡、锰、硼、镍等，在人体内含量低于0.01%，且分布不均。它们构成某些蛋白质、酶、激素及维生素等的成分，参与各种代谢，对维持机体的正常生理功能起着重要作用。

表6-3 维生素一览

分类	名称	活性形式	来源或前提	主要功能	缺乏症与毒性
水溶性维生素	维生素C（抗坏血酸）	抗坏血酸	水果、蔬菜、豆芽	①参与羟化反应 ②参与其他代谢	坏血病
	维生素B$_1$（硫胺素、抗神经炎素）	TPP	肝脏，豆类、谷物外皮和胚芽	①α-酮酸脱氢酶复合体辅助因子 ②转酮酶辅助因子 ③乙酰胆碱酯酶抑制剂	脚气病、末梢神经炎
	维生素B$_2$（核黄素）	黄素辅酶	肉、蛋、奶，绿叶蔬菜、蘑菇、酵母	脱氢酶辅助因子	唇炎、舌炎、口角炎、眼睑炎和阴囊炎
	维生素PP（烟酸、烟酰胺）	辅酶Ⅰ、辅酶Ⅱ	肉类、谷物、豆类、花生、芦笋、酵母	脱氢酶辅助因子	癞皮病
	维生素B$_6$（吡哆醇、吡哆醛、吡哆胺）	磷酸吡哆醛、磷酸吡哆胺	酵母、米糠、肝脏、蛋黄、肉类、鱼等，肠道菌合成	①氨基酸转氨酶、脱羧酶辅助因子 ②δ-氨基-γ-酮戊酸合酶辅助因子 ③糖原磷酸化酶辅助因子	小细胞低色素性贫血
	泛酸（遍多酸）	辅酶A，酰基载体蛋白	鸡蛋、肝脏、豆类、谷物、蘑菇、酵母	①酰基转移酶辅助因子	人类罕见
	生物素	生物素	各种动植物性食物，肠道菌合成	①羧化酶辅助因子	人类罕见
	叶酸（蝶酰谷氨酸）	四氢叶酸	各种动植物性食物，肠道菌合成	① 碳单位转移酶类辅助因子	巨幼红细胞性贫血
	维生素B$_{12}$（钴胺素）	甲钴胺素、5'-脱氧腺苷钴胺素	动物性食物	①参与一碳单位代谢	巨幼红细胞性贫血
	硫辛酸	硫辛酸	人体合成	① α-酮酸脱氢酶复合体辅助因子	人类罕见
脂溶性维生素	维生素A（抗干眼病维生素）	视黄醛、视黄酸	动物性食物，植物胡萝卜素	①参与视觉传导 ②维持上皮细胞完整性，调节生长发育、生殖能力、免疫功能 ③抗氧化剂	夜盲、干眼病，过量中毒
	维生素D（抗佝偻病维生素）	1,25-二羟维生素D$_3$	鱼肝油等动物性食物	①参与钙磷代谢调节 ②影响细胞分化	儿童佝偻病、成人骨软化症，过量中毒
	维生素E（生育酚）	维生素E	各种动植物性食物	①抗氧化 ②维持生殖机能 ③促进血红素代谢 ④调节基因表达	少见
	维生素K（凝血维生素）	维生素K	绿叶蔬菜、肝脏，肠道菌合成	①参与凝血因子翻译后修饰 ②促进骨代谢	凝血功能障碍

第七章 生物氧化

生物体通过代谢维持生长、发育、繁殖、运动等各种生命活动。代谢是生命现象的化学本质，是物质代谢与能量代谢的有机整合。从物质代谢的角度来看，生物体一方面摄取和合成它所需要的物质，这是一个同化过程；另一方面又分解和排出它不需要和不再需要的物质，这是一个异化过程。从能量代谢的角度来看，生命活动是一个摄取能量、利用能量的过程，任何代谢都伴随着能量的传递和转换。

生物氧化研究的核心内容是从能量代谢角度阐述生命现象，重点阐明这样几个问题：生命活动需要怎样形式的能量？这些能量从何而来？如何摄取？如何利用？如何储存？

第一节 概 述

生命活动所需的能量来自生物氧化。**生物氧化**（biological oxidation）是指糖、脂肪和蛋白质等营养物质在体内氧化分解、最终生成二氧化碳和水并释放能量满足机体生命活动需要的过程。由于这一过程是在组织细胞内进行的，而且通过肺吸入的氧气主要用于生物氧化，呼出的二氧化碳也主要来自生物氧化，所以生物氧化又称**组织呼吸**或**细胞呼吸**。

生物氧化的意义就是提供生命活动所需的能量。

1. 生物氧化特点 营养物质在体内氧化分解与在体外氧化分解的化学本质是相同的，表现在二者都遵循氧化还原反应的一般规律，耗氧量相同，终产物相同，释放的能量也相同；但生物氧化还有自己的特点。

（1）生物氧化过程是由发生在细胞内的一系列酶促反应完成的，反应是在生理条件下进行的。

（2）营养物质在生物氧化过程中逐步释放能量，并尽可能多地以化学能的形式储存于高能化合物中，使其得到最有效的利用。

（3）生物氧化的产物二氧化碳是由有机酸发生脱羧反应生成的，并非如体外氧化时碳直接与氧分子反应生成。

（4）生物氧化的产物水主要是由营养物质中的氢原子间接与氧分子反应生成的，并非如体外氧化时氢原子直接与氧分子反应生成。

2. 生物氧化过程 可以分为三个阶段（图7-1）。

图7-1 生物氧化三个阶段

（1）第一阶段：营养物质水解产物葡萄糖、脂肪酸和氨基酸等通过各自的代谢途径氧化生成乙酰辅酶A，并释出氢原子，反应在细胞质和线粒体内进行。其中葡萄糖在这一阶段可以通过底物水平磷酸化推动合成少量高能化合物ATP。

营养物质氧化释出的氢原子由一系列递氢体和递电子体传递。因为递电子体只传递电子，不传递氢离子，而且最终传递给氧分子的只是电子，所以传递过程中氢原子会解离成氢离子和电子（$H = H^+ + e^-$），这些被传递的氢原子和电子统称**还原当量**（reducing equivalent）。

（2）第二阶段：乙酰基通过三羧酸循环氧化生成二氧化碳，并释出大量还原当量，反应在线粒体内进行。这一阶段通过底物水平磷酸化推动合成少量GTP。

（3）第三阶段：前两阶段释出的还原当量经呼吸链传递给氧分子，将其还原成水，同时推动合成ATP，这是一个氧化磷酸化反应过程，反应在线粒体内进行。

可见，葡萄糖、脂肪酸和氨基酸等的氧化分解过程在第二、第三阶段都是一样的，只是在第一阶段通过不同的代谢途径氧化生成乙酰辅酶A。乙酰辅酶A是葡萄糖、脂肪酸和氨基酸代谢的结合点。

3. 二氧化碳生成方式 生物氧化的特点之一是有机酸通过脱羧反应生成二氧化碳。脱羧反应既可以根据是否伴有氧化反应分为单纯脱羧和氧化脱羧，又可以根据脱掉的羧基在底物分子结构中的位置分为α-脱羧和β-脱羧，所以有四种脱羧方式。

（1）**α-单纯脱羧**：例如谷氨酸脱羧基。

$$HOOC\text{-}[CH_2]_2\text{-}CH(NH_2)\text{-}COOH \xrightarrow{\text{谷氨酸脱羧酶}} H_2N\text{-}[CH_2]_3\text{-}COOH + CO_2$$

谷氨酸 　　　　　　　　　　　　　　　　　γ-氨基丁酸

（2）**β-单纯脱羧**：例如草酰乙酸脱羧基。

$$HOOC\text{-}CH_2\text{-}CO\text{-}COOH \xrightarrow{\text{草酰乙酸脱羧酶}} CH_3\text{-}CO\text{-}COOH + CO_2$$

草酰乙酸 　　　　　　　　　　　　　　　丙酮酸

（3）**α-氧化脱羧**：例如丙酮酸氧化脱羧。

$$CH_3\text{-}CO\text{-}COOH + CoASH + NAD^+ \xrightarrow{\text{丙酮酸脱氢酶复合体}} CH_3\text{-}CO\text{-}SCoA + CO_2 + NADH + H^+$$

丙酮酸 　　　　　　　　　　　　　　　　乙酰CoA

（4）**β-氧化脱羧**：例如苹果酸氧化脱羧基。

$$HOOC\text{-}CH_2\text{-}CH(OH)\text{-}COOH + NADP^+ \xrightarrow{\text{苹果酸酶}} CH_3\text{-}CO\text{-}COOH + NADPH + H^+ + CO_2$$

苹果酸　　　　　　　　　　　　　　　　　　　丙酮酸

4. 代谢物氧化方式　生物氧化过程中营养物质氧化方式从化学本质上分为脱氢、加氧和失电子。

（1）**脱氢**：是生物氧化的主要方式，由脱氢酶或氧化酶催化，例如琥珀酸脱氢。

$$HOOC\text{-}CH_2\text{-}CH_2\text{-}COOH + FAD \xrightarrow{\text{琥珀酸脱氢酶}} HOOC\text{-}CH\text{=}CH\text{-}COOH + FADH_2$$

琥珀酸　　　　　　　　　　　　　　　　　　延胡索酸

（2）**加氧**：①在底物中加入一个氧原子，由单加氧酶（又称羟化酶）催化，例如苯丙氨酸羟化。②在底物中加入两个氧原子，由双加氧酶催化，例如尿黑酸氧化。

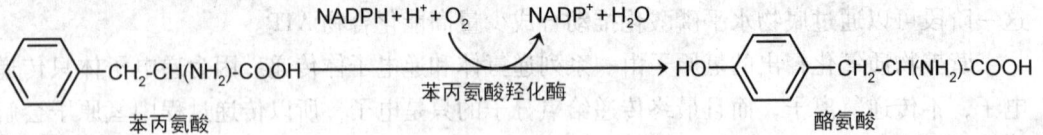

$$\text{苯丙氨酸} \xrightarrow[\text{苯丙氨酸羟化酶}]{NADPH+H^++O_2 \quad NADP^++H_2O} \text{酪氨酸}$$

（3）**失电子**：原子或离子在反应中失去电子，化合价升高。如细胞色素中 Fe^{2+} 氧化。

$$Fe^{2+} \longrightarrow Fe^{3+} + e^-$$

第二节　呼吸链

呼吸链（respiratory chain）是指位于真核生物线粒体内膜或原核生物细胞膜上的一组排列有序的**递氢体**和**递电子体**，其作用是接收营养物质释出的氢原子（还原当量），并将其电子传递给氧分子，生成水。因为这是一个通过连续反应有序传递电子的过程，所以又称**电子传递链**（electron transport chain）。

一、呼吸链的组成

用胆酸类物质处理线粒体内膜，可以分离出呼吸链的组成成分，包括泛醌、细胞色素 c 和四种具有传递电子功能的**呼吸链复合体**（图 7-2）。

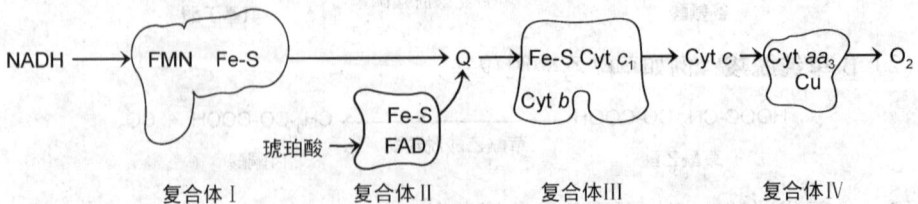

图 7-2　呼吸链组成

进一步分析呼吸链复合体组成得到黄素蛋白、铁硫蛋白、细胞色素和铜原子等（表 7-1）。

表 7 - 1　呼吸链复合体

成分	名称	蛋白组成（含辅基）	肽链数
复合体 I	NADH 脱氢酶	黄素蛋白（FMN）、铁硫蛋白（Fe-S）	43
复合体 II	琥珀酸脱氢酶	黄素蛋白（FAD）、铁硫蛋白（Fe-S）、细胞色素 b（血红素）	4
复合体 III	泛醌 - 细胞色素 c 还原酶	铁硫蛋白（Fe-S）、细胞色素（血红素）b、细胞色素 c_1（血红素）	11
复合体 IV	细胞色素 c 氧化酶	细胞色素 aa_3（血红素、Cu_A、Cu_B）	13

1. 黄素蛋白（flavoprotein）　复合体 I 和复合体 II 都是脱氢酶，都含黄素蛋白。复合体 I 所含的黄素蛋白以黄素单核苷酸（$FMN/FMNH_2$）为辅基，参与催化 NADH 脱氢。复合体 II 所含的黄素蛋白以黄素腺嘌呤二核苷酸（$FAD/FADH_2$）为辅基，参与催化琥珀酸脱氢。

2. 泛醌　又称**辅酶 Q**（CoQ），是广泛存在于生物体内的一类脂溶性醌类化合物，带有聚异戊二烯侧链。因为该侧链的疏水性，泛醌可以在线粒体内膜中自由移动。不同泛醌侧链异戊二烯单位的数目不同，例如人体泛醌侧链有 10 个异戊二烯单位。

泛醌接受 1 个电子和 1 个氢离子还原成泛醌自由基（·QH），再接受 1 个电子和 1 个氢离子还原成二氢泛醌（QH_2）。二氢泛醌可以传出电子和氢离子，氧化成泛醌。

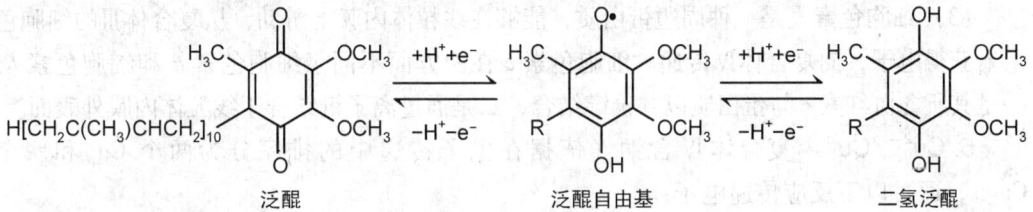

泛醌　　　　　　　　　　泛醌自由基　　　　　　　　　二氢泛醌

在呼吸链中，复合体 I 和复合体 II 通过铁硫蛋白将电子传递给泛醌，泛醌再将电子传递给复合体 III 的铁硫蛋白。

3. 铁硫蛋白　是分子量较小的一类蛋白质，其辅基称为**铁硫簇**（Fe-S）。铁硫簇由两个或多个非血红素铁和等量的无机硫构成，主要有[2Fe-2S]和[4Fe-4S]两种形式，均通过铁与半胱氨酸的硫共价结合（图 7 - 3）。

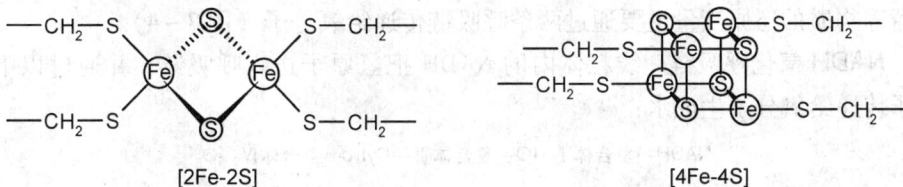

[2Fe-2S]　　　　　　　　　　　　　　[4Fe-4S]

图 7 - 3　铁硫簇结构

复合体 I、复合体 II 和复合体 III 都含铁硫蛋白，其所含铁通过以下反应传递电子：

$$Fe^{2+} \rightleftharpoons Fe^{3+} + e^-$$

4. 细胞色素（Cyt）　是一类血红素蛋白（又称血红素蛋白质），参与呼吸链电子传递及其他氧化还原过程。其**血红素**（heme，又称铁卟啉）铁通过以下反应传递电子：

$$Fe^{2+} \rightleftharpoons Fe^{3+} + e^-$$

细胞色素可以根据性质及血红素辅基结合方式的不同分为细胞色素 a、b、c 等，所含血红素辅基相应分为血红素 a、b、c 等。氧化呼吸链中含至少六种细胞色素。

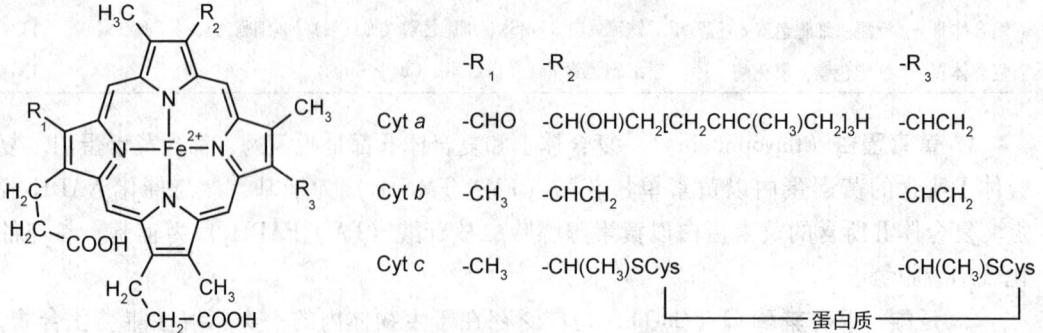

	-R$_1$	-R$_2$	-R$_3$
Cyt a	-CHO	-CH(OH)CH$_2$[CH$_2$CHC(CH$_3$)CH$_2$]$_3$H	-CHCH$_2$
Cyt b	-CH$_3$	-CHCH$_2$	-CHCH$_2$
Cyt c	-CH$_3$	-CH(CH$_3$)SCys	-CH(CH$_3$)SCys

————— 蛋白质 —————

（1）**细胞色素 aa_3** 是复合体Ⅳ的组成成分，含血红素 a。

（2）呼吸链中有三种细胞色素 b，其中复合体Ⅲ含细胞色素 b_H（氧化还原电位较高，又称细胞色素 b_{562}）和细胞色素 b_L（氧化还原电位较低，又称细胞色素 b_{566}），它们都参与电子从泛醌向细胞色素 c 的传递；复合体Ⅱ含细胞色素 b_{560}，它不直接参与电子传递。

（3）**细胞色素 c** 是一种周边蛋白质，能够在线粒体内膜上游动，从复合体Ⅲ的细胞色素 c_1 获得电子，向复合体Ⅳ传递。细胞色素 c 在两方面不同于细胞色素 a 和细胞色素 b，一是其所含血红素 c 与蛋白质以共价键结合，二是通过离子键结合于线粒体内膜外表面。

5. **Cu^{2+}/Cu$^+$** 复合体Ⅳ含铜（依据在电子传递中的排序分为两个 Cu$_A$ 和一个 Cu$_B$），通过以下反应传递电子：

$$Cu^+ \rightleftharpoons Cu^{2+} + e^-$$

Cu$_A$、细胞色素 aa_3 的两个血红素 a、Cu$_B$ 依次分布于复合体Ⅳ的不同部位，构成一个连续的电子传递体系，从细胞色素 c 获得电子，传递给氧分子。

二、呼吸链成分的排列顺序

营养物质的还原当量主要通过两条呼吸链传递给氧分子（图7-4）。

1. NADH 氧化呼吸链 线粒体内的 NADH 把氢原子送入呼吸链，并通过以下途径把电子传递给氧分子生成水：

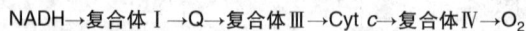

NADH→复合体Ⅰ→Q→复合体Ⅲ→Cyt c→复合体Ⅳ→O$_2$

这一传递途径称为 **NADH 氧化呼吸链**。生物氧化中大多数脱氢酶都是以 NAD$^+$ 为辅酶把氢原子送入该呼吸链的，例如苹果酸脱氢酶、β-羟丁酸脱氢酶、谷氨酸脱氢酶等。

2. 琥珀酸氧化呼吸链 线粒体内的琥珀酸把氢原子送入呼吸链，并通过以下途径把电子传递给氧分子生成水：

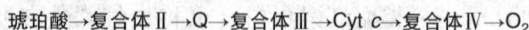

琥珀酸→复合体Ⅱ→Q→复合体Ⅲ→Cyt c→复合体Ⅳ→O$_2$

这一传递途径称为**琥珀酸氧化呼吸链**。生物氧化中部分脱氢酶以与琥珀酸脱氢酶类似的方式催化氢原子传递给 FAD，FAD 把电子传递给泛醌，例如脂酰辅酶 A 脱氢酶、3-磷酸甘油脱氢酶等。

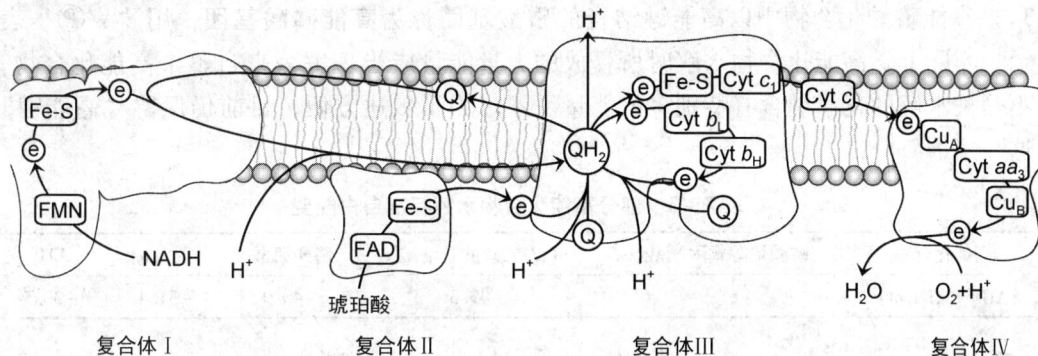

图 7-4 氧化呼吸链成分排列顺序及电子传递

呼吸链成分电子传递顺序主要依据以下研究结果确定：

（1）呼吸链成分的标准氧化还原电位（$E^{o\prime}$）与其电子传递顺序一致，电子从低氧化还原电位成分向高氧化还原电位成分传递（表 7-2）。

表 7-2 呼吸链各氧化还原对的标准氧化还原电位

氧化还原对	$E^{o\prime}$（V）	氧化还原对	$E^{o\prime}$（V）
$NAD^+/NADH$	-0.32	Fe^{3+}/Fe^{2+}（Cyt c_1）	+0.22
$FMN/FMNH_2$	-0.30	Fe^{3+}/Fe^{2+}（Cyt c）	+0.25
$FAD/FADH_2$	-0.06	Fe^{3+}/Fe^{2+}（Cyt a）	+0.29
Q/QH_2	+0.04	Fe^{3+}/Fe^{2+}（Cyt a_3）	+0.35
Fe^{3+}/Fe^{2+}（Cyt b）	+0.07	½ O_2/H_2O	+0.82

（2）呼吸链成分在氧化态和还原态具有不同的吸收光谱，所以，将离体线粒体置于无氧气而有底物的反应体系内使其全部处于还原态，然后缓慢通入氧气，分析这些成分吸收光谱变化的时间顺序，可以确定其电子传递顺序。

（3）用抑制剂抑制呼吸链某个成分的电子传递，位于该成分与底物之间的其他成分处于还原态，而位于该成分与氧分子之间的其他成分则处于氧化态。因此，用抑制剂抑制呼吸链的不同成分，然后分析各成分的氧化还原状态，可以确定其电子传递顺序。

（4）分离呼吸链的四种复合体，在体外进行组合研究，可以确定其电子传递顺序。

第三节 生物氧化与能量代谢

营养物质在生物氧化过程中所释放的能量有一部分（约60%）以热能形式散失，其余（约40%）则以化学能形式储存于一些特殊的高能化合物中，可以直接为生命活动如运动、分泌、吸收、神经传导和化学反应等供能。

一、高能化合物的种类

传统生物化学中把在标准条件下水解时释放大量自由能（$\Delta G^{o\prime}$）的化学键称为

高能键，用符号"～"表示。生物分子的高能键主要是高能磷酸键和高能硫酯键。含高能键的化合物称为**高能化合物**，包括高能磷酸化合物和高能硫酯化合物（表7-3）。高能磷酸化合物中以高能键结合的磷酸基团称为**高能磷酸基团**，用"～Ⓟ"表示。实际上，高能化合物水解时所释放的大量能量应当理解为来自整个高能化合物，不是被水解的化学键含有特别多的能量。不过为了叙述方便，目前仍保留"高能键"这一术语。

表7-3 部分高能化合物水解标准自由能变

高能化合物	磷酸烯醇式丙酮酸	1,3-二磷酸甘油酸	磷酸肌酸	乙酰 CoA	ATP
$\Delta G^{o\prime}$（kJ/mol）	-61.9	-49.3	-43.9	-31.4	-30.5

ATP 是最重要的高能化合物，是最主要的直接供能物质。人体约95%的 ATP 都来自线粒体，所以线粒体是生物氧化的主要场所。

二、ATP 的合成

体内合成 ATP 的方式有两种：底物水平磷酸化和氧化磷酸化，以氧化磷酸化为主。

1. 底物水平磷酸化（substrate-level phosphorylation） 简称**底物磷酸化**，是指由营养物质通过分解代谢生成高能化合物，通过高能基团转移推动合成 ATP（GTP）。例如葡萄糖有氧氧化途径有三步底物水平磷酸化反应：

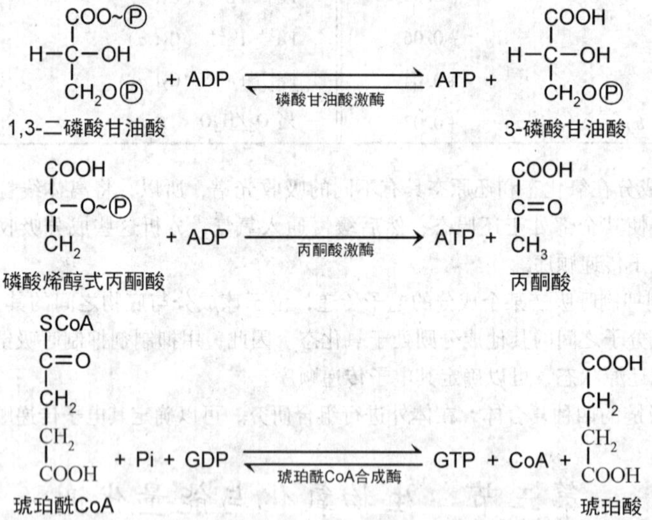

2. 氧化磷酸化（oxidative phosphorylation） 是指由营养物质氧化分解释放的能量推动 ADP 与磷酸缩合生成 ATP：$ADP + Pi \rightarrow ATP + H_2O$。氧化磷酸化在线粒体内进行，合成的 ATP 约占 ATP 合成总量的80%。

三、氧化磷酸化机制

呼吸链传递电子过程是如何与 ADP 磷酸化生成 ATP 偶联的？化学渗透学说可以较

好地阐述其偶联机制。**化学渗透学说**（chemiosmotic theory）最早由英国学者 Mitchell（1978 年诺贝尔化学奖获得者）于 1961 年作为假说提出，后来得到较多的研究支持。

1. 偶联部位 即呼吸链中电子传递与 ATP 合成相偶联的部位，主要依据以下研究结果确定：

（1）磷/氧比值：在含有底物、氧分子、ADP、磷酸和 Mg^{2+} 等的反应体系中加入线粒体，可以观察到反应体系在消耗氧分子的同时也消耗磷酸。**磷/氧比值**（P/O 比值）是指每消耗 1 摩尔氧原子（即 0.5 摩尔氧分子）所消耗磷酸的摩尔数或合成 ATP 的摩尔数。在反应体系中加入不同底物并测定磷/氧比值，可以大致确定氧化磷酸化的偶联部位。标准条件下 NADH 氧化呼吸链的磷/氧比值约为 2.5，即其传递一对电子可以推动合成 2.5 个 ATP；琥珀酸氧化呼吸链的 P/O 比值约为 1.5，即其传递一对电子可以推动合成 1.5 个 ATP。因此，复合体 I 是偶联部位。抗坏血酸能将一对电子经细胞色素 c 送入呼吸链，磷/氧比值约为 1，所以复合体 III、IV 也是偶联部位。临床上测定能量代谢时，为了简捷，只需测定一定时间内的氧耗量。

（2）标准自由能变：呼吸链中有三个阶段有较大的标准自由能变（$\Delta G^{o\prime}$）和标准氧化还原电位差（$\Delta E^{o\prime}$）。因为 ADP 合成 ATP 的标准自由能变为 30.5kJ/mol，所以这三个阶段释放的自由能均足以推动合成 ATP（表 7-4）。

表 7-4 呼吸链标准氧化还原电位差和自由能变

三个阶段	NADH→Q	细胞色素 b→细胞色素 c	细胞色素 aa_3→O_2
标准氧化还原电位差（V）	0.36	0.18	0.53
标准自由能变（kJ/mol）	−69.5	−34.7	−102.3

2. 化学渗透学说 ①呼吸链传递电子过程与 H^+ 从线粒体基质泵至膜间隙相偶联。研究发现：在呼吸链传递电子时，复合体 I、III、IV 均向膜间隙泵出 H^+。标准条件下每传递一对电子，分别泵出 4、4、2 个 H^+。因此，NADH 氧化呼吸链每传递一对电子泵出 10 个 H^+，琥珀酸氧化呼吸链每传递一对电子泵出 6 个 H^+。②线粒体内膜不允许 H^+ 自由透过，所以泵出 H^+ 的结果造成膜间隙 H^+ 浓度高于线粒体基质，自由能就以这种跨膜电化学梯度（跨膜电位差和 H^+ 浓度差）的形式储存。③线粒体内膜上嵌有 ATP 合酶（又称复合体 V），其结构包括 F_0 和 F_1 两部分：F_0 含 H^+ 通道，允许 H^+ 通过；F_1 则催化合成 ATP。④膜间隙 H^+ 通过 F_0 通道流回线粒体基质时驱动 F_1 催化 ADP 与磷酸缩合生成 ATP（图 7-5）。

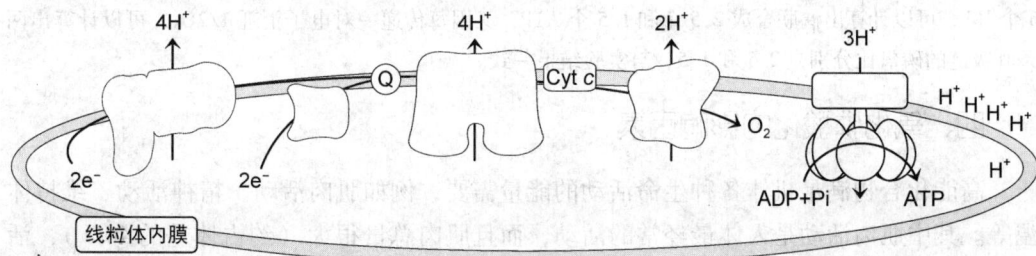

图 7-5 化学渗透学说

3. ATP 合酶催化机制　ATP 合酶结构非常复杂，像一个精巧的分子发电机。①F_1 为 $\alpha_3\beta_3\gamma\delta\epsilon$ 复合体，三个 β 亚基各有一个活性中心。②F_0 为 ab_2c_{10-12} 疏水复合体，c 亚基与 a 结合，起 H^+ 通道作用，实质是通过一个天冬氨酸使 H^+ 回流。③ab_2 与 $\delta\alpha_3\beta_3$ 形成刚性结构，与线粒体内膜保持相对固定，相当于发电机的"定子"。④$\gamma\epsilon$ 与 c_{10-12} 形成刚性结构，一端 γ 可以在 $\alpha_3\beta_3$ 中央旋转，另一端 c_{10-12} 可以在膜脂中旋转，相当于发电机的"转子"。⑤H^+ 通过 a 与 c 之间的 H^+ 通道回流时，推动 a 与 c 之间相对运动，使"转子"旋转。⑥"转子"旋转一周，γ 亚基依次对三个 β 亚基发挥变构调节作用（图 7-6）。

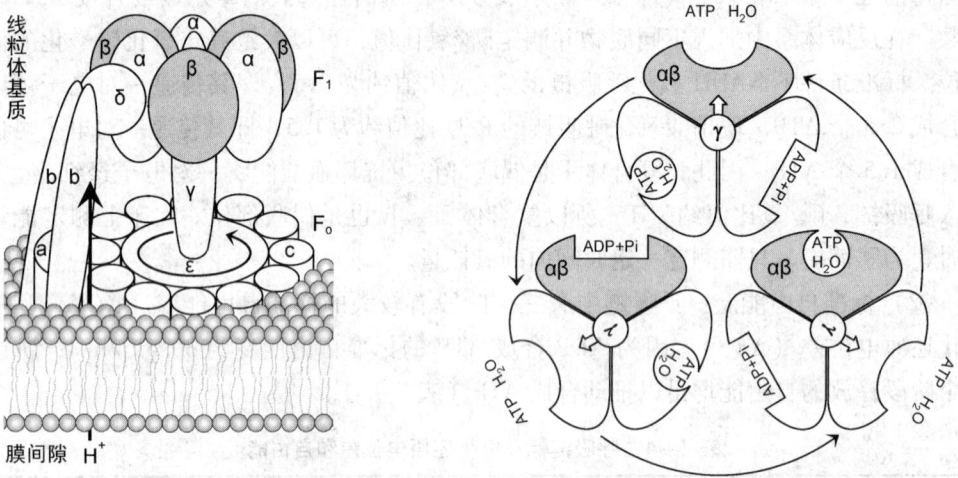

图 7-6　ATP 合酶结构及催化机制

β 亚基有疏松型（L）、紧密型（T）和开放型（O）三种构象：①疏松型构象可以结合 ADP 和磷酸，转换成紧密型构象。②紧密型构象可以催化 ADP 和磷酸合成 ATP，转换成开放型构象。③开放型构象可以释放 ATP，转换成疏松型构象，完成构象循环。④每个 β 亚基每一循环合成 1 个 ATP。⑤"转子"旋转一周，3 个 β 亚基都完成一次构象循环，因此合成 3 个 ATP。⑥约 9 个 H^+ 回流推动"转子"旋转一周，因此 3 个 H^+ 回流偶联 ATP 合酶合成 1 个 ATP。

阐明 ATP 合酶的结构和催化机制对探索生物能量转换和理解化学渗透学说有重要意义，其发现者 Boyer 和 Walker 因此获得 1997 年诺贝尔化学奖。

此外，ATP 主要在线粒体外被利用，同时分解成 ADP 和磷酸，所以在线粒体内合成的 ATP 要运出线粒体，ATP 合成原料 ADP 和磷酸也要从线粒体外运入。ADP 和 ATP 由 ADP/ATP 易位酶转运，磷酸则由磷酸转运体转运，同时伴随一个 H^+ 回流。因此，1 分子 ATP 在线粒体内由 ATP 合酶合成并运出，需要 4 个 H^+ 回流。因为 NADH 氧化呼吸链和琥珀酸氧化呼吸链每传递一对电子分别泵出 10 个和 6 个 H^+，可以计算出偶联合成 2.5 个和 1.5 个 ATP，又因每传递一对电子消耗 $1/2O_2$，可以计算出两条呼吸链的磷氧比分别是 2.5 和 1.5，与实验结果一致。

四、氧化磷酸化的影响因素

高能化合物满足机体各种生命活动的能量需要，例如肌肉活动、精神活动、维持体温等。其中肌肉活动是人体最经常的活动，而且肌肉总量很大（约占体重的 40%），活动所需能量最多，耗氧量占全身耗氧量的 30%（静息时）~90%（运动时），所以肌肉活动对能量代谢影响最大。氧化磷酸化是能量代谢的核心，在分子水平受以下因素影响：

1. ADP 氧化磷酸化的速度主要受 ADP 调节。静止状态下机体耗能少，ATP 较多，ADP 不足，则氧化磷酸化速度较慢；运动状态下机体耗能多，大量消耗 ATP，ADP 增多，运入线粒体后促进氧化磷酸化。这种调节作用可使 ATP 的生成速度适应生理需要。

苍术苷是一种植物糖苷，通过抑制 ADP/ATP 易位酶抑制 ADP、ATP 跨膜转运，从而抑制氧化磷酸化。

2. 甲状腺激素 健康生命需要由 Na^+，K^+-ATP 酶（又称钠泵）维持细胞内低钠高钾状态，为此会消耗总 ATP 的 1/3（神经元甚至高达 2/3）。甲状腺激素能诱导许多组织（脑组织除外）Na^+，K^+-ATP 酶基因表达，合成 Na^+，K^+-ATP 酶，从而加快分解 ATP，使大量 ADP 进入线粒体，氧化磷酸化加快。甲状腺激素还能诱导解偶联蛋白基因表达，增加线粒体内膜解偶联蛋白数量。上述两种调节使机体基础代谢率增高，即耗氧量和产热量增加，故甲状腺功能亢进患者常出现怕热和易出汗等症状。

3. 呼吸链抑制剂 这类抑制剂能阻断呼吸链中某些部位的电子传递（表 7-5）。

表 7-5 氧化磷酸化抑制剂

氧化磷酸化成分	复合体 I	复合体 II	复合体 III	复合体 IV	ATP 合酶
抑制剂	鱼藤酮	萎锈灵	抗霉素 A	CN^-	寡霉素
	粉蝶霉素 A	2-噻吩甲酰三氟丙酮	黏噻唑菌醇	N_3^-	二环己基碳二亚胺
	阿米妥			CO	

阿米妥（麻醉药）、鱼藤酮（杀虫药，一种植物的有毒成分）、抗霉素 A（由链霉菌产生的抗生素）、氰化物（CN^-）、叠氮化物（N_3^-）、CO 和 H_2S 等对呼吸链的电子传递均有选择性阻断作用。这些抑制剂通过阻断电子传递抑制 ATP 合成，导致细胞代谢障碍，甚至危及生命。

4. 解偶联剂 这类物质能解除呼吸链电子传递与 ATP 合酶合成 ATP 的偶联。其解偶联机制是使 H^+ 不经 ATP 合酶的 F_0 通道直接流回线粒体基质，使电化学梯度中储存的自由能转换成热能散失，不能推动合成 ATP。

2,4-二硝基苯酚是一种强解偶联剂，它可以自由透过线粒体内膜，在膜间隙侧结合 H^+，在基质侧释放 H^+，从而破坏电化学梯度。

人体（特别是新生儿）以及冬眠哺乳动物体内存在棕色脂肪组织，这种组织可以通过代谢产热，这是因为其细胞内含大量线粒体，线粒体内膜上存在着丰富的**解偶联蛋白**（UCP）。这种蛋白质在线粒体内膜上形成 H^+ 通道，使 H^+ 流回线粒体基质，从而将电化学梯度中储存的自由能转换成热能，用于维持体温，抵御严寒。此外人体肌肉、肝脏和肾脏等的线粒体内膜上也有解偶联蛋白，在调节机体代谢方面起重要作用。

🖐 新生儿体表散热快，如果缺乏棕色脂肪组织，则在低温环境下无法维持体温，导致皮下脂肪凝固，患新生儿硬肿症。

5. ATP 合酶抑制剂 寡霉素与 F_0 结合阻断 H^+ 回流，抑制 ATP 合成。

6. 线粒体 DNA 突变 有 13 种线粒体蛋白是由线粒体 DNA（mtDNA）编码的，它们是复合体 I、III、IV 和 ATP 合酶的组成成分，因而线粒体 DNA 突变将影响氧化磷酸化。因为以下因素，线粒体 DNA 突变率是染色体 DNA 的 16 倍：①线粒体 DNA 为裸露环状双链结构，没有组蛋白保护，因而容易被氧自由基等损伤。②线粒体内氧自由基最多，细胞内 95% 以上的氧自由基来自呼吸链。③线粒体 DNA 修复系统不完善。线粒体 DNA 突变会导致氧化磷酸化合成 ATP 不足而致病。耗能较多的器官更易发生功能障碍，如聋、盲、痴呆、肌无力和糖尿病等。

✍ 线粒体是极易损伤的细胞器，线粒体损伤与细胞凋亡及机体疾病、衰老有关。脑细胞线粒体 DNA 损伤程度与年龄呈正相关：63 ~ 77 岁比 24 岁高 14 倍，80 岁比 63 ~ 77 岁高 4 倍。线粒体 DNA 损伤导致 100 多种线粒体病。克山病是一种心肌线粒体病，由缺硒导致，表现为线粒体出现肿胀、嵴稀少不完整，复合体 II、IV 及 ATP 合酶活性明显降低，氧化磷酸化低下。

五、ATP 的利用

在能量代谢中，ATP 是最关键的高能化合物，是许多生命活动的直接供能物质。生物氧化合成 ATP，生命活动利用 ATP，ATP 的合成与利用构成 **ATP 循环**，该循环是能量代谢的核心（图 7 - 7）。

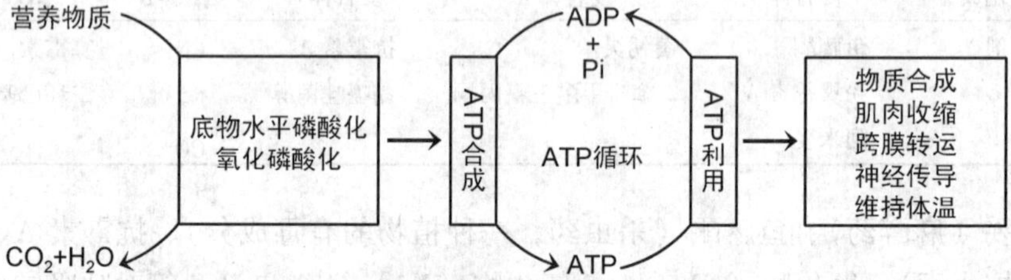

图 7 - 7 ATP 循环

此外，细胞质中还存在由肌酸激酶催化的以下可逆反应：

$$H_2N\text{-}C(NH)\text{-}N(CH_3)\text{-}CH_2\text{-}COOH + ATP \underset{肌酸激酶}{\overset{}{\rightleftharpoons}} \textcircled{P}\sim NH\text{-}C(NH)\text{-}N(CH_3)\text{-}CH_2\text{-}COOH + ADP$$

肌酸   磷酸肌酸

磷酸肌酸是高能磷酸化合物。因此，当 ATP 充足时，通过该反应可以储存高能磷酸基团；当 ATP 缺乏时，可以通过该反应的逆反应补充 ATP。该反应主要发生于消耗 ATP 迅速的组织细胞，特别是骨骼肌（磷酸肌酸可达 10 ~ 30mmol/L）、脑、视觉细胞、内耳毛细胞、精子、平滑肌等，磷酸肌酸是其能量库及转运形式，用于维持 ATP 水平。

第四节　细胞质 NADH 的氧化

呼吸链的入口在线粒体内，营养物质的某些脱氢反应发生在细胞质中，产生的 NADH 不能自由透过线粒体内膜，其传递的氢原子是通过特定转运途径送入呼吸链的。已经阐明的转运途径有 3-磷酸甘油穿梭和苹果酸 – 天冬氨酸穿梭。

1. 3-磷酸甘油穿梭　①细胞质 NADH 把氢原子传递给磷酸二羟丙酮生成 3-磷酸甘油，反应由细胞质 3-磷酸甘油脱氢酶催化。②3-磷酸甘油可以透过线粒体外膜进入膜间隙，把氢原子传递给 FAD 生成 $FADH_2$，反应由位于线粒体内膜表面的线粒体 3-磷酸甘油脱氢酶（以 FAD 为辅基）催化。③线粒体 3-磷酸甘油脱氢酶催化 FADH$_2$ 把氢原子传递给泛醌，经复合体Ⅲ→Cyt c→复合体Ⅳ传递给氧分子。在这一穿梭中，细胞质 NADH 通过 FADH$_2$ 把氢原子送入呼吸链，最终推动合成 1.5 个 ATP。3-磷酸甘油穿梭主要在骨骼肌、脑和其他神经细胞中进行（图 7 - 8）。

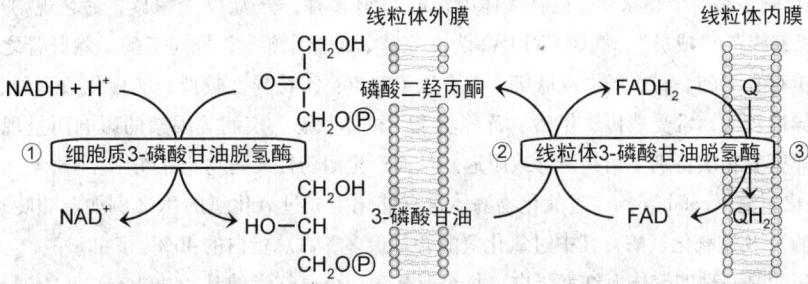

图 7 - 8　3-磷酸甘油穿梭

2. 苹果酸 – 天冬氨酸穿梭　细胞质 NADH 把氢原子传递给草酰乙酸生成苹果酸。苹果酸进入线粒体内，由苹果酸脱氢酶催化脱氢，重新生成草酰乙酸和 NADH。草酰乙酸不能自由透过线粒体内膜，而是在谷氨酸的协助下经过两次转氨基回到细胞质。在这一穿梭中，细胞质 NADH 通过苹果酸把氢原子送入呼吸链，最终推动合成 2.5 个 ATP。苹果酸 – 天冬氨酸穿梭主要在心脏、肝脏和肾脏细胞中进行（图 7 - 9）。

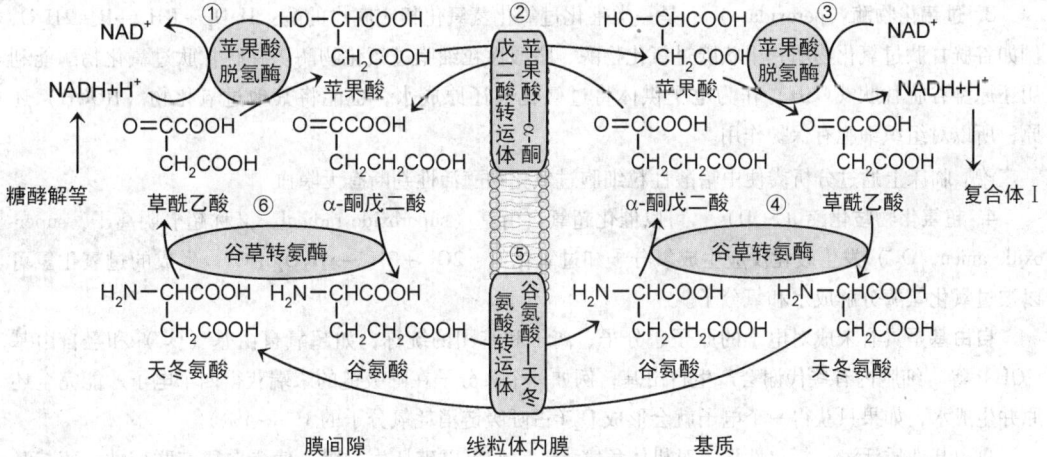

图 7 - 9　苹果酸 – 天冬氨酸穿梭

第五节　非线粒体氧化体系

生物氧化过程主要在线粒体内进行，但线粒体外还存在着其他氧化体系，其中以微粒体氧化体系和过氧化物酶体氧化体系最为重要。在这些部位进行的氧化过程不伴有 ADP 磷酸化，所以不属于生物氧化，但与过氧化氢、类固醇、儿茶酚胺及药物、毒物等的代谢有密切关系。

1. P450 羟化酶系　主要由两种酶构成：①细胞色素 P450 羟化酶，简称 P450，又称单加氧酶，以血红素为辅基。②细胞色素 P450 还原酶，简称 P450R，以 FAD/FMN 为辅基。P450 羟化酶系分布于肝组织和肾上腺等微粒体膜和内质网膜上，其催化机制比较复杂，总反应可表示为：

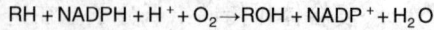

$$RH + NADPH + H^+ + O_2 \rightarrow ROH + NADP^+ + H_2O$$

P450 羟化酶系能羟化多种脂溶性物质，从而参与类固醇激素、胆汁酸、儿茶酚胺的合成，维生素 D 的活化，非营养物质的生物转化（第十八章，310 页）。

P450 羟化酶系是一个超家族，已在人体内鉴定了 50 多种，分为 17 个家族，命名规则是 "CYP" + "家族" + "亚家族" + "成员"，例如 CYP1A2 为 1 家族、A 亚家族、2 号同工酶。除肝肾之外 P450 羟化酶系还少量存在于肺、胃、肠、皮肤等，并有以下特点：①特异性较低，能催化数百种非营养物质转化。②变异性较大，常受遗传、年龄、营养状态、机体状态、疾病等因素的影响而呈现个体差异。③其合成受非营养物质特别是药物诱导或阻遏，从而产生耐药性或药物相互作用。

2. 过氧化氢酶（catalase）　过氧化物酶体含有催化生成过氧化氢的酶（例如黄嘌呤氧化酶、D-氨基酸氧化酶）及过氧化氢酶，其中过氧化氢酶含量最多，占总蛋白的 40%。

过氧化氢酶是一种四聚体血红素蛋白，每个亚基含一个血红素辅基，功能有二：①通过催化过氧化氢与醛、醇（饮酒摄入的乙醇约有 25% 经此代谢）、酚的反应参与生物转化：$H_2O_2 + RH_2 \rightarrow R + 2H_2O$。②当细胞内 H_2O_2 积累时，催化过氧化氢分解清除：$2H_2O_2 \rightarrow 2H_2O + O_2$。

过氧化氢是需氧脱氢酶（以 FAD/FMN 为辅基、氧分子为直接受氢体，例如黄嘌呤氧化酶）催化反应的产物，其作用具有两重性：①在粒细胞和吞噬细胞内它可以杀死细菌，在甲状腺细胞内它参与酪氨酸合成甲状腺激素的反应。②对大多数细胞来说，它是一种细胞毒，因为具有强氧化性，能氧化巯基酶和其他蛋白质，还能把生物膜中的不饱和脂肪酸氧化成过氧化脂质，造成生物膜损伤。过氧化脂质与蛋白质形成的复合物积累成棕褐色的色素颗粒，称为**脂褐素**，与组织细胞的衰老有关。

3. 过氧化物酶（peroxidase）　是一类催化过氧化氢氧化相应底物的酶：$H_2O_2 + RH_2 \rightarrow R + 2H_2O$，例如谷胱甘肽过氧化物酶、甲状腺过氧化物酶、嗜酸性粒细胞过氧化物酶。谷胱甘肽过氧化物酶能利用还原型谷胱甘肽（GSH）作为电子供体将过氧化氢还原成水，也能将其他过氧化物（ROOH）还原，所以对组织细胞有保护作用。

　临床上通过分析粪便中嗜酸性粒细胞过氧化物酶活性判断有无隐血。

4. 超氧化物歧化酶（SOD）　可以催化超氧自由基（superoxide radical，又称超氧阴离子，superoxide anion，$O_2^{\cdot-}$）发生歧化反应生成氧分子和过氧化氢：$2O_2^{\cdot-} + 2H^+ \rightarrow H_2O_2 + O_2$，生成的过氧化氢可以被过氧化氢酶分解成水和氧分子。

自由基是具有未成对电子的原子、分子、离子和基团的统称，如超氧自由基（$O_2^{\cdot-}$）和羟自由基（·OH）等。细胞内有些代谢会产生自由基，例如一个氧分子在呼吸链的末端获得四个电子才能完全还原并生成水，如果只获得一个电子就会形成 $O_2^{\cdot-}$（占呼吸链消耗氧分子的 1% ~ 4%）。

自由基性质活泼，氧化性强，对机体危害大。它们可以破坏生物膜，使蛋白质交联变性、酶与激素失活、核酸结构破坏、免疫功能下降，从而引发多种疾病。

SOD 由 Fridovich 于 1969 年发现，在生物体内广泛存在，功能是清除自由基，控制脂质过氧化，保护细胞膜的完整性。人体有三种 SOD：①SOD1：是一种同二聚体 Cu/Zn-SOD，每个亚基含一个 Cu^{2+} 和一个 Zn^{2+} 作为辅基，分布于细胞质中；②SOD2：是一种同四聚体 Mn-SOD，每个亚基含一个 Mn^{2+} 作为辅基，位于线粒体内；③SOD3：是一种同四聚体 Cu/Zn-SOD，每个亚基含一个 Cu^{2+} 和一个 Zn^{2+} 作为辅基，分布于细胞外。

☯ 链 接

生物氧化与中药

　　某些中药通过影响生物氧化而发挥治疗作用。有人研究了人参、当归、黄芪和五味子等四味常用中药和复方生脉液等对鼠肝线粒体氧化磷酸化的作用,结果表明:这些药物均不同程度地降低线粒体耗氧量、磷/氧比值和呼吸控制率;生脉液具有解偶联作用,把营养物质通过生物氧化释放的化学能转化成热能,有调节体温和改善外周循环的功效。另有实验显示:黄连小檗碱(berberine)能抑制牛心肌线粒体 NADH、琥珀酸和细胞色素 c 的氧化,甘草次酸(carbenoxolone)也是氧化磷酸化的解偶联剂。

　　苦杏仁苷(amygdalin)是杏仁成分,在人体内会缓慢分解生成不稳定的 α-羟基苯乙腈,进而分解生成具有苦杏仁味的苯甲醛和氢氰酸。小剂量口服分解产生的少量氢氰酸对呼吸中枢产生抑制作用而镇咳;大剂量口服产生的氢氰酸能使延髓中枢先兴奋后麻痹,并抑制复合体Ⅳ而阻断呼吸链,从而引起中毒,严重者甚至导致死亡。

　　枇杷叶和苦杏仁可以阻断肿瘤细胞的生物氧化,造成肿瘤细胞死亡和凋亡,临床上对于治疗呼吸系统肿瘤有一定的疗效,可以改善由肺癌引起的咳嗽及呼吸困难、对于癌性胸水也有一定的作用。

小 结

　　机体通过生物氧化分解营养物质,获得能量满足生命活动需要。

　　生物氧化过程包括三个阶段:第一阶段是营养物质氧化生成乙酰辅酶 A,第二阶段是乙酰基通过三羧酸循环彻底氧化生成二氧化碳,第三阶段是前两阶段释出的还原当量经呼吸链传递给氧分子生成水,同时推动合成 ATP。

　　生物氧化过程中二氧化碳生成方式是有机酸脱羧,包括 α-单纯脱羧、β-单纯脱羧、α-氧化脱羧、β-氧化脱羧;营养物质氧化方式包括脱氢、加氧和失电子。

　　呼吸链位于真核生物线粒体内膜或原核生物细胞膜上,其作用是将营养物质释出的还原当量传递给氧分子生成水,同时向线粒体内膜外泵出氢离子。呼吸链组成成分包括泛醌、细胞色素 c 和四种呼吸链复合体。这些成分含递氢体和递电子体,递氢体包括 FMN、FAD 和泛醌,递电子体包括铁硫蛋白、细胞色素 a、细胞色素 b 和细胞色素 c 等。

　　呼吸链组成成分按顺序排列,构成 NADH 氧化呼吸链和琥珀酸氧化呼吸链。两条氧化呼吸链在标准条件下每传递一对电子分别向线粒体内膜外泵出 10 个和 6 个氢离子。

　　生命活动所需能量主要由高能化合物直接供给。ATP 是最重要的高能化合物,是最主要的直接供能物质。体内合成 ATP 的方式有底物水平磷酸化和氧化磷酸化,以氧化磷酸化为主。化学渗透学说认为氧化呼吸链传递电子时泵出的氢离子回流驱动 ATP 合酶合成 ATP,标准条件下每回流 4 个氢离子为细胞质合成 1 个 ATP。

　　氧化磷酸化是能量代谢的核心,在分子水平受 ADP、甲状腺激素、呼吸链抑制剂、解偶联剂、ATP 合酶抑制剂、线粒体 DNA 突变等因素影响。

　　ATP 循环是能量代谢的核心。

　　细胞质生物氧化产生的 NADH 通过 3-磷酸甘油穿梭和苹果酸–天冬氨酸穿梭送入呼吸链,磷氧比分别为 1.5 和 2.5。3-磷酸甘油穿梭主要在骨骼肌、脑和其他神经细胞中进行,苹果酸–天冬氨酸穿梭主要在心脏、肝脏和肾脏细胞中进行。

第八章 糖 代 谢

生物体在生命活动过程中必须从体外摄取营养物质，经过一系列化学反应释出能量供给生命活动，或为生命物质提供合成原料；同时，一些生命物质也要经过分解和转化，产生的代谢物最终排出体外。因此，生物体与环境不断进行物质交换，这种物质交换过程是通过代谢实现的，这种代谢称为**物质代谢**。物质代谢包括分解代谢和合成代谢。**分解代谢**（catabolism）是指生物体把营养物质降解，释放能量供给生命活动，或者获得简单小分子供给合成其他复杂分子的过程。**合成代谢**（anabolism）是指生物体用简单小分子合成复杂生命物质的过程。物质代谢与能量代谢密不可分，是代谢的两个方面。因此，物质代谢既研究生命物质的转化，又研究物质转化过程中能量的获得和利用，还研究代谢异常与疾病的关系。

第一节 概 述

糖是重要的生命物质，占人体重的 1% ~ 2%。糖是膳食中的主要营养成分，占总量的 50% 以上，消化吸收后通过代谢支持各种生命活动。

一、糖的功能

糖的生理功能具有多样性。

1. **供能物质** 糖是生命活动的主要供能物质，绝大多数非光合生物通过氧化糖类获得能量，人体所需能量的 50% ~ 70% 由糖供应。人体内作为供能物质的糖主要是糖原和葡萄糖。糖原是糖的储存形式，葡萄糖是糖的运输形式和利用形式。葡萄糖是脑组织和其他神经组织、睾丸、肾髓质、胚胎组织的主要供能物质，甚至是红细胞唯一的供能物质。

2. **结构成分** 不溶性多糖是动物结缔组织及细菌和植物细胞壁的结构成分。糖蛋白和糖脂是神经组织和其他组织细胞膜的组成成分。蛋白聚糖构成结缔组织的基质。

3. **合成原料** 以糖为主要碳源的生物可以用糖合成脂肪酸、氨基酸、核苷酸、辅助因子（辅酶 A、FAD 和 NAD^+）等。

4. **细胞识别** 一些复合糖参与细胞识别与粘连。

5. **代谢调节** 一些糖蛋白作为激素、细胞因子、生长因子或受体参与信号转导，例如人绒毛膜促性腺激素（HCG）、促红细胞生成素（EPO）。

6. 其他作用 ①润滑剂，例如透明质酸。②参与机体防御，例如免疫球蛋白。③参与靶向转运，帮助目的蛋白到达其功能场所，例如 6-磷酸甘露糖是溶酶体酶的靶向转运标志。④稳定蛋白质构象，保护其免受蛋白酶攻击，延长其寿命。⑤改善蛋白质的水溶性。

二、糖的消化

糖是人体摄取量仅次于水的营养物质。食物中的糖主要是淀粉（40% ~ 60%），此外还有寡糖（蔗糖、乳糖等，占 30% ~ 40%）、单糖（果糖、葡萄糖等，占 5% ~ 10%）和少量糖原。在消化道不同部位（以小肠为主），由不同来源的消化酶催化，多糖水解成寡糖，寡糖水解成单糖（表 8 - 1）。

表 8 - 1 糖的消化

场所	酶	来源	底物	产物
口腔	唾液 α 淀粉酶	唾液腺	淀粉、糖原	麦芽糖、麦芽寡糖、糊精
小肠	胰液 α 淀粉酶	胰腺	淀粉、糖原、糊精	麦芽糖、麦芽寡糖、α 糊精
	麦芽糖酶	小肠上皮细胞刷状缘	麦芽糖、麦芽寡糖	葡萄糖
	α 糊精酶	小肠上皮细胞刷状缘	α 糊精	葡萄糖
	蔗糖酶	小肠上皮细胞刷状缘	蔗糖	葡萄糖、果糖
	乳糖酶	小肠上皮细胞刷状缘	乳糖	葡萄糖、半乳糖

1. 口腔 淀粉在口腔内由唾液 α 淀粉酶（α-amylase）部分消化。唾液 α 淀粉酶最适 pH = 5.6 ~ 6.9，以 Cl^- 为激活剂，催化水解淀粉分子中的 α-1,4-糖苷键，生成麦芽糖和糊精等。由于食物在口腔内停留时间很短，淀粉消化有限。

2. 胃 糖在胃内没有酶促消化，因为胃黏膜细胞不分泌水解糖的酶。唾液 α 淀粉酶因食糜与胃酸混合而变性失活。

3. 小肠 糖主要在小肠内消化，且发生在食糜中的胃酸被小肠内的胰液（来自胰腺分泌）和胆汁（来自肝脏分泌）中和之后。①淀粉和糊精被胰液 α 淀粉酶（最适 pH 值为 6.7 ~ 7.0）水解成麦芽糖、麦芽寡糖、α 糊精（α 淀粉酶水解淀粉得到的降解产物）等。②α 糊精等被小肠黏膜上皮细胞刷状缘上的一组酶进一步水解成单糖（表 8 - 1）。因此，淀粉和寡糖等在小肠内水解成单糖。

食物中含纤维素，但人体消化液中不含纤维素酶，所以不能消化纤维素。不过，纤维素有刺激胃肠蠕动、防止便秘的作用。

乳糖不耐受（lactose intolerance） 是指一些人成年后小肠乳糖酶活性显著下降，在食用牛奶后发生乳糖消化吸收障碍，导致腹痛、腹胀、腹泻等症状。

三、糖的吸收

食物中的多糖必须消化成单糖后才能被吸收。大部分消化产物是被小肠前半段（十二指肠和空肠）的黏膜上皮细胞吸收，然后进入小肠毛细血管，经门静脉转运到肝脏，再分配到全身各组织，供其利用。虽然各种单糖均可被吸收，但其吸收率不同。以葡萄糖为参照，几种主要单糖的相对吸收率是：D-半乳糖（110）、D-葡萄糖（100）、D-果糖（43）。

单糖的吸收率不同是因为其吸收机制不同：果糖是通过载体介导的易化扩散机制吸收的，所以吸收率较低。葡萄糖和半乳糖是通过继发性主动转运机制吸收的，所以吸收率较高。

葡萄糖的跨细胞膜转运有两种主要机制：①继发性主动转运，又称协同转运，肾近曲小管上皮细胞也通过该机制重吸收小管液葡萄糖。②载体介导的易化扩散，是一般细胞（例如红细胞）的转运机制。

葡萄糖的继发性主动转运过程与 Na^+ 的吸收偶联（图 8-1），需要顶端膜上的一种同向转运体（symporter）：①葡萄糖和 Na^+ 结合到该同向转运体的不同部位，一起进入肠黏膜上皮细胞。Na^+ 是顺浓度梯度进入，葡萄糖是逆浓度梯度进入，因此肠黏膜细胞吸收葡萄糖与 Na^+ 的主动转运关系密切。②在基侧膜上，Na^+ 由 Na^+,K^+-ATP 酶（钠泵）泵出。③葡萄糖以载体介导的易化扩散方式通过**葡萄糖转运蛋白 2**（GLUT2）出胞，进入细胞间液、血液。

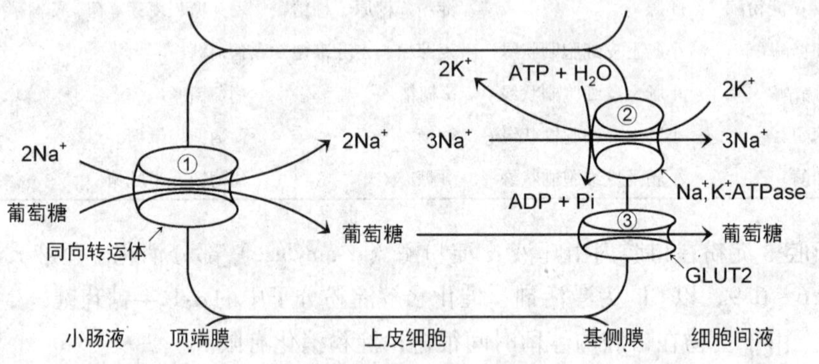

图 8-1 小肠葡萄糖吸收机制

上述同向转运体对单糖分子有选择性，只转运 D-构型的吡喃型己醛糖。

四、糖代谢一览

代谢主要在细胞内进行，由众多化学反应共同完成。这些化学反应相互联系，形成**代谢网络**（metabolic network）。一种物质可以通过代谢网络中的一组连续反应转化成其他物质，并产生生理效应，这样一组连续反应称为一个**代谢途径**（metabolic pathway）。例如发生在生物氧化第三阶段的呼吸链电子传递、3-磷酸甘油穿梭、苹果酸-天冬氨酸穿梭等都是代谢途径。必须时刻注意：代谢网络是统一的，代谢途径只是代谢网络的局部，因而各代谢途径是相互联系、密不可分的。

糖代谢是代谢网络中的重要内容，可以分为分解代谢途径和合成代谢途径（图 8-2，表 8-2）。

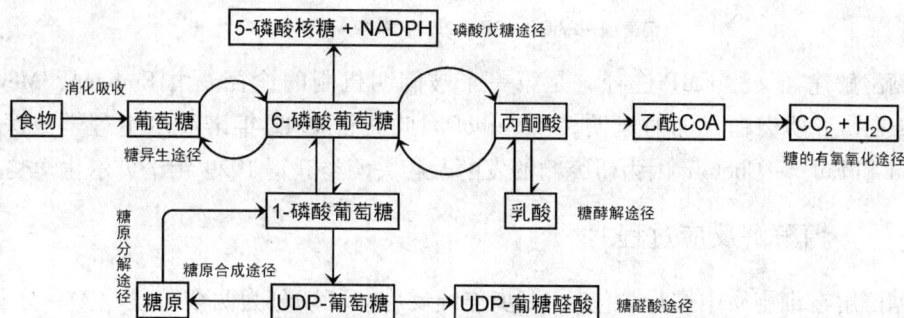

图 8-2 糖代谢一览

表 8-2 糖代谢一览

分类	代谢途径	反应物	产物	主要生理意义
消化吸收		食物糖	单糖	消化吸收
分解代谢	糖酵解途径	葡萄糖	乳酸、ATP	无氧供能，提供合成原料
	糖的有氧氧化途径	葡萄糖	CO_2、H_2O、ATP	有氧供能，提供合成原料
	磷酸戊糖途径	葡萄糖	5-磷酸核糖、NADPH	提供合成原料，生物转化
	糖醛酸途径	葡萄糖	UDP-葡糖醛酸	提供合成原料，生物转化
	糖原分解途径	糖原	葡萄糖	维持血糖，分解供能
合成代谢	糖原合成途径	葡萄糖	糖原	营养储存，维持血糖
	糖异生途径	乳酸等	葡萄糖	维持血糖，营养转化

从图 8-2 中可以看出：①各糖代谢途径相互联系，有些中间产物是共同的，其中 6-磷酸葡萄糖是这些糖代谢途径共同的中间产物。②有些反应是**可逆反应**（reversible reaction，通常以双箭头表示），其正反应和逆反应在细胞内都会发生，实际反应方向取决于生理条件；有些反应是**不可逆反应**（irreversible reaction，通常以单箭头表示），其逆反应在细胞内不会发生。

第二节 葡萄糖分解代谢

人体各组织细胞都能从血液中摄取利用葡萄糖，摄取机制是载体介导的易化扩散。葡萄糖的分解代谢途径主要有糖酵解途径、有氧氧化途径、磷酸戊糖途径、糖醛酸途径。葡萄糖通过这些途径分解转化，为生命活动提供能量和代谢物。

一、糖酵解途径

糖酵解途径（glycolysis）是指葡萄糖在各组织细胞质中分解成丙酮酸，并释放部分能量推动合成 ATP 供给生命活动。在供氧不足时，丙酮酸进一步还原成 L-乳酸。糖酵解途径总反应的化学方程式如下：

$$葡萄糖 + 2ADP + 2Pi = 2L\text{-}乳酸 + 2ATP + 2H_2O$$

糖酵解途径又称 EMP 途径，是第一个被阐明机制的途径。由 Embden、Meyerhof、Parnas 在研究肌肉糖代谢时阐明，Meyerhof 因此获得 1922 年诺贝尔生理学或医学奖。Harden 和 Euler – Chelpin 因为研究糖的发酵及相关酶类获得 1929 年诺贝尔化学奖。

（一）糖酵解反应过程

糖酵解在细胞质中进行，包括 11 步连续反应，可以分为两个阶段：①一分子葡萄糖降解成两分子丙酮酸。②两分子丙酮酸还原成两分子 L-乳酸（图 8 – 3）。

（1）葡萄糖磷酸化生成 6-磷酸葡萄糖（glucose-6-phosphate），反应由**己糖激酶**（hexokinase）或**葡萄糖激酶**（glucokinase）催化，由 ATP 提供其 γ-磷酸基，需要 Mg^{2+}。

（2）6-磷酸葡萄糖异构生成 6-磷酸果糖（fructose-6-phosphate），反应由磷酸己糖异构酶（phosphohexose isomerase）催化，需要 Mg^{2+}。

（3）6-磷酸果糖磷酸化生成 1,6-二磷酸果糖（fructose 1,6-bisphosphate），反应由**磷酸果糖激酶 1**（phosphofructokinase 1）催化，由 ATP 提供其 γ-磷酸基，需要 Mg^{2+}。

（4）1,6-二磷酸果糖裂解生成 3-磷酸甘油醛（glyceraldehyde 3-phosphate）和磷酸二羟丙酮（dihydroxyacetone phosphate），反应由醛缩酶（aldolase）催化。

（5）磷酸二羟丙酮异构生成 3-磷酸甘油醛（反应式中磷酸丙糖的碳原子编号与葡萄糖的碳原子编号对应），反应由磷酸丙糖异构酶（triose phosphate isomerase）催化。

（6）3-磷酸甘油醛脱氢并磷酸化生成 1,3-二磷酸甘油酸（1,3-bisphosphoglycerate），反应由 3-磷酸甘油醛脱氢酶（glyceraldehyde-3-phosphate dehydrogenase）催化，其辅助因子 NAD^+ 被还原成 NADH，这是糖酵解途径唯一的一步脱氢反应。3-磷酸甘油醛脱氢酶是巯基酶，可以被重金属离子如 Hg^{2+} 抑制。

（7）1,3-二磷酸甘油酸属于酰基磷酸类混合酸酐，含一个高能磷酸基团，通过底物水平磷酸化反应转移给 ADP，生成 ATP 和 3-磷酸甘油酸（3-phosphoglycerate），反应由磷酸甘油酸激酶（phosphoglycerate kinase）催化，需要 Mg^{2+}。

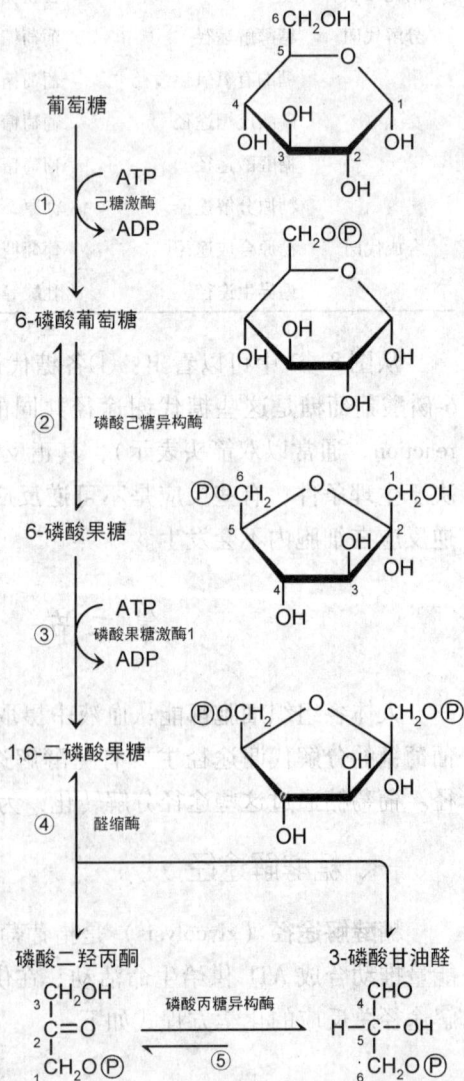

（8）3-磷酸甘油酸异构生成 2-磷酸甘油酸（2-phosphoglycerate），反应由磷酸甘油酸变位酶（phosphoglycerate mutase）催化，需要 Mg^{2+}。

（9）2-磷酸甘油酸脱水生成磷酸烯醇式丙酮酸（phosphoenolpyruvate），反应由烯醇化酶（enolase）催化，需要 Mg^{2+}。

（10）磷酸烯醇式丙酮酸含一个高能磷酸基团，通过底物水平磷酸化反应转移给 ADP，生成 ATP 和丙酮酸（pyruvate），反应由**丙酮酸激酶**（pyruvate kinase）催化，需要 K^+ 和 Mg^{2+}。

（11）丙酮酸与 NADH 反应生成 L-乳酸（L-lactate）和 NAD^+，反应由 L-乳酸脱氢酶（LDH）催化。

丙酮酸还原成 L-乳酸的反应在供氧不足时进行，目的就是把 NADH 转化成 NAD^+：①NAD^+ 作为辅助因子参与 3-磷酸甘油醛脱氢，必须及时把氢传递出去，再生 NAD^+。②在供氧不足时，NADH 主要在糖酵解途径内部消耗。③丙酮酸是 3-磷酸甘油酸之后唯一可以消耗 NADH 的糖酵解途径中间产物。因此，L-乳酸是葡萄糖无氧代谢的最终产物。

丙酮酸还原成 L-乳酸的反应是可逆的。在供氧充足时，L-乳酸与 NAD^+ 反应生成丙酮酸和 NADH。NADH 可以通过 3-磷酸甘油穿梭或苹果酸－天冬氨酸穿梭把还原当量（$2H^+ + 2e^-$）送入呼吸链。

丙酮酸在不同代谢条件下或不同生物体内还有其他去向：①通过转氨基反应合成丙氨酸。②通过羧化反应合成草酰乙酸。③氧化供能。④**生醇发酵**（alcoholic fermentation）**生成乙醇，发生于某些微生物、原生生物、无脊椎动物、植物。**

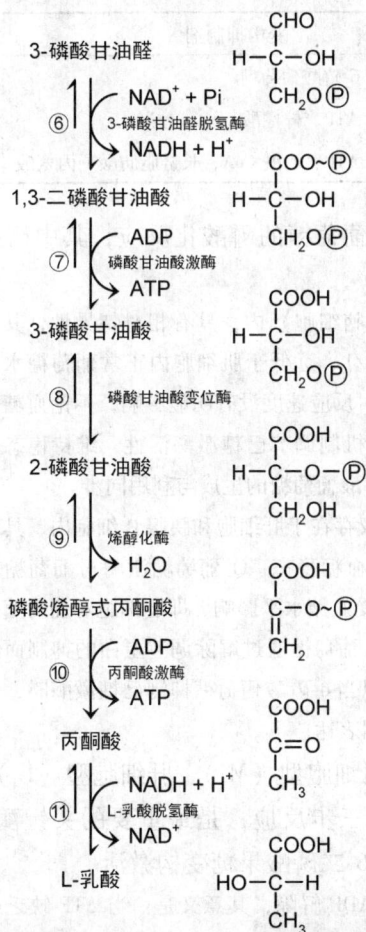

图 8-3 糖酵解

（二）糖酵解生理意义

在正常生理情况下，糖主要通过有氧氧化供能。糖酵解供能虽少，但具有特殊的生理意义。

1. 糖酵解是机体或局部组织在相对缺氧时快速补充能量的一种有效方式 生物体在进行剧烈运动时需要大量供能，但肌细胞内 ATP 含量很低，仅 5～7μmol/g 组织，几秒钟内即被耗尽。ATP 的消耗促进糖的有氧氧化，需大量供氧。机体通过提高呼吸频率和血液循环速度来加快供氧，但仍然不能满足需要，因而骨骼肌处于相对缺氧状态，于是糖酵解加快，以加快供能。人从平原初到高原时，组织细胞也会通过糖酵解来适应高原缺氧。

葡萄糖通过糖酵解释放的自由能较少，标准条件下一分子葡萄糖酵解成两分子乳酸时仅净生成两分子 ATP，但能量利用率很高，生理条件下超过 60%。

2. 某些组织在有氧时也通过糖酵解供能 成熟红细胞不含线粒体，通过糖酵解获得能量。皮肤、睾丸、视网膜、骨髓、大脑和其他神经组织即使在有氧时也进行糖酵解以获得能量。

3. 糖酵解的中间产物是其他物质的合成原料 ①磷酸二羟丙酮是 3-磷酸甘油的合成原料。②3-磷酸甘油酸是丝氨酸、甘氨酸和半胱氨酸的合成原料。③丙酮酸是丙氨酸和草酰乙酸的合成原料。

（三）糖酵解调节机制

己糖激酶、葡萄糖激酶、磷酸果糖激酶 1 和丙酮酸激酶是糖酵解途径的关键酶，所催化的三步反应（图 8-3①③⑩步）都是不可逆反应。它们都是变构酶，其中磷酸果糖激酶 1 最重要（表8-3）。

表8-3 糖酵解调节

酶	变构激活剂	变构抑制剂
①己糖激酶		6-磷酸葡萄糖
②磷酸果糖激酶 1	AMP、ADP、2,6-二磷酸果糖	ATP、柠檬酸
③丙酮酸激酶	1,6-二磷酸果糖	ATP、乙酰 CoA、长链脂肪酸、丙氨酸

1. 己糖激酶和葡萄糖激酶 二者在不同组织催化葡萄糖的磷酸化反应，其中己糖激酶活性受 6-磷酸葡萄糖的反馈抑制。

（1）己糖激酶广泛存在于各种组织细胞（特别是肌细胞、脑细胞）内，具有相对特异性，其底物还包括果糖、甘露糖。①己糖激酶对葡萄糖的 $K_m \approx 0.05 mmol/L$，远低于肌细胞内正常葡萄糖水平（与血糖一致），所以反应速度接近最大值，即葡萄糖水平变化对反应速度没有明显影响，不论血糖高低肌细胞和脑细胞均能摄取和利用葡萄糖。②肌细胞通过以下机制调节己糖激酶活性，维持稳态供能：6-磷酸葡萄糖通过变构调节反馈抑制己糖激酶活性，使 6-磷酸葡萄糖的生成与利用同步。

（2）葡萄糖激酶又称己糖激酶Ⅳ，是己糖激酶的同工酶，仅存在于肝细胞和胰腺 β 细胞内，具有绝对特异性。肝细胞通过以下机制调节葡萄糖激酶活性，维持血糖稳态：①葡萄糖激酶对葡萄糖的 $K_m \approx 10 mmol/L$，高于肝细胞内正常葡萄糖水平，所以反应速度受血糖水平影响，即肝细胞对葡萄糖的利用受血糖水平直接控制。②葡萄糖激酶受一种调节蛋白抑制，葡萄糖通过解除调节蛋白的抑制而间接激活葡萄糖激酶。③葡萄糖激酶不受 6-磷酸葡萄糖抑制，所以当 6-磷酸葡萄糖抑制己糖激酶时，葡萄糖激酶依然催化反应。④胰岛素调节肝细胞葡萄糖激酶的基因表达。

2. 磷酸果糖激酶 1 为一组四聚体同工酶，包括肌细胞型（M_4）、肝细胞型（L_4）、红细胞型（M_3L、M_2L_2、ML_3）。它们催化糖酵解的第三步反应，是最重要的关键酶，其活性受 ATP 和柠檬酸变构抑制，受 AMP、ADP 和 2,6-二磷酸果糖变构激活。

（1）ATP 抑制磷酸果糖激酶 1，但这种抑制可以被 AMP、ADP 解除，其意义是：当 ATP 缺乏或 AMP 积累时，磷酸果糖激酶 1 被激活，糖酵解加快，以补充 ATP；而当 ATP 充足时，磷酸果糖激酶 1 被抑制，糖酵解减慢，以免 ATP 积累。

（2）柠檬酸抑制磷酸果糖激酶 1，其意义是：柠檬酸是三羧酸循环中间产物，三羧酸循环是生物氧化第二阶段，在线粒体内进行，细胞质中出现高水平柠檬酸意味着生物氧化过度，即能量过剩，因此糖酵解将被抑制。

（3）2,6-二磷酸果糖激活磷酸果糖激酶1，是其最重要的变构激活剂。2,6-二磷酸果糖与磷酸果糖激酶1结合提高其与底物6-磷酸果糖的亲和力，降低其与变构抑制剂 ATP、柠檬酸的亲和力。如果没有2,6-二磷酸果糖，即使底物6-磷酸果糖和变构激活剂 AMP 保持生理浓度，磷酸果糖激酶1仍将处于低活性状态。2,6-二磷酸果糖作为磷酸果糖激酶1变构激活剂的意义是：2,6-二磷酸果糖是由磷酸果糖激酶2催化6-磷酸果糖磷酸化生成的。当血糖低于正常水平时，胰高血糖素通过信号转导（第十二章，233页）抑制磷酸果糖激酶2活性，抑制2,6-二磷酸果糖合成，使磷酸果糖激酶1不能激活，糖酵解减慢，血糖回升到正常水平。当血糖高于正常水平时，胰岛素通过信号转导激活磷酸果糖激酶2活性，促进合成2,6-二磷酸果糖，激活磷酸果糖激酶1，使糖酵解加快，血糖回落到正常水平。

3. 丙酮酸激酶 为一组同四聚体同工酶，包括肝细胞型 L、红细胞型 R、肌细胞型 M1、早期胚胎型 M2。它们催化糖酵解的第十步反应，都受 ATP、乙酰辅酶 A 和丙氨酸变构抑制，受1,6-二磷酸果糖变构激活。此外，不同同工酶还有各自特异的变构剂。

除了上述变构调节之外，糖酵解关键酶还存在其他调节机制：①化学修饰调节，例如胰高血糖素触发信号转导，磷酸化抑制肝细胞丙酮酸激酶，从而抑制肝细胞糖酵解，保证血糖供应其他组织。②基因表达调控，例如胰岛素诱导己糖激酶、葡萄糖激酶、磷酸果糖激酶1、丙酮酸激酶基因的表达。

（四）糖酵解异常

在一些病理情况下，如严重贫血、大量失血、呼吸障碍和循环障碍等，供氧不足导致糖酵解加快甚至过度，造成乳酸积累，会发生代谢性酸中毒（第十九章，347页）。此外，恶性肿瘤细胞通过糖酵解消耗大量葡萄糖。

　肿瘤细胞糖酵解失控 Warburg（1931年诺贝尔生理学或医学奖获得者）于1928年注意到肿瘤细胞糖代谢异常活跃，这一现象被称为 Warburg 效应。目前已知多数实体瘤细胞糖酵解消耗葡萄糖量数倍于正常细胞，原因是：①实体瘤毛细血管生成不足，供氧不足，多数细胞通过糖酵解获得 ATP，获取等量 ATP 所消耗的葡萄糖远多于有氧氧化（巴斯德效应，147页）。②肿瘤细胞线粒体少，有氧氧化不足。③某些肿瘤细胞过度表达几种糖酵解的酶，包括一种己糖激酶同工酶，该酶几乎不受6-磷酸葡萄糖的反馈抑制。④缺氧诱导因子 HIF-1 在转录水平促进至少八种糖酵解酶基因的表达，因而肿瘤细胞能够适应缺氧环境。

（五）多元醇途径

在某些组织如血管、晶状体、肾脏、神经组织中，有少量葡萄糖通过**多元醇途径**（polyol pathway，又称**山梨醇旁路**）代谢：①葡萄糖生成山梨醇，消耗 NADPH，由醛糖还原酶催化。②山梨醇脱氢生成果糖，消耗 NAD^+，由山梨醇脱氢酶催化。③果糖磷酸化生成6-磷酸果糖，进入糖酵解，由己糖激酶催化。血糖高水平时山梨醇旁路代谢增强，导致山梨醇、果糖、NADH 等积累，可能引起糖尿病微血管病变，典型改变是微循环障碍、微血管瘤形成、微血管基底膜增厚。

$$葡萄糖 \xrightarrow[\text{醛糖还原酶}]{NADPH+H^+ \quad NADP^+} 山梨醇 \xrightarrow[\text{山梨醇脱氢酶}]{NAD^+ \quad NADH+H^+} 果糖 \xrightarrow[\text{己糖激酶}]{ATP \quad ADP} 6\text{-磷酸果糖}$$

二、有氧氧化途径

有氧氧化途径（aerobic oxidation）是指当供氧充足时，葡萄糖在细胞质中分解生成的丙酮酸进入线粒体，彻底氧化成 CO_2 和 H_2O，并释放大量能量推动合成 ATP 供给生命活动。有氧氧化途径总反应的化学方程式如下：

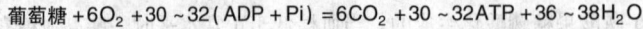

$$葡萄糖 + 6O_2 + 30 \sim 32(ADP + Pi) = 6CO_2 + 30 \sim 32ATP + 36 \sim 38H_2O$$

有氧氧化途径是葡萄糖氧化供能的主要途径，可以分为三个阶段：①葡萄糖在细胞质中氧化分解生成丙酮酸。②丙酮酸进入线粒体，氧化脱羧生成乙酰辅酶 A。③乙酰基经三羧酸循环彻底氧化生成 CO_2 和 H_2O，释出的还原当量通过氧化磷酸化推动合成 ATP。

（一）葡萄糖氧化分解生成丙酮酸

有氧氧化途径的第一阶段就是糖酵解途径的第一阶段：

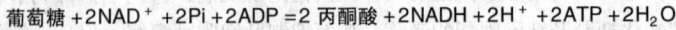

$$葡萄糖 + 2NAD^+ + 2Pi + 2ADP = 2\,丙酮酸 + 2NADH + 2H^+ + 2ATP + 2H_2O$$

只是接下来丙酮酸的去向不同：在糖酵解途径中，丙酮酸被 3-磷酸甘油醛脱氢释出的还原当量还原成乳酸；在有氧氧化途径中，丙酮酸进入线粒体，氧化脱羧生成乙酰辅酶 A，而 3-磷酸甘油醛脱氢释出的还原当量则通过 3-磷酸甘油穿梭或苹果酸 – 天冬氨酸穿梭送入呼吸链，推动氧化磷酸化合成 ATP。

（二）丙酮酸氧化脱羧生成乙酰辅酶 A

丙酮酸透过线粒体膜进入线粒体，通过 α-氧化脱羧生成乙酰辅酶 A（acetyl-CoA），反应由丙酮酸脱氢酶复合体催化：

$$丙酮酸 + CoA + NAD^+ \rightarrow 乙酰 CoA + CO_2 + NADH + H^+$$

这是一个关键性的不可逆反应，是糖酵解和三羧酸循环的结合点。催化反应的**丙酮酸脱氢酶复合体**（pyruvate dehydrogenase complex）是一种多酶复合体，由三种酶和五种辅助因子构成（表 8-4），催化效率较高（图 8-4），是糖有氧氧化途径的关键酶之一。

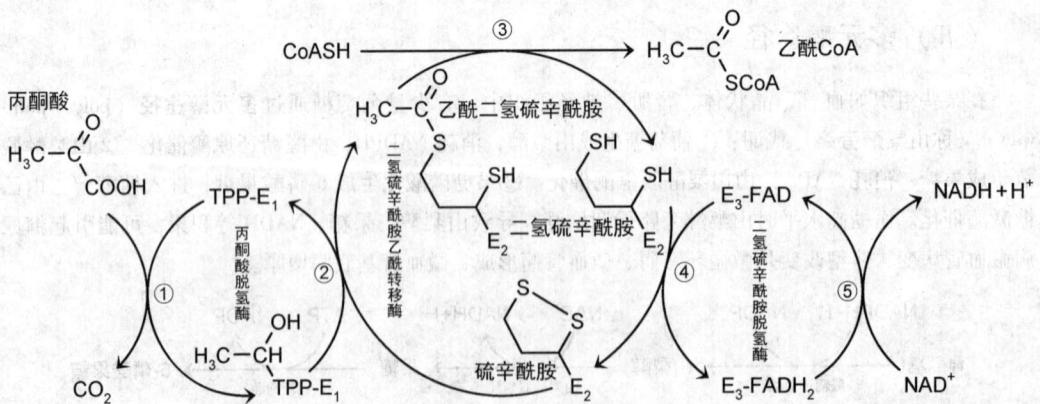

图 8-4 丙酮酸氧化脱羧

表 8-4　人体丙酮酸脱氢酶复合体

组成酶	符号	数目	组成	辅基数（维生素）	辅酶（维生素）
丙酮酸脱氢酶	E_1	20~30	$\alpha_2\beta_2$ 四聚体	2TPP（硫胺素）	
二氢硫辛酰胺乙酰转移酶	E_2	60	单体	2 硫辛酰胺（硫辛酸）	CoA（泛酸）
二氢硫辛酰胺脱氢酶	E_3	6	同二聚体	1FAD（核黄素）	NAD^+（烟酰胺）

（三）三羧酸循环与氧化磷酸化

在线粒体内，乙酰辅酶 A 与草酰乙酸缩合生成柠檬酸，柠檬酸经过一系列酶促反应又生成草酰乙酸，形成一个反应循环。该循环生成的第一个化合物是柠檬酸，它有三个羧基，所以称为**柠檬酸循环**（citrate cycle）、**三羧酸循环**（tricarboxylic acid cycle）。该循环由 Krebs 最终阐明，所以又称 **Krebs 循环**。

1. 三羧酸循环反应过程　在八种酶的催化下，从草酰乙酸开始，三羧酸循环每循环一次可以氧化一个乙酰基，产生两个 CO_2，给出四对还原当量（三对由 NAD^+ 接收，一对由 FAD 接收），还通过底物水平磷酸化合成一个高能化合物 GTP。三羧酸循环总反应的化学方程式如下：

$$乙酰 CoA + 2H_2O + 3NAD^+ + FAD + GDP + Pi = 2CO_2 + CoA + 3NADH + 3H^+ + FADH_2 + GTP$$

（1）乙酰辅酶 A 与草酰乙酸（oxaloacetate）缩合生成柠檬酰辅酶 A，然后水解生成柠檬酸（citrate）和辅酶 A，反应由**柠檬酸合酶**（citrate synthase）催化。

☞柠檬酸钠可以螯合血浆中的 Ca^{2+}，因而常用作抗凝剂。

（2）柠檬酸脱水生成顺乌头酸（cis-aconitate），再加水生成异柠檬酸（isocitrate），反应由顺乌头酸酶（aconitase）催化。

☞氟乙酸毒性极强，最低致死量 5mg/kg 体重，曾用于生产灭鼠药，在我国现已禁用。作用机制：氟乙酸是乙酸类似物，在细胞内与乙酰辅酶 A 反应生成氟乙酰辅酶 A，由柠檬酸合酶催化与草酰乙酸缩合生成氟柠檬酸，抑制顺乌头酸酶活性，阻断三羧酸循环，而且导致的柠檬酸积累影响其他代谢。

（3）异柠檬酸氧化脱羧生成 α-酮戊二酸（α-ketoglutarate），属于β-氧化脱羧反应，由**异柠檬酸脱氢酶**（isocitrate dehydrogenase）催化。

细胞内有两种异柠檬酸脱氢酶，一种以 NAD^+ 为辅酶，位于线粒体内；另一种以 $NADP^+$ 为辅酶，主要位于细胞质中。

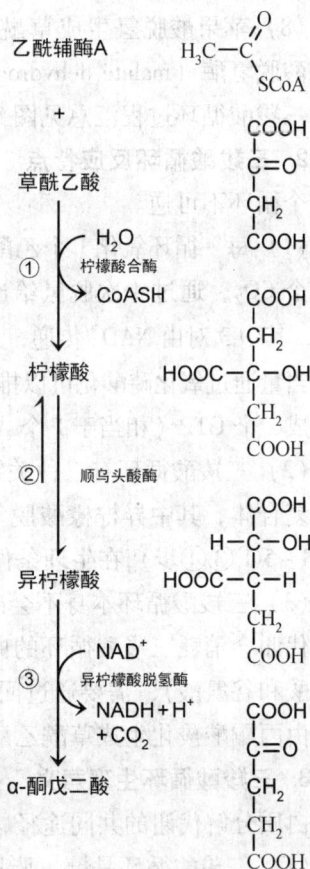

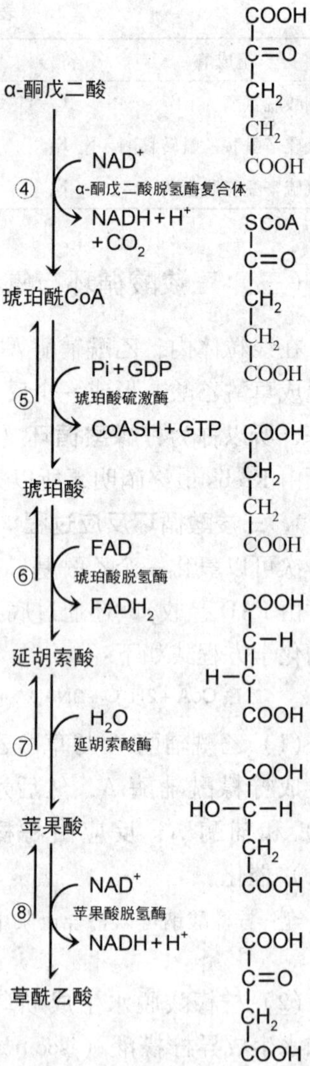

（4）α-酮戊二酸氧化脱羧生成琥珀酰辅酶 A（succinyl-CoA），反应由 **α-酮戊二酸脱氢酶复合体**（α-ketoglutarate dehydrogenase complex）催化。该酶是一种多酶复合体，由 α-酮戊二酸脱氢酶、二氢硫辛酰胺琥珀酰转移酶和二氢硫辛酰胺脱氢酶构成，其所含辅助因子及催化机制都与丙酮酸脱氢酶复合体一致。

（5）琥珀酰辅酶 A 生成琥珀酸（succinate），反应由琥珀酰 CoA 合成酶（succinyl CoA synthetase，又称琥珀酸硫激酶，succinic thiokinase）催化，是三羧酸循环中唯一的一步底物水平磷酸化反应，所生成的 GTP 可以由二磷酸核苷激酶催化将高能磷酸基团转移给 ADP，生成 ATP。

（6）琥珀酸脱氢生成延胡索酸（fumarate），反应由琥珀酸脱氢酶（succinate dehydrogenase，即呼吸链复合体 II）催化，以 FAD 为辅基。

（7）延胡索酸加水生成苹果酸（malate），反应由延胡索酸酶（fumarase）催化。

（8）苹果酸脱氢生成草酰乙酸，反应由线粒体苹果酸脱氢酶（malate dehydrogenase）催化。

三羧酸循环过程汇总见图 8 - 5。

2. 三羧酸循环反应特点　主要表现为氧化彻底且整个循环不可逆。

（1）每一循环氧化 1 个乙酰基，通过两次脱羧生成两个 CO_2，通过 4 次脱氢给出 4 对还原当量（$4 \times 2H$），其中 3 对由 NAD^+ 传递，1 对由 FAD 传递。4 对还原当量通过氧化磷酸化可以推动合成 9 个 ATP。另外，三羧酸循环还通过底物水平磷酸化合成 1 个 GTP（相当于 1 个 ATP），因此每氧化 1 个乙酰基推动合成 10 个 ATP。

（2）三羧酸循环有三种关键酶，即柠檬酸合酶、异柠檬酸脱氢酶和 α-酮戊二酸脱氢酶复合体，其中异柠檬酸脱氢酶是最重要的调节酶。三种关键酶所催化的三步反应（图 8 - 5①③④步）在生理条件下不可逆，所以整个三羧酸循环不可逆。

（3）三羧酸循环本身不会改变其中间产物的总量，即不会净消耗中间产物。不过，其他代谢会消耗三羧酸循环的中间产物（例如草酰乙酸和 α-酮戊二酸分别用于合成天冬氨酸和谷氨酸），需要通过回补反应及时补充。三羧酸循环中间产物最基本的补充方式是由丙酮酸羧化生成草酰乙酸（见 154 页）。

3. 三羧酸循环生理意义　三羧酸循环是生物氧化的第二阶段，因而既是糖、脂肪和蛋白质分解代谢的共同途径，又是它们代谢联系的枢纽（图 12 - 1，226 页）。

（1）三羧酸循环是糖、脂肪和蛋白质分解代谢的共同途径：①糖分解成丙酮酸，

图（右侧代谢途径）：

α-酮戊二酸　COOH / C=O / CH2 / CH2 / COOH

④　NAD^+　α-酮戊二酸脱氢酶复合体　$NADH+H^+ + CO_2$

琥珀酰CoA　SCoA / C=O / CH2 / CH2 / COOH

⑤　Pi+GDP　琥珀酸硫激酶　$CoASH+GTP$

琥珀酸　COOH / CH2 / CH2 / COOH

⑥　FAD　琥珀酸脱氢酶　$FADH_2$

延胡索酸　COOH / C-H ‖ H-C / COOH

⑦　H_2O　延胡索酸酶

苹果酸　COOH / HO-C-H / CH2 / COOH

⑧　NAD^+　苹果酸脱氢酶　$NADH+H^+$

草酰乙酸　COOH / C=O / CH2 / COOH

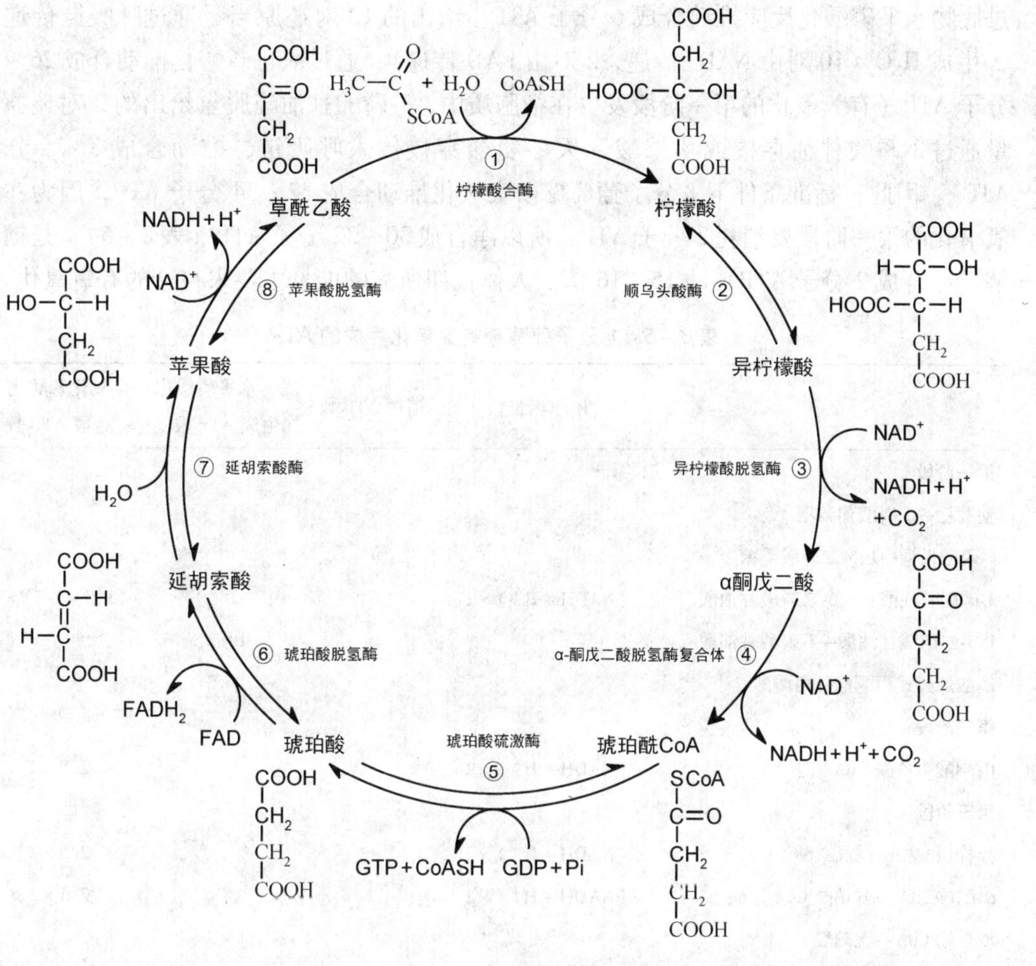

图 8-5 三羧酸循环

进一步氧化成乙酰辅酶 A 进入三羧酸循环。②脂肪动员释出的甘油转化成磷酸二羟丙酮，进一步氧化成乙酰辅酶 A 进入三羧酸循环；脂肪酸通过 β 氧化分解成乙酰辅酶 A 进入三羧酸循环（第九章，170 页）。③蛋白质水解产生的氨基酸通过脱氨基生成 α-酮酸，进一步氧化成乙酰辅酶 A 进入三羧酸循环（第十章，203 页）。总之，糖、脂肪和蛋白质最终都通过三羧酸循环彻底氧化。

（2）三羧酸循环是糖、脂肪和氨基酸代谢联系的枢纽：①糖分解成乙酰辅酶 A，通过三羧酸循环合成柠檬酸，转运到细胞质，用于合成脂肪酸，并进一步合成脂肪（第九章，173 页）。②糖和甘油经过代谢生成草酰乙酸等三羧酸循环的中间产物，可以用于合成非必需氨基酸。③氨基酸分解成 α-酮戊二酸等三羧酸循环的中间产物，可以用于合成糖和甘油。

4. 三羧酸循环还原当量去向　三羧酸循环给出的还原当量传入呼吸链，推动氧化磷酸化合成 ATP，最终完成糖的有氧氧化。

有氧氧化生成大量高能化合物。在有氧条件下，1 分子葡萄糖经过 19 种酶催化的连续反应（包括 3 步脱羧反应和 6 步脱氢反应）彻底氧化成 CO_2 和 H_2O，释放的能量通过底物水平磷酸化反应推动合成 6 分子 ATP，给出的 12 对还原当量通过呼吸链传递给 O_2 生成 H_2O（10 对由 NAD^+ 传递，2 对由 FAD 传递），通过氧化磷酸化推动合成 26~28 分子 ATP（有氧氧化的第一阶段发生在细胞质中，3-磷酸甘油醛脱氢给出的 2 对还原当量通过 3-磷酸甘油穿梭或苹果酸-天冬氨酸穿梭传入呼吸链，推动合成 3~5 分子 ATP）。因此，标准条件下 1 分子葡萄糖彻底氧化推动合成 32~34 分子 ATP，因为在有氧氧化的第一阶段要消耗 2 分子 ATP，所以净合成 30~32 分子 ATP（表 8-5），是糖酵解（净合成 2 分子 ATP）的 15~16 倍。人体代谢所需的能量主要来自糖的有氧氧化。

表 8-5　1 分子葡萄糖有氧氧化生成的 ATP

反应	还原当量数	消耗 ATP 数	底物水平磷酸化生成 ATP 数	氧化磷酸化生成 ATP 数
第一阶段				
葡萄糖→6-磷酸葡萄糖		1		
6-磷酸果糖→1,6-二磷酸果糖		1		
3-磷酸甘油醛→1,3-二磷酸甘油酸	（NADH + H^+）×2			（1.5~2.5）×2
1,3-二磷酸甘油酸→3-磷酸甘油酸			1×2	
磷酸烯醇式丙酮酸→丙酮酸			1×2	
第二阶段				
丙酮酸→乙酰 CoA	（NADH + H^+）×2			2.5×2
第三阶段				
异柠檬酸→α-酮戊二酸	（NADH + H^+）×2			2.5×2
α-酮戊二酸→琥珀酰 CoA	（NADH + H^+）×2			2.5×2
琥珀酰 CoA→琥珀酸			1×2	
琥珀酸→延胡索酸	$FADH_2$×2			1.5×2
苹果酸→草酰乙酸	（NADH + H^+）×2			2.5×2
净生成 ATP 数		30~32		

（四）有氧氧化调节机制

当细胞内大量消耗 ATP 造成 ATP 不足、ADP 和 AMP 积累时，磷酸果糖激酶 1、丙酮酸激酶、丙酮酸脱氢酶复合体、柠檬酸合酶、异柠檬酸脱氢酶和 α-酮戊二酸脱氢酶复合体等均被激活，从而使有氧氧化加快，补充 ATP。反之，当细胞内 ATP 含量丰富时，上述酶的活性均降低，有氧氧化亦减慢（表 8-6）。

1. 丙酮酸脱氢酶复合体　该酶可以通过变构和化学修饰等方式进行快速调节。

（1）受 ATP 变构抑制，受 AMP、CoA、NAD^+ 变构激活。

（2）受化学修饰调节，即受蛋白激酶催化磷酸化抑制，受蛋白磷酸酶催化去磷酸化激活。

（3）受乙酰辅酶 A、NADH 和脂肪酸反馈抑制。①乙酰辅酶 A 变构激活蛋白激酶，后者磷酸化抑制丙酮酸脱氢酶。②NADH 抑制三羧酸循环，导致乙酰辅酶 A 积累，反馈抑制丙酮酸脱氢酶复合体。③当饥饿或脂肪动员增多时，多数组织器官利用脂肪酸作为能量来源。脂肪酸通过β氧化生成的乙酰辅酶 A 抑制丙酮酸脱氢酶复合体，从而抑制糖的有氧氧化，使这些组织减少消耗葡萄糖，以确保葡萄糖优先供应脑组织等。

表 8 - 6　哺乳动物丙酮酸氧化脱羧和三羧酸循环调节

酶	变构激活剂	变构抑制剂	反馈抑制	化学修饰
丙酮酸脱氢酶复合体	AMP、CoA、NAD$^+$	ATP	乙酰 CoA、NADH、脂肪酸	磷酸化抑制
柠檬酸合酶	ADP	ATP	柠檬酸	
异柠檬酸脱氢酶	ADP	ATP	NADH	磷酸化抑制
α-酮戊二酸脱氢酶复合体			琥珀酰 CoA、NADH	磷酸化抑制

2. 柠檬酸合酶　该酶活性可以被柠檬酸和 ATP 抑制，曾被视为三羧酸循环的重要调节酶，可以控制乙酰辅酶 A 进入三羧酸循环；但柠檬酸可以向细胞质转运乙酰辅酶 A，用于合成脂肪酸，所以激活柠檬酸合酶不一定导致三羧酸循环加快。

3. 异柠檬酸脱氢酶　该酶是三羧酸循环的主要调节酶，其活性受 ADP 变构激活，受 ATP 变构抑制。

4. α-酮戊二酸脱氢酶复合体　该酶的组成、催化机制和调节机制与丙酮酸脱氢酶复合体一致，受反应产物琥珀酰辅酶 A 和 NADH 反馈抑制。

此外，氧化磷酸化通过改变 NADH/NAD$^+$、ATP/ADP 比值及 AMP 水平影响三羧酸循环速度。

（五）Pasteur 效应

Pasteur 效应（Pasteur effect）是指由 Pasteur 于 1857 年在研究酵母的生醇发酵时发现的一种代谢现象，即有氧条件下酵母的无氧代谢受到抑制，表现为葡萄糖消耗量减少、消耗速度减慢，并维持细胞内各种代谢物水平基本稳定。其他生物也是如此，机制：①细胞质 ADP 和磷酸进入线粒体，消耗于氧化磷酸化，细胞质糖酵解底物水平磷酸化受阻。②要获得等量的 ATP，有氧氧化葡萄糖消耗量仅为糖酵解的 1/15 ~ 1/16。

在一些正常细胞（如视网膜、小肠黏膜细胞）和肿瘤细胞中，只要葡萄糖供应充足，即使在有氧条件下，ATP 的生成也以糖酵解为主，而有氧氧化反而相应减低。正常细胞中的这种现象被称为 **Crabtree 效应**或反巴斯德效应。肿瘤细胞中的这种现象被称为 **Warburg 效应**。

三、磷酸戊糖途径

磷酸戊糖途径（pentose phosphate pathway）是葡萄糖经过 6-磷酸葡萄糖氧化分解生成 5-磷酸核糖（磷酸戊糖）和 NADPH 的途径。该途径位于各组织细胞的细胞质中，如肝脏、脂肪组织、泌乳期的乳腺、肾上腺皮质、性腺、骨髓和红细胞等，其特点是葡萄糖在磷酸化生成 6-磷酸葡萄糖之后直接发生脱氢和脱羧等反应，生成 5-磷酸核糖和 NADPH。

（一）磷酸戊糖途径反应过程

磷酸戊糖途径在各组织细胞质中进行，反应过程可分为氧化反应（图 8 - 6①～⑤）和非氧化反应（图 8 - 6⑥～⑦）两个阶段。

1. 磷酸戊糖途径的第一步反应和糖酵解相同，是葡萄糖磷酸化生成 6-磷酸葡萄糖。

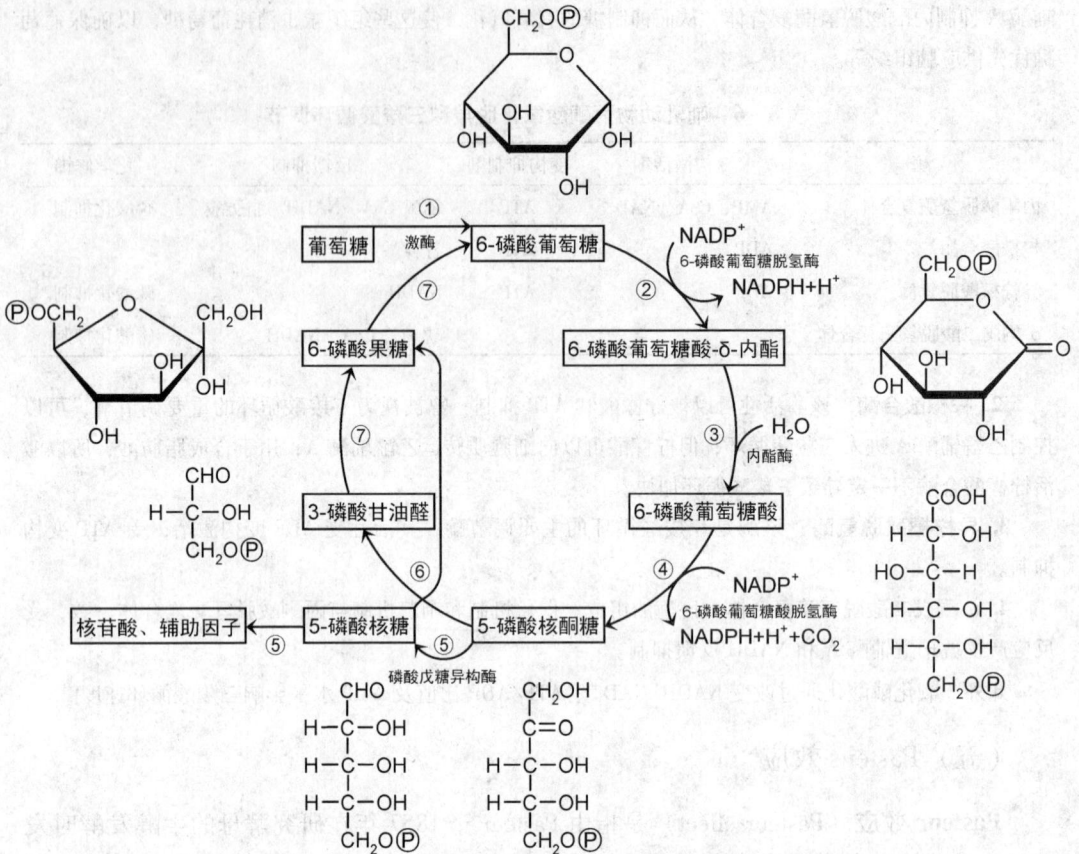

图 8 – 6　磷酸戊糖途径

2. 6-磷酸葡萄糖脱氢生成 6-磷酸葡萄糖酸-δ-内酯，同时将 $NADP^+$ 还原成 NADPH，反应由 6-磷酸葡萄糖脱氢酶催化，在细胞内基本不可逆，需要 Mg^{2+}。

3. 6-磷酸葡萄糖酸-δ-内酯水解，生成 6-磷酸葡萄糖酸，反应由内酯酶催化，不可逆，需要 Mg^{2+}。

4. 6-磷酸葡萄糖酸氧化脱羧，生成 5-磷酸核酮糖，同时将 $NADP^+$ 还原成 NADPH，反应由 6-磷酸葡萄糖酸脱氢酶催化，不可逆，需要 Mg^{2+}。

5. 5-磷酸核酮糖可以异构，生成 5-磷酸核糖，反应由磷酸戊糖异构酶催化。

以上为氧化反应阶段，总反应的化学方程式如下：

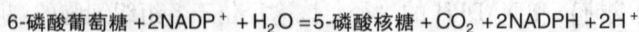

$$6\text{-磷酸葡萄糖} + 2NADP^+ + H_2O = 5\text{-磷酸核糖} + CO_2 + 2NADPH + 2H^+$$

6. 在以需要 NADPH 为主时，磷酸戊糖继续代谢：5-磷酸核酮糖经过转酮酶（以焦磷酸硫胺素为辅助因子）、转醛酶催化的连续反应生成 3-磷酸甘油醛和 6-磷酸果糖。

7. 3-磷酸甘油醛和 6-磷酸果糖可以通过糖酵解途径或有氧氧化途径进行分解代谢，也可以通过糖异生途径重新生成 6-磷酸葡萄糖（图 8 – 6）。究竟如何继续代谢取决于组织细胞对 5-磷酸核糖、NADPH、ATP 的需要。

（二）磷酸戊糖途径生理意义

磷酸戊糖途径所生成的 5-磷酸核糖和 NADPH 是重要的生命物质。

1. 5-磷酸核糖用于合成核苷酸，核苷酸是核酸的合成原料，核酸参与蛋白质的合成。5-磷酸核糖还用于合成辅助因子（CoA、FAD、NAD^+）。因为磷酸戊糖途径是体内利用葡萄糖生成 5-磷酸核糖的唯一途径，所以在增殖旺盛的细胞（例如骨髓、皮肤、肠黏膜）和损伤后修补再生作用强的组织中（如心肌和肝脏等）很活跃。

2. NADPH 为还原性合成代谢（例如脂肪酸合成、胆固醇合成）提供还原当量，所以磷酸戊糖途径在脂类合成旺盛的组织中（肝脏、脂肪组织、肾上腺、性腺、泌乳期的乳腺）很活跃。

3. NADPH 作为谷胱甘肽还原酶（含二硫键、FAD 的同二聚体黄素蛋白）的辅酶，参与氧化型谷胱甘肽（GSSG）还原成还原型谷胱甘肽（GSH）的反应：$GSSG + NADPH + H^+ \rightarrow 2GSH + NADP^+$，维持细胞内高水平 GSH，支持其以下作用：①保护巯基酶和其他巯基蛋白。②清除活性氧和其他氧化剂。研究表明：这部分代谢消耗了红细胞约 10% 的葡萄糖。

活性氧包括过氧化氢、羟自由基、超氧自由基，可以对细胞造成以下损伤：①氧化 DNA、蛋白质。②将 Fe^{2+} 氧化成 Fe^{3+}，从而将血红蛋白转化成高铁血红蛋白，使其丧失运氧能力。③氧化膜脂，从而裂解细胞，特别是红细胞，造成溶血。

红细胞、晶状体、角膜与氧气接触，会产生较多活性氧。6-磷酸葡萄糖脱氢酶缺陷个体 NADPH 合成减少，活性氧等不能及时清除而积累。

4. NADPH 参与生物转化。肝细胞内质网存在以 NADPH 为供氢体的 P450 羟化酶系，该酶系既参与类固醇代谢，又参与药物及毒物的生物转化（第十八章，310 页）。

（三）磷酸戊糖途径调节机制

6-磷酸葡萄糖脱氢酶催化的反应是磷酸戊糖途径的关键反应，$NADP^+$ 是该反应的限速因素。此外，6-磷酸葡萄糖脱氢酶、6-磷酸葡萄糖酸脱氢酶的基因表达受激素水平、营养水平等因素的调节，例如胰岛素诱导其表达。

（四）磷酸戊糖途径异常

磷酸戊糖途径酶系异常可能引发相关疾病。

1. 6-磷酸葡萄糖脱氢酶缺乏与蚕豆病（favism）　患者 6-磷酸葡萄糖脱氢酶基因异常，红细胞内磷酸戊糖途径障碍，导致 NADPH 水平低下，进而 GSH 水平低下，容易发生溶血，导致**急性溶血性贫血**（acute hemolytic anemia），并且常在进食蚕豆（含毒素成分香豌豆嘧啶）24~48 小时出现溶血症状，有时还会出现黄疸甚至肾损伤。服用抗疟疾药物、磺胺类药物也会出现类似症状。

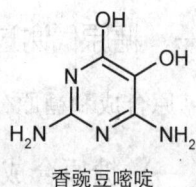

香豌豆嘧啶

2. **转酮酶缺乏与 Wernicke-Korsakoff 综合征**　患者转酮酶基因异常，其转酮酶与焦磷酸硫胺素的亲和力只有健康人的 1/10。表现为记忆力严重减退，心智惑乱，甚至瘫痪。多见于嗜酒者，因为酒精影响肠道对某些维生素包括硫胺素的吸收。

3. **5-磷酸核糖异构酶缺乏与脑白质病**（leukoencephalopathy）　该罕见病首例患者报道于 1999 年，该 15 岁患者 5-磷酸核糖异构酶基因存在一个错义突变和一个无义突变，所以酶活性低下，导致 5-磷酸核糖不足，阿拉伯糖醇、核糖醇、赤藓糖醇积累。其病理尚未阐明，可能是 5-磷酸核糖不足影响 RNA 合成，或者是阿拉伯糖醇、核糖醇积累的毒性作用。

四、糖醛酸途径

糖醛酸途径（glucuronate pathway）是葡萄糖在尿苷二磷酸葡萄糖（UDP-葡萄糖）水平上氧化生成 UDP-葡糖醛酸的途径：葡萄糖→6-磷酸葡萄糖→1-磷酸葡萄糖→UDP-葡萄糖→UDP-葡糖醛酸。该途径位于细胞质中，前三步反应与糖原合成过程相同（见第三节），第四步由 UDP-葡萄糖脱氢酶催化，反应如下：

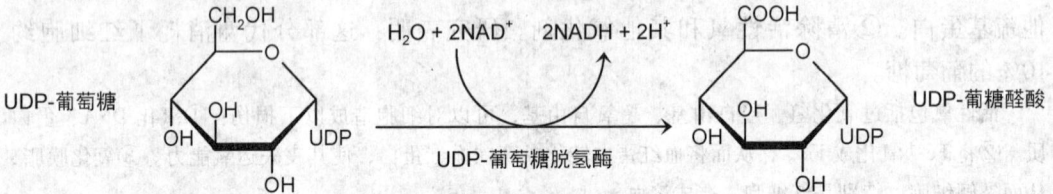

UDP-葡糖醛酸称为**活性葡糖醛酸**，既为透明质酸、硫酸软骨素和肝素等糖胺聚糖合成提供葡糖醛酸，又参与生物转化（第十八章，311 页）。

第三节　糖原代谢

糖原代谢是葡萄糖与糖原的相互转化，其中葡萄糖在细胞内合成糖原的过程称为**糖原合成**（glycogenesis），糖原在细胞内分解成葡萄糖的过程称为**糖原分解**（glycogenolysis）。

糖原是糖的储存形式。当血糖水平升高时，组织细胞可以摄取葡萄糖合成糖原，其中肝细胞和肌细胞合成并储存的糖原较多，其糖原分别称为**肝糖原**和**肌糖原**（健康成人肝糖原总量 75 ~ 150g，占肝组织重量的 7% ~ 10%；肌糖原 120 ~ 400g，占骨骼肌重量的 1% ~ 2%）。当血糖水平降低及细胞需要葡萄糖时，糖原被分解利用。肝糖原分解可以生成葡萄糖，释放入血，对维持血糖水平并供给组织代谢（尤其是脑细胞和红细胞）非常重要。

一、糖原代谢过程

糖原合成和糖原分解在肝脏和肌肉的细胞质中进行，反应发生在糖原的非还原端。

（一）糖原合成

葡萄糖合成糖原过程由五种酶催化进行（图 8-7），每连接一个葡萄糖需要消耗两个高能化合物，包括一个 ATP 和一个 UTP。糖原合成总反应的化学方程式如下：

$$Glc_n + Glc + ATP + UTP = Glc_{n+1} + ADP + UDP + PPi$$

1. 活化 葡萄糖磷酸化生成6-磷酸葡萄糖，反应由葡萄糖激酶或己糖激酶催化，消耗 ATP。

2. 变位 6-磷酸葡萄糖异构生成1-磷酸葡萄糖，反应由磷酸葡糖变位酶催化。

3. 活化 1-磷酸葡萄糖尿苷酸化生成 UDP-葡萄糖，消耗 UTP，反应由 UDP-葡萄糖焦磷酸化酶催化：①焦磷酸的水解使反应不可逆：$PPi + H_2O \rightarrow 2Pi$。②UDP 可以通过以下反应重新生成 UTP：$UDP + ATP \rightarrow UTP + ADP$（第十一章，219页）。因此，消耗一分子 UTP 即相当于消耗一分子 ATP。

4. 缩合 UDP-葡萄糖的葡萄糖基以 α-1,4-糖苷键连接于糖原的非还原端，反应由**糖原合酶**（glycogen synthase）催化，并重复进行，使糖链不断延长。糖原合酶不能合成新的糖原分子，只能把葡萄糖基连接到已有的糖原分子上。

糖原引物是糖原蛋白（glycogenin）的一个寡糖基。糖原蛋白是一种葡萄糖基转移酶，可以利用 UDP-葡萄糖在其 Tyr194 的羟基上合成含 8 个葡萄糖的寡糖基，作为糖原合成引物。

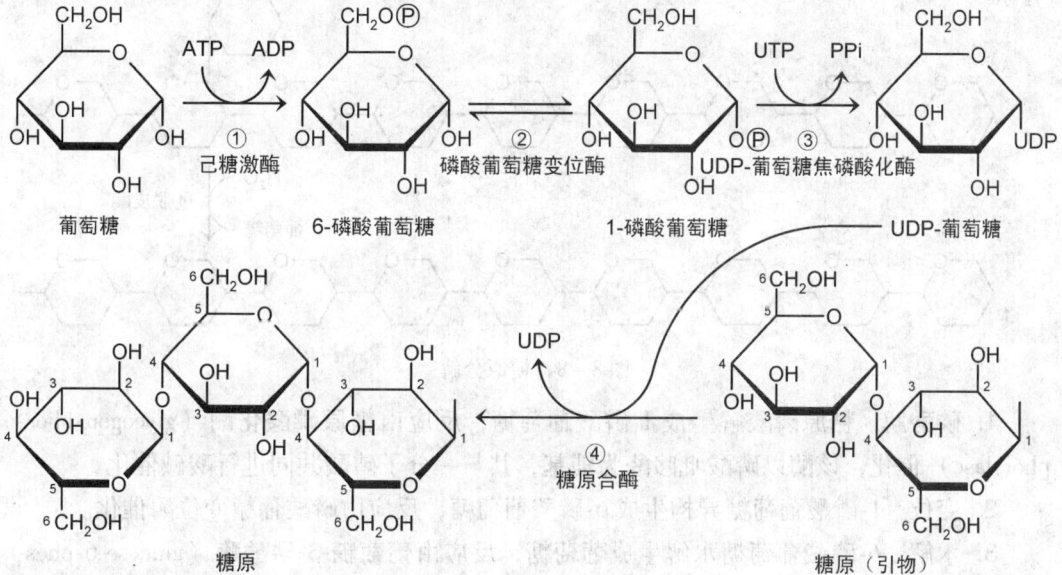

图 8-7 糖原合成

5. 分支化 当糖原合成到糖链含 12~18 个葡萄糖时，含 6~7 个葡萄糖的糖链被移至邻近的糖链上，并以 α-1,6-糖苷键连接，从而形成糖原分支，反应由糖原分支酶（glycogen-branching enzyme，仅在肝细胞和肌细胞内高表达）催化。

除葡萄糖外，果糖和半乳糖等其他单糖也可以先转化成糖原合成途径中间产物，再合成糖原。

（二）糖原分解

糖原分解过程由四种酶催化进行（图 8-8）。总反应的化学方程式如下：

$$Glc_{n+1} + H_2O = Glc_n + Glc$$

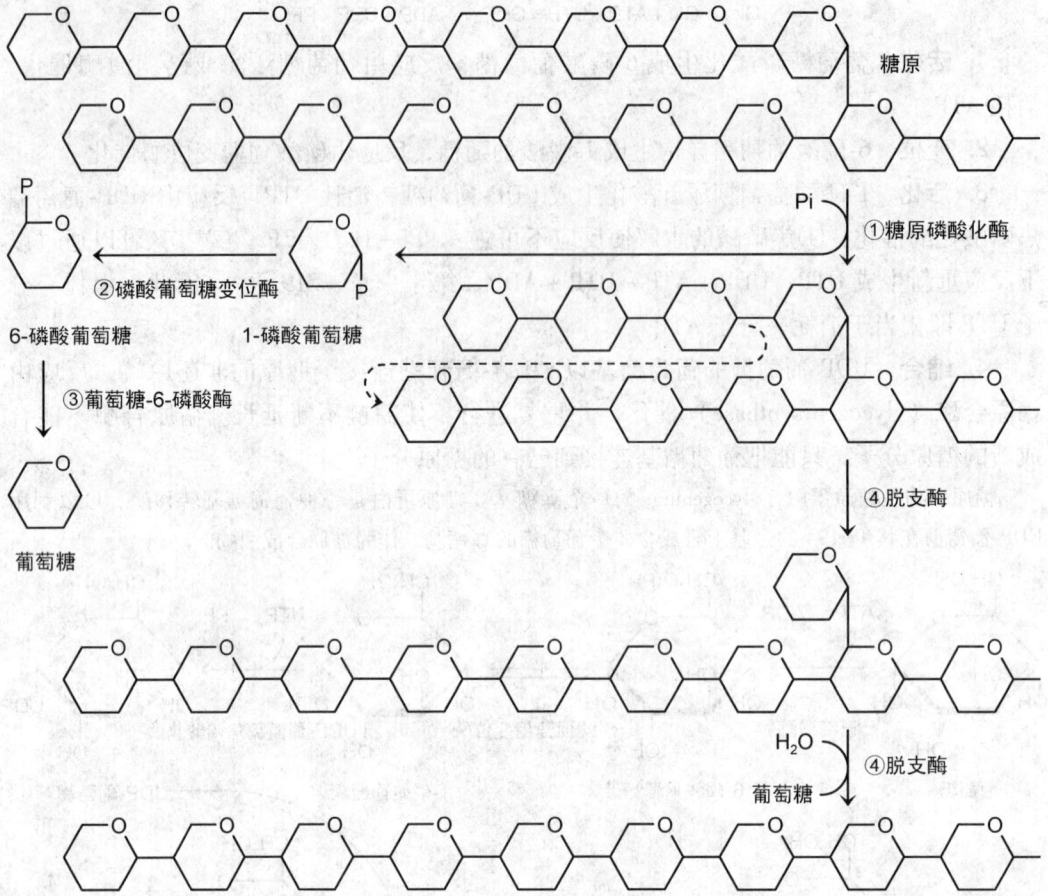

图 8 – 8　糖原分解

1. **磷酸解**　糖原磷酸解生成 1-磷酸葡萄糖，反应由**糖原磷酸化酶**（glycogen phosphorylase）催化，该酶以磷酸吡哆醛为辅基，其与一分子磷酸共同进行酸碱催化。

2. **变位**　1-磷酸葡萄糖异构生成 6-磷酸葡萄糖，反应由磷酸葡糖变位酶催化。

3. **水解**　6-磷酸葡萄糖水解生成葡萄糖，反应由**葡萄糖-6-磷酸酶**（glucose-6-phosphatase）催化，需要 Mg^{2+}：①葡萄糖-6-磷酸酶位于内质网膜上，活性中心在内质网腔一侧，所以葡萄糖生成于内质网腔，通过 GLUT7 易化扩散至细胞质，通过 GLUT2 易化扩散至血浆，补充血糖。②葡萄糖-6-磷酸酶主要存在于肝脏和肾皮质，饥饿时（及糖尿病患者）胰岛 β 细胞和肠黏膜细胞也有少量，其他组织特别是骨骼肌活性很低。

4. **脱支**　当糖原磷酸解到离分支点还有四个葡萄糖时发生脱支反应，由脱支酶（debranching enzyme）催化，分两步进行：①将四糖基分支中的三糖基转移到相邻分支的非还原端，以 α-1,4-糖苷键连接。②水解第四个葡萄糖的 α-1,6-糖苷键，生成葡萄糖和寡糖链。这样，脱去分支的寡糖链可以继续由糖原磷酸化酶催化磷酸解。

二、糖原代谢生理意义

糖原代谢是为了维持合适的血糖水平，缓冲间断进食对血糖水平的影响，使其保持相对稳定。

进食时，血糖水平上升，肝细胞和肌细胞加快摄取葡萄糖，主要用于合成糖原，使血糖回落到正常水平；禁食时，血糖水平下降，肝糖原分解加快，生成葡萄糖，释入血液，使血糖回升到正常水平。

肝糖原分解是空腹12小时补充血糖的主要来源。葡萄糖-6-磷酸酶主要存在于肝细胞内，所以肝糖原分解可以生成葡萄糖，直接补充血糖。

肌细胞葡萄糖-6-磷酸酶活性极低，肌糖原分解产生的6-磷酸葡萄糖主要通过糖酵解途径代谢，生成ATP支持肌肉收缩。不过，肌糖原可以通过乳酸循环间接补充血糖（见后）。

三、糖原代谢调节机制

糖原代谢对维持血糖水平起主要作用。①糖原合酶是控制糖原合成的关键酶，所催化反应是不可逆反应。糖原合酶有两种结构形式：低活性的糖原合酶 b（活性依赖6-磷酸葡萄糖）和高活性的糖原合酶 a。②糖原磷酸化酶是控制糖原分解的关键酶，所催化反应是不可逆反应。糖原磷酸化酶也有两种结构形式：低活性的糖原磷酸化酶 b（活性依赖AMP）和高活性的糖原磷酸化酶 a。糖原磷酸化酶是最早被发现的磷酸化酶，也是最早被阐明调节机制的酶。糖原合酶和糖原磷酸化酶都受化学修饰调节和变构调节（表8-7）。

表8-7 糖原代谢调节

酶	变构激活剂	变构抑制剂	磷酸化	去磷酸化
糖原合酶	6-磷酸葡萄糖		b（低活性）	a（高活性）
糖原磷酸化酶	AMP（肌）	ATP（肌）、6-磷酸葡萄糖（肌）、葡萄糖（肝）	a（高活性）	b（低活性）

1. 化学修饰调节 当血糖低于正常水平时，胰高血糖素通过信号转导（第十二章，233页）调节糖原代谢，使血糖回升至正常水平：①使低活性的糖原磷酸化酶 b 的 Ser14 磷酸化，转换成高活性的糖原磷酸化酶 a，促进肝糖原分解，血糖补充加快。②使高活性的糖原合酶 a 磷酸化，转换成低活性的糖原合酶 b，抑制肝糖原合成，血糖消耗减缓。

当血糖高于正常水平时，胰岛素通过信号转导调节糖原代谢，使血糖回落至正常水平：①使低活性的糖原合酶 b 去磷酸化，转化成高活性的糖原合酶 a，促进肝糖原和肌糖原合成，血糖消耗加快。②增加肌细胞膜葡萄糖转运蛋白 GLUT4 数量，血糖摄取加快。

2. 变构调节 6-磷酸葡萄糖是低活性糖原合酶 b 的变构激活剂。当血糖高于正常水平时，进入肝细胞的葡萄糖增多，6-磷酸葡萄糖生成增多，与低活性糖原合酶 b 结合，结合后促进其去磷酸化，转换成高活性的糖原合酶 a，促进肝糖原合成。

AMP 是肌肉收缩消耗 ATP 的产物，可以变构激活糖原磷酸化酶 b。ATP 与 AMP 竞争其调节部位，阻止 AMP 激活糖原磷酸化酶 b。

6-磷酸葡萄糖是肌糖原分解产物，反馈抑制肌细胞糖原磷酸化酶 b。

葡萄糖是肝细胞糖原磷酸化酶 a 的变构抑制剂。当血糖回升至正常水平时，进入肝细胞的葡萄糖

与糖原磷酸化酶 a 结合，导致其变构，暴露出磷酸化 Ser14，去磷酸化失活。

四、糖原贮积症

糖原贮积症（GSD）是以糖原结构异常或合成增多而在组织内积累为特征的一类常染色体隐性遗传病，是由糖原代谢酶的缺陷引起的（表8-8）。例如：Ⅰ型糖原贮积症（又称 von Gierke disease）患者缺乏葡萄糖-6-磷酸酶，其糖原分解障碍，导致低血糖，结果代偿性地造成肝细胞糖酵解过度，导致血液乳酸积累，脂肪代谢增强。

表8-8　糖原贮积症主要分型

型别	酶缺陷	受损器官	糖原结构
Ⅰ	葡萄糖-6-磷酸酶	肝、肾	正常
Ⅱ	溶酶体 $\alpha1\rightarrow4$ 和 $\alpha1\rightarrow6$ 葡萄糖苷酶	所有组织	正常
Ⅲ	脱支酶	肝、肌肉	分支多，外周糖链短
Ⅳ	分支酶	所有组织	分支少，外周糖链长
Ⅴ	肌糖原磷酸化酶	肌肉	正常
Ⅵ	肝糖原磷酸化酶	肝	正常
Ⅶ	肌细胞和红细胞磷酸果糖激酶1	肌肉、红细胞	正常
Ⅷ	肝糖原磷酸化酶 b 激酶	脑、肝	正常

第四节　糖异生

糖异生（gluconeogenesis）是指由非糖物质合成葡萄糖的过程。能异生成糖的非糖物质主要有乳酸、丙酮酸、氨基酸、甘油、三羧酸循环中间产物。乳酸、丙酮酸和18种标准氨基酸（第十章，203页）可以生成三羧酸循环中间产物，因而可以异生成糖。糖异生主要在肝脏的细胞质和线粒体内进行。肾皮质也有少量糖异生，约为肝脏的10%。在长期饥饿时肾皮质糖异生量增多，每日可合成40g 葡萄糖。

一、糖异生过程

在糖酵解途径中，葡萄糖通过11步反应生成乳酸，其中8步是可逆反应，3步是不可逆反应。在糖异生途径中，乳酸通过12步反应生成葡萄糖，其中8步就是糖酵解途径可逆反应的逆反应，其余4步是不可逆反应，绕过了糖酵解途径的3步不可逆反应（图8-9）。糖异生途径总反应的化学方程式如下：

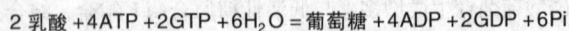

$$2\ 乳酸 + 4ATP + 2GTP + 6H_2O = 葡萄糖 + 4ADP + 2GDP + 6Pi$$

1. 丙酮酸羧化支路　①从细胞质进入线粒体的丙酮酸羧化，生成草酰乙酸，同时消耗 ATP，反应由**丙酮酸羧化酶**（pyruvate carboxylase，同四聚体，以生物素、Mn^{2+} 为辅基）催化。②草酰乙酸生成磷酸烯醇式丙酮酸，逸出线粒体，反应由**磷酸烯醇式丙酮酸羧激酶**（同工酶2）催化，消耗 GTP。③草酰乙酸也可以由苹果酸－天冬氨酸穿梭转

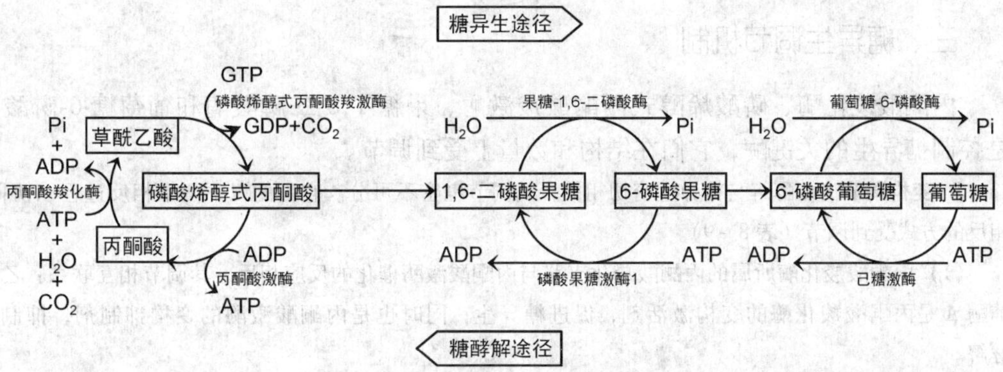

图 8-9 糖异生和糖酵解的不可逆反应

运到细胞质中（第七章，131 页），再生成磷酸烯醇式丙酮酸，反应由磷酸烯醇式丙酮酸羧激酶（同工酶 1）催化。

2. 1,6-二磷酸果糖水解生成 6-磷酸果糖 反应由果糖-1,6-二磷酸酶（同四聚体，每个亚基需要三个 Mg^{2+}）催化。

3. 6-磷酸葡萄糖水解生成葡萄糖 反应由葡萄糖-6-磷酸酶催化。

二、糖异生生理意义

糖异生主要在饥饿时、进食高蛋白食物时或剧烈运动之后进行。

1. 在饥饿时维持血糖水平的相对稳定 在饥饿时，肝脏内糖异生增多，主要原料是氨基酸和甘油，合成的葡萄糖释入血液，维持血糖水平的相对稳定，供应其他组织。这对主要利用葡萄糖供能的组织来说具有重要意义。例如：脑组织不能利用脂肪酸，主要利用葡萄糖供给能量，而且消耗量大，每日消耗约120g。此外，肾髓质、血细胞和视网膜等每日消耗约40g，肌组织每日至少也要消耗 30~40g，可见仅这些组织的葡萄糖消耗量每日即达200g，整个机体的消耗量则更多。人体储存的可以供全身利用的葡萄糖约150g，在 12 小时内基本耗尽，显然饥饿时不能仅靠分解肝糖原来维持血糖水平（肌糖原主要供肌组织自己利用），还要通过糖异生途径生糖，共同维持血糖水平的相对稳定。

2. 参与食物氨基酸的转化与储存 大多数氨基酸经过脱氨基等分解代谢产生的α-酮酸可以通过糖异生途径合成葡萄糖（第十章，203 页）。因此，从食物消化吸收的氨基酸可以合成葡萄糖，并进一步合成糖原。

3. 参与乳酸的回收利用 在某些生理（例如剧烈运动）和病理（例如循环或呼吸功能障碍）情况下，肌糖原分解和糖酵解生成大量乳酸，释入血液，运至肝脏，再合成葡萄糖（乳酸循环）。这样可以回收乳酸，避免营养物质浪费，并防止发生代谢性酸中毒。

4. 肾脏糖异生促进排氨排酸 氨基酸分解代谢产生的部分氨由谷氨酰胺运至肾脏排出（第十章，200 页）。肾脏糖异生消耗α-酮戊二酸，促进谷氨酰胺、谷氨酸降解排氨，排出的氨与小管液中的 H^+ 结合，促进排氢保钠，防止发生代谢性酸中毒（第十九章，347 页）。

三、糖异生调节机制

丙酮酸羧化酶、磷酸烯醇式丙酮酸羧激酶、果糖-1,6-二磷酸酶和葡萄糖-6-磷酸酶是控制糖异生的关键酶，它们在结构和数量上受到调节。

1. 变构调节 糖酵解与糖异生密切相关，其调节也密不可分。它们的以下两个相反过程以协同、相反的方式受到调节（表8-9）。

（1）丙酮酸羧化酶所属的丙酮酸羧化支路与丙酮酸激酶催化的反应相反，其调节相互联系：乙酰辅酶A是丙酮酸羧化酶的变构激活剂，促进糖异生；同时也是丙酮酸激酶的变构抑制剂，抑制糖酵解。

（2）果糖-1,6-二磷酸酶与磷酸果糖激酶1催化的反应相反，其调节相互联系：①AMP是果糖-1,6-二磷酸酶的变构抑制剂，2,6-二磷酸果糖是果糖-1,6-二磷酸酶的竞争性抑制剂，都抑制糖异生；它们还是磷酸果糖激酶1的变构激活剂，促进糖酵解。②胰高血糖素通过信号转导（第十二章，233页）抑制磷酸果糖激酶2活性，抑制2,6-二磷酸果糖合成，从而促进糖异生，抑制糖酵解；胰岛素的作用与之相反。

表8-9 糖酵解与糖异生变构调节

	酶	变构激活剂	变构抑制剂	竞争性抑制剂
糖酵解	①磷酸果糖激酶1	AMP、ADP、2,6-二磷酸果糖	ATP、柠檬酸	
	②丙酮酸激酶	1,6-二磷酸果糖	ATP、乙酰CoA、丙氨酸	
糖异生	①丙酮酸羧化酶	乙酰CoA		
	②果糖-1,6-二磷酸酶		AMP	2,6-二磷酸果糖

2. 数量调节 饥饿时糖皮质激素分泌增多，通过信号转导诱导肝细胞糖异生关键酶（例如磷酸烯醇式丙酮酸羧激酶、葡萄糖-6-磷酸酶）基因的表达，促进糖异生（第十二章，237页）。糖尿病患者对糖的利用不好，糖异生增强。

四、乳酸循环

乳酸循环又称**Cori循环**，是指由骨骼肌细胞内的糖酵解与肝细胞内的糖异生联合形成的乳酸-葡萄糖循环，由Cori夫妇（1947年诺贝尔生理学或医学奖获得者）阐明。

1. 循环过程 ①机体剧烈运动时，骨骼肌分解肌糖原，生成6-磷酸葡萄糖。②6-磷酸葡萄糖通过糖酵解生成乳酸，通过底物水平磷酸化合成ATP，为骨骼肌运动供能。③乳酸释入血液，被肝细胞摄取。④乳酸通过糖异生合成葡萄糖。⑤葡萄糖释入血液，被肌细胞摄取。⑥葡萄糖转化成6-磷酸葡萄糖，通过糖酵解生成乳酸，形成乳酸循环。⑦运动过后，6-磷酸葡萄糖合成肌糖原（图8-10）。

2. 生理意义 乳酸循环的形成是由于肝细胞和肌细胞糖代谢的特点不同：肌细胞运动容易缺氧，糖酵解活跃，会产生大量乳酸；肝细胞糖异生活跃，可以摄取大量乳酸并合成葡萄糖。因此，乳酸循环具有以下意义：①乳酸再利用，避免营养流失。②防止乳酸积累引起酸中毒。③肝脏通过乳酸循环为骨骼肌运动供能，不过每转运2分子ATP要付出4分子ATP的代价，因为由乳酸异生1分子葡萄糖要消耗6ATP，而1分子葡萄

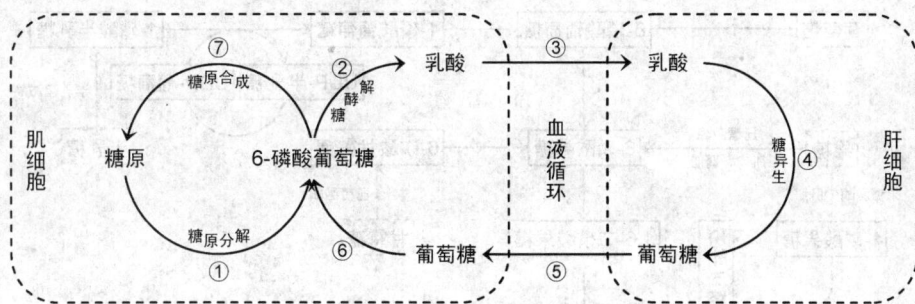

图 8 – 10　乳酸循环

糖酵解只净得 2ATP。

五、底物循环

如果糖酵解和糖异生同时进行，则其中间产物会形成以下四个循环：①葡萄糖和 6-磷酸葡萄糖的相互转化，总反应的化学方程式是：$ATP + H_2O = ADP + Pi$。②6-磷酸果糖和 1,6-二磷酸果糖的相互转化，总反应的化学方程式是：$ATP + H_2O = ADP + Pi$。③磷酸烯醇式丙酮酸和丙酮酸的相互转化，总反应的化学方程式是：$GTP + H_2O = GDP + Pi$。④葡萄糖和丙酮酸的相互转化，总反应的化学方程式是：$2ATP + 2GTP + 4H_2O = 2ADP + 2GDP + 4Pi$（图 8 – 9）。

这四个循环具有以下特点：①两种代谢物通过由不同酶催化的单向反应相互转化，循环不可逆。②循环只净消耗高能化合物，把化学能转化成热能。③循环在细胞内完成。这种循环称为**底物循环**（substrate cycle）。

底物循环具有以下意义：①是一种代谢调节机制，使调节更灵敏。②新生儿及冬眠动物的棕色脂肪组织通过底物循环产热，维持体温。

不过，在正常生理条件下，底物循环在多数组织不会进行，以免浪费高能化合物。

第五节　其他单糖代谢

从食物消化吸收的糖除了葡萄糖之外还有少量半乳糖、果糖和甘露糖等。它们可以转化成葡萄糖代谢中间产物，然后进一步代谢（图 8 – 11）。

1. **半乳糖代谢**　半乳糖在肝脏磷酸化生成 1-磷酸半乳糖（由半乳糖激酶催化），进入以下两个代谢：①异构生成 1-磷酸葡萄糖，进入糖酵解途径或糖原合成途径。②活化生成 UDP-半乳糖，合成糖蛋白、糖脂和乳糖等含半乳糖的生物分子。

半乳糖代谢酶缺乏导致**半乳糖血症**，包括：①半乳糖激酶缺乏症，导致血液、尿液高半乳糖，婴幼儿会因半乳糖醇沉积于晶状体而患白内障，可通过控制半乳糖摄入缓解。②半乳糖-1-磷酸尿苷酰基转移酶缺乏症，导致儿童生长缓慢，语言表达能力低下，智力缺陷，肝脏受损，预后不佳。③差向异构酶缺乏症，症状与前面类似，但恶性度低，可通过控制半乳糖摄入缓解。

2. **果糖代谢**　①在肌肉和肾脏，果糖磷酸化生成 6-磷酸果糖（由己糖激酶催化），6-磷酸果糖进入糖酵解途径或糖异生途径。②在肝脏，果糖磷酸化生成 1-磷酸果糖（由果糖激酶催化），1-磷酸果糖裂解生成磷酸二羟丙酮和甘油醛（由醛缩酶 B 催化），甘油醛磷酸化生成 3-磷酸甘油醛（由丙糖激酶催化），与磷酸二羟丙酮进入糖酵解途径或糖异生途径。

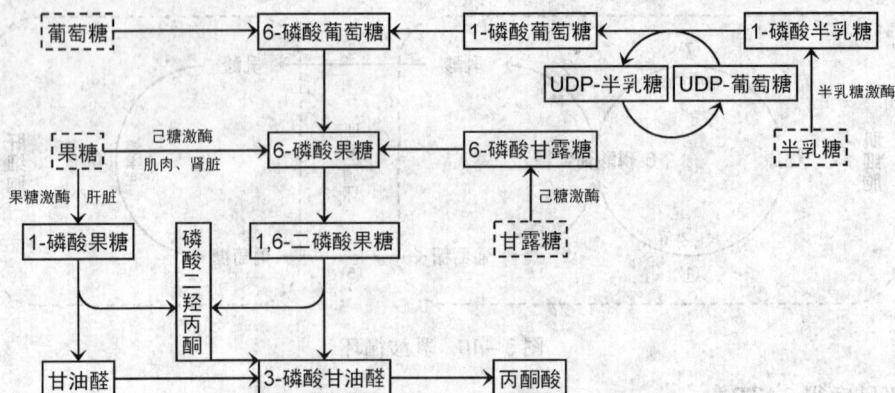

图 8 - 11　各种单糖进入糖酵解途径

3. 甘露糖代谢　甘露糖磷酸化生成 6-磷酸甘露糖（由己糖激酶催化），异构生成 6-磷酸果糖（由磷酸甘露糖异构酶催化），进入糖酵解途径或糖原合成途径。

第六节　血　糖

血糖是指血液中的游离葡萄糖。健康人空腹血糖水平是相当稳定的：全血为 $3.6 \sim 5.3 \text{mmol/L}$（$65 \sim 95 \text{mg/dl}$），血浆为 $3.9 \sim 6.1 \text{mmol/L}$（$70 \sim 110 \text{mg/dl}$）。刚进食时血糖水平稍高，但很快即可回落至正常水平。在一定时间内没有进食时血糖也可以维持在正常水平（$4 \sim 5 \text{mmol/L}$），这是因为血糖还有其他来源。

一、血糖来源和去路

血糖有多个来源和多条去路，并且受到严格调节，形成动态平衡，使血糖水平保持稳定（表 8 - 10）。

表 8 - 10　血糖的来源和去路

血糖来源	血糖去路
①食物糖消化吸收	①氧化分解供能
②肝糖原分解	②合成糖原
③糖异生	③转化成其他糖类或非糖物质
	④血糖过高时随尿液排出体外

1. 血糖来源　①食物糖消化吸收：从食物消化吸收的葡萄糖及其他单糖在肝脏内异构生成的葡萄糖是血糖的主要来源。②肝糖原分解：肝糖原分解生成的葡萄糖是空腹时血糖的直接来源。③糖异生：饥饿时许多非糖物质如甘油、乳酸和大多数氨基酸等可以通过糖异生途径合成葡萄糖，补充血糖。

2. 血糖去路　①氧化分解供能：血糖进入各组织细胞，彻底氧化成 CO_2 和 H_2O，释放能量满足代谢需要，这是血糖的主要去路。②合成糖原：血糖进入肝细胞和肌细胞，合成肝糖原和肌糖原。③转化成其他糖类或非糖物质：血糖在各组织中可以转化成核糖、脱氧核糖、氨基糖、唾液酸和糖醛酸等，也可以转化成脂肪和非必需氨基酸等非糖物质。④血糖过高时随尿液排出体外：若血糖水平过高，超过肾小管对糖的重吸收能力，就会出现糖尿，不过此种情况极少。

二、血糖调节机制

肝脏是调节血糖的主要器官，肾脏对维持血糖起重要作用。神经系统和激素通过调节肝脏和肾脏的糖代谢维持血糖水平的稳定。

1. **肝脏调节** 肝脏是维持血糖水平的主要器官，是通过控制糖原代谢与糖异生调节血糖的。当血糖高于正常水平时，肝糖原合成加快，促进血糖消耗；糖异生减慢，限制血糖补充，从而使血糖回落至正常水平。当血糖低于正常水平时，肝糖原分解加快，糖异生加快，补充血糖，从而使血糖回升至正常水平。当然，肝脏对血糖水平的调节是在神经和激素的控制下进行的。

2. **肾脏调节** 肾脏的重吸收能力通常用某种物质的**肾阈**（即该物质在尿液中开始出现时的血浆浓度）表示。肾近端小管对葡萄糖虽具有很强的重吸收能力，但仍然有一定限度，其极限值可以用血糖水平来表示，为 $8.9 \sim 10.0 \text{mmol/L}$（$160 \sim 180 \text{mg/dl}$），该值称为**肾糖阈**（renal threshold of sugar）。只要血糖水平不超过肾糖阈，肾近端小管就能将小管液中所有的葡萄糖都重吸收入血，不会出现糖尿。如果血糖水平超过肾糖阈，就会出现糖尿。健康人血糖水平基本低于肾糖阈，所以极少出现糖尿。肾糖阈是可以变化的，长期糖尿病患者的肾糖阈稍高，而有些孕妇的肾糖阈稍低，所以后者会出现暂时性糖尿。

此外，长期饥饿时肾皮质还通过糖异生维持血糖。

3. **神经调节** 是指通过反射调节代谢。用电刺激交感神经系的视丘下部腹内侧核或内脏神经，能引起肾上腺髓质分泌肾上腺素和去甲肾上腺素，促进肝糖原分解，使血糖升高；用电刺激副交感神经系的视丘下部外侧或迷走神经，能引起胰岛素分泌，促进肝糖原合成，使血糖降低。

4. **激素调节** 是指激素通过信号转导调节代谢。胰岛 β 细胞（又称 B 细胞）分泌的胰岛素在主要激素中是唯一能降低血糖水平的激素；而能升高血糖水平的激素主要有胰岛 α 细胞（又称 A 细胞）分泌的胰高血糖素（glucagon）、肾上腺髓质分泌的肾上腺素、肾上腺皮质分泌的糖皮质激素、腺垂体分泌的生长激素和甲状腺分泌的甲状腺激素等。这些激素主要通过调节糖代谢途径维持血糖水平（表 8 – 11）。

各种激素的调节作用并非孤立地各行其是，而是既相互协同又相互制约，共同维持血糖的正常水平。

三、血糖测定

临床上多用葡萄糖氧化酶法：①葡萄糖氧化酶：葡萄糖 + O_2 + H_2O → 葡萄糖酸 + H_2O_2。②过氧化物酶：$2H_2O_2$ + 4-氨基安替比林 + 苯酚 → 醌亚胺类化合物 + $4H_2O$。③产物醌亚胺类化合物在 500nm 比色。

表 8 – 11 激素对血糖水平的影响

	激素	效应	
降血糖激素	胰岛素	①促进肌细胞、脂肪细胞摄取血糖	④抑制糖原分解
		②促进糖有氧氧化，转化成脂肪	⑤抑制糖异生
		③促进糖原合成	
升血糖激素	胰高血糖素	①促进肝糖原分解补充血糖	③抑制糖原合成
		②促进糖异生	④抑制肝细胞糖酵解
	肾上腺素	①促进肝糖原分解补充血糖	③促进糖异生
		②促进肌细胞糖原分解和糖酵解	
	糖皮质激素	①抑制组织细胞摄取葡萄糖	②促进糖异生
	生长激素	①抑制肌细胞摄取葡萄糖	②促进糖异生
	甲状腺激素	①促进小肠吸收单糖	③促进糖的氧化分解（降血糖，但效应弱）
		②促进肝糖原分解和糖异生	

第七节 糖代谢紊乱

神经系统功能紊乱、内分泌失调、先天性酶缺陷及肝、肾功能障碍均可以引起糖代谢紊乱。无论何种原因引起糖代谢紊乱都会影响血糖水平，但不应将偶尔出现的血糖水平异常视为糖代谢紊乱，只有血糖水平持续异常或耐糖曲线异常才可确定为糖代谢紊乱。

一、低血糖

低血糖（hypoglycemia）是指空腹时血糖水平低于 3.0mmol/L。低血糖可以由某些生理或病理因素引起：①长时间饥饿。②持续的剧烈体力活动等。③胰岛 β 细胞增生或癌变等导致胰岛素分泌过多，或胰岛 α 细胞功能低下导致胰高血糖素分泌不足。④垂体前叶或肾上腺皮质功能减退，导致生长激素或糖皮质激素等对抗胰岛素的激素分泌不足。⑤严重的肝脏疾患导致肝糖原合成及糖异生作用降低，肝脏不能有效地调节血糖。

哺乳动物脑组织基本没有能量储备，主要依靠血糖供能，因此低血糖时脑组织首先出现反应，并出现头晕、心悸、出冷汗等；如果血糖水平进一步下降，会出现精神恍惚、嗜睡、抽搐等。

二、高血糖及糖尿

高血糖（hyperglycemia）是指空腹血糖水平持续超过 6.9mmol/L。血糖超过肾糖阈 8.9～10.0mmol/L 时则出现**糖尿**（glucosuria），例如生长激素分泌过多时，可因血糖升高而出现**垂体性糖尿**。尿糖阳性不一定有血糖升高和糖代谢异常，可能是肾小管重吸收功能不良，例如肾脏疾患（慢性肾炎、肾病综合征等）导致肾小管重吸收葡萄糖的能力减弱，肾糖阈下降，出现糖尿，称为**肾性糖尿**。此外，健康人偶尔也会出现高血糖和糖尿：①在进食高糖时，由于血糖快速升高，会出现一过性糖尿，称为**饮食性糖尿**。②在情绪激动时，交感神经兴奋，肾上腺素分泌增多，也会引起血糖快速升高，出现糖尿，称为**情感性糖尿**。二者都属于生理性高血糖和糖尿，且都是暂时的，空腹血糖正常。

三、糖尿病

糖尿病（diabetes mellitus）在中医学中属于"消渴"症，是一类多源性代谢紊乱，特征是持续性高血糖和糖尿，严重时还会出现酮症酸中毒（第九章，此时血糖水平多数为 $16.7 \sim 33.3$ mmol/L）。发病机制是胰岛素分泌不足或应答障碍，导致糖、脂肪、蛋白质的代谢紊乱，即血糖来源增多，去路减少，破坏正常状态下的动态平衡。微血管病变是糖尿病特异性并发症，可以造成各种器官的长期性损伤和功能障碍（例如糖尿病肾病、视网膜病）。目前全球有 3.46 亿糖尿病患者。

1. 糖尿病类型 可分为 1 型、2 型、特殊型和妊娠期糖尿病，以 1 型、2 型为主。

（1）**1 型糖尿病**：发病是由于胰岛 β 细胞的自身免疫破坏，导致胰岛素分泌不足，主要表现为糖异生增多，脂肪动员增多，酮体生成增多。通常在童年期和青少年期即发病，需要终身接受胰岛素治疗。

（2）**2 型糖尿病**：发病是由于以胰岛素抵抗为主伴 β 细胞功能缺陷，在葡萄糖刺激时，患者的胰岛素水平可稍低、基本正常、高于正常或分泌高峰延迟。通常在成年期发病，与肥胖、运动缺乏、不健康饮食相关，占糖尿病的 90%。治疗方案包括调整生活方式、减肥、口服药物、注射胰岛素。2 型糖尿病与 1 型糖尿病的主要区别是胰岛素基础水平与释放曲线不同。

（3）**特殊型糖尿病**：包括有明确分子病因的糖尿病和由胰腺内外其他病因所致的继发性糖尿病。例如：慢性胰腺炎后期半数患者因胰腺内分泌功能不全会引起糖尿病。

（4）**妊娠期糖尿病**：是指妊娠妇女原来未发现，在妊娠期（通常在妊娠中期或后期）才发现的糖尿病。

2. 糖尿病症状 许多糖尿病患者有"三多一少"的症状，即多食、多饮、多尿和体重减轻：①糖尿病患者糖的氧化供能发生障碍，机体所需能量不足，故患者饥饿多食。②多食进一步使血糖升高，血糖升高超过肾糖阈时肾小管不能将糖完全重吸收，造成小管液渗透压升高，引起渗透性利尿，因而多尿。③多尿失水过多，血液浓缩引起口渴，因而多饮。④由于糖氧化供能减少，体内大量动员脂肪（同时脂肪合成减少），严重时动员组织蛋白氧化供能，因而身体消瘦，体重减轻。

总之，上述症状源于患者糖代谢出现下列紊乱：①葡萄糖分解减少，糖原合成减少，糖转化成脂肪减少。②糖原分解增多，糖异生增多。

3. 糖尿病血液指标 血糖、果糖胺与糖化血红蛋白均可用于诊断糖尿病和评价疗效，同时对糖尿病并发症的预防具有重要意义。

✍ **果糖胺**：又称糖化血浆白蛋白，是血浆蛋白质与葡萄糖共价结合（以白蛋白为主，非酶促、不可逆反应）的产物，其水平与血糖水平成正比。果糖胺的测定可以反映取血前 2~3 周血糖的总水平，是鉴别应激性高血糖（心、脑血管等疾病可引起）和糖尿病高血糖的有效指标。

☞ **糖化血红蛋白 A1：**是血红蛋白（主要通过 β 亚基氨基端缬氨酸氨基）与葡萄糖共价结合（非酶促、不可逆反应）的产物，血红蛋白糖化率通常与血糖水平成正比。糖化血红蛋白的测定可以反映取血前 8~12 周的血糖水平，用于评价糖尿病长期控制效果。

四、糖耐量试验

葡萄糖耐量（glucose tolerance）是指人体处理所给予葡萄糖的能力。糖耐量试验（GTT）是临床上检查葡萄糖耐量的常用方法。

健康人体的糖代谢调节机制健全，即使一次性食入大量的糖，血糖水平也只有暂时性升高，并且很快即可回落到正常水平，一般不会超过 7.0mmol/L，这是正常的耐糖现象。如果血糖升高不明显甚至不升高，或血糖升高后回落缓慢，均反映血糖调节存在障碍，称为**耐糖现象失常**。

临床上常用的糖耐量试验方法是先测定受试者清晨空腹血糖水平，然后 5 分钟内口服 75g 葡萄糖。之后在 0.5、1、2 和 3 小时分别取血，测定血糖水平，以时间为横坐标，血糖水平为纵坐标绘制曲线，称为**耐糖曲线**（图 8-12）。通过分析耐糖曲线可以诊断与糖代谢异常有关的疾病。

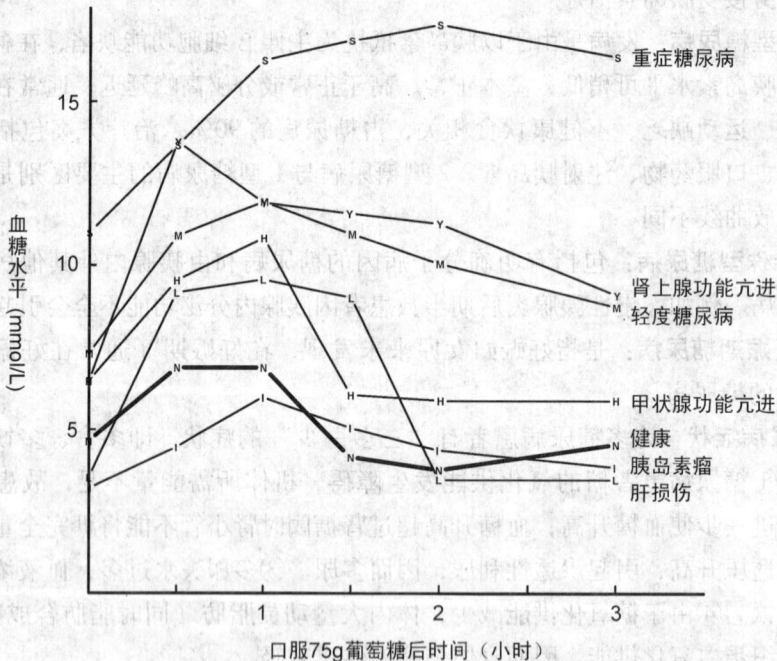

图 8-12 耐糖曲线

1. 健康人耐糖曲线特点 空腹血糖水平正常；口服葡萄糖后血糖水平升高，在 1 小时内达到高峰，但不超过肾糖阈；而后血糖水平迅速回落，在 2~3 小时内降到正常水平。

2. 糖尿病患者耐糖曲线特点 空腹血糖高于正常水平；口服葡萄糖后血糖水平急

剧升高，并超过肾糖阈；2～3 小时内血糖不能回落到空腹水平。这是因为患者胰岛素绝对不足或相对不足，导致糖利用障碍，引起糖耐量降低。

此外，应激性糖尿、单纯性肥胖、脑垂体前叶功能亢进、甲状腺功能亢进、胰岛β细胞功能衰竭、肾上腺皮质功能亢进（柯兴综合征）、药物（例如阿司匹林、消炎痛等）导致肝功能损害等都可引起糖耐量降低，其耐糖曲线也有类似特点。

3. 胰岛素瘤患者耐糖曲线特点 空腹血糖水平低于正常值；口服葡萄糖后血糖水平升高不明显，并且短时间即回落到原水平。

链 接

α-葡萄糖苷酶抑制剂与降糖中药

糖尿病患者的高血糖会引起一些严重的并发症，而餐后血糖升高会引起一些蛋白质的糖化，从而引发一些慢性并发症。因此，糖尿病治疗的一个重要目的就是降低血糖的波动，减少并发症。

目前临床应用的口服降糖药属于促胰岛素分泌剂、胰岛素增敏剂和 α-葡萄糖苷酶抑制剂等。

α-葡萄糖苷酶（α-glucosidase）主要分布于小肠刷状缘上，可以通过水解 α-1,4-糖苷键从多糖和寡糖的非还原端水解释放葡萄糖，参与食物糖类的消化吸收。

α-葡萄糖苷酶抑制剂能够抑制 α-葡萄糖苷酶，从而延缓肠道对葡萄糖的吸收，延迟并降低餐后血糖升高，减轻餐后高血糖对胰岛 β 细胞的刺激作用。因此，α-葡萄糖苷酶抑制剂既可以提高糖耐量，防治餐后高血糖和缓解高胰岛素血症（hyperinsulinism），还可以预防和治疗肥胖和高脂血症，用于治疗因糖代谢紊乱而引起的疾病。

研究发现降糖中药中含 α-葡萄糖苷酶抑制剂，它们在结构上属于黄酮类、生物碱类和皂苷类等。

1. 黄酮类 槲皮素（quercetin）、杨梅酮（myricetin）、非瑟酮（fisetin）和栎素（quercitrin）对 α-葡萄糖苷酶有很强的抑制作用，它们的多羟基结构是产生抑制作用的根源。木犀草素（luteolin）和大豆异黄酮（isoflavone）等也具有这种抑制作用。

2. 生物碱类 生物碱是天然药物所含的一类化学成分。Asano 等从桑根皮中分离出 18 种生物碱，发现这些多羟基生物碱对小鼠消化道内的 α-葡萄糖苷酶具有抑制作用，特别是其中的两种多羟基去甲莨菪碱（norhyoscyamine）的抑制作用很强。

3. 皂苷类 大豆皂苷（saponin）是一类五环三萜的糖苷。动物实验表明，富含皂苷和异黄酮的大豆胚轴提取物能降低糖尿病大鼠的血糖水平，并改善其糖耐量。此外，大豆皂苷单体强烈抑制酵母 α-葡萄糖苷酶的活性，并且呈明显的剂量依赖性，其抑制作用属于非竞争性抑制。

小 结

糖既是供能物质、结构成分、合成原料，又参与细胞识别、代谢调节及其他生命过程。

食物中的糖主要是淀粉，在消化道不同部位（主要是小肠）由不同来源的消化酶催化水解成葡萄糖，并在小肠前半段的黏膜上皮细胞通过继发性主动转运机制吸收，经过肝脏分配到全身各组织利用。

人体各组织细胞都能从血液中摄取葡萄糖，通过糖酵解途径、有氧氧化途径、磷酸戊糖途径、糖醛酸途径等分解转化，为生命活动提供能量和代谢物。

糖酵解途径：供氧不足时葡萄糖在各组织细胞质中分解成丙酮酸，并进一步还原成乳酸，释放部分能量推动合成 ATP 供给生命活动。糖酵解由 11 种酶催化，其中己糖激酶、葡萄糖激酶、磷酸果糖激酶 1 和丙酮酸激酶是关键酶，所催化的反应是不可逆反应。生理意义：①糖酵解是机体或局部组织在相对缺氧时快速补充能量的一种有效方式。②某些组织在有氧时也通过糖酵解供能。③糖酵解的中间产物是其他物质的合成原料。

糖的有氧氧化途径：葡萄糖在供氧充足时彻底氧化成 CO_2 和 H_2O，并释放大量能量推动合成 ATP 供给生命活动。有氧氧化途径可以分三个阶段，从细胞质中开始，在线粒体内完成，由 19 种酶催化，其己糖激酶、磷酸果糖激酶 1、丙酮酸激酶、丙酮酸脱氢酶复合体、柠檬酸合酶、异柠檬酸脱氢酶和 α-酮戊二酸脱氢酶复合体是关键酶，所催化的反应是不可逆反应。生理意义：有氧氧化途径是葡萄糖氧化供能的主要途径。

三羧酸循环：既是糖、脂肪和蛋白质分解代谢的共同途径，又是它们代谢联系的枢纽，其特点是：①每一循环氧化 1 个乙酰基合成 10 个 ATP。②关键酶是柠檬酸合酶、异柠檬酸脱氢酶和 α-酮戊二酸脱氢酶复合体，其中异柠檬酸脱氢酶最重要。③被其他代谢消耗的中间产物可由丙酮酸羧化补充。

磷酸戊糖途径：葡萄糖在各组织细胞质中氧化分解，生成的 5-磷酸核糖和 NADPH 是重要的生命物质。6-磷酸葡萄糖脱氢酶催化的反应是关键反应。

糖醛酸途径：葡萄糖氧化生成 UDP-葡糖醛酸，既为透明质酸、硫酸软骨素和肝素等糖胺聚糖合成提供葡糖醛酸，又参与生物转化。

糖原代谢：葡萄糖与糖原相互转化以维持血糖水平的相对稳定。当血糖增多时，肝细胞和肌细胞可以摄取葡萄糖合成肝糖原和肌糖原。葡萄糖合成糖原过程由 5 种酶催化进行，其中糖原合酶是关键酶，每连接一个葡萄糖需要消耗 1 个 ATP 和 1 个 UTP。当血糖不足及细胞需要葡萄糖时，肝糖原分解可以生成葡萄糖，释放入血。肝糖原分解过程由 4 种酶催化进行，其中糖原磷酸化酶是关键酶。

糖异生：非糖物质在肝脏（肾皮质少量）的细胞质和线粒体内合成葡萄糖。能异生成糖的非糖物质有乳酸等。乳酸异生成葡萄糖由 12 种酶催化，其中丙酮酸羧化酶、磷酸烯醇式丙酮酸羧激酶、果糖-1,6-二磷酸酶和葡萄糖-6-磷酸酶是关键酶。生理意义：①在饥饿时维持血糖水平的相对稳定。②参与食物氨基酸的转化与储存。③参与乳酸的回收利用。④肾脏糖异生促进排氨排酸。

乳酸循环：由骨骼肌细胞内的糖酵解与肝细胞内的糖异生联合形成。生理意义：①乳酸再利用，避免营养流失。②防止乳酸积累引起酸中毒。③肝脏通过乳酸循环为骨骼肌运动供能。

其他单糖：从食物吸收的其他单糖可以转化成葡萄糖代谢中间产物进行代谢。

健康人空腹血糖水平相当稳定，其来源和去路受到严格调节，形成动态平衡。血糖来源有食物糖消化吸收、肝糖原分解、糖异生，去路有氧化分解供能、合成糖原、转化成其他糖类或非糖物质，血糖过高时可随尿液排出，但生理条件下极少发生。

肝脏是调节血糖的主要器官，肾脏对调节血糖起重要作用。神经系统和激素通过调节肝脏和肾脏的糖代谢维持血糖水平的稳定。胰岛素是降血糖激素，胰高血糖素、肾上腺素、糖皮质激素、生长激素和甲状腺激素等是升血糖激素。

第九章 脂类代谢

脂类是重要的生命物质。人体脂类以体内合成为主，即使从食物摄取的脂类往往也要经过再加工才被利用。脂类代谢异常与冠状动脉粥样硬化、脂肪肝等疾病有关。

第一节 概 述

脂类包括脂肪和类脂。它们的组成和结构不相同，在体内的分布和生理功能也不尽相同。

一、脂类的分布

脂肪是脂肪组织的主要成分，占脂肪细胞干重的 80% 以上。脂肪组织主要分布于皮下、腹腔和乳腺等部位，这些脂肪组织称为**脂库**。脂库的功能是储存脂肪，所储存的脂肪称为**储存脂**，又称储脂。储存脂的量因人而异，一般占体重的 21%（男性）~26%（女性），并且受营养状况、运动状况、神经和激素等多种因素影响而改变，所以称为**可变脂**。可变脂通过合成与分解不断更新，保持动态平衡。

类脂是构成生物膜的基本成分，约占体重的 5%，而且在各组织器官中的含量比较稳定，基本上不受营养状况和运动状况的影响，所以称为**基本脂**或**固定脂**。

二、脂类的功能

脂类种类不一，功能多样（表 9 - 1）。

表 9 - 1 脂类主要功能

功能	举例	功能	举例
储能物质	储存脂	第二信使前体	磷脂酰肌醇类
生物膜主要成分	磷脂、糖脂、胆固醇	辅助因子	维生素 K
视觉成分	视黄醇、视黄醛	乳化剂	胆汁酸
激素	1,25-二羟维生素 D_3、类固醇激素、类花生酸	膜蛋白锚定	脂酰基、法尼基、磷脂酰肌醇类

脂肪是机体最重要的储能物质。健康成人通常每日摄入 50~60g 脂肪，提供所需能量的 20%~25%（推荐健康成人每日摄入量少于 70g，提供所需能量的 30% 以下）。新生儿每千克体重脂肪消耗量是成人的 3~5 倍。脂肪作为储能物质具有以下特点：①储量大：在一个 70kg 体重的男性体内，储能物质包括 15kg 脂肪和 0.225kg 糖原。15kg 脂肪即使在饥饿状态下也能维持 12 周的能量供应，而 0.225kg 糖原在禁食 12 小时后即基本耗尽。②热值高：氧化 1g 脂肪可以释出 38kJ 能量，大约是氧化 1g 糖原（17.2kJ）或蛋白质（18kJ）所释出能量的 2 倍。③占用储存空间小：糖原和蛋白质均以水化状态存在（糖原含水量 2g/g），所占储存空间是脂肪的 3 倍。

脂肪不易导热，皮下脂肪可以防止热量散失而维持体温；内脏周围的脂肪可以减轻器官之间的摩擦，缓冲机械性冲击，保护和固定内脏；食物脂肪既提供必需脂肪酸，又作为溶剂促进脂溶性维生素的吸收。

类脂是维持生物膜结构与功能必不可少的重要成分，含量占膜成分的 50% 以上。类脂中的不饱和脂肪酸赋予膜流动性，饱和脂肪酸和胆固醇赋予膜坚固性。胆固醇可以转化成胆汁酸和类固醇激素等活性物质。

三、脂类的消化

食物脂类 90% 以上是脂肪，即甘油三酯，此外还有少量磷脂（5%）、胆固醇（约 0.5g）、胆固醇酯、脂溶性维生素等。食物脂类在消化道不同部位（以小肠为主）由不同来源的酶催化消化（多数需要胆汁酸协助），生成甘油一酯、溶血磷脂、胆固醇、脂肪酸。

1. **口腔**　脂类在口腔中没有酶促消化，因为口腔细胞不分泌脂酶。

2. **胃**　食物脂肪的 15%（成人）~50%（新生儿）由胃脂肪酶消化。胃脂肪酶由胃主细胞分泌，其最适 $pH=4$，耐酸、抗胃蛋白酶，消化时不需要胆汁酸协助，但进入小肠后失活。

3. **小肠**　脂类主要在小肠上段消化，消化前先被胆汁酸乳化成微团。消化由胰腺分泌的脂酶催化，主要有胰脂肪酶、辅脂肪酶、磷脂酶 A_2 和胆固醇酯酶等（图 9-1）。

（1）甘油三酯水解成脂肪酸和 2-甘油一酯，由胰脂肪酶催化，需辅脂肪酶（由胰腺合成并分泌的一种蛋白因子，并无催化活性）协助其锚定于微团表面。

（2）甘油磷脂水解成脂肪酸和溶血磷脂，由磷脂酶 A_2 催化（见 178 页）。

　　某些蛇毒及微生物分泌物中含磷脂酶 A_2，通过水解细胞膜磷脂导致溶血或组织细胞坏死。

（3）胆固醇酯水解成脂肪酸和胆固醇，由胆固醇酯酶催化。食物胆固醇多为游离胆固醇，胆固醇酯仅占 10%~15%。

　　其他消化液分泌正常而胰液缺乏可引起脂肪泻。

　　急性胰腺炎时，大量胰酶淤积于炎症区，胰蛋白酶原被激活，激活磷脂酶 A_2 等。磷脂酶 A_2 水解细胞膜磷脂，产生的溶血磷脂引起胰腺细胞坏死、胰实质凝固性坏死、脂肪组织坏死、溶血。

四、脂类消化产物的吸收

脂类消化产物由小肠黏膜（主要是十二指肠下段和空肠上段）上皮细胞吸收，重新酯化，装配成脂蛋白，通过血液循环供给全身各组织利用。

1. 短链脂肪酸和中链脂肪酸由胆汁酸乳化后直接被肠黏膜细胞吸收，通过门静脉进入血液循环。

2. 甘油一酯、长链脂肪酸、溶血磷脂和胆固醇等与胆汁酸形成更小的微团，被肠黏膜细胞吸收，在滑面内质网上（由 2-甘油一酯酰基转移酶催化）重新酯化，然后与载脂蛋白结合形成乳糜微粒（CM），分泌至毛细淋巴管，通过胸导管进入血液循环（图 9-1）。

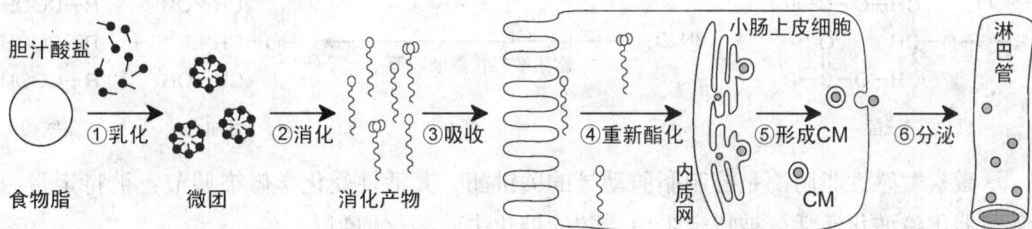

图 9-1 脂类的消化和吸收

纤维素、果胶和琼脂等能与胆汁酸形成复合物，影响脂类乳化、消化和吸收，所以冠心病患者多吃高纤维食物有利于减少胆固醇的吸收。

β谷固醇等植物固醇可以用于治疗高胆固醇血症，机制是抑制小肠对食物和胆汁胆固醇的吸收，从而降低血浆胆固醇水平。

五、脂类代谢一览

脂类代谢包括食物脂类的消化与吸收、脂肪的储存与动员、磷脂的合成与分解、胆固醇的合成与转化，血浆脂蛋白的形成与转运等。肝脏为脂类代谢中心，通过血液循环中血浆脂蛋白的转运和代谢与肝外组织相互协调（图 9-2）。

图 9-2 脂类代谢一览

第二节 甘油三酯代谢

甘油三酯代谢包括甘油三酯的分解与合成、脂肪酸的分解与合成及酮体代谢。

一、甘油三酯分解代谢

脂肪细胞内的甘油三酯水解生成甘油和脂肪酸。甘油被肝脏和肾脏等摄取利用；脂肪酸在肝脏和肝外组织（例如肌肉）氧化分解，或者在肝脏合成酮体供肝外组织利用。

（一）脂肪动员

脂肪动员（mobilization of triacylglycerol）是指脂肪细胞内的甘油三酯被水解生成甘油和脂肪酸，释放入血，供给全身各组织氧化利用的过程。脂肪动员由**激素敏感性脂肪酶**（HSL）等催化。激素敏感性脂肪酶是一种丝氨酸酶，具有相对特异性，除了可以水解甘油三酯之外，还可以水解甘油二酯、甘油一酯、胆固醇酯、视黄醇酯。

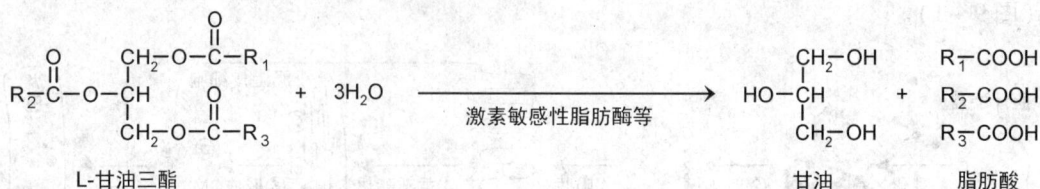

L-甘油三酯　　　　　　　　　　　　　　　甘油　　　脂肪酸

激素敏感性脂肪酶是控制脂肪动员的关键酶，其活性受化学修饰调节：被特定蛋白激酶催化磷酸化激活，被特定蛋白磷酸酶催化去磷酸化抑制。

激素敏感性脂肪酶的化学修饰受多种激素调节：①肾上腺素、去甲肾上腺素、胰高血糖素、生长激素和甲状腺激素等通过信号转导将其磷酸化激活，促进脂肪动员，称为**脂解激素**（lipolytic hormone）。②胰岛素、前列腺素 E_2 和雌二醇等通过信号转导将其去磷酸化抑制，抑制脂肪动员，称为**抗脂解激素**（antilipolytic hormone）。

（二）甘油氧化

脂肪动员释放的甘油易溶于水，可以直接通过血液循环转运。肝脏、肾脏和睾丸等细胞质中富含甘油激酶。它们可以摄取甘油，并将其磷酸化生成3-磷酸甘油，然后脱氢生成磷酸二羟丙酮，通过糖酵解途径分解，或通过糖异生途径生糖。骨骼肌细胞和脂肪细胞内甘油激酶活性极低，所以它们不能利用甘油。

甘油　　　　　　　　　　　　3-磷酸甘油　　　　　　　　　磷酸二羟丙酮

（三）脂肪酸氧化

脂肪动员释放的脂肪酸入血，由白蛋白转运（1 分子白蛋白可以结合 10 分子脂肪酸），被各组织细胞通过同向转运体摄取，在细胞内由脂肪酸结合蛋白质运输到代谢场所。除了脑组织之外，大多数组织都能氧化脂肪酸，其中肝脏、心脏和骨骼肌氧化量最多，分别获得其所需能量的 80%、80% 和 50% 以上（静息态）。脂肪酸氧化有多条途径，其中最主要的途径是活化成脂酰辅酶 A，然后由肉碱转运进入线粒体，经过 β 氧化降解成乙酰辅酶 A。这一代谢过程属于脂肪酸生物氧化第一阶段。

1. 脂肪酸活化成脂酰辅酶 A 反应由脂酰辅酶 A 合成酶催化，该酶位于线粒体外膜上。

$$R-\overset{\overset{\displaystyle O}{\|}}{C}-OH + ATP + CoASH \xrightarrow{\text{脂酰 CoA 合成酶}} R-\overset{\overset{\displaystyle O}{\|}}{C}\sim SCoA + AMP + PPi$$

脂肪酸 　　　　　　　　　　　　　　　　　　　　　　脂酰 CoA

脂肪酸活化产生的焦磷酸被焦磷酸酶水解，因而每活化一分子脂肪酸实际消耗两个高能键，相当于消耗两分子 ATP。

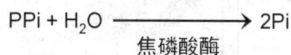

$$PPi + H_2O \xrightarrow{\text{焦磷酸酶}} 2Pi$$

生成的脂酰辅酶 A 既可以进入线粒体氧化分解，又可以在细胞质中合成脂肪和类脂。

2. 脂酰辅酶 A 进入线粒体 因为催化脂肪酸 β 氧化的酶主要位于线粒体内，所以脂酰辅酶 A 必须进入线粒体才能被氧化。长链脂酰辅酶 A 不能直接透过线粒体内膜，必须以 L-肉碱（carnitine）为载体转运才能进入线粒体：①脂酰辅酶 A 把酰基转给 L-肉碱，生成脂酰肉碱，反应由位于线粒体外膜外侧的**肉碱酰基转移酶 I** 催化。②脂酰肉碱通过位于线粒体内膜上的脂酰肉碱－肉碱转运体进入线粒体。③脂酰肉碱把酰基转给线粒体内的辅酶 A，重新生成脂酰辅酶 A（图 9-3），反应由位于线粒体内膜内侧的肉碱酰基转移酶 II 催化。

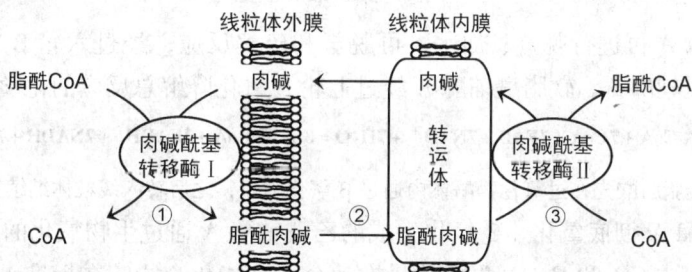

图 9-3 脂肪酸转运

3. 脂酰辅酶 A 通过 β 氧化降解 脂酰辅酶 A 接下来的氧化过程包括脱氢、加水、再脱氢和硫解四步反应。反应主要发生在 β 碳原子上，所以称为 β 氧化（图 9-4）。以软脂酰辅酶 A 为例，β 氧化过程如下：

（1）脱氢：脂酰辅酶 A 脱氢生成反-α,β-烯脂酰辅酶 A，脱下的氢由 FAD 接收生成 $FADH_2$，反应由脂酰辅酶 A 脱氢酶（黄素蛋白，以 FAD 为辅基，位于线粒体内膜上）催化。

（2）加水：反-α,β-烯脂酰辅酶 A 加水生成 L-β-羟脂酰辅酶 A，反应由 α,β-烯脂酰辅酶 A 水化酶催化。

（3）再脱氢：L-β-羟脂酰辅酶 A 脱氢生成 β-酮脂酰辅酶 A，脱下的氢由 NAD^+ 接收生成 $NADH + H^+$，反应由 L-β-羟脂酰辅酶 A 脱氢酶催化。

（4）硫解：β-酮脂酰辅酶 A 硫解生成豆蔻酰辅酶 A 和 1 分子乙酰辅酶 A，反应由β-酮脂酰辅酶 A 硫解酶催化。软脂酰辅酶 A 一轮 β 氧化总反应的化学方程式如下：

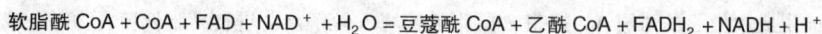

软脂酰 $CoA + CoA + FAD + NAD^+ + H_2O =$ 豆蔻酰 $CoA +$ 乙酰 $CoA + FADH_2 + NADH + H^+$

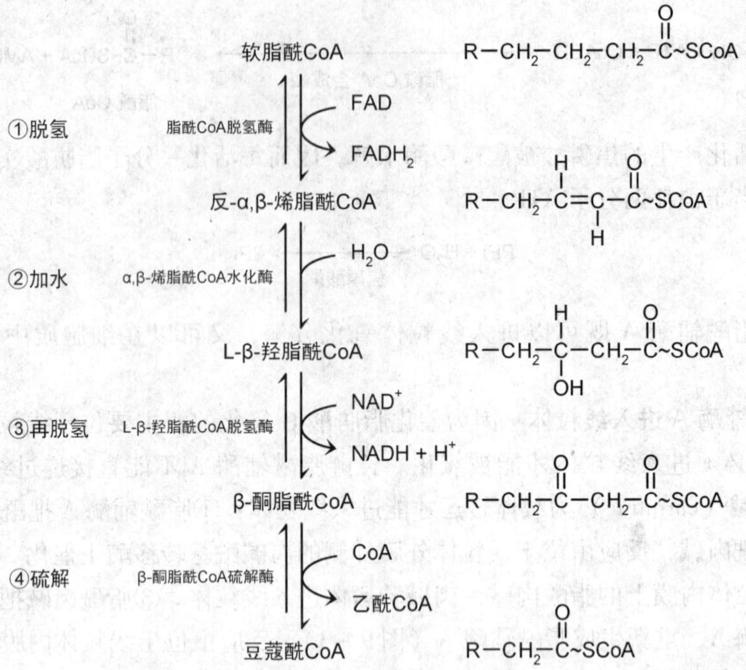

软脂酰CoA

$R-CH_2-CH_2-CH_2-\overset{\displaystyle O}{\overset{\|}{C}}-SCoA$

①脱氢　脂酰CoA脱氢酶　FAD → FADH₂

反-α,β-烯脂酰CoA

$R-CH_2-\overset{H}{\underset{}{C}}=\overset{H}{\underset{}{C}}-\overset{\displaystyle O}{\overset{\|}{C}}\sim SCoA$

②加水　α,β-烯脂酰CoA水化酶　H₂O

L-β-羟脂酰CoA

$R-CH_2-\overset{H}{\underset{OH}{C}}-CH_2-\overset{\displaystyle O}{\overset{\|}{C}}\sim SCoA$

③再脱氢　L-β-羟脂酰CoA脱氢酶　NAD⁺ → NADH + H⁺

β-酮脂酰CoA

$R-CH_2-\overset{\displaystyle O}{\overset{\|}{C}}-CH_2-\overset{\displaystyle O}{\overset{\|}{C}}\sim SCoA$

④硫解　β-酮脂酰CoA硫解酶　CoA → 乙酰CoA

豆蔻酰CoA

$R-CH_2-\overset{\displaystyle O}{\overset{\|}{C}}\sim SCoA$

图 9 - 4　脂肪酸 β 氧化

　　豆蔻酰辅酶 A 再进行脱氢、加水、再脱氢和硫解反应，经过六轮 β 氧化，最终降解成七分子乙酰辅酶 A。软脂酰辅酶 A 经过七轮 β 氧化降解总反应的化学方程式如下：

$$软脂酰\,CoA + 7CoA + 7FAD + 7NAD^+ + 7H_2O = 8\,乙酰\,CoA + 7FADH_2 + 7NADH + 7H^+$$

　　此外，极长链脂肪酸先在过氧化物酶体内通过 β 氧化缩短，之后转入线粒体继续完成 β 氧化。

　　4. 乙酰辅酶 A 彻底氧化　β 氧化生成的乙酰辅酶 A 通过生物氧化的第二、第三阶段彻底氧化，生成 CO_2 和 H_2O，释放能量推动合成高能化合物。在标准条件下，1 分子软脂酸彻底氧化推动合成 106 分子 ATP（其中包括底物水平磷酸化生成的 8 分子 GTP）（表 9-2），并生成 122 分子 H_2O，其总反应的化学方程式如下：

$$软脂酸 + 23O_2 + 106ADP + 106Pi = 16CO_2 + 106ATP + 122H_2O$$

表 9 - 2　软脂酸氧化生成的 ATP

8 乙酰 CoA	7FADH₂	7NADH	活化消耗	净得
10×8	1.5×7	2.5×7	2	106

　　5. 脂肪酸氧化调节　肉碱酰基转移酶Ⅰ是控制脂肪酸氧化分解的关键酶。

　　(1) 关键酶调节：①在饥饿或摄入高脂低糖膳食时机体糖供应不足，在糖尿病时机体不能有效利用血糖，均需要脂肪酸氧化分解供能，此时肉碱酰基转移酶Ⅰ活性增高，脂肪酸氧化分解加快。②饱食后机体甘油三酯合成增多，细胞内丙二酸单酰辅酶 A 增多（见 173 页），竞争性抑制肉碱酰基转移酶Ⅰ活性，脂肪酸氧化分解减慢。

　　(2) 代谢物调节：①进食高糖食物时，糖代谢加快，一方面消耗 NAD^+，抑制 β-羟脂酰辅酶 A 脱氢；另一方面生成大量乙酰辅酶 A，抑制 β-酮脂酰辅酶 A 硫解。②进食高脂低糖食物时，或饥饿、糖尿病促进脂肪动员时，脂肪酸大量供应，被组织大量摄取、代谢。

6. 脂肪酸的其他氧化方式 除了 β 氧化之外，脂肪酸还可以进行 ω 氧化和 α 氧化等。

（1）不饱和脂肪酸的氧化：不饱和脂肪酸也可以通过 β 氧化途径降解，只是其所含的顺式双键要异构成可以进行 β 氧化的反式双键，需要由烯脂酰辅酶 A 异构酶和二烯脂酰辅酶 A 还原酶催化。

（2）奇数碳脂肪酸的氧化：奇数碳脂肪酸（主要来自植物性食物及海产品）可以进行 β 氧化，只是最后生成 1 分子丙酰辅酶 A。①丙酰辅酶 A 羧化生成 D-甲基丙二酸单酰辅酶 A，由丙酰辅酶 A 羧化酶催化，该酶为 $\alpha_6\beta_6$ 十二聚体，含生物素辅基，消耗 ATP，位于线粒体内。②异构生成 L-甲基丙二酸单酰辅酶 A，由差向异构酶催化。③变位生成琥珀酰辅酶 A，由变位酶催化，该酶以 5′-脱氧腺苷钴胺素为辅基。④琥珀酰辅酶 A 可以异生成糖。

（3）脂肪酸的 ω 氧化：在肝细胞和肾细胞的内质网中，少量中长链（$C_{10} \sim C_{12}$）脂肪酸的 ω 碳原子可以由羟化酶、脱氢酶催化氧化成羧基，然后进入线粒体进行 β 氧化。

（4）脂肪酸的 α 氧化：在过氧化物酶体中，脂肪酸由羟化酶催化氧化成 α-羟脂酸，然后通过 α-氧化脱羧反应生成比原来少一个碳原子的脂酰辅酶 A，再进行 β 氧化。

📖 **脂肪酸氧化缺陷** 2.5% 美国人和北欧人是中链脂酰辅酶 A 脱氢酶隐性突变携带者，显性发生率 10^{-4}，幼儿患者死亡率 25%~60%。患者不能氧化中链脂肪酸，导致肝内脂肪积累，血液中存在高水平辛酸，血糖不足，尿液中存在高水平 $C_6 \sim C_{12}$ 二元羧酸（ω 氧化产物），表现为困乏、呕吐、昏迷。通过早期诊断控制膳食低脂高糖，少量多餐，控制脂肪合成，预后良好。

（四）酮体代谢

酮体（ketone body）包括乙酰乙酸、D-β-羟丁酸和丙酮，是脂肪酸分解代谢的产物。

1. 酮体合成 肝脏是分解脂肪酸最活跃的器官之一。肝脏通过 β 氧化分解脂肪酸生成大量乙酰辅酶 A，超过自己的需要，过剩的乙酰辅酶 A 在线粒体内合成酮体（图 9-5）。

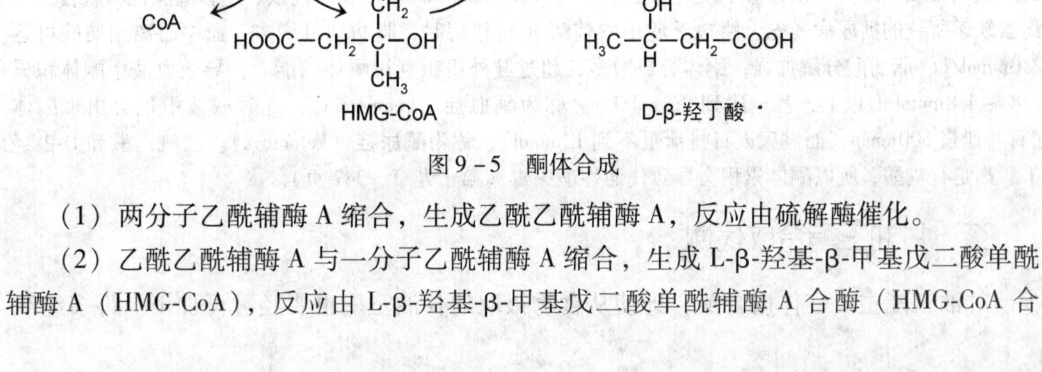

图 9-5 酮体合成

（1）两分子乙酰辅酶 A 缩合，生成乙酰乙酰辅酶 A，反应由硫解酶催化。

（2）乙酰乙酰辅酶 A 与一分子乙酰辅酶 A 缩合，生成 L-β-羟基-β-甲基戊二酸单酰辅酶 A（HMG-CoA），反应由 L-β-羟基-β-甲基戊二酸单酰辅酶 A 合酶（HMG-CoA 合酶）催化。

（3）HMG-CoA 裂解，生成乙酰乙酸和乙酰辅酶 A，反应由 HMG-CoA 裂解酶催化。

（4）乙酰乙酸可以由 NADH + H$^+$ 还原生成 D-β-羟丁酸，反应由 D-β-羟丁酸脱氢酶催化。

（5）少量乙酰乙酸脱羧基生成丙酮，反应可以自发进行，或由乙酰乙酸脱羧酶催化。

2. 酮体利用　肝脏合成的酮体进入血液循环，被肝外组织摄取，在线粒体内被氧化分解。

（1）D-β-羟丁酸脱氢生成乙酰乙酸，反应由 D-β-羟丁酸脱氢酶催化（图 9-5④）。

（2）乙酰乙酸被琥珀酰辅酶 A 活化成乙酰乙酰辅酶 A，反应由琥珀酰辅酶 A 转移酶（又称 β-酮脂酰辅酶 A 转移酶）催化，该酶在心、肾、脑、肌肉、白细胞、成纤维细胞有高表达，但是肝细胞内没有，因而肝细胞不能利用酮体。

琥珀酰 CoA　HOOC—CH$_2$—CH$_2$—C~SCoA　　HOOC—CH$_2$—CH$_2$—COOH　　琥珀酸

乙酰乙酸　H$_3$C—C—CH$_2$—COOH　→（琥珀酰CoA 转移酶）→　H$_3$C—C—CH$_2$—C~SCoA　乙酰乙酰 CoA

（3）乙酰乙酰辅酶 A 硫解生成乙酰辅酶 A，反应由硫解酶催化（图 9-5①）。丙酮不能被利用，主要由肺呼出。

3. 酮体代谢生理意义　酮体是脂肪酸分解代谢的产物，是乙酰辅酶 A 的转运形式。肝脏的 β 氧化能力最强，可以为其他组织代加工，把脂肪酸氧化成乙酰辅酶 A。不过乙酰辅酶 A 不能直接透过生物膜，必须转化成可以转运的形式，这就是酮体。酮体是水溶性小分子，容易透过毛细血管壁，被肝外组织特别是骨骼肌、心肌、肾皮质吸收利用。饥饿导致血糖水平下降时，脑组织也可以利用酮体。

4. 酮体合成调节　在正常代谢条件下，酮体的合成和利用受到调节，保持平衡：①饱食及糖供应充足时，胰岛素分泌增多，抑制激素敏感性脂肪酶，使脂肪动员减少，血中游离脂肪酸减少（0.7mmol/L 以下），进入肝细胞的脂肪酸减少，并且主要用于合成甘油三酯和磷脂。β 氧化减慢，酮体合成减少。②饥饿或糖供应不足时，糖代谢减慢，供能不足，胰高血糖素等分泌增多，激活激素敏感性脂肪酶，使脂肪动员增多，血中游离脂肪酸增多（0.7~0.8mmol/L），进入肝细胞的脂肪酸增多，并且主要进行 β 氧化，酮体合成增多。

5. 酮体代谢异常　肝脏是酮体合成的唯一场所。在正常代谢条件下，酮体合成较少，并且很快被肝外组织吸收利用，所以血液中仅有少量酮体（<0.3mmol/L）。在长期饥饿、进食高脂低糖膳食、胰岛素缺乏所致的糖尿病、先天性缺乏琥珀酰辅酶 A 转移酶时，脂肪动员增多，血中游离脂肪酸可达 2.0mmol/L，脂肪酸分解加强，酮体合成增多，超过肝外组织利用酮体的能力，导致血液中酮体积累（多在 4.8mmol/L 以上，甚至达到 9mmol/L），称为**酮血症**（ketonemia），此时尿液中也会出现酮体（日排泄量 500mmol，而健康人日排泄量不到 12mmol），称为**酮尿症**（ketonuria）。乙酰乙酸和 D-β-羟丁酸都是有机酸，所以酮体累积会导致代谢性酸中毒（第十九章，347 页）。

二、甘油三酯合成代谢

甘油三酯主要在体内合成，即使从食物摄取的甘油三酯也要经过再加工。许多组织都可以合成甘油三酯，肝脏、脂肪组织和小肠黏膜是合成甘油三酯的主要场所。

甘油三酯的合成原料是脂肪酸和甘油。脂肪酸和甘油可以来自食物消化吸收，但大部分是用消化吸收的其他营养物质（特别是葡萄糖）合成的。

（一）脂肪酸合成

脂肪酸主要在体内合成。

1. 合成场所和合成原料　脂肪酸是在肝、肺、脑、乳腺和脂肪组织等的细胞质中合成的。肝脏是人体内脂肪酸合成最活跃的场所，其合成能力较脂肪组织大 8 ~ 9 倍。

乙酰辅酶 A 和 NADPH 是脂肪酸的合成原料：乙酰辅酶 A 主要来自糖的有氧氧化，NADPH 主要来自磷酸戊糖途径，细胞质中异柠檬酸脱氢酶（第八章，143 页）、苹果酸酶催化的反应（图 9 - 6 ⑦）也生成少量 NADPH。

此外，脂肪酸合成还需要 ATP、生物素、CO_2 和 Mn^{2+}（或 Mg^{2+}）等。

2. 乙酰辅酶 A 转运　乙酰辅酶 A 在线粒体内生成，而脂肪酸在细胞质中合成。乙酰辅酶 A 不能自由透过线粒体内膜，必须通过以下穿梭转运到细胞质中，才能用于合成脂肪酸（图 9 - 6）。

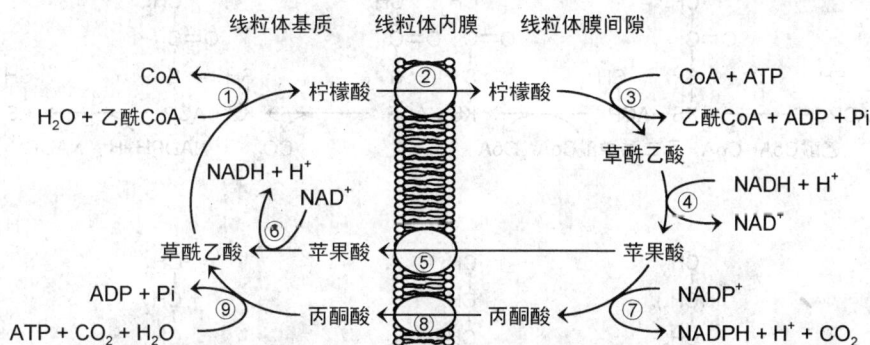

图 9 - 6　乙酰辅酶 A 转运

（1）柠檬酸 - 苹果酸穿梭：①乙酰辅酶 A 与草酰乙酸缩合，生成柠檬酸。②柠檬酸由柠檬酸转运体转运到细胞质中。③柠檬酸裂解生成乙酰辅酶 A 和草酰乙酸，由 **ATP 柠檬酸裂合酶**催化。④草酰乙酸还原生成苹果酸，由苹果酸脱氢酶 1 催化。⑤苹果酸由苹果酸 - α-酮戊二酸转运体转运到线粒体内。⑥苹果酸脱氢再生草酰乙酸，由苹果酸脱氢酶 2 催化。

（2）柠檬酸 - 丙酮酸穿梭：⑦苹果酸也可以氧化脱羧生成丙酮酸，由苹果酸酶催化。⑧丙酮酸通过丙酮酸转运体转运到线粒体内。⑨丙酮酸羧化再生草酰乙酸。该穿梭的另一个意义是生成 NADPH 供给脂肪酸合成。

3. 乙酰辅酶 A 活化　即乙酰辅酶 A 羧化生成丙二酸单酰辅酶 A（又称丙二酰辅酶 A），反应由乙酰辅酶 A 羧化酶催化。**乙酰辅酶 A 羧化酶**是一种多功能酶，以生物素为辅基、Mn^{2+} 为激活剂。

$$乙酰 CoA + CO_2 + H_2O + ATP \rightarrow 丙二酸单酰 CoA + ADP + Pi$$

4. 软脂酸合成　软脂酸是人体内首先合成的脂肪酸，是由一分子乙酰辅酶 A 与七分子丙二酸单酰辅酶 A 合成的。软脂酸合成过程实际上是乙酰辅酶 A 经历七次循环，每次循环从丙二酸单酰辅酶 A 获得两个碳原子，最终被加长成软脂酸。

软脂酸合成过程由脂肪酸合酶催化。人体**脂肪酸合酶**是一种多功能酶，分子量为 273kDa，分子结构中有 1 个酰基载体蛋白（ACP）中心（其巯基直接参与催化反应，以 ACP-SH 表示）和 7 个活性中心：①乙酰辅酶 A – ACP 酰基转移酶。②丙二酸单酰辅酶 A – ACP 酰基转移酶。③β-酮脂酰-ACP 合酶，其一个半胱氨酸巯基直接参与催化反应，以 KS-SH 表示。④β-酮脂酰-ACP 还原酶。⑤β-羟脂酰-ACP 脱水酶。⑥烯脂酰-ACP 还原酶。⑦软脂酰-ACP 水解酶。两分子脂肪酸合酶首尾相连构成的同二聚体为其活性形式。

软脂酸合成过程是一个复杂的循环过程，可以分为缩合（图 9 – 7①～③）、加氢（图 9 –7④）、脱水（图 9 –7⑤）、再加氢（图 9 –7⑥）四个反应阶段。

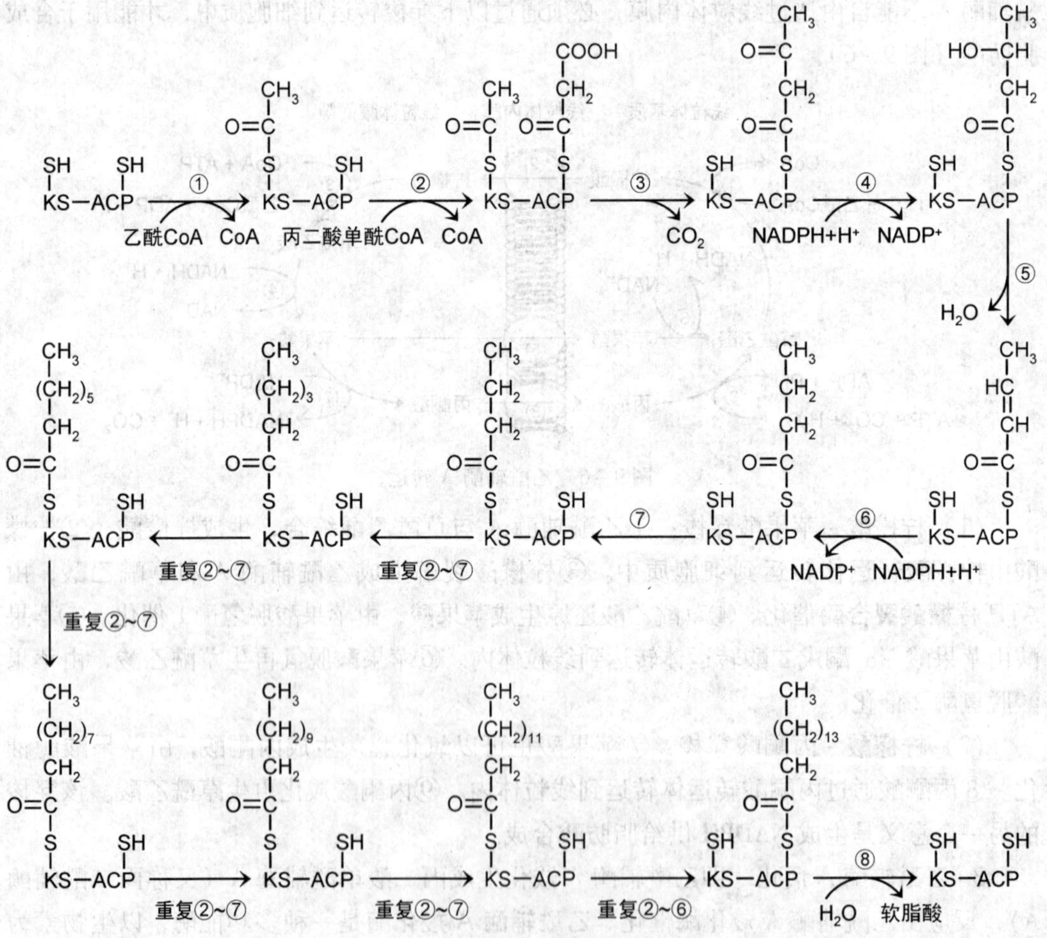

图 9 – 7　软脂肪酸合成

（1）乙酰辅酶 A 与 KS-SH 缩合，形成乙酰 KS，反应由乙酰辅酶 A – ACP 酰基转移酶催化。

（2）丙二酸单酰辅酶 A 与 ACP-SH 缩合，形成丙二酸单酰 ACP，反应由丙二酸单酰辅酶 A – ACP 酰基转移酶催化。

（3）乙酰基与丙二酸单酰 ACP 缩合，生成 β-酮丁酰 ACP，并释放 CO_2，反应由 β-酮脂酰-ACP 合酶催化。

（4）NADPH 将 β-酮丁酰 ACP 还原，生成 D-β-羟丁酰 ACP，反应由 β-酮脂酰-ACP 还原酶催化。

（5）D-β-羟丁酰 ACP 脱去 1 分子 H_2O，生成反-α,β-烯丁酰 ACP，反应由 β-羟脂酰-ACP 脱水酶催化。

（6）NADPH 将反-α,β-烯丁酰 ACP 还原，生成丁酰 ACP，反应由烯脂酰-ACP 还原酶催化。

经过上述循环，乙酰基（乙酰辅酶 A）从丙二酸单酰辅酶 A 获得 1 个二碳单位，合成了丁酰基（丁酰 ACP），总反应的化学方程式如下：

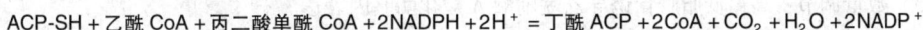

$$\text{ACP-SH} + \text{乙酰 CoA} + \text{丙二酸单酰 CoA} + 2\text{NADPH} + 2\text{H}^+ = \text{丁酰 ACP} + 2\text{CoA} + \text{CO}_2 + \text{H}_2\text{O} + 2\text{NADP}^+$$

（7）接下来，丁酰 ACP 把丁酰基转移给 KS-SH 的巯基，形成丁酰 KS（图 9 – 7⑦），反应由乙酰辅酶 A – ACP 酰基转移酶催化。

之后重复②~⑦，依次生成己酰 KS、辛酰 KS、癸酰 KS、月桂酰 KS、豆蔻酰 KS。最后一循环重复②~⑥，生成软脂酰 ACP。

（8）软脂酰 ACP 水解释放软脂酸，反应由软脂酰-ACP 水解酶催化（图 9 – 7⑧）。

软脂酸合成总反应的化学方程式如下：

$$\text{乙酰 CoA} + 7 \text{丙二酸单酰 CoA} + 14\text{NADPH} + 14\text{H}^+ = \text{软脂酸} + 8\text{CoA} + 6\text{H}_2\text{O} + 14\text{NADP}^+ + 7\text{CO}_2$$

5. 脂肪酸延长 脂肪酸合酶主要催化合成软脂酸，更长的脂肪酸是由其他酶系催化软脂酸进一步延长合成的，延长反应在滑面内质网或线粒体内进行。

（1）滑面内质网脂肪酸延长酶系催化的延长过程与脂肪酸合酶催化的合成过程类似，但不需要 ACP。滑面内质网脂肪酸延长酶系可以将脂肪酸链延长全二十四碳，但主要合成十八碳的硬脂酸，该酶系是催化脂肪酸延长的主要酶系。

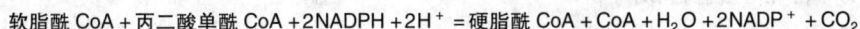

$$\text{软脂酰 CoA} + \text{丙二酸单酰 CoA} + 2\text{NADPH} + 2\text{H}^+ = \text{硬脂酰 CoA} + \text{CoA} + \text{H}_2\text{O} + 2\text{NADP}^+ + \text{CO}_2$$

（2）线粒体脂肪酸延长酶系催化的延长过程与 β 氧化的逆过程类似，但所用的供氢体是 NADPH，催化加氢的酶也不一样。线粒体脂肪酸延长酶系可以将脂肪酸链延长至二十六碳，但主要合成十八碳的硬脂酸。

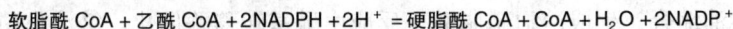

$$\text{软脂酰 CoA} + \text{乙酰 CoA} + 2\text{NADPH} + 2\text{H}^+ = \text{硬脂酰 CoA} + \text{CoA} + \text{H}_2\text{O} + 2\text{NADP}^+$$

6. 不饱和脂肪酸合成 哺乳动物滑面内质网表面存在脂酰辅酶 A 去饱和酶系和脂肪酸去饱和酶系，由去饱和酶（又称脱饱和酶，以细胞色素 b_5 为辅基）和细胞色素 b_5 还原酶（以 FAD 为辅基）构成，可以催化脂酰辅酶 A 和脂肪酸脱氢，从而引入顺式双键，将饱和脂肪酸转化成不饱和脂肪酸，例如把软脂酸转化成棕榈油酸，把硬脂酰辅酶 A 转化成油酰辅酶 A。

$$\text{硬脂酰 CoA} + \text{O}_2 + \text{NADPH} + \text{H}^+ \rightarrow \text{油酰 CoA} + 2\text{H}_2\text{O} + \text{NADP}^+$$

不过，这些去饱和酶系不能在 C-10 至 ω 碳之间引入顺式双键，因此不能把硬脂酸转化成必需脂肪酸亚油酸和 α 亚麻酸。

7. 脂肪酸合成调节 乙酰辅酶 A 羧化酶是控制脂肪酸合成的关键酶，其活性受多种机制调节。

（1）变构调节：乙酰辅酶 A 羧化酶是一种多功能变构酶，含一个生物素辅基和两个 Mn^{2+}，具有单体、同二聚体、同四聚体、棒状寡聚体等不同结构形式，以棒状寡聚体活性最高。①进食高脂膳食或脂肪动员增多时，肝细胞内的软脂酰辅酶A增多，反馈抑制乙酰辅酶A羧化酶，从而抑制脂肪酸合成。②进食高糖膳食时糖代谢加快，ATP增多，抑制异柠檬酸脱氢酶，导致异柠檬酸和柠檬酸积累。柠檬酸逸出线粒体，促使乙酰辅酶A羧化酶形成棒状寡聚体而变构激活，促进脂肪酸合成。③丙二酸单酰辅酶A反馈抑制乙酰辅酶A羧化酶。

（2）化学修饰调节：乙酰辅酶A羧化酶被AMP活化的蛋白激酶（AMPK）催化磷酸化抑制（寡聚体解聚成单体且不被柠檬酸激活），被特定蛋白磷酸酶催化去磷酸化激活。

乙酰辅酶A羧化酶的化学修饰受多种激素调节：①胰高血糖素、肾上腺素通过信号转导促使其磷酸化抑制。②胰岛素通过信号转导促使其去磷酸化激活。

（3）数量调节：高糖低脂膳食诱导乙酰辅酶A羧化酶基因表达。

（4）代谢物调节：①进食高糖膳食时糖代谢加快，NADPH和乙酰辅酶A增多，在底物水平促进脂肪酸合成。②饥饿或进食高脂低糖膳食时血浆脂肪酸增多，细胞摄取脂肪酸量增多，脂肪酸合成被抑制。

（二）3-磷酸甘油合成

合成甘油三酯所需的甘油是其活化形式3-磷酸甘油，主要由糖代谢中间产物磷酸二羟丙酮还原生成。此外，肝细胞富含甘油激酶，可以利用甘油；脂肪细胞甘油激酶活性极低，不能利用甘油。

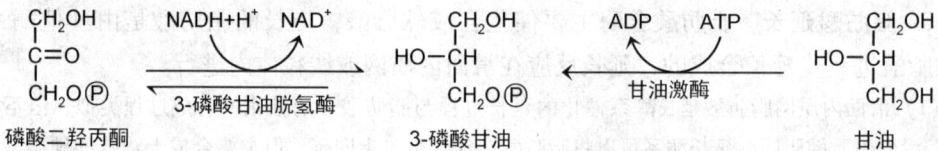

磷酸二羟丙酮　　　　　　　　　　　　　　　3-磷酸甘油　　　　　　　　　甘油

（三）甘油三酯合成

由脂肪酸和甘油合成1分子甘油三酯要消耗7分子ATP。总反应的化学方程式如下：

$$3 脂肪酸 + 甘油 + 7ATP + 4H_2O = 甘油三酯 + 7ADP + 7Pi$$

1. 合成过程　①脂肪酸先活化成脂酰辅酶A，反应由脂酰辅酶A合成酶催化；然后与3-磷酸甘油缩合，生成溶血磷脂酸，反应由酰基转移酶催化。②溶血磷脂酸与脂酰辅酶A缩合，生成磷脂酸，反应由酰基转移酶催化。③磷脂酸水解脱磷酸，生成甘油二酯，反应由磷脂酸磷酸酶催化。④甘油二酯与脂酰辅酶A缩合，生成甘油三酯，反应由酰基转移酶催化（图9-8）。

上述合成过程中有甘油二酯生成，所以称为**甘油二酯途径**，这是肝细胞和脂肪细胞合成甘油三酯的主要途径。

2. 合成场所与意义　肝脏、脂肪组织和小肠黏膜是合成甘油三酯的主要场所，但合成原料及来源不同，意义不同：①肝脏合成甘油三酯最多，但合成后全部输出，合成原料来自消化吸收的脂肪酸、以消化吸收的其他营养物质（特别是葡萄糖）为原料合成的脂肪酸和脂肪组织脂肪动员释出的脂肪酸。②脂肪组织是甘油三酯的储存场所，它合成甘油三酯所需的脂肪酸主要来自血浆脂蛋白。③小肠黏膜用消化吸收的甘油一酯与

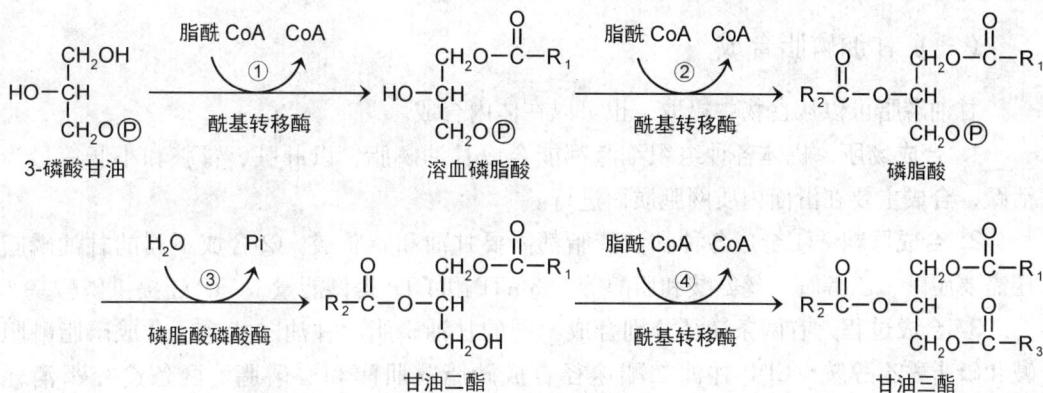

图 9-8 甘油三酯合成

游离脂肪酸合成甘油三酯（又称**甘油一酯途径**），是食物甘油三酯消化吸收的一个环节。

三、激素对甘油三酯代谢的调节

对甘油三酯代谢影响较大的激素有胰岛素、胰高血糖素、肾上腺素、甲状腺激素、糖皮质激素和生长激素等，其中胰岛素促进甘油三酯合成，其余激素促进甘油三酯分解，以胰岛素、肾上腺素和胰高血糖素最为重要。

1. 胰岛素 通过信号转导既促进甘油三酯合成又抑制脂肪动员，从而使脂肪组织储存脂肪增多：①胰岛素激活乙酰辅酶 A 羧化酶和 ATP 柠檬酸裂合酶，诱导乙酰辅酶 A 羧化酶基因表达，从而促进脂肪酸合成；激活酰基转移酶，从而促进磷脂酸和甘油三酯合成。②胰岛素抑制激素敏感性脂肪酶、肉碱酰基转移酶 I 等，从而抑制脂肪动员。

2. 胰高血糖素和肾上腺素 既抑制甘油三酯合成又促进脂肪动员：胰高血糖素通过信号转导一方面抑制乙酰辅酶 A 羧化酶，从而抑制脂肪酸及甘油三酯合成；另一方面激活激素敏感性脂肪酶，从而促进脂肪动员。

3. 糖皮质激素 对不同部位脂肪代谢作用不同，促进四肢脂肪组织脂肪动员，促进腹部、面部、背部、两肩脂肪合成。因此，糖皮质激素分泌过多会导致脂肪在体内重新分布，四肢消瘦，躯干发胖，面圆背厚。

第三节 磷脂代谢

磷脂包括甘油磷脂和鞘磷脂。

一、甘油磷脂代谢

磷脂酰胆碱和磷脂酰乙醇胺是人体内含量最多的甘油磷脂，占血液和各组织磷脂的75%以上。

（一）甘油磷脂合成

甘油磷脂可以从食物中摄取，也可以在体内合成。

1. 合成场所 机体各种组织细胞都能合成甘油磷脂，以肝脏、肾脏和小肠等最为活跃，合成主要在滑面内质网胞质面进行。

2. 合成原料 ①合成各种甘油磷脂都需要甘油和脂肪酸。②合成不同的甘油磷脂还需要胆碱、乙醇胺、丝氨酸和肌醇等。③ATP 和 CTP 提供能量，ATP 还提供磷酸基。

3. 合成过程 有两条途径分别合成不同的甘油磷脂。甘油二酯途径合成磷脂酰胆碱和磷脂酰乙醇胺，CDP-甘油二酯途径合成磷脂酰肌醇和心磷脂。两条途径都消耗CTP，只是 CTP 所起的作用不一样。

（1）**甘油二酯途径**：以磷脂酰胆碱为例，胆碱激酶催化胆碱磷酸化，生成磷酰胆碱。磷酰胆碱与CTP 反应，生成 CDP-胆碱。CDP-胆碱与甘油二酯缩合，生成磷脂酰胆碱（图 9-9），并融入膜脂。磷脂酰乙醇胺的合成过程与磷脂酰胆碱相同，先生成 CDP-乙醇胺。

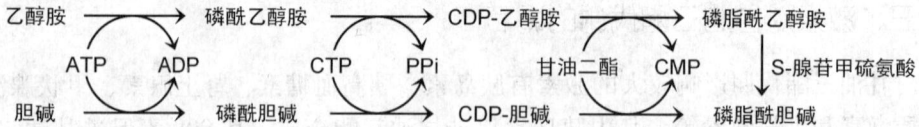

图 9-9 甘油二酯途径

（2）**CDP-甘油二酯途径**：甘油三酯合成过程产生的磷脂酸可以通过该途径合成甘油磷脂，即磷脂酸先与 CTP 反应，生成 CDP-甘油二酯。CDP-甘油二酯与肌醇缩合生成磷脂酰肌醇，与磷脂酰甘油缩合生成心磷脂（图 9-10）。

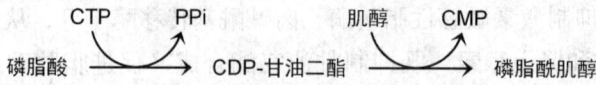

图 9-10 CDP-甘油二酯途径

此外：①人体内磷脂酰丝氨酸是由丝氨酸与磷脂酰乙醇胺的乙醇胺（或磷脂酰胆碱的胆碱）交换生成的。②磷脂酰乙醇胺的另一个合成途径是磷脂酰丝氨酸脱羧基。③磷脂酰胆碱的另一个合成途径是磷脂酰乙醇胺甲基化（第十章，208 页），合成量占肝脏磷脂酰胆碱总合成量的 10% ~15%。

（二）甘油磷脂分解

甘油磷脂在溶酶体中水解。水解甘油磷脂的酶主要有磷脂酶 A_1、磷脂酶 A_2、磷脂酶 C 和磷脂酶 D。它们水解甘油磷脂不同的酯键，得到不同的水解产物（图 9-11）。

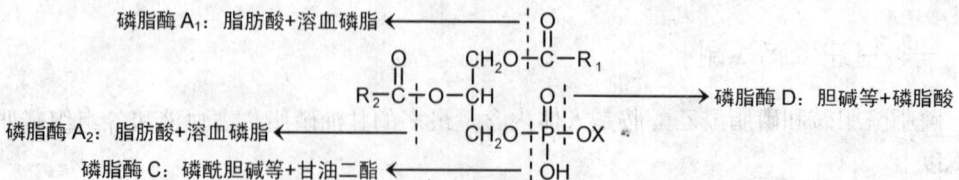

图 9-11 磷脂水解

二、鞘磷脂代谢

鞘磷脂由鞘氨醇、脂肪酸和磷酰胆碱构成。

1. 鞘磷脂合成 鞘磷脂合成以脑组织最为活跃，此外还有心、肾、肝、胃、肌肉等。鞘磷脂的合成原料包括软脂酰辅酶 A、脂酰辅酶 A、丝氨酸、磷脂酰胆碱和 NADPH，此外还需要磷酸吡哆醛和 Mn^{2+} 等参与：①软脂酰辅酶 A 与丝氨酸缩合并脱羧，生成 3-酮基二氢鞘氨醇，反应由丝氨酸软脂酰转移酶催化，该酶以磷酸吡哆醛为辅基，位于滑面内质网膜上。②3-酮基二氢鞘氨醇被 NADPH 还原，生成二氢鞘氨醇，反应由 3-酮基二氢鞘氨醇还原酶催化，该酶位于滑面内质网膜上。③二氢鞘氨醇从脂酰辅酶 A 获得酰基，生成 N-脂酰二氢鞘氨醇，反应由神经酰胺合酶催化，该酶位于滑面内质网膜上。④N-脂酰二氢鞘氨醇氧化脱氢，生成 N-脂酰鞘氨醇（即神经酰胺），反应由去饱和酶催化，该酶位于滑面内质网膜上。⑤神经酰胺从磷脂酰胆碱获得磷酰胆碱，生成鞘磷脂，反应由转移酶催化，该酶位于细胞膜和高尔基体膜上（图 9-12）。

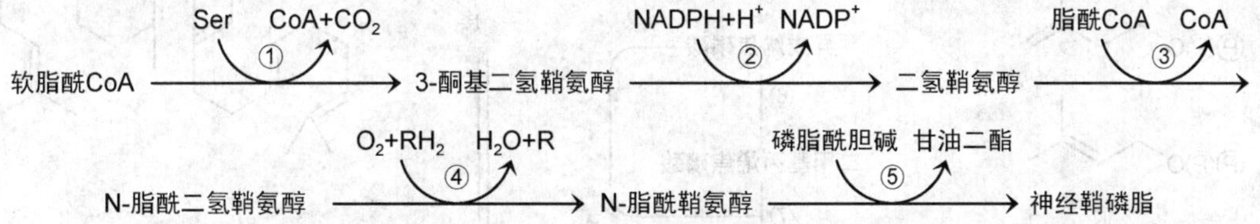

图 9-12 鞘磷脂合成

2. 鞘磷脂分解 鞘磷脂水解产物为磷酰胆碱和神经酰胺，反应由酸性鞘磷脂酶催化，该酶位于脑、肝脏、脾脏和肾脏等细胞的溶酶体中。先天缺乏酸性鞘磷脂酶导致 Niemann-Pick 病（图 2-1）。

第四节 类固醇代谢

胆固醇从来源上可以分为两部分，即从食物摄取的外源性胆固醇（健康成人每日摄取 $0.1 \sim 0.5g$）和在体内合成的内源性胆固醇（健康成人每日合成 $1.0 \sim 1.5g$）。胆固醇转化主要在肝脏内进行，且主要转化成胆汁酸。多数胆固醇不经转化直接随胆汁排入肠道，随粪便排出体外。

一、胆固醇合成

胆固醇主要在体内合成。70kg 体重健康成人每日合成胆固醇 $1.0 \sim 1.5g$。

1. 合成场所 除了脑细胞和成熟红细胞之外，人体各组织细胞都可以合成胆固醇，其中肝脏和小肠的合成量最多。分别占合成总量的 70%～80% 和 10%。胆固醇合成在细胞质中和滑面内质网上进行。

2. 合成原料 胆固醇的合成原料是乙酰辅酶 A 和 NADPH：乙酰辅酶 A 主要来自糖的有氧氧化，NADPH 主要来自磷酸戊糖途径。

此外，胆固醇合成还需要 ATP 供能。

3. 合成过程 胆固醇的合成过程比较复杂（图 9-13），可以分为三个阶段。

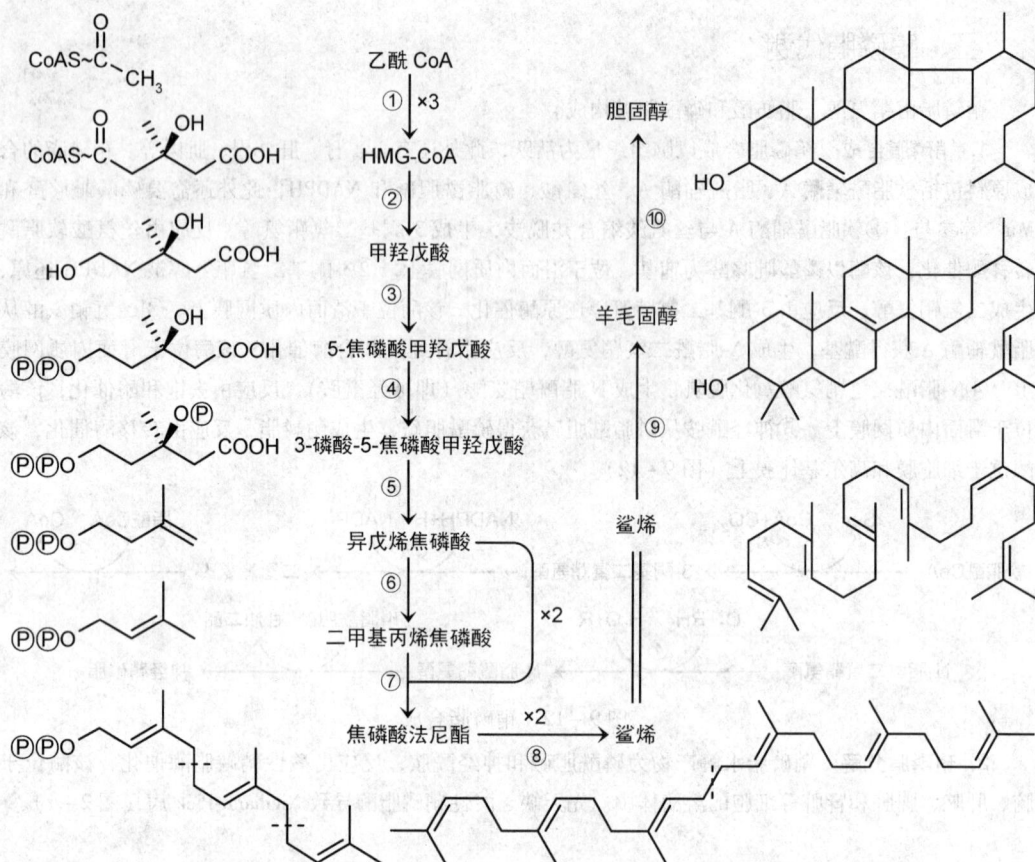

图 9 – 13 胆固醇合成

（1）合成甲羟戊酸：在细胞质中，两分子乙酰辅酶 A 缩合生成乙酰乙酰辅酶 A，然后与一分子乙酰辅酶 A 缩合，生成 HMG-CoA。在滑面内质网（和过氧化物酶体）上，HMG-CoA 被 NADPH 还原，生成甲羟戊酸，反应由 HMG-CoA 还原酶催化。

（2）合成鲨烯：甲羟戊酸经过磷酸化和脱羧基等生成五碳中间产物异戊烯焦磷酸和二甲基丙烯焦磷酸。两分子异戊烯焦磷酸与一分子二甲基丙烯焦磷酸缩合生成十五碳的焦磷酸法尼酯。两分子焦磷酸法尼酯缩合生成三十碳的鲨烯。

（3）合成胆固醇：鲨烯与细胞质固醇载体蛋白质（SCP）结合，酶促环化生成羊毛固醇。后者再经过氧化、脱羧和还原等一系列反应，生成胆固醇。

二、胆固醇酯化

胆固醇酯是胆固醇的储存形式和转运形式。胆固醇酯化在两个场所进行（图 9 – 14）。

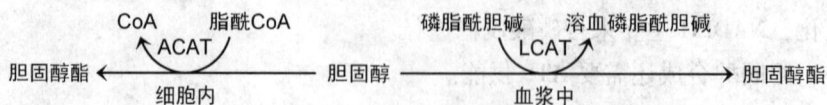

图 9 – 14 胆固醇酯化

1. 在肝细胞和小肠细胞内，胆固醇从脂酰辅酶 A 获得一个酰基，生成胆固醇酯，反应由位于滑面内质网膜上的**脂酰辅酶 A 胆固醇酰基转移酶**（ACAT）催化。

2. 在血浆中，胆固醇从磷脂酰胆碱获得一个酰基，生成胆固醇酯和溶血磷脂酰胆碱，反应由肝细胞分泌的**卵磷脂－胆固醇酰基转移酶**（LCAT）催化。

🔗 肝实质细胞有病变或损伤时胆固醇和 LCAT 合成均减少，引起血浆 LCAT 减少，血浆胆固醇酯和胆固醇水平下降，临床上可以据此评价肝功能。

三、胆固醇转化和排泄

在人体内胆固醇不能彻底分解成 CO_2 和 H_2O，但可以转化成具有重要生物活性的物质，包括胆汁酸（第十八章，314 页）和类固醇激素等。

人体每日排出约 1.5g 胆固醇，以肠道排泄为主：①约 0.9g 直接随胆汁（少量通过肠黏膜）排入肠道，随粪便排出体外。②约 0.5g 在肝细胞转化成胆汁酸后汇入胆汁，排入小肠，随粪便排出体外。③约 0.1g 直接通过皮脂腺排出。

四、胆固醇代谢调节

机体每日更新约 1.5g 胆固醇，其来源和去路维持平衡，其中来源以合成为主（表 9－3）。

表 9－3　胆固醇代谢库（70kg 体重健康成人）

来源	去路
食物摄取 0.1~0.5g	随胆汁排出 0.9g，皮脂腺排出 0.1g
体内合成 1.0~1.5g	转化成胆汁酸 0.5g、维生素 D_3、类固醇激素
胆固醇酯动员	胆固醇酯合成

1. 调节点　胆固醇合成是为了维持细胞稳态、满足代谢需要、弥补吸收不足、适应营养状况。细胞内胆固醇稳态维持机制包括吸收调节和代谢调节，主要调节点是 HMG-CoA 还原酶、脂酰辅酶 A 胆固醇酰基转移酶、胆固醇 7α-羟化酶、低密度脂蛋白受体（LDL 受体）（图 9－15）。

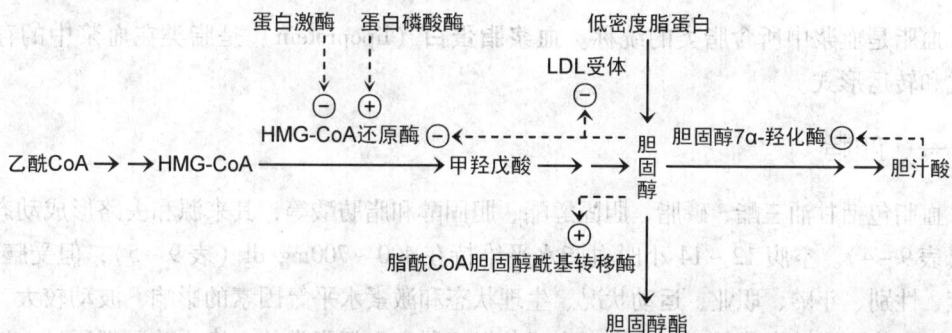

图 9－15　胆固醇代谢调节

（1）HMG-CoA 还原酶：是控制胆固醇合成的关键酶，催化 HMG-CoA 还原生成甲羟戊酸。

HMG-CoA 还原酶是一种由 888 个氨基酸构成的七次跨膜糖蛋白，分子量为 97.5kDa，活性中心由 Gln450 ~ Ala888 序列构成，位于胞质面。各种因素主要通过调节该酶活性影响胆固醇合成。①结构调节：HMG-CoA 还原酶活性受到化学修饰调节，被 AMP 活化的蛋白激酶（AMPK）磷酸化抑制，被蛋白磷酸酶去磷酸化激活。②数量调节：肝脏 HMG-CoA 还原酶更新很快，半衰期只有 4 小时。

他汀类（statins）降胆固醇药物例如辛伐他汀是 HMG-CoA 还原酶的抑制剂，其主要作用是降血胆固醇，也可降血甘油三酯。

（2）低密度脂蛋白受体：位于细胞膜上，参与细胞摄取低密度脂蛋白。

（3）脂酰辅酶 A 胆固醇酰基转移酶：催化胆固醇酯化生成胆固醇酯。

（4）胆固醇 7α-羟化酶：胆汁酸代谢的关键酶，催化胆固醇羟化生成 7α-羟胆固醇（第十八章，315 页）。

2. 调节因素　作用于上述调节点的调节因素包括激素、胆固醇和营养状况，它们直接或通过激素信号转导间接改变这些受体和酶的结构和数量，从而维持细胞内胆固醇稳态。

（1）激素：①胰岛素通过信号转导去磷酸化激活 HMG-CoA 还原酶，从而促进胆固醇合成。②胰高血糖素通过信号转导磷酸化抑制 HMG-CoA 还原酶，从而抑制胆固醇合成。③生理水平甲状腺激素能诱导 HMG-CoA 还原酶的合成，从而促进胆固醇合成，但同时还能促使胆固醇在肝脏内转化成胆汁酸，而且后一效应更强，所以甲状腺功能亢进患者的血浆胆固醇水平下降，不易出现高脂血症。

（2）胆固醇：高水平胆固醇使胆固醇合成和摄取减慢，酯化和转化加快。①阻遏 HMG-CoA 还原酶基因表达，使 HMG-CoA 还原酶减少，胆固醇合成减慢。②阻遏 LDL 受体基因表达，使细胞膜 LDL 受体减少，LDL 摄取减慢。③激活 ACAT，促进胆固醇酯化、储存，降低游离胆固醇水平。④诱导胆固醇 7α-羟化酶基因表达，促使胆固醇更快地转化成胆汁酸，降低游离胆固醇水平。

（3）营养状况：进食高糖高脂食物使胆固醇合成加快。①高糖高脂食物诱导 HMG-CoA 还原酶基因表达。②高糖高脂食物代谢产生大量 ATP，通过变构抑制 AMPK 间接激活 HMG-CoA 还原酶。③高糖高脂食物代谢产生大量胆固醇合成原料乙酰辅酶 A 和 NADPH，从底物水平使胆固醇合成加快。

1985 年，Brown 和 Goldstein 因为研究胆固醇代谢调节而获得诺贝尔生理学或医学奖。

第五节　血脂和血浆脂蛋白

血脂是血浆中所含脂类的统称。**血浆脂蛋白**（lipoprotein）是脂类在血浆中的存在形式和转运形式。

一、血脂

血脂包括甘油三酯、磷脂、胆固醇酯、胆固醇和脂肪酸等，其来源和去路形成动态平衡（表 9-4）。空腹 12 ~ 14 小时血脂水平维持在 400 ~ 700mg/dl（表 9-5），但受膳食、种族、性别、年龄、职业、运动状况、生理状态和激素水平等因素的影响，波动较大，如青年人血浆胆固醇水平低于老年人。由于各组织器官之间脂类的交换或转运都通过血液循环进行，因而血脂水平可以反映其脂类代谢情况。某些疾病影响血脂水平，如糖尿病患者和动脉粥样硬化患者的血脂水平明显偏高，所以血脂测定具有重要的临床意义。

表9-4 血脂的来源和去路

来源	食物脂类消化吸收	脂库动员	体内合成	
去路	氧化供能	进入脂库储存	转化成其他物质	构成生物膜

表9-5 健康成人空腹血脂的组成和含量

组成	含量（均值）	
	mmol/L	mg/dl
总脂	-	400 ~ 700 （500）
甘油三酯	0.11 ~ 1.69 （1.13）	10 ~ 150 （100）
游离脂肪酸	-	5 ~ 20 （15）
总磷脂	48.44 ~ 80.73 （64.58）	150 ~ 250 （200）
总胆固醇	2.59 ~ 6.47 （5.17）	100 ~ 250 （200）
胆固醇酯	1.81 ~ 5.17 （3.75）	70 ~ 200 （145）
游离胆固醇	1.03 ~ 1.81 （1.42）	40 ~ 70 （55）

二、血浆脂蛋白

脂类不溶于水，所以必须与蛋白质结合才能在血浆中转运。血浆脂蛋白是由脂类和蛋白质非共价结合形成的球形颗粒，其种类不一，结构、来源、去路、功能不尽相同。

（一）血浆脂蛋白的分类和命名

可以根据电泳或离心沉降特征对血浆脂蛋白进行分类和命名。

1. **电泳分类法**　各类脂蛋白的颗粒大小和所带电荷不同，所以在电场中移动快慢不同（图9-16），可以分离出 α 脂蛋白、前 β 脂蛋白、β 脂蛋白和乳糜微粒四类。①**α脂蛋白**移动最快，位于血浆蛋白质电泳 α_1 球蛋白的位置，含量占脂蛋白总量的30% ~ 47%。②**前 β 脂蛋白**位于 α_2 球蛋白的位置，占脂蛋白总量的4% ~ 16%，含量少时检不出。③**β 脂蛋白**位于 β 球蛋白的位置，含量最多，占脂蛋白总量的48% ~ 68%。④**乳糜微粒**位于点样处，在健康人空腹血浆中检不出，仅在进食后较多。

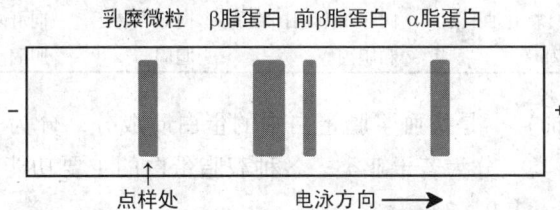

图9-16 血浆脂蛋白电泳图谱

2. **离心分类法**　脂蛋白中脂类和蛋白质的含量不同，其密度也就不同。脂类含量多，蛋白质含量少，脂蛋白密度就低；反之，脂蛋白密度就高。通过密度梯度离心分析血浆时，各种脂蛋白因密度不同而漂浮或沉降，可以按密度从小到大分离出**乳糜微粒**

（CM）、**极低密度脂蛋白**（VLDL）、**低密度脂蛋白**（LDL）和**高密度脂蛋白**（HDL）。

　　电泳分类法与离心分类法的对应关系是：α 脂蛋白相当于高密度脂蛋白，前 β 脂蛋白相当于极低密度脂蛋白，β 脂蛋白相当于低密度脂蛋白。

　　除上述脂蛋白之外，血浆中还有中密度脂蛋白和脂蛋白(a)：①**中密度脂蛋白**（IDL）是极低密度脂蛋白在血浆中代谢的中间产物，又称**极低密度脂蛋白残体**。②**脂蛋白(a)**的脂类组成与低密度脂蛋白相似，但含载脂蛋白 apo(a)。脂蛋白(a)水平与患心血管疾病的危险性呈正相关。

（二）血浆脂蛋白的组成

　　血浆脂蛋白由脂类和载脂蛋白组成。

　　1. 脂类　血浆脂蛋白中的脂类包括甘油三酯、磷脂、胆固醇酯和胆固醇等，其含量和比例在不同脂蛋白中差别极大（表 9-6）。

表 9-6　血浆脂蛋白一览表

离心分类	CM	VLDL	IDL	LDL	HDL
对应电泳分类	CM	前 β 脂蛋白		β 脂蛋白	α 脂蛋白
密度（g/cm³）	<0.95	<1.006	1.006~1.019	1.019~1.063	1.063~1.210
直径（nm）	50~1200	28~80	25~35	18~25	5~12
分子量（kDa）	400000	10000~80000	5000~10000	2300	175~360
甘油三酯（%）	84~89	50~65	22	7~10	3~5
磷脂（%）	7~9	15~20	22	15~20	20~35
游离胆固醇（%）	1~3	5~10	8	7~10	2~4
胆固醇酯（%）	3~5	10~15	30	35~40	12~15
蛋白质（%）	1.5~2.5	5~10	15~20	20~25	40~55
主要载脂蛋白	A-Ⅰ、A-Ⅱ、A-Ⅳ B-48 C-Ⅰ、C-Ⅱ、C-Ⅲ E	B-100 C-Ⅰ、C-Ⅱ、C-Ⅲ E	B-100 C-Ⅲ E	B-100	A-Ⅰ、A-Ⅱ C-Ⅰ、C-Ⅱ、C-Ⅲ D E
主要形成场所	小肠黏膜	肝	血浆	血浆	肝，小肠黏膜
功能	转运食物甘油三酯 和胆固醇	向肝外转运甘油三酯 和胆固醇	向肝外转运 胆固醇	向肝外转运 胆固醇	向肝内转运 胆固醇

　　2. 载脂蛋白（apo）　是指血浆脂蛋白中的蛋白质成分，分为 apoA、apoB、apoC、apoD、apoE 五类，每类又分为若干亚类。各种载脂蛋白的主要功能是结合及转运脂类，此外各有其特殊功能（表 9-7）。

表9－7 载脂蛋白的分布与功能

载脂蛋白	分子量（Da）	合成场所	主要分布	特殊功能
apoA-Ⅰ	28233	肝脏、小肠	HDL	激活 LCAT，识别 HDL 受体
apoA-Ⅱ	17380	肝脏、小肠	HDL	稳定 HDL 结构，抑制脂蛋白脂肪酶（LPL）
apoA-Ⅳ	44000	小肠	CM、HDL	协助 apoC-Ⅱ 激活 LPL，激活 LCAT
apoB-48	240000	小肠	CM	
apoB-100	513000	肝脏	VLDL、LDL	识别 LDL 受体，促进 LDL 内吞
apoC-Ⅰ	7000	肝脏、小肠（少量）	VLDL、HDL	调节 apoE 与 VLDL 相互作用，激活 LCAT
apoC-Ⅱ	8837	肝脏	VLDL、CM、HDL	激活 LPL
apoC-Ⅲ	8751	肝脏、小肠（少量）	VLDL、HDL、CM	抑制 LPL 和肝脂肪酶
apoD	32500	肝脏、小肠、肾脏等	HDL	与 LCAT 形成复合体
apoE	34145	肝脏、脑、脾脏等	CM、VLDL、HDL	识别 LDL 受体，识别肝细胞 apoE 受体，激活 LCAT

（三）血浆脂蛋白的结构

各种血浆脂蛋白的基本结构相似，即近似于球形，由疏水性较强的甘油三酯和胆固醇酯形成脂核，表面覆盖由磷脂、胆固醇和载脂蛋白形成的单分子层，其疏水基团与脂核结合，亲水基团朝外（图9－17）。

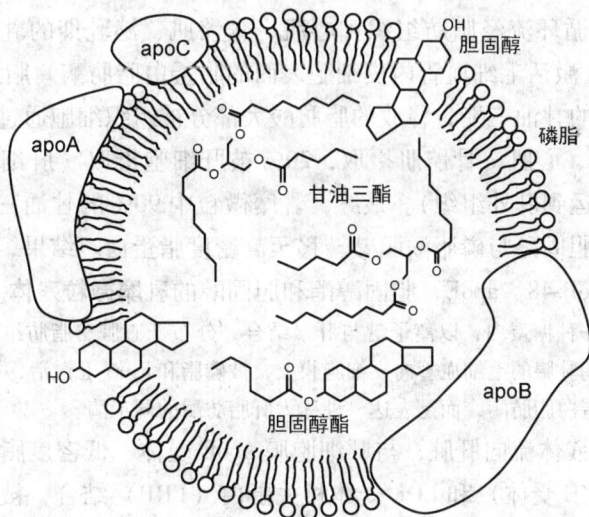

图9－17 CM 结构

（四）血浆脂蛋白的功能

不同血浆脂蛋白的形成场所不同，功能也不同：①CM 形成于小肠黏膜上皮细胞滑面内质网，功能是转运食物甘油三酯和胆固醇。②VLDL 主要形成于肝细胞，功能是输出肝细胞合成的甘油三酯和胆固醇。此外有少量形成于小肠黏膜上皮细胞。③LDL 是在血浆中由 VLDL 转化而来的，功能是向肝外组织转运胆固醇。④HDL 主要形成于肝细胞，少量形成于小肠黏膜上皮细胞，功能是从肝外组织向肝内转运胆固醇。

(五) 血浆脂蛋白的代谢

不同血浆脂蛋白转运的脂类不同，代谢过程也不同。

1. 乳糜微粒（CM） 从形成到清除经历新生乳糜微粒、成熟乳糜微粒和乳糜微粒残体三个阶段（图 9-18）。

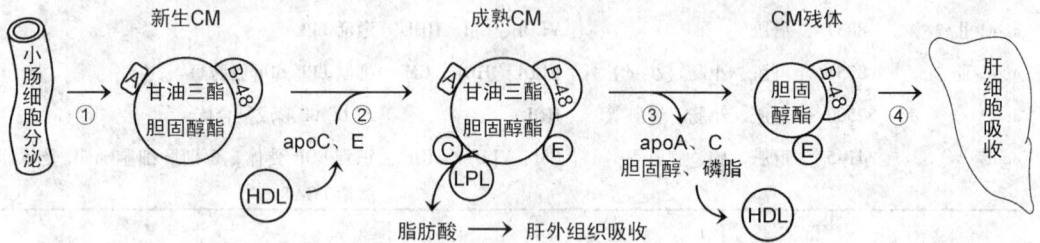

图 9-18 CM 代谢

（1）食物脂类被消化吸收后，在滑面内质网重新酯化成甘油三酯、胆固醇酯、磷脂，与 apoB-48、apoA 形成**新生乳糜微粒**。

（2）新生乳糜微粒分泌至毛细淋巴管，通过胸导管、左侧锁骨下静脉进入血液，从高密度脂蛋白获得 apoC-Ⅱ 和 apoE，形成**成熟乳糜微粒**。

（3）在循血液循环流经脂肪组织和心肌、骨骼肌、泌乳期的乳腺等组织时，成熟乳糜微粒的 apoC-Ⅱ 激活毛细血管内皮细胞表面的脂蛋白脂肪酶。**脂蛋白脂肪酶**（LPL）催化水解乳糜微粒的甘油三酯，释放的脂肪酸大部分被组织细胞通过膜转运体摄取，其中 80% 被脂肪细胞、心肌、骨骼肌摄取，20% 被肝细胞摄取（肝细胞摄取后基本不分解，而是加工后转运到肝外组织）。最终，乳糜微粒中 90% 的甘油三酯都被水解，而且 apoC、apoA、部分胆固醇与磷脂酰胆碱转移至高密度脂蛋白。结果，乳糜微粒成分逐渐减少，成为富含 apoB-48、apoE、胆固醇酯和胆固醇的**乳糜微粒残体**。

脂蛋白脂肪酶是一种糖蛋白，以离子键与肝素结合，分布于心脏、脂肪组织、脾、肺、肾髓质、主动脉、膈肌、泌乳期乳腺的毛细血管内皮细胞膜上，被磷脂和 apoC-Ⅱ 激活，被 apoA-Ⅱ、apoC-Ⅲ 抑制。肝细胞不表达脂蛋白脂肪酶，而是表达一种称为肝脂肪酶的同工酶。

（4）乳糜微粒残体流向肝脏，与肝细胞膜 apoE 受体、**低密度脂蛋白受体**（LDL 受体，又称 apoB-100/E 受体）和 LDL 受体相关蛋白（LRP）结合，被肝细胞以受体介导内吞方式摄取，在溶酶体中降解，释出的胆固醇酯和甘油三酯被水解、代谢。乳糜微粒代谢迅速，半衰期为 5~15 分钟，饭后 12~14 小时血浆中便不再检出。

2. 极低密度脂蛋白（VLDL） 主要形成于肝实质细胞，其形成和代谢经历**新生极低密度脂蛋白**（含甘油三酯、胆固醇、胆固醇酯、apoB-100、少量 apoC、apoE）→**成熟极低密度脂蛋白**→**极低密度脂蛋白残体**即中密度脂蛋白（IDL）转化过程，此代谢过程与乳糜微粒类似。IDL 去路有二：一部分被肝细胞 LDL 受体介导摄取，其余继续被脂蛋白脂肪酶水解所含甘油三酯，最后成为富含胆固醇酯、胆固醇和 apoB-100 的低密度脂蛋白（LDL）。VLDL 的半衰期不到 1 小时（图 9 - 19）。

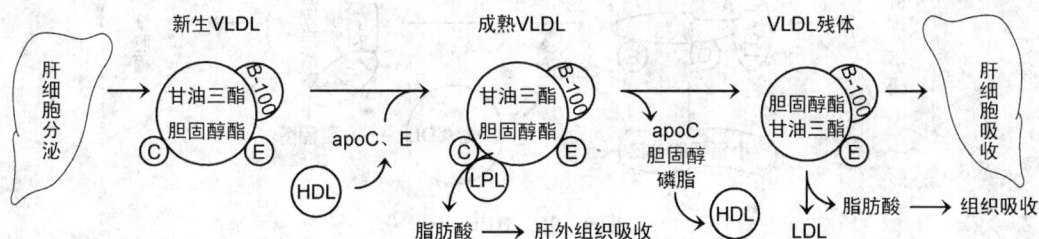

图 9 - 19　VLDL 代谢

VLDL 代谢影响因素：肝细胞甘油三酯的合成直接促进其 VLDL 的形成和分泌。甘油三酯不应在肝细胞内积累，因此其输出与合成必须同步。促进肝细胞合成甘油三酯和形成 VLDL 的因素有：①饱食。②进食高糖特别是高蔗糖、果糖。③血浆中高水平游离脂肪酸。④饮酒。⑤高水平胰岛素、低水平胰高血糖素。

VLDL 与肝脂肪变性、脂肪肝　正常肝脏所含脂类占肝重的 4% ~ 7%，其中 50% 为甘油三酯。肝脏是脂肪代谢的中心，合成后进一步形成 VLDL 向肝外组织转运。脂肪代谢障碍会导致甘油三酯在肝细胞积累，细胞质中出现脂滴，称为**肝脂肪变性**，重度肝脂肪变性即累及 50% 以上肝细胞称为**脂肪肝**（fatty liver），这时肝脏被脂肪细胞所浸渗，形成非功能性脂肪组织，所含脂类占肝重的 10% 以上，其中主要为甘油三酯。长期脂肪肝可发展至肝纤维化、肝硬化。

肝脂肪变性及脂肪肝主要发生在以下生理或病理状态下：饥饿、缺氧、脂肪酸氧化障碍、糖尿病、败血症、化学毒物中毒（例如四氯化碳），其形成的两个直接原因是肝脏甘油三酯合成过多和 VLDL 形成发生障碍。

（1）甘油三酯合成过多：见于甘油三酯或糖、氨基酸的摄取过多及脂肪动员增多。进食高脂食物时进入肝脏的甘油三酯和脂肪酸增多；食物糖和氨基酸吸收后代谢产生的乙酰辅酶 A、3-磷酸甘油、NADPH 和 ATP 多用于合成甘油三酯；糖尿病患者脂肪动员增多，大量脂肪酸被肝脏摄取并合成甘油三酯。

（2）VLDL 形成发生障碍：VLDL 所含磷脂对甘油三酯的转运起重要作用。磷脂摄取不足或合成不足（主要因为合成原料不足）导致 VLDL 的形成滞后于甘油三酯合成，甘油三酯不能及时输出，积累形成脂肪肝。甲硫氨酸是胆碱的合成原料，合成过程需要维生素 B_{12} 参与；胆碱和 CTP 是磷脂酰胆碱的合成原料。因此，甲硫氨酸、维生素 B_{12}、胆碱、CTP 和磷脂酰胆碱都能促进 VLDL 的形成，具有抗脂肪肝作用。

3. 低密度脂蛋白（LDL）　其代谢主要是受体介导入胞，其中 2/3 通过与 LDL 受体结合被细胞摄取（70% 被肝细胞摄取，30% 被肝外组织细胞例如肾上腺皮质、睾丸、卵巢摄取），并在溶酶体中被水解，释出的游离胆固醇被细胞利用。LDL 是健康人空腹时主要的血浆脂蛋白，占脂蛋白总量的 1/2 ~ 2/3，半衰期为 2 ~ 3 天。

LDL 受体通过与 B-100 或 apoE 特异结合介导 LDL 及 CM 残体、VLDL 残体入胞。

4. 高密度脂蛋白（HDL）　新生 HDL 具有圆盘状脂双层结构，含 apoA-Ⅰ、apoC-Ⅰ、apoC-Ⅱ、apoE、LCAT、磷脂、少量胆固醇，不含胆固醇酯，在血浆中进行以下代谢（图 9 - 20）：

（1）肝脏 HDL 的一部分 apoC 和 apoE 转移至小肠 HDL 及 CM、VLDL。

（2）HDL 的 LCAT 由 apoA-Ⅰ激活，催化游离胆固醇生成胆固醇酯，进入 HDL 脂

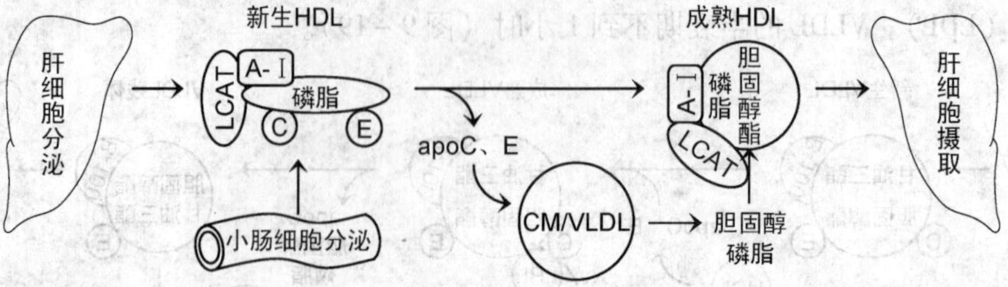

图 9 – 20　HDL 代谢

核，使圆盘状新生 HDL 逐渐膨大成为球形成熟 HDL。①游离胆固醇来源：HDL 表面、肝外组织。②酰基供体：HDL 及来自 CM、VLDL 的磷脂酰胆碱，供出酰基后生成的溶血磷脂酰胆碱脱离 HDL，与血浆白蛋白结合。

（3）成熟 HDL 被肝细胞通过受体介导摄取、降解，其中一部分胆固醇转化成胆汁酸。HDL 的半衰期为 3～5 天。

HDL 能将来自肝外组织、其他血浆脂蛋白以及动脉壁的胆固醇逆向转运到肝脏进行转化或排出体外，减少胆固醇在肝外组织的沉积，因而有对抗动脉粥样硬化形成的作用。因为 HDL 中的胆固醇主要来自 CM、VLDL 代谢，所以其水平与脂蛋白脂肪酶活性呈正相关，与血浆甘油三酯水平及冠状动脉粥样硬化发生率呈负相关。

三、血脂测定

1. **甘油三酯测定**　①脂肪酶：甘油三酯 + H_2O→甘油 + 脂肪酸。②甘油激酶：甘油 + ATP→3-磷酸甘油 + ADP。③3-磷酸甘油氧化酶：3-磷酸甘油 + O_2→磷酸二羟丙酮 + H_2O_2。④过氧化物酶：$2H_2O_2$ + 4-氨基安替比林 + 苯酚→醌亚胺类化合物 + $4H_2O$。⑤产物醌亚胺类化合物在 500nm 比色。

2. **总胆固醇测定**　①胆固醇酯酶：胆固醇酯 + H_2O→胆固醇 + 脂肪酸。②胆固醇氧化酶：胆固醇 + O_2→胆甾-4-烯-3-酮 + H_2O_2。③过氧化物酶：$2H_2O_2$ + 4-氨基安替比林 + 苯酚→醌亚胺类化合物 + $4H_2O$。④产物醌亚胺类化合物在 500nm 比色。

3. **HDL 胆固醇测定**　加磷钨酸和 Mg^{2+} 沉淀 LDL、VLDL、CM，离心，上清液分析同总胆固醇测定。

第六节　脂类代谢紊乱

1. **高脂血症**（hyperlipidemia）　简称脂血症（lipidemia，lipemia），是指空腹血脂持续高于正常水平。临床上的高脂血症主要是指血浆胆固醇和（或）甘油三酯水平超过正常上限的异常状态。健康人血浆胆固醇和甘油三酯的上限因地区、种族、膳食、年龄、职业以及测定方法等的不同而异。一般以空腹 12～14 小时后血浆甘油三酯 2.26mmol/L（200mg/dl）、胆固醇 6.21mmol/L（240mg/dl，成人）或 4.14mmol/L（160mg/dl，儿童）为正常上限。脂类在血浆中均以脂蛋白形式存在，所以高脂血症实际上是高脂蛋白血症（hyperlipoproteinemia）。1970 年，WHO 建议将高脂蛋白血症分为六型。不同高脂蛋白血症个体的血浆中有不同类型脂蛋白的增多（表 9 – 8）。我国高脂蛋白血症主要为Ⅳ型（占 50% 以上）和Ⅱ型（约占 40%）。

表9-8 高脂蛋白血症分型

分型	CM	VLDL	IDL	LDL	甘油三酯	胆固醇	分布（%）
I	↑				↑↑↑	↑	<1
IIa				↑		↑↑	10
IIb		↑		↑	↑↑	↑↑	40
III			↑		↑↑	↑↑	<1
IV		↑			↑↑		45
V	↑	↑			↑↑↑	↑	5

高脂血症从病因上分为原发性高脂血症和继发性高脂血症。原发性高脂血症（又称家族性高脂血症）有一定的遗传性，其载脂蛋白及受体基因的结构、功能和调节异常可能是发病的重要原因。继发性高脂血症继发于某些疾病，如糖尿病、肾病综合征、阻塞性黄疸和甲状腺功能减退等。

2. 动脉粥样硬化（AS） 是由于血脂过多，沉积于大、中动脉内膜下，内膜灶状纤维化，粥样斑块形成，致管壁变硬、管腔狭窄，从而影响受累器官（心、脑、肾等）的血液供应，动脉内皮细胞损伤，脂质浸润，可发生出血、溃疡、血栓形成、动脉瘤形成、钙化等继发性改变。冠状动脉如有上述变化，会引起心肌缺血，甚至心肌梗死，称为冠状动脉硬化性心脏病，简称**冠心病**。

慢性、反复的血管内皮细胞损伤是所有动脉粥样硬化发生的首要条件。高脂血症、高血压、糖尿病和吸烟是导致动脉粥样硬化发生的主要危险因素：①高血压和吸烟会造成血管内皮细胞损伤，是动脉粥样硬化发生的最初启动因素。②高脂血症使脂质易于沉积于动脉内膜下。③糖尿病使脂质易于沉积于血管壁。

家族性高胆固醇血症是一类遗传性代谢紊乱，患者幼年即患动脉粥样硬化。原因是其 LDL 受体存在缺陷，其 LDL 不能被组织细胞有效摄取，积累于血浆。LDL 水平与动脉粥样硬化发生率呈正相关，因而患者幼年即易患动脉粥样硬化。LDL 受体缺陷除了导致血浆胆固醇水平极高之外，还导致胆固醇合成因反馈抑制缺失而失控。

降低 VLDL、LDL 水平和提高 HDL 水平是防治动脉粥样硬化的基本原则，因为 VLDL 和 LDL 水平过高和 HDL 水平过低是导致动脉粥样硬化的关键因素：①粥样斑块中的胆固醇来自 LDL，而 VLDL 是 LDL 的前体，因此，VLDL 和 LDL 含量增高者患冠心病的危险性较高。②HDL 能将来自外周细胞的胆固醇转化成胆固醇酯，转运到肝脏进一步转化和排泄，防止胆固醇在动脉壁上沉积。因此，HDL 含量较高者患冠心病的危险性较低。

某些药物是甲羟戊酸类似物，能竞争性抑制 HMG-CoA 还原酶，从而抑制胆固醇合成，可以用于治疗家族性高胆固醇血症，例如 Lovastatin 和 Mevastatin。

3. 肥胖（obesity） 是指储脂过多导致体内发生一系列病理生理变化，是内分泌系统疾病的常见症状和体征。目前国际上用**体重指数**（BMI）作为肥胖度的衡量标准：BMI = 体重（kg）/身高^2（m^2），BMI > 30 为肥胖。成人肥胖表现为脂肪细胞体积增大，但数目一般不增多；生长发育期儿童肥胖则表现为脂肪细胞体积增大，数目也增多。

引起肥胖的因素很多，包括遗传因素、环境条件、膳食结构、体力活动等。这些因素引起的肥胖会出现各种临床表现，如怕热、多汗、疲乏、心悸、呼吸困难、嗜睡和腹胀等。因为不伴明显的神经及内分泌功能异常，常称为单纯性肥胖。此外，一些内分泌系统疾病包括皮质醇增多症、多囊卵巢综合征、下丘脑综合征、甲状腺功能减退、胰岛素瘤等都可以引起肥胖。

链 接

高脂血症与中药

随着生活水平的不断提高，人类高脂血症的发生率呈上升趋势。高脂血症是诱发冠心病、动脉粥样硬化、脂肪肝、糖尿病、肥胖等的重要因素，因此寻找高效降血脂药物具有重要的现实意义。

中医在临床上将高脂血症归于肝肾亏虚、脾虚痰湿、气滞血瘀等，治疗时多用补益肝肾、健脾化湿、活血化瘀、清热通便、消食化痰药。

许多中药有降血脂作用，其降血脂机制是抑制脂类特别是胆固醇的吸收和合成，促进脂类转运和排泄。

中药的降血脂作用已通过大量的实验研究和临床观察得到肯定，其所含降血脂成分概述如下：

1. **皂苷类** 降血脂中药的有效成分以皂苷类居多，如绞股蓝、人参、柴胡、三七叶和刺五加叶等，它们可以促进脂类转运和排泄，调节脂类代谢，对高脂血症动物的胆固醇、甘油三酯和 LDL 有显著降低作用。

2. **蒽醌类** 广泛存在于天然药物中，主要代表药物有大黄、何首乌和虎杖等，可以抑制脂类吸收。

3. **黄酮类** 其生物活性多样，可通过抗氧化作用降血脂。如山楂所含以金丝桃苷（hyperin）为主的黄酮能显著降低小鼠 LDL，升高 HDL；荞麦总黄酮、沙棘黄酮和银杏叶黄酮均能抑制高脂血症动物胆固醇和甘油三酯的升高。

4. **生物碱类** 利用荷叶生物碱制剂喂饲高脂血症小鼠，其血胆固醇显著减少。

5. **挥发油及脂肪油类** 挥发油主要含萜类、小分子脂肪族和芳香族化合物，如沙棘油、微孔草油、月见草油、中华大蒜油及火麻仁油均属于此类，可以降血脂。

6. **蛋白质类** 包括活性蛋白、活性肽及氨基酸等有特殊生物活性的物质，它们可以与胆汁酸结合，从而抑制胆固醇的吸收和积累。如大豆蛋白、甘薯黏蛋白和决明子蛋白等都能显著降低高脂血症大鼠的胆固醇和甘油三酯。

7. **活性多糖类** 枸杞多糖、北虫草多糖和海带多糖等可以显著降低高脂血症动物胆固醇和甘油三酯，升高 HDL，降血脂机制与蛋白质类似。

8. **不饱和脂肪酸类** 与胆固醇结合生成的胆固醇酯易于转运、代谢和排泄，改变胆固醇的体内分布，减少胆固醇酯在血管壁上的沉积。

9. **多酚类** 可以通过抗氧化和清除自由基进行降血脂。

10. **其他** 绿豆植物固醇可以减少胆固醇的吸收，泽泻所含三萜类化合物可以抑制胆固醇合成，降低血液胆固醇和甘油三酯，升高 HDL。

小 结

脂类包括脂肪和类脂。脂肪是脂肪组织的主要成分，是机体最重要的储能物质。类脂是构成生物膜的基本成分。

食物脂类主要是甘油三酯。食物脂类在消化道不同部位（以小肠为主）由不同来源的酶催化消化（需要胆汁酸协助），生成甘油一酯、溶血磷脂、胆固醇、脂肪酸，由小肠黏膜（主要是十二指肠下段和空肠上段）上皮细胞吸收，重新酯化，以脂蛋白形式通过血液循环供给全身各组织利用。

脂肪动员：脂肪细胞内的甘油三酯被水解生成甘油和脂肪酸，激素敏感性脂肪酶是控制脂肪动员的关键酶，其活性受化学修饰调节，其化学修饰受脂解激素和抗脂解激素调节。

甘油代谢：脂肪动员释放的甘油被肝脏、肾脏和睾丸等摄取利用。

脂肪酸氧化：脂肪动员释放的脂肪酸入血，由白蛋白转运，被各组织细胞摄取，活化成脂酰辅酶A，由肉碱转运进入线粒体，经过β氧化分解成乙酰辅酶A，通过三羧酸循环彻底氧化供能。肉碱酰基转移酶Ⅰ是控制脂肪酸氧化分解的关键酶。

酮体代谢：肝脏脂肪酸β氧化生成的过量乙酰辅酶A合成酮体，运至肝外组织利用。

脂肪酸合成：脂肪酸在肝、肺、脑、乳腺和脂肪组织等的细胞质中合成，合成原料是乙酰辅酶A和NADPH。乙酰辅酶A通过柠檬酸–苹果酸穿梭或柠檬酸–丙酮酸穿梭从线粒体内运出，由乙酰辅酶A羧化酶催化羧化成丙二酸单酰辅酶A，由脂肪酸合酶催化合成软脂酸，乙酰辅酶A羧化酶是控制脂肪酸合成的关键酶。

3-磷酸甘油合成：3-磷酸甘油主要由糖代谢中间产物磷酸二羟丙酮还原生成。

甘油三酯合成：主要在肝脏、脂肪组织和小肠黏膜合成，肝脏和脂肪组织通过甘油二酯途径合成甘油三酯，小肠黏膜通过甘油一酯途径合成甘油三酯。

甘油磷脂合成：甘油磷脂在肝脏、肾脏和小肠等合成最多，磷脂酰胆碱和磷脂酰乙醇胺通过甘油二酯途径合成，磷脂酰肌醇和心磷脂通过CDP-甘油二酯途径合成。

甘油磷脂分解：甘油磷脂在溶酶体中由多种磷脂酶催化水解。

胆固醇合成：体内胆固醇包括外源性胆固醇和内源性胆固醇，以后者为主，主要在肝脏和小肠合成，合成原料是乙酰辅酶A和NADPH，合成过程比较复杂。

胆固醇酯化：胆固醇酯是胆固醇的储存和转运形式。胆固醇酯化在两个场所进行：在肝细胞和小肠细胞内由ACAT催化，由脂酰辅酶A提供酰基；在血浆中由LCAT催化，由磷脂酰胆碱提供酰基。

胆固醇转化和排泄：胆固醇可以转化成胆汁酸和类固醇激素等；胆固醇大部分以原形、少量转化成胆汁酸后通过肠道排泄。

细胞内胆固醇代谢维持稳态，维持机制包括吸收调节和代谢调节，主要调节点是HMG-CoA还原酶、脂酰辅酶A胆固醇酰基转移酶、胆固醇7α-羟化酶、低密度脂蛋白受体，调节因素包括激素、胆固醇和营养状况。

血浆脂蛋白是脂类在血浆中的存在形式和转运形式，主要有四类：①CM形成于小肠黏膜上皮细胞滑面内质网，功能是转运食物甘油三酯和胆固醇。②VLDL形成于肝脏，功能是输出肝脏合成的甘油三酯和胆固醇。③LDL是在血浆中由VLDL转化而来的，功能是向肝外组织转运胆固醇。④HDL主要形成于肝脏，少量形成于小肠，功能是从肝外组织向肝内转运胆固醇。

第十章 蛋白质的分解代谢

蛋白质代谢包括蛋白质的合成和分解。因为基因表达过程是基因指导合成功能产物 RNA 和 mRNA 指导合成蛋白质的过程，所以蛋白质合成是基因表达过程的后期事件，将在第十五章介绍，这里介绍其分解代谢。

第一节 概 述

蛋白质是食物重要的营养成分，在消化道内由消化酶水解成氨基酸。氨基酸由小肠黏膜上皮细胞吸收，通过血液循环供给全身各组织利用。少量未被消化的蛋白质、寡肽和未被吸收的氨基酸被肠道菌代谢，产生某些有害产物。

一、食物蛋白质的营养作用

蛋白质是生命的物质基础，其重要的生理功能是维持组织细胞的结构、代谢、更新、修补。此外，包括酶促反应、物质运输、代谢调节、机体防御等均由蛋白质实施。另一方面，蛋白质（特别是食物蛋白质）还是供能物质，每克蛋白质通过生物氧化可以提供约 18kJ 能量（虽然蛋白质的供能作用可由糖或脂肪代替）。因此，摄取食物蛋白质对生命活动十分重要。

（一）氮平衡

氮平衡（nitrogen balance）是对摄入氮量与排出氮量的一种综合分析，用以评价机体蛋白质代谢状况。摄入氮主要来自食物蛋白质，多数用于合成机体蛋白。排出氮主要来自蛋白质分解，90% 随尿液、10% 随粪便排出体外。因此，分析摄入氮量和排出氮量在一定程度上可以评价机体蛋白质的合成和分解状况。氮平衡有以下三种类型：

1. **氮总平衡** 即摄入氮量等于排出氮量，体内总氮量不变，说明体内蛋白质的合成与分解形成动态平衡，多见于健康成人。

2. **氮正平衡** 即摄入氮量多于排出氮量，体内总氮量增加，说明体内蛋白质合成量多于分解量，多见于儿童、孕妇及康复期患者。

3. **氮负平衡** 即摄入氮量少于排出氮量，体内总氮量减少，说明体内蛋白质合成量少于分解量，多见于长时间饥饿者及消耗性疾病、大面积烧伤和大量失血患者。

根据氮平衡情况可以分析体内蛋白质的代谢状况，还可以测算蛋白质需要量。

（二）蛋白质的生理需要量

根据氮平衡实验研究的结果，在不进食蛋白质时，成人每日至少要分解 20g 蛋白质，这是组织蛋白的最低更新量。由于食物蛋白质与人体蛋白质在组成上有差异，食物蛋白质不可能全部用于维持组织蛋白更新，一部分通过生物氧化分解供能了。因此，成人每日至少需要摄取 30g 食物蛋白质才能维持氮总平衡，这就是蛋白质的最低生理需要量。实际上，由于存在个体差异及运动强度不同等因素，日常膳食中的蛋白质摄入量应当高于最低生理需要量才能满足实际生理需要。联合国粮农组织（FAO）和世界卫生组织（WHO）于 1985 年推荐的蛋白质每日摄入量为 45g/60kg 体重。部分食物的蛋白质含量见表 10-1。

表 10-1 部分食物蛋白质含量（%）

食物	蛋白质含量	食物	蛋白质含量	食物	蛋白质含量	食物	蛋白质含量
大豆	39.2	鲤鱼	18.1	大米	8.5	橘子	0.9
花生	25.8	鸡蛋	13.4	牛奶	3.3	黄瓜	0.8
牛肉	15.8~21.7	小麦	12.4	菠菜	1.8	萝卜	0.6
鸡肉	21.5	小米	9.7	油菜	1.4	苹果	0.2
羊肉	14.3~18.7	高粱	9.5	红薯	1.3		
猪肉	13.3~18.5	玉米	8.6	白菜	1.1		

（三）食物蛋白质的营养价值

补充蛋白质不仅要考虑量，还必须考虑质——蛋白质的营养价值。蛋白质的营养价值取决于其所含必需氨基酸的种类、含量和比例。

1. 必需氨基酸和非必需氨基酸 20 种标准氨基酸中有 8 种氨基酸（异亮氨酸、苯丙氨酸、色氨酸、苏氨酸、亮氨酸、甲硫氨酸、赖氨酸和缬氨酸）不能在人体内合成，依赖食物供给（因此食物蛋白质的营养作用不能被糖和脂肪替代），缺乏其中任何一种都会引起氮负平衡。这 8 种氨基酸称为**必需氨基酸**（essential amino acid）。其余 12 种氨基酸可以在人体内合成，不依赖食物供给，称为**非必需氨基酸**（nonessential amino acid）。人体内合成的精氨酸量可以满足健康成人的代谢需要，但对于生长发育期的个体来说仍然需要从食物中获取；组氨酸合成量不多，食物中若长期缺乏也会引起氮负平衡，因而有人将组氨酸和精氨酸也归入必需氨基酸（表 10-2）。

表 10-2 WHO（1985）推荐成人必需氨基酸最低日需要量（mg/kg 体重）

必需氨基酸	异亮氨酸	苯丙氨酸	色氨酸	苏氨酸	亮氨酸	甲硫氨酸	赖氨酸	缬氨酸
最低日需要量	20	25	4	15	39	10.4	30	26

食物蛋白质营养价值的高低主要取决于其必需氨基酸含量高低及种类和比例是否与

人体需求一致。蛋白质必需氨基酸的含量高并且种类和比例与人体需求一致，就能满足人体组织蛋白更新需求，其营养价值就高。例如：动物蛋白必需氨基酸含量较高并且种类和比例更接近人体需求，所以鸡蛋、牛奶和牛肉等所含蛋白质的营养价值较高。

2. 食物蛋白质的互补作用   将不同种类营养价值较低的食物蛋白质混合食用，可以相互补充所缺少的必需氨基酸，从而提高其营养价值，称为**食物蛋白质的互补作用**。例如：谷类蛋白质含赖氨酸较少而色氨酸较多，豆类蛋白质含色氨酸较少而赖氨酸较多，这两种蛋白质单独食用营养价值都不高，将其按一定比例混合食用就可以使其营养价值得到提高。

二、食物蛋白质的消化

蛋白质是生物大分子，食物蛋白质未经消化很难吸收，而且蛋白质具有免疫原性，如果未经消化进入体内会引起过敏反应，严重时会因血压下降等而引起休克。因此，食物蛋白质必须在消化道内由蛋白酶水解成氨基酸，才能被机体有效吸收和安全利用。

食物蛋白质在消化道不同部位由不同来源的酶催化消化，其中小肠是主要消化部位。

（一）口腔

食物蛋白质在口腔内没有酶促消化，因为口腔细胞不分泌蛋白酶。

（二）胃

食物蛋白质在胃内由胃蛋白酶部分消化。**胃蛋白酶**（pepsin）属于内肽酶，最适 pH = 1.5 ~ 2.5。

胃蛋白酶特异性较广，但优先水解疏水氨基酸（例如亮氨酸）、特别是芳香族疏水氨基酸（例如苯丙氨酸）形成的肽键。胃蛋白酶是胃蛋白酶原的激活产物。胃蛋白酶原（pepsinogen）由胃黏膜主细胞分泌，由胃蛋白酶及胃黏膜壁细胞分泌的盐酸激活。盐酸的分泌受胃窦、十二指肠和空肠上段黏膜 G 细胞分泌的胃泌素促进。

由于食物在胃内滞留时间很短，食物蛋白质在胃内的消化并不彻底，水解产物是多肽和少量氨基酸。

（三）小肠

食物蛋白质主要在小肠内消化，由胰腺和小肠黏膜细胞分泌的多种蛋白酶和肽酶催化。

1. 胰腺分泌的蛋白酶   统称**胰酶**，将食物蛋白质水解成 1/3 氨基酸和 2/3 寡肽的混合物。胰酶根据特异性的不同分为内肽酶和外肽酶。

（1）**内肽酶**（endopeptidase）：水解肽链非末端肽键，水解产物是寡肽。内肽酶主要有**胰蛋白酶**（trypsin）、糜蛋白酶（又称胰凝乳蛋白酶，chymotrypsin）和弹性蛋白酶（elastase）等。

（2）**外肽酶**（exopeptidase）：水解肽链末端肽键，水解产物是氨基酸。外肽酶主要有羧肽酶 A（carboxypeptidase A）和羧肽酶 B（表 10 – 3）。

胰酶分泌受促胰酶素促进。

表 10 – 3　部分蛋白酶特异性

蛋白酶	水解肽键的特异性
额下腺蛋白酶	精氨酸羧基形成的肽键
胃蛋白酶	苯丙氨酸、酪氨酸、色氨酸氨基形成的肽键
胰蛋白酶	精氨酸、赖氨酸羧基形成的肽键
糜蛋白酶	苯丙氨酸、酪氨酸、色氨酸羧基形成的肽键
金黄色葡萄球菌 V8 蛋白酶	天冬氨酸、谷氨酸羧基形成的肽键
假单胞菌天冬氨酸-N-蛋白酶	天冬氨酸、谷氨酸氨基形成的肽键
羧肽酶 A	羧基端氨基酸（谷氨酸、天冬氨酸、精氨酸、赖氨酸、脯氨酸除外）
羧肽酶 B	羧基端氨基酸（特别是赖氨酸、精氨酸）

2. 肠黏膜细胞分泌的蛋白酶　根据特异性的不同分为肠激酶和寡肽酶。

（1）**肠激酶**（enterokinase）：位于肠黏膜细胞刷状缘表面的一种丝氨酸蛋白酶，在胆汁酸作用下可以大量释入肠液。前述胰酶最初从胰腺细胞分泌时均以无活性酶原形式存在，进入十二指肠后迅速被肠激酶激活。肠激酶首先将胰蛋白酶原激活成胰蛋白酶。胰蛋白酶除了可以正反馈激活胰蛋白酶原之外，还可以激活糜蛋白酶原、弹性蛋白酶原和羧肽酶原，继而启动连续的蛋白质消化。

胰液中存在胰蛋白酶抑制剂，可以防止胰蛋白酶原过早激活对胰腺组织造成消化损伤。急性胰腺炎时，弹性蛋白酶原等被激活。弹性蛋白酶可溶解血管弹性纤维，引起胰腺出血、血栓形成、血管坏死。

（2）**寡肽酶**（oligopeptidase）：位于肠黏膜细胞刷状缘和细胞质中，例如氨肽酶（aminopeptidase）和二肽酶（dipeptidase）。氨肽酶可以水解寡肽氨基端的肽键，生成氨基酸和二肽。二肽由二肽酶水解。

综上所述，在各种蛋白酶的共同作用下，通常有超过 96% 的食物蛋白质在消化道被水解，水解消除了其免疫原性，可以被机体有效吸收和安全利用。

三、氨基酸的吸收

食物蛋白质消化的氨基酸大部分在小肠前半段（十二指肠和空肠）被吸收，然后通过毛细血管运入体内。氨基酸的吸收机制与葡萄糖类似，即由顶端膜上的同向转运体通过继发性主动转运机制吸收进入肠黏膜细胞，以载体介导的易化扩散方式由基侧膜进入细胞间液、血液。由于氨基酸种类多，结构差异大，因而其转运体蛋白有多种类型。

1. 中性氨基酸载体　是转运氨基酸的主要载体，主要转运侧链不带电荷的氨基酸，包括芳香族氨基酸和部分脂肪族氨基酸。

2. 碱性氨基酸载体　转运效率仅为中性氨基酸载体的 10%，主要转运精氨酸和赖氨酸等碱性氨基酸。

3. 酸性氨基酸载体　转运效率很低，主要转运天冬氨酸和谷氨酸。

4. 亚氨基酸和甘氨酸载体　转运效率很低，主要转运脯氨酸、羟脯氨酸和甘氨酸。由同一载体转运的氨基酸之间有竞争作用。

其他：①继发性主动转运及易化扩散也是肾近曲小管的氨基酸重吸收机制。②小肠也可以同样机制吸收二肽和三肽，即由上皮细胞顶端膜上的 Na^+ – 肽同向转运体通过继发性主动转运机制将二肽和三肽摄入细胞，被水解成氨基酸之后，由基侧膜上的氨基酸载体逸出细胞，进入血液循环。

四、腐败

腐败（putrefaction）是指经过消化之后，少量（不到摄入氮的 4%）未被消化的食物蛋白质和未被吸收的消化产物在大肠下部受肠道菌作用，进行分解代谢。腐败产物中既有营养成分，例如维生素，又有有毒成分，例如胺类、酚类和氨等。

1. 腐败产物　①氨基酸发生脱羧反应生成的胺类，例如组胺、尸胺、酪胺、苯乙胺。②氨基酸发生还原脱氨基反应生成的氨。③酪胺进一步代谢生成的苯酚和对甲酚等有毒物质。④半胱氨酸代谢产生的硫化氢。⑤色氨酸代谢产生的吲哚和甲基吲哚。二者随粪便排出体外，成为粪臭的主要原因（表 10 – 4）。

表 10 – 4　腐败产物

氨基酸	腐败产物	氨基酸	腐败产物
组氨酸	组胺	氨基酸	氨
赖氨酸	尸胺	色氨酸	吲哚、甲基吲哚
酪氨酸	酪胺、β-羟酪胺、苯酚、对甲酚	半胱氨酸	硫化氢
苯丙氨酸	苯乙胺、苯乙醇胺		

2. 肝昏迷的假神经递质学说　胺类腐败产物大多有毒性，例如组胺和尸胺会使血压下降，酪胺会使血压升高。这些腐败产物通常会被肝细胞摄取并转化解毒，例如酪胺和苯乙胺由单胺氧化酶转化清除。肠梗阻导致腐败产物生成增多，肝功能障碍导致肝脏不能及时转化腐败产物，这些疾患均会导致一些胺类进入脑组织。例如：酪胺和苯乙胺进入脑组织，经过β-羟化酶作用（消耗维生素 C），分别转化成β-羟酪胺和苯乙醇胺，其结构类似于儿茶酚胺（多巴胺、去甲肾上腺素、肾上腺素）类神经递质，故称为**假神经递质**（false neurotransmitter）。假神经递质并不能传递兴奋，反而竞争性抑制儿茶酚胺传递兴奋，导致大脑功能障碍，发生深度抑制而昏迷，临床上称为**肝性脑昏迷**，简称**肝昏迷**，这就是肝昏迷的假神经递质学说。

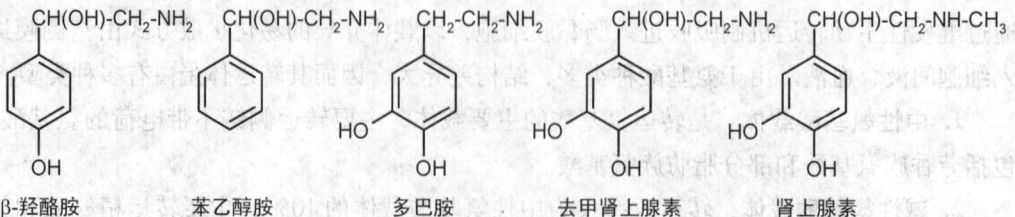

β-羟酪胺　　　　苯乙醇胺　　　　多巴胺　　　　去甲肾上腺素　　　　肾上腺素

五、氨基酸代谢一览

氨基酸代谢库（amino acid metabolic pool）是指分布于全身各组织及体液内的游离氨基酸的总和。

氨基酸代谢库中的氨基酸有三个来源：①食物蛋白质消化吸收。②组织蛋白降解：成人体内每日有1% ~2%的组织蛋白（主要是肌肉蛋白质）通过溶酶体途径和泛素 - 蛋白酶体途径等降解。③机体利用α-酮酸和氨合成非必需氨基酸。

氨基酸代谢库中的氨基酸有三条去路：①合成组织蛋白，是主要去路。②脱氨基生成α-酮酸和氨，是氨基酸的主要分解途径，被称为一般代谢。③通过脱羧基及其他特殊代谢途径生成胺类和其他生物活性物质（如肾上腺素和甲状腺激素等）。氨基酸的来源和去路通常维持动态平衡，以适应生理需要（图 10 - 1）。

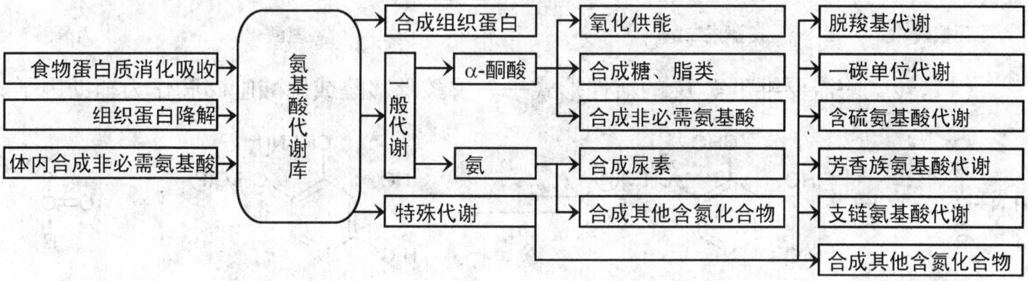

图 10 - 1　氨基酸代谢库及代谢一览

第二节　氨基酸的一般代谢

氨基酸的一般代谢通常是指氨基酸的**脱氨基代谢**（deamination），即氨基酸脱氨基生成氨和α-酮酸。生成的氨一部分用于合成含氮化合物，多数排出体外，且主要是先合成尿素。α-酮酸则被进一步代谢利用。

一、氨基酸脱氨基

氨基酸可以通过转氨基、氧化脱氨基、联合脱氨基及其他脱氨基代谢进行脱氨基，其中联合脱氨基是最主要的脱氨基方式。

1. 转氨基　是指将氨基酸的α-氨基转移到一个α-酮酸的羰基位置上，生成相应的α-酮酸和一个新的α-氨基酸，反应由**转氨酶**（transaminase，又称**氨基转移酶**，aminotransferase）催化。

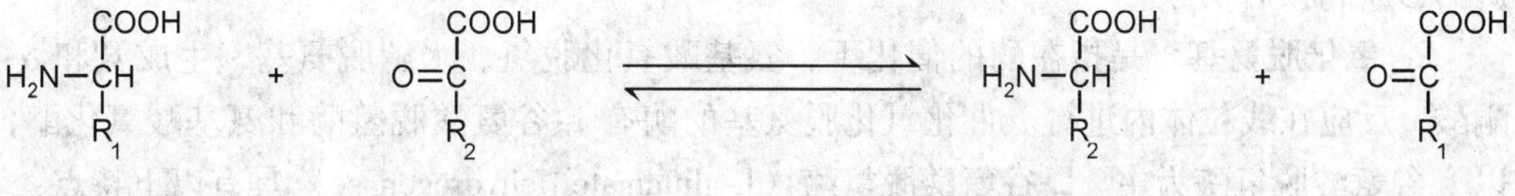

氨基酸1　　α-酮酸2　　氨基酸2　　α-酮酸1

转氨基反应具有以下特点：

（1）反应过程只发生氨基转移，未产生游离氨。

（2）转氨基反应是可逆的，只要有相应的 α-酮酸存在，就可以通过其逆反应合成非必需氨基酸。

（3）作为一个四底物可逆反应，其中有两种底物一定是 α-酮戊二酸和谷氨酸，即转氨基反应都是氨基酸把 α-氨基转移给 α-酮戊二酸，生成谷氨酸和相应的 α-酮酸的反应，或其逆反应。

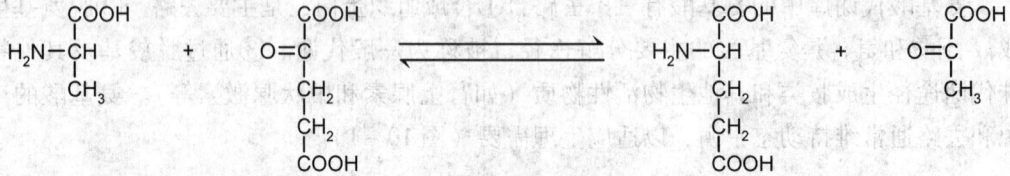

丙氨酸　　　　　　　　α-酮戊二酸　　　　　　　　　　　　　　谷氨酸　　　　　　　丙酮酸

（4）转氨酶需要维生素 B_6 的活性形式——磷酸吡哆醛或磷酸吡哆胺作为辅助因子。

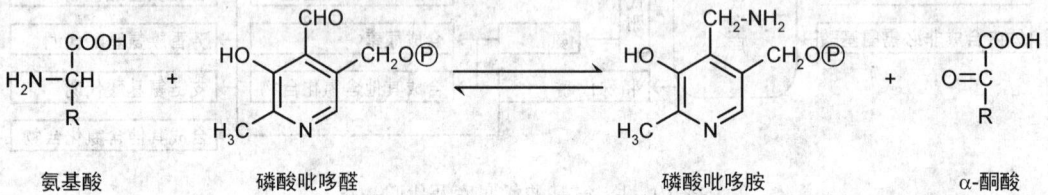

氨基酸　　　　　　　磷酸吡哆醛　　　　　　　　　　　磷酸吡哆胺　　　　　　　　α-酮酸

（5）许多氨基酸都能通过转氨基反应脱氨基，但赖氨酸、脯氨酸和羟脯氨酸等例外。

转氨酶广泛分布于各组织细胞质和线粒体内，尤其是在心肌细胞和肝细胞内活性最高，但在血浆中活性很低。重要的转氨酶有**谷丙转氨酶**（GPT，又称**丙氨酸转氨酶**，ALT）和**谷草转氨酶**（GOT，又称**天冬氨酸转氨酶**，AST）（表 10-5）。

表 10-5　正常成人各组织及血浆中 GOT 和 GPT 活性（单位/每克组织）

组织	心脏	肝脏	骨骼肌	肾脏	胰腺	脾	肺	血浆
GOT	156000	142000	99000	91000	28000	14000	10000	20
GPT	7100	44000	4800	19000	2000	1200	700	16

当组织细胞受损时，细胞膜通透性提高，转氨酶会从细胞内逸出，导致血浆转氨酶水平升高。例如病毒性肝炎、化脓性胆管炎、急性胆囊炎、心肌梗死患者血浆 GPT 活性明显升高，心肌梗死患者血浆 GOT 活性明显升高，故临床上常用 GPT 和 GOT 作为疾病的诊断和预后指标。

2. 氧化脱氨基　是指在酶的催化下，氨基酸氧化脱氢、水解脱氨基，生成氨和 α-酮酸，反应在线粒体内进行。催化氧化脱氨基的酶有 L-谷氨酸脱氢酶和氨基酸氧化酶，以 L-谷氨酸脱氢酶为主。**L-谷氨酸脱氢酶**（L-glutamate dehydrogenase）具有以下特点：

（1）分布广、活性高（除肌组织外），能催化 L-谷氨酸氧化脱氨基，生成氨和 α-酮

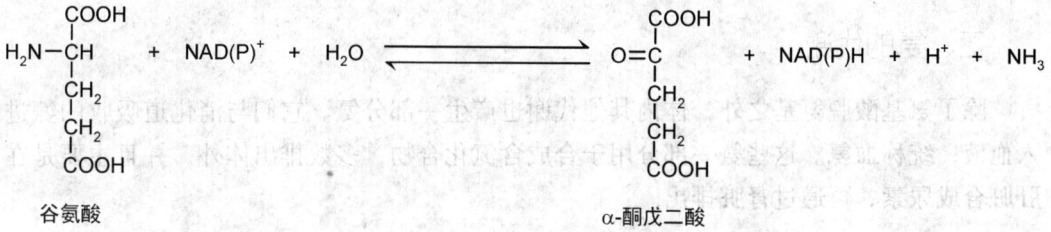

谷氨酸 　　　　　　　　　　　　　　　　　　　　α-酮戊二酸

戊二酸。

（2）是以 NAD^+（或 $NADP^+$）为辅酶的不需氧脱氢酶，所产生的 NADH 可以通过氧化磷酸化推动合成 2.5 个 ATP。

（3）所催化的反应可逆，细胞内通过其逆反应合成谷氨酸。

（4）是一种变构酶，其活性受 ADP 变构激活，受 ATP、GTP 变构抑制。

3. 联合脱氨基　通常是指氨基酸转氨基与谷氨酸氧化脱氨基的联合，即氨基酸将氨基转移给 α-酮戊二酸，生成谷氨酸，谷氨酸再氧化脱氨基生成氨。联合脱氨基由转氨酶和 L-谷氨酸脱氢酶联合催化，两种酶在体内普遍存在，所以联合脱氨基是体内许多氨基酸脱氨基的主要途径。联合脱氨基过程可逆，其逆过程是体内合成非必需氨基酸的主要途径（图 10－2）。

图 10－2　联合脱氨基

肌组织 L-谷氨酸脱氢酶活性很低，难以进行上述联合脱氨基，但是可以通过嘌呤核苷酸循环将氨基酸脱氨基。在**嘌呤核苷酸循环**中，氨基酸首先通过两步转氨基反应将氨基转移给草酰乙酸，生成天冬氨酸；然后天冬氨酸与一磷酸次黄嘌呤苷（IMP）缩合，生成腺苷酸代琥珀酸；腺苷酸代琥珀酸进一步裂解，生成延胡索酸和一磷酸腺苷（AMP）；AMP 水解，生成 IMP 和氨，从而实现氨基酸脱氨基（图 10－3）。实际上，嘌呤核苷酸循环也被视为另一种形式的联合脱氨基。

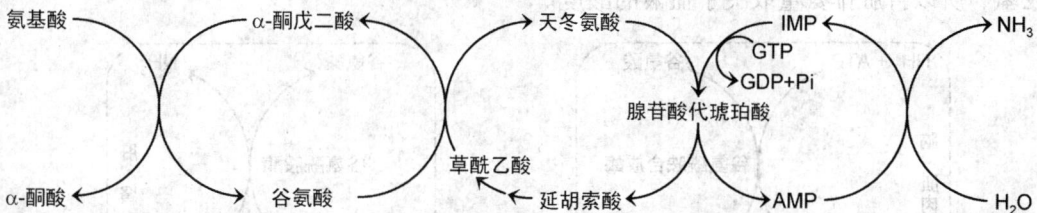

图 10－3　嘌呤核苷酸循环

4. 其他非氧化脱氨基　少数氨基酸通过其他方式脱氨基：①丝氨酸可以进行脱水脱氨基，生成丙酮酸。②半胱氨酸可以进行脱硫化氢脱氨基，生成丙酮酸。③天冬氨酸可以进行裂解脱氨基，生成延胡索酸。

二、氨的代谢

除了氨基酸脱氨基之外，体内其他代谢也产生一部分氨。它们与消化道吸收的氨进入血液，统称**血氨**。这些氨一部分用于合成含氮化合物，多数排出体外，并且主要是在肝脏合成尿素，再通过肾脏排出。

（一）氨的来源和去路

氨的来源：①氨基酸脱氨基，是氨的主要来源。②其他含氮物质分解，例如胺类。③肠道内的腐败和尿素分解产氨（4g，90%来自尿素水解）。④在肾远曲小管上皮细胞中，谷氨酰胺可水解产生氨，这部分氨通常排至小管液中，与 H^+ 结合成 NH_4^+，随尿液排出体外，参与排酸，因而酸性尿有利于肾小管排氨，碱性尿则不利于排氨，相反导致氨重吸收入血，成为血氨的另一个来源。

氨的去路：①在肝脏合成尿素，通过肾脏排出体外，是氨的主要去路，占总量的80%~95%。②合成谷氨酸、谷氨酰胺等非必需氨基酸和嘌呤碱基、嘧啶碱基等含氮化合物。③部分由谷氨酰胺转运至肾脏，水解产生氨，与 H^+ 结合成 NH_4^+，排出体外。

（二）氨的转运

各组织代谢产生的氨，以谷氨酰胺和丙氨酸的形式通过血液循环运至肝脏，或以谷氨酰胺的形式运至肾脏。

1. 谷氨酰胺的运氨作用 谷氨酸和氨合成谷氨酰胺，反应由谷氨酰胺合成酶（glutamine synthetase）催化，消耗 ATP。

谷氨酰胺是中性无毒分子，易溶于水，是脑中氨的主要解毒产物，在脑和肌肉等组织内合成后可以通过血液循环转运至肝脏和肾脏，由线粒体谷氨酰胺酶（glutaminase）催化水解成谷氨酸和氨（图10-4）。①在肝脏，氨用于合成其他含氮化合物（例如天冬酰胺、核苷酸），或合成尿素（每日约450mmol），通过肾脏随尿液排出。②在肾脏，氨排至小管液，与 H^+ 结合成 NH_4^+，随尿液排出（每日约40mmol）。由于肾脏排氨伴随泌氢，所以肾脏排氨量取决于血液的酸度。

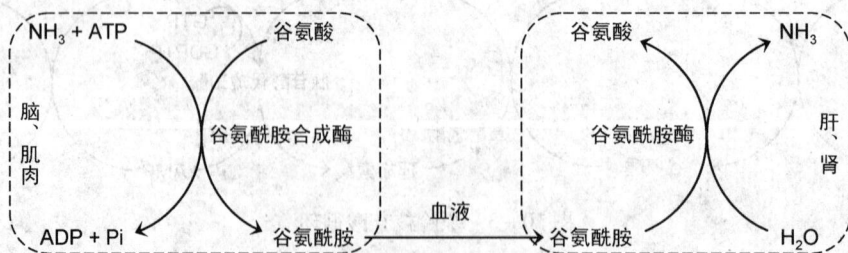

图10-4 谷氨酰胺运氨作用

2. 丙氨酸-葡萄糖循环 肌组织可以通过丙氨酸-葡萄糖循环向肝脏转运氨：①氨基酸通过两步转氨基反应将氨基转移给丙酮酸，生成丙氨酸，通过血液循环转运至肝脏。②在肝脏，丙氨酸通过联合脱氨基作用释放氨，用于合成尿素或其他含氮化合物。③丙酮酸通过糖异生途径合成葡萄糖。④葡萄糖通过血液循环转运至肌组织，通过糖酵解途径分解成丙酮酸，从而形成循环（图 10-5）。

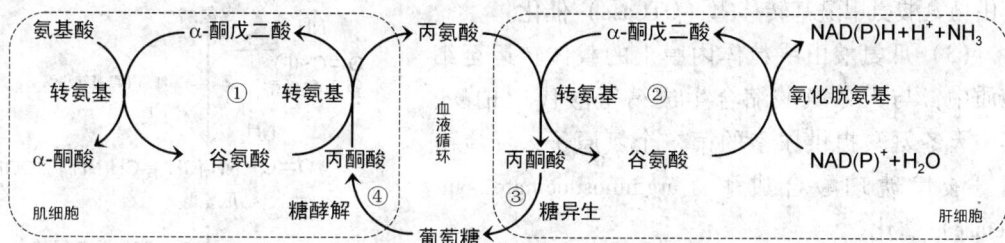

图 10-5 丙氨酸-葡萄糖循环

丙氨酸-葡萄糖循环的意义在于：它既实现了氨的无毒转运，又得以使肝脏为肌肉活动提供能量。

（三）尿素合成

1932 年，德国学者 Krebs 和 Henseleit 研究发现：①在有氧条件下将大鼠肝切片与铵盐保温数小时后，铵盐含量减少，尿素合成增多。②鸟氨酸、瓜氨酸和精氨酸都能促进尿素的合成，但它们的含量并不减少。从三种氨基酸的结构上推断，它们在代谢上可能有一定联系。经过进一步研究，Krebs 和 Henseleit 提出了尿素合成的循环机制：首先鸟氨酸与氨及 CO_2 合成瓜氨酸，然后瓜氨酸再与一分子氨合成精氨酸，最后精氨酸水解产生一分子尿素并重新生成鸟氨酸，鸟氨酸进入下一轮循环。该循环过程称为**鸟氨酸循环**（ornithine cycle），又称**尿素循环**（urea cycle）。

1. 尿素的合成过程 尿素合成过程包括五步反应，前两步在线粒体内进行，后三步在细胞质中进行（图 10-6）。

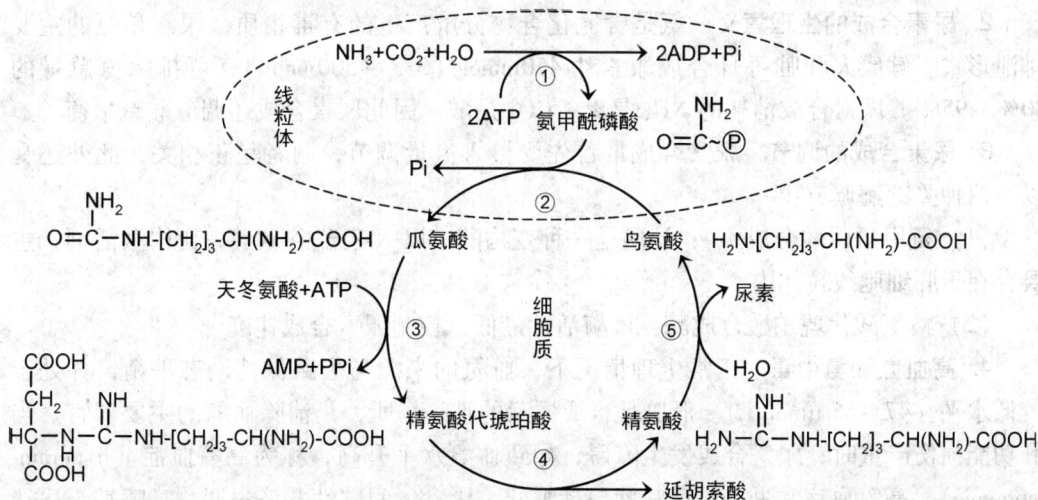

图 10-6 鸟氨酸循环

（1）NH_3、CO_2和ATP合成氨甲酰磷酸，反应由**氨甲酰磷酸合成酶Ⅰ**（CPS-Ⅰ）催化。

（2）氨甲酰磷酸与鸟氨酸缩合生成瓜氨酸，反应由鸟氨酸氨甲酰基转移酶（OTCase）催化。

（3）瓜氨酸由线粒体内膜上的载体转运至细胞质中，与天冬氨酸缩合生成精氨酸代琥珀酸，其中天冬氨酸提供尿素的第二个氮原子，反应由精氨酸代琥珀酸合成酶（argininosuccinate synthetase）催化。

（4）精氨酸代琥珀酸裂解生成精氨酸和延胡索酸，反应由精氨酸代琥珀酸裂解酶（argininosuccinase）催化。

天冬氨酸提供氨基后生成的延胡索酸可以加水生成苹果酸（细胞质），脱氢生成草酰乙酸（线粒体），通过转氨基作用再生天冬氨酸（线粒体），为尿素合成供氮。

（5）精氨酸水解生成尿素和鸟氨酸，反应由精氨酸酶（arginase）催化。生成的鸟氨酸由线粒体内膜上的载体运入线粒体，进入下一轮鸟氨酸循环。尿素则通过血液循环运至肾脏，随尿液排出体外。

鸟氨酸循环总反应的化学方程式如下：

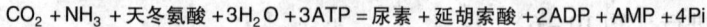

$$CO_2 + NH_3 + 天冬氨酸 + 3H_2O + 3ATP = 尿素 + 延胡索酸 + 2ADP + AMP + 4Pi$$

2. 尿素合成的生理意义　氨是含氮化合物分解产生的有毒物质，尿素是氨的主要排泄形式。健康人肝脏每日合成尿素约450mmol（333～500mmol），可排除氨总量的80%～95%。尿素合成消耗的NH_3是碱，CO_2是酸，因此尿素合成还调节酸碱平衡。

3. 尿素合成的调节　尿素合成量首先受摄入氮量调节，两者呈正相关，此外还受以下两种关键酶调节：

（1）氨甲酰磷酸合成酶Ⅰ：该酶是一种变构酶，以N-乙酰谷氨酸为变构激活剂，主要存在于肝细胞线粒体内。

（2）精氨酸代琥珀酸合成酶：该酶活性最低，控制尿素合成速度。

4. 高血氨和氨中毒　正常生理情况下，血氨的来源与去路保持动态平衡，并处于较低水平（47～65 μmol/L）。肝脏是合成尿素的唯一场所，是清除血氨的主要器官。当肝功能损伤严重时，尿素合成发生障碍，导致血氨水平升高，称为**高氨血症**（hyperammonemia）。高氨血症常见的临床症状包括呕吐、厌食、间歇性共济失调、嗜睡甚至昏迷等。高血氨的毒性作用机制尚未阐明。一般认为，游离的氨（不是NH_4^+）能透过血脑屏障进入脑组织，与脑细胞内的α-酮戊二酸合成谷氨酸，并进一步合成谷氨酰胺，结

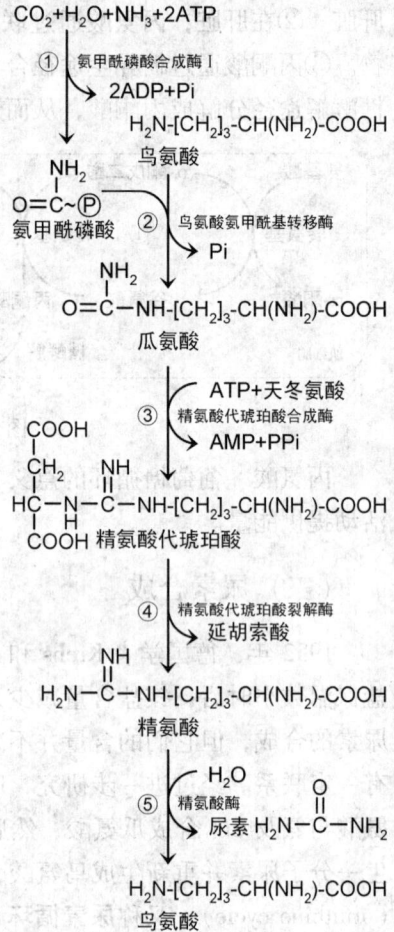

果：①消耗较多的 NADH 和 ATP 等供能物质。②消耗大量的 α-酮戊二酸，使三羧酸循环减慢，有氧氧化减慢，ATP 合成不足。③谷氨酸是神经递质，也被大量消耗。能量及神经递质严重缺乏影响脑功能直至昏迷，临床上称之为**氨中毒**或**肝昏迷**，这就是**肝昏迷的氨中毒学说**。

　　🖝 氨比 NH_4^+ 容易通过单纯扩散透过细胞膜而被吸收，在碱性环境中，NH_4^+ 解离成氨，所以碱性肠液促进氨的吸收，碱性小管液促进氨的重吸收。为此临床上对高血氨、肝昏迷、肝硬化腹水患者禁用碱性肥皂水灌肠或碱性利尿药利尿，避免血氨升高。

　　🖝 低钾碱中毒促进氨透过血脑屏障，对脑细胞毒性增强。乳果糖和乳梨醇能抑制氨的吸收，可用于治疗肝性脑病。

　　5. 尿素测定　①尿素酶水解尿素生成氨，氨与硝普钠、苯酚、次氯酸盐生成蓝色产物，640nm 比色分析。②尿素酶水解尿素生成氨，氨与 NADH、α-酮戊二酸合成谷氨酸，340nm 比色分析。健康成人血清尿素含量 1.78 ~ 7.14mmol/L。

三、α-酮酸的代谢

　　氨基酸脱氨基之后生成的 α-酮酸在不同营养条件下经历不同代谢。

　　1. 氧化供能　α-酮酸可以降解成乙酰辅酶 A，然后通过三羧酸循环彻底氧化，生成 CO_2 和 H_2O，同时释出能量供给生命活动。因此，氨基酸也是一类供能物质。

　　2. 合成糖和脂类　动物实验发现：如果用各种氨基酸喂养糖尿病型的犬，大多数氨基酸可以使尿糖增加，表明这些氨基酸经过脱氨基等分解代谢生成的 α-酮酸可以通过糖异生途径合成葡萄糖，因而被称为**生糖氨基酸**；少数氨基酸可以使尿糖和尿酮体同时增加，被称为**生糖兼生酮氨基酸**（又称生酮生糖氨基酸）；而亮氨酸和赖氨酸仅使尿酮体增加，被称为**生酮氨基酸**（表 10 - 6）。

表 10 - 6　生糖和生酮氨基酸种类

分类	氨基酸
生糖氨基酸	半胱氨酸、丙氨酸、甘氨酸、谷氨酸、谷氨酰胺、甲硫氨酸、精氨酸、脯氨酸、丝氨酸、天冬氨酸、天冬酰胺、组氨酸、缬氨酸
生糖兼生酮氨基酸	苯丙氨酸、酪氨酸、色氨酸、苏氨酸、异亮氨酸
生酮氨基酸	赖氨酸、亮氨酸

　　目前已经阐明：氨基酸在体内通过分解代谢生成丙酮酸、草酰乙酸、α-酮戊二酸、琥珀酰辅酶 A、延胡索酸、乙酰辅酶 A、乙酰乙酰辅酶 A，所以生糖或生酮。

　　3. 合成非必需氨基酸　α-酮酸可循联合脱氨基逆过程还原氨基化，生成 α-氨基酸。不过，以此方式合成非必需氨基酸的 α-酮酸主要来自糖代谢。此代谢的意义是可以把体内非蛋白氮转化成蛋白氮（第十七章，301 页）。例如临床上可以给尿毒症患者调配富含必需氨基酸的低蛋白膳食，使机体利用非蛋白氮合成非必需氨基酸，既满足蛋白质合成需要，又降低血液非蛋白氮。

第三节 氨基酸的特殊代谢

除了一般代谢之外，有些氨基酸还通过特殊代谢产生一些具有重要生理功能的含氮化合物（表10-7）。本节主要介绍以下特殊代谢：氨基酸脱羧基代谢、一碳单位代谢、含硫氨基酸代谢、芳香族氨基酸代谢、甘氨酸代谢和支链氨基酸代谢。

一、氨基酸脱羧基

部分氨基酸可以脱羧基（decarboxylation）生成相应的胺。脱羧反应由特异的氨基酸脱羧酶催化，并且需要磷酸吡哆醛作为辅助因子。虽然氨基酸脱羧基只生成少量胺类，但它们具有重要的生理功能。

表10-7 氨基酸代谢产生的含氮化合物

活性物质	功能	氨基酸前体
γ-氨基丁酸	神经递质	谷氨酸
乙酰胆碱	神经递质	丝氨酸
5-羟色胺	神经递质	色氨酸
儿茶酚胺	神经递质，激素	酪氨酸
一氧化氮	激素	精氨酸
甲状腺激素	激素	酪氨酸
组胺	血管扩张剂	组氨酸
多胺	促进细胞增殖	鸟氨酸、甲硫氨酸
烟酸	维生素	色氨酸
肉碱	脂肪酸转运	赖氨酸
血红素	合成血红素蛋白	甘氨酸
肌酸	能量储存	甘氨酸、精氨酸、甲硫氨酸
嘌呤碱	合成核苷酸、核酸	谷氨酰胺、甘氨酸、天冬氨酸
嘧啶碱	合成核苷酸、核酸	谷氨酰胺、天冬氨酸
牛磺酸	合成结合胆汁酸	半胱氨酸
黑色素	皮肤、毛发色素	酪氨酸

1. γ-氨基丁酸（GABA） 由谷氨酸脱羧基生成。

$$\text{HOOC-CH(NH}_2\text{)-[CH}_2\text{]}_2\text{-COOH} \xrightarrow[\text{谷氨酸脱羧酶}]{\quad CO_2 \quad} \text{H}_2\text{N-[CH}_2\text{]}_3\text{-COOH}$$

谷氨酸　　　　　　　谷氨酸脱羧酶　　γ-氨基丁酸

谷氨酸脱羧反应由谷氨酸脱羧酶催化，该酶在脑组织中活性最高，所以其GABA含量最多。GABA是一种抑制性神经递质，其生成不足会引起中枢神经系统的过度兴奋。磷酸吡哆醛是谷氨酸脱羧酶的辅助因子，因此临床上给妊娠呕吐孕妇和抽搐惊厥婴幼儿补充维生素 B_6，以促进γ-氨基丁酸生成，使中枢兴奋得到抑制，缓解其临床症状。

2. 5-羟色胺（5-HT） 又称**血清素**（serotonin），由色氨酸通过羟化和脱羧基生成。5-羟色胺在神经系统、消化道、血小板和乳腺等组织细胞均能生成。

（1）在脑组织，5-羟色胺是一种抑制性神经递质，与调节睡眠、体温和镇痛等有关。

（2）在松果体，5-羟色胺通过乙酰化和甲基化等反应生成**褪黑激素**（melatonin）。褪黑激素的分泌有昼夜节律（昼低夜高）和月经节律（月经来潮前夕最高，排卵期最低），与机体的生物节律（维持生物钟）、神经系统（镇静、催眠、镇痛、抗惊厥、抗抑郁）、生殖系统（与性激素抗衡）和免疫系统（增强免疫力）功能有密切关系。

（3）在外周，5-羟色胺具有强烈的血管收缩活性。

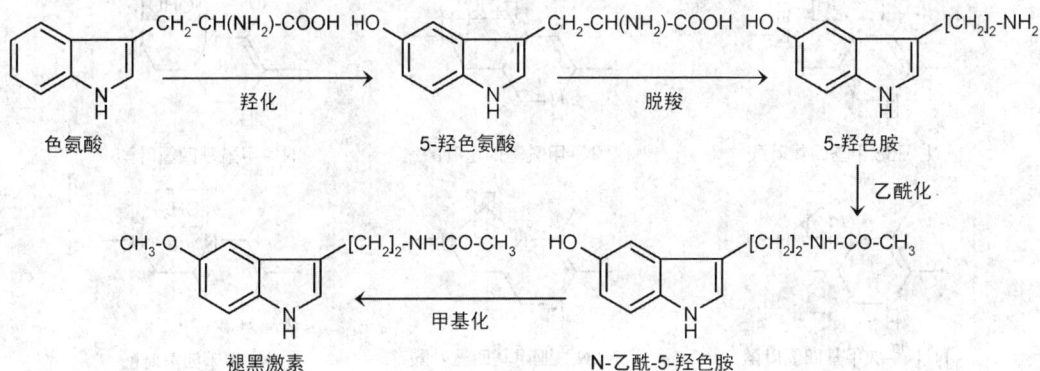

3. 组胺（histamine） 由组氨酸脱羧基生成，主要存在于呼吸道、消化道和皮肤等组织的肥大细胞内，在血液中极少。过敏反应时肥大细胞会大量释放组胺。

组胺的生理功能：①是一种强烈的血管扩张剂，能提高毛细血管通透性，引起血压下降。②能使支气管平滑肌痉挛，发生哮喘。③能刺激胃酸和胃蛋白酶分泌，常用于研究胃功能。④是一种中枢神经递质，与控制觉醒和睡眠、调节情感和记忆等功能有关。

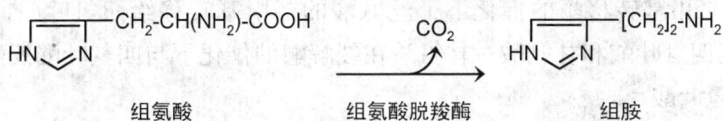

4. 多胺 是指由鸟氨酸和甲硫氨酸通过脱羧基等反应生成的亚精胺（spermidine，又称精脒）和精胺（spermine）。亚精胺和精胺含多个氨基，统称多胺（polyamine）。

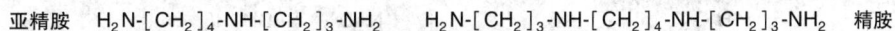

亚精胺 $H_2N-[CH_2]_4-NH-[CH_2]_3-NH_2$ $H_2N-[CH_2]_3-NH-[CH_2]_4-NH-[CH_2]_3-NH_2$ **精胺**

亚精胺和精胺是调节细胞生长的重要物质，可以促进细胞增殖。生长旺盛的组织如胚胎、再生肝以及肿瘤组织多胺含量较多。临床上把测定患者血液或尿液中多胺的含量作为肿瘤诊断和预后的辅助指标。

胺类物质大多具有较强的生物活性，如果产生和吸收过多，会造成机体代谢紊乱。不过，体内存在各种胺类氧化酶，在正常情况下可以分解多余的胺类。

二、一碳单位代谢

一碳单位（one carbon unit）是部分氨基酸在分解代谢过程中产生的含一个碳原子的活性基团，其转移或转化过程称为**一碳单位代谢**或**一碳代谢**。

1. **一碳单位的种类和来源** 体内重要的一碳单位有甲酰基（formyl，—CHO）、次甲基（methenyl，—CH =）、亚胺甲基（formimino，—CH =NH）、亚甲基（methyl-ene，—CH_2—）和甲基（methyl，—CH_3）等（图 10-7），它们来自甘氨酸、组氨酸、丝氨酸、色氨酸和甲硫氨酸。

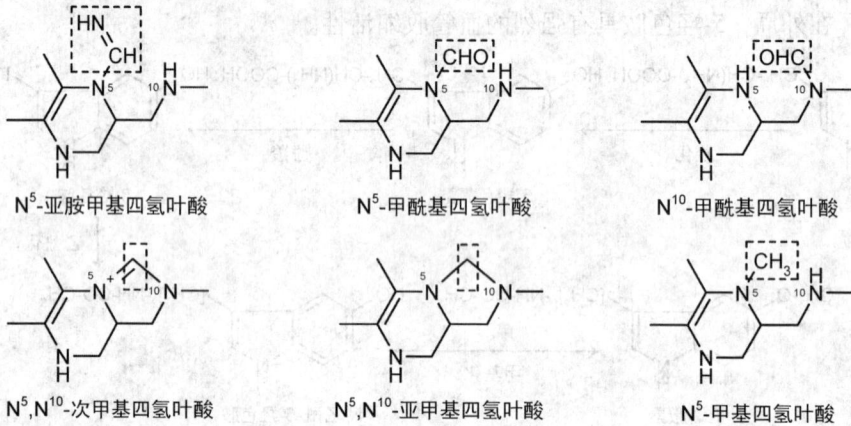

N^5-亚胺甲基四氢叶酸　　　N^5-甲酰基四氢叶酸　　　N^{10}-甲酰基四氢叶酸

N^5,N^{10}-次甲基四氢叶酸　　　N^5,N^{10}-亚甲基四氢叶酸　　　N^5-甲基四氢叶酸

图 10-7　一碳单位

2. **一碳单位的载体** 一碳单位是一类基团，由四氢叶酸（FH_4，THF）和钴胺素等携带参加代谢。

3. **一碳单位的生成** 由氨基酸分解提供一碳单位需经过复杂的代谢过程，并且需要四氢叶酸作为一碳单位转移酶的辅酶，例如丝氨酸和甘氨酸分解生成 N^5,N^{10}-亚甲基四氢叶酸：在羟甲基转移酶的催化下，丝氨酸的羟甲基转移给四氢叶酸，并脱水生成 N^5,N^{10}-亚甲基四氢叶酸和甘氨酸；甘氨酸在裂解酶的催化下与四氢叶酸反应，生成 N^5,N^{10}-亚甲基四氢叶酸。

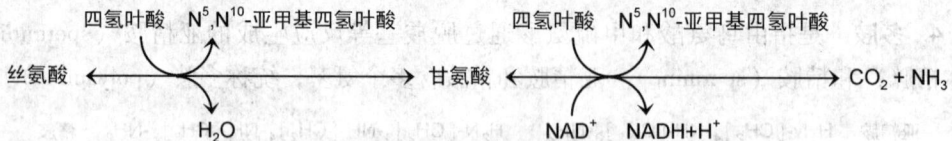

4. **一碳单位的相互转化** 各种一碳单位所含碳原子的氧化状态不同。在一定条件下，这些一碳单位可以通过氧化还原反应相互转化（图 10-8）。不过，由其他一碳单位还原生成 N^5-甲基四氢叶酸的反应是不可逆的，即该甲基不能再氧化成其他一碳单位。实际上，在由四氢叶酸携带的一碳单位中，甲基是惰性基团，以至于它无法直接提供给甲基受体，必须通过甲硫氨酸循环进行活化，转化成足够活泼的 S-腺苷甲硫氨酸，才能利用（图 10-9）。

5. **一碳单位代谢的生理意义** ①参与嘌呤碱基和嘧啶碱基的合成，例如嘌呤环的

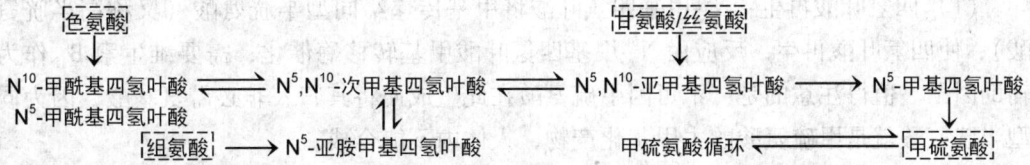

图 10 – 8　一碳单位的相互转化

C-2 和 C-8 由 N^{10}-甲酰基四氢叶酸提供，一磷酸脱氧胸苷的 5-甲基由 N^5,N^{10}-亚甲基四氢叶酸提供（第十一章，217 页）。②N^5-甲基四氢叶酸与甲硫氨酸循环联合提供甲基，合成甲基化合物。

由上可见，一碳单位代谢与核酸代谢关系密切。当一碳单位代谢发生障碍或四氢叶酸不足时，核酸代谢将受影响，可引起巨幼红细胞性贫血等疾病。磺胺药抑菌及氨基蝶呤类抗肿瘤的机制（第十一章，222 页）就是抑制四氢叶酸的合成，干扰一碳单位代谢与核酸代谢，使细菌及肿瘤的细胞分裂受阻，达到抑菌或抗肿瘤的目的。

三、含硫氨基酸代谢

含硫氨基酸包括甲硫氨酸、半胱氨酸和胱氨酸。它们的代谢是相互联系的：甲硫氨酸为半胱氨酸的合成提供硫，半胱氨酸与胱氨酸可以相互转化。不过，半胱氨酸与胱氨酸不能用于合成甲硫氨酸。甲硫氨酸是必需氨基酸。

（一）甲硫氨酸循环

甲硫氨酸除了作为蛋白质的合成原料之外，还在甲硫氨酸循环中参与甲基传递，用于合成甲基化合物。

1. 甲硫氨酸循环过程　甲硫氨酸循环（methionine cycle）是一个同型半胱氨酸获得甲基生成甲硫氨酸、甲硫氨酸供出甲基后再生同型半胱氨酸的过程，是 N^5-甲基四氢叶酸为生物合成提供活性甲基的必由之路，有四氢叶酸、维生素 B_{12} 和 ATP 参与（图 10 –9）。

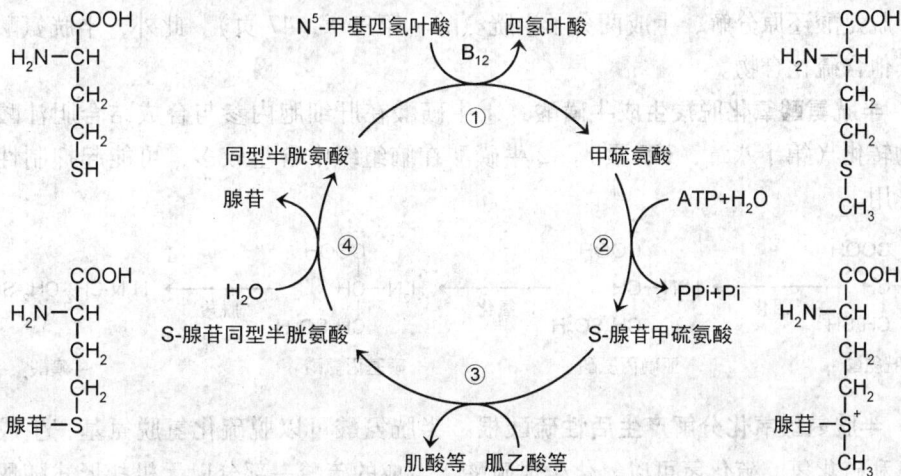

图 10 – 9　甲硫氨酸循环

（1）四氢叶酸再生：N^5-甲基四氢叶酸将甲基传递给同型半胱氨酸（又称高半胱氨酸），使四氢叶酸再生，反应由 N^5-甲基四氢叶酸甲基转移酶催化，需要维生素 B_{12} 作为辅助因子。值得注意的是：不可因甲硫氨酸在此生成而将其归入非必需氨基酸，因为同型半胱氨酸就是甲硫氨酸的去甲基化产物，人体内不能合成。

（2）甲硫氨酸活化：甲硫氨酸与 ATP 反应，生成 **S-腺苷甲硫氨酸**（SAM），反应由甲硫氨酸腺苷转移酶催化。

（3）SAM 转甲基：S-腺苷甲硫氨酸称为 **活性甲硫氨酸**，其甲基称为 **活性甲基**（activated methyl），可以用于合成一组甲基化合物，反应由相应的甲基转移酶催化。

据统计，体内有 50 多种分子可以从 S-腺苷甲硫氨酸获得甲基，合成相应的甲基化合物。例如：去甲肾上腺素、胍乙酸、磷脂酰乙醇胺等获得甲基后分别生成肾上腺素、肌酸、磷脂酰胆碱。

（4）同型半胱氨酸再生：SAM 供出甲基后生成的 S-腺苷同型半胱氨酸进一步脱去腺苷，生成同型半胱氨酸（homocysteine）。

2. 甲硫氨酸循环的生理意义　①再生四氢叶酸，参与其他一碳单位代谢。②提供活性甲基，用于合成甲基化合物。

维生素 B_{12} 是 N^5-甲基四氢叶酸甲基转移酶的辅酶。当缺乏维生素 B_{12} 时，N^5-甲基四氢叶酸的甲基不能转移出去，既影响甲基化合物的合成，又影响四氢叶酸的再生，进而影响一碳单位代谢，影响核苷酸合成，导致核酸合成、蛋白质合成减少，细胞分裂减慢。红细胞成熟受到影响，表现为幼红细胞分裂减慢，红细胞体积增大，导致巨幼红细胞性贫血。

📖 **高同型半胱氨酸血症**　由叶酸、钴胺素、吡哆醛缺乏等因素导致同型半胱氨酸代谢障碍，在血液中积累，是心血管疾病、血栓形成、高血压的危险因子。

（二）半胱氨酸与胱氨酸代谢

半胱氨酸与胱氨酸相互转化。半胱氨酸含巯基，两分子半胱氨酸氧化脱氢，生成胱氨酸；胱氨酸还原分解，生成两分子半胱氨酸（第三章，47 页）。此外，半胱氨酸代谢生成其他含硫化合物。

1. 半胱氨酸氧化脱羧生成牛磺酸　①牛磺酸在肝细胞内参与合成结合胆汁酸及其他生物转化（第十八章，315 页）。②牛磺酸在脑组织中含量较多，可能起抑制性神经递质作用。

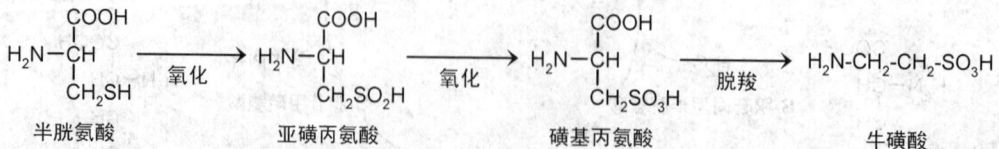

```
        COOH                      COOH                        COOH
        |                         |                           |
H₂N—CH   ──氧化──→   H₂N—CH     ──氧化──→   H₂N—CH    ──脱羧──→   H₂N-CH₂-CH₂-SO₃H
        |                         |                           |
        CH₂SH                     CH₂SO₂H                     CH₂SO₃H

      半胱氨酸                   亚磺丙氨酸                  磺基丙氨酸                    牛磺酸
```

2. 半胱氨酸氧化分解产生活性硫酸根　半胱氨酸可以脱硫化氢脱氨基，生成丙酮酸、氨和硫化氢。硫化氢可以氧化生成硫酸，生成的硫酸一部分以无机盐形式随尿液排出，另一部分与 ATP 反应，生成 **活性硫酸根**，即 **3′-磷酸腺苷-5′-磷酸硫酸**（PAPS）。

PAPS 性质活泼，为各种代谢提供活性硫酸根：①参与糖胺聚糖合成：合成硫酸软骨素、硫酸角质素和肝素等，进而合成蛋白聚糖。②参与蛋白质硫酸化：例如结合到蛋白聚糖的酪氨酸羟基上。③参与生物转化：与类固醇、酚类物质结合，促使其随尿液排出（第十八章，311 页）。

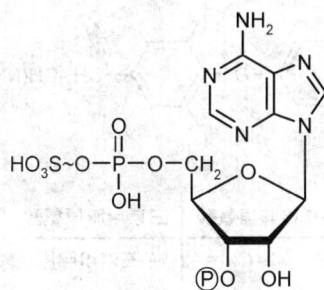

3'-磷酸腺苷-5'-磷酸硫酸

3. 半胱氨酸参与合成谷胱甘肽　还原型谷胱甘肽（GSH）由谷氨酸、半胱氨酸和甘氨酸合成。

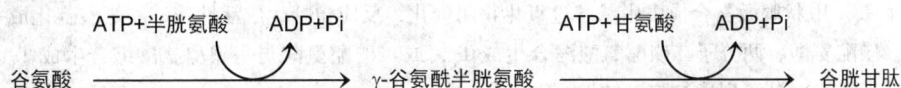

还原型谷胱甘肽是重要的抗氧化剂：①保护巯基酶及其他巯基蛋白，从而维持这些分子的生理功能。②清除活性氧及其他氧化剂，此功能要消耗红细胞 10% 的葡萄糖。③参与生物转化第二相反应，与药物或毒物等结合，阻断这些物质对 DNA、RNA、蛋白质结构的破坏与功能的干扰。

四、芳香族氨基酸代谢

芳香族氨基酸包括苯丙氨酸、酪氨酸和色氨酸，它们主要在肝中分解。这里介绍苯丙氨酸和酪氨酸的特殊代谢。

1. 苯丙氨酸羟化成酪氨酸　由苯丙氨酸羟化酶催化，且反应不可逆，故酪氨酸不能生成苯丙氨酸，但补充酪氨酸可"节省"苯丙氨酸。

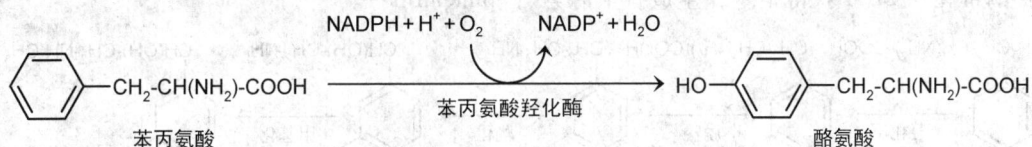

苯丙氨酸羟化酶是一种单加氧酶，需要四氢生物蝶呤作为辅助因子。当先天性缺乏苯丙氨酸羟化酶时，苯丙氨酸不能羟化成酪氨酸，只能通过转氨基反应生成苯丙酮酸。苯丙酮酸在血液中积累，对中枢神经系统有毒性作用，会影响幼儿脑发育，造成不可逆转的智力低下。过多的苯丙酮酸及其部分代谢产物（苯乳酸、苯乙酸）可以随尿液排出，故临床上称之为**苯丙酮酸尿症**（PKU）。对这种患儿的治疗原则是早期诊断，严格控制（至少在 18 岁之前）膳食中苯丙氨酸含量，同时注意补充酪氨酸。

2. 酪氨酸合成甲状腺激素　甲状腺激素（thyroid hormone）是甲状腺滤泡细胞分泌激素的统称，包括三碘甲腺原氨酸（T_3）、逆-三碘甲腺原氨酸（r-T_3，1%，无活性）和四碘甲腺原氨酸（T_4）等，其中 T_4 又称甲状腺素（thyroxine）。T_4 的合成量最多（90%），通常是 T_3（9%）的 10 倍，但 T_3 活性最高，是 T_4 的 5 倍。

$$HO-\!\!\!\bigcirc\!\!\!-O-\!\!\!\bigcirc\!\!\!-CH_2-CH(NH_2)-COOH \qquad HO-\!\!\!\bigcirc\!\!\!-O-\!\!\!\bigcirc\!\!\!-CH_2-CH(NH_2)-COOH$$

四碘甲腺原氨酸	三碘甲腺原氨酸
	逆-三碘甲腺原氨酸

$$HO-\!\!\!\bigcirc\!\!\!-O-\!\!\!\bigcirc\!\!\!-CH_2-CH(NH_2)-COOH$$

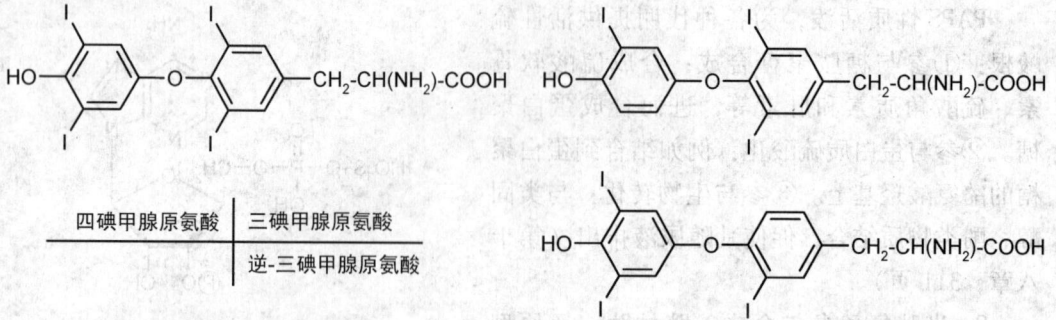

甲状腺激素的合成原料是甲状腺滤泡细胞内甲状腺球蛋白同二聚体。人体甲状腺球蛋白单体含2768 个氨基酸，分子量为 305kDa，其 Tyr24、Tyr1310、Tyr2573、Tyr2587 可合成四个 T_4，Tyr2766 可合成一个 T_3。甲状腺激素合成由甲状腺过氧化物酶催化，反应包括生成活性碘，酪氨酸碘化成一碘酪氨酸和二碘酪氨酸，两分子二碘酪氨酸缩合生成 T_4，或二碘酪氨酸与一碘酪氨酸缩合生成 T_3、r-T_3，之后包装于囊泡，分泌到滤泡腔，成为胶质成分。

甲状腺激素是影响神经系统发育最重要的激素，其分泌受垂体分泌的促甲状腺激素（TSH）调节。促甲状腺激素刺激甲状腺滤泡细胞顶部一侧微绒毛伸出伪足，将含甲状腺球蛋白的胶质吞回滤泡细胞，由溶酶体蛋白酶水解释放甲状腺激素，从滤泡细胞底部分泌入血。

☞ 硫脲类药物能抑制甲状腺过氧化物酶，抑制甲状腺激素合成，是临床上治疗甲状腺功能亢进的常用药。

3. 酪氨酸转化成儿茶酚胺 在神经组织（黑质纹状体系统）或肾上腺髓质中，自血液循环摄取的酪氨酸由酪氨酸羟化酶（tyrosine hydroxylase，以四氢生物蝶呤作为辅酶）催化羟化，生成 3,4-二羟苯丙氨酸，又称 L-多巴（Dopa）。L-多巴由多巴脱羧酶催化脱羧基，生成多巴胺（dopamine）。在肾上腺髓质，多巴胺由多巴胺β-羟化酶催化羟化（消耗维生素 C），生成去甲肾上腺素（norepinephrine）。去甲肾上腺素由 N-甲基转移酶催化从 SAM 获得甲基，生成肾上腺素（epinephrine）。

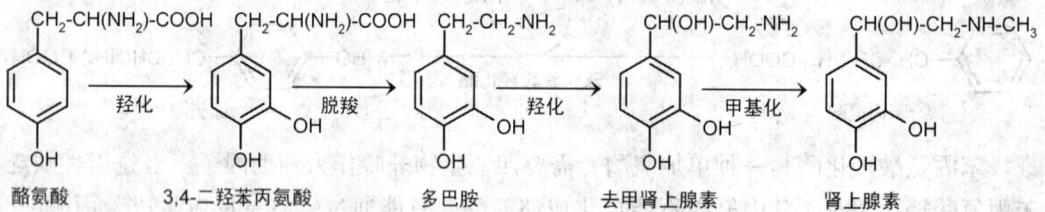

| 酪氨酸 | 3,4-二羟苯丙氨酸 | 多巴胺 | 去甲肾上腺素 | 肾上腺素 |

由酪氨酸代谢生成的多巴胺、去甲肾上腺素和肾上腺素都是具有儿茶酚结构的胺类物质，故统称**儿茶酚胺**（catecholamine）。酪氨酸羟化酶是控制儿茶酚胺合成的关键酶，受儿茶酚胺的反馈抑制。

儿茶酚胺是重要的生物活性物质，它们都是神经递质，其中肾上腺素还是外周激素。多巴胺生成不足是 Parkinson 病（又称**震颤麻痹**，paralysis agitans）发生的重要原因。多巴胺在临床上可用于收缩皮肤和肌肉小动脉、扩张肾和内脏小动脉。

☞ 肝昏迷时中枢神经系统多巴胺合成减少，需要补充，但多巴胺不能透过血脑屏障，故不能直接补充，可补充能透过血脑屏障的 L-多巴，在体内代谢生成多巴胺发挥作用。

4. 酪氨酸合成黑色素 在皮肤和毛囊等的黑色素细胞内，在酪氨酸酶（tyrosinase，

一种含 Cu^{2+} 的单加氧酶）的催化下，酪氨酸发生羟化反应生成3,4-二羟苯丙氨酸，再通过氧化脱羧等反应生成吲哚-5,6-醌，聚合成黑色素，成为这些组织中色素的来源。

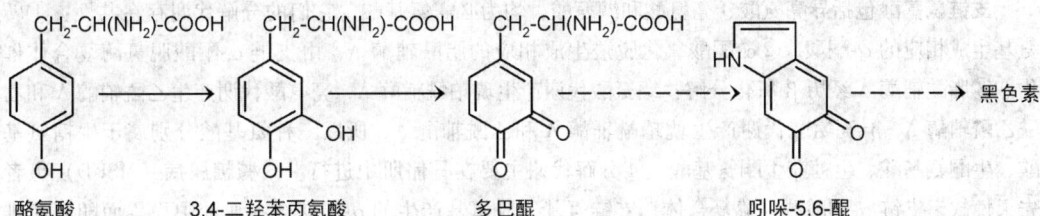

酪氨酸　　　　　3,4-二羟苯丙氨酸　　　　　多巴醌　　　　　吲哚-5,6-醌　　　→黑色素

先天性缺乏酪氨酸酶的患者因黑色素合成障碍，致使毛发、皮肤等缺少色素而发白，称为**白化病**（albinism）。患者对阳光敏感，易患皮肤癌。

5. 酪氨酸氧化分解　酪氨酸可以彻底分解，即脱氨基生成对羟苯丙酮酸→异构并氧化脱羧生成尿黑酸→由尿黑酸双加氧酶（又称尿黑酸氧化酶）催化氧化生成马来酰乙酰乙酸→异构生成延胡索酰乙酰乙酸→水解生成延胡索酸和乙酰乙酸。

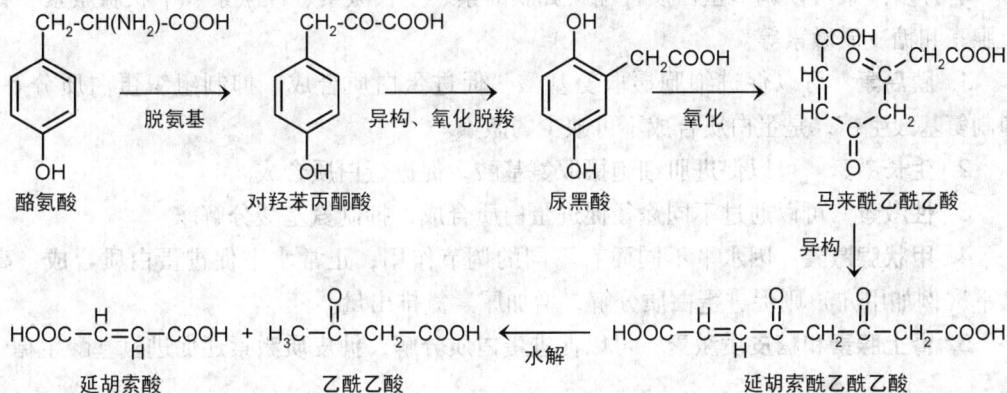

酪氨酸　　　　　对羟苯丙酮酸　　　　　尿黑酸　　　　　马来酰乙酰乙酸

延胡索酸　　乙酰乙酸　　　　　　　　　　　　延胡索酰乙酰乙酸

当先天性缺乏尿黑酸双加氧酶时，酪氨酸分解代谢中间产物尿黑酸不能被氧化分解，只能随尿液排出体外，称为**尿黑酸尿症**（alkaptonuria）。患者的骨等结缔组织会有广泛的黑色物质沉积，患关节炎。

芳香族氨基酸及其腐败产物的代谢和转化主要在肝脏进行，所以肝昏迷患者血液芳香族氨基酸水平升高。

五、甘氨酸代谢

甘氨酸本身就是生物活性物质，例如位于脊髓前角的闰绍细胞释放的抑制性神经递质就是甘氨酸。此外，甘氨酸还用于合成蛋白质及其他活性物质：①参与一碳单位代谢。②合成谷胱甘肽。③合成肌酸。④合成嘌呤碱（第十一章，215页）。⑤合成血红素（第十七章，303页）。⑥合成结合胆汁酸（第十八章，315页）等。其中肌酸合成如下：

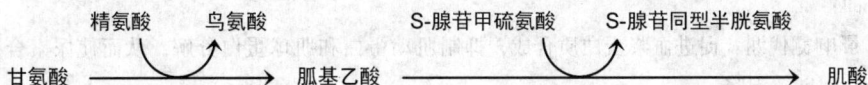

甘氨酸　　　　　　　　　胍基乙酸　　　　　　　　　肌酸

六、支链氨基酸代谢

支链氨基酸包括异亮氨酸、亮氨酸和缬氨酸，均为必需氨基酸，它们的分解代谢存在共性：①转氨基生成相应的 α-酮酸。②α-酮酸氧化脱羧生成相应的脂酰辅酶 A，由支链 α-酮酸脱氢酶复合体催化。③脂酰辅酶 A 经历 β 氧化分解：缬氨酸代谢产生琥珀酰辅酶 A，亮氨酸代谢产生乙酰辅酶 A 和乙酰乙酰辅酶 A，异亮氨酸代谢产生琥珀酰辅酶 A 和乙酰辅酶 A，所以三种氨基酸分别属于生糖氨基酸、生酮氨基酸、生糖兼生酮氨基酸。④分解代谢主要在骨骼肌中进行。⑤**槭糖尿病**（MSUD）患者先天性缺乏支链 α-酮酸脱氢酶复合体，支链氨基酸脱氨基产生的 α-酮酸会在血液中积累而随尿液排出，因而其尿液有类似槭糖浆味。

🖐 支链氨基酸能抑制假神经递质形成，或拮抗假神经递质，所以临床上可用于治疗肝性脑病。

第四节　激素对蛋白质代谢的调节

有许多激素可以调节蛋白质代谢，如胰岛素、生长激素、性激素、甲状腺激素、肾上腺素和糖皮质激素等。

1. **胰岛素**　可以促进细胞摄取氨基酸，促进蛋白质合成，抑制组织蛋白质分解，抑制氨基酸生糖，是蛋白质合成不可缺少的激素。

2. **生长激素**　可以促进肌细胞摄取氨基酸，促进蛋白质合成。

3. **性激素**　可以通过不同途径促进蛋白质合成，抑制氨基酸分解。

4. **甲状腺激素**　因水平不同而有不同的调节作用，正常水平促进蛋白质合成，高水平（例如甲亢）则促进蛋白质分解，增加尿素氮排出量。

5. **肾上腺素和糖皮质激素**　可以促进蛋白质分解，糖皮质激素还促进氨基酸生糖。

☯ 链　接

慢性肾功能衰竭的中药治疗

慢性肾功能衰竭（CRF）是指原发性或继发性肾脏疾患造成肾结构和功能损害、引起一系列代谢紊乱和临床症状的一组综合征。透析疗法和肾移植是治疗该病的重要手段，但限于条件难以普及，因此非透析疗法更有实际意义。其中，中西医结合非透析疗法可以缓解症状，与透析疗法相结合能保护残余肾功能、延缓病程发展、推迟必须透析或移植的时间等。

探讨慢性肾功能衰竭进行性恶化的机制，寻找有效方药早期预防、延缓或阻止慢性肾功能衰竭病情的进展，这是中西医结合研究的重要课题。研究表明：大黄和冬虫夏草等药物对慢性肾功能衰竭的多种病理机制均有不同程度的改善作用。

1. **大黄**　主要功效为泻下攻积，清热泻火，凉血解毒，活血祛瘀，是治疗慢性肾功能衰竭的有效药物之一，不论是其单味药，还是复方，均有较显著的疗效。大黄治疗慢性肾功能衰竭的机制包括以下几个方面：

（1）影响氮代谢：促进血浆蛋白质合成，抑制肌动蛋白和肌球蛋白分解，从而使尿素合成减少，血尿素氮（BUN）下降。

（2）抑制肾代谢：抑制肾组织的高代谢状态，从而缓解慢性肾功能衰竭的进展。

（3）抑制系膜细胞增殖：既直接抑制肾小球系膜细胞增殖，又拮抗白介素 2（IL-2）和促肾生长因子对系膜细胞增殖的促进作用，延缓肾小球硬化。

（4）纠正脂代谢紊乱：延缓慢性肾功能衰竭进展。

（5）促进肠道排泄肌酐、尿素等非蛋白氮：减轻肾脏排泄负荷。

（6）其他作用：大黄在抗凝血、血液流变、消炎、免疫调节等方面的作用对慢性肾功能衰竭的进展可能也有影响。

2. 冬虫夏草 主要功效为补肺益肾，止血化痰。冬虫夏草治疗慢性肾功能衰竭的机制可能包括以下几个方面：

（1）补充必需氨基酸：为限制蛋白膳食患者补充必需氨基酸，在保证组织蛋白合成的同时使患者血尿素氮保持低水平。

（2）调节钙磷代谢：有效地控制高磷血症是延缓肾功能恶化的重要措施之一。冬虫夏草可以升高血钙、降低血磷，使钙磷代谢恢复正常。

（3）补充微量元素：锌在改善慢性肾功能衰竭临床症状方面起重要作用。慢性肾功能衰竭患者体内微量元素锌、铬、锰等的含量明显低于健康人。冬虫夏草上述微量元素特别是锌含量较高。

（4）影响氮代谢：现已证明，尿毒症毒素对蛋白质代谢有抑制作用，冬虫夏草能促进慢性肾功能衰竭患者毒素的排泄，使血肌酐（Scr）、血尿素氮水平明显下降。

（5）调节免疫功能：增加免疫器官（胸腺、脾脏）重量，增强单核吞噬细胞系统功能，增强体液免疫功能，调节细胞免疫功能，增强自然杀伤细胞活性。

小　结

机体蛋白质代谢状况可用氮平衡评价。食物蛋白质的营养价值取决于其所含必需氨基酸的种类、含量和比例是否与人体需求一致。将不同种类营养价值较低的食物蛋白质混合食用，可以提高其营养价值。

食物蛋白质主要在小肠内由胰腺和小肠黏膜细胞分泌的多种蛋白酶和肽酶催化消化，消化产物氨基酸大部分在小肠通过继发性主动转运机制吸收。少量未被消化的食物蛋白质和未被吸收的消化产物在大肠下部受肠道菌作用，进行分解代谢。腐败产物中既有营养成分，又有胺类等有毒成分，后者通常会被肝细胞摄取并转化解毒。

氨基酸的一般代谢主要是脱氨基生成氨和 α-酮酸。脱氨基方式有转氨基、氧化脱氨基、联合脱氨基等，以转氨酶和谷氨酸脱氢酶催化的联合脱氨基为主。

除了氨基酸脱氨基之外，体内其他代谢也产生一部分氨。各组织代谢产生的氨以谷氨酰胺或丙氨酸的形式通过血液循环运至肝脏，或以谷氨酰胺的形式运至肾脏。这些氨一部分用于合成含氮化合物，多数排出体外，并且主要是在肝脏合成尿素，再通过肾脏排出。

尿素是氨的主要排泄形式。尿素在肝细胞线粒体内和细胞质中通过鸟氨酸循环合成。尿素合成量受摄入氮量及氨甲酰磷酸合成酶 I 和精氨酸代琥珀酸合成酶调节。

氨基酸脱氨基之后生成的 α-酮酸可以氧化供能、合成糖和脂类、合成非必需氨基酸。

氨基酸通过特殊代谢产生一些具有重要生理功能的含氮化合物。

部分氨基酸由氨基酸脱羧酶（以磷酸吡哆醛为辅助因子）催化脱羧生成的胺具有重要的生理功能，如 γ-氨基丁酸、5-羟色胺、组胺、多胺、牛磺酸等。

部分氨基酸通过分解代谢产生一碳单位，由四氢叶酸或钴胺素传递，参与合成嘌呤碱基、嘧啶碱基、甲基化合物等。

含硫氨基酸的代谢相互联系。甲硫氨酸在甲硫氨酸循环中既参与再生四氢叶酸供给其他一碳单位代谢，又提供活性甲基合成甲基化合物；半胱氨酸氧化脱羧生成的牛磺酸既参与生物转化，又在脑组织中起抑制性神经递质作用；半胱氨酸氧化分解产生的活性硫酸根参与糖胺聚糖合成、蛋白质硫酸化、生物转化；半胱氨酸参与合成的谷胱甘肽是重要的抗氧化剂。

芳香族氨基酸中的苯丙氨酸可以羟化生成酪氨酸，后者进一步代谢生成甲状腺激素、儿茶酚胺（多巴胺、去甲肾上腺素和肾上腺素）等重要的生物活性物质，或合成黑色素。

甘氨酸既是抑制性神经递质，又参与一碳单位代谢，还用于合成谷胱甘肽、肌酸、嘌呤碱、血红素、结合胆汁酸等。

支链氨基酸均为必需氨基酸，其分解代谢主要在骨骼肌中进行。

第十一章 核苷酸代谢

核苷酸可以来自食物核酸消化吸收，但主要由机体自身合成。食物中的核酸多以核蛋白的形式存在。核蛋白在胃中受胃酸作用，解离成核酸和蛋白质。食物核酸的消化和吸收主要在小肠中进行，其消化过程由来自胰腺的多种水解酶催化进行（图 11 - 1）。

核酸 —核酸酶→ 核苷酸 —核苷酸酶→ 核苷 + 磷酸 —核苷磷酸化酶→ 碱基 + 1-磷酸戊糖

图 11 - 1 核酸消化

核苷酸及其水解产物均可以被小肠黏膜细胞吸收，吸收后可以进一步分解。

第一节 核苷酸合成代谢

体内有两条核苷酸合成途径：①**从头合成途径**（*de novo* pathway），是指机体以 5 磷酸核糖、氨基酸、一碳单位和 CO_2 等简单物质为原料，通过一系列酶促反应合成核苷酸。从头合成途径在细胞质中进行，是肝脏合成核苷酸的主要途径。②**补救途径**（salvage pathway），是指机体直接利用核苷酸降解的中间产物（碱基和核苷），通过简单反应合成核苷酸。补救途径在细胞质中进行，是脑细胞合成核苷酸的主要途径，骨髓、中性粒细胞和红细胞的唯一途径。

一、嘌呤核苷酸的从头合成途径

嘌呤核苷酸从头合成途径的主要特点是：嘌呤环是在 5-磷酸核糖焦磷酸（PRPP）的基础上逐步形成的。嘌呤环的九个成环原子分别来自谷氨酰胺、天冬氨酸、甘氨酸、一碳单位和 CO_2（图 11 - 2）。

嘌呤核苷酸的从头合成途径可以分为两个阶段：第一阶段合成一磷酸次黄嘌呤核苷（IMP，又称一磷酸肌苷），第二阶段由 IMP 合成一磷酸腺苷（AMP）和一磷酸鸟苷（GMP）。

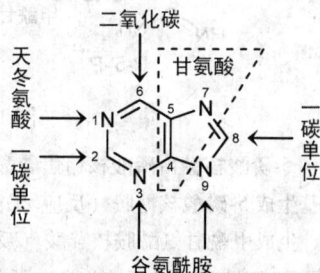

图 11 - 2 嘌呤环原子来源

1. 合成 IMP　从 5-磷酸核糖（R-5′-P，来自磷酸戊糖途径）合成 5-磷酸核糖焦磷酸开始，经过 11 步反应生成 IMP（图 11–3）。

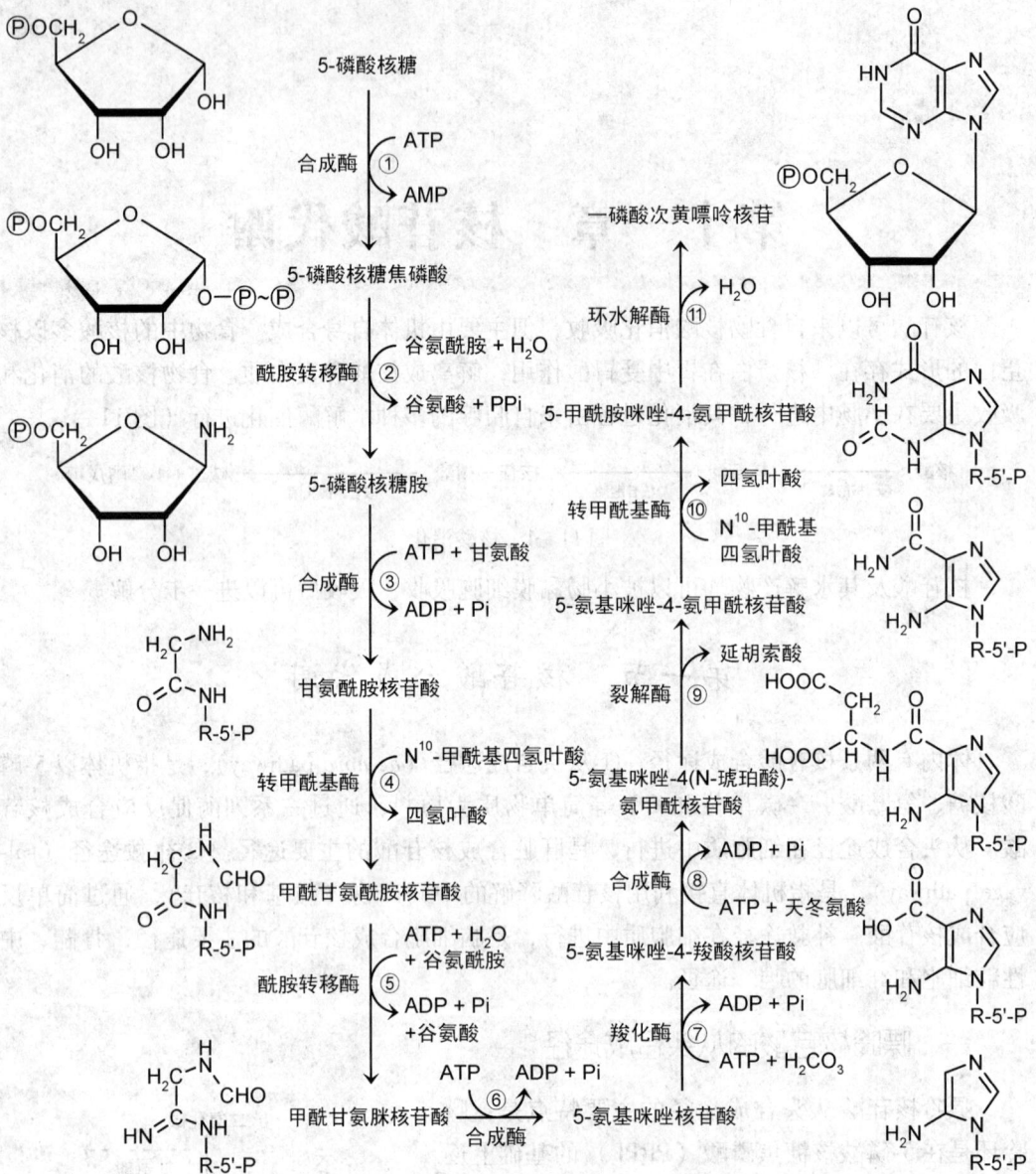

图 11–3　一磷酸次黄嘌呤核苷从头合成

5-磷酸核糖由磷酸核糖焦磷酸合成酶催化生成 5-磷酸核糖焦磷酸（反应①），由谷氨酰胺提供酰胺基生成 5-磷酸核糖胺（反应②），然后与甘氨酸缩合（反应③）并从 N^{10}-甲酰基四氢叶酸获得甲酰基，生成甲酰甘氨酰胺核苷酸（反应④），之后再从谷氨酰胺获得酰胺基（反应⑤），脱水环化生成 5-氨基咪唑核苷酸（反应⑥），至此合成了嘌呤环中的咪唑环部分。5-氨基咪唑核苷酸被 CO_2 羧化后（反应⑦）从天冬氨酸获得氨基（反应⑧⑨），然后从 N^{10}-甲酰基四氢叶酸获得甲酰基（反应⑩），脱水环化生成 IMP（反应⑪）。

2. 合成 AMP 和 GMP　IMP 是嘌呤核苷酸从头合成途径重要的中间产物，是 AMP

和 GMP 的前体：①IMP 从天冬氨酸获得氨基生成 AMP，反应消耗 GTP。②IMP 氧化成一磷酸黄嘌呤核苷（XMP），然后从谷氨酰胺获得氨基生成 GMP，反应消耗 ATP（图 11 – 4）。

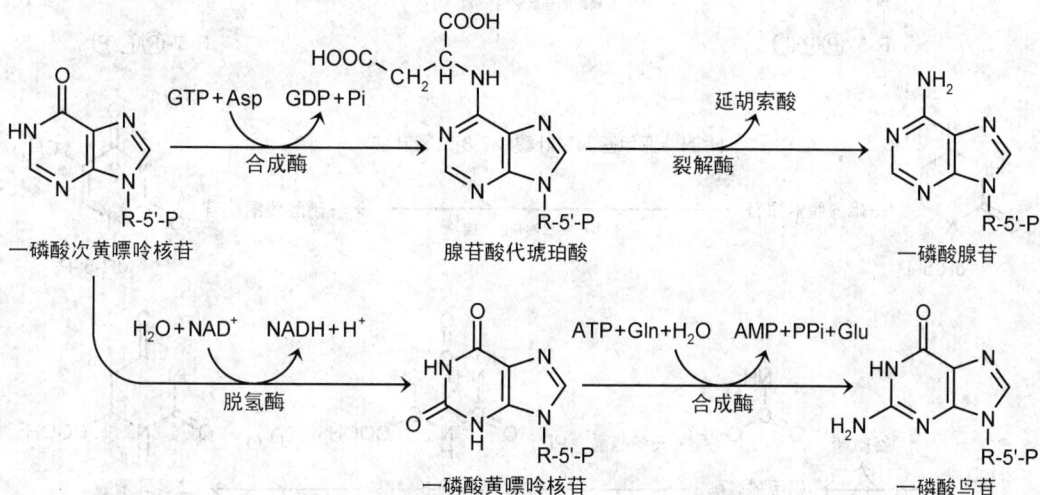

图 11 – 4　一磷酸腺苷和一磷酸鸟苷合成

二、嘧啶核苷酸的从头合成途径

嘧啶核苷酸从头合成途径的主要特点是：先合成嘧啶环，再与 5-磷酸核糖焦磷酸缩合生成一磷酸尿苷（UMP）。嘧啶环的六个成环原子分别来自谷氨酰胺、天冬氨酸和 CO_2（图 11 – 5）。

嘧啶核苷酸的从头合成途径可以分为两个阶段：第一阶段合成一磷酸尿苷（UMP），第二阶段由 UMP 合成三磷酸胞苷（CTP）和一磷酸脱氧胸苷（dTMP）。

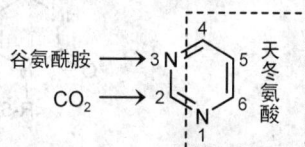

图 11 – 5　嘧啶环原子来源

1. 合成 UMP 谷氨酰胺和 CO_2 在 **氨甲酰磷酸合成酶Ⅱ** 的催化下合成氨甲酰磷酸。氨甲酰磷酸通过多步反应合成含嘧啶环的乳清酸。乳清酸与 5-磷酸核糖焦磷酸缩合并脱羧基生成 UMP（图 11 – 6）。

值得注意的是：嘧啶核苷酸从头合成途径与鸟氨酸循环都有氨甲酰磷酸合成，但二者合成场所不同（细胞质与线粒体），催化合成的酶不同（氨甲酰磷酸合成酶Ⅱ与合成酶Ⅰ），去向也不同（合成嘧啶核苷酸与尿素），不可混淆。

2. 合成 CTP 和 dTMP ①CTP 是由三磷酸尿苷（UTP，一磷酸尿苷磷酸化产物，见 219 页）氨基化生成的，氨基由谷氨酰胺提供（也可以直接利用氨），反应由三磷酸胞苷合成酶催化。②dTMP 是由一磷酸脱氧尿苷（dUMP，dUDP 水解产物，dUDP 生成见 219 页）通过一碳单位代谢生成的，一碳单位由 N^5, N^{10}-亚甲基四氢叶酸提供，反应由胸苷酸合酶催化。

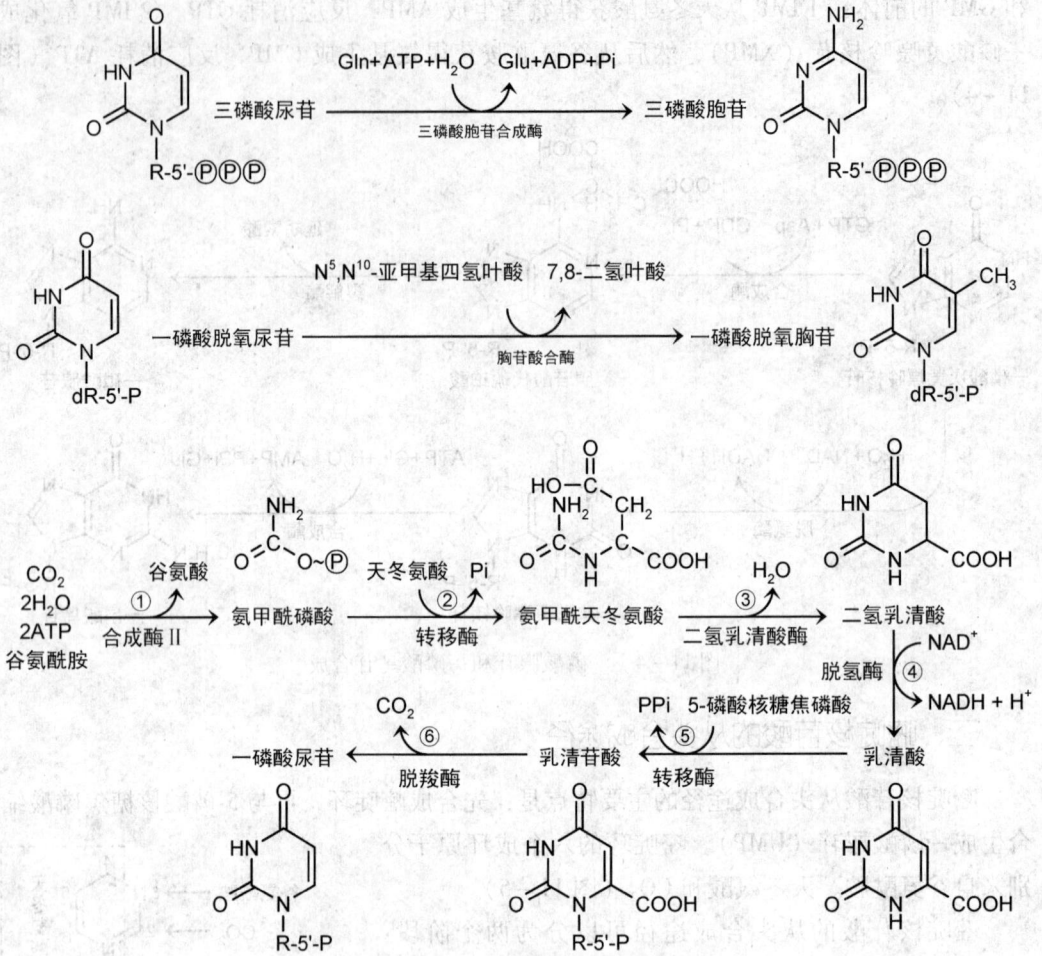

图 11-6 一磷酸尿苷从头合成

三、核苷酸的补救途径

有些组织可以（甚至只能）通过补救途径合成核苷酸。补救途径包括两类反应：

1. 碱基与5-磷酸核糖焦磷酸缩合生成一磷酸核苷，反应由碱基磷酸核糖基转移酶催化：

碱基 + 5-PRPP → 一磷酸核苷 + PPi

2. 核苷磷酸化生成一磷酸核苷，反应由核苷激酶催化：

核苷 + ATP → 一磷酸核苷 + ADP

可以通过补救途径合成核苷酸的碱基、核苷及催化反应的酶见表 11-1。

脑细胞从头合成核苷酸的酶系活性低下，需要通过补救途径合成一部分核苷酸；骨髓、中性粒细胞和红细胞等缺乏从头合成核苷酸的酶系，所以只能通过补救途径合成核苷酸。对于这些细胞来说，通过补救途径合成核苷酸可以节约能量和原料等。

表 11 –1 核苷酸补救途径一览

底物	酶	产物	底物	酶	产物
腺嘌呤	腺嘌呤磷酸核糖基转移酶	AMP	腺苷	腺苷激酶	AMP
鸟嘌呤	次黄嘌呤 – 鸟嘌呤磷酸核糖基转移酶	GMP	鸟苷	鸟苷 – 次黄嘌呤核苷激酶	GMP
次黄嘌呤	次黄嘌呤 – 鸟嘌呤磷酸核糖基转移酶	IMP	次黄嘌呤核苷	鸟苷 – 次黄嘌呤核苷激酶	IMP
黄嘌呤	黄嘌呤磷酸核糖基转移酶	XMP	黄嘌呤核苷	–	–
尿嘧啶	尿嘧啶磷酸核糖基转移酶	UMP	尿苷	尿苷 – 胞苷激酶	UMP
胞嘧啶	–	–	胞苷	尿苷 – 胞苷激酶	CMP
胸腺嘧啶	–	–	脱氧胸苷	胸苷激酶	dTMP

胸苷激酶在正常细胞内活性很低，在恶性肿瘤细胞内活性明显升高，并且与肿瘤细胞的恶性程度相关。此外，胸苷激酶基因是重组 DNA 技术常用的报告基因。

人体缺乏腺嘌呤磷酸核糖基转移酶导致腺嘌呤的代谢产物 2,8-二羟腺嘌呤积累，引起尿石症、肾衰竭等，被称为 **2,8-二羟腺嘌呤尿石症**，是一种常染色体隐性遗传病。

人体缺乏次黄嘌呤 – 鸟嘌呤磷酸核糖基转移酶导致脑细胞嘌呤核苷酸的补救合成不足，中枢神经系统受损，表现为智力低下、有自残行为，并伴有高尿酸血症等，被称为**自毁容貌症**（Lesch-Ny-han syndrome），是一种 X 连锁隐性遗传病。

四、三磷酸核苷的合成

一磷酸核苷（NMP）在相应激酶的催化下从 ATP 获得高能磷酸基团，依次生成相应的二磷酸核苷（NDP）、三磷酸核苷（NTP）。ADP 则通过底物水平磷酸化或氧化磷酸化生成 ATP。NTP 是 RNA 的合成原料。

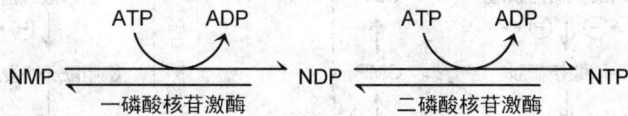

五、脱氧核糖核苷酸的合成

脱氧核糖核苷酸是核糖核苷酸的还原产物，还原反应在二磷酸核苷水平上进行，由二磷酸核苷还原酶催化。生成的二磷酸脱氧核苷（dNDP）再由相应激酶催化磷酸化，生成三磷酸脱氧核苷（dNTP）。dNTP 是 DNA 的合成原料。

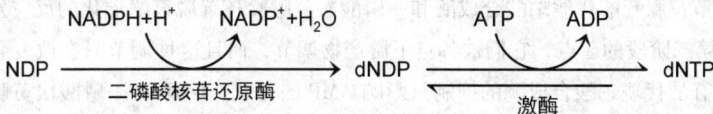

羟基脲是一种抗肿瘤药物，其作用机制是抑制二磷酸核苷还原酶，进而抑制二磷酸脱氧核苷的合成，最终抑制 DNA 合成。

各种核苷酸的合成与转化关系汇总如图 11 –7。

次黄嘌呤　腺嘌呤
次黄嘌呤核苷　腺苷　dADP → dATP → DNA

5-磷酸核糖 → IMP → AMP → ADP → ATP → RNA
谷氨酰胺
天冬氨酸　　XMP → GMP → GDP → GTP → RNA
CO_2
甘氨酸　黄嘌呤　鸟嘌呤　dGDP → dGTP → DNA
一碳单位　　　　鸟苷

脱氧胸苷 → dTMP → dTDP → dTTP → DNA
　　　　　　　　　↑
　　　　　dUMP ← dUDP
　　　　　　　　　↑
5-磷酸核糖 ────→ UMP → UDP → UTP → RNA
谷氨酰胺
天冬氨酸　尿嘧啶　CMP → CDP ← CTP → RNA
CO_2　尿苷　　↑
　　　　胞苷　dCDP → dCTP → DNA

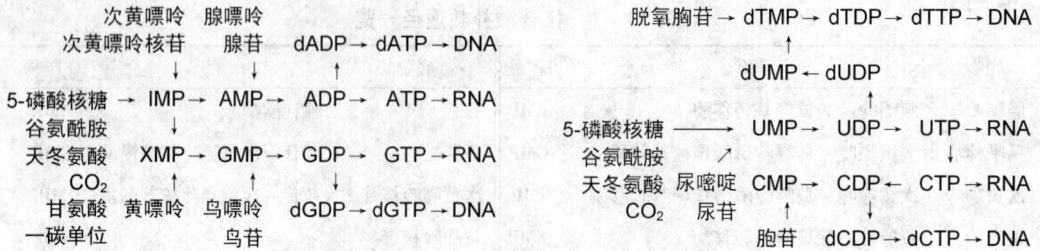

图 11 - 7　核苷酸合成与转化一览

六、核苷酸合成的调节

从头合成途径是核苷酸的主要来源，但从头合成途径消耗大量的合成原料和高能化合物，因此机体有必要对其进行调节，既满足需要，又避免浪费。

1. 嘌呤核苷酸从头合成的调节　嘌呤核苷酸从头合成途径的关键酶都是变构酶，以代谢途径下游产物为变构抑制剂（表 11 - 2），受到反馈调节，包括以下三种机制（图 11 - 8）：

表 11 - 2　嘌呤核苷酸从头合成途径关键酶

关键酶	变构抑制剂	关键酶	变构抑制剂
磷酸核糖焦磷酸合成酶	ADP、GDP	腺苷酸代琥珀酸合成酶	AMP
谷氨酰胺磷酸核糖焦磷酸酰胺转移酶	IMP、AMP、GMP	一磷酸次黄嘌呤核苷脱氢酶	GMP

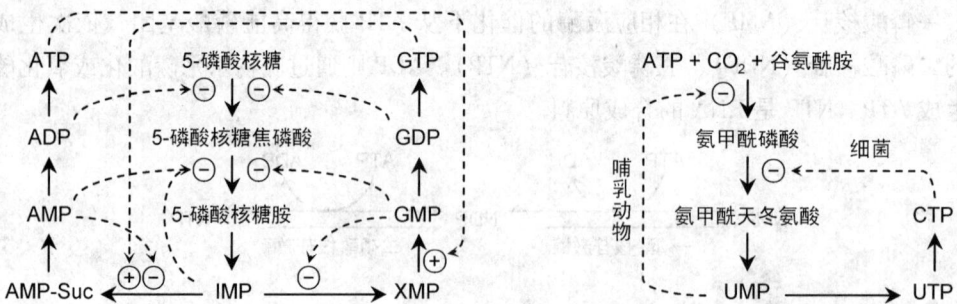

图 11 - 8　核苷酸从头合成调节

（1）**总体调节**：磷酸核糖焦磷酸合成酶和谷氨酰胺磷酸核糖焦磷酸酰胺转移酶催化的反应发生在嘌呤核苷酸从头合成途径第一阶段的上游，AMP、GMP、ADP、GDP 都可以调节其活性，而且这种调节对 AMP 和 GMP 的合成都有影响。

（2）**分支调节**：腺苷酸代琥珀酸合成酶和一磷酸次黄嘌呤核苷脱氢酶催化的反应发生在嘌呤核苷酸从头合成途径第二阶段的起点，它们被各自下游产物调节，而且这种调节只会改变各自下游产物的合成：AMP 对腺苷酸代琥珀酸合成酶的抑制只影响 AMP 的合成，GMP 对一磷酸次黄嘌呤核苷脱氢酶的抑制只影响 GMP 的合成。

（3）**交叉调节**：嘌呤核苷酸从头合成途径第二阶段两个分支的终产物均促进对方的合成：XMP 合成 GMP 时需要 ATP，而 IMP 合成 AMP 时需 GTP。因此，ATP 可以促进 GMP（进而是 GTP）的生成，GTP 也可以促进 AMP（进而是 ATP）的生成。这种交叉调节作用对维持 ATP 与 GTP 水平的平衡具有重要意义。

此外，人体嘌呤核苷酸从头合成途径的 11 步反应中有 7 步反应是由 3 种多功能酶催化的（反应③④⑥、⑦⑧、⑩⑪），这种形式非常有利于均衡控制嘌呤核苷酸的合成。

值得注意的是：实施反馈调节的核苷酸既可以来自从头合成途径，又可以来自补救途径。

2. 嘧啶核苷酸从头合成的调节 原核生物和真核生物嘧啶核苷酸的从头合成具有不同的调节机制（图 11-8）。

（1）细菌嘧啶核苷酸从头合成途径的关键酶是天冬氨酸氨甲酰基转移酶，该酶是一种十二聚体变构酶（$2C_3:3R_2$），有两个活性中心和三个调节部位，以下游产物 CTP 为变构抑制剂，受到反馈调节。

（2）哺乳动物嘧啶核苷酸从头合成途径的关键酶是氨甲酰磷酸合成酶 II，是变构酶，以 PRPP 为变构激活剂，UMP 为变构抑制剂。

此外，人体嘧啶核苷酸从头合成途径的前六步反应中有五步反应是由两种多功能酶催化的，这种形式非常有利于均衡控制嘧啶核苷酸的合成：①CAD 蛋白：分子量为 243kDa，含氨甲酰磷酸合成酶 II、天冬氨酸氨甲酰基转移酶和二氢乳清酸酶活性中心，而且形成同六聚体。②UMP 合酶：分子量为 52.2kDa，含乳清酸磷酸核糖基转移酶、乳清苷酸脱羧酶活性中心，而且形成同二聚体。

3. 脱氧核糖核苷酸合成的调节 二磷酸核苷还原酶是一种具有相对特异性的变构酶，四种二磷酸核苷都是它的底物。在催化一种二磷酸核苷转化成二磷酸脱氧核苷时，受到不同三磷酸核苷、三磷酸脱氧核苷的变构激活或变构抑制，以维持四种三磷酸脱氧核苷水平的平衡。

第二节 核苷酸分解代谢

核苷酸在细胞内的分解代谢过程类似于核苷酸在消化道内的消化过程。核苷酸由核苷酸酶催化水解生成核苷和磷酸，核苷由核苷磷酸化酶催化磷酸解生成碱基和磷酸戊糖，碱基可以进一步代谢。

1. 嘌呤碱基的分解代谢 在人体内，嘌呤碱基代谢最终生成**尿酸**（UA）：①AMP 分解生成次黄嘌呤，次黄嘌呤由黄嘌呤氧化酶（xanthine oxidase，一种双功能酶，含以下辅基：[2Fe-2S]型铁硫簇、FAD、Mo^{3+}，催化次黄嘌呤脱氢、黄嘌呤氧化）催化氧化生成黄嘌呤。②GMP 水解生成鸟嘌呤，鸟嘌呤脱氨基生成黄嘌呤。③黄嘌呤由黄嘌呤氧化酶催化氧化生成尿酸，随尿液排出体外（图 11-9）。

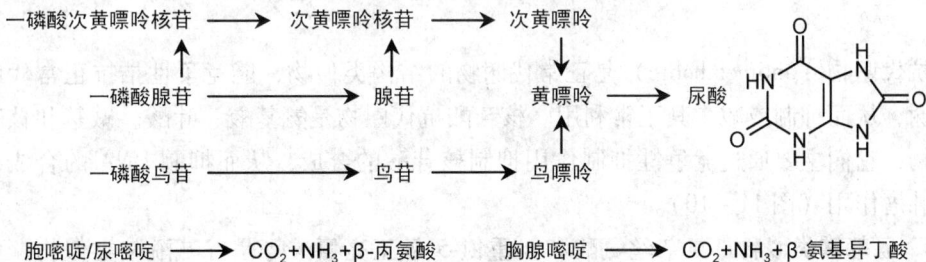

图 11-9 核苷酸分解代谢

嘌呤核苷酸的分解代谢主要在肝脏、小肠和肾中进行，黄嘌呤氧化酶在这些脏器中活性较高。

（1）腺苷脱氨酸缺乏症：腺苷脱氨酶（ADA）可以催化腺苷脱氨基：

$$\text{腺苷} + H_2O \xrightarrow[\text{腺苷脱氨酶}]{} \text{次黄嘌呤核苷} + NH_3$$

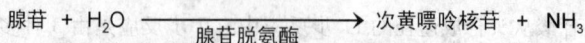

腺苷脱氨酶缺乏会引起腺苷积累，进而引起脱氧腺苷和S-腺苷同型半胱氨酸积累。它们具有细胞毒性，因为不能被淋巴细胞排出，所以对淋巴细胞毒性最强，可以杀死T细胞和B细胞，导致免疫缺陷。腺苷脱氨酶缺乏症是一种单基因隐性遗传病，85%的患者伴有致死性的重症联合免疫缺陷（SCID）。

（2）痛风：健康人血浆中尿酸水平为$0.12 \sim 0.36mmol/L$。当大量进食高嘌呤食物（如海鲜）或体内核酸大量分解（如白血病、恶性肿瘤）造成尿酸生成过多、或尿酸排泄发生障碍（如肾脏疾病）时，尿酸会在体内积累。尿酸水溶性较差，如果其浓度超过$0.48mmol/L$，且持久不降，就会形成尿酸盐晶体。晶体沉积于关节和软骨组织会导致**痛风**（gout），沉积于肾脏会形成肾结石。临床上常用与次黄嘌呤结构相似的别嘌呤醇治疗痛风，它可以竞争性抑制黄嘌呤氧化酶，从而减少尿酸的生成。

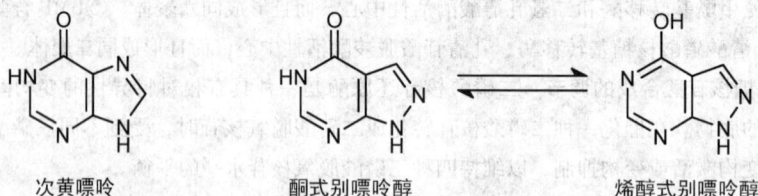

次黄嘌呤　　　　　　酮式别嘌呤醇　　　　　　烯醇式别嘌呤醇

痛风患者要注意膳食结构，肉类食物（包括海鲜及动物内脏、骨髓）、发酵食物及豆类食物中嘌呤含量较高，进食过多会加重病情。

（3）尿酸测定：①尿酸酶：尿酸$+ O_2 + H_2O \rightarrow$尿囊素$+ CO_2 + H_2O_2$。②过氧化物酶：$H_2O_2 + 4$-氨基安替比林$+ 2,4,6$-三溴-3-羟基苯甲酸$\rightarrow$醌亚胺类化合物$+ 4H_2O$。③产物醌亚胺类化合物在546nm比色。

2. 嘧啶碱基的分解代谢　与嘌呤碱基的分解不同，嘧啶碱基分解的终产物均为开环化合物并且易溶于水：①胞嘧啶脱氨基生成尿嘧啶后，还原并水解开环，生成氨、CO_2和β-丙氨酸。②胸腺嘧啶还原并水解开环，生成氨、CO_2和β-氨基异丁酸。③β-丙氨酸和β-氨基异丁酸可以继续分解，或直接随尿液排出（图11-9）。

第三节　核苷酸抗代谢物

抗代谢物（antimetabolite）是正常代谢物的结构类似物，能竞争性拮抗正常代谢物的代谢，从而抑制或减少其正常利用。核苷酸抗代谢物是氨基酸、叶酸、碱基和核苷的类似物，它们主要通过竞争性抑制作用抑制核苷酸的合成，从而抑制DNA的合成，具有抗肿瘤作用（图11-10）。

1. 氨基酸类似物　氮杂丝氨酸和6-重氮-5-氧正亮氨酸等是谷氨酰胺类似物，可以抑制谷氨酰胺参与的以下酶催化的反应，从而抑制核苷酸的合成：5-磷酸核糖焦磷酸酰胺转移酶、甲酰甘氨酰胺核苷酸酰胺转移酶、鸟苷酸合成酶、氨甲酰磷酸合成酶Ⅱ、三磷酸胞苷合成酶。它们曾被作为抗肿瘤药物进行研究，但最终并未应用于临床。

2. 叶酸类似物　氨基蝶呤和**氨甲蝶呤**是叶酸类似物，能竞争性抑制二氢叶酸还原酶，从而抑制二氢叶酸、四氢叶酸的合成，导致以下核苷酸合成反应受阻：①嘌呤环

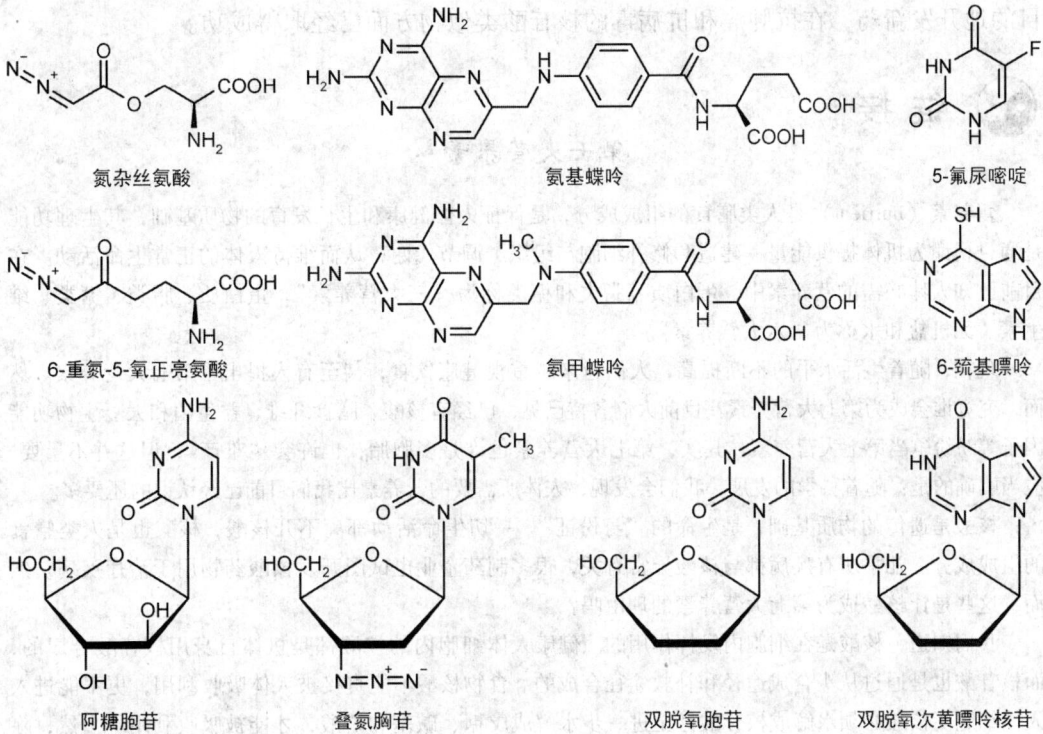

图 11 - 10 核苷酸抗代谢物

C-8 和 C-2 掺入。②dUMP 合成 dTMP。氨甲蝶呤在临床上用于治疗急性白血病等肿瘤。

3. 碱基类似物 包括嘌呤碱基类似物和嘧啶碱基类似物。

（1）嘌呤碱基类似物有 **6-巯基嘌呤**（6-MP）、6-硫代鸟嘌呤和 8-氮杂鸟嘌呤等，其中 6-MP 在临床上应用较多，用于治疗急性白血病和绒毛膜上皮癌等。6-MP 的结构与次黄嘌呤相似，只是由巯基取代了次黄嘌呤（烯醇式结构）的羟基。6-MP 的作用机制是：①通过补救途径转化成一磷酸 6-巯基嘌呤核苷，抑制由 IMP 合成 AMP 和 GMP。②竞争性抑制次黄嘌呤 - 鸟嘌呤磷酸核糖基转移酶，从而抑制 IMP/GMP 的补救合成。

（2）嘧啶碱基类似物主要有 **5-氟尿嘧啶**（5-FU），在临床上用于治疗直肠癌、结肠癌、胃癌等，其作用机制是：①通过补救途径转化成一磷酸脱氧氟尿嘧啶核苷（FdUMP），作为胸苷酸合酶的抑制剂，抑制 dTMP 的合成，从而抑制 DNA 合成。②通过补救途径转化成三磷酸氟尿嘧啶核苷（FUTP），作为假底物掺入 RNA，破坏 RNA 的结构和功能。③竞争性抑制尿嘧啶磷酸核糖基转移酶，从而抑制 UMP 的补救合成。

4. 核苷类似物 这类核苷酸抗代谢物中的戊糖不是核糖：①阿糖胞苷（图 11 - 10）能直接抑制二磷酸核苷还原酶，也可以转化成三磷酸阿糖胞苷后抑制 DNA 聚合酶和 RNA 聚合酶，从而抑制肿瘤细胞 DNA 和 RNA 合成。②抗艾滋病药物叠氮胸苷（AZT）、双脱氧胞苷（DDC）、双脱氧次黄嘌呤核苷（DDI）磷酸化产物作为假底物与逆转录酶具有极高的亲和力，可以抑制 DNA 的逆转录合成，从而抑制 HIV 繁殖。

抗代谢物的研究对阐明药物作用机制和开发新药十分有益。以往许多有效的合成药物是经过大量随机筛选才确定的，成功率极低。现在，以抗代谢物的基础理论为依据有目的地开发新药，在抗肿瘤和抗病毒的核苷酸类似物方面已经取得成功。

☯ **链 接**

第七大营养素?

营养素（nutrient）是人类膳食的组成成分，是保证人体健康和生长发育的物质基础，其生理功能是通过代谢为机体提供能量、建造和修补细胞与组织、调节代谢，从而维持人体的正常生命活动。在目前已知人体必需的营养素中，蛋白质、脂类和糖类称为"三大营养素"，蛋白质、脂类、糖类、维生素、无机盐和水称为"六大营养素"。

现在，随着生活水平的不断提高，人们越来越重视健康饮食，甚至有人提出了第七大营养素。然而，究竟谁会成为第七大营养素？目前人们各持己见，已经有核酸、膳食纤维、益生菌和大豆生物功能因子等纷纷争当第七大营养素。其实，第七大营养素也许是多胞胎，也许会"难产"，但这并不重要。应当明确的是：随着科学的发展，我们会发现，人体所需要的营养素比我们目前已经认识的还要多。

核酸是遗传的物质基础，是生命的"身份证"。一切生命活动都离不开核酸，核酸也是人类膳食的组成成分。几乎所有疾病都与核酸异常有关，很多制药企业也试图开发核酸药物用于治疗疾病。然而，这些是让核酸成为第七大营养素的理由吗？

我们知道，核酸是在细胞内发挥作用的。健康人体细胞内的核酸都是机体自身用核苷酸合成的，而核苷酸也是通过从头合成途径和补救途径合成的。食物核酸不能直接被人体吸收利用，更不能进入人体细胞。核酸必须水解成核苷酸甚至进一步水解成戊糖、碱基和磷酸，才能被吸收利用。当然，除了通过注射之外，有一种途径可以让核酸进入人体，这就是病原体感染。

在临床上，碱基和核苷的确已经成功地用于治疗疾病，如别嘌呤醇、5-氟尿嘧啶、阿糖胞苷和叠氮胸苷；也有学者在探索应用基因治疗技术将核酸用于治疗疾病，如基因增补、反义核酸和自杀基因等（第二十章，362页）。不过，这些核酸都是药品，其作用并不是膳食、营养食品或保健食品中的核酸成分可以替代的。

小 结

核苷酸主要由机体通过从头合成途径和补救途径合成。

从头合成途径以简单物质为原料合成核苷酸，主要在肝脏、小肠和胸腺中进行：①嘌呤核苷酸的从头合成是在5-磷酸核糖焦磷酸的基础上逐步合成嘌呤环，嘌呤环成环原子来自谷氨酰胺、天冬氨酸、甘氨酸、一碳单位和CO_2，过程是先合成IMP，再合成AMP和GMP。②嘧啶核苷酸的从头合成是先合成嘧啶环，再与5-磷酸核糖焦磷酸缩合，嘧啶环成环原子来自谷氨酰胺、天冬氨酸和CO_2，过程是先合成UMP，再合成CTP和dTMP。

补救途径是利用碱基或核苷通过简单反应合成核苷酸，是脑细胞合成核苷酸的主要途径，骨髓、中性粒细胞和红细胞合成核苷酸的唯一途径。

NMP、NDP通过磷酸化反应生成NTP，用于合成RNA；NDP还原生成dNDP，磷酸化生成dNTP，用于合成DNA。

嘧啶碱基在人体内分解的终产物是氨、CO_2和β-氨基酸。嘌呤碱基分解的终产物是尿酸。尿酸在体内积累会导致痛风或肾结石等。

核苷酸抗代谢物是氨基酸、叶酸、碱基和核苷的类似物，它们主要通过竞争性抑制作用抑制核苷酸的合成，从而抑制核酸合成，具有抗肿瘤作用。

第十二章 代谢调节

生命现象错综复杂，涉及各类代谢，如物质的合成和分解、能量的释放和利用等，它们形成一系列有特定功能的代谢途径。各个代谢途径并不是孤立存在、单独进行的，而是相互联系、相互协调和相互制约的。一个途径的改变伴随另一个或几个途径的改变，以维持代谢稳态，即在稳定内环境、适应外环境的基础上完成各种生理功能。代谢是一个高度协调、高度统一的过程。

代谢调节是生命在长期进化过程中形成的适应能力。生命进化程度越高，其代谢调节机制越复杂。高等动物体内存在三个层次的代谢调节机制，即细胞水平、激素水平和整体水平。这三个层次的调节机制相互协作调节代谢，使机体适应内外环境的变化，维持各种代谢物的适宜水平，保证生命活动的能量供求；使整体代谢保持动态平衡。代谢调节是维持细胞功能、保证机体正常生长发育的重要条件。代谢失控是许多疾病的发病原因。研究代谢调节可以阐明代谢失控的病理，认识激素、药物的作用机制，为药物应用、药物研发提供理论支持。

第一节 物质代谢的相互联系

糖、脂肪和蛋白质是人体重要的营养物质，核苷酸是遗传物质的结构单位，它们的代谢已经在第八至十一章有系统介绍，这里概述它们的代谢协调和转化关系（图12-1）。

一、能量代谢的相互协作关系

糖、脂肪和蛋白质都可以通过生物氧化为生命活动供能。从整体上看，供能以糖和脂肪的氧化分解为主，糖提供总能量的50%~70%，脂肪则提供总能量的20%~25%。实际上，在糖和脂肪供应充足时，机体不会为了供能分解组织蛋白。不过，不同组织或同一组织在不同代谢条件下对供能物质的利用不尽相同。

1. 不同组织器官以不同物质为主要能量来源。例如：①脑组织在正常条件下以葡萄糖为主要供能物质，每日消耗120g葡萄糖，是静息状态耗糖量最多的组织。②心脏80%的能量通过摄取并分解脂肪酸获得，此外也消耗少量葡萄糖和酮体。③红细胞没有线粒体，所以只能摄取葡萄糖并通过糖酵解供能，每日消耗15~20g葡萄糖。

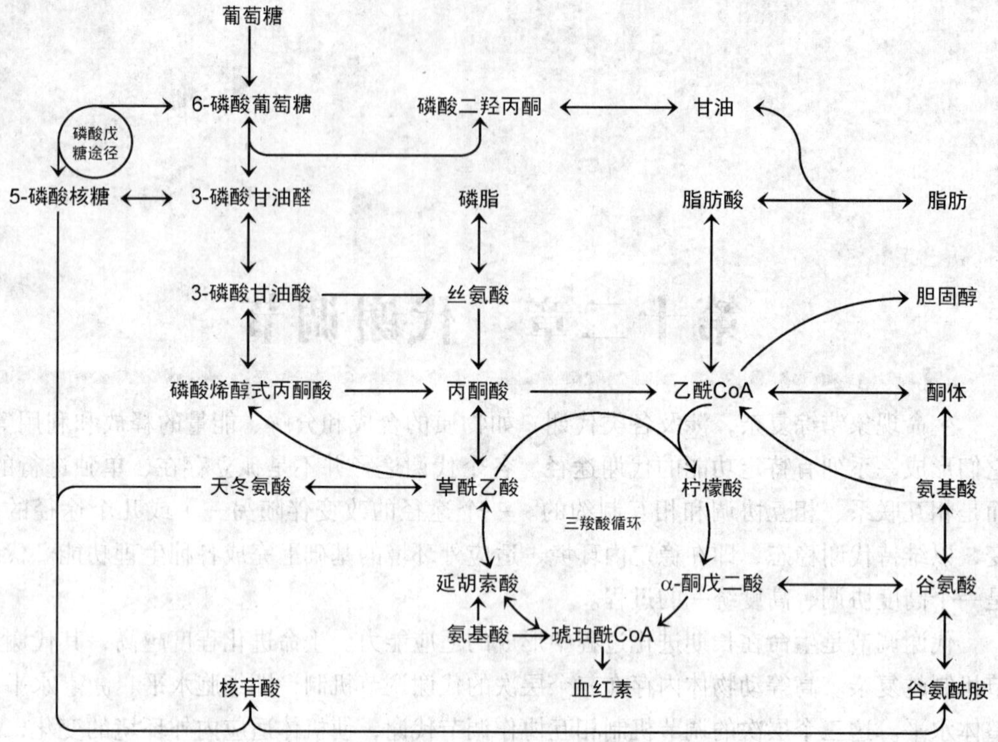

图 12-1　糖、脂类、氨基酸和核苷酸代谢的相互联系

2. 同一组织在不同生理状态下消耗不同供能物质。例如骨骼肌：①静息时摄取并分解脂肪酸和酮体获得能量。②一般活动时摄取并分解葡萄糖作为补充。③剧烈活动时启动肌糖原分解，通过无氧代谢获得能量，并产生大量乳酸。

3. 糖供应不足时，脂肪动员加强。例如饥饿时：①脂肪酸氧化提供机体代谢所需能量的 25% ~ 50%。②心脏活动所需能量的 95% 由酮体和脂肪酸提供。③脑组织也会利用酮体供能。

二、糖与脂类的转化

乙酰辅酶 A 和磷酸二羟丙酮是糖代谢与脂类代谢的主要结合点。

1. 糖代谢产生的乙酰辅酶 A 可以合成脂肪酸和胆固醇，糖代谢产生的磷酸二羟丙酮可以还原生成 3-磷酸甘油，所以从食物摄取的过多的糖（超过氧化供能及糖原合成的需要）主要生成脂肪酸和 3-磷酸甘油，进而合成甘油三酯，进入脂库储存。

2. 甘油三酯水解生成甘油和脂肪酸。甘油磷酸化生成 3-磷酸甘油，3-磷酸甘油脱氢生成磷酸二羟丙酮，磷酸二羟丙酮可以合成葡萄糖。脂肪酸通过 β 氧化降解成乙酰辅酶 A，乙酰辅酶 A 可以通过三羧酸循环彻底氧化，也可以在肝脏合成酮体。因为乙酰辅酶 A 在人体内不能通过糖异生途径合成葡萄糖，所以糖与脂肪的关系以糖转化成脂肪为主，即糖可以转化成脂肪，而脂肪中只有甘油及奇数碳脂肪酸（极少）β 氧化降解生成的少量丙酰辅酶 A 可以转化成糖。

三、糖与氨基酸的转化

α-酮酸是氨基酸代谢与糖代谢的重要结合点。

1. 糖代谢产生的 α-酮酸可以通过转氨基生成非必需氨基酸，如丙酮酸生成丙氨酸、草酰乙酸生成天冬氨酸。除了酪氨酸和组氨酸之外，其他非必需氨基酸的合成都可以由糖代谢提供碳骨架。

2. 除了赖氨酸和亮氨酸之外，其他氨基酸分解代谢生成的 α-酮酸都可以异生成糖，它们是饥饿或进食高蛋白膳食时糖异生的主要原料。

四、氨基酸与脂类的转化

氨基酸可以转化成脂类：①氨基酸可以降解成乙酰辅酶 A，进而合成脂肪酸和胆固醇。②丝氨酸可以合成磷脂酰丝氨酸、磷脂酰乙醇胺、磷脂酰胆碱等甘油磷脂，还可以合成鞘氨醇，进而合成鞘脂。③甘氨酸可以合成结合胆汁酸。

脂肪中的甘油可以转化成非必需氨基酸，但是生成量很少，根本不能满足需要，所以没有实际意义。

五、糖、脂类、氨基酸与核苷酸代谢的联系

核苷酸是代谢不可缺少的生命物质，主要由葡萄糖和氨基酸合成：①葡萄糖通过磷酸戊糖途径转化成 5-磷酸核糖。②甘氨酸、天冬氨酸和谷氨酰胺直接参与核苷酸合成。③丝氨酸、甘氨酸、组氨酸和色氨酸代谢产生一碳单位，用于核苷酸合成。④葡萄糖（和脂肪）的氧化分解为核苷酸合成提供能量。

核苷酸的分解代谢与糖和氨基酸的分解代谢联系密切：①5-磷酸核糖通过磷酸戊糖途径转化或分解。②嘌呤碱和嘧啶碱分解产生的氨通过鸟氨酸循环合成尿素。③嘧啶碱分解产生β-氨基酸。

各种营养物质不仅有转化关系，还有协调关系和制约关系，例如糖对脂肪酸分解代谢的影响：当血糖供给不足或糖代谢障碍时，一方面机体因需要能量而大量动员脂肪，进而大量合成酮体；另一方面三羧酸循环中间产物大量消耗于糖异生，却不能及时补充，导致三羧酸循环减慢，酮体分解减慢，酮体积累，发生代谢性酸中毒。因此，一般认为成人每日至少需要摄取 100g 葡萄糖才能维持正常代谢。

综上所述，各代谢途径通过一些中间产物相互联系，形成错综复杂的代谢网络。机体必须严格调节各个代谢途径，控制处于结合点的代谢物进入不同代谢途径的量，才能保证代谢有条不紊地进行，维持正常的生命活动。

第二节　细胞水平的代谢调节

高等动物体内存在着三个层次的调节机制，即细胞水平的代谢调节、激素水平的代谢调节和整体水平的代谢调节。**细胞水平的代谢调节**在细胞内进行，是指通过改变代谢

物水平调节关键酶的活性。激素水平和整体水平的代谢调节是在进化过程中形成的，都要通过细胞水平的代谢调节来实现，所以细胞水平的代谢调节是最原始、最基本的调节机制。

细胞水平的代谢调节是对代谢途径的调节，包括：①将各代谢途径限制在特定区域。②调节各代谢途径关键酶的活性。

一、代谢途径的区域化分布

细胞内与细胞外由细胞膜分隔。细胞内的膜系统将细胞进一步分隔成许多区域（包括各种细胞器结构）。各代谢途径在不同区域进行，既避免相互干扰，又可以通过控制代谢物的跨膜转运来调节代谢（表12-1）。

表12-1 主要代谢途径在细胞内的分布

代谢	分布	代谢	分布	代谢	分布
糖酵解途径	细胞质	磷脂合成	内质网	三羧酸循环	线粒体
磷酸戊糖途径	细胞质	胆固醇合成	细胞质和内质网	脂肪酸β氧化	线粒体
糖原合成	细胞质	核酸合成	细胞核	酮体代谢	线粒体
糖异生	线粒体和细胞质	蛋白质合成	细胞质和内质网	鸟氨酸循环	线粒体和细胞质
脂肪酸合成	细胞质	氧化磷酸化	线粒体	多种水解酶	溶酶体

二、代谢途径的关键酶

通过调节酶活性而控制代谢速度和代谢方向是代谢调节的重要方式。调节酶活性时不必改变代谢途径中所有酶的活性，只需调节其中关键酶的活性。每个代谢途径都有一种或几种关键酶，各主要代谢途径的关键酶见表12-2。

表12-2 主要代谢途径的关键酶

代谢途径	关键酶
糖酵解途径	己糖激酶（肌）、葡萄糖激酶（肝）、磷酸果糖激酶1、丙酮酸激酶
三羧酸循环	柠檬酸合酶、异柠檬酸脱氢酶、α-酮戊二酸脱氢酶复合体
糖原分解	糖原磷酸化酶
糖原合成	糖原合酶
糖异生	丙酮酸羧化酶、磷酸烯醇式丙酮酸羧激酶、果糖1,6-二磷酸酶、葡萄糖-6-磷酸酶
脂肪动员	激素敏感性脂肪酶
脂肪酸合成	乙酰辅酶A羧化酶
胆固醇合成	HMG-CoA还原酶

关键酶具有以下特点：

1. 关键酶所催化反应的速度在代谢途径或代谢分支中最慢，所以又称**限速酶**，控制着代谢途径或代谢分支的代谢速度。

2. 关键酶所催化的反应是不可逆反应或非平衡反应，从而赋予代谢途径单向性。

3. 关键酶所催化的反应通常位于代谢途径的上游，或者是代谢分支上的第一步反应。

4. 多数关键酶有两种构象：一种是有活性或高活性构象，容易与底物结合并催化反应；另一种是无活性或低活性构象，不易与底物结合并催化反应。

5. 多数关键酶是多亚基蛋白。

6. 关键酶活性受到调节，所以又称**调节酶**，其活性调节方式包括结构调节（变构调节和化学修饰调节）和数量调节。其中**结构调节**产生效应快，又称**快速调节**，在几秒钟至几分钟内即可显效。**数量调节**涉及基因表达，所需时间长，产生效应慢，又称**迟缓调节**，通常经过几分钟、几小时甚至几天才能显效。

7. 一种关键酶可以同时受到结构调节和数量调节。

三、关键酶的变构调节

各代谢途径的关键酶大多数属于变构酶，其变构剂通常是代谢途径的辅助因子或小分子代谢物，例如底物、中间产物、终产物、ATP、ADP 和 AMP 等（表 12 - 3），它们在细胞内的水平与代谢物或能量的供求密切相关。

表 12 - 3　主要代谢途径的变构酶及其变构剂

代谢途径	变构酶	变构激活剂	变构抑制剂
糖酵解途径	己糖激酶		6-磷酸葡萄糖
	磷酸果糖激酶 1	AMP、ADP、2,6-二磷酸果糖	ATP、柠檬酸
	丙酮酸激酶	1,6-二磷酸果糖	ATP、乙酰 CoA、丙氨酸
三羧酸循环	柠檬酸合酶	ADP	ATP
	异柠檬酸脱氢酶	ADP	ATP
糖异生	丙酮酸羧化酶	乙酰 CoA	
	果糖-1,6-二磷酸酶		AMP
糖原分解	糖原磷酸化酶	AMP（肌）	ATP（肌）、6-磷酸葡萄糖（肌）、葡萄糖（肝）
糖原合成	糖原合酶	6-磷酸葡萄糖	
脂肪酸合成	乙酰辅酶 A 羧化酶	柠檬酸	软脂酰 CoA
氨基酸代谢	L-谷氨酸脱氢酶	ADP	GTP

1. 变构调节机制　变构剂通过物理过程作用于变构酶调节部位，改变其构象，从而改变其催化活性。

（1）所有变构酶都含两种不同部位：结合底物的部位称为**催化部位**（即活性中心），结合变构剂的部位称为**调节部位**。多亚基变构酶的催化部位和调节部位往往位于不同的亚基上，含催化部位的亚基称为**催化亚基**，负责催化反应；含调节部位的亚基称为**调节亚基**，能结合变构剂，结合后引起酶蛋白变构、解聚或聚合，从无活性（或低活性）构象转换为有活性（或高活性）构象，或反之。

（2）多数变构酶都由多亚基构成，所以存在四级结构。它们的变构调节常体现在亚基的解聚和聚合上。例如：磷酸果糖激酶1在四聚体状态下有催化活性，一旦解聚就会失活；蛋白激酶A与此相反，在四聚体状态下无催化活性，解聚后才被激活（见235页）。

2. 变构调节特点　变构调节有以下特点：

（1）变构调节是一个物理过程，变构剂与调节部位的结合是非共价可逆的，所以结合程度取决于变构剂水平，只要变构剂水平改变，结合程度就会改变，变构酶活性也随之改变。

（2）变构调节灵敏，而且不消耗高能化合物。

（3）变构调节属于快速调节，一般在几秒钟或几分钟内显效，即只要变构剂水平改变，则变构酶活性立刻改变。例如：ATP是丙酮酸激酶的变构抑制剂，高浓度ATP与丙酮酸激酶的结合优于解离，因而抑制其活性。一旦ATP浓度下降，已经结合的ATP就会与酶解离，从而解除抑制。

（4）有的酶分子只有一个调节部位，有的酶分子有几个甚至十几个调节部位。

（5）多亚基变构酶与底物的结合具有协同效应，即一个底物分子与一个活性中心的结合会影响下一个底物分子与同一酶分子其他活性中心的结合。协同效应的动力学曲线——底物浓度与酶促反应速度的函数图是一条S形曲线，因而变构酶动力学不同于米氏动力学。

3. 变构调节意义　变构调节是一种重要的快速调节方式，是一种基本的调节机制，对维持代谢平衡起重要作用。

（1）通过反馈抑制防止代谢终产物积累。例如：葡萄糖有氧氧化生成的乙酰辅酶A与草酰乙酸缩合生成柠檬酸。当三羧酸循环因能量过剩被抑制时，柠檬酸逸出线粒体，变构抑制磷酸果糖激酶1，从而抑制葡萄糖有氧氧化，避免乙酰辅酶A生成过快、积累（图12－2①）。

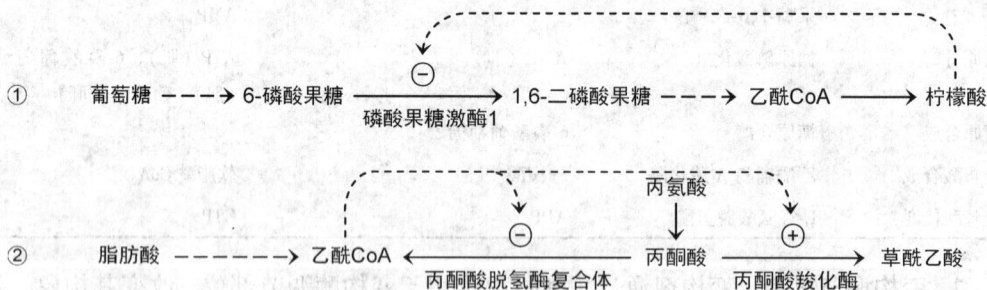

图 12－2　变构调节

代谢产物作为变构抑制剂，抑制其上游变构酶的活性，这种现象称为**反馈抑制**。柠檬酸对磷酸果糖激酶1的变构抑制作用就属于反馈抑制，这种调节可以防止代谢产物积累，既避免能量和物质的浪费，又避免代谢产物积累对细胞造成损害。

（2）使代谢物得到合理调配和有效利用。一种变构剂可以抑制一种变构酶，同时激活另一种变构酶，使代谢物根据需要进入不同代谢途径。例如丙氨酸脱氨基生成的丙酮酸的去向：脂肪酸供应充足或 ATP 充足时，乙酰辅酶 A 一方面反馈抑制丙酮酸脱氢酶复合体，使丙酮酸不进入有氧氧化途径；另一方面变构激活丙酮酸羧化酶，使丙酮酸进入糖异生途径（图 12-2②）。

有些酶受到调节蛋白（regulatory protein）调节，其机制也属于变构调节，例如蛋白激酶 A 的调节亚基对催化亚基的变构抑制，细胞周期蛋白对细胞周期蛋白激酶的变构激活。

四、关键酶的化学修饰调节

化学修饰发生在酶蛋白特定部位氨基酸的侧链基团上，例如羟基、氨基、咪唑基等。化学修饰方式包括磷酸化和去磷酸化、腺苷酰化和去腺苷酰化、甲基化和去甲基化、乙酰化和去乙酰化等，以磷酸化和去磷酸化最为常见。

1. 化学修饰调节机制 化学修饰使酶从无活性（或低活性）构象转换为有活性（或高活性）构象，或反之（表 12-4）。

表 12-4 磷酸化和去磷酸化对酶活性的影响

酶	磷酸化效应	去磷酸化效应	酶	磷酸化效应	去磷酸化效应
糖原磷酸化酶	激活	抑制	磷酸果糖激酶 2	抑制	激活
糖原磷酸化酶 b 激酶	激活	抑制	丙酮酸脱氢酶	抑制	激活
激素敏感性脂肪酶	激活	抑制	HMG-CoA 还原酶	抑制	激活
糖原合酶	抑制	激活	乙酰辅酶 A 羧化酶	抑制	激活

糖原磷酸化酶是磷酸化修饰调节的典型例子。糖原磷酸化酶是同二聚体，有高活性的 a 型和低活性的 b 型两种典型构象：①糖原磷酸化酶 b 的 Ser14 羟基由糖原磷酸化酶 b 激酶催化磷酸化，转换成高活性的磷酸化酶 a，由 ATP 提供磷酸基。②糖原磷酸化酶 a 的 Ser14 由蛋白磷酸酶催化脱去磷酸基，转换成低活性的磷酸化酶 b（图 12-3）。

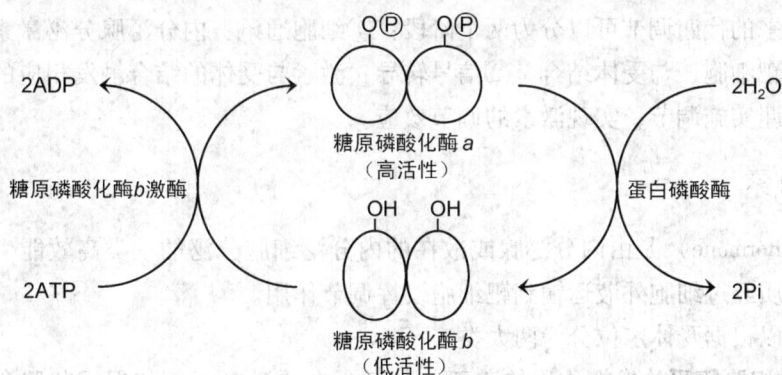

图 12-3 化学修饰调节

2. 化学修饰调节特点 化学修饰调节具有以下特点：

（1）化学修饰调节是一个化学反应过程，改变酶的共价键结构。

（2）化学修饰调节是一个酶促反应过程。例如蛋白激酶催化酶蛋白磷酸化。

酶具有特异性，因此不同蛋白激酶催化不同底物蛋白磷酸化：丝氨酸/苏氨酸激酶

（例如蛋白激酶 A、B、C、G）催化丝氨酸/苏氨酸羟基磷酸化，酪氨酸激酶（例如 Src、表皮生长因子受体）催化酪氨酸羟基磷酸化。人类基因组编码的 518 种蛋白激酶已被鉴定。

（3）化学修饰调节有放大效应，因此调节效率高于变构调节，例如一个蛋白激酶 A 分子可以磷酸化修饰几十个至上百个酶分子。

（4）化学修饰调节消耗高能化合物 ATP，但消耗量远少于酶蛋白合成的消耗量。

（5）化学修饰调节属于快速调节，在几秒钟到几分钟内显效。

（6）有的酶分子只有一个修饰位点，有的酶分子有几个甚至十几个修饰位点。

3. 化学修饰调节意义　化学修饰调节和变构调节相辅相成，共同维持代谢正常进行，稳定内环境。

（1）当变构剂太少、不能独立完成调节时，化学修饰调节可以迅速发挥作用。

（2）许多关键酶可以受变构和化学修饰双重调节，例如糖原磷酸化酶 b，一方面受变构调节：被 AMP 变构激活，被 ATP 或葡萄糖变构抑制；另一方面受化学修饰调节：被磷酸化激活，被去磷酸化抑制。

（3）化学修饰不只发生于酶活性的调节，也发生于其他蛋白质的调节。真核生物有 1/3 ~ 1/2 的蛋白质都会发生磷酸化修饰，例如转录调节因子、翻译起始因子的化学修饰。

第三节　激素水平的代谢调节

高等生物有一些细胞专门负责调节代谢，它们可以合成并释放信号物质，如激素和神经递质，这些信号物质作用于靶细胞，通过信号转导调节靶细胞代谢，其中通过激素传递信号调节代谢的方式称为**激素水平的代谢调节**。

激素水平的代谢调节可以分为两个阶段：①细胞通讯：内分泌腺分泌激素，通过细胞外液到达靶细胞，与受体结合。②信号转导：激素与受体的结合触发相应的信号转导途径，对代谢实施调节，实现激素的调节效应。

一、激素

激素（hormone）是由内分泌腺或散在的内分泌细胞分泌的一类高效能生物活性物质，这些物质经过细胞外液运输到靶细胞发挥调节作用。

激素可以根据受体定位分为两大类。

1. 通过细胞膜受体发挥作用的激素　包括蛋白质激素（例如促甲状腺激素、促性腺激素、生长激素、催乳素、胰岛素、促红细胞生成素）、肽类激素（例如催产素、降钙素、胰高血糖素）和儿茶酚胺（例如肾上腺素）等。

2. 通过细胞内受体发挥作用的激素　包括类固醇激素、甲状腺激素、1,25-二羟维生素 D_3 和视黄酸等。

各种激素在发挥作用时具有以下共同特征：高效放大作用、作用的相对特异性、激素之间相互作用（包括竞争作用、协同作用、拮抗作用和允许作用）。

二、受体

激素受体（receptor）是一种细胞膜跨膜蛋白或细胞内可溶性蛋白（个别受体是糖脂），可以通过与激素特异结合而变构，触发信号转导。激素受体是药物或毒素最重要的靶点。

1. 受体分类 受体可以根据细胞定位分为细胞膜受体和细胞内受体两大类。

（1）**细胞膜受体**：位于细胞膜上，与激素结合之后改变构象及活性，进而启动信号转导途径，引起细胞代谢和行为的改变。细胞膜受体又分为 G 蛋白偶联受体、单次跨膜受体、离子通道受体、蛋白裂解受体等。

（2）**细胞内受体**：位于细胞质或细胞核内，绝大多数属于转录因子，与激素结合形成的激素 - 受体复合物与被称为**激素应答元件**（HRE）的基因调控序列结合，调节基因表达。

不同激素与相应受体结合触发不同的信号转导途径。不同信号转导途径既相对独立又相互联系，既有某些共性又有各自特点。

2. 受体特点 受体与激素的结合具有特异性强、亲和力高（例如人胰岛素 - 受体复合物的解离常数 $K_d = 1 \times 10^{-10}$ mmol/L）、可逆性（非共价可逆结合）、可饱和性、竞争性、组织定位特异性等共同特征。

三、蛋白激酶 A 途径

蛋白激酶 A 途径以改变靶细胞内 cAMP 水平和蛋白激酶 A 活性为主要特征，是激素调节细胞代谢和基因表达的重要途径。以胰高血糖素（或肾上腺素）促进肝糖原分解补充血糖为例，其触发的蛋白激酶 A 途径有多个环节，可以表示为：

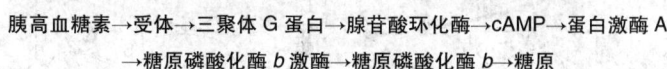

胰高血糖素→受体→三聚体 G 蛋白→腺苷酸环化酶→cAMP→蛋白激酶 A
→糖原磷酸化酶 *b* 激酶→糖原磷酸化酶 *b*→糖原

蛋白激酶 A 途径主要成分及信号转导机制如下（图 12-4）：

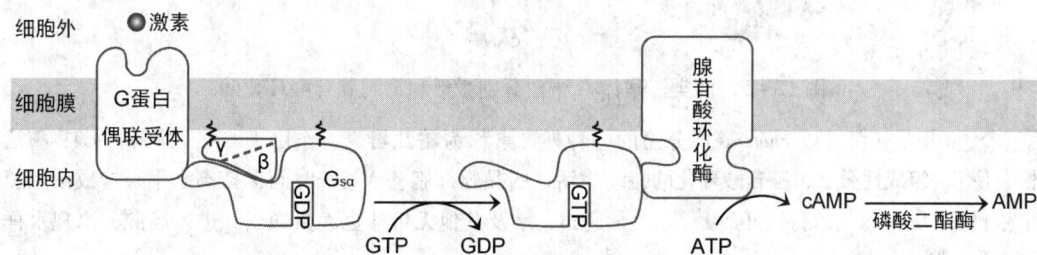

图 12-4 蛋白激酶 A 途径

1. G 蛋白偶联受体（GPCR） 通过与三聚体 G 蛋白作用转导细胞外信号，故得名。G 蛋白偶联受体是七次跨膜的单体蛋白（因此又称七次跨膜受体，其跨膜区为七段 α 螺旋），氨基端在细胞外，含激素结合部位；羧基端在细胞内，含 G 蛋白结合部位。

G 蛋白偶联受体是一个细胞膜受体大家族，在真核生物中普遍存在。通过 G 蛋白偶联受体调节代谢的激素有胰高血糖素、肾上腺素、去甲肾上腺素、缓激肽、促甲状腺激素、黄体生成素、甲状旁腺素等，此外还有神经递质、信息素、视觉、味觉、嗅觉等非激素信号。约 50% 临床药物的靶点是 G 蛋白偶联受体。

G 蛋白偶联受体介导的信号转导途径有蛋白激酶 A 途径、蛋白激酶 C 途径等。

2. 三聚体 G 蛋白（trimeric G protein）　又称**大 G 蛋白**，是参与信号转导的两类鸟苷酸结合蛋白（guanine nucleotide-binding proteins，简称 G 蛋白，是在细胞内普遍存在的一个功能蛋白家族）之一，是 G 蛋白偶联受体的效应蛋白。三聚体 G 蛋白由 G_α、G_β 和 G_γ 三个亚基构成，其中 G_α 和 G_γ 与脂酰基共价结合，锚定于细胞膜胞质面。

三聚体 G 蛋白有两种结构状态：一种是无活性的 $G_{\alpha\beta\gamma}\cdot$GDP，另一种是有活性的 $G_\alpha\cdot$GTP。胰高血糖素 - G 蛋白偶联受体复合物能使无活性的 $G_{\alpha\beta\gamma}\cdot$GDP 释放 GDP 和 $G_{\beta\gamma}$ 亚基，结合 GTP，激活成有活性的 $G_\alpha\cdot$GTP。

有活性的 $G_\alpha\cdot$GTP 有两种活性：①变构剂活性：$G_\alpha\cdot$GTP 使下游效应蛋白变构，进一步转导信号。②GTP 酶（GTPase）活性：$G_\alpha\cdot$GTP 将 GTP 水解，$G_\alpha\cdot$GDP 与效应蛋白解离，重新与 $G_{\beta\gamma}$ 结合，形成无活性 $G_{\alpha\beta\gamma}\cdot$GDP 结构，终止信号转导。

人类基因组至少编码 27 种 G_α、5 种 G_β 和 13 种 G_γ。不同的三聚体 G 蛋白从不同的 G 蛋白偶联受体向其效应蛋白转导信号，产生不同的细胞应答。蛋白激酶 A 途径有两类效应相反的三聚体 G 蛋白：激活型三聚体 G 蛋白（G_s）和抑制型三聚体 G 蛋白（G_i）。有些激活型激素 - 受体复合物（例如胰高血糖素 - 受体复合物）激活 G_s，$G_{s\alpha}\cdot$GTP 激活腺苷酸环化酶；有些抑制型激素 - 受体复合物（例如促生长素抑制素 - 受体复合物）激活 G_i，$G_{i\alpha}\cdot$GTP 抑制腺苷酸环化酶（图 12 - 5）。

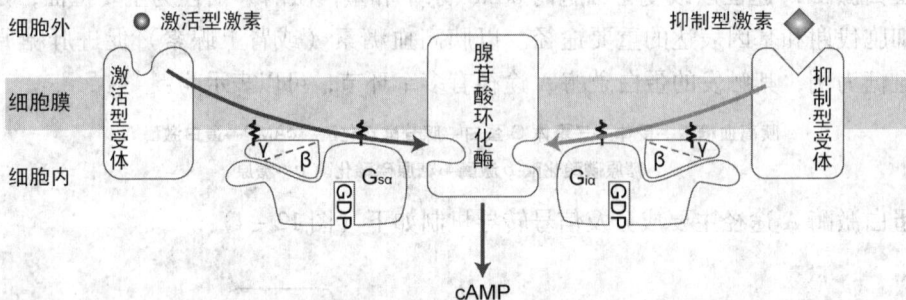

图 12 - 5　两类三聚体 G 蛋白分别激活和抑制腺苷酸环化酶

　　霍乱弧菌（*V. cholerae*）分泌的一种外毒素称为**霍乱毒素**，作用于 $G_{s\alpha}$，抑制其 GTP 酶活性，使 $G_{s\alpha}$ 组成性激活，腺苷酸环化酶持续激活，肠黏膜细胞 cAMP 长时间保持高水平，造成细胞膜上依赖 cAMP 的氯通道持续开放，Cl^- 大量逸出，水及其他无机盐也大量逸出，进入肠腔，出现水样腹泻甚至脱水症状。

　　参与信号转导的另一类 G 蛋白是**单体 G 蛋白**，又称**小 G 蛋白**。Ras 蛋白是最早发现的单体 G 蛋白，其特点是：单体 G 蛋白通过羧基端半胱氨酸与法尼基共价结合，通过其他氨基酸与软脂酰基共价结合，锚定于细胞膜胞质面，具有较低的 GTP 酶活性，不被受体直接激活。

3. 腺苷酸环化酶（AC）　是一类十二次跨膜蛋白，其活性中心位于细胞膜胞质面，催化 ATP 生成 cAMP。腺苷酸环化酶为变构酶，被 G_s 激活之后催化合成 cAMP，使细胞内 cAMP 浓度在几秒钟内升高数倍，可达 10^{-6} mol/L。

4. cAMP 是蛋白激酶 A 的变构激活剂，是最早被阐明的第二信使。

许多化学信号（第一信使）与细胞膜受体结合，引起细胞内一些小分子物质水平的改变，这些小分子物质是下游效应蛋白的变构剂，通过对效应蛋白进行变构调节来转导信号。它们被称为**第二信使**（second messenger）。Sutherland 因最早发现 cAMP 并提出第二信使学说，于 1971 年获得诺贝尔生理学或医学奖。

目前已被阐明的第二信使包括 cAMP、cGMP、三磷酸肌醇（IP_3）、甘油二酯（DAG）和 Ca^{2+} 等。不同的第二信使在不同的信号转导途径中发挥作用（表 12 - 5）。

表 12 - 5　第二信使及其效应蛋白

第二信使	cAMP	cGMP	IP_3	DAG	Ca^{2+}
效应蛋白	蛋白激酶 A	蛋白激酶 G	IP_3 门控钙通道	蛋白激酶 C	钙调蛋白激酶

第二信使的水平是由其合成与分解速度或门控通道的开关来决定的，受多种因素控制。例如：cAMP 由腺苷酸环化酶催化合成、磷酸二酯酶催化分解。因此，抑制腺苷酸环化酶或激活磷酸二酯酶会降低 cAMP 水平，激活腺苷酸环化酶或抑制磷酸二酯酶会升高 cAMP 水平（图 12 - 4）。

🖐 咖啡中的咖啡碱（1,3,7-三甲基黄嘌呤）是环腺苷酸磷酸二酯酶的抑制剂，因此喝咖啡可以增强肾上腺素的效应。

5. 蛋白激酶 A（PKA）　即依赖 cAMP 的蛋白激酶，是一类蛋白丝氨酸/苏氨酸激酶，为异四聚体（C_2R_2）结构，由两个催化亚基 C 和两个调节亚基 R 构成，调节亚基与催化亚基结合而抑制其催化活性。每个调节亚基有两个 cAMP 结合部位，可以结合 cAMP 而变构，结果与催化亚基解离。因此，cAMP 是蛋白激酶 A 的变构激活剂，通过解除调节亚基对催化亚基的抑制作用而激活催化亚基（图 12 - 6）。

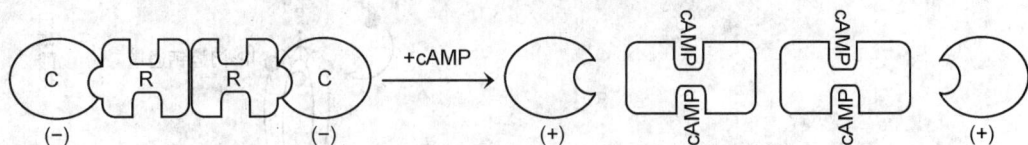

图 12 - 6　cAMP 变构激活蛋白激酶 A

6. 转导效应　激活的蛋白激酶 A 可以对代谢途径中的关键酶或功能蛋白进行化学修饰，从而调节代谢，使蛋白激酶 A 途径最终产生短期效应和长期效应。

（1）**短期效应**：又称**核外效应**，发生于细胞质中。蛋白激酶 A 利用已有酶类或其他效应蛋白进行转导，整个过程只需要几秒钟到几分钟，所以显效快。例如：①在肝细胞内激活糖原磷酸化酶 b 激酶，促进肝糖原分解，补充血糖：蛋白激酶 A→糖原磷酸化酶 b 激酶→糖原磷酸化酶 b→糖原磷酸解→葡萄糖→血糖。②在心肌细胞内磷酸化钙通道蛋白，增加细胞膜有效钙通道的数量，增强心肌收缩。③在胃黏膜壁细胞内促进胃酸分泌。

（2）**长期效应**：又称**核内效应**，发生于细胞核内。蛋白激酶 A 磷酸化修饰转录因子，调节基因表达（第十六章，295 页），从而影响细胞增殖或分化。整个转导过程需要几小时到几天，慢而持久。例如：①在肝细胞内诱导合成糖异生酶类。②在哺乳动物内分泌细胞内诱导合成促生长素抑制素（somatostatin，又称生长抑素），抑制各种激素分泌。

四、蛋白激酶 C 途径

Ca^{2+} 是重要的第二信使，通过浓度变化转导信号。细胞质中的游离 Ca^{2+} 通常由细胞膜、内质网膜、线粒体膜上的钙泵清除，所以浓度极低，约 $10^{-7}\mu mol/L$，仅为细胞外浓度（$10^{-3}mol/L$）的 $1/10^4$。化学信号或其他信号刺激可以使 Ca^{2+} 通过相应的钙通道从钙库（内质网、线粒体）和细胞外进入细胞质，使浓度升高 10～100 倍。这种浓度改变使信号转导途径进一步发生一系列变化。

Ca^{2+} 直接参与的转导途径主要是蛋白激酶 C 途径和钙调蛋白途径，两个途径的开始阶段是共同的。这里简要介绍**蛋白激酶 C 途径**，该途径以改变细胞质 Ca^{2+} 水平和蛋白激酶 C 活性为主要特征，是激素调节细胞代谢和基因表达的重要途径。

以血管紧张素 Ⅱ 刺激血管收缩为例，其触发的蛋白激酶 C 途径可以表示为：

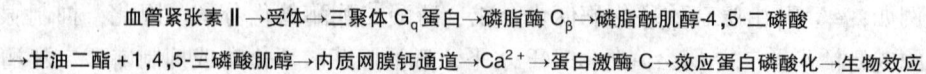

血管紧张素Ⅱ→受体→三聚体 G_q 蛋白→磷脂酶 C_β→磷脂酰肌醇-4,5-二磷酸

→甘油二酯 +1,4,5-三磷酸肌醇→内质网膜钙通道→Ca^{2+}→蛋白激酶 C→效应蛋白磷酸化→生物效应

蛋白激酶 C 途径主要成分及信号转导机制如下（图 12 - 7）：

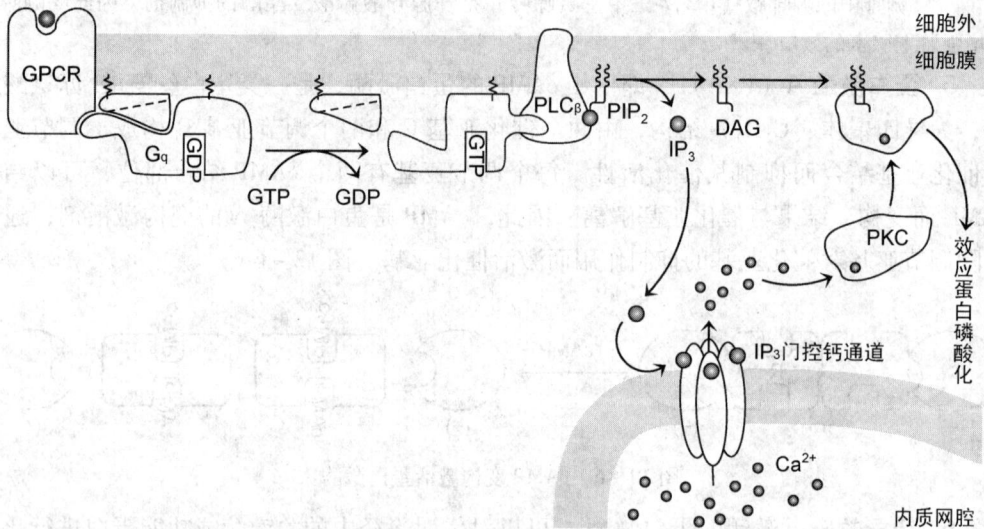

图 12 - 7　蛋白激酶 C 途径

1. 激素　通过该途径发挥作用的激素有促甲状腺素释放素、去甲肾上腺素、肾上腺素、抗利尿激素和血管紧张素Ⅱ等，乙酰胆碱、5-羟色胺也通过该途径发挥作用。

2. G 蛋白　该途径的三聚体 G 蛋白称为 G_q，其活性形式可以激活位于细胞膜胞质面的磷脂酶 C。

3. 磷脂酶 C_β（PLC$_\beta$）　对磷脂酰肌醇-4,5-二磷酸 [PI(4,5)P_2] 具有特异性，催化其水解生成两种第二信使：甘油二酯（DAG）和 1,4,5-三磷酸肌醇（IP$_3$）（第二章，25 页）。

4. **IP$_3$门控钙通道** 是位于内质网膜上的一种同四聚体蛋白，每个亚基可以结合一分子三磷酸肌醇，结合后通道开放，第二信使 Ca^{2+} 从内质网腔逸出，导致细胞质 Ca^{2+} 增多。

5. **蛋白激酶 C**（PKC） 是一类蛋白丝氨酸/苏氨酸激酶。游离于细胞质中的蛋白激酶 C 没有活性，与 Ca^{2+} 结合之后向细胞膜转运，与细胞膜甘油二酯结合，被甘油二酯和磷脂酰丝氨酸激活。

6. **转导效应** 与蛋白激酶 A 类似，激活的蛋白激酶 C 能催化多种效应蛋白磷酸化，使蛋白激酶 C 途径最终产生短期效应和长期效应：①短期效应：通过磷酸化修饰调节某些酶的活性，调节代谢。②长期效应：磷酸化修饰某些转录因子，调节基因表达。

五、糖皮质激素作用机制

糖皮质激素是典型的类固醇激素，其功能之一是调节肝细胞糖异生。糖皮质激素受体属于细胞内受体，与抑制蛋白结合而位于细胞质中。饥饿时糖皮质激素分泌增多，透过肝细胞膜进入细胞质，取代抑制蛋白与糖皮质激素受体配体结合域（LBD）结合，形成激素 – 受体复合物。复合物穿过核孔进入细胞核，通过 DNA 结合域（DBD）与靶基因（例如糖异生途径关键酶基因）的激素应答元件（HRE）结合，促进基因表达，使酶蛋白数量增多，糖异生加快（图 12 – 8）。

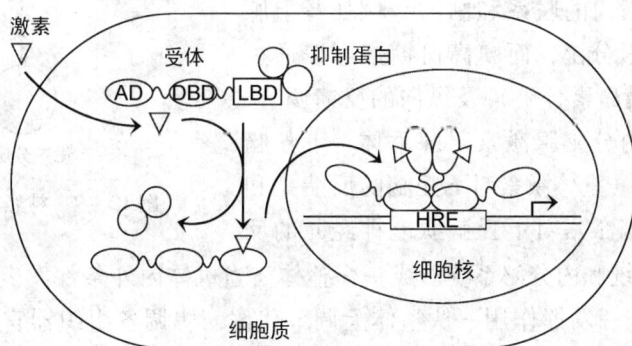

图 12 – 8 糖皮质激素调节机制

六、甲状腺激素作用机制

甲状腺激素是维持机体功能活动的基础性激素，几乎作用于所有组织。

甲状腺激素主要以结合形式在血液循环中运输，运输载体是甲状腺素结合球蛋白、甲状腺素结合前白蛋白、白蛋白。

甲状腺激素主要通过甲状腺激素受体发挥作用。甲状腺激素受体（TR）位于细胞核内，即使未与甲状腺激素结合，也与靶基因的激素应答元件结合，但同时与维甲类 X 受体（RXR）结合。甲状腺激素受体与甲状腺激素结合后形成 TR$_2$ 同二聚体或 TR-RXR 异二聚体，促进基因表达，产生生物效应，包括调节细胞代谢，促进生长发育。

第四节　整体水平的代谢调节

整体水平的代谢调节是指高等动物通过神经系统和内分泌系统调节整体代谢，使不同细胞、组织、器官的代谢相互协调和整合，以维持内环境稳定，适应外环境变化。

神经系统和内分泌系统是调节机体各种机能的两大信息传递系统。神经系统调节整体代谢，一方面是通过神经活动直接影响各器官的功能，另一方面是通过神经-体液途径控制内分泌系统，使激素的分泌保持协调和相对平衡。

下丘脑是联系神经系统和内分泌系统的枢纽。中枢神经系统控制下丘脑分泌神经激素，从而把神经信息转换为激素信息。下丘脑促垂体区肽能神经元能合成分泌九种统称下丘脑调节肽的肽类神经激素（例如促甲状腺激素释放激素、促肾上腺皮质激素释放激素、促性腺激素释放激素等），这些激素可以调节腺垂体的分泌活动。腺垂体分泌的促激素（促甲状腺激素、促肾上腺皮质激素、促卵泡激素等）进一步调节下一级靶内分泌腺（甲状腺、肾上腺皮质、性腺等）的分泌活动，如此构成下丘脑-腺垂体-靶内分泌腺轴（图12-9）。此外，各内分泌腺之间还有横向的联系和制约（例如肾上腺素可以抑制胰岛素分泌，而胰高血糖素可以通过旁分泌作用刺激胰岛素分泌）及纵向的反馈调节，包括长反馈（靶内分泌腺激素对腺垂体、下丘脑的反馈）、短反馈（垂体激素对下丘脑的反馈）和超短反馈（下丘脑激素对下丘脑肽能神经元的反

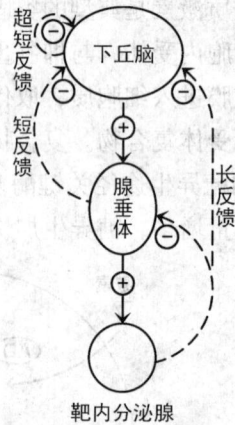

图12-9　神经-体液调节

馈），因此神经系统和内分泌系统形成一个整体。当机体内外条件发生变化时，神经系统和内分泌系统统一发挥作用，从整体上调节代谢，协调各组织器官、各代谢物的代谢，满足生理需要。下面以饥饿和应激时的代谢调节为例简要说明。

1. 禁食 1~3 天为短期饥饿，期间糖原所剩无几（最多维持 12 小时），血糖水平趋于下降，胰岛素分泌减少，胰高血糖素分泌增多，引起代谢调整。

（1）生物氧化前体调整：①血糖消耗减少，保障供给脑组织、红细胞等。②脂肪动员增多，以替代血糖，成为主要生物氧化前体，提供所需能量的85%以上。③酮体合成增多，可转化脂肪动员产物的25%，以替代血糖。④肌肉蛋白降解增多，每日降解 180~200g，以替代血糖，并为糖异生提供原料，成为重要生物氧化前体，但导致氮负平衡。⑤糖异生增多，空腹 24~48 小时后合成能力最强，每日可以合成150g 葡萄糖（80%在肝脏，20%在肾皮质，以氨基酸为主要原料，此外还有乳酸、甘油），成为血糖主要来源，可以维持血糖基本水平。

（2）组织器官能源调整：①肝脏、脂肪组织转而利用脂肪酸。②心肌、骨骼肌、肾皮质转而利用脂肪酸和酮体。③脑组织减少对葡萄糖的利用，以酮体替代，但仍以葡

萄糖为主要能源（健康人脑脊液中糖的最低含量为 2.5mmol/L）。

2. 长期饥饿引起代谢的进一步调整。

（1）生物氧化前体调整：①血糖消耗进一步减少。②脂肪动员和酮体合成进一步增多。③肌肉蛋白降解减少，每日降解约 35g，氮负平衡缓解。④肝脏糖异生减少，肾皮质糖异生进一步增多。每日可合成 40g 葡萄糖，其中 20g 来自甘油。血糖维持在 3.6~3.8mmol/L。

（2）组织器官能源调整：①肝脏、脂肪组织仍然利用脂肪酸。②肌细胞以脂肪酸为主要能源，保障酮体优先供给脑组织。③脑组织减少耗糖，转而以酮体为主要能源，每日消耗约 50g，提供大脑所需能量的 60%~70%，可以节约 50% 左右的葡萄糖。

3. **应激**（stress）是由创伤、手术、剧痛、饥饿、寒冷、缺氧、中毒、感染及强烈的情绪激动等异常刺激引起的紧张状态。应激信号刺激下丘脑-腺垂体-肾上腺皮质系统发生应激反应，引起一系列神经、体液和代谢的变化：①交感神经兴奋，肾上腺髓质激素和肾上腺皮质激素分泌增多，胰高血糖素和生长激素分泌增多，胰岛素分泌减少。②糖原分解、糖异生、脂肪动员、β氧化、酮体代谢、蛋白质降解和尿素合成增多，糖原合成和脂肪合成减少。③血中葡萄糖、乳酸、脂肪酸、甘油、酮体和氨基酸增多。

☯ 链 接

代谢组学与传统医药研究

具有几千年历史的传统医学蕴藏着许多朴素的辩证分析思想及系统论的观念，强调从整体和系统的角度认识和调节人体生命活动，积累了大量有效的治疗方法和药物；但尚缺乏在分了水平对物质基础和作用机制的认识，至今仍停留在朴素的辩证哲学思辨层次，难以与现代科学沟通，不能被现代社会尤其是西方主流医学界接受。

随着人类基因组计划等重大科学项目的实施，人类研究复杂生物系统的能力取得了突破性进展，人类医学研究进入了系统生物学（systems biology）时代。代谢组学是 20 世纪 90 年代中期发展起来的一门新兴学科，是系统生物学的重要组成部分。**代谢组学**（metabonomics）是通过组群指标分析，进行高通量检测和数据处理，研究生物体整体或组织细胞系统的动态代谢变化，特别是对内源代谢、遗传变异、环境变化乃至各种物质进入代谢系统的特征和影响的科学。代谢组学的研究方法是用多参数动态系统检测和量化整体代谢随时间变化的规律，建立内外因素影响下整体代谢的变化轨迹，反映某种病理（生理）过程所发生的一系列代谢事件，包括环境条件改变、疾病和治疗时机体的代谢应答。代谢组学的研究方法是以高通量、大规模实验和计算机统计分析为特征的，具有"动态性研究"和"整体性研究"的特点。代谢组学可以达到从整体上把握人体的健康状态和疾病的治疗效果，从而更有效地开发新药和实现用药个体化。

代谢组学创始人、英国帝国理工大学 Nicholson 教授认为人体应当作为一个完整的系统来研究，应用代谢组学来理解疾病过程，这与传统医学的整体观和辩证论治思维方式不谋而合。代谢组学与传统医学在许多方面有相近的属性，如果把它们有机地结合起来研究，将可能有力地推动传统医学理论的现代化进程。代谢组学已经成为运用系统生物学研究传统医药的重要手段，还可能成为传统医药走向世界的通用语言。

小　结

代谢调节是生命在长期进化过程中形成的适应能力，是维持细胞功能、保证机体正常生长发育的重要条件。

糖、脂肪和蛋白质都可以通过生物氧化为生命活动供能。整体供能以糖和脂肪的氧化分解为主，但不同组织或同一组织在不同代谢条件下对营养物质的利用不尽相同。

糖、脂类和氨基酸可以相互转化，不过转化程度不同：①糖代谢与脂类代谢的结合点主要在乙酰辅酶 A 和磷酸二羟丙酮：糖可以转化成脂肪，而脂肪中只有甘油转化成糖有实际意义。②α-酮酸是氨基酸代谢与糖代谢的重要结合点：糖代谢产生的 α-酮酸可以合成非必需氨基酸，氨基酸分解代谢生成的 α-酮酸多数可以异生成糖。③氨基酸可以转化成脂类，脂肪中的甘油可以转化成非必需氨基酸，但太少，没有实际意义。④核苷酸主要由葡萄糖和氨基酸合成，核苷酸的分解代谢与糖和氨基酸的分解代谢联系密切。

高等动物体内存在着三个层次的调节机制，即细胞水平的代谢调节、激素水平的代谢调节和整体水平的代谢调节。细胞水平的代谢调节是最原始、最基本的调节机制。

细胞内的膜系统将细胞进一步分隔成许多区域。各代谢途径在不同区域进行，既避免相互干扰，又可以通过控制代谢物的跨膜转运来调节代谢。

通过调节酶活性而控制代谢速度和代谢方向是代谢调节的重要方式。调节酶活性只需调节关键酶，调节方式包括结构调节和数量调节：①结构调节产生效应快，又称快速调节，包括变构调节和化学修饰调节。变构调节是变构剂通过物理过程作用于变构酶调节部位，改变其构象，从而改变其催化活性；化学修饰调节是对酶蛋白特定部位进行化学修饰，修饰方式以磷酸化和去磷酸化最为常见。②数量调节涉及基因表达，所需时间长，产生效应慢，又称迟缓调节。

激素水平的代谢调节包括细胞通讯和信号转导两个阶段：①激素是细胞通讯的主体，作用于靶细胞受体。②激素受体可以根据定位分为细胞膜受体和细胞内受体两大类，与激素结合触发信号转导。

蛋白激酶 A 途径激活的蛋白激酶 A 及蛋白激酶 C 途径激活的蛋白激酶 C 可以对代谢途径中的关键酶或功能蛋白进行化学修饰，从而调节代谢，产生短期效应和长期效应。

糖皮质激素受体位于细胞质内，与进入细胞质的糖皮质激素结合后进入细胞核，促进基因表达。

甲状腺激素受体位于细胞核内，与进入细胞核的甲状腺激素结合后促进基因表达。

神经系统和内分泌系统是调节机体各种机能的两大信息传递系统。神经系统调节整体代谢，一方面是通过神经活动直接影响体内各器官的功能，另一方面是通过神经－体液途径控制内分泌系统，使激素的分泌保持协调和相对平衡。

第十三章　DNA 的生物合成

不同生物有不同的遗传特征。早在 19 世纪，Mendel 通过豌豆杂交实验发现了遗传规律，并推断控制遗传性状的是细胞内的一对等位"基因"。不过，那时基因还只是一个抽象概念。1944 年，Avery 等通过肺炎球菌转化实验证明：基因的物质基础是 DNA，人为地改变基因（DNA）可以改变生物的遗传性状。

DNA 是生物遗传的物质基础。**基因**（gene）是遗传物质的功能单位，主要以染色体 DNA 为载体，通过生殖细胞世代遗传。基因编码一定的功能产物，包括蛋白质和 RNA。一个基因除了含有决定功能产物一级结构的**编码序列**之外，还含有表达该编码序列所需的调控序列等**非编码序列**。一个细胞或病毒颗粒所含的一套遗传物质称为**基因组**（genome）。

从基因到性状，遗传信息是如何传递并最终表现出一定表型的呢？这是中心法则的核心内容。**中心法则**（central dogma）是关于遗传信息传递规律的基本法则，包括由 DNA 到 DNA 的复制、由 DNA 到 RNA 的转录和由 RNA 到蛋白质的翻译等过程，即遗传信息的流向是 DNA→RNA→蛋白质。1970 年，Temin 和 Baltimore 分别从致癌 RNA 病毒中发现逆转录酶，并且发现 RNA 病毒的 RNA 可以作为模板指导 DNA 合成，即其遗传信息的传递与上述 RNA 转录合成过程相反，所以称为逆转录。此后，又发现某些病毒的 RNA 可以复制，这样就使中心法则得到了补充和完善（图 13 – 1）。

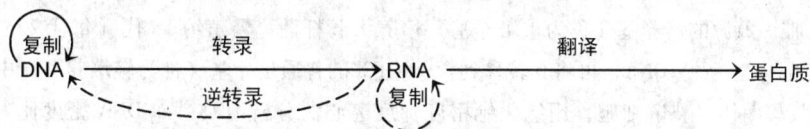

图 13 – 1　中心法则

本章介绍中心法则中关于 DNA 合成的内容，RNA 和蛋白质的合成将在后面两章介绍。

生物体内存在以下 DNA 合成过程：①细胞在分裂周期中进行的染色体 DNA 的复制合成，其中真核生物染色体端粒的复制具有特殊性。②细胞随时进行的 DNA 修复。③逆转录病毒 DNA 在宿主细胞内进行的逆转录合成。这些合成过程具有不同的生物学意义。

第一节 DNA 复制的基本特征

DNA 复制（DNA replication）是指亲代 DNA 双链解链，分别作为模板按照碱基配对原则指导合成新的互补链，从而形成两个子代 DNA 的过程，是细胞和多数 DNA 病毒增殖时发生的重要事件。因此，DNA 的复制实际上是基因组的复制。

无论是在原核生物还是在真核生物，DNA 的复制合成都需要 DNA 模板、dNTP 原料、DNA 聚合酶、引物和 Mg^{2+}。DNA 聚合酶催化脱氧核苷酸以 3′,5′-磷酸二酯键相连合成 DNA，合成方向为 5′→3′。反应可以表示如下：

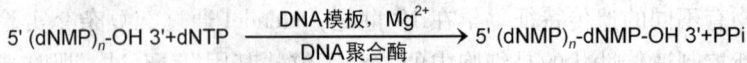

$$5' (dNMP)_n\text{-}OH\ 3' + dNTP \xrightarrow[\text{DNA聚合酶}]{\text{DNA模板，}Mg^{2+}} 5' (dNMP)_n\text{-}dNMP\text{-}OH\ 3' + PPi$$

Watson 和 Crick 于 1953 年提出双螺旋模型时就推测了 DNA 复制的基本特征，并认为碱基配对原则使 DNA 复制和修复成为可能。现已阐明：在绝大多数生物体内，DNA 复制的基本特征是相同的。

1. 半保留复制（semiconservative replication） 是指 DNA 复制时，两股亲代 DNA 链解开，分别作为模板，按照碱基配对原则指导合成新的互补链，最后形成与亲代 DNA 相同的两个子代 DNA 分子，每个子代 DNA 分子都含一股亲代 DNA 链和一股新生 DNA 链（图 13 - 2）。半保留复制是 DNA 复制最重要的特征。

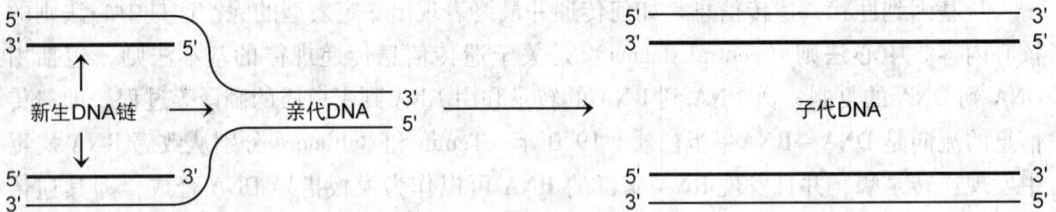

图 13 - 2 半保留复制

1958 年，Meselson 和 Stahl 通过实验研究证明：DNA 的复制方式是半保留复制。他们先用以 $^{15}NH_4Cl$ 作为唯一氮源的培养基（称为重培养基）培养大肠杆菌，繁殖约 15 代（每代 20 ~ 30 分钟），使其 DNA 全部标记为 ^{15}N-DNA，再将其转移到含 $^{14}NH_4Cl$ 的普通培养基（称为轻培养基）中进行培养，在不同时间收集菌体，裂解细胞，用氯化铯密度梯度离心法分析 DNA。^{15}N-DNA 密度比 ^{14}N-DNA 大，因此离心形成的 ^{15}N-DNA 区带（称为重 DNA 区带）位于 ^{14}N-DNA（称为轻 DNA 区带）的下方，$^{15}N/^{14}N$-DNA区带（称为中 DNA 区带）则位于两者之间。结果表明：细菌在重培养基中繁殖时合成的 DNA 显示为一条重 DNA 区带，转入轻培养基中繁殖的子一代 DNA 显示为一条中 DNA 区带，子二代 DNA 显示为一条中 DNA 区带和一条轻 DNA 区带（图 13 - 3）。因此，DNA 的复制方式是半保留复制。

2. 从复制起点双向复制（bidirectional replication） DNA 的解链和复制是从具有特定序列的位点开始的，该位点称为**复制起点**（ori）。从一个复制起点启动复制的全部 DNA 序列称为一个**复制子**（replicon）。原核生物的 DNA 分子通常只有一个复制起点，复制时形成**单复制子**结构；而真核生物的 DNA 分子有多个复制起点，可以从这些复制起点同时启动复制，形成**多复制子**结构（图 13 - 4①）。

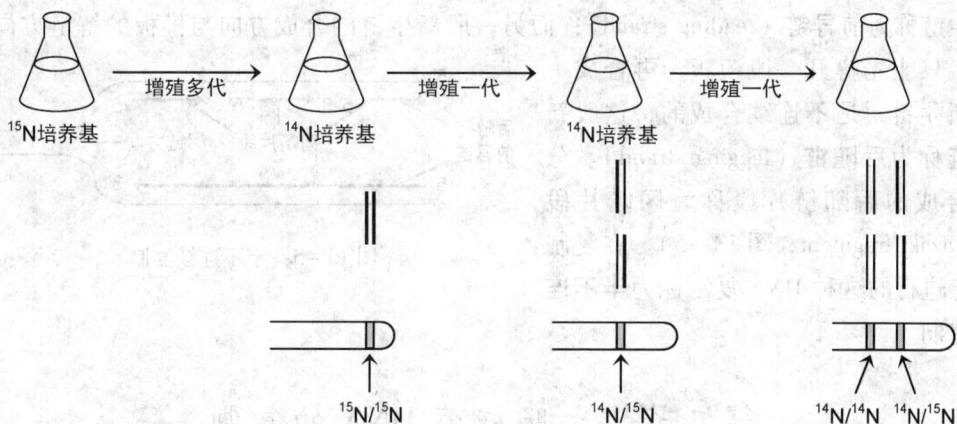

图 13 - 3 Meselson-Stahl 实验

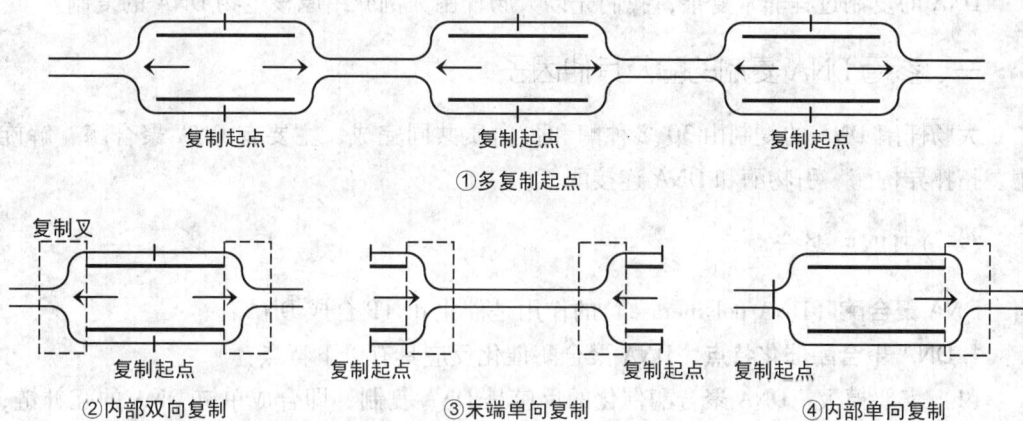

图 13 - 4 复制起点与复制方向

Cairns 等用放射自显影（autoradiography）技术研究大肠杆菌 DNA 的复制过程，证明其 DNA 是边解链边复制。DNA 复制时，在复制起点先解开双链，然后边解链边复制，所以在解链点形成分叉结构，这种结构称为**复制叉**（replication fork，图 13 -4②）。

复制叉有几种形成方式：①从一个复制起点开始双向解链，形成两个复制叉（图13 -4②），这种方式称为**双向复制**。绝大多数生物的 DNA 复制都是双向的。真核生物 DNA 在多个复制起点同时进行双向解链（图 13 -4①）。②从线状 DNA 两端开始相向解链，形成两个复制叉（图 13 -4③），例如腺病毒 DNA 的复制。③从一个复制起点开始单向解链，形成一个复制叉（图 13 -4④），例如质粒 ColE I。

3. 半不连续复制（semidiscontinuous replication）　DNA 的两股链是反向互补的，但 DNA 新生链的合成是单向的，是以 5′→3′方向合成的。因此，在一个复制叉的两股 DNA 模板中，有一股新生链的合成方向与模板的解链方向相同，另一股新生链的合成方向与模板的解链方向相反。后者的合成是如何进行的呢？

研究发现：在一个复制叉上进行的 DNA 合成是半不连续的。其中一股新生链的合成方向与其模板的解链方向一致，所以合成与解链可以同步进行，是连续合成的，这股新生链称为**前导链**（leading strand）；而另一股新生链的合成方向与模板的解链方向相反，只能先解开一段模板，再合成一段新生链，是不连续合成的，这股新生链称为**后随链**（lagging strand）。分段合成的后随链片段称为**冈崎片段**（Okazaki fragment，图 13 - 5）。在复制叉上进行的这种 DNA 复制称为**半不连续复制**。

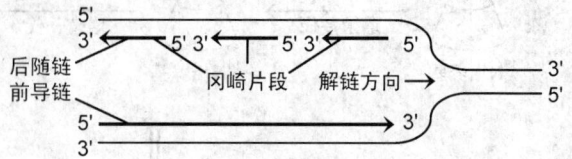

图 13 - 5　半不连续复制

第二节　大肠杆菌 DNA 的复制

DNA 的复制过程非常复杂，我们先以大肠杆菌为例介绍原核生物 DNA 的复制。

一、参与 DNA 复制的酶及其他因子

大肠杆菌 DNA 的复制由 30 多种酶和蛋白质共同完成，主要有 DNA 聚合酶、解旋酶、拓扑异构酶、引物酶和 DNA 连接酶等。

（一）DNA 聚合酶

DNA 聚合酶（DNA polymerase）的作用是催化 dNTP 合成 DNA。

1. DNA 聚合酶催化特点　DNA 聚合酶催化反应具有以下特点：

（1）需要模板：DNA 聚合酶催化的反应是 DNA 复制，即合成单链 DNA 的互补链，所以必须为其提供被称为模板的单链 DNA。

在中心法则中，**模板**（template）是指可以指导合成互补链的单链核酸。模板可以是 DNA 或 RNA，其指导合成的单链核酸可以是 DNA 或 RNA。DNA 模板指导合成 DNA 称为 DNA 复制，DNA 模板指导合成 RNA 称为转录，RNA 模板指导合成 RNA 称为 RNA 复制，RNA 模板指导合成 DNA 称为逆转录。

（2）需要引物：仅有原料和模板，DNA 聚合酶还不能复制 DNA，因为它不能催化两个 dNTP 形成 3′,5′-磷酸二酯键，只能催化一个 dNTP 与一股核酸的 3′-羟基形成 3′,5′-磷酸二酯键，并且这股核酸必须与模板互补结合，这股核酸就是**引物**（primer）。引物可以是 DNA，也可以是 RNA。不过，引导大肠杆菌 DNA 复制的引物都是 RNA。

（3）以 5′→3′方向催化合成 DNA：这是由 DNA 聚合酶的催化机制决定的。DNA 合成的基本反应是由引物或新生链的 3′-羟基对 dNTP 的 α-磷酸基发动亲核攻击，结果形成 3′,5′-磷酸二酯键，并释放焦磷酸（图 13 - 6）。

2. 大肠杆菌 DNA 聚合酶种类　目前已经发现的大肠杆菌 DNA 聚合酶有五种，其中 DNA 聚合酶 Ⅰ、Ⅱ、Ⅲ 研究得比较明确。

（1）DNA 聚合酶 Ⅰ：由 Kornberg（1959 年诺贝尔生理学或医学奖获得者）于 1956 年发现，是一种多功能酶，有三个不同的活性中心：5′→3′外切酶活性中心、3′→5′外

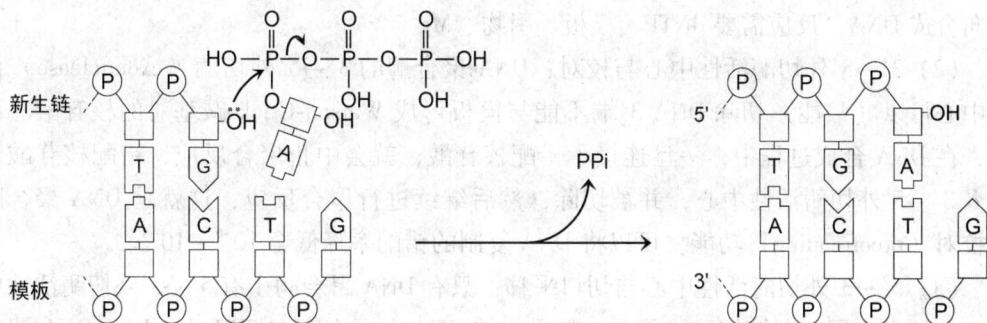

图 13 - 6 3′,5′-磷酸二酯键形成机制

切酶活性中心和 5′→3′聚合酶活性中心。用枯草杆菌蛋白酶（subtilisin）水解 DNA 聚合酶 I 可以得到两个片段。其中大片段称为 Klenow 片段，含 3′→5′外切酶活性中心和5′→3′聚合酶活性中心（常用于合成 cDNA 第二股链、标记双链 DNA 3′端）；小片段含 5′→3′外切酶活性中心。DNA 聚合酶 I 活性低，主要功能不是催化 DNA 复制合成，而是在复制过程中切除引物，填补缺口。此外，DNA 聚合酶 I 还参与 DNA 修复。

（2）DNA 聚合酶Ⅱ：是一种多酶复合体，有 5′→3′聚合酶活性中心和 3′→5′外切酶活性中心，但没有 5′→3′外切酶活性中心。DNA 聚合酶Ⅱ的功能可能是参与 DNA 修复。

（3）DNA 聚合酶Ⅲ：是一种多酶复合体，全酶由 α、β、γ、δ、δ′、ε、θ、τ、χ 和 ψ 共 10 种亚基构成，其中 α、ε 和 θ 亚基构成全酶的核心。α 亚基含 5′→3′聚合酶活性中心，ε 亚基含 3′→5′外切酶活性中心，θ 亚基可能起装配作用，其他亚基各有不同作用。DNA 聚合酶Ⅲ活性最高，是催化 DNA 复制合成的主要酶。

大肠杆菌三种 DNA 聚合酶的结构、特点和功能总结见表 13 - 1。

表 13 -1 大肠杆菌 DNA 聚合酶

DNA 聚合酶	I	Ⅱ	Ⅲ
结构基因*	polA	polB	polC
亚基种类	1	≥7	≥10
分子量（kDa）	103	88‡	791.5
3′→5′外切酶活性	+	+	+
5′→3′外切酶活性	+	-	-
5′→3′聚合酶活性	+	+	+
5′→3′聚合速度（nt/s）	16 ~ 20	40	250 ~ 1000
功能	切除 DNA 复制引物，修复 DNA	修复 DNA	复制合成 DNA

注：*对于多酶复合体，这里仅列出聚合酶活性亚基的结构基因；‡仅聚合酶活性亚基，DNA 聚合酶Ⅱ与 DNA 聚合酶Ⅲ有许多共同亚基。

（4）DNA 聚合酶Ⅳ和Ⅴ：发现于 1999 年，主要参与 DNA 修复。

3. 大肠杆菌 DNA 聚合酶功能 大肠杆菌 DNA 聚合酶不同的活性中心具有不同的功能。

（1）5′→3′聚合酶活性中心与聚合反应：5′→3′聚合酶活性中心催化 dNTP 按 5′→3′

方向合成 DNA，反应需要 dNTP、模板、引物、Mg^{2+}。

（2）$3'→5'$外切酶活性中心与校对：DNA 聚合酶的 $3'→5'$ 外切酶（exonuclease）活性中心可以（只能）切除 DNA $3'$ 端不能与模板形成 Watson-Crick 碱基对的核苷酸。因此，在 DNA 合成过程中，一旦连接了错配核苷酸，就会中止聚合反应，错配核苷酸会进入 $3'→5'$ 外切酶活性中心，并被切除，然后继续进行聚合反应，这就是 DNA 聚合酶的**校对**（proofreading）功能，可以将 DNA 复制的错配率降低至 $10^{-6} \sim 10^{-8}$。

（3）$5'→3'$外切酶活性中心与切口平移：只有 DNA 聚合酶 I 有 $5'→3'$ 外切酶活性中心，而且只作用于双链核酸。因此，如果双链 DNA 分子上存在**切口**（nick），DNA 聚合酶 I 可以在切口处催化两个反应：一个是水解反应，从 $5'$ 端切除核苷酸；另一个是聚合反应，在 $3'$ 端延伸合成 DNA。结果反应过程像是切口在移动，所以这一过程称为**切口平移**（nick translation，图 13 - 7）。在切口平移过程中被水解的可以是 RNA，也可以是 DNA。

DNA 聚合酶I的切口平移作用有两个意义：①在 DNA 复制过程切除后随链冈崎片段 $5'$ 端的 RNA 引物，用 DNA 填补。②在 DNA 修复过程中发挥作用。

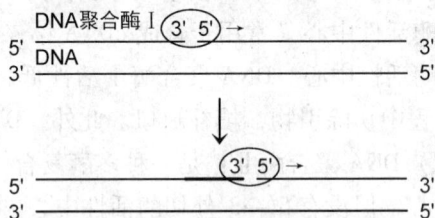

图 13 - 7　切口平移

（二）解链、解旋酶类

DNA 具有超螺旋、双螺旋等结构。在复制时，亲代 DNA 需要松解螺旋，解开双链，暴露碱基，才能作为模板，按照碱基配对原则指导合成子代 DNA。参与亲代 DNA 解链，并将其维持在解链状态的酶和蛋白质主要有解旋酶、拓扑异构酶和单链 DNA 结合蛋白。

1. 解旋酶（helicase）　作用是解开 DNA 双链。解链过程需要 ATP 提供能量，每解开一个碱基对需要消耗两个 ATP。目前在大肠杆菌中已经鉴定出至少四种解旋酶：解旋酶 rep、II、III 和 DnaB。其中解旋酶 DnaB 参与 DNA 复制。

解旋酶 DnaB 是 *dnaB* 基因的编码产物，具有同六聚体结构。解旋酶 DnaB 在复制叉的后随链模板上沿着 $5'→3'$ 方向移动解链，解链过程会在前方形成正超螺旋结构，由拓扑异构酶松解。

2. 拓扑异构酶（topoisomerase）　在 DNA 复制过程中，复制叉前方的亲代 DNA 会打结或缠绕，即形成正超螺旋结构。拓扑异构酶（简称拓扑酶）通过催化 $3',5'$-磷酸二酯键的断裂和形成松解超螺旋结构。

大肠杆菌拓扑异构酶有 I 型和 II 型两类：①I 型拓扑异构酶能在双链 DNA 的某一部位将其中一股切断，在消除超螺旋之后再连接起来，使 DNA 呈松弛状态，反应过程不消耗 ATP。I 型拓扑异构酶主要参与 RNA 的转录合成。②II 型拓扑异构酶能在双链 DNA 的某一部位将两股链同时切断，在引入负超螺旋或使环连体解离（249 页）之后再连接起来，反应过程消耗 ATP。II 型拓扑异构酶主要参与 DNA 的复制合成。

3. 单链 DNA 结合蛋白（SSB）　大肠杆菌 DNA 解链后，两股单链 DNA 会被 SSB 结合。SSB 是同四聚体（每个亚基含 177 个氨基酸），分子量为 75.6kDa，其功能是稳定解开的 DNA 单链（覆盖约 32nt），防止其重新形成双链结构，此外还抗核酸酶降解。

（三）引物酶

DNA 复制需要 RNA 引物，RNA 引物由**引物酶**（primase，又称**引发酶**）催化合成。大肠杆菌的引物酶是 DnaG。DnaG 单独存在时无活性。当解旋酶 DnaB 联合其他复制因子识别复制起点并启动解链时，引物酶 DnaG 与解旋酶 DnaB 结合，构成**引发体**（primosome），在模板的一定部位合成 RNA 引物，合成方向和 DNA 一样，也是 $5' \rightarrow 3'$。

（四）DNA 连接酶

冈崎片段或环状 DNA 合成之后都留下切口，需要一种酶催化切口处的 $5'$-磷酸基和 $3'$-羟基缩合，形成磷酸二酯键，这种酶就是 **DNA 连接酶**（DNA ligase）。

大肠杆菌的 DNA 连接酶不能连接游离的单链 DNA，只能连接双链 DNA 上的切口。连接反应消耗高能化合物，原核生物消耗的是 NAD^+，真核生物消耗的是 ATP。

除了 DNA 复制之外，DNA 连接酶还参与 DNA 重组、DNA 修复等。

二、复制过程

在大肠杆菌 DNA 的复制过程中，各种与复制有关的酶和蛋白因子结合在复制叉上，构成**复制体**（replisome）。复制过程可以分为起始、延长和终止三个阶段。不同阶段的复制体具有不同的组成和结构。

（一）复制起始

在复制的起始阶段，亲代 DNA 从复制起点解链、解旋，形成复制叉。

1. 复制起点　大肠杆菌环状染色体 DNA 的复制起点称为 *oriC*，长度为 245bp，包含两种**保守序列**（conserved sequence，是指在进化过程中，DNA、RNA 或蛋白质一级结构中一些保持不变或变化不大的序列）：①三段串联重复排列的 13bp 序列，富含 A—T，**共有序列**（consensus sequence，是指一组 DNA、RNA 或蛋白质的同源序列所含的共同的碱基序列或氨基酸序列）为 GATCTNTTNTTTT，是起始解链区。②四段反向重复排列的 9bp 序列，共有序列为 TTATCCACA（图 13-8），是 DnaA 蛋白识别区。

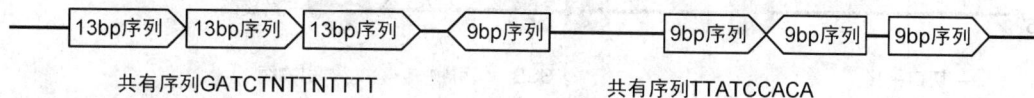

共有序列GATCTNTTNTTTT　　　　　　共有序列TTATCCACA

图 13-8　大肠杆菌 DNA 复制起点

2. 有关的酶和蛋白质　复制起始阶段需要多种酶和蛋白质，例如 DnaA 蛋白（识解复制起点序列）、解旋酶（DnaB 蛋白，DNA 解链，装配引发体）、DnaC 蛋白（协助解旋酶结合于复制起点）、HU 类组蛋白（DNA 结合蛋白，促进起始）、SSB（保护单链

DNA)、Ⅱ型拓扑异构酶（松解 DNA 超螺旋）、引物酶（DnaG 蛋白，装配引发体，合成引物）。它们从复制起点解开 DNA 双链，装配**前引发复合体**（prepriming complex）。

3. 起始过程 ①DnaA 蛋白与 ATP 形成复合物，约 20 个 DnaA·ATP 复合物结合于复制起点 *oriC* 的 9bp 序列上，由 DNA 缠绕形成复合体。②HU 类组蛋白与 DNA 结合，使 13bp 序列解链（消耗 ATP），成为开放复合体。③两个解旋酶 DnaB 六聚体在 DnaC 蛋白的协助下与开放区域结合，由 ATP 提供能量，沿着 DNA 链 5′→3′方向移动解链，形成两个复制叉（图 13 - 9）。

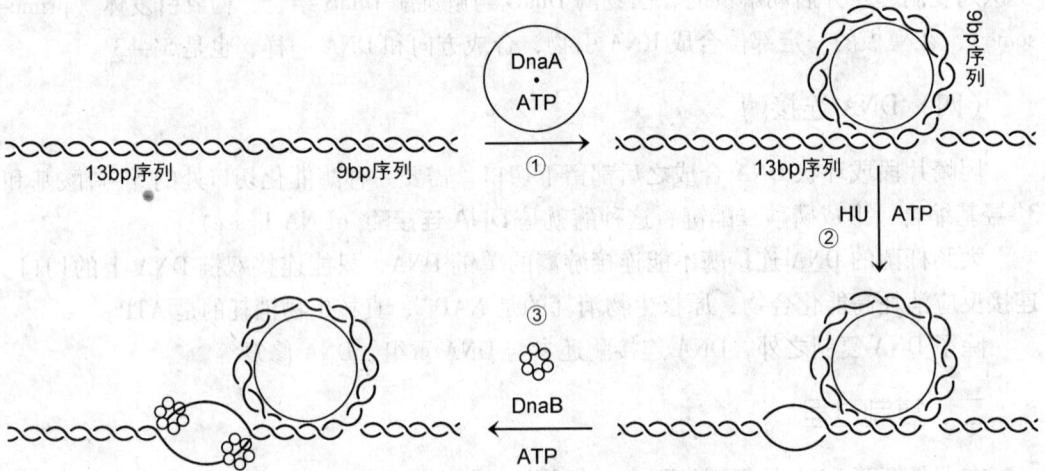

图 13 - 9　大肠杆菌 DNA 复制起始

随着解链进行，引物酶 DnaG 与解旋酶 DnaB、DnaC 等结合构成引发体，SSB 与单链 DNA 模板结合，Ⅱ型拓扑异构酶则负责松解 DNA 双链因解链而形成的超螺旋结构。

（二）复制延长

DNA 复制的延长阶段合成前导链和后随链。两股链的合成反应都由 DNA 聚合酶Ⅲ催化，但合成过程有显著区别（图 13 - 10）。

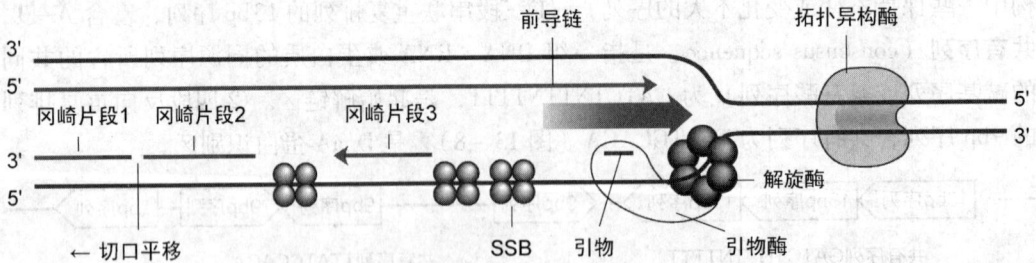

图 13 - 10　DNA 复制过程

1. 前导链的合成 在启动复制之后，前导链的合成通常是一个连续过程。先由引发体在复制起点处催化合成一段长度为 10 ~ 12nt 的 RNA 引物，随后 DNA 聚合酶Ⅲ即用 dNTP 在引物 3′端合成前导链。前导链的合成与其模板的解链保持同步。

2. 后随链的合成 后随链的合成是分段进行的。当亲代 DNA 解开一定长度时，先由引发体催化合成 RNA 引物，再由 DNA 聚合酶Ⅲ在引物 3′端催化合成冈崎片段。当冈崎片段合成遇到前方引物时，DNA 聚合酶Ⅰ替换 DNA 聚合酶Ⅲ，通过切口平移切除 RNA 引物，合成 DNA 填补。最后，DNA 连接酶催化连接 DNA 切口。如图 13 – 10 所示，DNA 聚合酶Ⅰ通过切口平移切除引物 1，同时延伸合成冈崎片段 2，待引物 1 切除并填补之后，由 DNA 连接酶催化连接。

3. 前导链与后随链的协调合成 DNA 双链是反向互补的，而前导链和后随链是被一个 DNA 聚合酶Ⅲ复合体催化同时合成的。为此，后随链的模板必须绕成一个回环，使后随链的合成方向与前导链一致，这样它们就可以在同一复制体上进行合成。DNA 聚合酶Ⅲ不断地与后随链的模板结合，合成冈崎片段，脱离，再结合、合成、脱离……（图 13 – 11）。

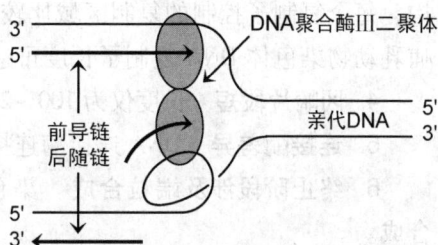

图 13 – 11　前导链与后随链的协调合成

4. DNA 复制过程中的保真机制 ①5′→3′聚合酶活性中心对底物的选择，使核苷酸的错配率仅为 $10^{-4} \sim 10^{-5}$。②3′→5′外切酶活性中心的校对，可以将错配率降至 $10^{-6} \sim 10^{-8}$。

（三）复制终止

大肠杆菌环状 DNA 的两个复制叉向前推进，最后到达**终止区**（terminus region），形成**环连体**（catenane），在细胞分裂前由Ⅱ型拓扑异构酶催化解离（图 13 – 12）。

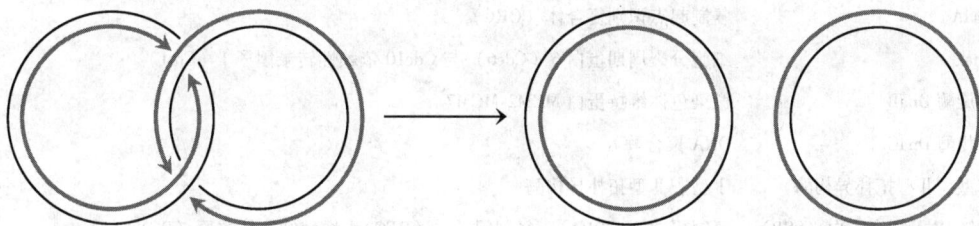

图 13 – 12　环连体解离

第三节　真核生物染色体 DNA 的复制

真核生物在细胞周期 S 期复制染色体 DNA，复制机制与大肠杆菌相似，但复制过程更为复杂。

一、染色体 DNA 复制特点

真核生物基因组比原核生物大。例如：人类基因组为 3000Mb，而大肠杆菌只有 4.6Mb。不过，真核生物染色体 DNA 的复制周期并不长，并具有以下特点：

1. **复制速度慢** 染色体 DNA 复制叉的推进速度约为 50nt/s，仅为大肠杆菌 DNA 复制叉推进速度的 1/20。

2. **发生染色质解离与重塑** 染色体 DNA 与组蛋白形成核小体结构，复制叉经过时需要解开；而当复制叉经过之后，还要在两条子代 DNA 双链上重塑核小体结构。相比之下，原核生物的 DNA 是裸露的，复制叉在推进过程中少有阻碍，所以复制速度较快。

3. **多起点复制** 染色体 DNA 有多个复制起点，同时启动复制，形成多复制子结构，每个复制子控制的复制区域比较小。例如：酵母染色体 DNA 复制子平均长度 40kb；哺乳动物染色体 DNA 复制子长度可达 100kb。

4. **冈崎片段短** 长度仅为 100~200nt，而大肠杆菌冈崎片段的长度为 1000~2000nt。

5. **连接酶差异** DNA 连接酶连接冈崎片段时由 ATP 供能。

6. **终止阶段涉及端粒合成** 染色体 DNA 为线性结构，其末端端粒通过特殊机制合成。

7. **受 DNA 复制检验点控制** 染色体 DNA 在一个细胞周期中只复制一次；而快速生长的大肠杆菌 DNA 在一轮复制完成之前即可启动下一轮复制。

二、DNA 聚合酶及其他因子

参与复制和修复的 DNA 聚合酶及其他因子比原核生物多而复杂（表 13-2）。

表 13-2 大肠杆菌与真核生物参与 DNA 复制的功能相关酶和蛋白质对比

大肠杆菌	真核生物
DNA 聚合酶Ⅲ	DNA 聚合酶 δ
DNA 聚合酶Ⅰ	DNA 聚合酶 ε
DnaA	复制起点识别复合体（ORC）
DnaC	细胞分裂周期蛋白 6（Cdc6）与 Cdc10 依赖性转录因子 1（Cdt1）
解旋酶 DnaB	微染色体维持蛋白 MCM2-MCM7
引物酶 DnaG	DNA 聚合酶 α
Ⅰ型、Ⅱ型拓扑异构酶	Ⅰ型、Ⅱ型拓扑异构酶
单链 DNA 结合蛋白（SSB）	复制蛋白 A（RPA）、复制因子 C（RFC）、增殖细胞核抗原（PCNA）

真核生物有 α、β、γ、δ、ε 等十几种 DNA 聚合酶，它们的基本性质和大肠杆菌 DNA 聚合酶一致。DNA 聚合酶 δ 催化复制染色体 DNA，DNA 聚合酶 α 催化合成引物。此外，DNA 聚合酶 β、ε 参与染色体 DNA 损伤修复，DNA 聚合酶 γ 催化复制线粒体 DNA。

三、端粒合成

1971 年，Olovnikov 注意到：既然真核生物的染色体 DNA 为线性结构，那么在复制时，两股新生链 5′端切除 RNA 引物之后留下短缺，无法由 DNA 聚合酶催化填补。如果任其存在，随着细胞的每一轮增殖，DNA 的每一轮复制，DNA 双链会越来越短（图 13-13）。

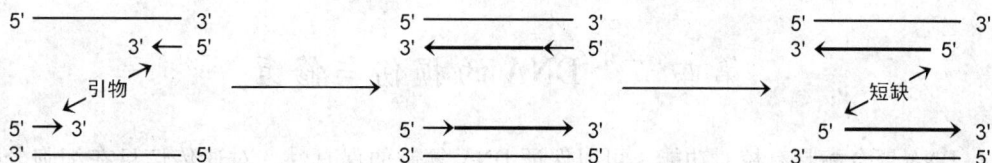

图 13 – 13　染色体 DNA 复制时末端短缺

　　1978 年，Blackburn 发现真核生物线性 DNA 末端存在端粒结构；1984 年，Blackburn 和 Greider 发现了端粒酶，从而阐明端粒具有特殊的复制机制。Blackburn、Greider 和 Szostak 因发现端粒和端粒酶并阐明其对染色体 DNA 的保护作用而获得 2009 年诺贝尔生理学或医学奖。

　　1. 端粒结构　染色体 DNA 末端的端粒（telomere）为短串联重复序列，其 5′端端粒的重复单位是 C_xA_y，3′端端粒的重复单位是 T_yG_x（x、y 的数目为 1～4）。例如：四膜虫 3′端端粒的重复单位是 TTGGGG，脊椎动物的是 TTAGGG。

　　2. 端粒功能　端粒的功能是保护染色体结构的独立性和稳定性，抵抗外切酶对 DNA 的降解，防止遗传信息丢失。研究表明：体细胞染色体的端粒会随细胞分裂而逐渐缩短。当缩短到一定程度时，细胞停止分裂。因此，端粒起细胞分裂计数器的作用，其长度能反映细胞分裂的次数。

　　3. 端粒酶　端粒是由端粒酶催化合成的。**端粒酶**（telomerase）的化学本质是核蛋白，含一段长约 150nt 的 RNA，该 RNA 含 C_xA_y 重复单位，可作为模板，指导合成 3′端端粒。因此，端粒酶本质上是一种以自身 RNA 为模板的逆转录酶。

　　4. 端粒复制　①端粒酶结合于端粒的 3′端，以端粒酶 RNA 为模板，催化合成端粒的一个重复单位。②端粒酶推进一个重复单位。③重复合成、推进（图 13 – 14）。达到一定长度之后，端粒酶脱离，端粒 3′端回折，引导合成新生链填补 5′端短缺。

　　端粒长度反映端粒酶活性。端粒酶分布广泛，在生殖细胞、干细胞和

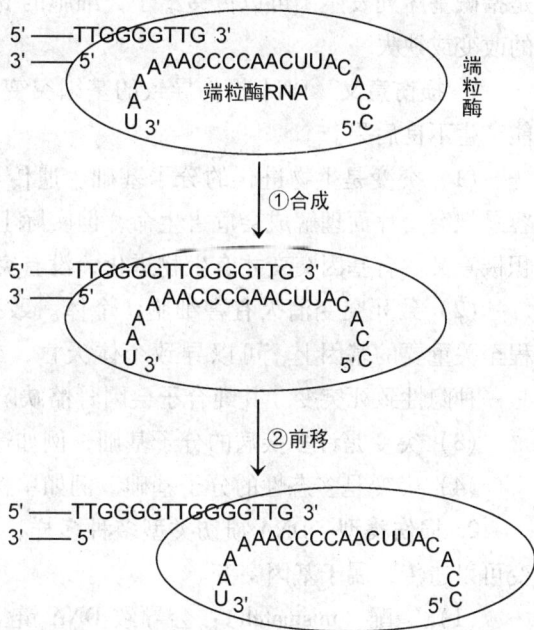

图 13 – 14　端粒合成

85%～90% 的肿瘤细胞（如 Hela 细胞）中活性较高。这些细胞的端粒一直保持着一定长度，而一般体细胞端粒酶活性很低。因此，端粒随着细胞分裂进行性地缩短，成为导致器官功能减退的原因之一。

第四节　DNA 的损伤与修复

DNA 聚合酶具有校对功能，可以保证 DNA 复制的保真性，对遗传信息在细胞分裂过程中的准确传递至关重要。不过，DNA 复制的保真性并不是万无一失的，虽然极少出错，但还是会发生。另外，即使在非复制期间，DNA 也会由各种因素造成损伤，损伤的可能是碱基、脱氧核糖、磷酸二酯键或一段序列。总之，DNA 的正常序列或结构会发生异常，甚至导致突变。这种突变所导致的表型改变，一方面是物种进化的基础，另一方面又是个体患病甚至死亡的物质基础。不过，在漫长的进化过程中，生物体已经建立了各种修复系统，可以修复 DNA 损伤，以保证生命的延续性和遗传的稳定性。

一、DNA 损伤

DNA 复制的保真性使生物体保持着遗传信息的稳定性。不过，稳定是相对的，变异是绝对的。变异即**基因突变**（mutation），其化学本质是 **DNA 损伤**（DNA damage），是指碱基序列发生了可以传递给子代细胞的变化，这种变化通常导致一个基因产物功能的改变或缺失。

1. **损伤意义**　DNA 损伤导致的基因突变，一方面有利于生物进化，另一方面又可能产生不良后果。

（1）突变是生物进化的分子基础。遗传与变异是对立而又统一的生命现象。一般容易把突变片面理解成会危害生命，但实际上突变在各种生物体内普遍存在，并且有其积极意义。有基因突变才有生物进化，没有突变就不会有生命世界的五彩缤纷。

（2）致死突变消灭有害细胞、个体。**致死突变**（lethal mutation）发生在对生命过程至关重要的基因上，可以导致个体夭亡，或消灭病原体。例如短指（brachydactyly）是一种隐性致死突变，其纯合子会因骨骼缺陷而夭亡。

（3）突变是许多疾病的分子基础，例如遗传病、肿瘤等。

（4）突变是多态性的分子基础，例如单核苷酸多态性。

2. **损伤类型**　DNA 损伤类型多种多样，其中有些损伤导致表型改变，而且这种改变可以遗传，属于基因突变。

（1）**错配**（mismatch）：会导致 DNA 链上的一个碱基对被另一个碱基对置换（图 13 - 15）。错配有两种类型：①**转换**（transition），是嘧啶碱基之间或嘌呤碱基之间的置换，这种方式最常见。②**颠换**（transversion），是嘌呤碱基与嘧啶碱基之间的置换。

（2）**插入和缺失**（indel）：是指 DNA 序列中发生一个核苷酸或一段核苷酸序列的插入或缺失。插入和缺失会导致**移码突变**（frameshift mutation），即突变位点下游的遗传密码全部发生改变（图 13 - 15）。不过，插入或缺失 $3n$ 个碱基对不会引起移码突变。

由错配及一个核苷酸的插入和缺失所导致的突变统称**点突变**（point mutation）。镰状细胞贫血是点突变致病的典型例子：患者血红蛋白 β 亚基基因的编码序列有一个点突变 A→T，使原来 6 号谷氨酸密码子 GAG 变成缬氨酸的密码子 GTG。

原序列：GGG AGT GTA CGT CAG ACC CCG <u>CCC</u> TAT AGC

　　　　Gly Ser Val Arg Gln Thr Pro Pro Tyr Ser

错　配：GGG AGT GTA CGT CAG ACC CCG <u>TCC</u> TAT AGC

　　　　Gly Ser Val Arg Gln Thr Pro <u>Ser</u> Tyr Ser

插　入：GGG AGT GTA CGT CAG ACC CCG <u>GCC</u> CTA TAG C

　　　　Gly Ser Val Arg Gln Thr Pro <u>Ala</u> <u>Leu</u> <u>终止</u>

缺　失：GGG AGT GTA CGT CAG ACC CCG <u>CCT</u> ATA GC

　　　　Gly Ser Val Arg Gln Thr Pro <u>Pro</u> Ile

图 13 - 15　错配、插入和缺失

（3）**重排**（rearrangement）：又称**基因重排**、**DNA 重排**、**染色体易位**（chromosomal translocation），是指基因组中 DNA 发生较大片段的交换，但没有遗传物质的丢失与获得。重排发生在基因组中，可以在 DNA 分子内部，也可以在 DNA 分子之间。例如：Lepore 血红蛋白病就是重排的结果（图 13 - 16）。

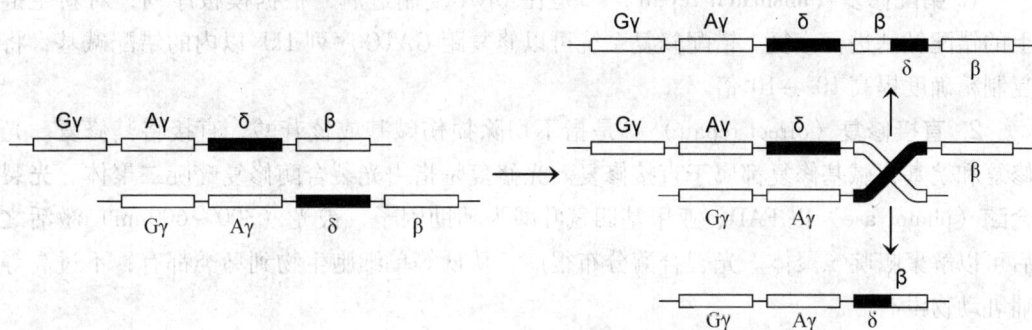

图 13 - 16　重排与 Lepore 血红蛋白病

（4）共价交联：例如同一股 DNA 链上相邻的胸腺嘧啶发生共价交联，会形成胸腺嘧啶二聚体。

3. 损伤因素　内部因素与外部因素都可以造成 DNA 损伤。内部因素如复制错误、自发性损伤会导致**自发突变**（spontaneous mutation），特点是突变率相对稳定，例如细菌的碱基对突变率 $10^{-9} \sim 10^{-10}$/代，基因（1000bp）突变率 $10^{-5} \sim 10^{-6}$/代，基因组突变率 3×10^{-3}/代。外部因素如物理因素、化学因素、生物因素会导致**诱发突变**（induced mutation）。

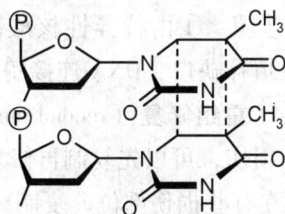

DNA胸腺嘧啶二聚体

（1）复制错误：主要导致点突变。DNA 复制虽然高度保真，但还是会出错的。DNA 聚合酶选择核苷酸的错率为 $10^{-4} \sim 10^{-5}$，经过 $3' \rightarrow 5'$ 外切酶活性校对至降 $10^{-6} \sim 10^{-8}$。

（2）自发性损伤：DNA 分子可以由于各种原因发生化学变化。碱基发生酮 - 烯醇互变异构是导致自发突变的主要原因，此外还有碱基修饰、碱基脱氨基甚至碱基丢失等。这些变化会影响碱基对氢键，从而影响碱基配对。如果这些变化发生在 DNA 复制过程中，就会造成错配。

（3）物理因素：紫外线和其他辐射可以引起突变。紫外线通常使 DNA 链上相邻的胸腺嘧啶形成二聚体，在局部扭曲 DNA 双螺旋结构，使复制及转录均受阻遏。其他辐射可以使 DNA 主链的磷酸二酯键或碱基对氢键发生断裂。

（4）化学因素：碱基类似物、碱基修饰剂、烷化剂、染料、芳香烃类化合物甚至变质食物中的黄曲霉毒素等许多化学诱变剂（mutagen）可以造成 DNA 损伤。

（5）生物因素：病毒（例如逆转录病毒、乙肝病毒）整合等可以改变基因结构，或者改变基因表达活性。

二、DNA 修复

一个细胞一般只有一套或两套基因组 DNA，并且 DNA 分子本身是不可替换的，所以一旦受到损伤必须及时修复，以保持遗传信息的稳定性和完整性。目前研究得比较清楚的 DNA 修复机制有错配修复、直接修复、切除修复、重组修复和 SOS 修复等。其中错配修复、直接修复和切除修复发生在 DNA 复制过程之外，是准确修复；而重组修复和 SOS 修复发生在 DNA 复制过程之中，不能将 DNA 损伤完全修复。

1. **错配修复**（mismatch repair）　是在 DNA 复制过后，根据模板序列，对新生链上的错配碱基进行修复。错配修复系统可以修复距 GATC 序列 1kb 以内的错配碱基，将复制精确度提高 $10^2 \sim 10^3$ 倍。

2. **直接修复**（direct repair）　是指不切除损伤碱基或核苷酸，直接将其修复。光修复和烷基化碱基修复都属于直接修复。**光修复**是指由光裂合酶修复嘧啶二聚体。**光裂合酶**（photolyase）以 FAD、亚甲基四氢叶酸为辅助因子，被光（300～600nm）激活之后可以解聚嘧啶二聚体。光裂合酶分布很广，从低等单细胞生物到鸟类都有，不过高等哺乳动物没有。

3. **切除修复**（excision repair）　是指将一股 DNA 的损伤片段切除，然后以其互补链为模板，合成 DNA 填补缺口，使 DNA 恢复正常结构。切除修复是细胞内最普遍的修复机制。原核生物和真核生物都有两套切除修复系统：**核苷酸切除修复系统**（图13 - 17）和**碱基切除修复系统**（图 13 - 18），以核苷酸切除修复系统为主。两套系统都包括两个步骤：①由特异性核酸酶寻找损伤部位，切除损伤片段。②由 DNA 聚合酶合成 DNA 填补缺口，DNA 连接酶连接。

4. **重组修复**（recombinational repair）　DNA 复制过程中有时会遇到尚未修复的 DNA 损伤，可以先复制再修复。此修复过程中有 DNA 重组发生，因此称为**重组修复**。

在有些损伤部位，复制酶系统无法根据碱基配对原则合成新生链，可以通过图13 - 19 所示的重组修复机制进行复制。复制完成之后，损伤部位并未修复，可以再通过切除修复机制进行修复。

5. **SOS 修复**　当 DNA 损伤严重至难以继续进行正常复制时，细胞会诱发一系列复杂的反应，称为 **SOS 应答**（SOS response），SOS 应答除了能诱导合成负责切除修复和重组修复的酶和蛋白质，提高这两种修复能力之外，还能诱导合成缺乏校对功能的 DNA 聚合酶进行修复，这种修复称为 **SOS 修复**。与切除修复和重组修复相比，负责 SOS 修复的 DNA 聚合酶对碱基的识别能力差，在损伤部位照样进行复制，从而避免死亡，但同时因保留较多的 DNA 损伤而造成突变积累。因此，不少诱发 SOS 修复的化学物质都是致癌物。SOS 修复系统的基因一般情况下都是沉默的，紧急情况下才被整体激

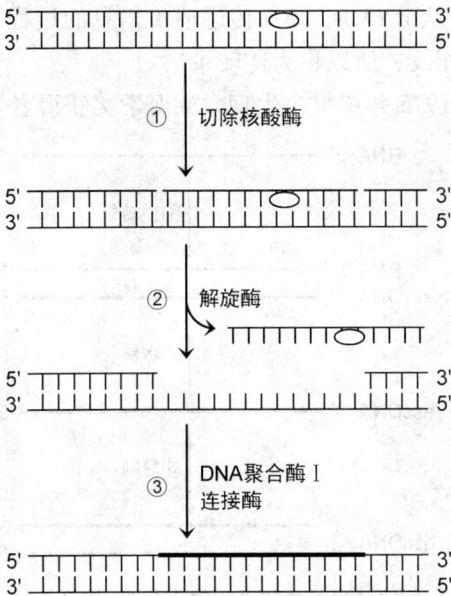

图 13 - 17　核苷酸切除修复

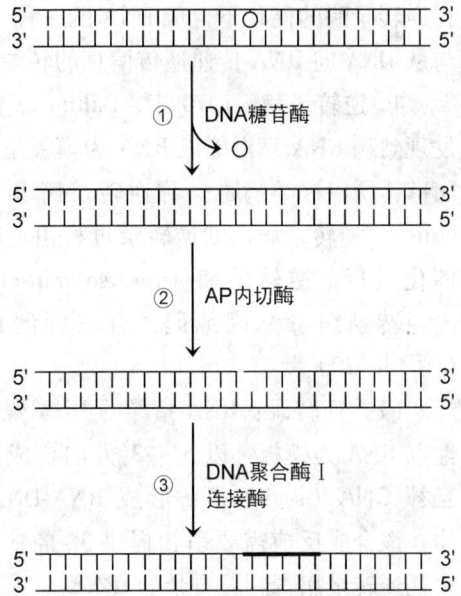

图 13 - 18　碱基切除修复

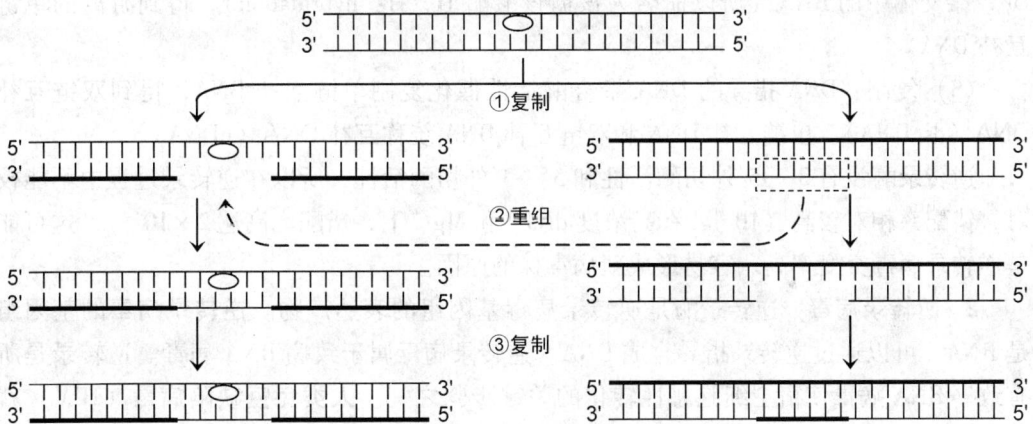

图 13 - 19　重组修复

活，因此属于应急修复系统。

　　DNA 损伤的后果取决于损伤程度和细胞的 DNA 修复能力。如果细胞不能修复 DNA，就会出现基因功能异常而发生疾病。一些遗传病和肿瘤等就与 DNA 损伤修复系统缺陷有关。例如：**着色性干皮病**（XP）是一种常染色体隐性遗传病，患者存在 DNA 修复缺陷（例如核苷酸切除修复系统缺陷），不能修复紫外线造成的表皮细胞 DNA 损伤，特别是嘧啶二聚体，导致高突变率，所以对日光尤其是紫外线特别敏感，易发生基底细胞上皮瘤及其他皮肤癌。

第五节　DNA 的逆转录合成

　　逆转录（reverse transcription，又称**反转录**）是以 RNA 为模板，以 dNTP 为原料，

在逆转录酶的催化下合成 DNA 的过程。这是一个从 RNA 向 DNA 传递遗传信息的过程，与从 DNA 向 RNA 传递遗传信息的转录过程正好相反，所以称为逆转录。

1. **逆转录酶**   1970 年，Baltimore 和 Temin（1975 年诺贝尔生理学或医学奖获得者）发现致癌 RNA 病毒能以 RNA 为模板指导合成 DNA，所以这类病毒又称逆转录病毒（retro-virus）。逆转录病毒的逆转录过程由逆转录酶催化进行。**逆转录酶**（reverse transcriptase）由逆转录病毒基因编码，有三种催化活性（图 13 – 20）。

（1）逆转录：RNA 指导的 DNA 聚合酶活性以 RNA 为模板，以 5′→3′ 方向合成其**单链互补 DNA**（sscDNA），形成 RNA-DNA 杂交体。该合成反应需要引物提供 3′-羟基，该引物是逆转录病毒颗粒自带的 tRNA。

（2）水解：核糖核酸酶 H 活性水解 RNA-DNA 杂交体中的 RNA（所以命名为核糖核酸酶 H，H：hybridation），得到游离的单链互补 DNA。

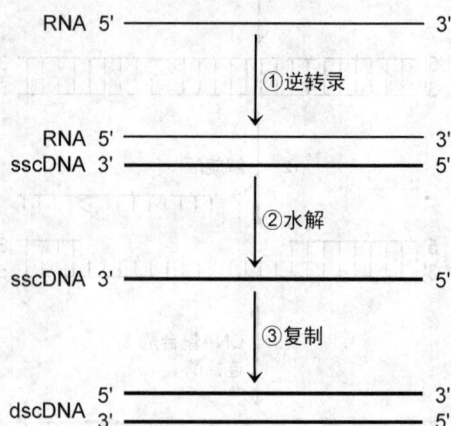

图 13 – 20   逆转录酶催化合成 cDNA

（3）复制：DNA 指导的 DNA 聚合酶活性催化复制单链互补 DNA，得到**双链互补 DNA**（dscDNA）。单链互补 DNA 和双链互补 DNA 统称**互补 DNA**（cDNA）。

逆转录酶没有 3′→5′ 外切酶活性和 5′→3′ 外切酶活性，所以在逆转录过程中不能校对，错配率相对较高（10^{-4}，在高浓度 dNTP 和 Mg^{2+} 下，错配率高达 2×10^{-3}），这可能是逆转录病毒突变率高、容易形成新病毒株的原因。

2. **逆转录病毒**   逆转录酶是逆转录病毒基因组的表达产物。**逆转录病毒**的基因组是 RNA，可以通过逆转录指导合成 DNA。逆转录病毒属于致癌 RNA 病毒。逆转录是所有致癌 RNA 病毒使宿主细胞恶性转化的关键步骤之一。**人类免疫缺陷病毒**（HIV）就是逆转录病毒，它是 AIDS 病的病原体。对逆转录的深入研究有利于探索逆转录病毒致癌、HIV 致 AIDS 病等的机制，从而开发治疗药物。

3. **逆转录的意义**   ①逆转录机制的阐明完善了中心法则。遗传物质不只是 DNA，也可以是 RNA。②研究逆转录病毒有助于阐明肿瘤的发生机制，探索肿瘤的防治策略。③逆转录酶是重组 DNA 技术常用的工具酶，可以用于构建 cDNA 文库等（第二十章，362 页）。

☯ 链 接

分子生物学与中医基础理论研究

中医基础理论研究是中医药现代化研究工作的基石。多年来，虽然从不同角度取得了一些进展，但就本质而言，依旧没有重大突破。在新的形势下，研究人员将分子生物学技术与中医基础理论相结合，从微观角度阐明中医基础理论如藏象和证候的实质，为进一步研究提供了理论基础。在证候理论的研究方面，研究人员还提出设想：通过对足够数量的同一疾病证候患者的基因表达进行分析，建立辨证要素的基因表达谱数据库，再相互组合，建立证型基因表达谱数据库，以此作为辨证的客观规范化标准，开展证候与相关易感基因的研究，探索证候的相关易感基因型及其表达，寻找证候易感性差异的遗传学基础，从基因多态性方面为证候学研究提供现代的基因组依据。

小　结

基因是遗传物质的功能单位，通过生殖细胞世代遗传。基因编码的功能产物包括蛋白质和 RNA。遗传信息的传递和基因信息的表达过程均遵循中心法则。

DNA 的复制合成都需要 DNA 模板、dNTP 原料、DNA 聚合酶、引物和 Mg^{2+}，合成方向是 $5'\rightarrow3'$。

DNA 复制的基本特征是半保留复制、从复制起点双向复制、半不连续复制。

原核生物的 DNA 复制时形成单复制子结构；真核生物的 DNA 复制时形成多复制子结构。

原核生物 DNA 的复制由 30 多种酶和蛋白质共同完成，主要有 DNA 聚合酶、解旋酶、拓扑异构酶、引物酶和 DNA 连接酶等。

大肠杆菌有五种 DNA 聚合酶：①DNA 聚合酶 Ⅰ 在复制过程中切除引物，填补缺口，另参与 DNA 修复。②DNA 聚合酶 Ⅱ 参与 DNA 修复。③DNA 聚合酶 Ⅲ 是催化 DNA 复制合成的主要酶。④DNA 聚合酶 Ⅳ 和 Ⅴ 参与 DNA 修复。

DNA 在复制时需要由解旋酶、拓扑异构酶和单链 DNA 结合蛋白等松解其超螺旋、双螺旋等结构，解开双链，暴露碱基，并维持在解链状态，才能作为模板，按照碱基配对原则指导合成子代 DNA。

DNA 复制需要 RNA 引物，大肠杆菌 RNA 引物由引物酶 DnaG 与解旋酶 DnaB 构成的引发体在模板的一定部位合成。

DNA 复制过程形成切口，由 DNA 连接酶催化连接。

大肠杆菌 DNA 的复制过程可以分为三个阶段：①复制起始，亲代 DNA 从复制起点解链、解旋，形成复制叉。②复制延长，前导链由 DNA 聚合酶 Ⅲ 催化连续合成，后随链先由引发体催化合成引物，再由 DNA 聚合酶 Ⅲ 催化合成冈崎片段，由 DNA 聚合酶 Ⅰ 催化通过切口平移切除引物，由 DNA 连接酶催化连接冈崎片段切口。③复制终止，两个子代 DNA 形成环连体，由 Ⅱ 型拓扑异构酶催化解离。

真核生物染色体 DNA 的复制特点是复制速度慢、发生染色质解离与重塑、多起点复制、冈崎片段短、连接酶差异、终止阶段涉及端粒合成、受 DNA 复制检验点控制。

真核生物有十几种 DNA 聚合酶：聚合酶 δ 催化复制染色体 DNA，聚合酶 α 催化合成引物，聚合酶 β、ε 参与染色体 DNA 损伤修复，聚合酶 γ 催化复制线粒 DNA。

真核生物端粒由端粒酶催化合成。端粒本质上是一种以自身 RNA 为模板的逆转录酶。

DNA 在复制时会出现错误，在非复制期间也会由各种因素造成损伤，包括错配、插入和缺失、重排、共价交联。它们都会导致突变。这种突变所导致的表型改变一方面有利于生物进化，另一方面又可能产生不良后果。

造成 DNA 损伤的因素包括复制错误、自发性损伤、物理因素、化学因素、生物因素。

DNA 一旦受到损伤必须及时修复，以保持遗传信息的稳定性和完整性。DNA 修复机制有错配修复、直接修复、切除修复、重组修复和 SOS 修复等。其中错配修复、直接修复和切除修复是准确修复；而重组修复和 SOS 修复不能将 DNA 损伤完全修复。

致癌 RNA 病毒又称逆转录病毒，含逆转录酶。该酶具有 RNA 指导的 DNA 聚合酶活性、核糖核酸酶 H 活性和 DNA 指导的 DNA 聚合酶活性，通过逆转录、水解、复制合成双链互补 DNA。

第十四章 RNA 的生物合成

与 DNA 合成一样，RNA 合成也需要模板。指导 RNA 合成的模板既可以是 DNA，又可以是 RNA。RNA 聚合酶以 DNA 为模板催化合成 RNA 的过程称为**转录**。转录发生于基因表达过程，是基因表达的首要环节，并且是绝大多数生物 RNA 的主要合成方式。

第一节 转录的基本特征

转录（transcription）是遗传信息由 DNA 向 RNA 传递的过程，即一股 DNA 的碱基序列按照碱基配对原则指导 RNA 聚合酶合成与之序列互补 RNA 的过程。中心法则的核心内容就是由 DNA 指导合成 mRNA，再由 mRNA 指导合成蛋白质。合成蛋白质的过程还需要 tRNA 和 rRNA 的参与，而 tRNA 和 rRNA 也是转录的产物。因此，转录是中心法则的关键，转录产物 RNA 在 DNA 和蛋白质之间建立联系。

无论是在原核生物还是在真核生物，RNA 的转录合成都需要 DNA 模板、NTP 原料、RNA 聚合酶和 Mg^{2+}。RNA 聚合酶催化核苷酸以 $3',5'$-磷酸二酯键相连合成 RNA，合成方向为 $5' \rightarrow 3'$。反应可以表示如下：

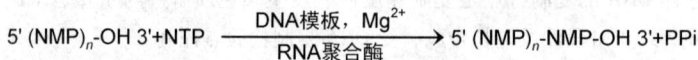

$$5' \ (NMP)_n\text{-OH} \ 3' + NTP \xrightarrow[\text{RNA聚合酶}]{\text{DNA模板, } Mg^{2+}} 5' \ (NMP)_n\text{-NMP-OH} \ 3' + PPi$$

转录的基本特征包括选择性转录、不对称转录和转录后加工。

1. **选择性转录** 是指细胞在不同的生长发育阶段，根据生存条件和代谢需要表达不同的基因，因而表达的只是基因组的一部分。相比之下，DNA 复制是全部染色体 DNA 的复制（图 14 - 1）。

2. **不对称转录** 是指 DNA 的每一个转录区都只有一股链可以被转录，称为**模板链**（template strand），因序列与转录产物互补，又称**负链**（negative strand）、**反义链**（antisense strand）；另一股链通常不被转录，称为**编码链**（coding strand），因序列与转录产物一致，又称**正链**（positive strand）、**有义链**（sense strand）。不同转录区的模板链分布在双链 DNA 分子的不同股上。因此，就整个双链 DNA 分子而言，其每一股链都可能含指导 RNA 合成的模板（图 14 - 1）。

为了便于学习，这里简单介绍 DNA 碱基序列的书写和编号规则：①因为 DNA 双链

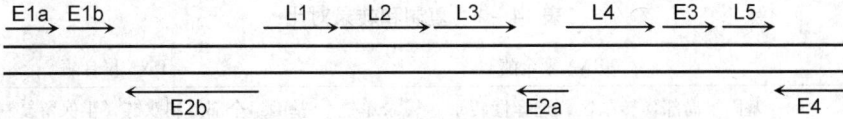

图 14-1 选择性转录和不对称转录

的序列是互补的，所以只要给出一股链的序列，另一股链的序列也就可以推出。因此，为了避免繁琐，书写 DNA 碱基序列时只写出一股链。②因为 DNA 编码链与转录产物 RNA 的碱基序列一致，只是 RNA 中以 U 取代了 DNA 中的 T，所以为了方便解读遗传信息，一般只写出编码链。③通常将编码链上位于**转录起始位点**的核苷酸编为 +1 号；转录进行的方向为**下游**，核苷酸依次编为 +2 号、+3 号等；相反方向为**上游**，核苷酸依次编为 -1 号、-2 号等（图 14-2）。

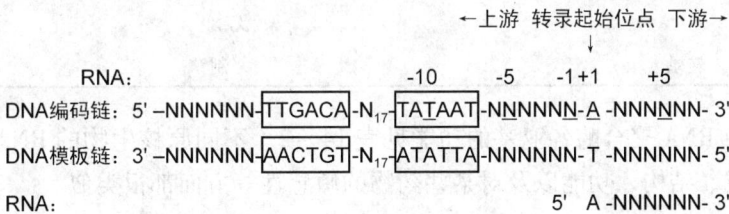

图 14-2　DNA 碱基序列编号

3. 转录后加工　RNA 聚合酶转录合成的 RNA 称为**初级转录产物**（primary transcript），大多数需要经过进一步加工才能成为成熟 RNA 分子。初级转录产物的加工过程称为**转录后加工**。

第二节　RNA 聚合酶

RNA 聚合酶催化 RNA 的转录合成，是参与转录的关键物质之一。原核生物和真核生物的 RNA 聚合酶有其共同特点，但在结构、组成和性质等方面不尽相同。

1. RNA 聚合酶的特点　原核生物和真核生物的 RNA 聚合酶有许多共同特点，其中以下特点与 DNA 聚合酶一致：①以 DNA 为模板。②催化核苷酸通过聚合反应合成核酸。③聚合反应是核苷酸形成 3′,5′-磷酸二酯键的反应。④以 3′→5′方向阅读模板，5′→3′方向合成核酸。⑤按照碱基配对原则忠实转录模板序列。此外，RNA 聚合酶有许多特点不同于 DNA 聚合酶（表 14-1）。

2. 原核生物 RNA 聚合酶　1955 年，Ochoa（1959 年诺贝尔生理学或医学奖获得者）第一个鉴定了大肠杆菌 RNA 聚合酶。**RNA 聚合酶全酶**（holoenzyme）是由五种亚基构成的六聚体（$\alpha_2\beta\beta'\omega\sigma$），其中 $\alpha_2\beta\beta'\omega$ 称为**核心酶**，每种原核生物都只有一种核心酶（约 2000 个），可以催化合成 mRNA、tRNA 和 rRNA。σ 亚基又称 σ **因子**，是原核生物的**转录起始因子**，其作用是在与核心酶结合成全酶后，协助核心酶识别并结合启动子元件。

表 14 –1　复制和转录对比

特点	RNA 聚合酶	DNA 聚合酶
DNA 模板	基因组局部（转录区，选择性转录）转录单链（模板链，不对称转录）	基因组全部复制双链（半保留复制）
原料	NTP	dNTP
起始	启动子	引物
引物	不需要	需要
碱基配对原则	A—U，T—A，G—C，C—G	A—T，T—A，G—C，C—G
错配率	$10^{-4} \sim 10^{-5}$	$10^{-6} \sim 10^{-8}$
终止	识别部分终止子	不识别终止区
产物	单链 RNA	双链 DNA
后加工	有	无
功能	转录	复制

大肠杆菌 RNA 聚合酶各亚基的功能见表 14 – 2。不同原核生物的 RNA 聚合酶在分子大小、组成、结构、功能以及对某些药物的敏感性等方面都很类似。

表 14 –2　大肠杆菌 RNA 聚合酶

亚基	功能	长度（氨基酸数）	分子量（kDa）
α	启动装配，识别并结合启动子元件	329	36.5
β	含活性中心，催化形成磷酸二酯键	1342	150.6
β′	结合 DNA 模板	1407	155.2
ω	促进 RNA 聚合酶装配	90	10.1
σ^{70}	协助核心酶识别并结合启动子元件	613	70.3

3. 真核生物 RNA 聚合酶　真核生物有三种不同的细胞核 RNA 聚合酶（表 14 – 3），分别由 12 ~ 16 个亚基构成，组成和结构比大肠杆菌 RNA 聚合酶更复杂，但活性一致。

表 14 –3　真核生物 RNA 聚合酶

RNA 聚合酶	缩写符号	定位	转录产物	对 α 鹅膏蕈碱的敏感性
RNA 聚合酶 I	Pol I	核仁	28S、5.8S、18S rRNA 前体	极不敏感
RNA 聚合酶 II	Pol II	核质	mRNA、snRNA 前体	非常敏感
RNA 聚合酶 III	Pol III	核质	5S rRNA、tRNA、snRNA 前体	中等敏感

第三节　大肠杆菌 RNA 的转录合成

大肠杆菌 RNA 的转录合成分为起始、延长、终止和后加工四个阶段。转录起始阶段需要 RNA 聚合酶全酶催化，其所含的 σ 因子协助核心酶识别并结合启动子元件，延长阶段需要核心酶催化，终止阶段有的需要 ρ 因子参与。

一、转录起始

转录起始是基因表达的关键阶段，转录起始的核心内容就是 RNA 聚合酶全酶识别启动子并与之结合，形成**转录起始复合体**，启动 RNA 合成。

1. 启动子（promoter） 是 RNA 聚合酶识别、结合和启动转录的一段 DNA 序列，具有方向性。启动子的结构影响其与 RNA 聚合酶的结合，从而影响其所控制基因的表达效率。大肠杆菌基因的启动子位于 $-70 \sim +30$ 区，长度为 $40 \sim 70$bp，其中有两段保守序列，具有高度的保守性和一致性，分别称为 Sextama 框和 Pribnow 框（图 14-3）。

	上游启动子元件	-35 区	间隔	-10 区	间隔	+1（转录起始位点）
共有序列	NNAAAA/TA/TTA/TTTTTNNAAAANNN N	TTGACA	N_{17}	TATAAT	N_6	A
rrnB P1	AGAAAATTATTTTAAATTTCCT N	GTGTCA	N_{16}	TATAAT	N_8	A
trp		TTGACA	N_{17}	TTAACT	N_7	A
lac		TTTACA	N_{17}	TATGTT	N_6	A
recA		TTGATA	N_{16}	TATAAT	N_7	A
araBAD		CTGACG	N_{18}	TACTGT	N_6	A

图 14-3 原核生物基因的启动子

（1）**Sextama 框**：共有序列 TTGACA，位于 -35 号核苷酸处，故又称 **-35 区**，是 RNA 聚合酶依靠 σ 因子识别并初始结合的位点，因而又称 **RNA 聚合酶识别位点**。

（2）**Pribnow 框**：共有序列 TATAAT，位于 -10 号核苷酸处，故又称 **-10 区**，是 RNA 聚合酶牢固结合的位点，因而又称 **RNA 聚合酶结合位点**。Pribnow 框富含 A—T 碱基对，容易解链，有利于 RNA 聚合酶结合并启动转录。

实际上，仅有少数基因启动子 -35 区和 -10 区的碱基序列与共有序列完全相同，多数启动子存在碱基差异，并且差异碱基的多少影响到转录的启动效率。差异碱基少的启动子启动效率高，属于**强启动子**；差异碱基多的启动子启动效率低，属于**弱启动子**。

另外，-35 区与 -10 区的距离也影响到转录的启动效率。研究表明：两区相隔 17nt 时启动效率最高。

2. 起始过程 大肠杆菌转录起始过程分四步（图 14-4）：

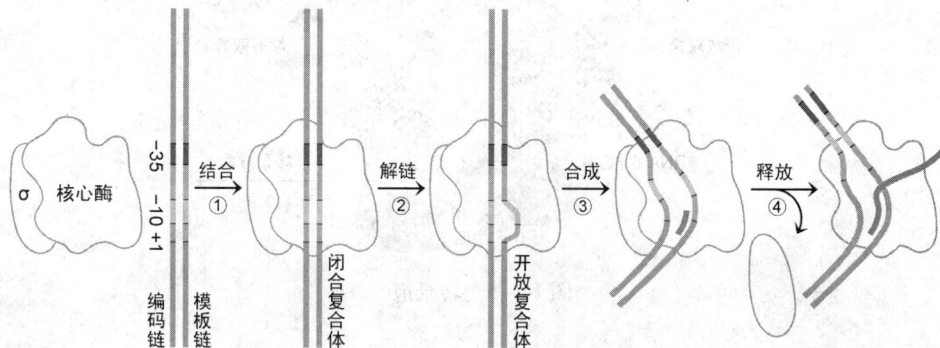

图 14-4 原核生物转录起始

（1）结合：RNA 聚合酶全酶通过其 σ 因子与启动子 -35 区结合，形成**闭合复合体**。

大肠杆菌 RNA 聚合酶核心酶与 DNA 的结合是非特异性的，在与 σ 因子结合成全酶时获得特异性，表现为与其他位点的亲和力降低到原来的 $1/10^4$，与启动子的亲和力则提高 100 倍，从而与启动子形成特异性结合。

（2）解链：RNA 聚合酶全酶向下游移动，从 -10 区将 DNA 解开约 17bp（包括转录起始位点），形成**开放复合体**。

（3）合成：RNA 聚合酶全酶根据模板链指令获取第一、二个 NTP，形成 3′,5′-磷酸二酯键，启动 RNA 合成。其中第一个核苷酸通常是 GTP 或 ATP：

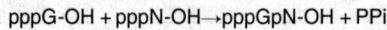

$$pppG\text{-}OH + pppN\text{-}OH \rightarrow pppGpN\text{-}OH + PPi$$

注意：GTP 或 ATP 在形成磷酸二酯键之后，仍然保留其 5′端的三磷酸基，直到转录后加工时才被修饰或切除。

（4）释放：RNA 聚合酶全酶催化合成 8～9nt 的 RNA 片段之后，σ 因子脱落，导致核心酶构象改变，与启动子的结合变得松弛，于是沿着 DNA 模板链向下游移动，把转录带入延长阶段。

二、转录延长

在这一阶段，核心酶沿着 DNA 模板链 3′→5′方向移动，使双链 DNA 保持约 17bp 解链；同时，NTP 按照碱基配对原则与模板链结合，由核心酶催化，通过 α-磷酸基与 RNA 的 3′-羟基形成磷酸酯键，使 RNA 链以 5′→3′方向延伸（50～90nt/s）。这时的转录复合体称为**转录泡**（transcription bubble）。在转录泡上，RNA 的 3′端始终与模板链结合，形成长约 8bp 的 RNA-DNA 杂交体，而 5′端则脱离模板链甩出，已经转录完毕的 DNA 模板链与编码链重新结合（图 14-5）。

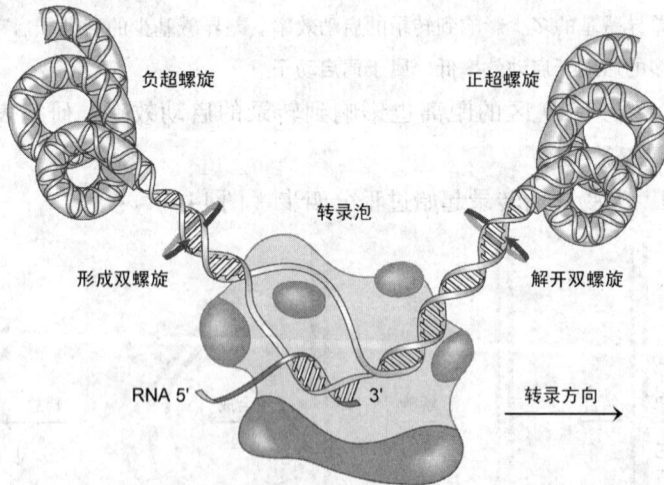

图 14-5　转录泡

三、转录终止

RNA 聚合酶核心酶读到转录终止信号时结束转录，RNA 释放，核心酶与模板链解离。转录终止信号又称**终止子**（terminator），是位于转录区下游的一段 DNA 序列，最后才被转录，所以编码 RNA 的 3′端。原核生物基因的终止子分为两类：一类不需要 ρ 因子协助就能终止转录，另一类则需要 ρ 因子协助才能终止转录。

1. 不依赖 ρ 因子的转录终止　这类基因终止子的转录产物有两个特征：①有一段连续的 U 序列，与模板链以 A—U 对结合。②U 序列之前存在富含 G/C 的反向重复序列，可以形成发夹结构。发夹结构一方面削弱 A—U 结合力，使 RNA 容易释放；另一方面改变 RNA 与核心酶的结合，使转录终止（图 14－6）。

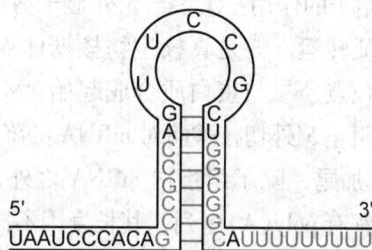

图 14－6　不依赖 ρ 因子终止子的转录产物

2. 依赖 ρ 因子的转录终止　这类基因终止子的转录产物没有连续的 U 序列，但终止子有一个富含 CA 的 rut 元件。它本身不能终止转录，需要 ρ 因子的协助。ρ 因子是一种同六聚体蛋白，具有依赖 RNA 的 ATP 酶和依赖 ATP 的解旋酶活性，可以与转录产物结合，使 RNA-DNA 杂交体解链，RNA 释放。

四、转录后加工

大肠杆菌 mRNA 基因的初级转录产物即为 mRNA，一般不需要进行后加工。rRNA 和 tRNA 前体需要进行后加工，加工方式与真核生物类似。

第四节　真核生物 RNA 的转录后加工

真核生物有完整的细胞核，转录和翻译存在时空隔离；真核生物基因多数是断裂基因，在转录之后需要把外显子剪接成连续的编码序列。因此，真核生物 RNA 的转录后加工尤为复杂和重要。

一、mRNA 前体

真核生物 mRNA 基因多数是**断裂基因**（split gene），即其编码序列是不连续的，被一些称为内含子的非编码序列分割成称为外显子的片段。断裂基因中的**内含子**（intron）是指初级转录产物在剪接时被切除的序列及对应的 DNA 序列，属于非编码序列。**外显子**（exon）是指初级转录产物在剪接时被保留的序列及对应的 DNA 序列，属于编码序列，在转录区及初级转录产物中与内含子交替连接。

真核生物 mRNA 基因的初级转录产物称为 **mRNA 前体**，经过加工成为**成熟 mRNA**，加工方式主要有加帽、加尾、剪接、编辑和修饰等。

1. 加帽 真核生物大多数 mRNA 的 5′端存在特殊结构，第一个核苷酸是 7-甲基鸟苷酸，通过 5′-羟基与第二个核苷酸的 5′-羟基以三磷酸连接，该结构称为真核生物 mRNA 的 **5′帽子**，表示为 m^7GpppN^mpN（图14 – 7）。真核生物 mRNA 的 5′帽子形成于转录的早期，由加帽酶等催化，当时 RNA 仅合成了 20 ~ 30nt。

5′帽子的作用：①参与 5′外显子剪接。②参与 mRNA 向细胞质转运。③是真核生物核糖体 40S 小亚基的识别和结合位点，参与蛋白质合成起始。④增加 mRNA 的稳定性，阻止 5′外切核酸酶对 mRNA 的降解。

2. 加尾 除了组蛋白 mRNA 之外，真核生物mRNA 的 3′端都有 poly(A)序列，其长度因不同 mRNA 而异，一般为 80 ~ 250nt，该序列称为 **poly(A)尾**，又称**多(A)尾**。

poly(A)尾的作用：①参与 mRNA 向细胞质转运。②参与蛋白质合成的起始和终止。③增加 mRNA 的稳定性，阻止 3′外切核酸酶对 mRNA 的降解。

加尾过程：真核生物 mRNA 基因的 3′端有一段保守序列，称为**加尾信号**（polyadenylation signal），其共有序列是 AATAAA。

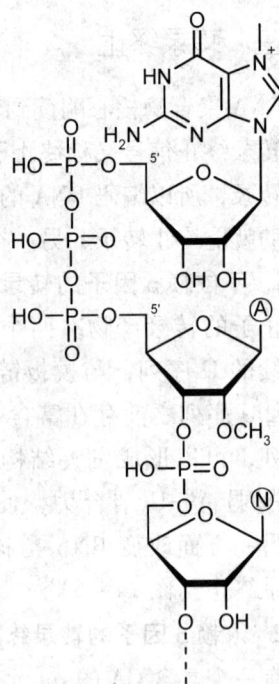

图 14 – 7　m^7GpppA^mpN 帽子

加尾信号下游 10 ~ 30bp 处是**加尾位点**（polyadenylation site），加尾位点下游 20 ~ 40bp 处还有一段富含 G/T 的序列：①RNA 聚合酶Ⅱ转录过加尾位点之后，一个由内切核酸酶、poly(A)聚合酶、加尾信号识别蛋白等构成的加尾多酶复合体与加尾信号结合。②内切核酸酶从加尾位点切断 RNA。③poly(A)聚合酶在 RNA 的 3′端合成 80 ~ 250nt 的 poly(A)尾（图 14 – 8）。

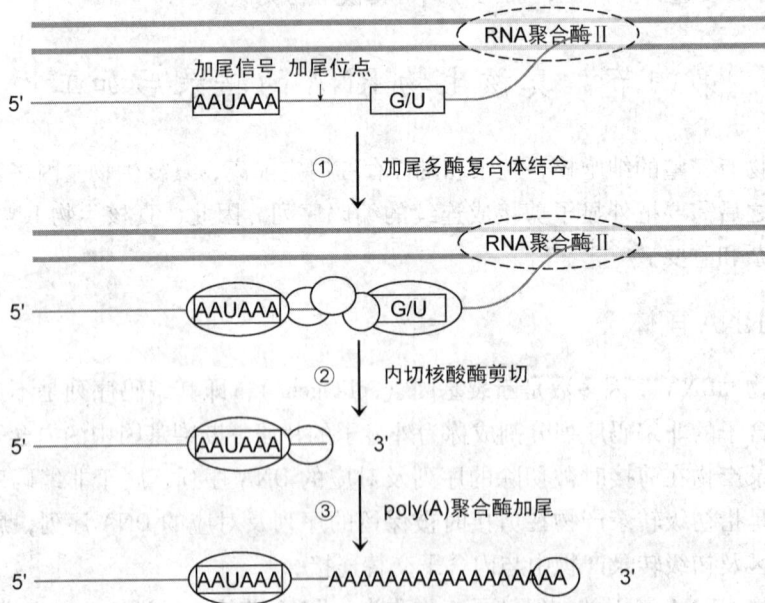

图 14 – 8　真核生物 mRNA 基因转录终止

3. 剪接　真核生物经过加工除去 mRNA 前体中的内含子，连接外显子，得到成熟 mRNA 分子，这一过程称为**剪接**（splicing）。

二、rRNA 前体

真核生物 rRNA 基因的转录单位由 18S、5.8S、28S rRNA 基因及外转录间隔区、内转录间隔区组成，在核仁区由 RNA 聚合酶 Ⅰ 催化转录，得到 45S 的 **rRNA 前体**，经过修饰与剪切，得到成熟 rRNA（图 14-9）。成熟 rRNA 与核糖体蛋白在核仁区装配成核糖体的 40S 小亚基和 60S 大亚基，然后转运到细胞质中，在 mRNA 上装配核糖体，合成蛋白质。

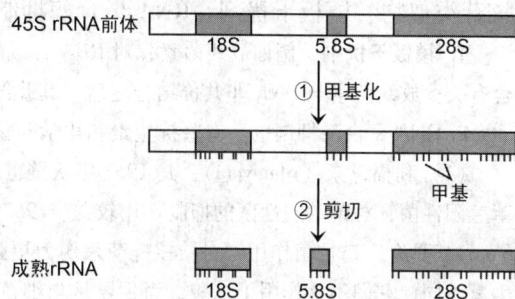

图 14-9　真核生物 rRNA 转录后加工

三、tRNA 前体

真核生物 tRNA 基因在核质区由 RNA 聚合酶Ⅲ催化转录，得到 **tRNA 前体**，其后加工包括剪切 5′和 3′端序列，加 3′端 CCA，修饰碱基等（图 14-10）。

图 14-10　真核生物 tRNA 转录后加工

1. 剪切　切除 tRNA 前体 5′端的前导序列（leader sequence）和 3′端的拖尾序列（trailer sequence）。

2. 加 3′端 CCA　真核生物 tRNA 前体都没有 3′端 CCA，要在加工时添加，反应由 tRNA 核苷酸转移酶（tRNA nucleotidyl transferase）催化，以 CTP 和 ATP 为底物。

3. 修饰碱基　tRNA 的稀有碱基都是在 tRNA 前体水平上由常规碱基通过酶促修饰形成的，修饰方式包括嘌呤碱基甲基化成甲基嘌呤、腺嘌呤脱氨基成次黄嘌呤、尿嘧啶还原成二氢尿嘧啶和尿苷变位成假尿苷等。

4. 剪接　真核生物某些 tRNA 前体由一个内含子与两个外显子构成，需要剪接。

第五节 RNA 生物合成的抑制剂

一些临床药物及科研试剂是干扰 RNA 合成的抗代谢物或抑制剂，包括碱基类似物、核苷类似物、模板干扰剂、RNA 聚合酶抑制剂等。

1. 模板干扰剂 例如放线菌素，对 RNA 合成的抑制作用和它与 DNA 的鸟嘌呤形成特殊的氢键结合有关。放线菌素与 DNA 非共价结合之后，其肽部分在 DNA 小沟内起阻遏蛋白作用，阻遏转录。

2. RNA 聚合酶抑制剂 有些抗生素和化学药物能够抑制 RNA 聚合酶活性，从而抑制 RNA 合成。

（1）利福霉素（rifamycin）：是 1957 年从链霉菌中分离到的一类抗生素，能强烈抑制结核杆菌和革兰阳性菌，对革兰阴性菌的抑制作用较弱。1962 年获得半合成的利福霉素 B 衍生物利福平（rifampicin），具有广谱抗菌作用，对结核杆菌杀伤力更强。利福霉素及其同类化合物的作用机制与一般抗生素不同，它们不是作用于核酸，而主要是与细菌 RNA 聚合酶的 β 亚基特异结合，抑制其活性，从而抑制细菌 RNA 合成。

（2）利迪链菌素（streptolydigin）：与细菌 RNA 聚合酶的 β 亚基结合，抑制转录延长。

（3）α 鹅膏蕈碱（α-amanitin）：是存在于毒鹅膏（*A. phalloides*）中的一种八肽。它抑制真核生物 RNA 聚合酶活性，对细菌 RNA 聚合酶的抑制作用极弱。

☯ 链 接

中药基因组学

中药基因组学的含义是把传统中药理论与现代科学理论、现代科技手段相结合，把中药的药性、功能及主治与其对特定疾病相关基因的表达和调控的影响相关联，用现代基因组学特别是功能基因组学和疾病基因组学的理论在分子水平上诠释传统中药理论及其作用机制。

中药基因组学的核心内容是研究中药对基因表达的影响，特别是对那些能代表中药适应证的疾病相关基因表达的影响，具体说是中药药性、功能及主治与其对基因表达影响的关系研究。针对上述核心内容首先要研究一些适合上述内容的可行性技术方法，如生物芯片、基因组学和蛋白组学等技术。在上述研究的基础上开展中药基因组学数据库的建立及数据处理方法研究，并对中药基因组学进行理论总结、归纳、分析和综合。

小 结

转录是基因表达的首要环节，是中心法则的关键，转录产物 RNA 在 DNA 和蛋白质之间建立联系。

无论是在原核生物还是在真核生物，RNA 的转录合成都需要 DNA 模板、NTP 原料、RNA 聚合酶和 Mg^{2+}。RNA 聚合酶催化核苷酸以 3′,5′-磷酸二酯键相连合成 RNA，合成方向为 5′→3′。转录的基本特征包括选择性转录、不对称转录和转录后加工。

大肠杆菌 RNA 聚合酶全酶由核心酶和 σ 因子构成：核心酶可以催化合成 mRNA、tRNA 和 rRNA，σ 因子是转录起始因子。真核生物有三种细胞核 RNA 聚合酶：RNA 聚合酶 I 存在于核仁内，催化合成 28S、5.8S、18S rRNA；RNA 聚合酶 II 存在于核质内，催化合成 mRNA、snRNA；RNA 聚合酶 III 存在于核质内，催化合成 5S rRNA、tRNA、snRNA。

大肠杆菌 RNA 的转录合成分为起始、延长、终止和后加工四个阶段。转录起始是基因表达的关键阶段，核心内容就是 RNA 聚合酶全酶识别启动子并与之结合，形成转录起始复合体，启动 RNA 合成。转录延长阶段核心酶与转录区形成称为转录泡的转录复合体，即核心酶沿着 DNA 模板链 3′→5′方向移动，以 5′→3′方向延伸合成 RNA。转录终止阶段核心酶读到转录终止信号，RNA 释放，核心酶与模板链解离，转录终止，有的转录终止需要 ρ 因子参与。rRNA 和 tRNA 还要进行转录后加工。

真核生物 RNA 的转录后加工尤为复杂和重要：①mRNA 前体由外显子与内含子交替连接形成，经过加帽、加尾、剪接、编辑和修饰等加工成为成熟 mRNA。②rRNA 前体由 18S、5.8S、28S rRNA 基因及外转录间隔区、内转录间隔区组成，经过修饰与剪切等加工成为成熟 rRNA。③tRNA 前体经过剪切5′和 3′端序列、加 3′端 CCA、修饰碱基和剪接等加工成为成熟 tRNA。

第十五章 蛋白质的生物合成

蛋白质合成在细胞代谢中占有十分重要的地位。储存遗传信息的 DNA 并不是指导蛋白质合成的直接模板，DNA 的遗传信息通过转录传递给 mRNA，mRNA 才是指导蛋白质合成的直接模板。mRNA 由 4 种核苷酸合成，而蛋白质由 20 种氨基酸合成。发生在核糖体上的蛋白质合成过程是核糖体协助 tRNA 从 mRNA 读取遗传信息、用氨基酸合成蛋白质的过程，是 mRNA 碱基序列决定蛋白质氨基酸序列的过程，或者说是把核酸语言翻译成蛋白质语言的过程。因此，蛋白质的生物合成过程又称**翻译**（translation）。

第一节 参与蛋白质合成的主要物质

蛋白质的合成过程非常复杂，除了消耗大量氨基酸和高能化合物 ATP、GTP 之外，还需要多种生物大分子的参与，包括 mRNA、tRNA、rRNA 和一组蛋白因子。

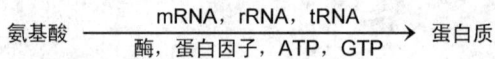

$$氨基酸 \xrightarrow[\text{酶，蛋白因子，ATP，GTP}]{\text{mRNA，rRNA，tRNA}} 蛋白质$$

这里先介绍 mRNA、tRNA 和含 rRNA 的核糖体，其他相关酶和蛋白因子将结合在蛋白质合成过程中介绍（表 15 – 1）。

表 15 – 1 参与蛋白质合成的主要物质

蛋白质合成阶段	参与蛋白质合成的物质
tRNA 负载	氨基酸，氨酰 tRNA 合成酶，tRNA，ATP，Mg^{2+}
翻译起始	核糖体大、小亚基，mRNA，起始氨酰 tRNA，翻译起始因子，GTP，Mg^{2+}
翻译延长	mRNA，核糖体，氨酰 tRNA，翻译延长因子，GTP，Mg^{2+}
翻译终止	mRNA，核糖体，释放因子，GTP
翻译后修饰	酶、辅助因子和其他成分（用于切除氨基端、裂解肽链、修饰氨基酸等）

一、mRNA 从 DNA 传递遗传信息

mRNA 传递从 DNA 转录的遗传信息，其一级结构中开放阅读框的密码子序列直接编码蛋白质多肽链的氨基酸序列。

1. mRNA 的一级结构 由编码区和非翻译区构成（图 15 – 1）：

①原核生物

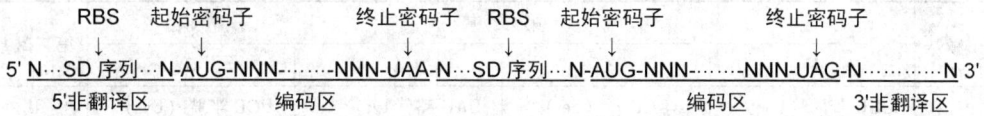

②真核生物

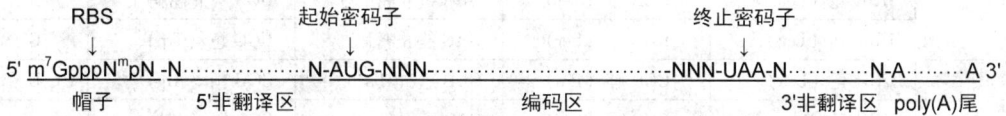

图 15 - 1 mRNA 一级结构

（1）5′非翻译区（5′-UTR）：是从 mRNA 的 5′端到起始密码子之前的一段序列，原核生物含**核糖体结合位点**（RBS），即核糖体赖以装配并启动翻译的一段序列。

（2）**编码区**（coding region）：又称开放阅读框、可读框（ORF），是从起始密码子到终止密码子的一段序列，是 mRNA 的主要序列。原核生物 mRNA 有多个编码区，相邻编码区被一个核糖体结合位点隔开，这种 mRNA 称为**多顺反子 mRNA**（polycistronic mRNA）。真核生物多数 mRNA 只有一个编码区，这种 mRNA 称为**单顺反子 mRNA**（monocistronic mRNA）。

（3）**3′非翻译区**（3′-UTR）：是从 mRNA 的终止密码子之后到 3′端的一段序列。

真核生物 mRNA 的 5′端还有帽子，大多数 mRNA 的 3′端还有 poly(A)尾。

2. **密码子**　mRNA 编码区从 5′端向 3′端每三个碱基一组（称为三联体），连续分组，每一个三联体编码一种氨基酸。该三联体称为**密码子**（codon）或**三联体密码**（triplet code）（表 15 - 2）。密码子不仅决定着蛋白质合成时将连接哪种氨基酸，还控制着蛋白质合成的起始和终止。

（1）**起始密码子**（initiation codon）：位于编码区 5′端的第一个密码子都是编码甲硫氨酸的，因而蛋白质的合成都是从（甲酰）甲硫氨酸开始的，该密码子称为**起始密码子**。绝大多数基因中编码甲硫氨酸的起始密码子都是 AUG（AUG 在编码区内部也编码甲硫氨酸），少数细菌基因的起始密码子是 GUG（GUG 在编码区内部编码缬氨酸），个别真核生物基因的起始密码子是 CUG（CUG 在编码区内部编码亮氨酸）。

（2）**终止密码子**（termination codon）：位于编码区 3′端的最后一个密码子不编码任何氨基酸，是终止信号，称为**终止密码子**，是 UAA、UAG 或 UGA。

3. **密码子特点**　密码子具有以下特点：

（1）**方向性**：核糖体阅读 mRNA 编码区的方向是 5′→3′，因此：①所有密码子都以 5′→3′方向阅读。②起始密码子总是位于 mRNA 的 5′端，终止密码子位于 3′端。

（2）**连续性**：①mRNA 编码区的密码子之间没有标点，即每个碱基都参与构成密码子。②密码子没有重叠，即每个碱基只参与构成一个密码子。因此，如果发生插入和缺失突变，并且插入和缺失的不是 $3n$ 个碱基，突变点下游就会发生移码突变，导致蛋白质的氨基酸组成和序列改变。

表 15 – 2　遗传密码表

第一碱基	第二碱基				第三碱基
	U	C	A	G	
U	UUU 苯丙（Phe）	UCU 丝（Ser）	UAU 酪（Tyr）	UGU 半胱（Cys）	U
	UUC 苯丙（Phe）	UCC 丝（Ser）	UAC 酪（Tyr）	UGC 半胱（Cys）	C
	UUA 亮（Leu）	UCA 丝（Ser）	UAA 终止密码子	UGA 终止密码子	A
	UUG 亮（Leu）	UCG 丝（Ser）	UAG 终止密码子	UGG 色（Trp）	G
C	CUU 亮（Leu）	CCU 脯（Pro）	CAU 组（His）	CGU 精（Arg）	U
	CUC 亮（Leu）	CCC 脯（Pro）	CAC 组（His）	CGC 精（Arg）	C
	CUA 亮（Leu）	CCA 脯（Pro）	CAA 谷胺（Gln）	CGA 精（Arg）	A
	CUG 亮（Leu）	CCG 脯（Pro）	CAG 谷胺（Gln）	CGG 精（Arg）	G
A	AUU 异亮（ILe）	ACU 苏（Thr）	AAU 天胺（Asn）	AGU 丝（Ser）	U
	AUC 异亮（ILe）	ACC 苏（Thr）	AAC 天胺（Asn）	AGC 丝（Ser）	C
	AUA 异亮（ILe）	ACA 苏（Thr）	AAA 赖（Lys）	AGA 精（Arg）	A
	AUG 甲硫（Met）	ACG 苏（Thr）	AAG 赖（Lys）	AGG 精（Arg）	G
G	GUU 缬（Val）	GCU 丙（Ala）	GAU 天（Asp）	GGU 甘（Gly）	U
	GUC 缬（Val）	GCC 丙（Ala）	GAC 天（Asp）	GGC 甘（Gly）	C
	GUA 缬（Val）	GCA 丙（Ala）	GAA 谷（Glu）	GGA 甘（Gly）	A
	GUG 缬（Val）	GCG 丙（Ala）	GAG 谷（Glu）	GGG 甘（Gly）	G

（3）简并性：密码子共有 64 个，其中 61 个编码标准氨基酸。每一个密码子编码一种标准氨基酸，但标准氨基酸只有 20 种，所以一种氨基酸可以由几个密码子编码。只有甲硫氨酸和色氨酸有单一密码子，其余 18 种氨基酸各有 2～6 个密码子。编码同一种氨基酸的不同密码子称为**同义密码子**（synonym codon）。同义密码子具有**简并性**（degeneracy），即不同密码子可以编码同一种氨基酸，并且只编码一种氨基酸。大多数同义密码子的第一、二碱基一样，区别在第三碱基。例如：UUU 和 UUC 是同义密码子，都编码苯丙氨酸，其第一、二碱基都是 UU，第三碱基分别是 U 和 C。

（4）通用性：地球上的生命都采用同一套遗传密码，说明它们由同一祖先进化而来。个别遗传密码有变异，如表 15 – 3 所示。这些变异有的是令常规的终止密码子编码氨基酸，有的是由编码一种氨基酸变异为编码另一种氨基酸。这些变异是在进化过程中发生的，因为遗传密码不会永恒不变，当然也不会经常变异。

表 15 – 3　遗传密码变异

密码子	通用意义	变异	存在
UGA	终止密码子	Trp	支原体，螺原体，许多生物的线粒体
UAA、UAG	终止密码子	Gln	伞藻，四膜虫，草履虫
AUA	Ile	Met	酵母，人线粒体
AGA、AGG	Arg	终止密码子	人线粒体
AGA、AGG	Arg	Ser	果蝇线粒体
CGG	Arg	Trp	植物线粒体

4. 阅读框（reading frame） 是 mRNA 分子上从一个起始密码子到其下游第一个终止密码子所界定的一段编码序列。理论上可以从一段 mRNA 序列中读出三套不同的密码子序列，即有三个阅读框。每个阅读框都从起始密码子开始，到终止密码子结束（图 15-2）。不过，其中只有一个阅读框真正编码蛋白质多肽链，称为**开放阅读框**（ORF）。一个开放阅读框就是 mRNA 的一个编码区。

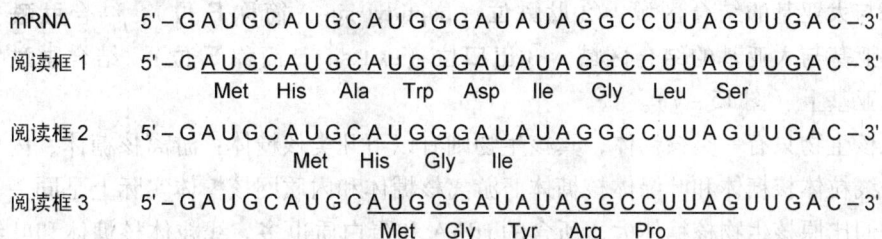

```
mRNA      5'-GAUGCAUGCAUGGGAUAUAGGCCUUAGUUGAC-3'

阅读框 1   5'-GAUGCAUGCAUGGGAUAUAGGCCUUAGUUGAC-3'
              Met  His  Ala  Trp  Asp  Ile  Gly  Leu  Ser

阅读框 2   5'-GAUGCAUGCAUGGGAUAUAGGCCUUAGUUGAC-3'
                  Met  His  Gly  Ile

阅读框 3   5'-GAUGCAUGCAUGGGAUAUAGGCCUUAGUUGAC-3'
                        Met  Gly  Tyr  Arg  Pro
```

图 15-2 阅读框

二、tRNA 既是氨基酸转运工具又是读码器

在蛋白质合成过程中，mRNA 开放阅读框的密码子序列决定着蛋白质的氨基酸序列，但是密码子与氨基酸并不能相互识别，而是由 tRNA 介导。

1. tRNA 是氨基酸转运工具 每一种氨基酸都有自己的 tRNA，它通过 3′端羟基结合、转运氨基酸并将其连接到肽链羧基端。

2. tRNA 是读码器 每一种 tRNA 都有一个**反密码子**（anticodon），它是 tRNA 反密码子环上的一个三碱基序列，可以识别 mRNA 编码区的密码子，并与之结合（图 15-3）。因此，mRNA 通过碱基配对选择正确的氨酰 tRNA，并允许将氨酰 tRNA 携带的氨基酸连接到肽链上。

3. tRNA 读码存在摆动性 tRNA 的反密码子与mRNA 的密码子是反向结合的，即反密码子的第一、二、三碱基分别与密码子的第三、二、一碱基结合。其中反密码子第一碱基与密码子第三碱基的结合并不严格遵循碱基配对原则，这种现象称为**摆动性**（表 15-4）。

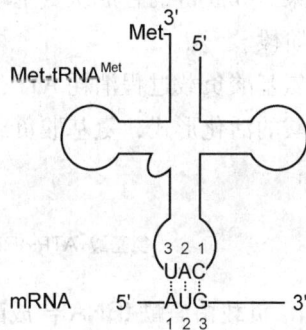

图 15-3 tRNA 读码

表 15-4 摆动配对

反密码子第一碱基	A	C	G	U	I
密码子第三碱基	U	G	C、U	A、G	A、C、U

三、核糖体是蛋白质的合成机器

20 世纪 50 年代，Zamecnik 等通过同位素实验证明蛋白质是在核糖体上合成的。在合成蛋白质时，核糖体与 tRNA、mRNA 装配成核糖体复合体，核糖体移动阅读 mRNA

的开放阅读框，通过肽酰转移酶活性中心和三个 tRNA 结合位点将氨基酸连接到肽链上。

1. 肽酰转移酶活性中心　位于原核生物 23S rRNA 和真核生物 28S rRNA 上，其所含的一个腺嘌呤在蛋白质合成过程中直接催化肽键形成。

2. tRNA 结合位点　①**氨酰位**（aminoacyl site，简称 A 位）：结合**氨酰 tRNA**，位于小亚基与大亚基的结合区域。②**肽酰位**（peptidyl site，简称 P 位）：结合**肽酰 tRNA**，位于小亚基与大亚基的结合区域。③**出口位**（exit site，简称 E 位）：结合**脱酰 tRNA**，位于大亚基上（图 15–7）。

原核生物只有一类核糖体，真核生物则有以下几类核糖体：游离核糖体、内质网核糖体、线粒体核糖体和叶绿体核糖体。游离核糖体和内质网核糖体实际上是同一类核糖体，它们比原核生物核糖体大，所含的 rRNA 和蛋白质也多。线粒体核糖体和叶绿体核糖体比原核生物核糖体小。

第二节　氨基酸负载

原核生物与真核生物的蛋白质合成过程在以下几方面基本一致：①合成蛋白质的直接原料是**氨酰 tRNA**，氨基酸与 tRNA 的结合由氨酰 tRNA 合成酶催化，这一过程被称为**负载**。②读码从 mRNA 编码区 5′端的起始密码子开始，沿 5′→3′方向进行，到终止密码子结束。③肽链的合成从氨基端开始，在羧基端延长，整个过程分为起始、延长和终止三个阶段。

氨基酸负载过程消耗 ATP，使氨酰基与 tRNA 以高能酯键连接，所以氨酰 tRNA 是氨基酸的活化形式，氨基酸负载又称**氨基酸活化**。每活化一分子氨基酸消耗两个高能磷酸键：

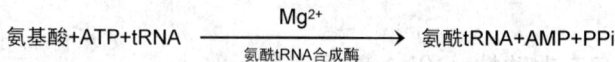

$$\text{氨基酸+ATP+tRNA} \xrightarrow[\text{氨酰tRNA合成酶}]{\text{Mg}^{2+}} \text{氨酰tRNA+AMP+PPi}$$

1. 负载由氨酰 tRNA 合成酶催化　tRNA 与氨基酸并不能相互识别，它们的正确结合依靠氨酰 tRNA 合成酶。**氨酰 tRNA 合成酶**有 20 种，每一种都催化一种特定的标准氨基酸与其 tRNA 的 3′-羟基结合。氨酰 tRNA 合成酶具有高度特异性，既能正确识别氨基酸，又能正确识别 tRNA。

2. 原核生物起始甲硫氨酰 tRNA 需要甲酰化　原核生物和真核生物都有两种负载甲硫氨酸的 tRNA，两种 tRNA 都由同一种甲硫氨酰 tRNA 合成酶催化负载，负载的甲硫氨酸分别用于蛋白质合成的起始和延长。原核生物的起始甲硫氨酰 tRNA 需要甲酰化，生成甲酰甲硫氨酰 tRNA，反应由转甲酰基酶（transformylase）催化：

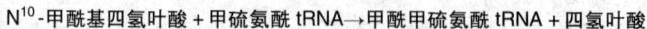

$$N^{10}\text{-甲酰基四氢叶酸} + \text{甲硫氨酰 tRNA} \rightarrow \text{甲酰甲硫氨酰 tRNA} + \text{四氢叶酸}$$

3. 氨酰 tRNA 通常用 AA-tRNA^{AA}表示　如甘氨酰 tRNA 写作 Gly-tRNA^{Gly}。原核生物和真核生物两种负载甲硫氨酸的 tRNA 有不同的表示方法（表 15–5）。

表 15 –5 甲硫氨酰 tRNA

	符号	功能
原核生物	fMet-tRNA$_f^{Met}$ 或 fMet-tRNA^{fMet}	翻译起始，与核糖体 30S 小亚基的 P 位结合
	Met-tRNA$_m^{Met}$	翻译延长，与 70S 核糖体的 A 位结合
真核生物	Met-tRNA$_i^{Met}$ 或 Met-tRNA$_i$	翻译起始，与核糖体 40S 小亚基的 P 位结合
	Met-tRNA^{Met}	翻译延长，与 80S 核糖体的 A 位结合

第三节　大肠杆菌蛋白质的合成

原核生物和真核生物的蛋白质合成过程在细节上有差异，参与合成的因子及所用术语也有差异，以下是大肠杆菌蛋白质合成过程。

一、翻译起始

翻译起始是核糖体在翻译起始因子的协助下与 mRNA、fMet-tRNA$_f^{Met}$装配成 70S **核糖体复合体**的过程。在复合体中，fMet-tRNA$_f^{Met}$ 的反密码子 CAU 与 mRNA 的起始密码子 AUG 正确配对。因此，翻译起始的核心内容就是核糖体从起始密码子启动蛋白质合成（图 15 –4）。

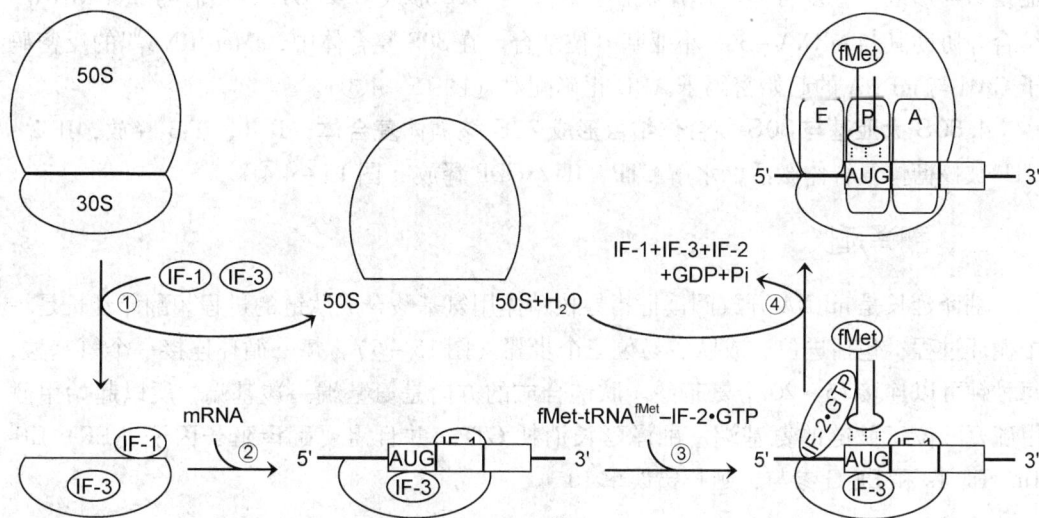

图 15 –4 大肠杆菌翻译起始

1. 核糖体解离　核糖体复合体的装配是从游离的 30S 小亚基开始的，因此 70S 核糖体必须解离。核糖体解离需要翻译起始因子参与。大肠杆菌有三种**翻译起始因子**（IF）：IF-1、IF-2 和 IF-3，其中 IF-1 和 IF-3 参与核糖体解离（图 15 –4①）。

IF-1 功能：①促进核糖体解离，并与 30S 小亚基 A 位结合，阻止 fMet-tRNA$_f^{Met}$ 提前结合。②协助 IF-2 的结合。③阻止 30S 小亚基与 50S 大亚基提前结合形成 70S 核糖体。

IF-3 功能：①与小亚基结合，阻止 30S 小亚基与 50S 大亚基提前结合形成 70S 核糖体。②协助 30S 小亚基与 mRNA 结合。③协助起始密码子与反密码子结合，从而使 fMet-tRNA$_f^{Met}$ 正确结合。

2. 30S 小亚基与 mRNA 结合 需要翻译起始因子 IF-3 的协助（图 15-4②）。

开放阅读框的 5′端和内部都存在 AUG。核糖体通过寻找核糖体结合位点识别作为起始密码子的 AUG。

大肠杆菌 mRNA 的**核糖体结合位点**位于 5′非翻译区内，包括起始密码子上游 8 ~ 13nt 处的一段富含嘌呤核苷酸的保守序列，其长度为 4 ~ 9nt，共有序列是 AGGAGGU，用发现者 Shine-Dalgarno 的名字命名为 **SD 序列**。大肠杆菌核糖体小亚基 16S rRNA 的 3′端有一段富含嘧啶的序列 3′-UCCUCCA-5′，可以与 mRNA 的 SD 序列互补结合（图 15-5）。

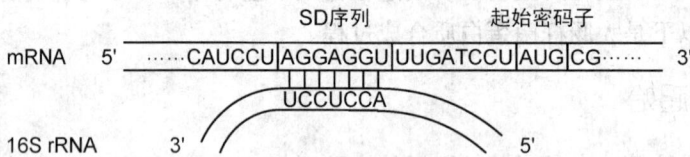

图 15-5　SD 序列

3. fMet-tRNA$_f^{Met}$ 与 mRNA-30S 小亚基结合形成 30S 复合体 需要翻译起始因子 IF-2 协助。IF-2 是一种 G 蛋白（第十二章，234 页），具有依赖核糖体的 GTP 酶活性，功能是参与形成 30S 复合体。作用机制：IF-2 与 GTP 形成 IF-2·GTP，然后与 fMet-tRNA$_f^{Met}$ 结合并协助其与 mRNA-30S 小亚基 P 位结合。在 30S 复合体中，fMet-tRNA$_f^{Met}$ 的反密码子 CAU 与 mRNA 的起始密码子 AUG 正确配对（图 15-4③）。

4. 50S 大亚基与 30S 复合体结合形成 70S 核糖体复合体 IF-1、IF-3 释放，IF-2·GTP 被核糖体复合体激活，水解 GTP，IF-2·GDP 释放（图 15-4④）。

二、翻译延长

翻译延长是 mRNA 开放阅读框指导核糖体用氨基酸合成肽链的过程。翻译延长是一个循环过程，包括进位、成肽、易位三个步骤（图 15-6）。每一循环连接一个氨基酸，每秒钟可以连接 15 ~ 20 个氨基酸。肽链合成的方向是氨基端→羧基端，所以起始甲酰甲硫氨酸位于肽链的氨基端。翻译延长消耗 GTP，并且需要**翻译延长因子**（EF）EF-Tu、EF-Ts 和 EF-G 参与，延长错误率 10^{-4}。

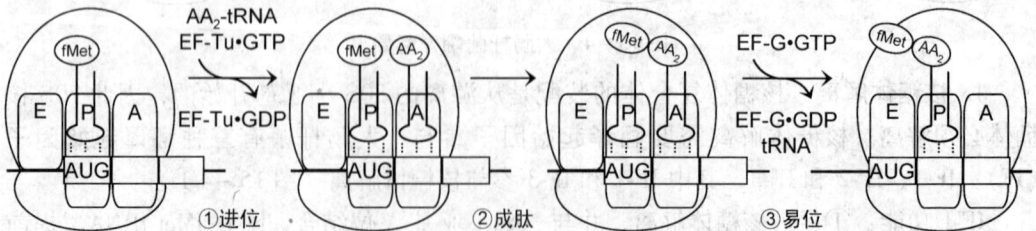

图 15-6　大肠杆菌翻译延长

1. 进位　即氨酰 tRNA 进入 A 位（图 15-6①）。在蛋白质合成起始阶段完成时，70S 核糖体复合体三个位点的状态不同：①E 位是空的。②P 位对应 mRNA 的起始密码子 AUG，结合了 fMet-tRNA$_f^{Met}$。③A 位对应 mRNA 的第二个密码子，是空的。何种氨酰 tRNA 进位由 A 位对应的密码子决定，并且需要翻译延长因子 EF-Tu（功能是协助氨酰 tRNA 进位）和 EF-Ts（功能是促使 EF-Tu 释放 GDP，结合 GTP）协助，通过进位循环完成。

进位循环：①EF-Tu·GTP 与氨酰 tRNA 结合，形成氨酰 tRNA–EF-Tu·GTP 三元复合体。②三元复合体进入 A 位，tRNA 反密码子与 mRNA 密码子结合，其他部位与大亚基结合。③如果进位正确，EF-Tu·GTP 水解所结合的 GTP，转化成 EF-Tu·GDP，脱离核糖体。④EF-Ts 使 GTP 取代 GDP 与 EF-Tu 结合，形成新的 EF-Tu·GTP 复合体，开始下一进位循环（图 15-7）。

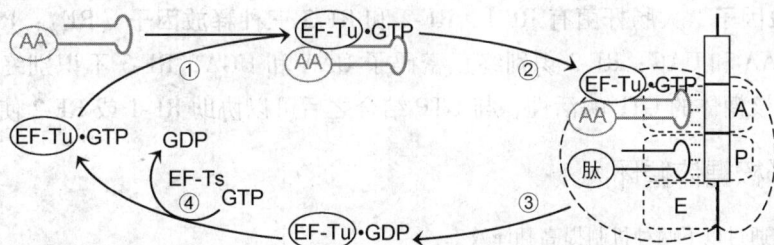

图 15-7　进位循环

2. 成肽　即 P 位 fMet-tRNA$_f^{Met}$ 甲酰甲硫氨酸（及以后的肽链）的 α-羧基与 A 位氨酰 tRNA 氨基酸的 α-氨基缩合，形成肽键。成肽反应由 23S rRNA 的肽酰转移酶活性中心催化，既不消耗高能磷酸化合物，也不需要其他因子（图 15-6②）。

3. 易位　肽键形成之后，A 位结合的是肽酰 tRNA，P 位结合的是脱酰 tRNA。接下来是易位，又称转位，即核糖体向 mRNA 的 3′ 端移动一个密码子，而脱酰 tRNA 及肽酰 tRNA 与 mRNA 之间没有相对移动。易位的结果：①脱酰 tRNA 从核糖体 P 位移到 E 位再脱离核糖体。②肽酰 tRNA 从核糖体 A 位移到 P 位。③A 位成为空位，并对应 mRNA 的下一个密码子。④核糖体恢复 A 位为空位时的构象，等待下一个氨酰 tRNA–EF-Tu·GTP 三元复合体进位，开始下一延长循环（图 15-6③）。

易位需要翻译延长因子 EF-G（又称易位酶）与一分子 GTP 形成的 EF-G·GTP。EF-G·GTP 水解其 GTP，转化成 EF-G·GDP，同时推动核糖体易位。

综上所述，蛋白质合成的延长阶段是一个包括三个步骤的循环过程，每一循环在肽链的羧基端连接一个氨基酸。结果，新生肽链不断延伸，并穿过核糖体大亚基的一个肽链通道甩出核糖体。

三、翻译终止

当核糖体通过易位读到终止密码子时，蛋白质合成进入终止阶段，由释放因子协助终止翻译。

1. 终止过程　终止阶段需要释放因子决定 mRNA–核糖体–肽酰 tRNA 的命运。①

一种释放因子进入核糖体 A 位并与终止密码子结合，另一种释放因子随之结合，共同改变核糖体肽酰转移酶的特异性，催化 P 位肽酰 tRNA 水解，释放肽链。②释放因子促使脱酰 tRNA 脱离核糖体，核糖体解离成亚基并与 mRNA 解离（图 15 - 8）。

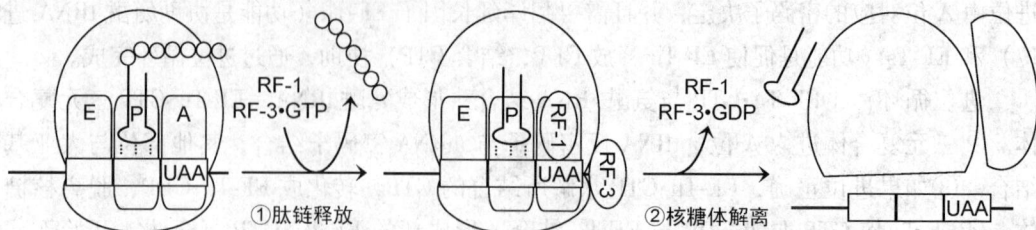

图 15 - 8　大肠杆菌翻译终止

2. 释放因子　大肠杆菌有 RF-1、RF-2 和 RF-3 三种**释放因子**（RF）：RF-1 识别终止密码子 UAA 和 UAG；RF-2 识别终止密码子 UAA 和 UGA；RF-3 不识别终止密码子，但具有依赖核糖体的 GTP 酶活性，与 GTP 结合之后可以协助 RF-1 或 RF-2 使翻译终止。

四、多核糖体循环

细胞可以通过以下两种机制提高翻译效率：

1. 在绝大多数情况下，会有一组核糖体结合在同一个 mRNA 分子上，相邻核糖体间隔 20nm，形成**多核糖体**（polysome）结构（图 16 - 1）。

2. 核糖体在一轮翻译完成之后解离成亚基，在 mRNA 的 5′端重新装配，启动新一轮蛋白质合成，形成**核糖体循环**。

蛋白质合成是一个高度耗能过程。每活化一分子氨基酸要消耗两个高能磷酸键（来自 ATP），肽链延长阶段在进位和易位时分别消耗一个高能磷酸键（来自 GTP）。因此，在多肽链上每连接一个氨基酸要消耗四个高能磷酸键。

第四节　蛋白质的翻译后修饰

翻译后修饰（post-translational modification）是指在核糖体上合成的新生肽链受到各种修饰，改变结构、性质、活性，结果主要是形成具有天然构象的蛋白质，但也包括被降解。实际上，所有蛋白质在合成之后一直经历着各种修饰，直到最终被降解。

翻译后修饰内容丰富，既有一级结构的修饰，例如肽链部分切除、氨基酸修饰，又有空间结构的修饰，例如肽链折叠、亚基装配；既有不可逆修饰，例如羟化，又有可逆修饰，例如磷酸化与去磷酸化。各项修饰进行的时机或场所不尽相同，在蛋白质多肽链的合成过程中、合成完成后、靶向转运或分泌过程中、到达功能场所后、参与细胞代谢时、最终被降解时，都可能进行。

一、肽链部分切除

许多新合成的蛋白质多肽链在形成天然构象时都要进行特异切割，即由蛋白酶水解特定肽键、切除信号肽、内部肽段、末端氨基酸，或者水解成一系列活性片段。这种水解是不可逆的。

1. 氨基端切除 ①原核生物蛋白质的合成都从甲酰甲硫氨酸开始，但多数成熟蛋白质的氨基端都不是甲酰甲硫氨酸或甲硫氨酸。因此，原核生物要将多肽链氨基端的甲酰基、甲酰甲硫氨酸或含甲酰甲硫氨酸的一个肽段切除，例如细菌分子伴侣 DnaK 在合成之后切除了氨基端的甲酰甲硫氨酸。②与原核生物类似，真核生物要把氨基端甲硫氨酸或含甲硫氨酸的一个肽段切除，例如人肌红蛋白在合成之后切除了氨基端的甲硫氨酸，人溶菌酶 C 在合成之后切除了氨基端的一个十八肽。③膜蛋白、分泌蛋白前体的氨基端有一段信号肽，信号肽完成使命之后也被切除。

2. 蛋白激活 参与食物消化的许多酶及血液循环中的凝血系统、纤溶系统的各种因子必须被激活才能发挥作用，其激活过程就是蛋白酶水解过程。蛋白酶水解还参与蛋白质及肽类信号分子的形成，例如胰岛素就是从大的前体肽加工形成的。

人胰岛素基因的表达产物经历前胰岛素原（Met1 ~ Asn110）、胰岛素原（Phe25 ~ Asn110）、胰岛素的翻译后修饰过程。前胰岛素原为 110 个氨基酸的肽链，在翻译后修饰过程中先后切除信号肽（Met1 ~ Ala24）、连接肽 1（Arg55 ~ Arg56）、C 肽（Glu57 ~ Gln87）、连接肽 2（Lys88 ~ Arg89），得到由 A 链（Gly90 ~ Asn110）和 B 链（Phe25 ~ Thr54）构成的活性胰岛素（图 15 – 9）。

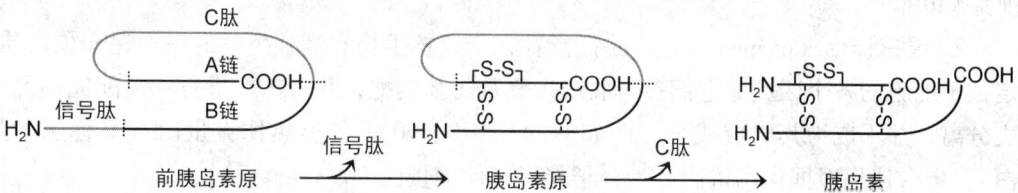

图 15 – 9 人胰岛素前体加工

二、氨基酸修饰

蛋白质是用 20 种标准氨基酸合成的，然而目前从各种蛋白质中还发现有上百种非标准氨基酸，它们是标准氨基酸翻译后修饰的产物，对蛋白质功能发挥至关重要。氨基酸修饰包括羟化、甲基化、羧化、磷酸化、乙酰化、酰基化、核苷酸化等。修饰的意义是改变蛋白质溶解度、稳定性、亚细胞定位、与其他蛋白质的作用等。

1. 羟化 例如胶原蛋白脯氨酸和赖氨酸羟化成羟脯氨酸和羟赖氨酸。

2. 甲基化 例如组蛋白氨基端甲基化可以抗蛋白酶水解，延长其寿命。组蛋白赖氨酸甲基化是基因表达调控的一个环节（第十六章，293 页）。

3. 羧化 例如凝血酶原谷氨酸 γ-羧化。

4. 磷酸化 主要发生在特定丝氨酸、苏氨酸或酪氨酸的 R 基羟基上，并产生以下效应：①酶的化学修饰调节，例如糖原磷酸化酶 b 磷酸化激活，糖原合酶磷酸化抑制。②磷酸基成为蛋白质的识别标志和停泊位点。③磷的储存形式，例如牛奶酪蛋白磷酸化。

5. 乙酰化 主要发生在肽链氨基端的氨基上或肽链内部氨基酸的侧链上。乙酰化是蛋白质氨基端最常见的化学修饰，真核生物约 50% 蛋白质的氨基端都发生乙酰化。

蛋白质的乙酰化产生以下效应：①蛋白质乙酰化可能延长其寿命，因为非乙酰化蛋白容易被外肽酶降解。②组蛋白乙酰化是基因表达调控机制之一（第十六章，293页）。

三、肽链折叠和亚基装配

肽链折叠（folding）是具有不确定构象的新生肽链折叠形成具有天然构象的功能蛋白的过程。蛋白质的一级结构是其构象的基础。新生肽链能够自发折叠，形成稳定的天然构象。不过，大多数新生肽链在体内的折叠是在各种辅助蛋白的协助下进行的。已经阐明的辅助蛋白有折叠酶类和蛋白伴侣等。

1. 折叠酶类　共价键异构是某些肽链折叠的限速步骤，需要由折叠酶类催化，目前研究较多的是蛋白质二硫键异构酶和肽基脯氨酰异构酶。

（1）二硫键是蛋白质（特别是分泌蛋白和细胞膜蛋白）三级结构的稳定因素，由蛋白质二硫键异构酶催化形成。**蛋白质二硫键异构酶**活性中心含二硫键，催化的是巯基与二硫键的可逆转化，因而有两个功能：①二硫键形成，即催化底物蛋白半胱氨酸巯基形成二硫键。②二硫键纠错，即打开错误的二硫键，形成正确的二硫键。

（2）蛋白质中脯氨酸的亚氨基形成的肽键存在顺反异构，以反式构型为主，顺式构型仅占6%。顺反异构影响到蛋白质正确构象的形成。异构过程由**肽基脯氨酰异构酶**（PPI）催化，可以将异构速度提高 10^4 倍。

2. 蛋白伴侣（chaperone）　是广泛存在于原核生物和真核生物的一类保守蛋白质，定位于细胞的各个区域。它们参与肽链折叠及亚基装配，并且一旦折叠和装配完毕便与之分离，并不成为其组成成分，例如 Hsp60、70、90 等各类热休克蛋白（又称热激蛋白）。蛋白伴侣根据作用机制分为分子伴侣和伴侣蛋白等。

（1）分子伴侣（molecular chaperone）：功能是结合和稳定富含疏水氨基酸的未折叠肽段，阻止其提前折叠、错误折叠、形成错误寡聚体或被降解，从而：①防止新生肽链提前折叠、热变性蛋白错误折叠或聚集。②协助线粒体蛋白转运。③协助多亚基蛋白装配。

（2）伴侣蛋白（chaperonin）：功能是创造微环境，促进新生肽链的正确折叠和亚基的正确装配。

3. 亚基装配　在粗面内质网上合成的许多分泌蛋白和膜蛋白都是多亚基蛋白，其亚基装配在内质网中进行。缀合蛋白质装配还涉及辅基结合，例如珠蛋白与血红素构成血红蛋白亚基。

第五节　真核生物蛋白质的靶向转运

真核生物蛋白质的**靶向转运**（targeting）又称**分选**（sorting），是指新合成的蛋白质从合成场所转运到功能场所的过程。

真核细胞内合成的蛋白质可以分为三类，其中两类需要靶向转运：①游离核糖体合成的细胞质蛋白和线粒体、叶绿体核糖体合成的蛋白质，不需靶向转运。②游离核糖体合成的细胞核蛋白、线粒体蛋白及内质网核糖体合成的溶酶体蛋白、膜蛋白，需要细胞内靶向转运。③内质网核糖体合成的**分泌蛋白**（secretory protein），需要靶向转运至细胞外（图15-10）。分泌蛋白转运进入内质网腔的过程具有代表性，这里简要介绍。

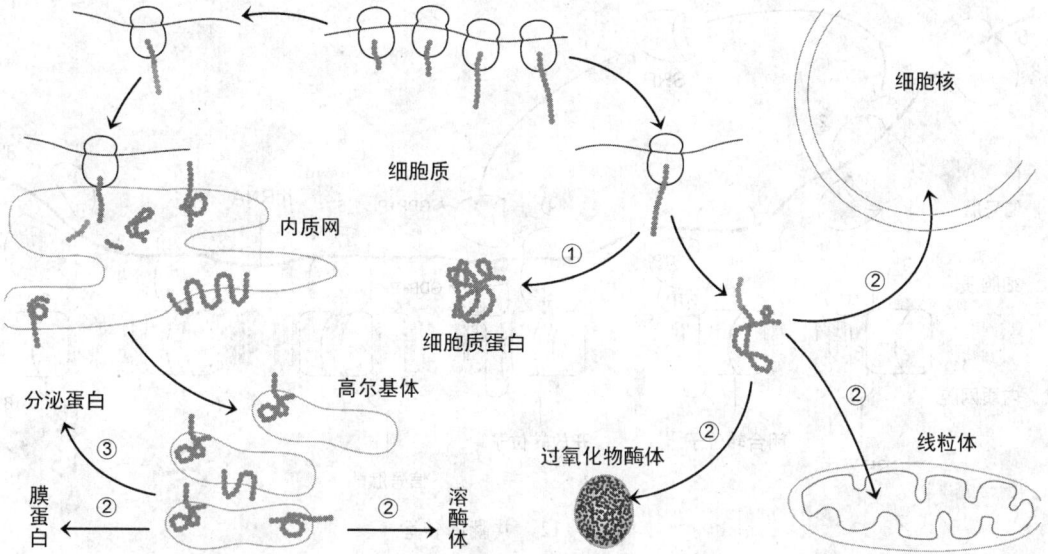

图 15 - 10　真核细胞蛋白质靶向转运一览

1. 信号肽　分泌蛋白都含**信号肽**（signal peptide，又称**信号序列**）。信号肽长 13 ~ 36 个氨基酸，位于新生肽链氨基端，具有以下特征：①氨基端有 1 ~ 2 个带正电荷的氨基酸。②中间有 10 ~ 15 个疏水氨基酸。③羧基端为蛋白酶剪切点，含极性氨基酸，靠近剪切点处为小分子氨基酸。信号肽的功能是引导新生肽链进入内质网，之后就被切除，所以成熟的分泌蛋白没有信号肽（图 15 - 11）。

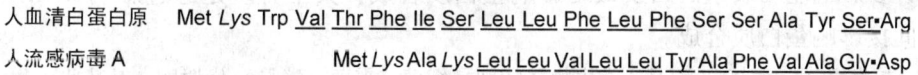

人血清白蛋白原　　Met *Lys* Trp *Val* Thr Phe Ile Ser Leu Leu Phe Leu Phe Ser Ser Ala Tyr Ser·Arg

人流感病毒 A　　　　　　　　Met *Lys* Ala *Lys* Leu Leu Val Leu Leu Tyr Ala Phe Val Ala Gly·Asp

图 15 - 11　人体分泌蛋白信号肽

2. 信号识别颗粒和信号识别颗粒受体　分泌蛋白的合成是在游离核糖体上开始的，之后由信号肽引导核糖体锚定于内质网膜上并继续合成，且新生肽链直接进入内质网腔，即合成与转运同时进行，该过程称为**共翻译转运**（cotranslational translocation）。核糖体锚定于内质网膜的过程需要两种关键成分：**信号识别颗粒**（SRP）和**信号识别颗粒受体**。SRP 可以同时与信号肽、核糖体 60S 大亚基、SRP 受体形成瞬间结合。SRP 的结合抑制肽链合成，因为肽链过长不利于转运。只有 mRNA - 核糖体 - 新生肽链 - SRP 与内质网膜上的 SRP 受体结合之后，SRP 与新生肽链分离，肽链合成才继续进行。

3. 分泌蛋白的共翻译转运过程　①核糖体合成信号肽。②SRP 与信号肽结合。③SRP 与 GTP 结合并中止肽链合成，此时肽链长约 70 个氨基酸；mRNA - 核糖体 - 肽链 - SRP·GTP 向内质网移动，与内质网膜 SRP 受体结合。④核糖体与贯穿内质网膜的**转位子**（translocon，又称**移位子**、**易位子**、**易位蛋白质**）结合，转位子通道开放，信号肽引导肽链穿过，同时 SRP 及其受体水解各自的 GTP 并解离。⑤肽链继续合成，并穿过转位子进入内质网腔，信号肽被内质网腔内的**信号肽酶**切除。⑥肽链继续合成。⑦肽链合成完毕，转位子通道闭合，核糖体解离。⑧肽链在内质网腔内修饰（图 15 - 12）。

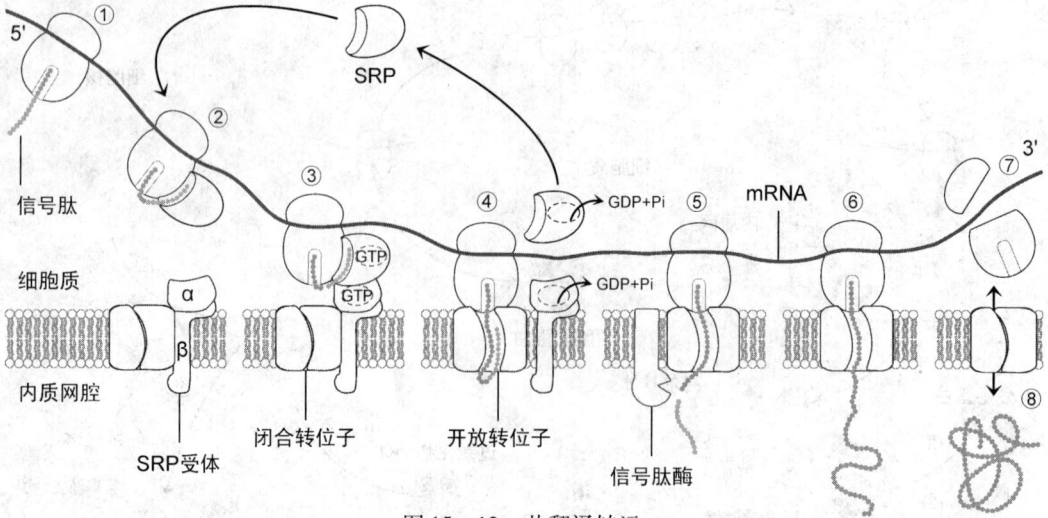

图 15 – 12　共翻译转运

分泌蛋白在内质网腔内修饰后，以**转运小泡**（transition vesicle）形式向高尔基体转运，在高尔基体内进一步修饰，再以分泌泡的形式转运至细胞膜，通过胞吐作用分泌到细胞外。

第六节　蛋白质生物合成的抑制剂

许多影响基因表达的因素最终影响蛋白质合成，其中有些是通过影响 DNA 复制和转录间接影响蛋白质合成。

1. 抗生素（antibiotic）　是一类生物（特别是细菌、霉菌、酵母）代谢产物，对某些生物（特别是病原生物）有极高的毒性，既可以从生物材料提取，又可以利用化工工艺制备。有临床价值的抗生素的共同特点是直接抑制病原体蛋白质合成且对人体副作用较小。

（1）氨基糖苷类：主要抑制革兰阴性菌的蛋白质合成：①链霉素：与原核生物核糖体小亚基蛋白 S12 结合，阻止 fMet-tRNA$_f^{Met}$ 与小亚基结合，抑制翻译起始。②卡那霉素：与原核生物核糖体小亚基结合，导致阅读框移位或抑制翻译。③庆大霉素：与原核生物核糖体小亚基结合，抑制蛋白质合成。④阿米卡星：与原核生物核糖体小亚基结合导致阅读框移位，抑制蛋白质合成。

（2）四环素和土霉素：与原核生物 16S rRNA 结合而使小亚基变构，在延长阶段抑制氨酰 tRNA 进位。

（3）氯霉素：属于广谱抗生素，与原核生物核糖体大亚基结合，抑制肽酰转移酶活性，在延长阶段抑制细菌的蛋白质合成。氯霉素对真核生物线粒体的蛋白质合成也有抑制作用，有骨髓抑制的副作用，导致再生障碍性贫血。

（4）林可酰胺类：作用于敏感菌核糖体 23S rRNA，抑制其肽酰转移酶活性，使肽酰 tRNA 提前释放，从而在翻译延长阶段抑制细菌的蛋白质合成，例如林可霉素和克林霉素。

（5）放线菌酮：作用于真核生物核糖体大亚基，抑制其肽酰转移酶活性。

（6）大环内酯类：抑制葡萄球菌、链球菌等革兰阳性菌的蛋白质合成，机制是作用于其核糖体大亚基，抑制核糖体易位，是治疗葡萄球菌肺炎最有效的药物，例如红霉素、阿奇霉素和克拉霉素。

（7）氨基核苷类：例如嘌呤霉素，其结构与氨酰 tRNA 相似，可以进入核糖体 A 位，获得由肽酰转移酶催化转移的肽链，然后脱离核糖体，使肽链合成提前终止。嘌呤霉素对原核生物和真核生物的蛋白质合成均有干扰作用，所以不适合于作为抗菌药物。

2. 干扰素 抑制真核生物蛋白质合成，机制之一是诱导合成蛋白激酶，催化翻译起始因子 eIF2 磷酸化失活。

3. 白喉毒素 由白喉杆菌合成，是真核生物蛋白质合成的抑制剂。它有 ADP-核糖基转移酶活性，可以催化 NAD$^+$ 的 ADP-核糖基与翻译延长因子 eEF-2 的一个组氨酸衍生物——白喉酰胺结合形成 eEF-2-N-（ADP-D-核糖）白喉酰胺，从而抑制 eEF-2 活性。

☯ 链 接

植物核糖体失活蛋白质

核糖体失活蛋白质（RIP）是一类主要分布于植物体内的毒蛋白，具有 RNA N-糖苷酶（RNA N-glycosidase）活性。核糖体失活蛋白质作用于核糖体大亚基 28S rRNA 导致核糖体失活，抑制蛋白质合成，从而对细胞产生毒害作用。目前发现的核糖体失活蛋白质主要有两类。

1. Ⅰ型核糖体失活蛋白质 分子量约 30kDa，为单链结构，具有 RNA N-糖苷酶活性，如天花粉蛋白和商陆毒蛋白等。

2. Ⅱ型核糖体失活蛋白质 分子量为 60~65kDa，由 A 链和 B 链以二硫键结合形成，A 链具有 RNA N-糖苷酶活性，而 B 链具有凝集素活性，能与细胞膜特异糖基结合，使 A 链进入细胞内，对细胞造成毒害，如蓖麻毒蛋白（ricin）。

研究表明：核糖体失活蛋白质具有广谱的抗病毒活性，有些核糖体失活蛋白质还表现出对真菌、昆虫等的抑杀作用，在应用方面可以用作杀虫剂，或制备免疫毒蛋白，杀伤癌细胞和抗病毒感染等。

小 结

蛋白质合成由 mRNA 指导，由许多因子共同完成。

mRNA 传递从 DNA 转录的遗传信息，其一级结构包含 5′非翻译区、编码区、3′非翻译区等序列，真核生物 mRNA 还有 5′帽子、3′ poly(A)尾。

编码区即开放阅读框，是 mRNA 的主要序列。原核生物 mRNA 是多顺反子 mRNA。真核生物多数 mRNA 是单顺反子 mRNA。

密码子是一种三碱基序列，共有 64 个，其中包括 1 个起始密码子和 3 个终止密码子。密码子的特点是具有方向性、连续性、简并性、通用性。

tRNA 既是氨基酸转运工具又是读码器，tRNA 的反密码子与 mRNA 的密码子反向结合，其中反密码子第一碱基与密码子第三碱基的结合存在摆动性。

核糖体是蛋白质的合成机器，在合成蛋白质时核糖体与 tRNA、mRNA 装配成核糖体复合体，核糖体移动阅读 mRNA 的开放阅读框，通过肽酰转移酶活性中心和三个 tRNA 结合位点（氨酰位、肽酰位、出口位）将氨基酸连接到肽链上。

合成蛋白质的直接原料是氨酰 tRNA，氨酰基与 tRNA 以高能酯键连接，由氨酰 tRNA 合成酶催化，氨酰 tRNA 合成酶有 20 种，具有高度特异性。

原核生物和真核生物都有两种负载甲硫氨酸的 tRNA，负载的甲硫氨酸分别用于蛋白质合成的起始和延长。原核生物的起始甲硫氨酰 tRNA 需要甲酰化。

翻译起始阶段核糖体在翻译起始因子的协助下与 mRNA、fMet-tRNA$_f^{Met}$ 装配成核糖体复合体，从起始密码子启动蛋白质合成，包括核糖体解离→mRNA 与 30S 小亚基结合→形成 30S 复合体→形成核糖体复合体。

翻译延长阶段 mRNA 开放阅读框指导核糖体用氨基酸合成肽链，翻译读码方向 $5' \rightarrow 3'$，肽链合成方向氨基端→羧基端。合成通过一个进位、成肽、易位循环过程进行，消耗 GTP，并且需要翻译延长因子参与。

当核糖体通过易位读到终止密码子时，蛋白质合成进入终止阶段，由释放因子协助终止翻译。

通过多核糖体循环可以提高翻译效率。

新生肽链经过翻译后修饰形成具有天然构象的蛋白质，直到完成使命之后被降解。翻译后修饰既有一级结构的修饰，例如肽链部分切除、氨基酸修饰，又有空间结构的修饰，例如肽链折叠和亚基装配。

真核生物合成的各种蛋白质通过靶向转运到达各自的功能场所。

分泌蛋白都含信号肽，其氨基端有带正电荷的氨基酸，中间有疏水氨基酸，羧基端为蛋白酶剪切点。信号肽完成使命后被切除。

分泌蛋白在游离核糖体上开始合成，之后核糖体锚定于内质网膜上继续合成，新生肽链直接进入内质网腔，即合成与转运同时进行。

第十六章 基因表达调控

基因表达（gene expression）是 DNA 转录及转录产物翻译过程，即由基因指导合成功能产物 RNA 和蛋白质的过程，体现了 DNA 与蛋白质、基因型与表型、遗传与代谢的关系。

同一个体的不同组织细胞具有相同的基因组，而其基因表达谱各不相同，这就是基因表达调控的结果。**基因表达调控**（gene regulation）是指细胞或生物体在基因表达水平上对环境信号或环境变化做出应答，它决定细胞的结构和功能，决定细胞分化和形态发生，赋予生物多样性和适应性。

第一节 基因表达调控的基本原理

生物多样性意味着各种生命的形态多样性和代谢多样性，这源于其基因组结构和基因表达的多样性。虽然如此，它们遵循的基本规律却是一致的。

一、基因表达的基本方式

不论是原核生物还是真核生物，在某一时期或时刻，其基因组中都只有一部分基因处于表达状态，包括高水平表达基因（例如翻译延长因子基因）和低水平表达基因（例如 DNA 修复酶类基因）。不同基因可能具有不同的表达方式。

1. 组成型表达　有些基因的表达产物为细胞基本生存所必需，因而在所有细胞中都表达，且其表达不易受环境因素影响，具有稳定的调控机制，表达产物在各种细胞中维持一定浓度，这类基因称为**管家基因**（housekeeping gene），例如醛缩酶 A 基因、3-磷酸甘油醛脱氢酶基因、溶酶体葡糖脑苷脂酶基因、微管蛋白基因、核糖体蛋白基因。管家基因表达效率由启动子和 RNA 聚合酶决定，其表达方式称为**组成型表达**（constitutive expression），又称**组成性表达**。

2. 诱导型表达与阻遏型表达　另有一些基因，其表达受环境因素（信号）影响，表达效率还受其他调控序列和调节因子调节。依据对环境信号应答结果的不同，这些基因的表达方式可以分为诱导型表达和阻遏型表达。

（1）诱导型表达：有些基因通常低表达甚至不表达，受环境信号刺激时启动表达或表达增强，称为**诱导型表达**（inducible expression），这样的基因称为**可诱导基因**，诱导其表达的环境信号称为**诱导物**（inducer）。例如：糖皮质激素作为诱导物诱导肝细胞糖异生途径关键酶基因的表达，别乳糖作为诱导物诱导大肠杆菌乳糖操纵子的表达。

（2）阻遏型表达：有些正常表达的基因受环境信号刺激时终止表达或表达减弱，称为**阻遏型表达**（repressible expression），这样的基因称为**可阻遏基因**，阻遏其表达的环境信号称为**阻遏物**（repressor）。例如：胆固醇作为阻遏物阻遏肝细胞 HMG-CoA 还原酶基因的表达，色氨酸作为阻遏物阻遏大肠杆菌色氨酸操纵子的表达。

3. 协调表达　为确保机体物质代谢进行的有条不紊，在一定机制控制下，功能相关的一组基因的表达需协调一致，称为**协调表达**（coordinate expression），这种调节称为**协调调节**（coordinate regulation，又称**协同调节**）。例如：编码大肠杆菌核糖体蛋白的 52 个基因构成 20 多个转录单位，其表达协调一致；人体几种血红蛋白亚基基因的表达必须同步，否则可能导致地中海贫血。

二、基因表达的特异性

基因表达的特异性表现为时间特异性、空间特异性和条件特异性。

1. 基因表达的时间特异性　是指在生命的同一生长发育阶段不同基因的表达水平不同；而同一基因在不同生长发育阶段的表达水平也不同。因此，噬菌体、病毒和细菌的感染呈现一定的阶段性，随着感染阶段的发展和生长环境的变化，有些基因启动表达，有些基因终止表达。在多细胞生物从受精卵到组织、器官形成的各个发育阶段，相关基因的表达也严格按照一定的时间顺序启动或终止。例如：①甲胎蛋白基因在胎儿肝细胞表达，合成大量甲胎蛋白，自出生至成年后该基因基本沉默。②人类基因组中存在血红蛋白 α、β、γ、δ、ε、ζ 等亚基基因，ζ、ε 亚基基因在胎儿早期激活，之后是 α 亚基基因激活，ζ、ε 亚基基因沉默，γ 亚基基因激活，β、δ 亚基基因在出生前激活，成人阶段 α、β 亚基基因完全激活。多细胞生物基因表达的时间特异性与其分化、发育阶段一致，所以又称**阶段特异性**。

2. 基因表达的空间特异性　是指在生命的同一生长发育阶段，多细胞生物不同基因在同一组织器官的表达水平不同；而同一基因在不同组织器官的表达水平也不同。例如：①胰岛素基因只在胰岛的β细胞中表达。②甲胎蛋白基因只在肝细胞中表达。基因表达的空间特异性是在分化细胞形成的组织器官中体现的，所以又称**细胞特异性**或**组织特异性**。

3. 基因表达的条件特异性　是指许多基因（特别是非管家基因）的表达水平受代谢条件和环境条件影响。例如：①在乳糖充足而葡萄糖缺乏时大肠杆菌乳糖操纵子高水平表达。②在 SOS 修复后期大肠杆菌 DNA 聚合酶Ⅳ和Ⅴ的编码基因启动表达。③在受到病原体感染时人体表达细胞因子、免疫球蛋白。④在长期饥饿时人体糖异生途径关键酶基因表达增强。

三、基因表达调控的生理意义

基因表达调控的根本目的在于适应环境，使细胞能够生长、分裂、分化、凋亡，个体能够生存、生长、发育、繁殖、衰老。

1. 适应性调控 各种生物都存在基因表达调控系统，通过调节基因表达可以改变酶蛋白和调节蛋白水平，从而调节代谢，适应环境变化。单细胞生物调节基因表达就是为了适应环境，维持细胞的生长和分裂。高等生物也普遍存在适应性调控，例如：经常饮酒者体内醇氧化酶类活性提高，即与相应基因表达增强有关。

2. 程序性调控 细胞的生长、分裂、分化和凋亡等决定着个体的生长、发育和衰老。在多细胞生物生长发育的不同阶段，细胞内蛋白质的种类和水平差异很大；即使在同一生长发育阶段，不同组织细胞内蛋白质的水平差异也很大，这些差异是基因表达调控的结果。高等哺乳动物细胞的分化和组织器官的发育都是由相应的基因控制的，一旦某种基因发生突变或表达异常，就会导致相应组织器官的发育异常。

四、基因表达调控的多环节性

以信号转导网络为基础，无论是原核生物还是真核生物都形成了复杂、精巧的基因表达调控系统。

基因表达是一个多环节过程，每一个环节都可能受到调节。迄今为止的研究集中在以下环节：基因激活、转录起始和转录后加工、RNA 转运和降解、翻译起始和翻译后修饰、蛋白质靶向转运和降解。其中转录（特别是转录起始）是基因表达调控的主要环节。

五、基因转录调控的基本要素

转录调控（transcription regulation）又称**转录调节**，主要是控制转录起始，RNA 聚合酶、调控序列和调节蛋白是调节转录起始的基本要素，调节转录起始的本质是控制 RNA 聚合酶与启动子的识别与结合。

1. 调控序列（regulatory sequence） 又称**调节区**（regulatory region），是影响基因表达效率的 DNA 序列，根据作用机制分为两类：①**顺式作用元件**（cis-acting element）：是基因序列的一部分，通过与 RNA 聚合酶或调节蛋白结合调节基因表达。顺式作用元件包括启动子、终止子、原核生物的操纵基因和激活蛋白结合位点、真核生物的增强子和沉默子等。真核生物顺式作用元件比原核生物多，且绝大多数与结构基因（转录区）在同一染色体 DNA 上，可以位于其上游、下游或内部。②**反式作用元件**（trans-acting element）：又称**调节基因**（regulatory gene），通过编码产物调节基因表达，其编码产物称为**反式作用因子**（trans-acting factor），包括蛋白质（即调节蛋白）和 RNA（例如微 RNA）等。反式作用元件与其靶基因可以不在同一染色体 DNA 上。

2. 调节蛋白（regulatory protein） 又称**调节因子**，是最早定义的一类反式作用因子，是反式作用元件编码产物之一，与顺式作用元件的亲和力极高，是其与其他 DNA 序列亲和力的 $10^4 \sim 10^6$ 倍。调节蛋白通过与顺式作用元件结合调节基因表达，是决定基因表达特异性的主要因素。调节蛋白调节基因表达产生两种效应：①**正调控**（positive regulation）：又称**正调节**，是指调节蛋白与调控序列结合促进基因表达。②**负调控**（negative regulation）：又称**负调节**，是指调节蛋白与调控序列结合阻遏基因表达。原核生物基因表达普遍存在正调控和负调控，真核生物基因表达以正调控为主。

某些激素的细胞内受体是调节蛋白，它们与调控序列（激素应答元件）的结合是信号转导的一个效应环节（第十二章，237 页）。

第二节 原核生物的基因表达调控

原核生物是单细胞生物，通过调节其各种代谢适应营养条件和环境条件的变化，并使其生长繁殖达到最优化。原核生物的基因表达与环境条件关系密切，其相关基因形成的操纵子结构有利于对环境变化迅速做出反应。

一、基因组的特点

原核生物具有完整的代谢系统，并且可以根据营养条件和环境条件的变化调节代谢。原核生物基因组具有以下特点：

1. 基因组 DNA 通常为单一闭环双链分子。原核生物的 DNA 虽然与少量蛋白质结合，但并未形成典型的染色体结构，不过习惯上也称染色体。

2. 基因组 DNA 只有一个复制起点。

3. 基因组所含基因数量比病毒多，并且多形成操纵子结构，共同转录，分别翻译。

4. 基因组序列的 50% 是编码序列；非编码序列主要是一些调控序列。

二、基因表达的特点

每个原核细胞都是独立的生命体，其一切代谢活动都是为了适应环境，更好地生存、生长和繁殖。原核生物基因表达有以下特点：

1. 以操纵子为转录单位 操纵子（operon）由一个启动子、一个操纵基因及其所控制的一组功能相关的结构基因等组成（有些操纵子还存在激活蛋白结合位点），是基因的转录单位，转录产物为多顺反子 mRNA。

2. 基因转录的特异性由 σ 因子决定 大肠杆菌 RNA 聚合酶由核心酶（$\alpha_2\beta\beta'\omega$）和 σ 因子组成。核心酶只有一种，催化合成所有 RNA。已阐明的 σ 因子有 σ^{70}、σ^{54}、σ^{38}、σ^{32}、σ^{28}、σ^{24}、σ^{18}（数字表示其分子量大小，例如 σ^{70} 的分子量为 70kDa）等七种。不同 σ 因子与核心酶结合，协助其识别不同基因的启动子，从而启动不同基因的转录。其中 σ^{70} 协助识别大多数基因的启动子。环境变化可以诱导合成其他 σ 因子，启动转录特定基因，例如升高温度时大肠杆菌合成 σ^{32}，协助核心酶启动转录一组热休克基因，合成热休克蛋白。

3. 转录与翻译偶联 原核生物的染色体 DNA 没有核膜包被，转录与翻译都在细胞质中进行；此外，原核生物 mRNA 基因的初级转录产物即为成熟 mRNA，一般不用加工，可以直接翻译，即转录与翻译可以同时进行（图 16 - 1）。

三、基因表达调控的特点

原核生物基因表达调控有以下特点：

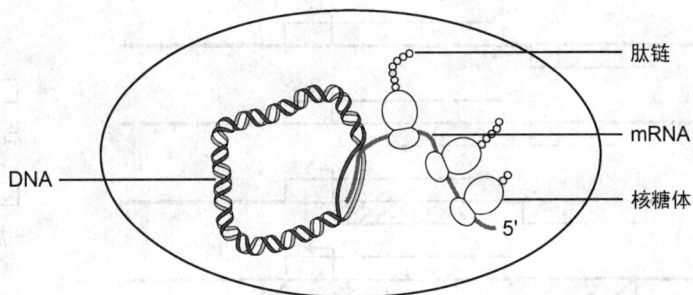

图 16-1 原核生物转录与翻译偶联

1. 既有正调控，又有负调控 除了 σ 因子之外，原核生物基因还有两类调节蛋白：起正调控作用的激活蛋白和起负调控作用的阻遏蛋白。正调控和负调控在原核生物中普遍存在。

2. 调节蛋白都是 DNA 结合蛋白 通过直接与调控序列结合影响转录。

3. 存在衰减子调控机制 某些氨基酸或核苷酸操纵子中存在衰减子序列。

4. 存在应急应答调控机制 原核生物遇到诸如氨基酸缺乏等紧急情况时会产生应急应答，即停止几乎所有合成代谢。

四、转录水平的调控

转录水平的调控是对 RNA 合成时机、合成水平的调控。操纵子是原核生物基因的基本转录单位，经过系统研究而被阐明的乳糖操纵子等已经成为研究原核生物基因表达调控的经典模型。

（一）调控因素

原核生物基因的转录调控是由 RNA 聚合酶、调控序列和调节蛋白决定的。

1. 调控序列 原核生物基因的调控序列既包括启动子和终止子，又包括操纵基因和激活蛋白结合位点（图 16-2）。

图 16-2 原核生物基因的调控序列

（1）启动子：决定基因的基础转录水平。大肠杆菌基因的启动子包含 - 35 区和 - 10 区两段保守序列，分别是 RNA 聚合酶的识别位点和结合位点。

（2）**操纵基因**（operator）：与启动子相邻、重叠或包含（图 16-3），是阻遏蛋白结合位点。当阻遏蛋白与操纵基因结合时，RNA 聚合酶不能与启动子结合，或结合后不能启动转录结构基因。

（3）**激活蛋白结合位点**（activator site）：位于启动子上游，是激活蛋白结合位点。当激活蛋白结合于该位点时，可以增强 RNA 聚合酶的转录启动活性。

2. 调节蛋白 原核生物基因的调节蛋白都是 **DNA 结合蛋白**，通过与调控序列结合

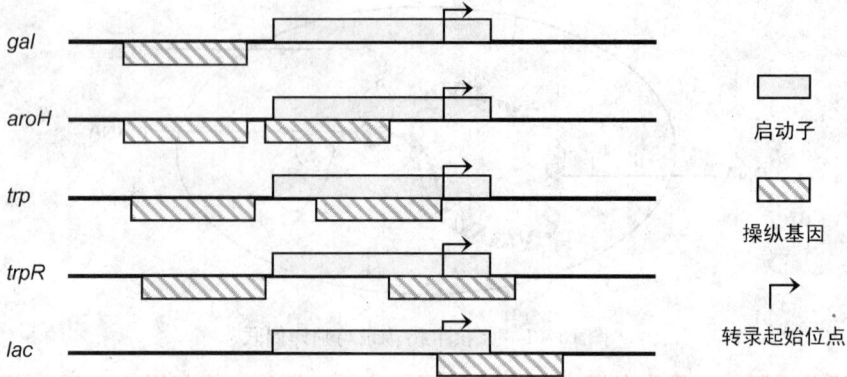

图 16 – 3　操纵基因与启动子的位置关系

影响转录，可以分为三类：①**特异因子**（specificity factor）：即转录起始因子 σ，决定 RNA 聚合酶与启动子识别和结合的特异性。②**阻遏蛋白**（repressor）：与操纵基因结合，阻遏 RNA 聚合酶结合启动子或转录结构基因，介导负调控。③**激活蛋白**（activator）：与激活蛋白结合位点结合，促进 RNA 聚合酶结合启动子或转录结构基因，介导正调控。

（二）乳糖操纵子

葡萄糖是大肠杆菌的主要能源。当可以得到葡萄糖和其他糖时，大肠杆菌会先利用葡萄糖，这种现象称为**葡萄糖效应**或**分解代谢物阻遏**（catabolite repression）。当葡萄糖耗尽之后，大肠杆菌会停止生长，经过短暂适应，转而利用其他糖。

针对这种现象，Jacob 和 Monod（1965 年诺贝尔生理学或医学奖获得者）经过研究，于 1960 年提出操纵子模型。该模型被视为阐述原核生物基因转录调控机制的经典模型。

1. 乳糖操纵子的基本结构　大肠杆菌**乳糖操纵子**（lac operon）包含三个结构基因 lacZ、lacY 和 lacA，分别编码催化乳糖分解代谢的β-半乳糖苷酶、β-半乳糖苷通透酶和硫代半乳糖苷转乙酰基酶。结构基因上游还有操纵基因 lacO、启动子 lacP 和**分解代谢物基因激活蛋白结合位点**（简称 **CAP 位点**）等调控序列（图 16 – 4①）。

2. 乳糖操纵子的阻遏调控　乳糖操纵子上游存在调节基因 lacI。lacI 组成性表达阻遏蛋白 LacI。每个细胞内有 10 ~ 20 个 LacI 同四聚体，在没有乳糖时会与 lacO 结合，亲和力是与其他序列结合的 10^6 倍，所以与 lacO 的结合具有高度特异性。LacI 的结合阻挡 RNA 聚合酶沿着 DNA 移动，即阻遏转录，导致转录效率极低（图 16 – 4②）。在有乳糖时，乳糖被微量存在的几个β-半乳糖苷酶分子催化水解，同时生成少量副产物别乳糖（半乳糖苷 β1→6 葡萄糖）。别乳糖作为诱导物与 LacI 结合使其变构，与 lacO 的亲和力降低 1000 倍，因而乳糖操纵子去阻遏（derepression），转录效率可以提高 1000 倍（图 16 – 4③）。

3. 乳糖操纵子的激活调控　野生型 lacP 为弱启动子（第十四章，261 页），RNA 聚合酶与之识别、结合的效率很低，所以即使解除 LacI 的阻遏调控，乳糖操纵子的转录效率仍然不高，需要**分解代谢物基因激活蛋白**（CAP，又称 cAMP 结合蛋白质）的激活调控。

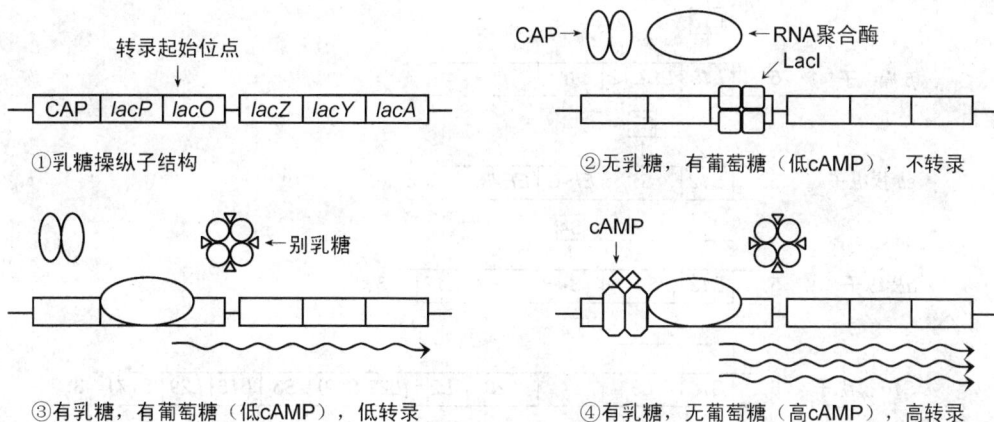

图 16 - 4 乳糖操纵子调控机制

CAP 是同二聚体，每个亚基含两个结构域：①氨基端结构域：又称 cAMP 结合域，可以与 cAMP 结合。②羧基端结构域：又称 DNA 结合域，可以与 CAP 位点结合，使 CAP 位点弯曲。CAP 必须与 cAMP 结合形成 CAP·cAMP 复合物，才能结合到 CAP 位点，促进转录。因此，CAP 的激活效应受 cAMP 水平控制。

大肠杆菌 cAMP 水平与葡萄糖水平呈负相关：①当葡萄糖缺乏时，cAMP 水平高，CAP·cAMP 复合物水平高，与 CAP 位点的结合效应强，结合后与 RNA 聚合酶 α 亚基作用，促进其与启动子的结合，可以将转录启动效率提高 50 倍。②当葡萄糖充足时，cAMP 水平低，CAP·cAMP 复合物水平低，与 CAP 位点的结合效应弱，对乳糖操纵子转录的促进效应弱（图 16 - 4④）。

4. 乳糖操纵子的双重调控 如上所述，乳糖操纵子的转录受 LacI 和 CAP 的双重调控，只有因存在乳糖而解除 LacI 的阻遏调控，同时因缺乏葡萄糖而启动 CAP 的激活调控，才会使乳糖操纵子高效转录。

五、翻译水平的调控

原核生物基因表达在翻译水平上的调控与 mRNA 稳定性、SD 序列、翻译阻遏、反义 RNA 等有关。

1. mRNA 稳定性 细菌的增殖周期是 20 ~ 30 分钟，所以细菌代谢活跃，需要快速合成或降解 mRNA 以适应环境变化。细菌不同 mRNA 的半衰期不同，多数为 2 ~ 3 分钟（例如乳糖操纵子 mRNA 半衰期为 3 分钟）。mRNA 主要由 3′ 外切核酸酶降解，因此如果能形成 3′ 端发夹结构，就可以抗降解，从而提高 mRNA 稳定性。

2. SD 序列 mRNA 的翻译效率受控于 SD 序列与共有序列的差异及与起始密码子的距离。

3. 翻译阻遏 编码细菌核糖体蛋白的 52 个基因与其他参与复制、转录、翻译的部分基因丛集成 20 多个操纵子。每个操纵子含 2 ~ 11 个结构基因，可以转录合成一种多顺反子 mRNA，翻译合成一组蛋白质。其中有一种核糖体蛋白可以与多顺反子 mRNA 结合而反馈阻遏其翻译，称为**翻译阻遏蛋白**（translational repressor）。这种在翻译水平上的阻遏调控称为**翻译阻遏**（translational repression）（图 16 - 5）。

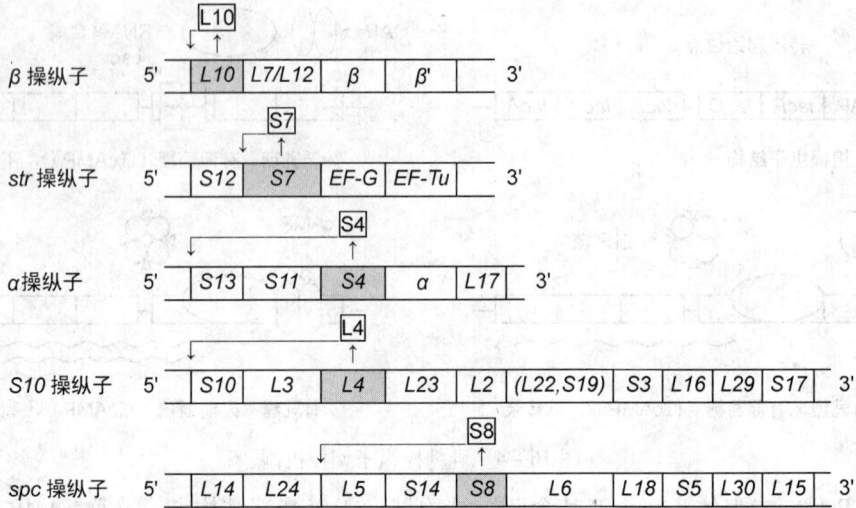

图 16 - 5　翻译阻遏

4. **反义 RNA**（asRNA）　是一类小分子单链 RNA，与其他功能 RNA 序列互补，在原核细胞内广泛存在（真核细胞内同样存在），染色体、质粒、噬菌体、转座子等都含反义 RNA 编码序列。研究表明：反义 RNA 参与基因表达调控，作用机制包括阻遏复制、转录和翻译，促进 mRNA 降解。

第三节　真核生物的基因表达调控

多细胞真核生物的细胞在个体发育过程中分化，形成各种组织和器官。因此，真核生物基因表达调控要比原核生物复杂得多，达到了原核生物不可比拟的广度和深度。真核生物的基因组庞大，基因的结构和功能更为复杂，其基因表达调控的显著特征是在特定时间、特定条件下激活特定细胞内的特定基因，即具有时间特异性、空间特异性和条件特异性，从而实现预定的有序分化发育过程。真核生物的基因表达调控涉及染色质水平、转录水平、转录后加工水平、翻译水平和翻译后修饰水平等环节，其中转录水平依然是最主要的调控环节。

一、基因组的特点

真核生物基因组比原核生物基因组还要大，结构更复杂，并且具有以下特点：

1. 染色体 DNA 是线性分子，含三种功能元件：

（1）复制起点：功能是启动 DNA 复制。每个染色体 DNA 分子都有多个复制起点，例如酵母每个染色体 DNA 分子平均有 25 个复制起点。

（2）着丝粒 DNA：功能是使染色体均分到子代细胞内。

（3）端粒：功能是保持染色体的独立性和稳定性。

2. 细胞核 DNA 与组蛋白、非组蛋白、RNA 形成染色体结构，且染色体数目一定，除了配子是单倍体之外，体细胞一般是二倍体。

3. 基因组序列中仅有不到 10%（人类甚至不到 2%）是编码序列。编码序列在基因组序列中的比例是真核生物、原核生物和病毒基因组的重要区别，并且在一定程度上是衡量生物进化的标尺。

4. 基因在基因组中散在分布，基因之间被大量不含编码信息的**基因间序列**（intergenic sequence，又称**基因间区**）隔开，很多基因间序列功能有待阐明。

5. 基因组包含大量**重复序列**（repetitive sequence），包括高度重复序列和中等重复序列。

（1）**高度重复序列**（highly repetitive sequence）：重复单位长度不到100bp（多数不到10bp），在基因组中的重复次数可达 10^6 次，占哺乳动物基因组序列的 10% ~ 15%（人类3%），许多是串联重复序列或反向重复序列，主要功能是参与 DNA 复制、DNA转座、基因表达调控和细胞分裂时的染色体配对，例如着丝粒 DNA 和端粒。

（2）**中等重复序列**（moderately repetitive sequence）：重复单位长度可达几百至几千个碱基对，在基因组中的重复次数可达 10^3 次，占哺乳动物基因组序列的 25% ~ 40%（人类50%），主要是一些基因间序列、可移动序列、串联重复序列，也包括 rRNA 基因、tRNA 基因、snRNA 基因和某些蛋白质（如组蛋白、肌动蛋白、角蛋白等）编码基因。

相比之下，蛋白质的编码序列大都属于**单一序列**（unique sequence，又称**单拷贝序列**），在整个基因组中只有一个或几个拷贝。单一序列占哺乳动物基因组的50% ~ 60%。

6. 基因组中存在各种基因家族，基因家族成员可以串联在一起，也可以相隔很远，但即使串联在一起也是分别表达的。

7. 基因组中含大量可移动序列，例如人类基因组的45%是可移动序列。

二、基因表达的特点

与原核生物相比，真核生物的基因表达有以下特点：

1. **以基因为转录单位**　转录产物为单顺反子 mRNA。

2. **转录后加工更复杂**　真核生物 mRNA 前体只是初级转录产物，其后加工是基因表达必不可少的环节。

3. **转录与翻译存在时空隔离**　真核生物的细胞核和细胞质是被核膜分隔的两个不同区域，其染色体 DNA 在细胞核内，转录合成的 mRNA 前体经过加工之后才能成为成熟 mRNA，运往细胞质，用于指导合成蛋白质（图16-6）。因此，真核生物可以通过信号转导途径及 mRNA 转运途径调节基因表达。实际上，只有少数 mRNA 最终到达细胞质，指导蛋白质合成。

4. **翻译及翻译后修饰更复杂**　影响翻译的除了有更多的蛋白因子之外，还有更多的小分子非编码 RNA；翻译后修饰内容丰富，涉及各种修饰因子，修饰场所遍布细胞内外。

三、基因表达调控的特点

与原核生物相比，真核生物的基因表达调控有以下特点：

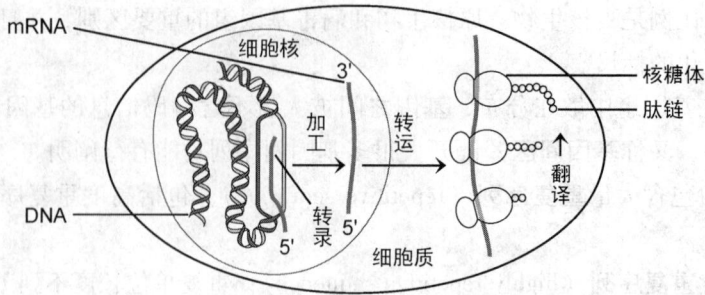

图 16 – 6 真核生物转录与翻译存在时空隔离

1. 既有瞬时调控，又有发育调控 瞬时调控又称**可逆性调控**，相当于原核生物对环境变化做出的反应，是通过改变代谢物水平或激素水平、引起细胞内某些酶或特异蛋白质合成的改变来进行的。**发育调控**又称**不可逆性调控**，是真核生物基因表达调控的精髓。在正常情况下，体细胞的生长和分化遵循一定程序，使个体发育顺利进行。细胞的类型不同，所处的发育阶段不同，所表达基因的种类和表达水平也就不同。因此，基因表达调控决定了真核细胞生长和分化的全过程。

2. 调控环节更多 有些环节是原核生物没有的，例如 mRNA 的转录后加工。

3. 染色质结构变化影响转录效率 真核生物 DNA 与蛋白质形成染色质结构。基因表达过程中在转录区发生 DNA 与蛋白质的解离，以暴露特定 DNA 序列。

4. 转录调控以正调控为主 真核生物的 RNA 聚合酶对启动子的亲和力极小，基因表达依赖调节蛋白的协助。因此，虽然真核生物调节蛋白既有起正调控作用的，又有起负调控作用的，但以正调控为主。

5. 调控序列多并且可以远离转录区 一个 mRNA 基因平均受 5 ~ 6 个增强子调节，这些增强子与转录起始位点可以相距 30kb。

6. 调节蛋白种类繁多，调节机制复杂 真核生物调节蛋白种类远多于原核生物，并且不都是 DNA 结合蛋白。可以有十几种甚至几十种调节蛋白与 RNA 聚合酶装配成转录起始复合体，调节一种基因的表达。

四、染色质水平的调控

真核生物 DNA 与蛋白质形成染色质结构，这种结构控制着 RNA 聚合酶与 DNA 的接触、识别、结合，这些作用受组蛋白修饰、DNA 甲基化等控制。染色质水平调控的本质是改变染色质结构，这种调控稳定而持久。

1. 染色质活化 DNA 的结构（特别是压缩程度）决定其转录效率。真核细胞分裂间期染色质包括**常染色质区**（euchromatin）和**异染色质区**（heterochromatin）。携带活性基因的 DNA 构成**活性染色质**（active chromatin），位于常染色质区内，其组蛋白（特别是 H1）含量比异染色质少得多，因而结构疏松，长度上仅压缩了 1000 ~ 2000 倍。实际上活性染色质中有较多 DNA 位点是裸露的，是核酸酶结合切割位点，被称为**超敏感位点**（hypersensitive site），例如可以被 DNase I 降解成既短又不均一的片段，其长度为核小体 DNA （ ~ 200bp）倍数。许多超敏感位点是调节蛋白的结合点。

2. **组蛋白修饰**　除了含量之外，活性染色质组蛋白的化学修饰程度和修饰方式也不同于异染色质组蛋白。组蛋白八聚体核的八个氨基端和 H2A 的羧基端都暴露在外，它们的某些氨基酸会发生甲基化、乙酰化、磷酸化、泛素化、ADP 核糖基化等化学修饰，其中乙酰化可以引起核小体的解离，是活性染色质的标志。化学修饰多数导致组蛋白正电荷减少，构象改变，与 DNA 的亲和力减弱，使染色质疏松，易于解离，有利于 DNA 与调节蛋白、RNA 聚合酶的结合，从而促进转录。

因此，组蛋白可以被视为调节真核生物基因转录的阻遏蛋白。组蛋白修饰是真核生物基因表达调控的重要环节之一。组蛋白修饰的效应是：①改变染色质结构，影响组蛋白与 DNA 的结合与解离，从而直接调节转录效率。②影响其他调节蛋白与染色质的结合，从而间接调节转录效率。

3. **DNA 甲基化**　由甲基化酶催化，主要是 **CpG 岛**中特定 CpG 序列的胞嘧啶被甲基化，形成 5-甲基胞嘧啶；另有少量腺嘌呤、鸟嘌呤也可以被甲基化，形成N^6-甲基腺嘌呤、7-甲基鸟嘌呤。脊椎动物 DNA 甲基化率约为 1%。

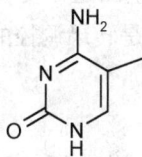

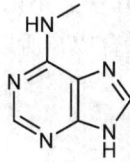

5-甲基胞嘧啶　　　　N^6-甲基腺嘌呤　　　　7-甲基鸟嘌呤

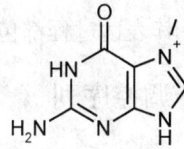

甲基化改变 DNA 构象，导致染色质结构改变；甲基化影响 DNA 与蛋白质的相互作用，因而影响启动子等调控序列与转录因子的结合。DNA 甲基化程度与基因表达呈负相关，即甲基化程度高的基因转录效率低。因此，甲基化导致**基因沉默**（gene silencing，是指在不改变基因组信息的前提下，通过异染色质形成、DNA 甲基化、RNA 干扰等抑制基因表达），例如雌性哺乳动物失活的 X 染色体高度甲基化。去甲基化导致**基因激活**（gene activation），例如一些激素激活基因、致癌物激活原癌基因，其机制可能就是使 DNA 去甲基化。此外，DNA 甲基化可能与衰老有关。

4. **基因重排**　基因重排可以使一个基因更换调控序列，例如置于另一个强启动子或增强子的控制之下，从而提高表达效率。基因重排也可以使表达产物呈现多样性，例如 T 细胞受体基因、免疫球蛋白结构基因的重排与表达。1987 年诺贝尔生理学或医学奖获得者 Toneqawa 的研究表明：在 B 淋巴细胞分化成可以分泌抗体的浆细胞的过程中，DNA 经过重排，理论上利用有限的免疫球蛋白基因可以表达数十亿种抗体。

5. **基因扩增**（gene amplification）　又称 **DNA 扩增**（DNA amplification），是指染色质 DNA 上的某个或某些基因序列选择性复制，从而增加其拷贝数的过程，是细胞为了适应生长环境而在短时间内大量表达特定基因产物的一种有效方式。

基因扩增在真核生物基因组中普遍存在：①某些类型的正常细胞在其生长分化过程中需要大量相关蛋白，常常通过基因扩增促进基因表达。例如：爪蟾卵母细胞在形成过程中大量扩增 rRNA 基因，拷贝数扩增 4000 倍，由 500 个扩增到 200 万个，从而使细胞内大量积累核糖体，可以大量合成蛋白质，满足细胞分裂需要。②基因扩增赋予肿瘤细胞抗药性。例如：氨甲蝶呤（MTX）抑制肿瘤细胞内二氢叶酸还原酶（DHFR）的活性，使核苷酸合成减少，从而杀死肿瘤细胞；然而，肿瘤细胞在氨甲蝶呤培养基中培养一段时间之后，其二氢叶酸还原酶基因扩增，拷贝数可以增加 200～250 倍，从而抵抗更高浓度氨甲蝶呤的杀伤作用。③基因扩增是原癌基因的激活方式之一。

6. 染色质丢失　一些低等真核生物在细胞分化过程中丢失染色质或染色质片段。某些基因在这些片段丢失之前并不表达，丢失之后才表达。因此，这些片段的存在可能阻遏相关基因的表达。高等生物也有染色质丢失。例如：马蛔虫在卵裂至 32 个细胞的分裂球的过程中，31 个将分化成体细胞的细胞全部发生染色质丢失；晚幼红细胞在分化过程中丢失整个细胞核。染色质丢失属于不可逆性调控。

五、转录水平的调控

真核生物有三种 RNA 聚合酶，分别催化合成三类 RNA，其中 RNA 聚合酶Ⅱ催化合成 mRNA 前体，mRNA 前体加工成为成熟 mRNA。不论是调节蛋白的基因还是受调节蛋白调节的基因，其表达过程都包括 mRNA 转录合成，所以 RNA 聚合酶Ⅱ是转录调控的核心。

（一）调控序列

真核生物的调控序列是对基因的转录启动及转录效率起重要调节作用的 DNA 序列，包括启动子、终止子、增强子和沉默子。启动子和终止子是启动和终止转录所必需的；增强子介导正调控作用，促进转录；沉默子介导负调控作用，阻遏转录。

1. 启动子　真核生物基因的启动子有三类，mRNA 基因的启动子属于Ⅱ类启动子。Ⅱ类启动子可能含 GC 框、CAAT 框、TATA 框、起始子和下游启动子元件等保守序列。其中 TATA 框作用类似于 Pribnow 框，富含 A—T 碱基对，容易解链，有利于 RNA 聚合酶结合并启动转录，是 RNA 聚合酶稳定结合的序列（图 16-7）。

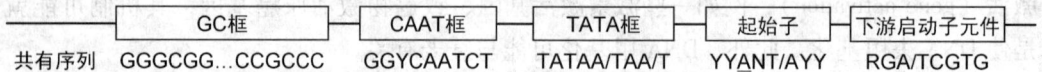

GC框	CAAT框	TATA框	起始子	下游启动子元件
共有序列 GGGCGG…CCGCCC	GGYCAATCT	TATAA/TAA/T	YYANT/AYY	RGA/TCGTG

图 16-7　真核生物基因Ⅱ类启动子

2. 增强子（enhancer）　是真核生物基因中促进转录的调控序列，与启动子可以相邻、重叠或包含。增强子通过结合反式作用因子、改变染色质 DNA 结构而促进转录。它们相互作用，决定着基因表达的特异性。

3. 沉默子（silencer）　是真核生物基因中阻遏转录的调控序列。沉默子与相应的调节蛋白（转录阻遏因子）结合之后，使正调控失去作用。沉默子对丛集基因的选择表达起重要作用，其与增强子协调作用可以决定基因表达的时空顺序。

（二）调节蛋白

调节真核生物基因转录的调节蛋白即**转录因子**，属于反式作用因子，它们通过识别并结合调控序列等影响 RNA 聚合酶 II 识别并结合启动子，即影响转录起始复合体的形成，从而调节转录。

1. 调节蛋白分类 对真核生物基因表达起调节作用的调节蛋白可以分为三类：

（1）**通用转录因子**（general transcription factor）：是与启动子元件特异结合并启动转录的调节蛋白，分布在各种细胞内。

（2）**转录调节因子**（transcription regulation factor）：是通过与增强子或沉默子结合来调节转录的调节蛋白，其中与增强子结合促进转录的称为**转录激活因子**（transcription activator），与沉默子或增强子结合阻遏转录的称为**转录阻遏因子**（transcription repressor）。

（3）**共调节因子**（mediator）：不直接与 DNA 结合，而是介导转录调节因子作用于 RNA 聚合酶 – 通用转录因子复合体，从而调节转录。其中促进转录的称为**共激活因子**（coactivator），阻遏转录的称为**共阻遏因子**（corepressor）。

2. 调节蛋白结构 调节蛋白含特定的 DNA 结合域、转录激活域或二聚化域。

（1）**DNA 结合域**（DBD）：是突出于调节蛋白表面的一种较小的结构域，由 60 ~ 90 个氨基酸构成。有些 DNA 结合域中含锌指、螺旋 – 转角 – 螺旋等模体结构。

（2）**转录激活域**（TAD）：是指激活蛋白所含与其他转录因子（特别是共激活因子）相互作用的部位，主要存在于真核生物转录激活因子中，例如酸性激活域、富含谷氨酰胺域、富含脯氨酸域。

（3）**二聚化域**：真核生物及原核生物的许多调节蛋白常先形成二聚体（LacI 例外，是四聚体），再通过 DNA 结合域与 DNA 结合。某些结构域是形成二聚体所必需的，称为**二聚化域**，有些二聚化域含亮氨酸拉链、碱性螺旋 – 环 – 螺旋等模体结构。

3. 调节蛋白调节 调节蛋白通过数量调节、化学修饰调节、变构调节、蛋白质 – 蛋白质相互作用等方式调节基因表达。

六、转录后加工水平的调控

转录后加工包括加帽、加尾、剪接、转运等也是真核生物基因表达调控的一个重要环节。

七、翻译水平的调控

翻译水平的调控主要表现在控制 mRNA 稳定性、翻译因子活性和选择性翻译。mRNA 的 5′非翻译区和 3′非翻译区是主要调节位点。

1. mRNA 稳定性 mRNA 稳定性影响其寿命，从而影响翻译效率。真核生物 mRNA 的寿命比原核生物的长，脊椎动物 mRNA 的半衰期平均约为 3 小时，而细菌仅为 1.5 分钟。

不过，不同 mRNA 的寿命差异显著，短的只有几秒钟，长的可达几个细胞周期。例如：控制细胞分裂的 *fos* mRNA 的半衰期为 10 ~ 30 分钟，红系祖细胞血红蛋白、鸡输卵管细胞卵清蛋白 mRNA 的半衰期超过 24 小时。mRNA 稳定性除了与 mRNA 二级结构、帽子结构、poly(A) 尾长度有关之外，还取决于信使核糖核蛋白（mRNP，成熟 mRNA 的各种存在形式）结构。例如：催乳素可使酪蛋白 mRNA 半衰期从 1 小时延长到 40 小时。

2. 5′非翻译区长度 5′非翻译区长度影响翻译起始效率。当 5′非翻译区的长度不到 12nt 时，翻译起始核糖体复合体装配成功率仅有 50%；当 5′非翻译区的长度为 17～80nt 时，体外翻译效率与其长度成正比。

3. 上游开放阅读框　有些 mRNA 的 5′非翻译区内有一个或数个 AUG，称为 5′AUG，它们引导一种称为**上游开放阅读框**（uORF）的特殊阅读框。这种阅读框与开放阅读框不一致，很小，翻译产物为无活性短肽。因此，上游开放阅读框通常对翻译起始起负调控作用，使翻译维持在较低水平。上游开放阅读框多存在于原癌基因中，它们的缺失可以导致原癌基因激活。

4. 翻译阻遏蛋白　许多 mRNA 都有较长的非翻译区，其中含反向重复序列，可以形成发夹结构。一些翻译阻遏蛋白可以与这种发夹结构结合，干扰核糖体复合体的装配，阻遏翻译起始。

5. 翻译起始因子磷酸化　翻译调控主要发生在起始阶段。翻译调控的典型机制是翻译起始因子磷酸化。例如磷酸化使 eIF-2 不能活化成 eIF-2·GTP，从而阻遏蛋白质合成。

6. RNA 干扰　1993 年，Ambros 和 Lee 用经典的定位克隆的方法在线虫（*C. elegans*）中克隆了 *lin-4* 基因，通过定点诱变发现 *lin-4* 编码一种小分子 RNA，它能以不完全互补的方式与其靶基因 *lin-14* mRNA 的 3′非翻译区结合，阻遏翻译，最终导致 lin-14 蛋白质合成的减少。这就是 *lin-4* 控制线虫幼虫由 L1 期向 L2 期转化的机制。后来的研究表明：*lin-4* 编码的小分子 RNA 是一种微 RNA，它对 *lin-14* mRNA 的这种翻译阻遏机制属于 **RNA 干扰**。

八、翻译后修饰与靶向转运水平的调控

多肽链合成之后通常需要经过修饰才能成为天然蛋白质并转运到功能场所。蛋白质构象决定其功能，而蛋白质的天然构象是在翻译后修饰过程中形成的。通过修饰控制其功能，通过转运控制其分布，这些都是基因表达调控的重要内容。

☯ 链　接
RNA 干扰与药用植物代谢工程

RNA 干扰（RNAi）是一种发生在 mRNA 水平上的基因沉默现象，即主动降解已经合成的成熟 mRNA，抑制基因表达，这种现象又称**转录后基因沉默**（PTGS）。Fire 和 Mello 因为发现 RNA 干扰现象而获得 2006 年诺贝尔生理学或医学奖。

RNA 干扰现在已经发展成为一项分子生物学技术，其基本过程是：①将外源双链 RNA（dsRNA）导入特定细胞，dsRNA 被细胞内的 Dicer（特异性 RNase 家族的一个成员）切割成 21～23bp 的双链短核苷酸片段，称为小干扰 RNA（siRNA）。②siRNA 与 RNase 复合体结合，形成 RNA 诱导沉默复合体（RISC）。③RISC 将 siRNA 双链解链，成为活性 RISC。④活性 RISC 依靠 siRNA 识别并结合细胞内具有同源序列的 mRNA。⑤活性 RISC 将 mRNA 降解，从而抑制内源基因表达，产生转录后基因沉默效应（图 16-8）。

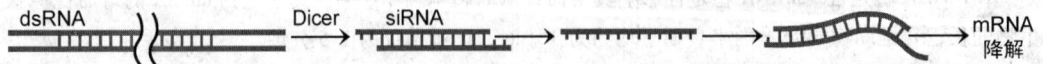

图 16-8　siRNA 诱导转录后基因沉默

药用植物代谢工程主要是利用分子生物学方法阐明植物次生代谢产物的合成机制，获得代谢途径相关基因，并通过转基因技术和其他方法在植物细胞、组织或完整的植株中表达这些基因，从而达到调节代谢途径、提高目标产物产量的目的，开发出高产、抗病虫害、耐旱涝酸碱等恶劣条件的药用植物新品种。RNA 干扰技术可以方便、快捷、高效地抑制基因表达，从而调节代谢，最终表现为提高目

标产物产量或者降低有害产物产量。目前 RNA 干扰技术已经成为药用植物代谢工程研究中的一颗新星，引起了研究人员的广泛关注。

小　结

基因表达是由基因指导合成功能产物 RNA 和蛋白质的过程，体现了 DNA 与蛋白质、基因型与表型、遗传与代谢的关系。基因表达调控决定细胞的结构和功能，决定细胞分化和形态发生，赋予生物多样性和适应性。

不论是原核生物还是真核生物，其基因组中都只有一部分基因处于表达状态。管家基因的表达方式属于组成型表达。可诱导（阻遏）基因的表达方式属于诱导（阻遏）型表达。此外，功能相关的一组基因需协调表达。

基因表达的特异性表现为时间特异性、空间特异性和条件特异性。

基因表达调控既有适应性调控，又有程序性调控，其根本目的在于适应环境，使细胞能够生长、分裂、分化、凋亡，个体能够生存、生长、发育、繁殖、衰老。

基因表达调控系统以信号转导网络为基础，调控基因表达的每一个环节，其中转录起始是基因表达调控的主要环节。

基因转录调控的基本要素包括 RNA 聚合酶、调控序列和调节蛋白。调控序列包括顺式作用元件和反式作用元件。调节蛋白与顺式作用元件结合发挥正调控或负调控作用。调节转录起始的本质是控制 RNA 聚合酶与启动子的识别与结合。

原核生物基因组的特点：基因组 DNA 通常为单一闭环双链分子；只有一个复制起点，基因组所含基因数量较多，并且形成操纵子结构；基因组序列的 50% 是编码序列。

原核生物基因表达的特点：以操纵子为转录单位；转录的特异性由 σ 因子决定；转录与翻译偶联。

原核生物基因表达调控的特点：既有正调控，又有负调控；调节蛋白都是 DNA 结合蛋白；存在衰减子调控机制和应急应答调控机制。

转录水平的调控是对 RNA 合成时机、合成水平的调控。原核生物基因的转录调控序列包括启动子、终止子、操纵基因和激活蛋白结合位点，转录调节蛋白包括特异因子、阻遏蛋白、激活蛋白。

大肠杆菌乳糖操纵子编码催化乳糖分解代谢的一组酶，表达受双重调控：一方面受阻遏蛋白的阻遏调控，该阻遏被诱导物别乳糖解除；另一方面受分解代谢物基因激活蛋白的激活调控，该激活依赖 cAMP。

真核生物基因组的特点：染色体 DNA 是线性分子，形成染色体结构，且数目一定；基因组中包含大量重复序列及可移动序列，仅有不到 10% 是编码序列；基因在基因组中散在分布，存在各种基因家族。

真核生物基因表达的特点：以基因为转录单位；转录后加工更复杂；转录与翻译存在时空隔离；翻译及翻译后修饰更复杂。

真核生物基因表达调控的特点：既有瞬时调控，又有发育调控；调控环节更多；染色质结构变化影响转录效率；转录调控以正调控为主；调控序列多并且可以远离转录区；调节蛋白种类繁多，调节机制复杂。

真核生物染色质水平调控的本质是通过染色质活化、组蛋白修饰、DNA 甲基化、基因重排、基因扩增等改变染色质结构或使染色质丢失，这种调控稳定而持久。

真核生物基因的转录调控序列包括启动子、终止子、增强子和沉默子，转录调节蛋白包括通用转录因子、转录调节因子和共调节因子。调节蛋白含特定的 DNA 结合域、转录激活域或二聚化域，通过数量调节、化学修饰调节、变构调节、蛋白质 – 蛋白质相互作用等方式调节基因表达。

第十七章　血液生化

　　血液（blood）是由血细胞和血浆组成、分布于心血管系统内的流体组织。血细胞以红细胞为主（占血细胞总数的99%），此外还有少量白细胞和血小板等。**血浆**（plasma）成分包括血浆蛋白质、小分子晶体物质和水，占全血体积的55%~60%，可以通过离心抗凝血制备（不包括外加抗凝剂成分）。**血清**（serum）是指血液在体外凝固后析出的淡黄色透明液体。血清和血浆的主要区别是血清中不含纤维蛋白原及部分凝血因子，因为在血液凝固过程中，纤维蛋白原（fibrinogen）转化成纤维蛋白，凝固于血块中。

　　健康人体**血量**（blood volume，即血液总量，又称**血容量**）约占体重的8%。失血超过血量的20%会严重影响身体健康，超过30%会危及生命。血液的密度为1.050~1.060g/cm³，pH为7.35~7.45，渗透压约为770kPa。

　　很多疾病会导致血液成分和性质发生特征性变化，所以血液检查具有重要的临床诊断意义。本章简单介绍血浆蛋白质和红细胞代谢，血浆小分子晶体物质和水将在第十九章介绍。

第一节　血浆蛋白质

　　由于血液在机体各组织器官之间循行，并不断进行物质交换，所以血液组成比较复杂。在生理条件下，各组成成分含量相对稳定；在病理状态下，某些血液成分将发生变化，所以分析血液成分对疾病诊断、治疗和预后有一定帮助。

　　血浆中含1000多种蛋白质，统称**血浆蛋白质**。健康成人血浆含蛋白质60~80g/L，含量仅次于水。各种血浆蛋白质含量多寡不同，多至每升数十克，少至每升几毫克。除白蛋白之外，几乎所有血浆蛋白质均为糖蛋白。

一、血浆蛋白质分类

　　血浆蛋白质可按分离方法和生理功能进行分类。

　　1. 盐析分类法　根据各种血浆蛋白质在不同浓度的盐溶液中溶解度的不同，可以将其分级沉淀，例如白蛋白可在饱和硫酸铵溶液中析出，球蛋白可在50%饱和度硫酸铵溶液析出。用盐析法可将血浆蛋白质分为白蛋白、球蛋白、纤维蛋白原三类。

2. 电泳分类法 各种血浆蛋白质的分子大小不同、所带电荷不同，因此在电场中泳动速度不同。例如用醋酸纤维薄膜电泳（pH = 8.6）分析血浆蛋白质，按泳动由快到慢顺序可分出白蛋白、α_1 球蛋白、α_2 球蛋白、β 球蛋白和 γ 球蛋白等（表 17 - 1）。

表 17 - 1 部分血浆蛋白质来源和主要功能

血浆蛋白质	来源	主要功能
白蛋白	来自肝脏	维持血浆胶体渗透压，运输代谢物
α_1 球蛋白、α_2 球蛋白	主要来自肝脏	形成血浆脂蛋白
β 球蛋白	大部分来自肝脏	形成血浆脂蛋白
γ 球蛋白	主要来自浆细胞	机体免疫
纤维蛋白原	来自肝脏	参与凝血
凝血酶原	来自肝脏	参与凝血

此外，用分辨率更高的聚丙烯酰胺凝胶电泳或免疫电泳可从血浆中分离出更多的蛋白质成分。

3. 功能分类法 ①凝血系统蛋白质，13 种凝血因子中的 12 种均为蛋白质。②纤溶系统蛋白质，包括纤溶酶原、纤溶酶、纤溶酶原激活物、纤溶抑制物。③补体系统蛋白质。④免疫球蛋白。⑤脂蛋白。⑥血浆蛋白酶抑制剂，包括酶原激活抑制剂、凝血抑制剂、纤溶酶抑制剂、激肽释放抑制剂、内源性蛋白酶及其他蛋白酶抑制剂。⑦载体蛋白。⑧未知功能蛋白。

二、血浆蛋白质来源

血浆蛋白质按其来源不同可分为两大类：

1. 血浆功能性蛋白质 是指由各种组织细胞合成后分泌入血浆，并在血浆中发挥作用的蛋白质，例如抗体、补体、凝血酶原、转运蛋白等。这类蛋白质量和质的变化可以反映机体代谢的变化。除了 γ 球蛋白来自浆细胞之外，血浆功能性蛋白质 90% 以上在肝细胞合成，例如白蛋白、凝血酶原、纤维蛋白原。

2. 血浆非功能性蛋白质 是指在细胞更新或损伤时逸入血浆的蛋白质，例如血红蛋白、淀粉酶、转氨酶等。这些蛋白质在血浆中的出现或增多可以反映有关组织的更新、损伤或细胞通透性的改变。

某些血浆蛋白质在炎症、感染、肿瘤或组织损伤的急性反应时相含量有明显变化，它们被称为**急性时相蛋白**（APP），包括正急性时相蛋白和负急性时相蛋白：①**正急性时相蛋白**在急性反应时相含量增多，例如凝血蛋白（纤维蛋白原、凝血酶原、因子Ⅷ、纤溶酶原）、运输蛋白（结合珠蛋白、血红素结合蛋白、铜蓝蛋白）、补体、α_1 抗胰蛋白酶等蛋白酶抑制剂、纤维连接蛋白、C 反应蛋白等。这些急性时相蛋白的增多少至 50%，最多可达 1000 倍。在炎症反应时发挥一定作用，如 α_1 抗胰蛋白酶能使急性炎症反应时释放的某些蛋白酶失活。②**负急性时相蛋白**在急性反应时相含量减少，例如白蛋白与运铁蛋白。

白介素 1 是单核吞噬细胞释放的一种多肽，能刺激肝细胞合成许多急性时相蛋白。

三、血浆蛋白质功能

血浆蛋白质是血液的主要成分，在血液沟通内外环境、联系机体各组织器官、维持内环境稳定及物质运输、免疫、凝血和抗凝血等方面都发挥重要作用。

1. 维持血浆胶体渗透压　血浆蛋白质含量为 60~80g/L，而细胞间液蛋白质含量仅为 0.5~10g/L，因此血浆蛋白质含量远高于细胞间液，这种差异使血浆具有较高的胶体渗透压，而胶体渗透压是控制血管内外水分配、维持血量的重要因素。

健康人血浆含白蛋白（ALB，A）35~55g/L，是血浆中含量最多的蛋白质，是维持血浆胶体渗透压的主要因素，血浆胶体渗透压的 75%~80% 由白蛋白维持。

白蛋白在肝脏中合成。健康成人肝脏每日合成白蛋白约 12g，占肝脏合成蛋白质总量的 1/4，占肝脏分泌蛋白质总量的 1/2，所以当机体营养不良或肝脏功能障碍时，血浆白蛋白减少，引起血浆胶体渗透压降低。如果血浆白蛋白低于 30g/L，会导致水潴留于细胞间液，出现水肿或腹水。

2. 运输作用　①运输难溶于水的化合物，例如白蛋白运输脂肪酸、磺胺类药物，脂蛋白运输甘油三酯和胆固醇，运铁蛋白和铜蓝蛋白运输铁。②运输易被细胞摄取并灭活、或对组织造成毒害作用的化合物，例如白蛋白运输游离胆红素。③运输易经肾小球滤出的化合物，延长其血浆半衰期，例如白蛋白运输钙，甲状腺素结合球蛋白运输甲状腺激素，运皮质激素蛋白运输类固醇激素，肝细胞释放的视黄醇 – 视黄醇结合蛋白复合物在血浆中与运甲腺蛋白（transthyretin，又称甲状腺素视黄质运载蛋白）形成复合体，向肝外组织运输。

3. 凝血、抗凝和纤溶作用　多数凝血因子、抗凝物质、纤溶系统属于血浆蛋白质，且常以无活性前体（例如酶原）形式存在，在一定条件下被激活后发挥凝血、抗凝血和纤溶作用，维护循环系统。

（1）凝血因子：**凝血**即**血液凝固**（blood coagulation），是指血液由流动的液体状态变成不能流动的凝胶状态的过程，其生物化学过程是纤维蛋白原（又称血纤蛋白原）被活化成纤维蛋白（又称血纤蛋白），交织成网，把血细胞网罗其中，形成血凝块。血浆中直接参与凝血的物质统称**凝血因子**，根据发现的先后顺序分别以罗马数字命名为因子 I（即纤维蛋白原）到因子 XIII。因子 VI 后被证明是活化的因子 V（Va）。除因子 III 外，其余凝血因子均存在于血浆中。除因子 IV 为 Ca^{2+} 外，其余凝血因子均为蛋白质。除因子 III、IV、V 外，其余凝血因子均由肝细胞合成。因此，肝细胞损伤严重（例如肝硬化）患者凝血因子合成不足，会导致凝血功能障碍，出现凝血时间延长和出血倾向。

（2）抗凝物质：①丝氨酸蛋白酶抑制物，例如抗凝血酶 III，通过抑制 IXa、Xa、XIa、XIIa 及凝血酶，阻断凝血过程。②蛋白质 C 系统，例如蛋白质 C 是由肝脏合成的一种依赖维生素 K 的糖蛋白，以酶原形式存在，被因子 IIa 激活后通过抑制 Va、VIIIa、Xa 等抗凝。③组织因子途径抑制物，直接抑制 Xa，进一步抑制 VIIa。④肝素，激活抗凝血酶 III。

（3）纤溶系统：主要包括纤溶酶原、纤溶酶、纤溶酶原激活物、纤溶抑制物，可使纤维蛋白、纤维蛋白原降解成可溶性小肽，使纤维蛋白凝块适时溶解、及时清除，保证血管通畅、促进组织修复与再生。

凝血与抗凝、凝血与纤溶，是健康人体内存在的相互联系、互相制约、对立统一的动态平衡过程。

4. 免疫作用　血液中存在一些被称为抗体（Ab）或免疫球蛋白（Ig）的糖蛋白，在体液免疫中的作用是识别并结合抗原，形成抗原－抗体复合物，激活血浆中的另一类免疫蛋白——补体蛋白，消除抗原对机体的损伤。

免疫球蛋白是由浆细胞合成分泌的，结构单位是由两条重链（H链，由450个氨基酸构成）和两条轻链（L链，由210～230个氨基酸构成）以二硫键相连形成的单体，多数属于 γ 球蛋白，分为IgG、IgA、IgM、IgD、IgE 五大类，其中IgG、IgD、IgE 是单体，IgA 是二聚体，IgM 是五聚体。

5. 催化作用　血浆中存在的各种酶统称**血清酶**，其来源不同，作用也不同，包括血浆功能酶、外分泌酶、细胞酶。

6. 营养作用　机体某些组织细胞（例如单核吞噬细胞系统）可以摄取血浆蛋白质并降解成氨基酸，供给合成蛋白质、其他含氮化合物，或异生成糖、氧化供能。

7. 维持酸碱平衡　健康人血液 pH = 7.35～7.45。蛋白质是两性电解质，大多数血浆蛋白质的等电点在4.0～7.3之间，所组成的缓冲系占全血缓冲系的7%，是维持血液酸碱平衡的重要因素（第十九章，343页）。

第二节　非蛋白氮

非蛋白氮（NPN）是指血液中除蛋白质外的所有含氮化合物的氮总量，主要来自尿素、尿酸、肌酸、肌酐、氨基酸、肽、胆红素和氨等含氮化合物。这些非蛋白质含氮化合物除氨基酸和肽之外几乎都是蛋白质与核酸的代谢终产物，因而是氮的主要排泄形式，可以经血液运输到肾，随尿液排出。因此，血液非蛋白氮含量的变化一方面可以反映机体蛋白质和核酸的代谢状况，另一方面还能反映肾脏的排泄功能。

健康成人全血非蛋白氮含量为 14.3～25.0mmol/L。肾功能严重障碍会导致血液中非蛋白氮增多。值得注意的是：机体摄入氮过多，肾血流量（RBF）下降，消化道出血，蛋白质分解增多等，均能引起血液非蛋白氮增多。因此，临床上将血液非蛋白氮增多称为**氮质血症**（azotemia）。

1. 尿素　是蛋白质分解代谢的终产物之一，也是血液非蛋白氮的主要来源，约占非蛋白氮总量的1/2，因而称之为**血尿素氮**（BUN）。检测血尿素氮和非蛋白氮的临床意义一致，均可作为评价肾功能的指标。

2. 尿酸　是嘌呤化合物分解代谢的终产物。核酸分解增多（如白血病、恶性肿瘤等），其他嘌呤化合物分解代谢过多，肾脏排泄功能障碍，或其他疾病，均能使血中尿酸积累。

3. 肌酸　主要存在于肌肉和脑组织中，其与 ATP 反应生成的磷酸肌酸是高能磷酸基团的储存形式。肌酸代谢终产物及排泄形式是**肌酐**（creatinine，又称肌酸酐），健康人每日产生一定量的肌酐，并随尿液排泄。健康人血中肌酸的含量为 $228.8 \sim 533.8\mu mol/L$，肌酐的含量为 $88.4 \sim 176.8\mu mol/L$。肾功能障碍患者肌酐排泄受阻，在血液中积累，临床上常通过检测血液肌酐水平评价肾功能。血液肌酐水平不受摄入氮量影响，因而其评价肾功能的临床意义优于血尿素氮。

第三节 红细胞代谢

红细胞是数量最多的血细胞，占血细胞总数的99%。我国成年男性红细胞数量为 $4.0 \times 10^{12} \sim 5.5 \times 10^{12}/L$，女性为 $3.5 \times 10^{12} \sim 5.0 \times 10^{12}/L$。红细胞的主要成分是血红蛋白，我国成年男性血红蛋白水平为 $120 \sim 160g/L$，女性为 $110 \sim 150g/L$。红细胞的主要功能是运输 O_2 和 CO_2，维持酸碱平衡。

哺乳动物的红细胞和其他血细胞一样均起源于造血干细胞，其形成及成熟过程依次经历造血干细胞→红系定向祖细胞→原始红细胞→早幼红细胞→中幼红细胞→晚幼红细胞→网织红细胞→成熟红细胞各阶段。红细胞在成熟过程中经历一系列的形态和代谢的改变：从原始红细胞到晚幼红细胞均为有核细胞，细胞中含内质网、线粒体等细胞器，与一般体细胞一样，具有合成核酸和蛋白质的能力，可以分裂。晚幼红细胞之后细胞即不再分裂，分化过程中细胞核被排出而成为无核的网织红细胞，但尚含少量 RNA 及线粒体，仍可合成蛋白质及进行有氧氧化。

一、成熟红细胞代谢特点

成熟红细胞无细胞核及其他细胞器结构，因此代谢简单，不能合成蛋白质，不能进行有氧氧化，只保留对其生存和功能发挥重要作用的少数代谢途径，如糖酵解途径、2,3-二磷酸甘油酸支路和磷酸戊糖途径等。

成熟红细胞通过载体介导的易化扩散每日从血浆摄取30g葡萄糖，其中90%～95%消耗于糖酵解，以获得 ATP、2,3-二磷酸甘油酸；5%～10%消耗于磷酸戊糖途径，以获得 NADPH。

1.2,3-二磷酸甘油酸支路 是红细胞特有的一个糖酵解侧支：①糖酵解中间产物1,3-二磷酸甘油酸变位生成2,3-二磷酸甘油酸，反应由二磷酸甘油酸变位酶催化。②2,3-二磷酸甘油酸脱磷酸生成3-磷酸甘油酸，反应由2,3-二磷酸甘油酸磷酸酶催化（图17-1）。

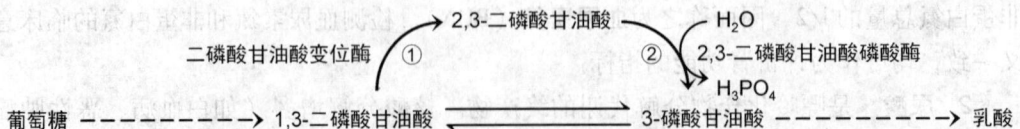

图 17-1 2,3-二磷酸甘油酸支路

2,3-二磷酸甘油酸支路有三个特点：①两步反应均是释能反应，且反应不可逆。②

二磷酸甘油酸变位酶受 2,3-二磷酸甘油酸反馈抑制，所以只有 15% ~ 50% 的 1,3-二磷酸甘油酸进入该支路。③2,3-二磷酸甘油酸磷酸酶活性低于二磷酸甘油酸变位酶，所以有 2,3-二磷酸甘油酸积累，浓度可达 4 ~ 5mmol/L，与血红蛋白浓度（≈5.5mmol/L）在同一水平。

2. 2,3-二磷酸甘油酸的功能 红细胞通过 2,3-二磷酸甘油酸支路获得 2,3-二磷酸甘油酸，调节血红蛋白的氧合力，促进氧分子的释放，供组织细胞利用（第三章，50页）。

3. ATP 的功能 红细胞通过糖酵解获得 ATP：①主要用于维持细胞膜钠泵活动，以保持红细胞内外的钠钾分布、细胞容积、细胞形态。一旦 ATP 缺乏，Na^+ 不能及时泵出红细胞而积累，会使红细胞膨胀而溶血。②还用于维持细胞膜钙泵活动，将扩散进入细胞的 Ca^{2+} 及时泵出。一旦 Ca^{2+} 在细胞内积累过多，会导致红细胞变形、细胞膜僵硬，易被脾、肝清除。③为谷胱甘肽合成供能。④维持膜脂更新。

4. NADPH 的功能 红细胞通过磷酸戊糖途径获得 NADPH：①维持高水平还原型谷胱甘肽，辅助其清除活性氧，保护细胞膜、膜蛋白、血红蛋白等。②还原高铁血红蛋白（NADH、抗坏血酸、还原型谷胱甘肽均有此功能），维持红细胞的正常结构和功能（第八章，149页）。

二、血红素合成

血红蛋白是缀合蛋白质，由珠蛋白和血红素缔合而成。血红素是含铁的卟啉化合物，卟啉由四个吡咯环组成，Fe^{2+} 位于其中心。由于血红素有共轭结构，所以性质比较稳定。此外，血红素还是细胞色素等其他血红素蛋白的辅基，有重要的生理功能。

1. 合成原料和场所 血红素的基本合成原料是琥珀酰辅酶 A、甘氨酸和 Fe^{2+}，主要在骨髓和肝脏合成。此外，多数其他组织也能少量合成。合成的起始阶段（图 17 - 2①）和终末阶段（图 17 - 2⑥ ~ ⑧）在线粒体内进行，中间阶段（图 17 - 2② ~ ⑤）则在细胞质中进行。

2. 合成过程 健康成人每日合成 6g 血红蛋白，需要 210mg 血红素。血红蛋白血红素主要在骨髓的幼红细胞和网织红细胞内合成，成熟红细胞不能合成。

（1）琥珀酰辅酶 A 与甘氨酸缩合生成 δ-氨基-γ-酮戊酸，反应由 **δ-氨基-γ-酮戊酸合酶** 催化，以磷酸吡哆醛为辅助因子。

（2）两分子 δ-氨基-γ-酮戊酸脱水缩合生成胆色素原，反应由 δ-氨基-γ-酮戊酸脱水酶催化。

δ-氨基-γ-酮戊酸脱水酶是巯基酶，对铅等重金属非常敏感，因此血红素合成被抑制是铅中毒的重要体征。铅中毒会引起 δ-氨基-γ-酮戊酸积累，但胆色素原不增加。

（3）四分子胆色素原脱氨缩合并水解，生成羟甲基胆色素烷（hydroxymethylbilane），反应由胆色素原脱氨酶催化。

（4）羟甲基胆色素烷脱水生成尿卟啉原Ⅲ，反应由尿卟啉原Ⅲ合酶催化。

（5）尿卟啉原Ⅲ脱羧基生成粪卟啉原Ⅲ，反应由尿卟啉原Ⅲ脱羧酶催化。

（6）粪卟啉原Ⅲ氧化脱羧生成原卟啉原Ⅸ，反应由粪卟啉原Ⅲ氧化酶催化。

（7）原卟啉原Ⅸ氧化生成原卟啉Ⅸ，反应由原卟啉原Ⅸ氧化酶催化。

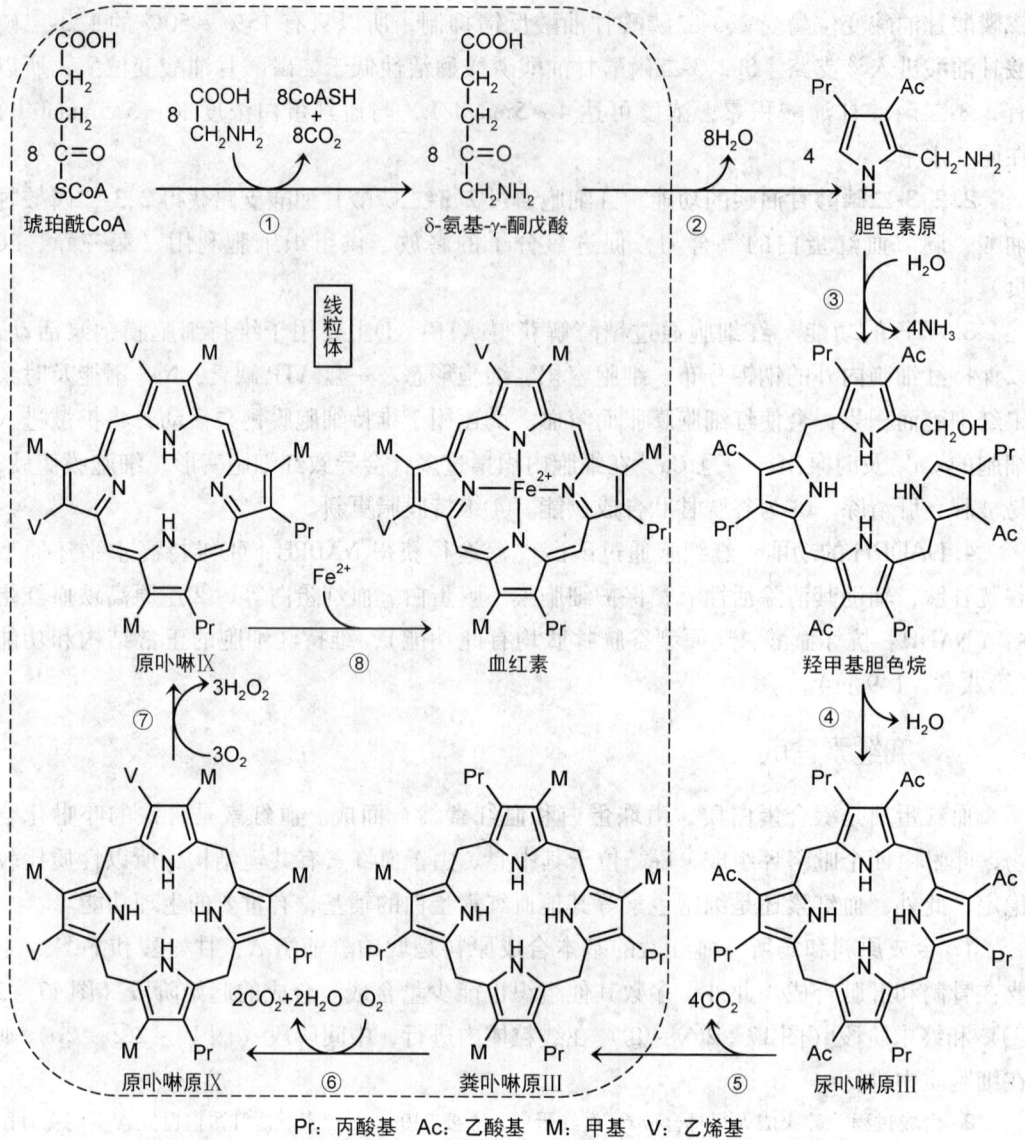

图 17-2　血红素合成

（8）原卟啉Ⅸ与 Fe^{2+} 螯合，生成血红素，反应由亚铁螯合酶（又称血红素合酶）催化，该酶含 [2Fe-2S]型铁硫簇，可被 NO 抑制。

血红素合成后从线粒体转运到细胞质，与珠蛋白缩合成血红蛋白。

3. 合成调节　δ-氨基-γ-酮戊酸合酶是血红素合成途径的关键酶，其活性受到调节，包括结构调节和数量调节。

（1）变构调节：游离血红素作为变构抑制剂有反馈抑制作用。通常血红素与珠蛋白同步合成，合成后即缩合成血红蛋白，无游离血红素积累。一旦血红素合成快于珠蛋白合成，过量游离血红素就会被氧化成高铁血红素，后者也是 δ-氨基-γ-酮戊酸合酶的抑制剂。

（2）阻遏表达：血红素阻遏 δ-氨基-γ-酮戊酸合酶基因表达。

（3）诱导表达：①肾脏合成促红细胞生成素（EPO），缺氧时释放入血，运至骨髓促进血红素、血红蛋白合成及有核红细胞成熟。②某些非营养物质（例如致癌剂、药物、杀虫剂）诱导 δ-氨基-γ-酮戊酸合酶基因表达，促进血红素合成，以装配 P450，加快生物转化（第十八章）。

☯ 链 接

中医药与造血调控

血细胞的增殖以造血干细胞（HSC）和造血祖细胞（HPC）的活动为主。正常有效的造血依赖于二者与造血微环境（HM）的相互作用。造血微环境包括骨髓微血管系统、骨髓基质细胞（基质干细胞及一些较成熟细胞，如成纤维细胞、脂肪细胞、内皮细胞和成骨细胞等）、细胞外基质（纤连蛋白、层粘连蛋白和胶原蛋白等）和多种细胞因子（造血生长因子、趋化因子等）。造血细胞能广泛表达整合素（如 VLA4、VLA5 等，属于黏附分子家族）。基质细胞除能分泌多种细胞因子，还分泌细胞外基质。整合素是骨髓基质细胞表达的纤连蛋白（FN）、血管细胞黏附分子 1（VCAM-1）等的受体，通过与配体结合介导造血细胞的迁移和归巢，将造血细胞固定于局部，在局部接受高浓度细胞因子的作用而活化、增殖、分化、成熟。当各种原因导致造血功能低下或障碍时，会导致外周血的血细胞减少，临床上主要表现为贫血，如肿瘤患者因放化疗所致骨髓抑制等。

中医没有贫血的概念，而是将其列入"血虚"的范畴。放化疗是肿瘤患者治疗的主要手段之一，而骨髓抑制、造血功能障碍是其主要的并发症。目前，针对中医药在促进放化疗所致骨髓抑制的造血功能恢复、预防及治疗放化疗所致骨髓损伤等方面，已有大量的研究报道，其中既涉及治法与方剂研究，也涉及单味药与活性成分研究。在治法方面，包括益气补血、补血活血、补肾益髓、补肾化瘀、健脾益气、活血化瘀等方法，其代表方如当归补血汤、四物汤、十全大补汤、归脾汤、补髓生血颗粒、补肾活血方、复方活血汤等。在单味药研究方面，主要有当归、黄芪、熟地、川芎、白芍、人参、制首乌、枸杞、补骨脂、鸡血藤等。而关于补血的活性成分研究则主要集中在中药多糖和苷类，如当归多糖、熟地多糖、制首乌多糖、人参多糖、红景天多糖、枸杞多糖等中药多糖，以及人参皂苷、黄芪甲苷、芍药苷、西洋参茎叶皂苷、红景天苷等苷类。这些中药复方、单味药以及活性成分的补血作用机制主要有：促进骨髓造血干/祖细胞的增殖、抑制其凋亡；促进骨髓基质细胞增殖；促进造血生长因子及造血生长因子受体的表达；促进骨髓基质细胞黏附分子、细胞外基质的分泌等。这些研究为丰富中医补血理论的科学内涵、提高临床疗效提供了一定科学依据。

小 结

血液由血细胞和血浆组成。血浆成分包括血浆蛋白质、小分子晶体物质和水。

除白蛋白之外，其余血浆蛋白质都是糖蛋白。

血浆蛋白质用盐析法可分为白蛋白、球蛋白、纤维蛋白原，用醋酸纤维薄膜电泳可分为白蛋白、α_1 球蛋白、α_2 球蛋白、β 球蛋白和 γ 球蛋白等。血浆蛋白质还可以根据功能分为凝血系统蛋白质、纤溶系统蛋白质、补体系统蛋白质、免疫球蛋白、脂蛋白、血浆蛋白酶抑制剂、载体蛋白等。

血浆蛋白质按其来源不同可分为血浆功能性蛋白质和血浆非功能性蛋白质。某些血浆蛋白质是急性时相蛋白，与炎症、感染、肿瘤或组织损伤的急性反应时相有关。

血浆蛋白质是血液的主要成分，在血液沟通内外环境、联系机体各组织器官、维持内环境稳定及物质运输、免疫、凝血和抗凝血等方面都发挥重要作用。

血液含尿素、尿酸、肌酸、肌酐、氨基酸、肽、胆红素和氨等非蛋白氮，其含量的变化一方面可以反映代谢状况，另一方面还能反映肾脏排泄功能。

红细胞是数量最多的血细胞，主要功能是运输 O_2 和 CO_2，维持酸碱平衡。

成熟红细胞无细胞核及其他细胞器结构，因此代谢简单，只保留对其生存和功能发挥重要作用的少数代谢途径。

红细胞通过 2,3-二磷酸甘油酸支路获得 2,3-二磷酸甘油酸，通过糖酵解获得 ATP，通过磷酸戊糖途径获得 NADPH，维持红细胞结构及功能。

血红素在骨髓和肝脏用琥珀酰辅酶 A、甘氨酸和 Fe^{2+} 合成，与珠蛋白缔合成血红蛋白。δ-氨基-γ-酮戊酸合酶是血红素合成途径的关键酶，其活性受到结构调节和数量调节。

第十八章　肝胆生化

成人肝重 1.2 ~ 1.5kg，占体重的 2% ~ 5%，是人体第二大器官、第一大腺体。肝脏是代谢最旺盛的器官，也是安静状态下产热量最高的脏器，其耗氧量占机体总耗氧量的 20%。肝脏不仅在糖、脂类、蛋白质、核酸、维生素和激素的代谢过程中起重要作用，是物质代谢相互联系的重要场所，而且还具有转化、分泌和排泄等重要功能，被誉为"物质代谢的中枢器官"、体内最大的"化工厂"等。肝脏如果发生疾患会影响机体代谢，严重时危及生命。因此，维持肝脏的正常功能对机体有着举足轻重的意义。

第一节　肝脏的形态结构与化学组成

肝脏在物质代谢中的重要性是由其形态结构和化学组成的特点决定的。

1. 肝脏的形态结构　肝脏的形态结构有如下特点：

（1）有两条输入通道（肝动脉和门静脉）：肝脏 25% 血供来自肝动脉，从中获得来自肺的 O_2 和来自其他组织的代谢物；肝脏 75% 血供来自门静脉，从中获得来自消化道的各种营养物质，为肝脏进行物质代谢奠定基础。

（2）有两条输出通道（肝静脉与胆道系统）：肝静脉汇入体循环，将肝脏的代谢物运至其他组织利用，或排出体外；胆道系统通往肠道，可以排出胆汁，排泄非营养物质及其转化产物。

两进两出这一独特的畅通运输网使肝脏成为代谢中枢。

（3）有丰富的肝血窦：肝动脉和门静脉在肝脏内经反复分支，形成小叶间动脉及静脉，最后均汇入肝血窦。血窦结构使血液流速减缓，与肝细胞的接触面积增大，有利于与肝细胞进行物质交换。

（4）有丰富的细胞器：丰富的线粒体是糖、脂肪和蛋白质等物质氧化供能的主要场所；大量的内质网是脂类和蛋白质合成的主要场所；富含生物转化酶类的微粒体是生物转化的主要场所。

2. 肝脏的化学组成　肝脏的化学组成特点是蛋白质含量多，约占其干重的 50%，其中有一部分是膜蛋白质，其余主要是酶。丰富的酶类使肝脏在代谢中起重要作用。

第二节　肝脏在物质代谢中的作用

肝脏是代谢最活跃的场所之一，是营养物质的加工厂和调配中心，从食物消化吸收的几乎所有单糖和氨基酸及一部分脂类先从门静脉进入肝脏，再分配给其他组织，有些还要进行必要的加工改造。

1. 肝脏在糖代谢中的作用　肝脏在糖代谢中最重要的作用是通过糖原代谢与糖异生维持血糖水平的相对稳定。①饱食状态下血糖水平升高，大量的葡萄糖被肝细胞通过葡萄糖转运蛋白2（GLUT2）摄取并合成肝糖原储存起来。由于肝糖原储量有限，所以当大量葡萄糖被肝细胞摄取之后，过多的葡萄糖可以转化成脂肪，并通过极低密度脂蛋白（VLDL）输出，储存于脂肪组织。②空腹状态下血糖水平下降，肝脏将肝糖原分解成葡萄糖，释放入血，维持血糖水平，成为血糖主要来源。③饥饿十几个小时之后肝糖原消耗殆尽，肝脏通过糖异生合成葡萄糖，补充血糖，维持血糖水平。

肝脏严重受损时肝糖原代谢及糖异生能力减弱，难以维持正常血糖水平，因而进食后会出现一过性高血糖，饥饿时则出现低血糖。

2. 肝脏在脂类代谢中的作用　肝脏在脂类的消化、吸收、分解、合成和运输等方面均起重要作用。

（1）参与脂类的消化吸收：肝脏可以将胆固醇转化成胆汁酸，汇入胆汁，通过胆总管排入十二指肠，作为乳化剂乳化食物脂类，促进其消化吸收。如果肝胆疾患导致胆汁酸合成分泌减少，或胆道阻塞导致胆汁排泄困难，会引起脂类的消化吸收障碍，出现厌油腻和脂肪泻等临床症状。

（2）是脂肪酸分解、合成和改造的主要场所：肝脏内脂肪酸的分解代谢和合成代谢十分活跃，这是因为其线粒体内有丰富的脂肪酸分解酶系，细胞质中有丰富的脂肪酸合成酶系。

（3）是酮体合成的唯一场所：肝细胞线粒体可以用脂肪酸分解产生的乙酰辅酶A合成酮体，通过血液循环转运到肝外组织氧化供能。

（4）是胆固醇代谢的主要场所：①肝脏合成胆固醇并进一步合成胆固醇酯，向肝外输出胆固醇和胆固醇酯。肝脏合成的胆固醇占全身合成总量的80%，是血浆胆固醇的主要来源。②肝脏将胆固醇转化成胆汁酸汇入胆汁。③肝脏向血液释放卵磷脂－胆固醇酰基转移酶（LCAT），与高密度脂蛋白（HDL）共同清除血浆游离胆固醇。

（5）是甘油三酯和磷脂合成的场所：甘油三酯和磷脂在肝脏合成最多、最快，合成后进一步装配成脂蛋白，向肝外组织（特别是脂肪组织）输出。

（6）合成分泌的白蛋白是游离脂肪酸在血浆中的运输工具。

3. 肝脏在蛋白质代谢中的作用　肝脏的蛋白质代谢和氨基酸代谢非常活跃，主要表现在蛋白质合成、氨基酸分解和尿素合成等方面。

（1）是蛋白质合成的重要场所：肝脏合成蛋白质有三个特点：①合成量多：在人体各组织器官中，肝脏的蛋白质合成量最多，占全身合成量的40%以上。②合成种类多：在血浆中，除了γ球蛋白之外（主要在浆细胞合成），其余血浆蛋白质主要甚至全部来自肝细胞，例如白蛋白、凝血酶原和纤维蛋白原（表17-1）。肝脏每日可合成15～50g血浆蛋白质。③更新快：肝脏大部分蛋白质的半衰期为1～8天，而结缔组织一些蛋白质的半衰期为180天。

　甲胎蛋白（AFP）是胚胎肝细胞合成的一种血浆蛋白质，出生后AFP基因沉默，因而健康人血浆中难以检出AFP。原发性肝癌患者癌细胞内AFP基因激活，其血浆中可以检出AFP，因此检测血浆 AFP 对原发性肝癌有一定的诊断意义，已经用于肝癌普查。不过肝炎、肝硬化炎症活动期、妊娠妇女、生殖腺胚胎癌以及少数转移性肿瘤都可出现 AFP 增多，因此 AFP 作为诊断指标有一定局限性。

（2）是氨基酸分解的主要场所：肝细胞内含有丰富的氨基酸代谢酶，所以氨基酸代谢（包括脱氨基、脱羧基及其他特殊代谢）非常活跃。当肝脏受损时，肝细胞通透性提高，某些酶（如 GPT）逸出肝细胞，进入血浆；临床上常通过分析血清（浆）酶活性或同工酶谱辅助诊断肝病（第五章，98 页；第十章，198 页）。

（3）是尿素合成的唯一场所：从肠道吸收的氨和各组织氨基酸分解产生的氨在肝脏合成尿素，以解氨毒。肝病导致尿素合成减少，血氨增多，会发生氨中毒，这是肝昏迷的原因之一（第十章，202 页）。

4. **肝脏在维生素代谢中的作用** 肝脏参与维生素的吸收、运输、转化和储存。

（1）肝脏分泌的胆汁促进脂溶性维生素的吸收。胆汁分泌障碍会导致脂溶性维生素吸收不足，甚至出现缺乏。

（2）维生素在血浆中与脂蛋白或特异的结合蛋白结合运输，例如维生素 A、D 分别由视黄醇结合蛋白、维生素 D 结合蛋白运输，这些蛋白质主要由肝脏合成。

（3）肝脏能转化维生素，如将胡萝卜素转化成维生素 A，将维生素 D_3 转化成 25-羟基维生素 D_3，将硫胺素、烟酰胺、泛酸转化成辅助因子。

（4）肝脏能储存维生素，维生素 A、D、E、K 和 B_{12} 主要在肝脏内储存。

5. **肝脏在激素代谢中的作用** 肝脏参与激素灭活或活化。

（1）激素在体内发挥其调节作用之后便被分解和转化，从而降低或失去活性，该过程称为**激素灭活**（inactivation of hormone）。一种激素灭活 50% 所需的时间称为其**半衰期**，它反映激素的更新速度。类固醇激素、甲状腺激素主要在肝脏内灭活，转化成易于排泄的形式，其中大部分随尿液排泄，少部分随胆汁排泄，例如甲状腺激素在肝细胞内被 UDP-葡糖醛酸或 PAPS 灭活后随胆汁排泄。肝硬化患者的激素灭活能力减弱，造成某些激素积累，导致内分泌紊乱。例如：雌激素积累引起蜘蛛痣、男性乳腺发育、肝掌（毛细血管扩张）；醛固酮和抗利尿激素积累引起水钠潴留而出现水肿或腹水等。

（2）肝脏参与激素活化，例如四碘甲腺原氨酸被肝细胞吸收后脱碘，转化成活性更高的三碘甲腺原氨酸。

第三节　生物转化

在生命活动过程中，体内产生和从体外摄取的某些物质既不能构建组织，又不能氧化供能，常被归为非营养物质。有些非营养物质可以直接排出体外，例如二氧化碳，有些则需先进行转化，最终增加其水溶性或极性，使其易于随胆汁或尿液排出体外，这一转化过程称为**生物转化**（biotransformation）。

体内进行生物转化的非营养物质按其来源可以分为内源性和外源性两类：内源性物质既包括有待灭活的激素和神经递质等活性物质、胆固醇和血红素等机体不再需要的物质，也包括氨等毒物。外源性物质既包括食品添加剂、药物、毒物和化学污染物，也包括蛋白质的腐败产物。

　　肝脏是进行生物转化的主要场所，这是因为在肝细胞的细胞质、微粒体及线粒体内存在着大量的生物转化酶类。此外，其他组织如肺、脾、肾、肠也能进行生物转化。

一、生物转化的类型

生物转化过程包括许多化学反应，可以分为第一相反应和第二相反应。

（一）第一相反应

　　第一相反应（phase I reaction of biotransformation）是指通过氧化、还原、水解、水化等酶促反应向非营养物质分子结构中引入极性基团，如羟基、羧基、巯基、氨基等，使其极性增强，水溶性提高，易于排出体外，反应在细胞质、内质网、微粒体等场所进行。

　　1. 氧化反应　是生物转化最常见的反应类型。肝细胞含有参与生物转化的各种氧化酶类，如 P450 羟化酶系、单胺氧化酶和脱氢酶。

　　（1）P450 羟化酶系主要位于肝和肾上腺等的微粒体膜和内质网膜上，催化大多数非营养物质的羟化，例如催化 1,25-二羟维生素 D_3 发生 C-24 羟化而灭活。

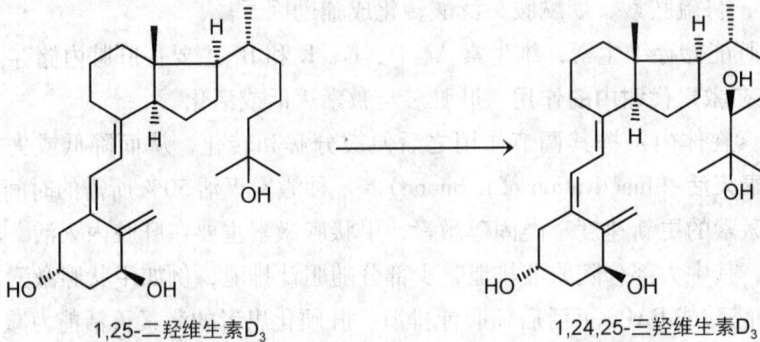

1,25-二羟维生素D₃　　　　　　　　　　　1,24,25-三羟维生素D₃

　　（2）单胺氧化酶（MAO）位于线粒体外膜上，以 FAD 为辅助因子，可以催化胺类物质发生氧化脱氨基反应而解毒或灭活，5-羟色胺、儿茶酚胺及腐败产物组胺、尸胺、酪胺、苯乙胺等可以通过该反应生成相应的醛类。

$$RCH_2NHR' + H_2O + O_2 \rightarrow RCHO + R'NH_2 + H_2O_2$$

　　（3）脱氢酶包括醇脱氢酶和醛脱氢酶，分别催化醇或醛脱氢：①人体有七种醇脱氢酶，位于细胞质中，均以 NAD^+、Zn^{2+} 为辅助因子：醇 + NAD^+ → 醛（酮）+ NADH + H^+。②人体有各种醛脱氢酶，广泛分布于细胞质、内质网、线粒体内，均以 $NAD(P)^+$ 为辅助因子：醛 + $NAD(P)^+$ + H_2O → 酸 + $NAD(P)H$ + H^+。

　　2. 还原反应　包括硝基还原酶和偶氮还原酶催化的反应，主要在微粒体内进行。

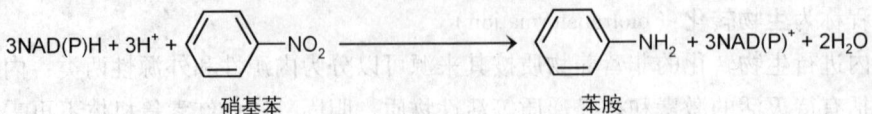

$$3NAD(P)H + 3H^+ + \text{（硝基苯）}NO_2 \longrightarrow \text{（苯胺）}NH_2 + 3NAD(P)^+ + 2H_2O$$

硝基苯　　　　　　　　　　　　　　　苯胺

$$2NAD(P)H + 2H^+ + \text{偶氮苯} \longrightarrow 2\ \text{苯胺}-NH_2 + 2NAD(P)^+$$

偶氮苯　　　　　　　　　　　　　　　　　　苯胺

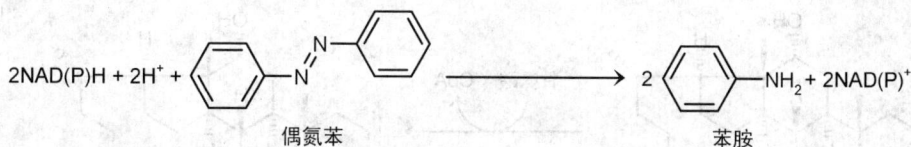

3. 水解反应 是由肝细胞细胞质和微粒体内的多种水解酶催化的，可以水解脂类、酰胺类和糖苷类化合物，以消除或减弱其活性，例如普鲁卡因水解。

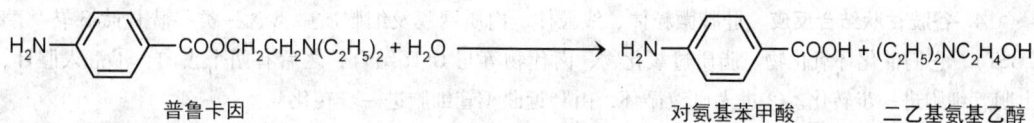

$$H_2N-\text{COOCH}_2\text{CH}_2\text{N}(C_2H_5)_2 + H_2O \longrightarrow H_2N-\text{COOH} + (C_2H_5)_2NC_2H_4OH$$

普鲁卡因　　　　　　　　　　　　　　　　对氨基苯甲酸　　二乙基氨基乙醇

这些水解产物通常还需经过进一步转化（特别是第二相反应）才能排出体外。

（二）第二相反应

有些非营养物质通过第一相反应转化之后还需要与一些内源性极性分子共价结合，结合产物极性极强、水溶性极高，易于随胆汁或尿液排出体外。这种转化称为**第二相反应**（phase Ⅱ reaction of biotransformation）。

肝细胞含有许多催化结合反应的酶类，所以结合反应的类型也较多，所结合的基团多数来自活性供体（表 18 - 1）。

表 18 - 1　结合反应的主要类型

结合反应	结合基团	结合基团供体	催化酶类	结合场所
葡糖醛酸结合反应	葡糖醛酸基	UDP-葡糖醛酸	UDP-葡糖醛酸基转移酶	微粒体、内质网膜
硫酸结合反应	硫酸基	PAPS	磺基转移酶	细胞质
甘氨酸结合反应	甘氨酰基	甘氨酸	酰基转移酶	微粒体
谷胱甘肽结合反应	谷胱甘肽基	谷胱甘肽	谷胱甘肽-S-转移酶	细胞质
甲基结合反应	甲基	SAM	甲基转移酶	细胞质
乙酰基结合反应	乙酰基	乙酰 CoA	乙酰基转移酶	细胞质

1. 葡糖醛酸结合反应 是最普遍和最重要的第二相反应，肝细胞微粒体及内质网膜上富含 UDP-葡糖醛酸基转移酶（UDPGT），它们能将葡糖醛酸基从 UDP-葡糖醛酸转移到某些药物或毒物分子（酚类、类固醇、胆红素等）的羟基、羧基或巯基上，生成相应的β-葡糖醛酸苷或β-葡糖醛酸酯，易于排出体外，例如胆红素与葡糖醛酸结合，生成胆红素二葡糖醛酸酯（图 18 - 2）。

2. 硫酸结合反应 各组织细胞质中富含一类磺基转移酶（ST），它们能将硫酸基从 3′-磷酸腺苷-5′-磷酸硫酸（PAPS）转移到各种神经递质、激素、药物、毒物等的羟基或氨基上，生成相应的硫酸酯或酰胺，例如与雌酮结合生成雌酮硫酸酯。

3. 甘氨酸结合反应 含羧基非营养物质的羧基先活化成酰基辅酶 A，再与甘氨酸缩合，例如甘氨胆酸的合成：

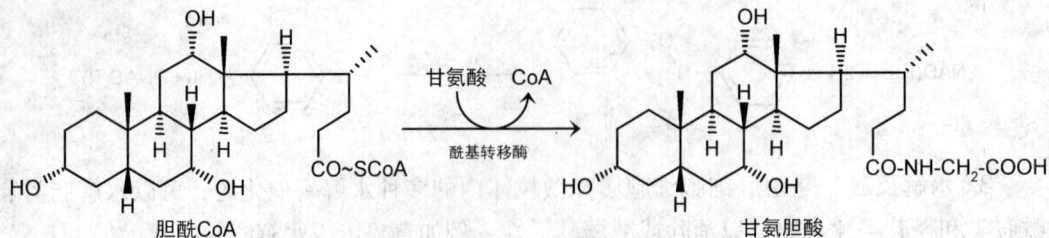

胆酰CoA　　　　　　　　　　　　　　　　　　　　　甘氨胆酸

4. 谷胱甘肽结合反应　肝脏微粒体、线粒体、内质网膜及细胞质中富含一类谷胱甘肽-S-转移酶（GST），它们催化环氧化物、脂质过氧化物、卤代物等与 GSH 结合，之后有两个去向：①汇入胆汁，由胆管细胞进一步转化。②进入血液循环，由肾近曲小管细胞进一步转化。

5. 甲基结合反应　肝脏细胞质中富含各种甲基转移酶，例如胺类 N-甲基转移酶（AMT）、组胺 N-甲基转移酶（HMT）、巯基嘌呤 S-甲基转移酶（TPMT）、儿茶酚 O-甲基转移酶（COMT），它们能将甲基从 S-腺苷甲硫氨酸转移到相应胺的氨基、硫醇的巯基、儿茶酚类的羟基上。

6. 乙酰基结合反应　肝脏细胞质中富含各种乙酰基转移酶，例如芳香胺 N-乙酰基转移酶（NAT），它们能将乙酰基从乙酰辅酶 A 转移到胺和肼类化合物的氨基上。

值得注意的是：磺胺类药物乙酰化产物水溶性更差，容易从酸性尿液中析出，为此服用磺胺类药物时可以同时服用适量小苏打，以提高其溶解度，利于随尿液排泄。

二、生物转化的特点

生物转化的特点可以概括为转化反应的连续性和多样性及解毒致毒两重性。

1. 连续性和多样性　一种物质的生物转化过程往往需要经过连续反应，产生多种产物，并且大多数先进行第一相反应，再进行第二相反应。例如：①乙酰水杨酸（阿司匹林）水解后可以先氧化成羟基水杨酸，再结合葡糖醛酸，也可以直接结合甘氨酸或葡糖醛酸，所以随尿液排泄的转化产物可以有多种形式。②约 15% 甲状腺激素在肝脏通过第二相反应结合葡糖醛酸或硫酸，随胆汁排泄；约 5% 甲状腺激素在肝脏或肾脏通过第一相反应转化成三碘甲腺乙酸和四碘甲腺乙酸，随尿液排泄。

2. 解毒致毒两重性　一种物质在体内经过转化之后，其毒性可能减弱（解毒），也

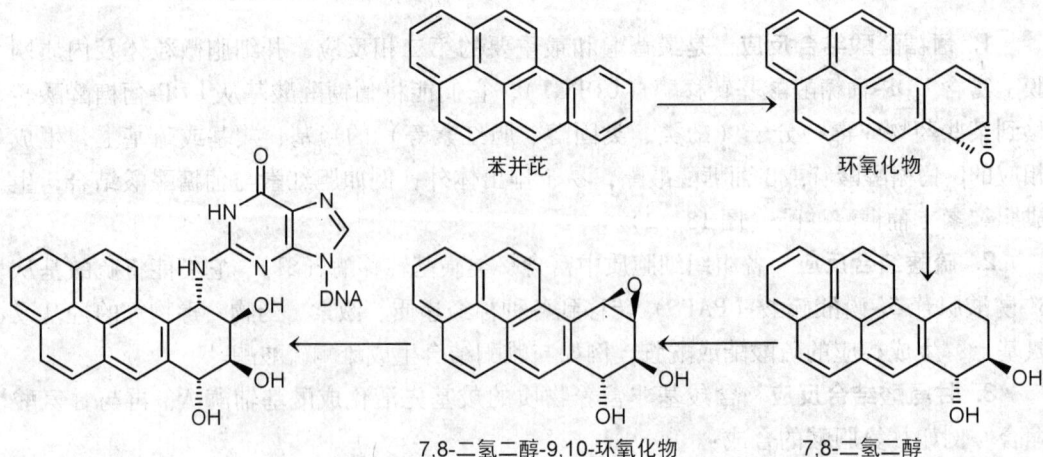

苯并芘　　　　　　　　　　　　　　　　　　　环氧化物

7,8-二氢二醇-9,10-环氧化物　　　　　　　　7,8-二氢二醇

可能增强（致毒）。例如：①3,4-苯并芘是存在于烟草中的一种多核芳香烃，本身并无致癌作用，但在进入人体之后由肝微粒体环氧化酶和水合酶等催化转化，最终形成3,4-苯并芘的7,8-二氢二醇-9,10-环氧化物，是一种强烈的致癌物，可以直接攻击 DNA 的几种碱基。②某些致癌物硫酸化后毒性增强。

三、生物转化的影响因素

肝脏的生物转化作用受遗传、年龄、性别、营养、疾病、诱导物和抑制物等因素的影响。

1. **遗传** 生物转化存在明显的个体差异，如 CYP2D6、CYP2C19、CYP2C9 存在遗传多态性。20%的亚裔人几乎完全缺乏 CYP2C19。异喹胍的 4-羟化代谢存在强代谢型和弱代谢型两种人群，弱代谢型可能与肝内 CYP2D6 的缺乏及其基因突变有关。

2. **年龄** 新生儿肝脏的生物转化酶系尚不完善，转化能力较弱，对药物和毒物较为敏感，易发生中毒。例如其 P450 羟化酶系活性仅为成年人的 50%，葡萄糖醛酸转移酶在出生时才开始低水平表达，3 岁时才达到正常水平，故新生儿易发生黄疸或氯霉素中毒所致的灰婴综合征（grey syndrome）。老年人肝脏血流量及肾脏廓清速度下降，某些药物清除速度下降，在体内的半衰期延长，例如老年人肌肉注射度冷丁血浆浓度比青年人高两倍，所以应当减量。

3. **性别** 不同性别肝微粒体某些转化酶的活性也不同，例如氨基比林在男性体内的半衰期为 13.4 小时，而在女性体内则为 10.3 小时，说明女性转化氨基比林的能力强于男性，这可能与不同性激素对某些转化酶的影响不同有关。

4. **营养** 饥饿、低蛋白膳食、维生素 A、C 和 E 缺乏均可导致肝微粒体生物转化酶系活性下降；维生素 B_2 缺乏导致还原酶活性下降；钙、铜、锌和锰缺乏导致 P450 减少。

5. **疾病** 肝脏是生物转化的主要器官，肝功能不良会导致其转化能力下降，对药物或毒物的灭活作用减弱，所以肝病患者应当谨慎用药。

6. **诱导物** 有些药物既是生物转化酶系的诱导物，长期应用诱导其活性增强，又是其底物，被其转化灭活，导致药效剂量越来越大，成为这些药物产生耐受性的一个原因。如苯巴比妥诱导 P450 合成，使机体对苯巴比妥的转化能力增强，产生耐药性。

7. **抑制物** 有些药物是生物转化酶系的抑制物，导致同时应用的其他药物代谢减慢，药效增强甚至引起中毒。例如双香豆素抑制苯妥英代谢，从而使苯妥英血药浓度增高，引起中毒。西咪替丁口服后可使华法林代谢减慢，疗效增强甚至出现出血倾向等。

第四节 胆汁酸代谢

胆汁（bile）约 3/4 来自肝细胞分泌，1/4 来自胆管细胞分泌。初分泌的胆汁清澈透明，呈金黄色，称为**肝胆汁**（hepatic bile）。健康人肝脏每日分泌肝胆汁 800～1000ml，其中非消化期分泌的 450～500ml 肝胆汁汇入胆囊（成人胆囊体积 30～50ml）后，胆囊壁一方面从中吸收部分水和其他成分，另一方面分泌黏蛋白掺入胆汁，使其浓缩 10～20 倍，成为暗褐色黏稠不透明的**胆囊胆汁**（gallbladder bile）（表 18－2）。消化期分泌的约 500ml 肝胆汁则直接排入十二指肠。

胆汁的主要固体成分是胆汁酸、无机盐、黏蛋白、磷脂、胆固醇、胆色素，此外还有药物、毒物等。胆汁的作用：①作为乳化剂乳化食物脂类，促进其消化吸收。②作为排泄液将某些非营养物质特别是生物转化产物排出体外。③肝胆汁在十二指肠中和一部分胃酸。

表18-2 肝胆汁与胆囊胆汁成分比较

参数	肝胆汁	胆囊胆汁	参数	肝胆汁	胆囊胆汁
pH	7.5	6.0	总脂肪酸（g/L）	2.7	24
Na^+（mmol/L）	141～165	220	胆色素（g/L）	1～2	3
K^+（mmol/L）	2.7～6.7	14	磷脂（g/L）	1.4～8.1	34
Ca^{2+}（mmol/L）	1.2～3.2	15	胆固醇（g/L）	1～3.2	6.3
Cl^-（mmol/L）	77～117	31	蛋白质（g/L）	2～20	4.5
HCO_3^-（mmol/L）	12～55	19	渗透浓度（mmol/L）	300	300
胆汁酸（g/L）	3～45	32			

1. 胆汁酸种类 胆汁酸（bile acid）是胆汁的主要成分，占其固体成分的50%。胆汁酸按结构分为游离胆汁酸和结合胆汁酸：**游离胆汁酸**包括胆酸等；**结合胆汁酸**是游离胆汁酸与甘氨酸或牛磺酸缩合的产物，包括甘氨胆酸等。汇入胆汁的胆汁酸主要是结合胆汁酸，其中与甘氨酸结合者同与牛磺酸结合者含量之比约为3:1。

胆汁酸也可以按其来源分为初级胆汁酸和次级胆汁酸：**初级胆汁酸**（primary bile acid）是指由胆固醇在肝脏转化生成的胆酸、鹅脱氧胆酸及相应的结合胆汁酸（甘氨胆酸、牛磺胆酸、甘氨鹅脱氧胆酸、牛磺鹅脱氧胆酸）；**次级胆汁酸**（secondary bile acid）是指由胆酸、鹅脱氧胆酸在肠道转化生成的脱氧胆酸、石胆酸及其在肝脏转化生成的结合胆汁酸（甘氨脱氧胆酸、牛磺脱氧胆酸、甘氨石胆酸、牛磺石胆酸）。

2. 胆汁酸功能 胆汁酸是胆固醇的主要代谢终产物，亲水性优于胆固醇，既直接参与食物脂类的消化吸收，又是胆固醇的重要排泄形式，还刺激肝胆汁分泌、具有强烈的利胆作用，促进胆固醇的直接排泄。

（1）作为胆汁主要成分参与食物脂类的消化吸收：胆汁酸分子结构中存在亲水面和疏水面，具有两亲性，能够乳化脂类，扩大脂类和脂酶的接触面，促进其消化。胆汁酸与甘油一酯、胆固醇、溶血磷脂、脂溶性维生素等形成微团，易于被肠黏膜细胞吸收。

（2）抑制胆汁中胆固醇的析出：健康人每日约0.9g胆固醇汇入胆汁排出体外。当胆汁在胆囊中进一步浓缩时，胆固醇因疏水而易析出。胆汁中的胆汁酸和磷脂酰胆碱可以助溶，将胆固醇分散形成微团，抑制其析出，促进其排泄。胆汁中的胆固醇浓度过高、肝脏的胆汁酸生成能力下降、胆汁酸的肠肝循环减少等都会造成胆汁中胆汁酸和磷脂酰胆碱与胆固醇的比值下降。如果小于10:1，则导致胆固醇析出，形成结石。

（3）是胆固醇的重要排泄形式：健康人每日约0.5g胆固醇在肝细胞内转化，生成约0.6g胆汁酸，通过肠道排出体外。

（4）具有极强的利胆作用：可以刺激肝细胞分泌胆汁，临床上常用作利胆剂。

3. 胆汁酸代谢及肠肝循环 胆汁酸是胆固醇的主要代谢产物，胆汁酸代谢包括胆汁酸的生成、转化、排泄和重吸收等。

（1）初级游离胆汁酸的生成：胆固醇先由**胆固醇7α-羟化酶**催化羟化生成7α-羟胆固醇，再经过13步酶促反应生成初级游离胆汁酸。

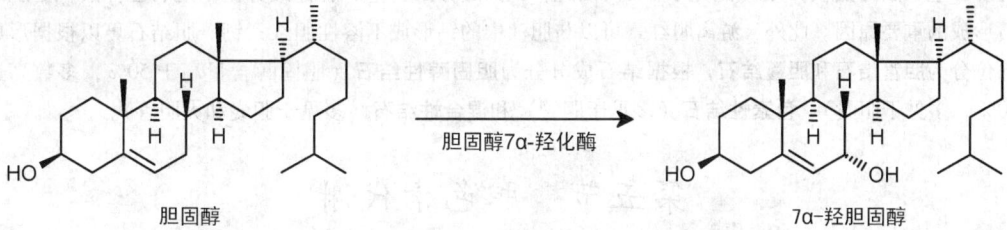

（2）初级结合胆汁酸的生成：在肝细胞内，初级游离胆汁酸与甘氨酸或牛磺酸（及少量硫酸、葡糖醛酸）缩合生成结合胆汁酸。

（3）次级游离胆汁酸的生成：结合胆汁酸随胆汁入肠道，其中少量在回肠末端和结肠之间受肠道菌的作用，水解脱去甘氨酸或牛磺酸，重新生成游离胆汁酸。少量初级游离胆汁酸C-7位发生还原脱氧，分别生成脱氧胆酸和石胆酸，即次级游离胆汁酸。

（4）次级结合胆汁酸的生成：约1/3的脱氧胆酸和极少量的石胆酸重吸收入肝脏，与甘氨酸或牛磺酸缩合，生成次级结合胆汁酸。

（5）胆汁酸的肠肝循环：在进食脂类物质时，胆汁酸作为胆汁主要成分排入十二指肠，参与脂类消化吸收，并且95%以上的胆汁酸（主要是结合胆汁酸）在回肠末端通过主动转运机制被重吸收；此外，还有少量游离胆汁酸在肠道各部位被动重吸收。重吸收的胆汁酸与白蛋白结合，通过门静脉进入肝脏，其中的游离胆汁酸转化成结合胆汁酸，随胆汁入肠道。上述过程构成**胆汁酸的肠肝循环**（enterohepatic circulation）（图18-1）。

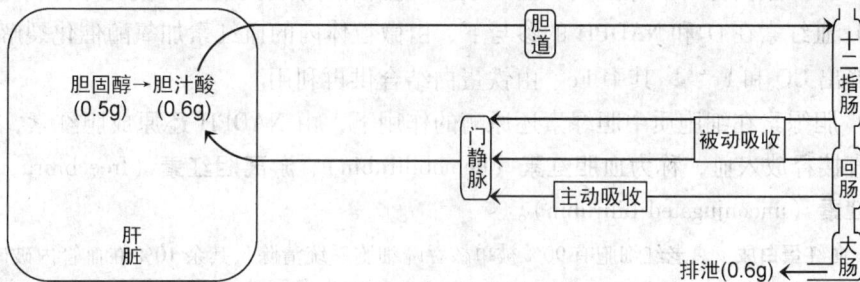

图18-1　胆汁酸的肠肝循环

4. 胆汁酸代谢调节　胆固醇7α-羟化酶是控制胆汁酸代谢的关键酶。该酶位于微粒体膜和滑面内质网膜上，其活性受胆汁酸反馈抑制，受生长激素、糖皮质激素、甲状腺激素、维生素C等诱导。

（1）成人体内有胆汁酸约3g，通过每日4～12次的肠肝循环（胆汁酸、磷脂、胆固醇的分泌量分别为12～36g、10～15g、1～2g）可以使有限的胆汁酸重复利用，满足食物脂类消化吸收的需要。实际上，机体每日只需通过胆固醇转化生成0.6g胆汁酸，补充随粪便排出部分，维持稳定的分泌量即可。

（2）如果胆汁酸重吸收障碍，比如回肠切除，则其合成量明显增多，每日可达4~6g。

👆 **胆石症**（cholelithiasis）　是指在胆囊或胆管内有胆结石形成。胆汁中磷脂与胆固醇维持一定的比例，可以形成稳定的微团。一旦胆汁酸、磷脂不足，相对过剩的胆固醇就会形成不稳定的小泡，容易产生胆固醇晶核，并发展成为结石。因此，胆固醇分泌过量、胆汁酸分泌不足、胆汁淤积是胆结石形成的重要原因。此外，游离胆红素可以与胆汁中的钙形成不溶性胆红素钙。胆结石可以根据形成部位分为**胆管结石**和**胆囊结石**，根据结石成分分为**胆固醇性结石**（胆固醇含量高于50%，多数高达80%，多见于胆囊）、**色素性结石**（多见于胆管）和**混合性结石**（多见于胆囊和大胆管）。

第五节　胆色素代谢

血红素是血红蛋白、肌红蛋白、过氧化氢酶和细胞色素等**血红素蛋白**的辅基，其主要转化产物是**胆色素**（bile pigment），包括胆绿素、胆红素、胆素原和胆素等。

一、胆红素的正常代谢

胆红素呈橙黄色，是胆色素的主要成分，也是胆汁中主要的色素成分，这里主要介绍胆红素代谢。

1. 游离胆红素的生成　健康人每日产生250~350mg的胆红素，其中65%~80%是衰老红细胞血红蛋白血红素的降解产物（图18-2），其余来自造血过程中红细胞的过早破坏及其他血红素蛋白的降解。

（1）衰老红细胞被单核吞噬细胞系统（主要是脾脏，其次是骨髓和肝）破坏，释出血红蛋白。健康人红细胞寿命120天，因此每天有0.8%的红细胞因衰老而被清除，释放约6g血红蛋白。

（2）血红蛋白分解成珠蛋白和血红素。珠蛋白降解成氨基酸，被机体再利用。

（3）血红素在O_2和NADPH的参与下，由微粒体内的血红素加氧酶催化裂解成胆绿素，并释出CO和Fe^{2+}，其中Fe^{2+}由铁蛋白结合供再利用。

（4）胆绿素在细胞质中胆绿素还原酶的作用下，由NADPH还原成胆红素，这种胆红素将直接释放入血，称为**血胆红素**（hemobilirubin）、**游离胆红素**（free bilirubin）、**未结合胆红素**（unconjugated bilirubin）。

👆 **血红蛋白尿**　衰老红细胞有90%被单核吞噬细胞系统清除，其余10%在血管内破碎，释放血红蛋白与血浆触珠蛋白结合，被肝细胞摄取清除。当血管内红细胞大量破碎，血浆中血红蛋白浓度过高、不能全部与触珠蛋白结合时，游离部分经肾排出体外，出现血红蛋白尿。

游离胆红素通过分子内氢键形成卷曲构象，是一种具有细胞毒性的两亲性分子，极易扩散透过细胞膜进入细胞（特别是富含脂类的神经细胞），对细胞产生毒性损害。因此，游离胆红素接下来的运输、转化、排泄过程就是一个解毒过程。

2. 游离胆红素的转运　血浆白蛋白与游离胆红素的亲和力极强，成为其在血浆中的主要运输载体（少量由球蛋白运输）。健康人血浆游离胆红素水平不超过8.6 μmol/L，而一升血浆中的白蛋白可以结合430 μmol胆红素，因而血浆白蛋白可以结合全部游离胆红素。胆红素-白蛋白复合物的形成既促进其在血浆中的运输，又限制其透出血管进入细胞

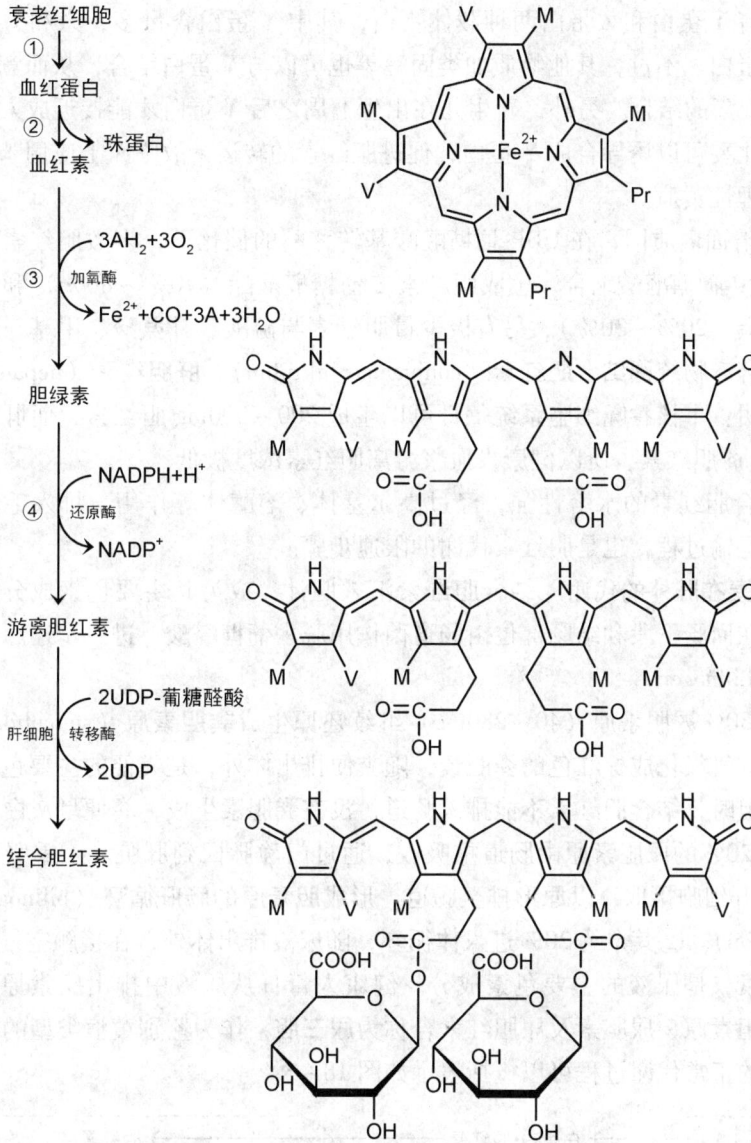

图 18-2　单核吞噬细胞系统胆红素生成

造成损害，还阻止其透过肾小球滤过膜，因而正常情况下尿液中不会出现游离胆红素。

　　以下状态会导致游离胆红素从血浆向组织转移，进入细胞，产生毒性作用：①血浆白蛋白含量下降。②胆红素与白蛋白的亲和力下降。③其他物质（如脂肪酸、胆汁酸、镇痛药、抗炎药、利尿剂、磺胺类药物和某些食品添加剂等）竞争性地与白蛋白结合。

　　3. 游离胆红素在肝细胞内的代谢　　肝脏可以有效地摄取游离胆红素，并将其转化成结合胆红素，提高其极性和水溶性，使其易于随胆汁排入肠道。

　　（1）胆红素 - 白蛋白复合物随血液转运至肝血窦中，胆红素与白蛋白分离，被肝细胞摄取，与细胞质中的载体蛋白结合形成胆红素 - 载体蛋白复合物，向滑面内质网转运。

肝细胞有 Y 蛋白和 Z 蛋白两种载体蛋白，其中 Y 蛋白含量多，亲和力强，因而是主要的载体蛋白。不过，其他物质如类固醇等也可以与 Y 蛋白结合，从而竞争性地抑制 Y 蛋白与胆红素的结合。另外，新生儿在出生七周之后 Y 蛋白才能接近成人水平。某些药物如苯巴比妥可以诱导合成 Y 蛋白，促进胆红素的转运，故临床上应用苯巴比妥来消除新生儿生理性黄疸。

（2）在滑面内质网，在 UDP-葡糖醛酸基转移酶的催化下，多数胆红素通过丙酸基的羧基与 UDP-葡糖醛酸缩合，生成胆红素二葡糖醛酸酯（70% ~80%）和少量胆红素一葡糖醛酸酯（20% ~30%），另有极少量胆红素与硫酸、甘氨酸、甲基、乙酰基等结合。这些结合产物统称**结合胆红素**（conjugated bilirubin）、**肝胆红素**（hepatobilirubin）。

研究表明：单核吞噬细胞系统每日可以生成 200~300mg 胆红素，而肝脏每日可以清除约 3000mg 胆红素，所以健康人血浆游离胆红素浓度极低。

（3）结合胆红素的水溶性强，经过高尔基体、溶酶体等作用，排入毛细胆管。这是一个主动运输过程，也是胆红素代谢的限速步骤。

4. 胆红素在肝外的代谢　结合胆红素汇入胆汁，成为其主要色素成分，随胆汁排入肠道后，在回肠下段和结肠部位由肠道菌作用脱去葡糖醛酸，进一步还原成无色的**尿胆素原**（urobilinogen）。

（1）约 80% 尿胆素原（40~280mg）继续还原生成**粪胆素原**（stercobilinogen），在肠道下段被空气氧化成棕红色的**粪胆素**，随粪便排出体外，是粪便的主要色素成分。当胆道完全梗阻时，结合胆红素不能排入肠道，没有粪胆素生成，粪便呈灰白色。

（2）约 20% 的尿胆素原由肠道重吸收，通过门静脉回到肝脏。①重吸收的尿胆素原约 80% 被肝细胞摄取，以原形排至肠道，形成**胆素原的肠肝循环**（bilinogen enterohepatic circulation）。②其余约 20% 进入体循环，随尿液排出体外，在接触空气后氧化成棕红色的**尿胆素**，是尿液的主要色素成分。健康人每日从尿液中排出胆素原 0.5~4mg。临床上将尿胆素原、尿胆素及尿胆红素合称为**尿三胆**，作为鉴别黄疸类型的指标。

胆红素的正常代谢过程可以概括表示如图 18-3。

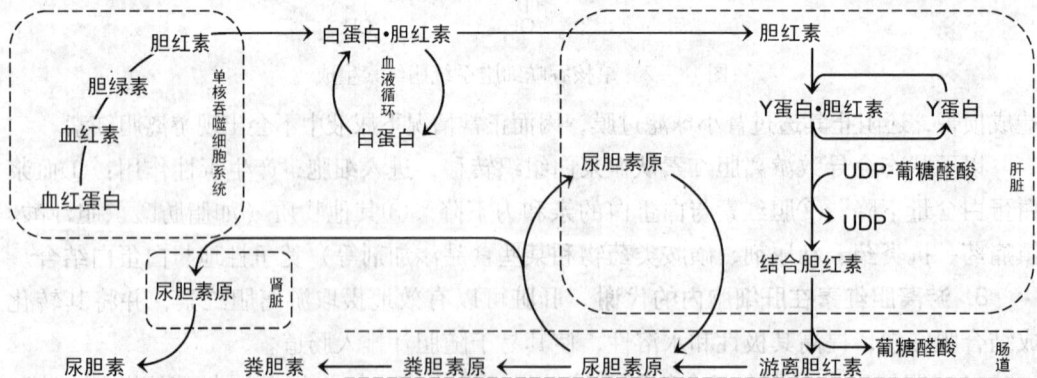

图 18-3　胆色素代谢及胆素原的肠肝循环

从胆红素的代谢过程可见，胆红素有游离胆红素和结合胆红素两种形式。结合胆红素不存在分子内氢键，可以直接与重氮试剂反应，生成紫红色偶氮化合物，因此又称**直接胆红素**（direct-reacting bilirubin）；游离胆红素存在分子内氢键，所以不能直接与重氮试剂反应，必须先用乙醇或尿素破坏氢键，才能与重氮试剂反应，因此又称**间接胆红素**（indirect-reacting bilirubin）（表18－3）。

表18－3　胆红素性质比较

性质	游离胆红素	结合胆红素	性质	游离胆红素	结合胆红素
其他名称	未结合胆红素		重氮试剂反应	慢，间接	快，直接
	血胆红素	肝胆红素	透过细胞膜能力	易	难
	间接胆红素	直接胆红素	细胞毒性	+	
结合葡糖醛酸	－	+	随尿液排出		+
水溶性	难溶	易溶			

二、胆红素的异常代谢

在正常情况下，胆红素不断地生成并随胆汁排泄，所以其来源和去路保持动态平衡。某些因素可以使胆红素生成过多，或在肝脏摄取、转化和排泄的某个环节发生障碍，导致胆红素代谢紊乱，血浆胆红素增多，出现高胆红素血症。如果血浆游离胆红素过多，则易扩散进入组织，将组织黄染，临床上称这一体征为**黄疸**（jaundice）。

例如：过多的游离胆红素与脑部基底核神经元的脂类结合会干扰正常脑功能，称为**核黄疸**（kernicterus）或**胆红素脑病**（bilirubin encephalopathy）；新生儿由于血脑屏障发育不全，游离胆红素更易进入其脑组织，所以对**新生儿高胆红素血症**（neonatal hyperbilirubinemia）和**先天性家族性非溶血性黄疸**（congenital familial nonhemolytic jaundice）等血浆游离胆红素升高的疾病应当谨慎用药。

胆红素与弹性蛋白（elastin）有较强的亲和力，因此黄疸多出现在含有较多弹性蛋白的巩膜、皮肤和黏膜等表浅部位。黄疸程度取决于血浆胆红素浓度，当血浆胆红素达到 25.6～51.3 μmol/L 时，肉眼可见巩膜和皮肤黄染，称为**显性黄疸**。有时血浆胆红素浓度虽然高于正常值，但未超过 25.6 μmol/L，肉眼未见黄染，称为**隐性黄疸**。

黄疸的发生是胆红素代谢异常的结果，根据代谢异常环节分为溶血性黄疸、肝细胞性黄疸和阻塞性黄疸。

1. **溶血性黄疸**（hemolytic jaundice）　又称**肝前性黄疸**，是由于各种原因（如蚕豆病、过敏和输血不当）造成红细胞大量破碎，或无效造血（如骨髓增生异常综合征），产生胆红素过多，超过肝脏胆红素代谢能力，导致血浆游离胆红素增多（与重氮试剂呈间接反应阳性），肝脏对胆红素的转化和排泄也相应增多，肠道胆素原重吸收增多，所以可使尿液胆素原增多。不过，血浆结合胆红素变化不大，所以尿胆红素呈阴性。

　Gilbert 综合征　是一种常见的（5%～10%）遗传缺陷，患者肝细胞游离胆红素摄取障碍，葡糖醛酸基转移酶活性仅为正常水平的 70%～80%，不能及时把游离胆红素转化成结合胆红素，血浆游离胆红素增多。

⚕ **Crigler-Najjar 综合征** 是一种极其罕见的遗传性缺陷，患者肝细胞葡糖醛酸基转移酶活性不到正常水平的10%，几乎不能把游离胆红素转化成结合胆红素，血浆游离胆红素水平极高，如不治疗，常于出生后死于胆红素脑病。

2. **肝细胞性黄疸**（hepatocellular jaundice） 又称**肝原性黄疸**，是由于肝脏病变（如肝炎、肝癌、肝硬化）导致肝功能减退，对胆红素的摄取、转化和排泄发生障碍，致使血浆游离胆红素增多。与此同时，病变导致肝细胞损害或肝小叶结构破坏，使结合胆红素不能正常排入毛细胆管，从而返流入淋巴液和血液中，造成血浆结合胆红素也增多。因此，与重氮试剂呈间接反应和直接反应双阳性，尿胆红素也呈阳性。至于尿胆素原的浓度改变则因为以下两种因素而不确定：一是肠道中生成的胆素原减少，胆素原重吸收减少，因而尿胆素原可能会减少；二是通过肠肝循环到达肝脏的胆素原也可以从损伤部位进入体循环，因而尿胆素原也可能会增多。

3. **阻塞性黄疸**（obstructive jaundice） 又称**肝后性黄疸**，是由于各种原因（如胆管闭锁、胆管炎、胆结石、肿瘤）造成胆管系统阻塞，胆小管和毛细胆管压力升高、破裂，导致结合胆红素返流入血，造成血浆结合胆红素增多。因此，与重氮试剂呈直接反应阳性，尿胆红素也呈阳性。此外，胆管阻塞使肠道中胆素原生成减少，粪胆素生成减少，粪便呈灰白色；胆素原重吸收减少，因而尿胆素原减少，甚至呈阴性。此外，血浆碱性磷酸酶明显升高也是阻塞性黄疸区别于其他黄疸的一个特征。

⚕ **Dubin-Johnson 综合征** 是一种遗传病，患者肝细胞向毛细胆管排泄结合胆红素障碍，而胆红素的摄取和转化正常，临床表现以血中结合胆红素增多为主。

⚕ **Rotor 综合征** 患者肝细胞摄取游离胆红素和排泄结合胆红素都有先天性缺陷，临床表现以血中结合胆红素增多为主。

⚕ **胆汁淤积**（cholestasis） 是指胆汁分泌受阻，胆汁成分滞留于肝细胞内，并反流入血，导致阻塞性黄疸，表现为血浆结合胆红素增多，尿胆素原和粪胆素原减少或呈阴性，此外还有以下表现：①血浆中肝细胞酶例如碱性磷酸酶、γ-谷氨酰转肽酶增多，总胆固醇增多。②胆汁酸在血液中积累，导致瘙痒。③脂类消化吸收障碍。

三类黄疸的血液、尿液、粪便临床检验特征见表18-4。

表18-4 黄疸的血液、尿液、粪便临床检验特征

	指标	正常	溶血性黄疸	肝细胞性黄疸	阻塞性黄疸
血清	结合胆红素（$\mu mol/L$）	0~6.8	轻度增多	中度增多	明显增多
	未结合胆红素（$\mu mol/L$）	1.7~10.2	明显增多	中度增多	轻度增多
尿液	尿胆红素	阴性	阴性	阳性	强阳性
	尿胆素原	少量	明显增多	正常或轻度增多	减少或缺少
	尿胆素	少量	明显增多	正常或轻度增多	减少或缺少
粪便	颜色	黄褐色	加深	变浅或正常	变浅或陶土色

第六节 药物代谢

药物代谢是指药物在体内经历的吸收、分布、转化和排泄过程。其中吸收、分布和排泄是一个改变药物组织定位的物理过程，其核心内容是药物分子的跨膜转运，转运方式有单纯扩散（脂溶性扩散）、易化扩散（载体介导的易化扩散、通道介导的易化扩散）和主动转运（逆浓度梯度耗能）。药物在靶组织达到适当浓度、产生预期效应，既取决于给药剂量，又取决于药物代谢过程。因此，药物代谢研究非常重要，可以指导确定给药剂量和间隔时间，是药物研发的重要环节。

　　肝脏是药物转化的主要器官、药物排泄的重要器官。药物以一定剂型和一定途径进入血液后，一方面运送至靶组织发挥药理作用，另一方面在分布过程中被肝脏摄取、转化。转化产物进入血液，经肾脏随尿液排出；或汇入胆汁，经肠道随粪便排出（图18-4）。

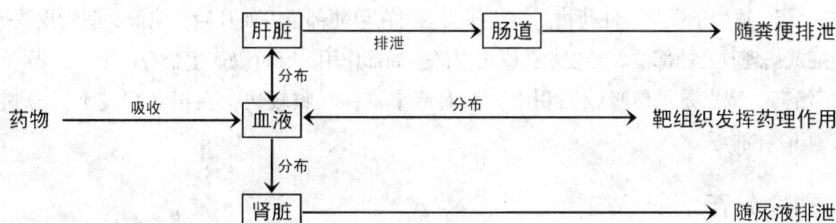

图 18-4　药物代谢

一、药物吸收

　　药物吸收是指药物自给药部位进入血液循环的过程。多数药物只有经过吸收才能发挥全身作用。不同给药途径有不同的吸收过程、吸收速度和吸收程度，且药物吸收速度和吸收程度受药物性质、药物浓度、给药途径、吸收面积等因素影响。通常吸收速度由快到慢依次为吸入给药、舌下给药、肌肉注射、皮下注射、口服给药、经皮给药。

　　有些用药只要求产生局部作用，无需吸收，如皮肤局部用药、在胃肠道发挥作用的抗酸药和轻泻药。

　　1. **口服给药**　特点是给药方便，吸收充分，是最常用的给药途径。吸收方式多为单纯扩散，故适用于未解离状态小分子药物。吸收部位为消化道，以小肠为主（因有极大的吸收面积，小肠对解离状态小分子药物吸收量也极大）。

　　影响口服给药吸收的因素：

　　（1）药物方面：理化性质（剂型、颗粒度、溶出度、脂溶性、解离度等）、在消化道内的稳定性、跨膜浓度差。

　　（2）胃肠功能：胃肠蠕动度、血流量。

　　（3）首过消除：消化道吸收药物进入体循环之前大都经历两个环节：①经过肠黏膜细胞。②经过肝脏。药物会在肠黏膜细胞和肝细胞内经过药物代谢酶（即生物转化酶）转化灭活，或在肝细胞内直接汇入胆汁排泄，使进入体循环的药量明显减少，药理作用减弱，这一过程称为**首过消除**。首过消除是造成许多口服药物生物利用度偏低的重要原因。首过消除明显的药物不宜口服，例如硝酸甘油（首过消除率达90%）。

　　（4）其他方面：药物与消化道内容物的相互作用（如四环素类被钙沉淀），消化道 pH 和酶类、肠道微生物的破坏作用（如肽类药物被酶灭活，青霉素类药物被胃酸灭活），药物在消化道内的相互作用，饮水量，是否空腹。

　　2. **注射给药**　包括肌肉注射、皮下注射、静脉注射、动脉注射等。

（1）肌肉注射和皮下注射：特点是吸收迅速、完全，产生效应快，适用于以下药物：①在消化道内不易吸收或容易灭活的药物，如青霉素 G、庆大霉素。②肝脏首过消除明显的药物，如利多卡因。

（2）静脉注射和动脉注射：是药物直接进入血液，没有吸收过程。动脉注射属于特殊给药，可以在靶器官形成较高药物浓度。

3. 吸入给药　适用于气态麻醉药、治疗性气体、易气化药物，以气道为靶点的抗哮喘药（例如解除支气管痉挛药）。

4. 经皮给药　适用于强脂溶性药物。给药部位主要在单薄部位，如耳后、胸前、阴囊皮肤等部位，也可以在有炎症或病理改变的部位。经皮给药既可以产生局部作用，又可以产生全身作用。

5. 舌下给药　特点是虽然吸收面积小，但血流丰富，吸收较快，在很大程度上可以避免首过消除，适用于硝酸甘油等。

二、药物分布

药物分布是指药物吸收后经血液循环向各组织器官转运的过程。药物分布进入靶器官的速度和数量决定药物作用的快慢和强弱。药物分布进入代谢和排泄器官（例如肝脏、肾脏）的速度则决定药物消除的快慢。

影响药物分布的因素：

1. 药物脂溶性　决定药物在血浆中的存在状态、跨膜转运机制和转运效率。

2. 药物与血浆蛋白质亲和力　大多数药物在血浆中以游离型和结合型（与血浆蛋白质、主要是白蛋白结合成复合物）两种状态存在。结合型药物不能跨膜转运，所以药物与血浆蛋白质的结合不仅影响药物分布，还影响药理作用发挥、药物转化和药物排泄。

两种药物或药物和其他非营养物质与血浆蛋白质的结合可能存在竞争。例如：①保泰松与抗凝血药华法林竞争血浆蛋白质，导致华法林游离量增多，抗凝效应增强，出血倾向增加。②磺胺异恶唑与游离胆红素竞争白蛋白，导致胆红素游离，会造成新生儿发生致死性核黄疸。

3. 局部 pH 值与药物酸性　细胞内液 pH 低，细胞外液 pH 高，所以碱性药物在细胞内浓度较高，酸性药物在细胞外浓度较高。酸性药物苯巴比妥中毒时，用碳酸氢钠碱化血液及尿液，不仅可使脑细胞内苯巴比妥迅速向血液、尿液转移，还能减少其在肾小管的重吸收，从而加速自尿液排泄，使患者脱离危险。

4. 药物转运载体的数量和功能状态　诱导增加药物转运载体数量可以加快分布。

5. 组织器官血流量　肝、肾、脑、肺血流丰富，药物分布快。

6. 特殊组织膜的屏障作用　包括血脑屏障、血眼屏障、胎盘屏障等。

7. 毛细血管通透性　增加通透性可以加快分布。

三、药物转化

药物转化是指药物在体内发生化学结构改变的过程，本质上属于生物转化。

1. 转化意义　一方面，针对进入体内的药物特别是脂溶性药物，机体会动员各种机制转化、排泄；另一方面，我们可以利用转化系统控制药物药理活性。

（1）改变理化性质：大多数脂溶性药物经转化后极性增强，水溶性改善，甚至成为解离型代谢物，不易被肾小管或肠道重吸收，利于排泄。

（2）改变药理活性：多数药物的转化导致**药物灭活**，即转化后药理活性减弱或消失；部分药物（如环磷酰胺、百浪多息、水合氯醛）的转化导致**药物活化**，即药物本身没有药理活性，转化产物具有药理活性或毒性（如致突变、致癌、致畸）。例如：①阿司匹林水解脱去乙酰基才有药理活性。②治疗剂量对乙酰氨基酚有 95% 最终与葡糖醛酸或硫酸结合后随尿液排泄，5% 由 P450 羟化酶系催化转化成对肝脏有毒性作用的 N-乙酰-对苯醌亚胺，进一步与谷胱甘肽结合排泄。如果超过治疗剂量，则较多对乙酰氨基酚由 P450 羟化酶系催化转化，若谷胱甘肽不足，则造成 N-乙酰-对苯醌亚胺积累，与细胞内蛋白质反应，引起肝细胞坏死。

2. 转化部位 主要是肝脏，其次是肠、肾、肺、皮肤，其他组织极弱，基本没有实际意义。

药物转化过程是酶促反应过程，相关的药物代谢酶可能位于内质网、线粒体、细胞质、溶酶体中或膜上。

3. 转化机制 药物转化过程的化学本质就是第一相反应和第二相反应：①有些药物只进行第一相反应。②许多药物先进行第一相反应，再进行第二相反应。③个别药物先进行第二相反应，再进行第一相反应，例如异烟肼先乙酰化生成 N-乙酰异烟肼，再水解生成乙酰肼（具有肝毒性）和乙酸。

药物转化都是酶促反应，催化转化的药物代谢酶分为特异性酶和非特异性酶。

（1）特异性酶：所转化药物种类极少，如乙酰胆碱酯酶催化乙酰胆碱水解灭活，单胺氧化酶催化单胺类药物氧化灭活等。

（2）非特异性酶：是指分布于肝组织和肾上腺等微粒体膜和内质网膜上的 P450 羟化酶系，是催化药物转化的主要酶系，其中 CYP1、CYP2、CYP3 家族催化绝大多数药物转化，特别是 CYP3A 亚家族，催化 50% 以上药物转化。

4. 转化影响因素 影响生物转化的因素同样影响药物转化，此外还有药物相互作用的影响。

（1）同时服用的几种药物与药物转化酶的作用可能存在竞争，从而影响它们的转化，因此用药时应当注意。

（2）苯巴比妥、苯妥英、利福平、维生素 K、口服避孕药、肾上腺皮质激素、雌激素等诱导肝药酶活性，加快双香豆素降解，降低其药效，因此双香豆素与上述药物合用时需提高剂量。

（3）通过诱导可以促进转化，例如用苯巴比妥诱导 UDP-葡糖醛酸基转移酶基因表达，促进胆红素代谢，治疗新生儿黄疸。

四、药物排泄

药物排泄是指药物及其代谢产物排出体外的过程，是药物代谢的最后环节。肾脏是药物的主要排泄器官，许多非挥发性药物大部分甚至全部经肾脏排泄。其次是肠道，部分药物由肝汇入胆汁，分泌到肠道，随粪便排泄。气体及挥发性药物主要经肺呼吸排出。少量脂溶性未解离状态药物随汗液、唾液、泪液、乳汁排泄。

1. 肾脏排泄 涉及三种跨膜转运机制：

（1）肾小球滤过：滤过速度取决于分子量和游离浓度。

（2）肾小管分泌：近曲小管通过主动转运机制以两种非特异性载体将解离状态药物泌入小管液，即酸性药物载体分泌酸性药物离子，碱性药物载体分泌碱性药物离子。

当几种酸性药物（碱性药物同理）合用时，可相互竞争酸性药物载体，出现竞争性抑制现象，从而使其中一种药物的肾小管分泌减少，肾脏排泄减慢，半衰期延长，可能延长药效时间，也可能引起药物中毒。例如：①抗痛风药丙磺舒抑制青霉素分泌，从而增强其疗效。②抗凝药双香豆素抑制降血糖药氯磺丙脲排泄，会导致低血糖。③利尿药依他尼酸抑制尿酸分泌，与治疗痛风药物合用时应调整后者剂量。

（3）肾小管重吸收：肾小球滤过液中的药物浓度与血浆相等，但之后经历浓缩过程，在近曲小管还发生主动分泌，因此到远曲小管时高于血浆浓度，药物会以单纯扩散方式重吸收。

因为只有脂溶性未解离状态药物才会重吸收，所以重吸收受解离度影响。尿液 pH 降低有利于酸性药物（如苯巴比妥、阿司匹林、磺胺类）重吸收（碱性药物排泄）；尿液 pH 升高有利于碱性药物（如吗啡、苯丙胺、抗组胺药、氨茶碱）重吸收（酸性药物排泄）。据此我们一方面可以控制药效时间，另一方面可以防治药物中毒。如酸性药物苯巴比妥中毒时，通过给予碳酸氢钠碱化尿液，可以使其大量排出，促进排毒。

肾脏排泄效率除了受药物载体竞争、药物重吸收影响之外，还与血浆蛋白质药物结合率、肾血流量等有关。肾功能受损时其药物排泄能力也下降，应调低肾排泄类药物剂量。

2. 消化道排泄 以胆汁排泄为主，也有少量通过被动扩散自消化道壁进入消化道。此外，肠上皮细胞膜上有一类 P 糖蛋白可以向肠道泵出药物。

血液高浓度碱性药物的胃分泌排泄效率很高，因为胃酸将其离子化，抑制其重吸收；不过药物进入肠道后会被重吸收，因为肠道是一个碱性环境。

某些药物（例如洋地黄毒苷、地高辛、地西泮）以原形随胆汁排泄后，可以经小肠重吸收，形成肠肝循环，从而延长其半衰期及作用时间，但也会造成药物积累，引起中毒。通过阻断肠肝循环可以缩短药物半衰期及作用时间。例如：强心苷中毒的有效急救措施是口服考来烯胺，在肠道内与强心苷形成络合物，使其不再重吸收，从而加快排泄。

3. 其他排泄 ①乳汁 pH 值略低于血浆，弱碱性药物（如吗啡、阿托品）的乳汁内浓度高于血浆内浓度，要考虑泌乳期患者用药对乳儿的影响。②某些药物的唾液内浓度与血液内浓度平行，因为采集方便，可以通过分析唾液药物浓度反映血液药物浓度。

五、药物代谢研究的意义

药物代谢研究是新药设计的核心内容。为了使药物由低效到高效，由短效到长效，需要进行一系列动物实验及临床的药物代谢动力学试验，其中包括药物的吸收、分布、转化、排泄，血浆和组织蛋白结合以及药效和毒性试验等，可见药物代谢研究在为寻找新药建立理论基础方面具有重要意义。

第七节　肝功能检查的意义

肝功能检查是根据肝脏参与的各种代谢设计的实验室检查项目，临床上可以通过分析患者血液、尿液、粪便化学成分的改变来了解肝功能，以辅助诊断和治疗疾病，并评价疾病的转归和预后。

针对肝功能检查需要注意：①肝功能检查有一定的局限性，一项检查结果只能反映肝脏的某一方面，不能反映其全部。②由于肝脏的代偿能力很强，有时病变已经很明显，但检查结果可能仍在正常范围内。③检查结果与它的病理组织学改变可能不一致。④有些检查的特异性不强，灵敏度不高。因此，临床诊断中除了参考肝功能检查指标之外，还应根据患者的临床表现进行综合分析，避免诊断的片面性和盲目性。

以下为临床上常用的几类肝功能试验：

1. 蛋白质代谢功能试验 包括血浆蛋白质电泳、白蛋白（ALB）和总蛋白（TP）含量、白蛋白/球蛋白比值（A/G）、血氨等，是根据肝脏能合成多种血浆蛋白质、特别是针对血浆白蛋白的含量占血浆总蛋白约50%这一性质设计的。

2. 血清酶活性检查 有些酶为肝细胞功能酶，当肝细胞受损时，可以释放入血，如谷丙转氨酶（GPT）、L-乳酸脱氢酶（LDH）；有些酶为由肝细胞合成的血浆功能酶，肝病导致这些酶在血浆中的水平下降，如卵磷脂-胆固醇酰基转移酶（LCAT）和凝血因子。

3. 胆色素代谢试验 主要用于鉴别黄疸，如血浆胆红素定量和定性、尿三胆（尿胆红素、尿胆素原、尿胆素）等。

4. 生物转化及排泄试验 当肝脏功能发生障碍时，有些药物和毒物可以在体内积累，导致中毒。如肝脏的摄取、转化、排泄功能的任何一个环节发生障碍都会导致四溴酚酞磺酸钠（BSP）滞留在血中，所以临床上常用 BSP 试验来检查肝脏的排泄功能，即在注射 BSP 一定时间后，测定血浆 BSP 浓度。不过，有些物质如水杨酸和咖啡因能促进肝脏摄取 BSP，加快其清除速度，所以应用该项检查时应当注意。

5. 其他相关试验 如乙型肝炎病毒（两对半）、甲胎蛋白、血糖、尿糖、血脂和血浆脂蛋白成分的检查。

常见肝功能检查项目和参考值见表 18-5，不同的测定方法有不同的参考值。

表 18-5　常见肝功能检查项目和参考值

检查项目	符号	单位	正常值	检查项目	符号	单位	正常值
总蛋白	TP	g/L	60~80	L-乳酸脱氢酶	LDH	U/L	155~300
白蛋白	ALB	g/L	35~55	单胺氧化酶	MAO	U/L	0.2~0.9
球蛋白	GLO	g/L	20~29	碱性磷酸酶	ALP（AKP）	U/L	20~110
白蛋白/球蛋白	A/G		1.5~2.5	γ-谷氨酰转肽酶	GGT（γ-GT）	U/L	8~50
谷丙转氨酶	GPT（ALT）	U/L	0~40	总胆红素	TBIL	μmol/L	0.7~21.7
谷草转氨酶	GOT（AST）	U/L	0~40	直接胆红素	DBIL	μmol/L	0~7.84

☯ 链 接

肝纤维化

肝纤维化（liver fibrosis）是多种慢性肝病发展至肝硬化（liver cirrhosis）的病理学基础，其主要表现为肝组织内细胞外基质（ECM）的过度沉积，分布异常。细胞外基质包括胶原、非胶原性糖蛋白和蛋白聚糖等，可以由肝细胞合成和分泌，不仅具有支架作用，而且可以影响细胞的增殖和分化等，其合成和降解受多种细胞因子的调节。目前认为肝纤维化是细胞外基质、特别是胶原的合成增多、降解减少的结果。

从中医学理论分析，肝纤维化是阴阳这对矛盾的调适过程失去平衡所致。因此，肝纤维化这一过程在乙型肝炎的初始阶段即已启动。从理论上推断，中医治疗病毒性肝炎的有效方法同样适用于治疗肝纤维化。

然而，肝纤维化是现代医学中的病程形态学概念，是所有慢性肝病的共同病理过程，其治疗意义在于阻止肝纤维化进程，降解或吸收已经出现的胶原组织所致纤维化。中医药的治疗虽然应当达到这一最终目的，但是其辨证思路和方法却与现代医学截然不同，所以对这一病理形成的中医病因、病机研究成为理论研究的关键点。

有医家认为肝纤维化的病因是感受湿热疫毒和正气不足，病机是热毒瘀结而肝脾损伤，因而提出应当以凉血化瘀解毒为基本方法，在此基础上分型治疗。

从病因上看，湿热疫毒及多种因素造成脏腑功能失调是中医病因学的基本认识；病位以肝、脾、肾三脏为主，胆、胃、肠三腑为辅；病机特征乃是气、血、津、液运化失于常度而致，湿、毒、痰、瘀的滞留为害；病证表现上应当与其主病证相同，即乙型肝炎发展过程中表现出的基本特征；其治疗则可以选用解毒、祛湿、清热、理气、益气、活血、滋肾、疏肝、柔肝、养肝等不同法则。概而言之，应当肝脾肾同调，湿痰瘀同祛。

小　结

肝脏是代谢最活跃的场所之一，在糖、脂类、蛋白质以及维生素、激素等的代谢中都起重要作用，是营养物质的加工厂和调配中心。

肝脏是进行生物转化的主要场所，生物转化过程包括第一相反应和第二相反应。第一相反应包括氧化、还原、水解、水化等反应。第二相反应为结合反应，所结合的基团包括葡糖醛酸基、硫酸基、甘氨酰基、谷胱甘肽基、甲基、乙酰基等。转化使非营养物质水溶性改善或极性增强，易于随胆汁或尿液排出体外。

生物转化的特点可以概括为转化反应的连续性和多样性及解毒致毒两重性。

肝脏的生物转化作用受遗传、年龄、性别、营养、疾病、诱导物和抑制物等因素的影响。

胆汁的主要固体成分是胆汁酸、无机盐、黏蛋白、磷脂、胆固醇、胆色素。胆汁在代谢中起乳化食物脂类、排泄非营养物质和中和胃酸等作用。

胆汁酸作为胆汁主要成分参与食物脂类消化吸收，抑制胆汁中胆固醇析出，是胆固醇的重要排泄形式，具有极强的利胆作用。

胆汁酸代谢过程：胆固醇在肝细胞内转化成初级游离胆汁酸，与甘氨酸或牛磺酸缩合成初级结合胆汁酸，随胆汁入肠道，少量受肠道菌作用水解重新生成初级游离胆汁酸，少量初级游离胆汁酸还原脱氧生成次级游离胆汁酸，大部分结合胆汁酸及少量游离胆汁酸重吸收回到肝脏，其中的游离胆汁酸转化成结合胆汁酸，所有结合胆汁酸随胆汁入肠道，形成胆汁酸的肠肝循环。

胆固醇 7α-羟化酶是控制胆汁酸代谢的关键酶，其活性受胆汁酸反馈抑制，受生长激素、糖皮质激素、甲状腺激素、维生素 C 等诱导。

胆色素是血红素转化产物，包括胆绿素、胆红素、胆素原和胆素等。

胆色素代谢过程：衰老红细胞被单核吞噬细胞系统破坏，其血红蛋白血红素被氧化成胆绿素，还原成游离胆红素。肝外游离胆红素由血浆白蛋白转运，被肝脏摄取，转化成结合胆红素，排入肠道后受肠道菌作用水解重新生成游离胆红素，进一步还原成尿胆素原。大部分尿胆素原继续还原生成粪胆素原，随粪便排出体外，其余由肠道重吸收。重吸收的尿胆素原大部分被肝细胞摄取，以原形排至肠道，形成胆素原的肠肝循环，其余随尿液排出体外。

　　某些因素可使胆红素代谢异常，导致黄疸，根据代谢异常环节分为溶血性黄疸、肝细胞性黄疸和阻塞性黄疸。

　　药物代谢是指药物在体内经历的吸收、分布、转化和排泄的过程。肝脏是药物转化的主要器官、药物排泄的重要器官。药物以一定剂型和一定途径进入血液后，少部分运送至肝脏转化，大部分运送至靶组织发挥药理作用，然后进入肝脏转化。转化产物进入血液，经肾脏随尿液排出；或汇入胆汁，经肠道随粪便排出。

第十九章　水盐代谢和酸碱平衡

　　水是人体内含量最多的物质，是体液的主要成分。人体内许多代谢都是在体液中进行的，为了确保代谢的正常进行及各组织器官生理功能的正常发挥，必须维持机体内环境的相对稳定。如果体液的组成、浓度和分布异常及酸碱平衡失调，就会影响到各组织器官的功能，严重时会危及生命。因此，掌握水盐代谢和酸碱平衡的一些基本知识对正确诊断某些疾病和运用体液疗法具有重要的临床意义。

第一节　体液的含量和分布

　　体液（body fluid）是指分布于细胞内外、溶解有多种无机盐和有机物的溶液。

一、水的含量和分布

　　健康成人体液总量约占体重的 60%（女性 50%~55%），以细胞膜为界分为**细胞内液**（约 40%，绝大部分存在于骨骼肌群）和**细胞外液**（约 20%），细胞外液（又称机体的**内环境**）再以毛细血管壁为界分为**血浆**（约 5%）和**细胞间液**（又称**组织间液**，约 15%，包括消化液、脑脊液、关节液等无功能性细胞外液）。

　　水是体液的主要成分。健康人体全血含水量为 77%~81%，其黏度为水的 4~5 倍。血浆含水量更高，达 93%~95%，其黏度为水的 1.6~2.4 倍。红细胞含水量较低，约为 65%。

　　体液含量因性别、年龄、体态与健康状况的不同而异。脂肪组织含水较少，为 10%~30%；肌组织含水较多，为 25%~80%。因此，瘦人体液百分含量高于胖人，对缺水有更大的耐受性。女性机体脂肪含量较多，所以成年女性体液百分含量低于男性。体液百分含量随着年龄增大而减少，新生儿、婴儿、学龄儿、成年人、老年人体液含量分别为 80%、70%、65%、60%、50%。新生儿体表面积大，新陈代谢旺盛，耗水量也较成人多，而且水盐平衡调节功能尚不完善，容易发生紊乱，所以在临床上对儿童脱水应更加重视。

二、电解质的含量和分布

　　电解质对维持体液分布和平衡起重要作用。体液中的电解质主要是 Na^+、K^+、

Ca^{2+}、Mg^{2+}、Cl^-、HCO_3^- 和蛋白质等，其分布与浓度见表 19 – 1。为了直观反映阴离子和阳离子的平衡关系，表中数据采用毫克当量浓度（mEq/L）。

表 19 – 1 体液电解质浓度（mEq/L）

电解质	细胞内液	细胞间液	血浆	电解质	细胞内液	细胞间液	血浆
Na^+	15	145	141	HCO_3^-	10	27	24
K^+	150	4.5	4.5	Cl^-	18	114	103
游离 Ca^{2+}	0.0001	2.4	2.4	游离 $H_2PO_4^- - HPO_4^{2-}$	100	2	2
总 Ca^{2+}	2		4.8	SO_4^{2-}	2	1	1
游离 Mg^{2+}	2	1.1	1.2	有机酸		7	6
总 Mg^{2+}	26		1.8	蛋白质	63		16
总浓度	193	153	152	总浓度	193	153	152

体液电解质的分布有以下特点：

1. 体液呈电中性 细胞内液的阴离子、阳离子总毫克当量浓度相等，细胞外液也如此，体液呈电中性。

2. 细胞内外液的渗透压相等 以半透膜隔开的溶液和溶剂之间有渗透现象，在溶液一侧施加一定的压力可以维持其渗透平衡，该压力等值于该溶液的**渗透压**（osmotic pressure，Π）。由小分子物质产生的渗透压称为**晶体渗透压**（占血浆渗透压的 99.6%，且 80% 来自 Na^+ 和 Cl^-）。由大分子物质产生的渗透压称为**胶体渗透压**（占血浆渗透压的 0.4%，约为 3.30kPa，主要由血浆蛋白质产生，其中 75% ~80% 来自血浆白蛋白）。溶液中产生渗透效应的各种粒子统称**渗透活性物质**，其浓度称为**渗透浓度**，单位是 mol/L、mmol/L。在一定条件下，溶液渗透压与其渗透浓度成正比，与粒子大小、是否带电荷无关：

$$\Pi = c_B RT$$

式中 c_B 是渗透浓度，R 是气体常数，T 是绝对温度。

健康人细胞内外液的渗透浓度相等，为 290 ~310mmol/L，所以细胞内外液的总渗透压相等，约为 770kPa。在临床上，渗透浓度与血浆接近的溶液称为**等渗溶液**（isoosmotic solution），不会改变细胞大小和形态的等渗溶液称为**等张溶液**（isotonic solution），例如 5% 葡萄糖和 0.9% NaCl 溶液。向体内输入等张溶液不会造成溶血。

3. 细胞内外液电解质的分布差异很大 细胞内液阳离子以 K^+ 为主，阴离子以 HPO_4^{2-} 为主。细胞外液阳离子以 Na^+ 为主，阴离子以 Cl^- 为主。

4. 血浆和细胞间液的蛋白质含量差异较大 血浆蛋白质含量为 16mEq/L（60 ~80g/L），而细胞间液蛋白含量仅为 2mEq/L（0.5 ~10g/L），因此血浆蛋白质含量远高于细胞间液，这种差异使血浆具有较高的胶体渗透压，是控制血管内外水分配、维持血量的重要因素。

第二节 体液的生理功能

血液中水的功能有调节和维持体温及协助运输等，电解质则功能多样。

一、水的生理功能

水是机体内含量最多的组成成分，是维持机体代谢重要的营养物质。

1. 是组织和体液的成分 水在维持组织器官的形状、硬度和弹性方面起重要作用。体内的水除了一部分以自由水形式存在之外，大部分以结合水形式存在，即与蛋白质、糖胺聚糖等结合（如蛋白质的水化膜）。因此，体内某些组织含水量虽多（如心脏含水量约79%），但仍具有坚实的形状。

2. 促进代谢和营养运输 水是良好的溶剂，能溶解各种代谢物，这是保证代谢顺利进行的重要条件。水的介电常数高，可以促进代谢物的解离和化学反应的进行。水的黏度小，易于流动，有利于营养物质的消化、吸收、运输及代谢废物的排泄等。水还直接参与水解反应和水化反应。

3. 调节和维持体温 水的比热大，1克水温度升高1℃需要吸收4.2J热能，所以水能吸收较多的热能而不会使体温有明显改变；水的蒸发热大，1克水在37℃下蒸发可以吸收2.4kJ热能，所以蒸发较少的水就能带走较多的热能；水的流动性强，能随血液循环迅速分布于全身，使物质代谢释放的热能迅速转移，避免体温局部升高。

4. 是良好的润滑剂 唾液保持口腔和咽部湿润而有利于吞咽，泪液保持眼球湿润而有利于转动，关节囊滑液有利于关节转动，胸膜腔和腹膜腔浆液减少组织间摩擦，呼吸道和消化道黏液有良好的润滑作用，这些都与水的润滑性有关。

二、主要电解质的生理功能

体液的主要电解质是无机盐。无机盐在人体内含量少，仅占体重的4%～5%，但种类多，且功能各异。

1. 是组织和体液的成分 体液中重要的无机盐有 Na^+、K^+、Cl^-、HPO_4^{2-} 和 HCO_3^- 等，各组织器官功能不同，无机盐分布也不同。

2. 维持体液酸碱平衡和渗透压平衡 健康人细胞间液及血浆的 $pH = 7.35～7.45$，在血液缓冲系、肺和肾脏的调节下维持稳定。此外，无机盐在维持体液渗透压和保持体液容量方面起重要作用，其中 Na^+ 和 Cl^- 是维持细胞外液晶体渗透压的主要离子，K^+ 和 HPO_4^{2-} 是维持细胞内液晶体渗透压的主要离子。

3. 维持神经肌肉兴奋性、心肌兴奋性 正常情况下，神经肌肉兴奋性的维持与多种无机离子的含量和比例有关：

$$神经肌肉兴奋性 \propto \frac{[Na^+] + [K^+] + [OH^-]}{[Ca^{2+}] + [Mg^{2+}] + [H^+]}$$

当血钙减少或血钾增多及碱中毒时，神经肌肉兴奋性增高，会引起抽搐。反之则神经肌肉兴奋性降低，会出现肌肉软弱无力甚至麻痹。

无机离子特别是 K^+、Na^+ 和 Ca^{2+} 对心肌兴奋性也有影响：

$$心肌兴奋性 \propto \frac{[Na^+] + [Ca^{2+}] + [OH^-]}{[K^+] + [Mg^{2+}] + [H^+]}$$

当血钾增多时，心肌兴奋性降低，导致心动过缓、传导阻滞和收缩力减弱，严重时心跳会停止于舒张状态。当血钾减少时，心脏自动节律性增高，易出现期前收缩等心律失常的症状，严重时心跳会停止于收缩状态。血钠和血钙增多时，心肌兴奋性增高，在一定范围内拮抗血钾对心肌的抑制作用。不过，单纯心肌细胞外 Na^+ 增多时，$Na^+ - Ca^{2+}$ 交换增强，导致细胞内 Ca^{2+} 减少，心肌收缩力减弱。

4. 影响酶活性　一些无机离子是酶的激活剂、抑制剂或辅助因子，从而影响代谢，例如 K^+ 是某些 ATP 酶的激活剂，Cu^{2+} 是唾液 α 淀粉酶的抑制剂，Zn^{2+} 是碳酸酐酶的辅助因子。

第三节　水钠代谢

健康成人每日需水 2000～2500ml，以维持其摄入和排出的平衡，称为日需要量。

健康成人每千克体重含钠 40～50mmol，其中 50% 存在于细胞外液，40% 存在于骨骼基质，仅有 10% 存在于细胞内液。血浆 Na^+ 浓度（即血钠）130～150mmol/L。细胞内液 Na^+ 浓度 10mmol/L。

一、水摄入

主要来自饮水、食物水和代谢水。

1. 饮水　一般成人每日饮水 1000～1300ml，因气候、运动状况、生理状况和个人生活习惯不同而异。

2. 食物水　每日从食物中摄取水 700～900ml。

3. 代谢水　体内通过生物氧化等代谢每日生成水约 300ml（每千克糖、脂肪、蛋白质代谢可产生水 600、1070、410ml），这部分水称为**代谢水**或**内生水**。代谢水的生成量虽然不多，但相当稳定。严重创伤导致组织破坏时产生更多的代谢水，每破坏 1 千克肌组织可以产生代谢水 850ml。

二、水排出

每日排出水 2000～2500ml，排出途径包括肺呼出、皮肤蒸发、消化道排泄和肾脏排泄。

1. 肺呼出　健康成人每日呼出水 350ml，呼出量与呼吸深度、呼吸速度、环境湿度及基础代谢率等有关。

2. 皮肤蒸发　①**不显汗**（insensible perspiration），即水的蒸发，成人每日蒸发不显汗约500ml。②**显汗**（sensible perspiration），即汗腺细胞主动分泌的**汗液**，显汗量变化较大，与环境温度、湿度及运动状况有关，大量出汗时每小时可达1000ml。与不显汗不同的是：显汗是低渗液，含NaCl约0.2%（受醛固酮调节），是血浆NaCl浓度的$1/5 \sim 1/2$，但尿素浓度是血浆浓度的$4 \sim 5$倍。显汗中还有少量K^+、Ca^{2+}、Mg^{2+}等，所以出汗不但丢失水，同时也丢失电解质。因此，大量出汗时，在补充水的同时还应当注意补充电解质。

3. 消化道排泄　每日分泌入消化道的各种消化液（如唾液、胃液、胆汁、胰液和肠液）可达8200ml，其中的水大部分被重吸收，仅有约150ml随粪便排出体外。

4. 肾脏排泄　成人每日排尿$1000 \sim 1500$ml，**最低尿量**500ml，多于2500ml称为**多尿**（polyuria），$100 \sim 500$ml称为**少尿**（oliguria），少于100ml称为**无尿**（anuria）。

尿液中除了水和无机盐之外还有各种非蛋白氮（NPN），以尿素氮为主。成人每日随尿液排出代谢废物约35g，其中尿素占50%以上。尿液最大浓度6%~8%，所以成人每日至少需要排尿500ml（最低尿量）才能将上述代谢废物全部排出体外，少尿或无尿会导致其在体内积累，血浆非蛋白氮升高，引起多系统出现严重的中毒症状，称为**尿毒症**（uremia）。

临床上，不能进水的患者每日应当补水$2000 \sim 2500$ml。如果患者有水的额外丢失，还应当相应增加补水量。如果患者因心脏、肾脏功能发生障碍等不能大量补水，可以适当减量，但应不低于1500ml，此为**最低需水量**（按肺呼出350ml、皮肤蒸发500ml、肠道排出150ml、肾脏排出500ml计算）。

三、钠摄入

每日膳食含钠$100 \sim 200$mmol，主要来自食盐，摄取量$100 \sim 110$mmol，几乎都通过小肠吸收。

四、钠排出

每日通过尿液排出钠约100mmol，通过粪便排出$5 \sim 10$mmol，通过汗液排出少量。

健康人肾脏可以通过重吸收（近曲小管约67%，髓袢20%，远曲小管和集合管约12%）严格控制排钠。因此，肾脏排钠的特点是多吃多排，少吃少排，不吃几乎不排。排钠常伴有排氯，故人体缺钠时尿液中少氯或无氯；相反，人体多钠时尿液中多氯，临床上常通过检查尿液中氯含量来辅助判断患者是否有低渗性脱水以及缺盐程度。

五、水钠平衡

机体每日摄入和排出适量的水和钠等，使体液维持着正常容积和渗透压。

（一）体液交换

人体各部分体液彼此隔开又相互沟通，因此每日除了与外环境交换之外，在各部分体液之间也存在着各种交换，包括水的分布、营养物质的吸收、代谢物的交换以及非营养物质的排泄，所以体液交换在维持生命活动中占有重要地位。若体液中水和电解质的含量发生变化，机体会出现脱水、水肿或电解质紊乱等病理症状。

1. 血浆与细胞间液之间的交换 主要在毛细血管壁进行。毛细血管壁是一种半透膜，水和小分子物质如葡萄糖、氨基酸、尿素及无机盐等可以扩散透过，而蛋白质大分子不能扩散透过。因此，血浆内蛋白质浓度远高于细胞间液，血浆有较高的胶体渗透压（约为 3.30kPa），比细胞间液约高 2.93kPa，称为**血浆有效胶体渗透压**。

水在血浆与细胞间液之间的交换是由毛细血管血压与血浆有效胶体渗透压之差决定的，毛细血管血压可以将水压向细胞间液，血浆有效胶体渗透压可以将水吸入血浆。毛细血管血压在动脉端约为 4.53kPa，静脉端约为 1.60kPa，而血浆有效胶体渗透压基本稳定，约为 2.93kPa。因此，在毛细血管动脉端，血压高于有效胶体渗透压（4.53 – 2.93 = 1.60kPa），水流向细胞间液；在毛细血管静脉端，有效胶体渗透压高于血压（2.93 – 1.60 = 1.33kPa），水流回血浆。此外，还有少量水通过淋巴循环进入血液（图 19 – 1）。

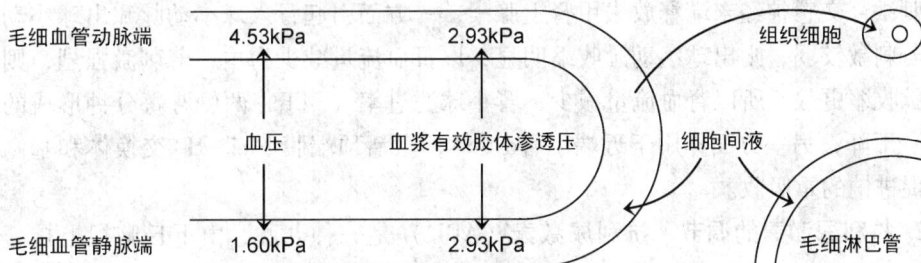

图 19 – 1 毛细血管内外体液交换

在正常情况下，毛细血管水的流出量和流回量基本相等。血浆与细胞间液水的交换很快，每分钟可达 2000ml，并保持动态平衡，只有这样才能维持血浆与细胞间液的容量及渗透压平衡，保证营养物质与代谢产物顺利交换。

2. 细胞间液与细胞内液之间的交换 属于跨膜转运。细胞膜是一种半透膜，对物质的跨膜转运有严格的选择性：①单纯扩散：O_2、CO_2、NH_3、H_2O、甘油、乙醇、尿酸和尿素等中性小分子。②主动转运：Na^+、K^+、Ca^{2+}、Mg^{2+} 和肌酸等逆浓度梯度。细胞膜上的 Na^+,K^+-ATP 酶（钠泵）可以把 Na^+ 泵出细胞，同时把 K^+ 泵入细胞，从而在细胞内外形成和维持 Na^+ 和 K^+ 浓度差。③易化扩散：葡萄糖、氨基酸、核苷酸等中性分子及 Na^+、K^+、Ca^{2+}、Mg^{2+}、Cl^-、HCO_3^- 等无机离子顺浓度梯度。④出胞和入胞：大分子或团块。

晶体渗透压决定着水在细胞内外的分配，水总是由渗透压低的一侧流向渗透压高的一侧，从而维持体液渗透压平衡。临床上解除细胞水肿特别是脑细胞水肿常用高渗溶液如 50% 葡萄糖或 20% 甘露醇快速静脉输入，造成细胞外液高渗，从而使水逸出细胞，排出体外。

（二）水钠平衡调节

肾脏不仅是机体重要的排泄器官，还是调节体液平衡的主要器官，通过控制远曲小管和集合管水的重吸收量维持体液平衡。神经系统、抗利尿激素、醛固酮和心钠素在维持体液平衡的过程中起着重要作用。此外，糖皮质激素也促进水的排出，而过量雌激素则引起水钠潴留。

肾小球每日滤过液（几乎都是水）1.8×10^5 ml，最终仅排出 $1.0 \times 10^3 \sim 1.5 \times 10^3$ ml，超过99.2%都被肾小管重吸收（65%～70%在近曲小管，10%在髓祥，10%在远曲小管，10%～20%在集合管）；每日滤过钠 2.55×10^4 mmol，最终仅排出约100mmol，约99.6%都被肾小管重吸收。

1. 神经系统的调节　中枢神经系统通过对体液晶体渗透压的感受影响水的摄入。当失水过多（>1%）、高盐膳食或输入高渗溶液时，细胞外液渗透压升高，刺激丘脑下部的渗透压感受器，引起大脑皮层兴奋，产生口渴感觉。此时若给予饮水，则细胞外液渗透压降低，水从细胞外液向细胞内液转移，从而调节渗透压平衡。

交感神经还调节肾的水钠排泄和钠的重吸收：血量减少、疼痛、应激、外伤、出血都会刺激肾交感神经末端释放去甲肾上腺素，一方面引起肾入球小动脉和出球小动脉收缩，若刺激较弱，则出球小动脉收缩明显，以肾血流量减少为主；若刺激强烈，则入球小动脉收缩更强，所以肾血流量减少，肾小球滤过率（GFR，两侧肾每分钟形成的超滤液量）下降；另一方面作用于近端小管α受体，激活顶端膜 $Na^+ - H^+$ 交换体和基侧膜钠泵，促进钠的重吸收。

2. 抗利尿激素的调节　抗利尿激素（ADH）是一种九肽，由下丘脑视上核、室旁核神经元合成，在垂体后叶储存，需要时释入血液：①作用于肾远曲小管、髓祥升支粗段和集合管上皮细胞，促进钠和水的重吸收，降低排尿量，维持体液渗透压的相对稳定。②作用于血管平滑肌细胞，刺激血管收缩、血压升高，故又称**血管升压素**。

正常饮水时血浆中抗利尿激素的浓度很低，仅为1～4ng/L。抗利尿激素的分泌量主要受下丘脑的渗透压感受器调节，其次受左心房和胸腔大静脉处的容量感受器、颈动脉窦和主动脉弓的压力感受器调节。血浆晶体渗透压升高、血量减小或血压下降通过影响这三种感受器促使抗利尿激素分泌增加，促进肾小管对水的重吸收，从而使血浆渗透压、血量和血压恢复正常。

抗利尿激素分泌与饮水、排尿密切相关：一方面，大量饮水稀释体液，血浆晶体渗透压降低，抗利尿激素分泌减少，远曲小管和集合管对水的重吸收减少，尿量增加；另一方面，抗利尿激素分泌减少可引起大量饮水和尿量增多。

3. 醛固酮的调节　醛固酮（aldosterone）属于盐皮质激素，是肾上腺皮质球状带分泌的一种类固醇激素，其主要生理功能是促进肾远曲小管和集合管对钠的主动重吸收，同时促进钾的排泄和水、氯的重吸收。

醛固酮的作用机制是通过细胞质盐皮质激素受体促进一组基因表达，增加顶端膜钠通道和钾通道数量、基侧膜钠泵数量，利于保钠、泌氢和排钾。

影响醛固酮分泌的主要因素有肾素－血管紧张素－醛固酮系统和血钾、血钠水平。

（1）肾素－血管紧张素系统：血量减少、血压下降、肾小球滤过率下降和肾交感神经兴奋均刺激肾小球旁器细胞（球旁细胞，又称近球细胞）分泌肾素，后者可使血浆中血管紧张素原降解成血管紧张素Ⅰ（十肽），然后由血浆转化酶催化转化成血管紧张素Ⅱ（八肽），发挥以下作用：①作用于肾上腺皮质球状带，刺激醛固酮合成和分泌，促进水钠重吸收，增加血量。②作用于肾小管细胞膜受体，通过蛋白激酶C途径促进钠的重吸收。③使小动脉收缩，血压升高，肾血流量减少，肾小球滤过率下降。血管紧张素发挥作用后很快被血管紧张素酶灭活。

(2) 血钾和血钠水平：当血钠减少或血钾增多时，$[Na^+]/[K^+]$ 比值减小，会使醛固酮分泌增多，尿钠减少。反之，当血钠增多或血钾减少时，$[Na^+]/[K^+]$ 比值增大，会使醛固酮分泌减少，尿钠增多。

4. 心钠素的调节 心钠素又称心房钠尿肽（ANP），是由心房肌细胞合成和分泌的一种二十八肽，主要生理功能是舒张出球小动脉和入球小动脉，抑制肾素、抗利尿激素的分泌，从而增加肾血流量和肾小球滤过率，促进排钠排水；还抑制集合管阳离子通道活性，抑制钠重吸收。此外，高水平心钠素还具有降低动脉血压和提高毛细血管渗透率的作用。

六、水钠代谢紊乱

水钠代谢紊乱往往同时发生，且相互影响，关系密切，故临床上常同时考虑，并根据体液容量变化分为脱水和水过多。**脱水**（dehydration）是指机体内水钠丢失，引起细胞外液严重减少。根据水钠丢失比例的不同，可以把脱水分为低渗性脱水、高渗性脱水和等渗性脱水。**水过多**是指水钠潴留，引起体液增多，可以分为水中毒（低渗性水过多）、盐中毒（高渗性水过多）、水肿（等渗性水过多）。

1. 低渗性脱水 又称低容量性低钠血症，特征是水钠同时丢失，但失钠多于失水，血浆、细胞间液、细胞内液都减少，以细胞间液减少为主。细胞外液呈低渗状态。血钠低于130mmol/L。

(1) 常见原因：多种原因，包括肾外失水（如呕吐、腹泻、胃肠引流、大面积烧伤、反复或大量排放胸水或腹水等）和肾内失水，常会丢失大量等渗体液，这种情况下如果只补给水，忽视补钠，则血浆渗透压会降低，引起低渗性脱水。

(2) 功能变化及症状：①由于细胞外液减少、血量减少，易发生低血量性休克，外周循环衰竭，血压下降，出现心率过快、四肢厥冷等症状。②由于血量减少，细胞间液中的水进入血浆，使细胞间液明显减少，出现皮肤弹性减退、眼窝凹陷的症状。③血浆渗透压降低，并无口渴感，不会自觉补水。由于低渗使 ADH 分泌减少，肾脏对水的重吸收减少，因而早期反而排出大量低渗低密度尿。后期因血量显著减少，ADH 分泌增多，水重吸收增多，出现少尿、无尿以及氮质血症。④血浆减少使醛固酮分泌增多，肾小管对钠的重吸收增多，尿液中 NaCl 减少，使尿密度进一步减小。⑤由于细胞外液呈低渗，水向细胞内转移，一方面引起细胞外液及血量减少，另一方面引起细胞水肿。脑细胞水肿及血压下降会引起头痛、头晕、嗜睡和昏迷。

(3) 治疗原则：及时补给生理盐水以补充血量并纠正低钠低氯的低渗状态。

2. 高渗性脱水 又称低容量性高钠血症，特征是失水多于失钠，导致细胞外液和细胞内液均减少。细胞外液呈高渗状态。血钠高于150mmol/L。

(1) 常见原因：高渗性脱水是由于摄水不足或失水过多（例如大量出汗）。婴儿一日不饮水，失水量可达体重的10%。成人一日不饮水，失水量可达体重的2%，断水 7～10 天，失水量可达体重的15%，会导致死亡。

(2) 功能变化及症状：①失水后细胞外液呈高渗状态，水从细胞内逸出，细胞内液减少，使细胞外液得到一定程度的恢复，因此在脱水初期，血量减少不多，血压一般也不下降，但细胞内液减少。②细胞外液高渗刺激渗透压感受器，促使 ADH 分泌增多，促进肾小管对水的重吸收，导致少尿和尿密度增大；细胞外液高渗还刺激丘脑下部口渴中枢，出现口渴感。由于失水多于失钠，血钠浓度增高，使醛固酮分泌减少，肾小管对钠的重吸收减少，尿液中有氯化钠出现，使尿密度进一步增大。③细胞内脱水导致代谢发生障碍，分解代谢增强但不完全，加上少尿，血浆非蛋白氮不能有效地排出体外，出现氮质血症。④严重缺水时，皮肤蒸发水减少，体温调节受到影响，因而体温升高，称为脱水热（desiccation fever），多见于小儿。⑤短时间脱水导致休克，微循环障碍，酸性代谢产物积累，伴发代谢性酸中毒。⑥脑细胞脱水导致脑细胞代谢发生障碍，出现昏睡、意识模糊、狂躁、惊厥甚至昏迷等症状。

（3）治疗原则：补给水或低渗溶液，待缺水基本纠正后再适当补充含钠液体，以防细胞外液转为低渗状态。

3. 等渗性脱水　既有高渗性脱水的症状，又有低渗性脱水的症状，故又称**混合性脱水**，其特征是水和盐成比例丢失，细胞内液的量一般不发生变化，体液减少以血液浓缩为主，但渗透压变化不大，血钠仍在 130～150mmol/L 的正常范围内。单纯等渗性脱水在临床上较少见。

（1）常见原因：①消化液急性丢失，例如幽门梗阻、肠外瘘、胃肠引流、大量呕吐、轻度腹泻。②体液丢失在感染区或软组织内，例如腹腔内或腹膜后感染、肠梗阻、烧伤。此外，低渗或高渗性脱水患者在补液治疗中也可能转化成等渗性脱水。

（2）功能变化及症状：①虽然丢失的是接近等渗的体液，但肺和皮肤还不断丢失低渗体液，故失水仍多于失盐，出现口渴、少尿等高渗性脱水的症状。②由于细胞内液与细胞外液渗透压接近，由细胞内逸出的水不多，不能补充细胞外液的丢失，导致血量减少，严重时会出现与低渗性脱水相似的外周循环衰竭的症状。③因大量呕吐而发生等渗性缺水时还会伴发代谢性碱中毒。

（3）治疗原则：既要补水，又要补盐，还应纠正血量减少，改善外周循环。如有酸碱平衡失调，则需要一并纠正。

4. 水肿（edema）　是指过多体液在组织细胞间隙或体腔内积聚。

水肿不是独立疾病，而是多种疾病的一个病理过程。水肿可以按波及范围分为全身性水肿和局部性水肿，按发病原因分为肾性水肿、肝性水肿、心性水肿、营养不良性水肿、淋巴性水肿、炎性水肿等，按发生水肿的器官组织分为皮下水肿、脑水肿、肺水肿等。

第四节　钾代谢

健康成人每千克体重含钾 50～55mmol，其中 98% 存在于细胞内液，2% 存在于细胞外液（约 70mmol）。

一、钾摄入

健康成人膳食钾的 90%～95% 可以被吸收，只有 5%～10% 随粪便排出。通常每日膳食含钾 80～120mmol，摄取 90mmol。天然食物含钾丰富，故一般膳食钾即可满足机体需要。

二、钾排出

健康成人从食物摄取的钾几乎全部由肾脏排泄，以维持钾平衡。

1. 不论膳食钾含量高低，通常肾小球滤液中钾的 80% 被近端小管被动重吸收，10% 被髓袢重吸收。远曲小管与集合管则不同，膳食钾不足时重吸收钾，膳食钾正常或过多时分泌钾，且受到调节。

2. 严重腹泻时，肠道排钾量可达正常排钾量的 10~20 倍，因此应当注意补钾。

3. 皮肤通过显汗可少量排钾。

健康成人肾脏可以控制钾的排泄，但并不严格，在摄入钾极少、甚至不摄入时，肾脏仍可排出 1%~3% 的钾。因此，肾脏排钾的特点是多吃多排，少吃少排，不吃也排，所以禁食时会因排尿导致缺钾。另外，对于长期不能进食而需要由静脉补充营养的患者应当注意检测血钾并适当补钾。

三、钾平衡

机体通过以下机制维持钾平衡：①通过细胞膜 Na^+, K^+-ATP 酶改变钾在细胞内外的分布。②通过细胞内外 H^+–K^+ 交换影响钾在细胞内外的分布。③通过改变肾小管上皮细胞的跨膜电位影响排钾。④通过控制醛固酮分泌及远端小管流速调节肾排钾。⑤通过结肠排钾及出汗排钾。

物质代谢影响钾平衡：①在糖原合成和蛋白质合成较多时（例如组织生长旺盛、创伤愈合、静脉输注胰岛素和葡萄糖），Na^+, K^+-ATP 酶转运效率高于钾通道，净效应是 K^+ 泵入细胞，会引起血钾减少，应当注意补钾。②在糖原分解和蛋白质分解较多时（例如烧伤或大手术等严重创伤、组织大量破坏、感染或缺氧），Na^+, K^+-ATP 酶转运效率低于钾通道，净效应是 K^+ 逸出细胞，会引起血钾增多，在肾脏功能衰竭时尤为明显。

四、钾代谢紊乱

测定血钾可以取血清或血浆，正常血清钾浓度是 3.5~5.5mmol/L，比血浆钾浓度高 0.3~0.5mmol/L，这是因为凝血过程中血小板释放钾。钾代谢紊乱表现为低钾血症或高钾血症。

1. 低钾血症（hypokalemia） 是指血清钾浓度低于 3.5mmol/L。低钾血症通常说明机体缺钾，但有例外。

（1）原因：①钾摄入不足：见于饮食障碍（消化道梗阻、昏迷、神经性厌食、胃手术、术后禁食）而有尿者。由于钾摄入不足，而肾脏仍然不断排钾，导致缺钾。临床上禁食超过 3 天即应考虑补钾。②钾丢失过多：常见于严重呕吐、腹泻和胃肠引流等，大量的钾随消化液丢失。此外还见于肾失钾、皮肤失钾。③细胞外钾进入细胞：虽然钾未丢失，但在体内的分布出现异常，例如糖原合成时，钾随葡萄糖和磷酸盐进入细胞内，使血钾减少，尤其在大量输入葡萄糖和胰岛素时容易发生低血钾。④碱中毒：当细胞外液 pH 升高时，一方面钾通过 H^+–K^+ 交换进入细胞增多，另一方面肾小管通过 Na^+–K^+ 交换排钾增多，导致血钾减少。

（2）主要症状：①神经肌肉兴奋性降低：表现为全身软弱无力、腱反射减退或消失，甚至出现呼吸麻痹等症状。②心肌兴奋性增高，传导性降低，收缩性改变：心率快，出现以异位搏动为主的心律失常。此外还有碱中毒、尿液偏稀、尿氨增多等。

（3）治疗原则：在治疗原发病的基础上给予补钾。症状较轻时，可多吃含钾的蔬菜、水果等植物性食物，或口服氯化钾。症状较重时需静脉补钾，静脉补钾一定要掌握"四不宜"原则：①不宜过早，尿少时不宜补钾，每天尿量在 500ml 以上时才能静脉补钾。②不宜过量，每日不超过 4g。③不宜过浓，一般浓度为 0.3%。④不宜过快，一天补钾量需用 6 小时以上滴完。因为钾主要分布于细胞内，平衡慢，需 15 小时以上。为了避免在治疗低钾血症时造成高血钾，禁止静脉推注。

2. 高钾血症（hyperkalemia） 是指血清钾浓度高于 5.5mmol/L。高钾血症未必意味着机体多钾，更不说明细胞内高钾。

（1）原因：①钾摄入过多：静脉输钾过多、过快或大量输血，导致血钾增多。②钾排泄障碍：肾脏排钾能力下降，如肾脏功能不全（尿毒症），肾上腺皮质功能减退使醛固酮分泌减少，术后少尿，均导致保钠排钾能力下降。③细胞内钾逸出（细胞外液高渗，严重创伤），使血钾增多。④酸中毒：一方面 H^+ 进入细胞，使钾逸出细胞；另一方面肾小管 $Na^+ - H^+$ 交换增强，$Na^+ - K^+$ 交换减弱，排钾减少，造成血钾升高。此外，缺氧导致酸中毒，也会造成血钾升高。

（2）主要症状：①神经肌肉兴奋性增高：表现为手足感觉异常、极度疲乏、肌肉酸痛、面色苍白、肢体湿冷、嗜睡、神志模糊及骨骼肌麻痹等症状。②心肌兴奋性改变、自律性降低、传导性降低、收缩性减弱：会出现心率缓慢、心律不齐、心音减弱，严重时心跳会停止于舒张状态。由于 Na^+、Ca^{2+} 与 K^+ 对心肌有拮抗作用，故低血钠、低血钙会加剧高血钾对心肌的危害。

（3）治疗原则：积极治疗原发病，严格限制钾的摄入。可以静脉滴注 25% 葡萄糖（含胰岛素）促进糖原合成，使血钾进入细胞内。注射 11.2% 乳酸钠或 4% ~5% 碳酸氢钠、10% 葡萄糖酸钙，提高血钠、血钙含量，拮抗 K^+ 对心肌的抑制作用，有利于心脏功能的恢复。

第五节　钙磷代谢

钙盐和磷盐是体内含量最多的无机盐。成人体内的钙约 1000g 分布于骨骼、牙齿，1g 分布于细胞外液。成人体内的磷约 600g 分布于骨骼、牙齿，100g 分布于软组织（主要是有机磷，如磷脂、磷蛋白、核酸、核苷酸），0.5g 分布于细胞外液（无机磷）。

一、生理功能

钙和磷的部分功能是共同的：①是骨骼和牙齿的重要组成成分：骨骼中的无机盐称为骨盐，骨盐成分的 84% 是钙盐，其中约有 60% 是羟磷灰石[$Ca_{10}(PO_4)_6(OH)_2$]，其余是无定型 $CaHPO_4$。②参与凝血：凝血因子 IV 即为 Ca^{2+}，血小板因子 3 的主要成分是磷脂。此外钙和磷有各自的功能。

1. 钙的生理功能 ①降低神经肌肉的兴奋性，并参与肌肉收缩。当血 Ca^{2+} 低于 1.75mmol/L 时，神经肌肉兴奋性增高，引起抽搐。②增强心肌收缩，并与促进心肌舒张的 K^+ 相拮抗，使心肌在正常工作时的收缩与舒张达到协调和统一。③降低毛细血管壁和细胞膜的通透性，在临床上可以用钙制剂治疗荨麻疹等过敏性疾病以减少组织的渗出性病变。④作为第二信使参与信号转导，激活蛋白激酶 C 和钙调蛋白激酶，调节代谢。⑤是许多酶的激活剂（例如脂肪酶、ATP 酶）或抑制剂（例如 1α-羟化酶）。⑥参与腺体分泌，调节多种激素（例如甲状旁腺素）和神经递质（例如乙酰胆碱）的释放。

2. 磷的生理功能 ①磷酸构成机体成分，如磷脂、核苷酸和核酸。②磷酸在生物氧化中参与能量的获得、利用及储存，如 ATP 和磷酸肌酸。③ATP 为酶的化学修饰调节提供磷酸基。④磷酸盐构成缓冲系，维持体液酸碱平衡。

二、摄入和排出

健康成人每日膳食含钙 $800 \sim 1200mg$、磷 $1400mg$。

1. 钙摄入　钙的吸收形式是离子钙，每日吸收约 $500mg$，分泌约 $325mg$，净摄取约 $175mg$。钙主要通过被动扩散吸收，吸收部位是小肠，以空肠和回肠吸收能力最强。此外，一部分钙在十二指肠通过主动转运吸收。

影响钙吸收的因素：①1,25-二羟维生素 D_3：是最主要的影响因素（见 340 页）。②肠道 pH 值：钙盐在酸性环境中容易溶解，在碱性环境中形成难溶性钙盐。因此，食物中能增加肠道酸性的物质如乳酸和柠檬酸等有助于钙的吸收。胃酸分泌对钙的吸收有促进作用，胃酸缺乏时，钙的吸收率下降。③食物成分：食物中过多的碱性磷酸盐和草酸盐等可以与钙结合成难溶性钙盐，影响其吸收，因此低磷膳食可以促进钙的吸收。④血液钙磷浓度：当血液钙磷浓度升高时，钙磷吸收率下降。

2. 钙排出　①约 80% 通过肠道排出：肠道排出的钙包括未吸收的食物钙和消化道分泌液中未被重吸收的钙，排出量随食物钙含量和钙吸收率而变。②约 20% 通过肾脏排出：肾小球每日滤过血钙约 $10g$，其中 98% 以上被重吸收，仅 $175mg$ 随尿液排出。

肾脏排钙与血钙量密切相关，血钙增多，则尿钙增多，血钙减少，则尿钙减少，当血钙低于 $1.87mmol/L$ 时尿液中无钙排出，以维持体内钙平衡。

3. 磷摄入　磷的吸收形式是 $H_2PO_4^-$，每日摄取约 $30mmol$，主要通过继发性主动转运吸收，吸收部位是小肠，以空肠吸收能力最强。

影响钙吸收的因素也影响磷的吸收，小肠上段酸性较强时有利于磷的吸收。Ca^{2+}、Mg^{2+}、Fe^{3+} 等金属离子易于与磷酸结合成难溶性盐，影响磷的吸收。

4. 磷排出　当血磷为 $1.3mmol/L$ 时，肾小球每日滤过可溶性磷酸盐 $234mmol$，肾小管（主要是近端小管）重吸收约 $204mmol$，尿液净排泄约 $30mmol$。肾脏功能不全会导致高血磷。

三、血钙和血磷

血液中的钙几乎全部位于血浆中，故**血钙**通常是指血浆钙。**血磷**通常是指血浆中的无机磷酸盐。

1. 血钙　血钙比较稳定，健康人血钙为 $2.25 \sim 2.75mmol/L$，无年龄差异。血钙有三种存在形式：离子钙（约 45%，$1.0 \sim 1.3mmol/L$）、血浆蛋白质（主要是白蛋白）结合钙（约 45%）、小分子（磷酸、草酸、柠檬酸等）结合钙（约 10%）。其中血浆蛋白质结合钙不能透过毛细血管壁，故称为**非扩散钙**。小分子结合钙和离子钙可以透过毛细血管壁，故称为**可扩散钙**。

血钙中仅离子钙有直接的生理效应，起着稳定神经肌肉兴奋性的作用。结合钙虽然没有直接的生理效应，但可以与离子钙相互转化，形成动态平衡。血浆离子钙浓度受血浆 pH 值的影响，pH 值降低促进结合钙解离，使离子钙增多；而 pH 值升高促进离子钙结合，使离子钙减少。临床上碱中毒特别是血钙低于 1.75mmol/L 或离子钙低于 0.875mmol/L 时常伴有抽搐，就是离子钙减少、神经肌肉兴奋性增高所致。

☞ 输库血超过 800ml 时，应注射 10% 葡萄糖酸钙，以对抗抗凝剂柠檬酸盐导致的暂时性低血钙。

2. 血磷 血磷的 80% ~ 85% 是 HPO_4^{2-}，其余是 $H_2PO_4^-$。健康成人血磷为 1.1 ~ 1.3mmol/L，儿童为 1.3 ~ 2.3mmol/L。血磷有三种存在形式：解离型（$HPO_4^{2-}/H_2PO_4^-$，45% ~ 50%）、磷酸盐（35% ~ 40%）、血浆蛋白质结合磷（10% ~ 15%），其中血浆蛋白质结合磷不能滤过肾小球。

3. 血钙和血磷浓度积对骨代谢的影响 血钙和血磷的浓度保持着一定的关系，当以 mmol/L 来表示健康成人血钙和血磷浓度时，它们的乘积是一个常数，称为**钙磷溶度积**（K_{sp}）。

$$K_{sp} = [Ca] \times [P] = 2.5 \sim 3.5$$

如果血钙和血磷的浓度积 > 3.5，钙磷将以骨盐的形式沉积于骨组织中；如果浓度积 < 2.5，骨组织的钙化及成骨作用会受到影响，甚至发生骨盐溶解，导致儿童患佝偻病，成人出现骨软化症。

四、钙磷代谢调节

钙磷代谢受甲状旁腺素、1,25-二羟维生素 D_3 和降钙素调节，它们通过合成与分泌的变化影响着肾脏的钙磷排泄、骨组织和体液间的钙磷平衡以及小肠的钙磷吸收，从而维持着钙磷代谢的正常进行。

1. 甲状旁腺素（PTH） 是由甲状旁腺主细胞合成分泌的一种八十四肽，具有升高血钙、降低血磷的作用，是调节钙磷代谢、维持血钙稳态的主导激素。甲状旁腺素的合成分泌主要受血钙（离子钙）调节（抑制）：当血钙增多时，甲状旁腺素合成分泌减少；当血钙减少时，甲状旁腺素合成分泌增多。

（1）对骨的作用：①快速效应：迅速增加骨细胞膜对 Ca^{2+} 的通透性，使骨液中的 Ca^{2+} 通过骨细胞转运至细胞外液。②迟缓效应：增加破骨细胞数量和活性，促进骨盐溶解，升高血钙。

（2）对肾脏的作用：促进髓袢升支和远曲小管对钙的重吸收，抑制近端小管和远端小管对磷的重吸收，使尿钙减少，尿磷增多。

（3）对小肠的作用：激活肾近端小管 1α-羟化酶，促进合成 1,25-二羟维生素 D_3，从而间接促进小肠对钙磷的吸收，效应较慢。

甲状旁腺素还通过信号转导激活腺苷酸环化酶合成 cAMP，cAMP 使线粒体释放钙，由钙泵泵出，升高血钙。

2. 1,25-二羟维生素 D_3 是维生素 D_3 的主要活性形式，其在钙磷代谢中的作用是促进小肠钙磷吸收，促进新骨钙化，维持骨质更新，促进肾脏钙磷重吸收。

（1）对小肠的作用：促进小肠对钙磷的吸收和转运，升高血钙血磷。①与肠黏膜上皮细胞特异受体结合，直接作用于刷状缘，增加膜的钙通透性。②与核受体结合，诱导主动转运相关蛋白（包括钙结合蛋白 calbindin 和钙泵）基因表达，提高主动转运效率。③激活基侧膜腺苷酸环化酶，激活钙泵，提高主动转运效率。

(2) 对骨的作用：具有促进溶骨和成骨双重作用，既有利于骨骼的生长和钙化，又维持着血钙和血磷的稳定。血钙不足时 1,25-二羟维生素 D_3 可以增加破骨细胞的数量并提高其活性，促进溶骨，使血钙升高。血钙充足时可以刺激成骨细胞分泌胶原等，促进成骨。

(3) 对肾脏的作用：促进肾小管上皮细胞对钙磷的重吸收，机制是诱导合成钙结合蛋白。此作用较弱，仅在骨骼生长、修复或钙磷供应不足时作用明显。

1,25-二羟维生素 D_3 水平受肾内 1α-羟化酶控制，该酶被甲状旁腺素激活，被降钙素、高血磷抑制，受 1,25-二羟维生素 D_3 反馈抑制。

3. 降钙素（CT） 是甲状腺滤泡旁细胞分泌的一种三十二肽，主要生理功能是降低血钙和血磷，与甲状旁腺素的作用相拮抗。血钙升高刺激降钙素分泌。

(1) 对骨的作用：抑制破骨细胞的形成及其活性，阻止骨基质分解和骨盐溶解；促进破骨细胞和间质细胞转化成成骨细胞，并增强其活性，促进成骨，降低血钙、血磷。

(2) 对肾脏的作用：直接抑制肾小管对钙磷的重吸收，使尿钙、尿磷增多。

(3) 对小肠的作用：抑制肾 1α-羟化酶活性，抑制 1,25-二羟维生素 D_3 生成，间接抑制小肠对钙磷的吸收。

综上可知，在健康人体内，甲状旁腺素、1,25-二羟维生素 D_3 和降钙素三者相互制约、相互协调，共同维持血钙和血磷的动态平衡（表 19 – 2）。

表 19 – 2 甲状旁腺素、1,25-二羟维生素 D_3 和降钙素对钙磷代谢的调节作用

激素	肠钙吸收	溶骨作用	成骨作用	肾排钙	肾排磷	血钙	血磷
甲状旁腺素	↑	↑↑	↓	↓	↑	↑	↓
1,25-二羟维生素 D_3	↑↑	↑	↓	↓	↓	↑	↑
降钙素	↓	↓	↑	↑	↑	↓	↓

第六节 酸碱平衡

健康机体的代谢不但需要适宜的温度、稳定的体液含量和渗透压，还需要稳定的酸碱度。然而，物质代谢过程会产生酸性物质和碱性物质，消化道也有酸性或碱性食物和药物吸收，这些都会影响体液酸碱度的稳定。机体通过血液缓冲系、肺和肾脏来调节体内酸性物质和碱性物质的含量和比例，维持血浆 pH = 7.35 ~ 7.45，该过程称为**酸碱平衡**（acid-base equilibrium）。如果肺和肾脏功能发生障碍，或者体内酸性物质、碱性物质过多，超过了机体的调节能力，就会引起酸碱平衡失调。酸碱平衡失调多是某些疾病或病理过程的继发性变化，然而一旦发生就会使病情更加严重和复杂，威胁患者生命，因此及时发现和正确处理常常是治疗成败的关键。

一、酸碱质子理论与缓冲溶液

酸碱质子理论由丹麦化学家 Brønsted 和英国化学家 Lowry 于 1923 年提出：①在化学反应中，**酸**是能给出质子（H^+）的物质，例如 HCl、H_2CO_3、$H_2PO_4^-$、NH_4^+ 等；**碱**是能接受质子的物质，例如 Cl^-、

HCO_3^-、HPO_4^{2-}、NH_3等。②酸和碱不是孤立的，酸给出质子后余下的部分就是碱，称为**共轭碱**；碱接受质子后就成为酸，称为**共轭酸**。

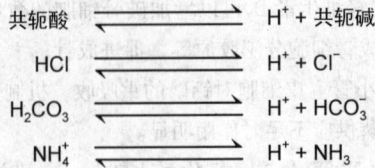

$$共轭酸 \rightleftharpoons H^+ + 共轭碱$$
$$HCl \rightleftharpoons H^+ + Cl^-$$
$$H_2CO_3 \rightleftharpoons H^+ + HCO_3^-$$
$$NH_4^+ \rightleftharpoons H^+ + NH_3$$

不同酸碱给出或接受质子的能力不同：①给出质子能力强的是**强酸**，例如 $HClO_4$、HNO_3、HCl、H_2SO_4；给出质子能力弱的是**弱酸**，例如 HAc、HClO、HCN。②接受质子能力强的是**强碱**，例如 OH^-；接受质子能力弱的是**弱碱**，例如 HCO_3^-。③共轭酸给出质子能力越强，其共轭碱接受质子能力越弱，即强共轭酸给出质子后成为弱共轭碱；共轭酸给出质子能力越弱，其共轭碱接受质子能力越强，即弱共轭酸给出质子后成为强共轭碱。

缓冲溶液是指能够抵抗有限稀释或少量外来酸、碱的影响，保持其 pH 没有明显改变的溶液。缓冲溶液对有限稀释或少量外来酸、碱的抵抗作用称为**缓冲作用**。缓冲溶液通常含合适浓度、一定比例的共轭酸碱对，这样的共轭酸碱对称为**缓冲系**或**缓冲对**。缓冲系中的共轭酸称为**抗碱成分**，共轭碱称为**抗酸成分**。缓冲系通常由弱酸与其相应的强碱盐或弱碱与其相应的强酸盐组成。缓冲溶液的缓冲机制见血液缓冲系对酸碱平衡的调节。

二、体内酸性物质和碱性物质来源

体内酸性物质和碱性物质大多是物质代谢的产物，部分来自食物、饮料和药物等。

1. 酸性物质　体内酸性物质包括挥发性酸和固定酸。

（1）**挥发性酸**（volatile acid）：是指 H_2CO_3，其循血液流到肺时可以分解成 CO_2 呼出。成人每日通过糖、脂肪、蛋白质（统称**成酸性食物**）生物氧化生成的 CO_2 可以与 H_2O 结合，生成 $1.5 \times 10^4 \sim 2.0 \times 10^4$ mmolH_2CO_3，成为机体代谢产生最多的酸性物质。

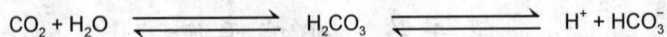

$$CO_2 + H_2O \rightleftharpoons H_2CO_3 \rightleftharpoons H^+ + HCO_3^-$$

（2）**固定酸**（fixed acid）：又称**非挥发性酸**（nonvolatile acid），是指不具有挥发性、不会由肺呼出的酸。固定酸主要是核苷酸、磷蛋白等代谢产生的 $H_2PO_4^-$，此外还有其他代谢产生的少量硫酸、尿酸、肌酸等，从消化道摄取的醋酸、柠檬酸、酸性药物阿司匹林等。

2. 碱性物质　体内碱性物质包括代谢产生的碱和摄取的碱。例如：氨基酸脱氨基作用产生的氨是弱碱，蔬菜和水果中的柠檬酸盐、苹果酸盐、草酸盐等是弱酸盐（因此蔬菜和水果是**成碱性食物**），某些药物如碳酸氢钠是碱性药物。

在普通膳食条件下，健康人体内每日代谢产生的固定酸多于碱性物质，中和后净剩（以 H^+ 计，以下同）约 40mmol。此外每日净摄入固定酸约 30mmol，因此人体每日净增固定酸约 70mmol。

三、酸碱平衡调节

上述 $1.5 \times 10^4 \sim 2.0 \times 10^4$ mmol 挥发性酸和 70mmol 固定酸最终分别经血液循环运至肺呼出，运至肾排出。期间不会引起体液特别是血液 pH 值的明显改变，因此机体可以通过血液缓冲及肺呼吸、肾脏的排泄和重吸收来维持血液 pH 值的相对稳定，即维持酸碱平衡，其中肺和肾脏是维持与调节机体酸碱平衡的重要脏器。

（一）血液缓冲系对酸碱平衡的调节

血液中存在各种缓冲系：①血浆缓冲系有 $NaHCO_3/H_2CO_3$、血浆蛋白质钠盐/血浆蛋白质和 Na_2HPO_4/NaH_2PO_4 等，以 $NaHCO_3/H_2CO_3$ 最为重要，占全血缓冲系 35%。②红细胞缓冲系有 KHb/HHb、$KHbO_2/HHbO_2$、$KHCO_3/H_2CO_3$ 和 K_2HPO_4/KH_2PO_4 等，以 KHb/HHb 和 $KHbO_2/HHbO_2$ 最为重要，占全血缓冲系 35%（表 19-3）。

表 19-3 全血各缓冲系分布与含量

缓冲系	血浆 HCO_3^-	细胞内 HCO_3^-	血红蛋白	血浆蛋白质	磷酸盐
含量（%）	35	18	35	7	5

健康人血浆 pH = 7.4，主要靠 HCO_3^-/H_2CO_3 缓冲系维持：

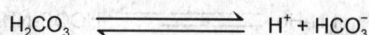

$$H_2CO_3 \rightleftharpoons H^+ + HCO_3^-$$

$$K_a = \frac{[H^+][HCO_3^-]}{[H_2CO_3]}$$

$$\lg K_a = \lg[H^+] + \lg\frac{[HCO_3^-]}{[H_2CO_3]}$$

$$-\lg[H^+] = -\lg K_a + \lg\frac{[HCO_3^-]}{[H_2CO_3]}$$

$$pH = pK_a + \lg\frac{[HCO_3^-]}{[H_2CO_3]}$$

在 37℃时，$pK_a = 6.1$，血浆 $[HCO_3^-] = 24mmol/L$，$[H_2CO_3] = 1.2mmol/L$，所以：

$$pH = 6.1 + \lg24/1.2 = 6.1 + \lg20/1 = 6.1 + 1.3 = 7.4$$

可见，即使血浆 $[HCO_3^-]$ 和 $[H_2CO_3]$ 改变，只要维持 $[HCO_3^-]/[H_2CO_3] = 20:1$，就可以维持其 pH = 7.4，即血浆 pH 保持不变；如果 $[HCO_3^-]/[H_2CO_3]$ 比值改变，血浆 pH 值就会随之改变。因此，人体调节血浆酸碱平衡的实质主要是调整血浆 HCO_3^- 和 H_2CO_3 的相对含量，维持 $[HCO_3^-]/[H_2CO_3] = 20:1$。

1. 对挥发性酸的缓冲作用 在血液中，每日有 $1.5 \times 10^4 \sim 2.0 \times 10^4 mmol$ CO_2 以三种形式运至肺呼出，期间基本不影响血液 pH。

（1）约 69% 的 CO_2 转化成碳酸氢盐运输。

当血液流经组织时，由于组织中 CO_2 分压高，CO_2 从组织细胞弥散入血，进入红细胞，由碳酸酐酶（位于红细胞、肺泡上皮细胞、胃黏膜上皮细胞和肾小管上皮细胞内）催化与 H_2O 结合成 H_2CO_3，H_2CO_3 与 $KHbO_2$ 反应生成 $KHCO_3$ 和 $HHbO_2$，$HHbO_2$ 解离释放 O_2，O_2 从红细胞弥散入血浆，继而入组织细胞。整个过程实现了组织 CO_2 与血液 O_2

的交换，基本不改变血液[H⁺]，所以维持血液 pH 不变：

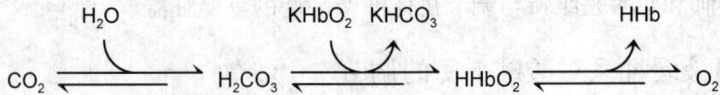

$$CO_2 \xrightarrow{H_2O} H_2CO_3 \xrightarrow{KHbO_2 \ KHCO_3} HHbO_2 \xrightarrow{HHb} O_2$$

当血液流经肺泡时，O_2 从肺泡弥散入血，进入红细胞，与 HHb 结合成 $HHbO_2$，$HHbO_2$ 与 $KHCO_3$ 反应生成 $KHbO_2$ 和 H_2CO_3，H_2CO_3 由碳酸酐酶催化分解成 H_2O 和 CO_2，CO_2 从红细胞弥散入血浆，由肺呼出。整个过程实现了血液 CO_2 与肺泡 O_2 的交换，基本不改变血液[H⁺]，所以维持血浆 pH 不变。

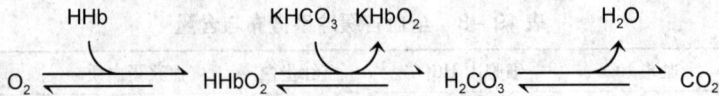

$$O_2 \xrightarrow{HHb} HHbO_2 \xrightarrow{KHCO_3 \ KHbO_2} H_2CO_3 \xrightarrow{H_2O} CO_2$$

（2）约21%的 CO_2 与血红蛋白氨基端的氨基（H_2N-Hb）结合（不需酶催化），生成氨基甲酰血红蛋白（HOOC-NH-Hb）运输。

$$CO_2 + H_2N\text{-}Hb \longrightarrow HOOC\text{-}NH\text{-}Hb$$

（3）约10%的 CO_2 以溶解形式运输。

2. 对固定酸的缓冲作用　每日有约 70mmol 固定酸经血液循环运至肾脏排出。固定酸进入血液后多数被缓冲成共轭碱（例如 $H_2PO_4^-$ 缓冲成 HPO_4^{2-}，H_2SO_4 缓冲成 HSO_4^- 等），其中约 30mmol 由 $KHbO_2$ 缓冲，40mmol 由碳酸氢盐缓冲系缓冲：

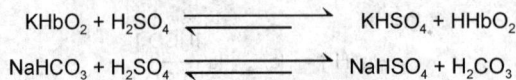

$$KHbO_2 + H_2SO_4 \longrightarrow KHSO_4 + HHbO_2$$
$$NaHCO_3 + H_2SO_4 \longrightarrow NaHSO_4 + H_2CO_3$$

后者生成的 40mmol H_2CO_3 由碳酸酐酶催化分解成 H_2O 和 CO_2，CO_2 由肺呼出。

碳酸氢盐缓冲系具有以下特点：①缓冲能力最强，血液碳酸氢盐缓冲系占全血缓冲系的53%。②属于开放性缓冲系，与肺和肾的调节直接联系，缓冲潜力大。③只能缓冲固定酸，不能缓冲挥发性酸。

3. 对碱的缓冲作用　进入血液的碱性物质由各缓冲系中的抗碱成分缓冲，例如 K_2CO_3：

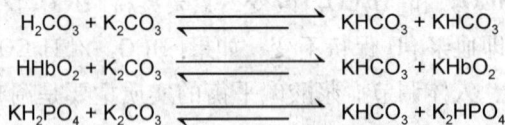

$$H_2CO_3 + K_2CO_3 \longrightarrow KHCO_3 + KHCO_3$$
$$HHbO_2 + K_2CO_3 \longrightarrow KHCO_3 + KHbO_2$$
$$KH_2PO_4 + K_2CO_3 \longrightarrow KHCO_3 + K_2HPO_4$$

H_2CO_3 是主要抗碱成分，消耗的 H_2CO_3 可以由代谢产生的 CO_2 补充。

（二）肺对酸碱平衡的调节

肺通过呼吸控制 CO_2 呼出量，调节血浆 H_2CO_3 量，以维持 $[HCO_3^-]/[H_2CO_3]=20:1$。

1. 当体内 H_2CO_3 增多时，血浆二氧化碳分压上升，pH 值降低，刺激延髓化学感受器，兴奋呼吸中枢，使呼吸加深、加快，肺通气量增大，血浆 H_2CO_3 回落。

血浆二氧化碳分压正常值 5.32kPa，若升高 50%，则肺通气量增加 10 倍，但若升高超过一倍，呼吸中枢反被抑制，产生 CO_2 麻醉。

2. 当体内 H_2CO_3 减少时，血浆二氧化碳分压下降，pH 值升高，抑制呼吸中枢，使呼吸变浅、减慢，肺通气量减小，血浆 H_2CO_3 回升。

由此可见，肺通过呼吸运动调节血浆 H_2CO_3 量，以维持血浆 $[HCO_3^-]/[H_2CO_3] = 20:1$，从而维持血浆 $pH = 7.35 \sim 7.45$。不过，肺只能调节 H_2CO_3 量，对 HCO_3^- 量无直接调节作用。血浆 HCO_3^- 量由肾脏调节。

（三）肾脏对酸碱平衡的调节

肾脏通过泌氢机制（$Na^+ - H^+$ 交换）重吸收抗酸成分 $NaHCO_3$、排氨（$Na^+ - NH_4^+$ 交换）、排钾（$Na^+ - K^+$ 交换）、排固定酸，从而维持体液酸碱平衡。

1. $Na^+ - H^+$ 交换 是指由肾小管细胞顶端膜 $Na^+ - H^+$ 交换体通过继发性主动转运机制向小管液泌 H^+，同时从小管液重吸收 Na^+，是主要的泌氢机制（图 19 - 2⑦）。$Na^+ - H^+$ 交换泌出的 H^+ 是由碳酸酐酶催化生成的（图 19 - 2⑤）：$CO_2 + H_2O \rightarrow H_2CO_3 \rightarrow HCO_3^- + H^+$。反应生成的 HCO_3^- 与重吸收的 Na^+ 从基侧膜进入细胞间液、血液（图 19 - 2⑥），因此肾小管细胞通过 $Na^+ - H^+$ 交换泌 H^+ 的同时向血液转运等量的 $NaHCO_3$。$Na^+ - H^+$ 交换在近端小管、髓袢、集合管进行，与基侧膜钠泵偶联。

此外，肾小管还通过氢泵（主要在集合管，少量在近端小管、髓袢和远端小管）和 $H^+ - K^+$ 交换泵（在集合管）泌 H^+。肾小管每日总计泌 H^+ 约 $4.39 \times 10^3 mmol$。

肾小管分泌的 $4.39 \times 10^3 mmol$ H^+ 分别与重吸收碳酸氢盐（$4.32 \times 10^3 mmol$）、排氨（40mmol）、排固定酸（30mmol）偶联。

2. 重吸收抗酸成分 $NaHCO_3$ 肾小球每日滤过液 $1.8 \times 10^5 ml$，含 HCO_3^- 4.32×10^3 mmol。HCO_3^- 是血浆最重要的抗酸成分，因此会被肾重吸收。如果按尿液 $pH = 5.4$（通常为 $4.4 \sim 8.2$）计算，重吸收率可达 99.99%（近端小管、髓袢升支粗段、远曲小管分别重吸收 80%、10%、10%），说明肾脏重吸收 HCO_3^- 的能力很强。HCO_3^- 从小管液回到血液先后要通过顶端膜和基侧膜。

（1）顶端膜 $NaHCO_3$ 重吸收机制：①HCO_3^- 与分泌至小管液的 H^+ 结合生成 H_2CO_3。②H_2CO_3 分解成 CO_2 和 H_2O，由小管细胞顶端膜上的碳酸酐酶催化。③CO_2 扩散进入肾小管细胞，因此 CO_2 是碳酸氢盐重吸收的主要形式。④CO_2 与 H_2O 结合成 H_2CO_3，由小管细胞质碳酸酐酶催化。⑤H_2CO_3 解离成 HCO_3^- 和 H^+。⑥HCO_3^- 与重吸收的 Na^+ 一起透过基底膜进入细胞间液、血液循环（图 19 - 2）。

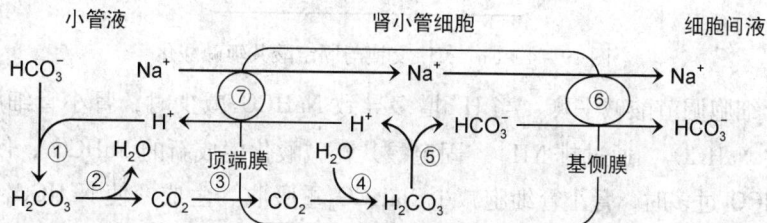

图 19 - 2 $Na^+ - H^+$ 交换与 $NaHCO_3$ 的重吸收

（2）基侧膜 $NaHCO_3$ 转运机制：①大部分在近端小管通过 $Na^+ - HCO_3^-$ 同向转运体转运（图19 - 2⑥）。②少量在近端小管、髓袢、远端小管通过 $Cl^- - HCO_3^-$ 逆向转运体转运。

3. 排氨　是指将 NH_3 排入小管液并与 H^+ 结合成 NH_4^+，随尿液排出：$NH_3 + H^+ \rightarrow NH_4^+$。排氨与等量 Na^+ 的重吸收偶联，所以又称 **$Na^+ - NH_4^+$ 交换**。成人每日净排氨约 40mmol（同时向血液补充 $NaHCO_3$ 约 40mmol），所排氨几乎全部来自小管（主要是近端小管）上皮细胞谷氨酰胺分解，有极少量来自血浆。

肾脏排氨机制有三种：①小管细胞以单纯扩散方式分泌，这是主要方式（图19 - 3）。②小管细胞通过 $Na^+ - H^+$ 交换体（NH_4^+ 取代 H^+ 交换）分泌，这部分只占少量。③肾小球滤过，这部分只占极少量。前两种分泌大部分发生在近端小管，少量在集合管。

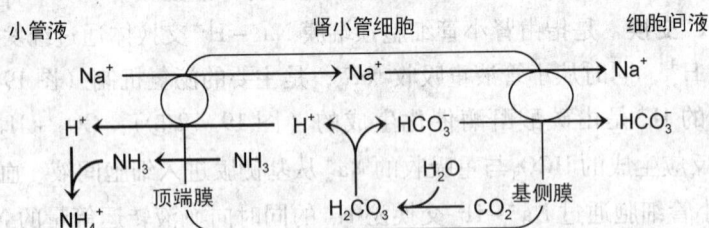

图 19 - 3　$Na^+ - H^+$ 交换与排氨

肾脏排氨的生理意义：①主要是维持机体酸碱平衡：氨的分泌受小管液 pH 值影响，pH 值越低，氨越易扩散进入小管液，生成的 NH_4^+ 越多，随尿液排出越多，因此酸中毒越严重尿液中铵盐越多。②排氨解毒。

4. 排固定酸　是指将血浆中以共轭碱形式存在的固定酸滤入小管液并酸化成共轭酸，随尿液排出。

约 30mmol 固定酸在血浆中以共轭碱形式存在，其中 HPO_4^{2-} 约 24mmol，此外有少量肌酸、尿酸等。固定酸以等浓度滤过肾小球进入滤过液，在近端小管、髓袢、远端小管分别有约 15、10、5mmol 共轭碱酸化成共轭酸，随尿液排出：$HPO_4^{2-} + H^+ \rightarrow H_2PO_4^-$，同时向血液补充 30mmol HCO_3^-（图19 - 4）。

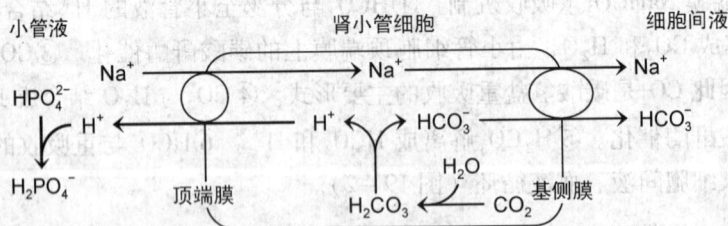

图 19 - 4　$Na^+ - H^+$ 交换与固定酸共轭碱酸化

肾小管细胞调节酸碱平衡：当 H^+ 增多导致 $NaHCO_3$ 减少时，肾小管细胞通过加快泌氢重吸收 $NaHCO_3$，通过排 NH_4^+、固定酸共轭碱酸化生成新的 $NaHCO_3$，使 $NaHCO_3$ 回升；当 $NaHCO_3$ 过多时，肾小管细胞减少 $NaHCO_3$ 重吸收、生成，使 $NaHCO_3$ 回落。当血液 pH 值、血钾、血氯、有效循环血量降低，醛固酮增多，碳酸酐酶活性增高时，肾小管泌氢、重吸收 $NaHCO_3$ 增多。

肾小球每日滤过液 $1.8 \times 10^5 ml$，含 $NaHCO_3$ $4.32 \times 10^3 mmol$，相当于在血浆中增加 H^+ $4.32 \times 10^3 mmol$，因此肾功能之一是将其全部重吸收（$>99.9\%$）。

5. Na^+–K^+ 交换 膳食钾正常或过多时远曲小管与集合管分泌钾，这一分泌与钠的主动重吸收相关，所以被称为 Na^+–K^+ **交换**。Na^+–K^+ 交换与 Na^+–H^+ 交换存在竞争。因此：①细胞外液 K^+ 过多（特别是高血钾）时促进 Na^+–K^+ 交换，抑制 Na^+–H^+ 交换，会发生高钾性酸中毒。②细胞外液 K^+ 不足（特别是低血钾）时 Na^+–K^+ 交换减弱，Na^+–H^+ 交换增强，会发生低钾性碱中毒和反常性酸性尿。

综上所述，人体调节酸碱平衡的过程主要是通过血液缓冲系、肺及肾脏的调节来实现的，三者在作用的时间和强度上各有特点：①血液缓冲系的作用最快，但只是暂时缓冲，不能彻底排出，所以不能持久。②肺的调节也很快，通常在 pH 改变几分钟内开始，30 分钟时达到高峰，可以通过改变肺泡通气量从根本上调节 H_2CO_3 的浓度，但不能排出固定酸，而且影响呼吸中枢的因素较多，调节效能常受到一定限制。③肾脏在 3~4 小时后才发挥调节作用，发挥作用最迟，但效率高、作用持久，不但可以排出固定酸，而且还能排氨、排钾、回收碳酸氢盐，是最重要的调节系统。因此，良好的肾脏功能是维持酸碱平衡的重要保证。

四、酸碱平衡失调

酸碱平衡失调按起因不同可以分为代谢性失调与呼吸性失调。由于血浆 $NaHCO_3$ 减少或增多而引起的酸碱平衡失调分别称为**代谢性酸中毒**（metabolic acidosis）和**代谢性碱中毒**（metabolic alkalosis）。由于肺呼吸功能异常导致 H_2CO_3 含量增多或减少而引起的酸碱平衡失调分别称为**呼吸性酸中毒**（respiratory acidosis）和**呼吸性碱中毒**（respiratory alkalosis）。

酸碱平衡失调按程度不同可以分为代偿性失调与失代偿性失调。酸碱平衡失调的主要原因是体内酸性物质或碱性物质过多或不足，或者是肺、肾脏功能不全。在酸碱平衡失调初期，由于体液的缓冲作用和肺、肾脏的调节及细胞内外离子的交换，失调可以得到部分代偿，此时虽然 $NaHCO_3$ 和 H_2CO_3 的绝对浓度已经有变化，但二者的比值仍维持在 20∶1 左右，所以血浆 pH 值尚能维持在正常范围内（7.35~7.45），此时称为**代偿性酸中毒**或**代偿性碱中毒**。当酸碱平衡严重失调、超过人体的代偿能力时，人体酸碱平衡调节系统虽然已经发挥作用，但 $[NaHCO_3]/[H_2CO_3]$ 比值发生改变，血浆 pH 值低于 7.35 或高于 7.45，此时称为**失代偿性酸中毒**或**失代偿性碱中毒**。如果血浆 pH 值低于 7.0 或高于 7.8，会危及生命。

1. 代谢性酸中毒 是由于体内产生固定酸过多或碱性物质丢失过多导致体内 HCO_3^- 原发性减少。突出表现是呼吸又深又快，呼吸肌收缩明显，呼吸频率有时高达每分钟 40~50 次。体内固定酸增多，由血浆 $NaHCO_3$ 缓冲生成 H_2CO_3，所以血浆 $NaHCO_3$ 减少而 H_2CO_3 增多，导致血液 H^+ 浓度升高，刺激呼吸中枢，使呼吸加深加快，CO_2 呼出增多，使血浆 H_2CO_3 减少。另一方面，肾小管细胞泌氢排氨增多，排出固定酸，重吸收较多的 $NaHCO_3$。经肺、肾脏调节，如果血浆 $[NaHCO_3]/[H_2CO_3]$ 比值接近

20∶1，血浆 pH 值仍维持在正常范围内，则属于**代偿性代谢性酸中毒**；如果 $[NaHCO_3]/[H_2CO_3]$ 的比值减小，使血浆 pH < 7.35，则成为**失代偿性代谢性酸中毒**。治疗原则是在积极治疗原发病的基础上适当给予碱性药物（如 $NaHCO_3$ 或乳酸钠）以补充体内碱储量不足。

　　🖐 重度脱水会出现休克，微循环障碍，酸性代谢物大量产生和积累，导致代谢性酸中毒。

　　2. 代谢性碱中毒　是由于大量丢失酸性胃液（如幽门梗阻患者大量呕吐），对肠液中 $NaHCO_3$ 的中和作用减弱，使大量 $NaHCO_3$ 被肠黏膜吸收进入血液，导致血浆 $NaHCO_3$ 增多，血液 H^+ 浓度降低，抑制呼吸中枢，使呼吸变浅变慢，保留较多的 CO_2，血浆 H_2CO_3 增多；另一方面，肾小管细胞泌氢排氨减少，$NaHCO_3$ 重吸收减少；此外，血浆中其他缓冲系也与 $NaHCO_3$ 反应生成 H_2CO_3。如果经肺、肾脏调节血浆 $[NaHCO_3]/[H_2CO_3]$ 的比值接近 20∶1，血浆 pH 值仍维持在正常范围内，则属于**代偿性代谢性碱中毒**；如果 $[NaHCO_3]/[H_2CO_3]$ 的比值增大，使 pH > 7.45，则成为**失代偿性代谢性碱中毒**。其治则是在治疗原发病的基础上，轻症患者可以补充适量生理盐水，重症患者可以给予一定量酸性药物，常用 0.9% 的 NH_4Cl 溶液静脉滴注。

　　🖐 临床上短期内输较多库存血（如 5000ml），因输血中有大量柠檬酸钠，代谢转化成 $NaHCO_3$，容易发生代谢性碱中毒。

　　3. 呼吸性酸中毒　常见于呼吸中枢被抑制、肺功能障碍、呼吸肌麻痹、呼吸道阻塞及心力衰竭等引起肺呼吸功能低下，CO_2 排出受阻，血浆二氧化碳分压原发性升高，H_2CO_3 生成增多，血浆中 H_2CO_3 原发性增多；血浆 H^+ 浓度升高，肾小管细胞泌氢排氨增多，$NaHCO_3$ 重吸收增多，血浆 $NaHCO_3$ 增多，血钾增多；另一方面，血浆 Na_2HPO_4 和血浆蛋白质可以与 H_2CO_3 反应生成 $NaHCO_3$。如果经肾脏调节 $[NaHCO_3]/[H_2CO_3]$ 的比值接近 20∶1，血浆 pH 值仍维持在正常范围内，则属于**代偿性呼吸性酸中毒**；如果血浆 H_2CO_3 的增多超过了代偿能力，$[NaHCO_3]/[H_2CO_3]$ 的比值减小，血浆 pH < 7.35，则成为**失代偿性呼吸性酸中毒**。其治疗主要是针对病因改善通气和换气功能，促使体内潴留的 CO_2 及时排出体外，以维持血浆 pH 的稳定。

　　4. 呼吸性碱中毒　是由于呼吸中枢兴奋、癔病、高热、甲亢等引起肺呼吸过快，CO_2 排出过多，血浆二氧化碳分压原发性降低，H_2CO_3 生成减少，血浆 H_2CO_3 原发性减少；血浆 H^+ 浓度降低，肾小管细胞泌氢排氨减少，$NaHCO_3$ 重吸收减少，血浆 $NaHCO_3$ 减少。如果经肾脏调节 $[NaHCO_3]/[H_2CO_3]$ 的比值接近 20∶1，血浆 pH 值仍维持在正常范围内，则属于**代偿性呼吸性碱中毒**；如果血浆 H_2CO_3 的减少超过了代偿能力，$[NaHCO_3]/[H_2CO_3]$ 的比值增大，血浆 pH > 7.45，则成为**失代偿性呼吸性碱中毒**。治疗的关键在于预防，及时消除引起呼吸过度的因素。必要时用纸袋盖住其口鼻，使其重新吸入呼出的气体，以提高血浆二氧化碳分压。

☯ 链接

特发性水肿

　　特发性水肿（idiopathic edema）又称水潴留性肥胖、单纯性水钠潴留症、周期性浮肿等，是因内分泌、血管、神经等诸多系统失调而导致的一种水盐代谢紊乱综合征，属中医的"水肿"范畴，多见于 20 ~ 50 岁生育期伴肥胖女性，以水肿与月经周期紊乱及体重增加为主要临床特征，预后良好。

　　特发性水肿的病因主要有情志内伤，肝失疏泄；先天不足，肾气本虚；后天失调，伤及脾肾，皆使水运失常，溢于肌肤而出现水肿。

　　特发性水肿的病机为肝、脾、肾损伤，功能失调。肝主疏泄，疏泄正常，则气机畅行，血液及水津正常运行。若肝气郁结，气机不畅，则血瘀水阻，水泛肌肤而浮肿。脾主运化，若饮食不节，或后天失养，致脾失健运，则痰湿内阻，溢于肌肤而浮肿。肾为主水之官，若先天不足，或久病及肾，或房劳伤肾，加之经期冲任更需肾精充养，肾精随经血流失，肾阳随之受损，不能化气行水，水湿泛溢肌肤则经期浮肿加剧。此外，湿郁化热，湿热壅盛，郁于肌肤，亦见浮肿。

小　结

人体内许多代谢都是在体液中进行的。体液由水、无机盐和有机物组成，以细胞膜为界分为细胞内液和细胞外液，细胞外液以毛细血管壁为界分为血浆和细胞间液。体液电解质分布特点是细胞内外液电解质分布差异很大，血浆和细胞间液的蛋白质含量差异也较大；但体液呈电中性，细胞内外液的渗透压相等。

水和电解质都是组织和体液的成分。水促进代谢和营养运输，调节和维持体温，是良好的润滑剂；电解质维持体液酸碱平衡和渗透压平衡，维持神经肌肉兴奋性、心肌兴奋性，影响酶活性。

健康成人水主要来自饮水、食物水、代谢水，排出途径是肺呼出、皮肤蒸发、消化道排泄和肾脏排泄，摄入和排出维持平衡。

健康成人每日通过膳食摄入钠，排出钠以尿液为主，摄入和排出维持平衡。

代谢离不开体液交换，包括血浆与细胞间液之间的跨毛细血管壁交换，交换由毛细血管血压与血浆有效胶体渗透压之差决定；细胞间液与细胞内液之间的跨细胞膜交换，交换方式包括单纯扩散、主动转运、易化扩散、出胞和入胞。

肾脏是调节体液平衡的主要器官，调节机制是控制远曲小管和集合管水的重吸收量。神经系统、抗利尿激素、醛固酮和心钠素在维持体液平衡的过程中起着重要作用。

机体内钾大部分存在于细胞内液。健康成人由肠道摄取的钾全部由肾脏排泄，以维持钾平衡。物质代谢影响钾平衡：糖原合成和蛋白质合成较多时钾净入细胞，糖原分解和蛋白质分解较多时钾净出细胞。

钙盐和磷盐是体内含量最多的无机盐，是骨骼和牙齿的重要组成成分，参与凝血及各种代谢。

钙磷代谢受甲状旁腺素、1,25-二羟维生素 D_3 和降钙素调节，机制是影响肾脏的钙磷排泄、骨组织和体液间的钙磷平衡以及小肠的钙磷吸收。

机体总有酸性物质和碱性物质产生或摄入及排出，以酸性物质为主，包括挥发性酸和固定酸。机体可以通过血液缓冲及肺呼吸、肾脏的排泄和重吸收来维持血液 pH 值的相对稳定，维持酸碱平衡，其中肺和肾脏是维持与调节机体酸碱平衡的重要脏器。

血液中存在各种缓冲系，挥发性酸被缓冲后运至肺呼出，固定酸被缓冲后运至肾脏排出。血液缓冲系的缓冲作用最快，但只是暂时缓冲，不能彻底排出，所以不能持久。

肺通过改变肺泡通气量从根本上调节血液 H_2CO_3，但不能排出固定酸，而且影响呼吸中枢的因素较多，调节效能常受到一定限制。

肾脏通过泌氢机制（$Na^+ - H^+$ 交换）重吸收抗酸成分 $NaHCO_3$、排氨（$Na^+ - NH_4^+$ 交换）、排钾（$Na^+ - K^+$ 交换）、排固定酸，从而维持体液酸碱平衡，调节效率高、作用持久。

第二十章　常用生物化学与分子生物学技术

　　自20世纪40年代以来生物化学联合遗传学等对遗传的物质基础核酸的研究取得了一系列重大突破，并形成了一个新的学科——分子生物学。

　　分子生物学（molecular biology）是在分子水平上研究生命现象、生命本质、生命活动及其规律的科学，其研究对象是核酸和蛋白质等生物大分子，其研究内容包括核酸和蛋白质等的结构、功能及其在遗传信息和代谢信息传递中的作用和作用规律。分子生物学是生物化学与其他学科相互交叉和相互渗透而形成的一门新兴学科。生物化学与分子生物学相互促进、密不可分，且离不开一系列大分子技术的建立和发展。其中离心技术、电泳技术、层析技术等已在蛋白质化学一章简单介绍，本章简单介绍印迹杂交技术、聚合酶链反应技术、DNA测序技术、重组DNA技术、转基因技术和基因打靶技术等。

第一节　印迹杂交技术

　　印迹杂交技术是将电泳分离的样品从凝胶中转移出来，结合到固相膜上，然后与标记探针进行杂交，并对样品做进一步分析。印迹杂交技术是分子生物学的基本技术，被广泛应用于克隆筛选、核酸分析、蛋白质分析和基因诊断等。

一、印迹杂交基本原理

　　印迹杂交技术包括电泳、印迹和杂交三项基本操作。

　　1. 电泳　用凝胶电泳分离样品（第三章，56页）。

　　2. 印迹　是指用类似于吸墨迹的方法将电泳凝胶中的待测样品转移到合适的固相膜上，转移之后样品在固相膜上的相对位置与在凝胶中一样。常用的固相膜有硝酸纤维素膜、尼龙膜、聚偏乙烯二氟膜和活化滤纸等。常用的印迹方法有电转移法、真空转移法和毛细管转移法。

　　（1）电转移法：通过电泳使凝胶中的带电荷样品沿着与凝胶平面垂直的方向泳动，从凝胶转移到固相膜上（图20-1），是一种

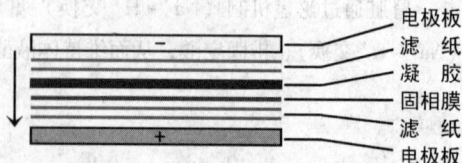

图 20-1　电转移法

简便、快速、高效的转移方法。

（2）真空转移法：利用真空作用将缓冲溶液从上层储液器中通过凝胶和固相膜抽到下层真空室内，同时带动样品从凝胶转移到固相膜上。

（3）毛细管转移法：利用虹吸作用使缓冲溶液定向渗透，带动样品从凝胶转移到固相膜上。

3. 杂交　用探针与固相膜上的待测核酸样品进行杂交，从中鉴定特异序列，以分析该样品中是否存在特定基因序列、基因序列是否存在变异，或研究目的基因的表达情况。探针是否合适是决定杂交能否成功的关键。

探针（probe）是带有标记物且序列已知的核酸片段，能与待测核酸中的特定序列特异杂交，形成的杂交体可以检测。探针可以根据来源和性质的不同分为基因组 DNA 探针、RNA 探针、cDNA 探针和寡核苷酸探针等。

（1）基因组 DNA 探针：多为某一基因的全部序列或部分序列，是最常用的 DNA 探针。制备基因组 DNA 探针应当尽量选用编码序列，避免选用非编码序列，因为非编码序列特异性低，会得到假阳性杂交结果。

（2）RNA 探针：是单链探针，杂交效率高、特异性高、稳定性高。

（3）cDNA 探针：不含内含子等非编码序列，所以特异性高，适合于研究基因表达。

（4）寡核苷酸探针：是根据已知核酸序列人工合成的 DNA 探针，或根据已知表达产物序列推导并合成的探针。

杂交体的检测依赖于灵敏而稳定的探针标记物，包括放射性同位素标记物（^{32}P、^{3}H 和 ^{35}S 等）和非放射性标记物（生物素、地高辛、荧光素和酶等）。

二、常用印迹杂交技术

根据分析样品的不同分为 DNA 印迹法、RNA 印迹法、蛋白质印迹法等。

1. DNA 印迹法　分析的样品是 DNA，1975 年由英国爱丁堡大学的 Southern 发明，又称 Southern blotting。

基本过程（图 20 - 2）：①样品制备：提取基因组 DNA，用限制酶切割，获得长度不等的待测 DNA 片段混合物。②电泳分离：通过琼脂糖凝胶电泳将待测 DNA 片段按长度分离。③变性：用碱液处理电泳凝胶，使待测 DNA 片段原位变性解链。④印迹：将变性的待测 DNA 片段从凝胶中转移到固相膜上。⑤固定：80℃烘烤两小时可以将 DNA 固定于固相膜上。⑥封闭（预杂交）：用封闭物（非特异的 DNA 分子等）封闭固相膜上那些未结合 DNA 的位点，以避免探针的非特异性吸附，然后漂洗除去游离封闭物。⑦杂交：用探针杂交液浸泡固相膜，温育，探针即与待测 DNA 片段形成 DNA-DNA 杂交体。⑧漂洗：除去游离探针和形成非特异性杂交体的探针。⑨分析：通过放射自显影或呈色反应等方法分析固相膜上的杂交体，进而分析待测 DNA 的有关信息。

DNA 印迹法是最经典的基因分析方法，可以用于分析 DNA 长度、DNA 指纹、DNA 克隆、DNA 多态性、限制酶图谱、基因突变和基因扩增等，从而用于基础研究和基因诊断。

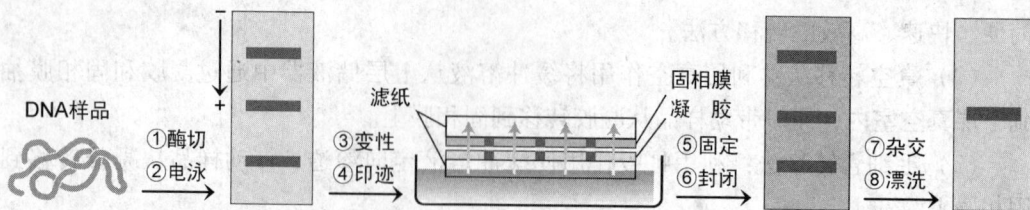

图 20-2 DNA 印迹法

2. RNA 印迹法 分析的待测核酸是 RNA，1977 年由美国斯坦福大学的 Alwine 等发明，又称 Northern blotting。

RNA 印迹法分析的样品是 RNA。RNA 印迹法与 DNA 印迹法基本一致，但有以下不同：①RNA 样品先变性后电泳，以确保 RNA 电泳时呈单链状态，才能按分子大小分离。②RNA 样品只能用甲醛等变性，不能用碱变性，因为碱会导致 RNA 降解。

RNA 印迹法可以用于定性或定量分析组织细胞内的总 RNA 或某一特定 RNA，特别是分析 mRNA 的大小和含量，从而研究基因表达。

3. 蛋白质印迹法 又称**免疫印迹法**（immunoblotting），分析的样品是蛋白质，包括以下两种方法：①**Western blotting**，是将 SDS-聚丙烯酰胺凝胶电泳（SDS-PAGE）凝胶中的蛋白质转移到固相膜上进行免疫学分析，1979 年由瑞士米歇尔研究所的 Towbin 等发明。②**Eastern blotting**，是将等电点聚焦电泳（IEF）凝胶中的蛋白质样品进行印迹分析，用于研究蛋白质的翻译后修饰，1982 年由美国宾夕法尼亚大学的 Reinhart 等发明。

蛋白质印迹法与 DNA 印迹法、RNA 印迹法类似，也包括电泳、印迹和杂交等基本操作，但有以下不同：①只能用聚丙烯酰胺凝胶电泳分离样品。②只能用电转移法印迹。③"探针"是能与目的蛋白特异性结合的标记抗体。

蛋白质印迹法综合了聚丙烯酰胺凝胶电泳分辨率高和固相免疫分析特异性高、灵敏度高等优点，可以用于定性和半定量分析混合物中的蛋白质。

三、生物芯片

生物芯片又称**生物微阵列**，是指通过微电子、微加工技术，用生物大分子（例如核酸、蛋白质）或细胞等作为"探针"在几平方厘米大小的固相支持物表面构建的微型分析系统，用以对生物成分进行快速、高效、灵敏的分析与处理。生物芯片检测原理是利用分子之间相互作用的特异性（例如核酸分子杂交、抗原-抗体相互作用），将待测样品标记之后与芯片上的相应探针结合。通过荧光扫描等并结合计算机分析处理，最终获得样品信息。

生物芯片的特点是高通量、集成化、标准化和微型化。由于芯片上可以固定数十种到数百万种探针，因此可以同时检测样品中的数十种到数百万种生物大分子，快速准确地获取样品信息。生物芯片技术还可以将许多独立的生物反应集成在芯片上，使其成为集分离、标记、反应、检测等为一体的反应体系。

生物芯片用途广泛，可以用来对基因、抗原或活细胞、组织等进行检测分析，已经成为生物学和医学等各研究领域中最有应用前景的一项生物技术。

1. 基因芯片（gene chip） 又称 **DNA 芯片**（DNA chip）、**DNA 微阵列**（DNA microarray）、**寡核苷酸微阵列**（oligonucleotide array）等，是专门检测核酸的生物芯片。基本原理和 DNA 印迹法、RNA

印迹法一样，不同的是：①探针固相化、集成化并且不标记。②待测样品游离于液相并且被标记。

基本操作：①样品制备：从组织细胞内分离纯化 RNA 和基因组 DNA 等样品，对样品进行扩增和标记。②分子杂交：标记样品与芯片探针阵列进行杂交。③检测分析：用专门仪器检测芯片上的杂交信号，经过计算机分析处理，获得待测核酸的各种信息（图 20-3）。

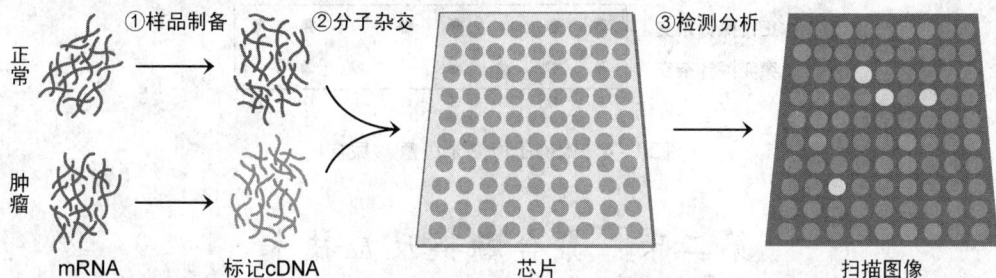

图 20-3　基因芯片技术

基因芯片技术自诞生以来，在生物学和医学领域的应用日益广泛，已经成为一项现代化检测技术。基因芯片技术的主要用途是进行 DNA 测序和研究基因表达。在此基础上，基因芯片技术已经应用于基因组研究、基因诊断、药物筛选、卫生监督、法医学鉴定和环境检测等。

2. 蛋白质芯片（protein microarray）　基本原理是在保证蛋白质的理化性质和生物活性的前提下，将各种已知蛋白质有序地固定在固相支持物上制成检测芯片，然后用荧光素标记待测蛋白或其他样品，与芯片杂交，经过漂洗除去未结合成分，然后检测芯片上的杂交信号，分析获得有关信息。

蛋白质芯片可以研究生物分子相互作用，例如蛋白质 – 核酸相互作用、蛋白质 – 脂类相互作用、蛋白质 – 蛋白激酶相互作用、抗原 – 抗体相互作用等，广泛用于基础研究、临床诊断、靶点确证、新药开发。

四、印迹杂交技术与基因诊断

基因诊断（gene diagnosis）是指应用分子生物学的技术和方法，通过直接检测基因对人体状态和疾病做出诊断。基因诊断以已知基因作为检测对象，检测物是 DNA 和 RNA，DNA 用于了解内源基因结构是否正常，或者是否存在病原体基因；mRNA 则用于分析基因的结构和表达是否正常。印迹杂交技术是基因诊断基本技术之一。例如用**等位基因特异性寡核苷酸杂交法**（ASOH）诊断苯丙酮酸尿症。

苯丙酮酸尿症（PKU）是一种常染色体隐性遗传病，主要原因是点突变造成苯丙氨酸羟化酶基因异常，以至于不表达苯丙氨酸羟化酶，或表达的苯丙氨酸羟化酶无活性。根据某个突变位点（例如 Arg243Gln）设计一对探针，可以检测苯丙酮酸尿症基因点突变：

正常探针： TTCCGCCTCC GACCTGT

突变探针： TTCCGCCTCC AACCTGT

用两种探针分别和待测 DNA 杂交，显性纯合子只与正常探针杂交，杂合子与正常探针和突变探针都杂交，隐性纯合子只与突变探针杂交，因此根据杂交结果可以判断待测个体的基因型，如图 20-4 所示的杂交结果：①a/b/d/g 与正常探针、突变探针都形成杂交点，为突变携带者，基因型是杂合子。②e/h 只与正常探针形成杂交点，为健康个体，基因型是显性纯合子。③c/f 只与突变探针形成杂交点，是苯丙酮酸尿症患者，基因型是隐性纯合子。

基因诊断是继形态学、生物化学和免疫学诊断之后的第四代现代医学诊断技术，具有特异性强、灵敏度高、早期诊断、取样方便、安全高效、应用广泛等特点。目前，基因诊断主要针对遗传病（例如镰状细胞贫血）的基因异常分析、各种疾病（例如心血管疾病）的生物学特性判断、传染病（例如肝炎）的病原体诊断。

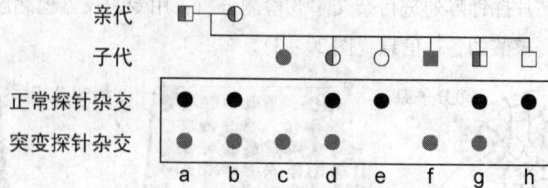

图 20 - 4　ASOH 检测苯丙酮酸尿症

第二节　聚合酶链反应技术

聚合酶链反应技术（PCR 技术）是一种通过无细胞化学反应体系选择性扩增 DNA 的技术，可以将微量 DNA 样品在短时间内扩增几百万倍。PCR 技术由 Mullis（1993 年诺贝尔化学奖获得者）于 1983 年发明，在生物学研究和医学临床实践中应用广泛，成为分子生物学研究的重要技术之一。

一、PCR 基本原理

PCR 体系由 DNA 聚合酶、DNA 引物、dNTP、目的 DNA（待扩增 DNA 及其扩增产物）和含有 Mg^{2+} 的缓冲溶液等组成。PCR 与细胞内 DNA 半保留复制的化学本质一致，但更简便，只包括变性、退火、延伸三个基本步骤（图 20 - 5）。

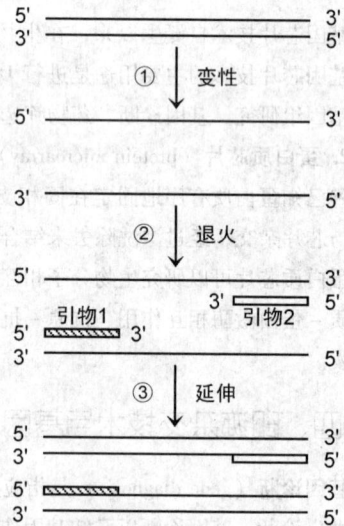

图 20 - 5　聚合酶链反应

1. 变性　将反应体系温度升至 94℃～98℃，使目的 DNA 解链，以便作为模板与引物结合。

2. 退火　将反应体系温度降至 50℃～65℃，使引物与模板 3′端结合。

在 PCR 技术过程中，与模板结合的引物是一对人工设计合成的 DNA 片段，其序列分别与目的 DNA 两股链的 3′端序列互补。引物对是决定 PCR 高效性和特异性的关键因素，设计与合成时应遵循以下原则：①长度 15～30nt。②G/C 含量 40%～60% 且组成一致。③四种碱基随机分布，不能连续出现多个嘌呤或嘧啶。④引物内部不会形成发夹结构，以免影响退火。⑤引物对不能含互补序列，以免退火形成引物二聚体。

3. 延伸　将反应体系温度升至 70℃～75℃，DNA 聚合酶以 dNTP 为底物，在引物 3′端以 5′→3′方向催化合成目的 DNA 模板新的互补链，合成过程遵循碱基配对原则。

DNA 聚合酶在延伸过程中起关键作用。在 PCR 技术应用的各种 DNA 聚合酶中，耐热的 Taq DNA 聚合酶最经典，它具有以下特点：①有 5′→3′聚合酶活性。②有 5′→3′外切酶活性，但无 3′→5′外切酶活性，因此不能纠错。③有类似末端转移酶的活性，可以在新合成双链产物的 3′ 末端加接一个不依赖于模板的核苷酸，并且优先加接 dAMP。④ 在 75℃ ~ 80℃ 活性最高。

以上变性、退火、延伸三个基本步骤构成 PCR 循环，每一循环合成的 DNA 都是下一循环的模板，因而每一循环都使目的 DNA 拷贝数翻番。若经过 30 次循环后理论上可以使目的 DNA 扩增 2^{30} 倍，约为 10^9 倍，实际上可以扩增 $10^6 ~ 10^7$ 倍。

二、常用 PCR 技术

PCR 技术自建立以来在各个领域得到应用，PCR 技术本身也在不断发展和完善，目前已经衍生出一系列特殊的 PCR 技术，例如逆转录 PCR 和实时定量 PCR。

1. **逆转录 PCR**（RT-PCR） 是逆转录与 PCR 的联合，即先以 RNA 为模板，用逆转录酶催化合成 cDNA，再对 cDNA 进行 PCR 扩增。

逆转录 PCR 可以检测低拷贝 RNA，常用于基因表达研究、cDNA 克隆、cDNA 探针制备、RNA 高效转录体系构建、基因诊断、RNA 病毒检测。

2. **实时定量 PCR**（Q-PCR） 是一种实时检测 PCR 进程的方法，即在 PCR 体系中加入一种荧光探针，随着 PCR 的进行产生荧光信号，信号强度与 PCR 产物水平成正比，所以可以利用对荧光信号的实时检测来跟踪 PCR 进程，最后通过标准曲线定量分析起始模板水平（图 20 - 6）。

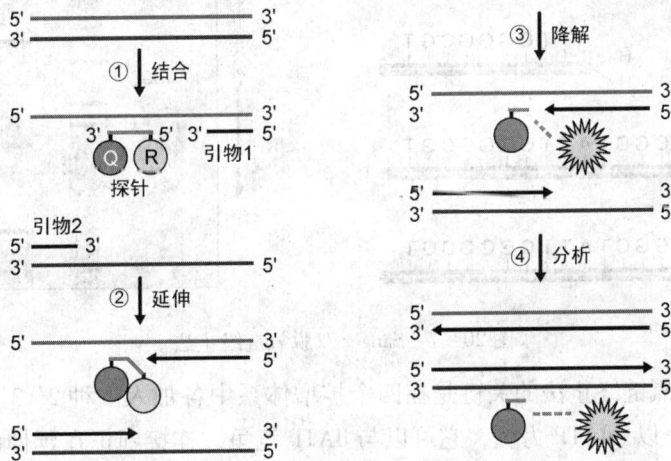

图 20 - 6 实时定量 PCR

（1）实时定量 PCR 探针：实时定量 PCR 的关键是在 PCR 反应体系中加入一种特异性荧光探针，该探针的 5′ 端标记有一个荧光报告基团（fluorophore，R），3′ 端标记有一个荧光淬灭基团（quencher，Q）。探针完整时，报告基团发射的荧光信号被淬灭基团吸收。PCR 扩增时，DNA 聚合酶的 5′→3′ 外切酶活性将探针降解，报告基团和淬灭基团分离，报告基团发射荧光，每扩增一条 DNA 链就释放一个发射荧光的报告基团，实现了荧光信号累积与 PCR 产物合成的全同步化。

（2）实时定量 PCR 应用：与逆转录联合可以定量分析 mRNA 以研究基因表达，从而应用于基础研究（等位基因、细胞分化、药物作用、环境影响）与基因诊断（肿瘤、遗传病、病原体）。

第三节 DNA 测序技术

DNA 是遗传物质，通过其碱基序列携带遗传信息。因此，要想解读遗传信息就要进行 DNA 测序 （DNA suquencing）。1975 年 Sanger 建立的双脱氧链终止法及 1977 年 Maxam 和 Gilbert 建立的化学降解法使 DNA 测序有了划时代的突破。1977 年，第一个基因组——ΦX174 噬菌体长 5386nt 的环状单链 DNA 由 Sanger 等完成测序。1980 年，Gilbert 和 Sanger 获得诺贝尔化学奖。

在两种测序方法中，**Sanger 双脱氧链终止法**更常用，并且已经自动化，这里简单介绍。

1. 制备标记片段组 Sanger 双脱氧链终止法需要建立四个体外扩增体系，每个体系都含 DNA 聚合酶、待测序 DNA、引物和 dNTP 等，能合成待测序 DNA 互补链（图 20 –7）。

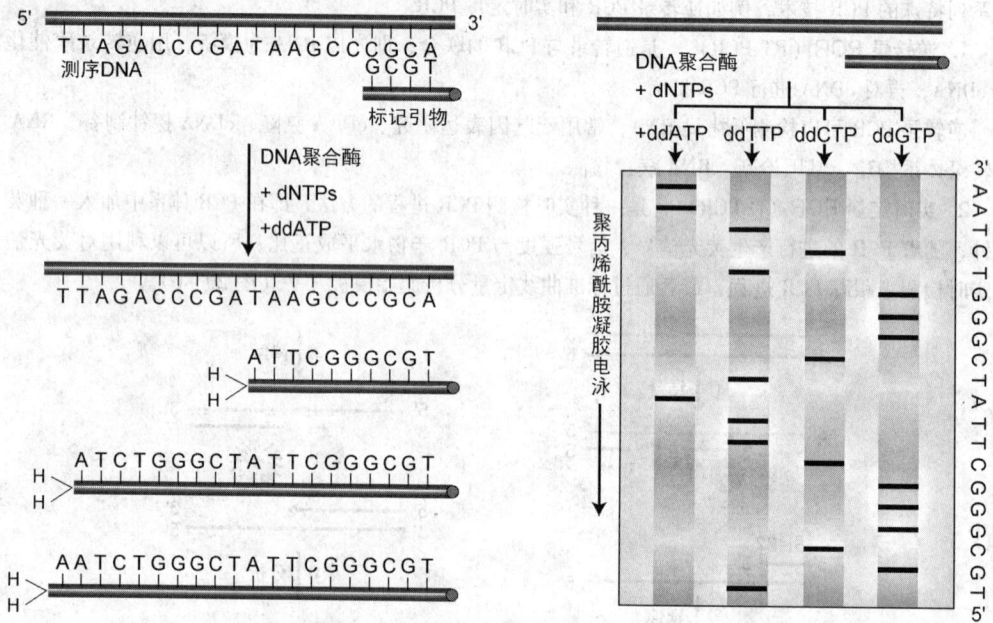

图 20 – 7　Sanger 双脱氧链终止法

Sanger 双脱氧链终止法的关键是在四个扩增体系中各加入一种 2′,3′-双脱氧三磷酸核苷（ddNTP）。以 ddATP 为例，它可以与 dATP 竞争，连接到正在延伸的 DNA 链的 3′端。因为 ddATP 没有 3′-羟基，所以导致 DNA 链的延伸终止，即 ddATP 扩增体系最后合成的 DNA 片段的 5′端都是引物序列，3′端都是 ddAMP。

由于 ddATP 的掺入是随机的，通过调整扩增体系中 dATP 和 ddATP 的比例，在 DNA 聚合酶复制模板序列的任何一个 T 时都可能有 ddATP 掺入。因此，在模板序列中有多少个 T，该扩增体系最终就会合成多少种 DNA 片段，它们的 5′端都是引物序列，3′端都是 A。这样，只要分析该组片段的长度就可以确定在待测序 DNA 的哪些位置上是 T。

为了便于分析，Sanger 双脱氧链终止法合成的 DNA 片段通常需要标记，例如将引物用放射性同位素或荧光素进行标记。

2. 电泳 将四个扩增体系合成的 DNA 片段在同一块聚丙烯酰胺凝胶上进行变性电泳，DNA 片段按照长度分离，可以形成阶梯状区带。

3. 显影 将凝胶电泳区带显影，获得 DNA 图谱。

4. 读序　从 DNA 图谱上读出待测 DNA 碱基序列。因为 DNA 的合成方向为 $5'→3'$，所以 DNA 链终止得越早，终止位点离 $5'$ 端越近，所合成的 DNA 片段越短，电泳时泳动速度越快。因此，按照泳动从快到慢顺序读出的是合成片段 $5'→3'$ 方向的碱基序列，其互补序列即为待测 DNA 的序列。

第四节　重组 DNA 技术

重组 DNA 技术（recombinant DNA technology）又称**基因工程**（genetic engineering），是制备 DNA 克隆所采用的技术和相关工作的统称。重组 DNA 技术的核心是制备 **DNA 克隆**，即从染色体中分离某一 DNA 片段，与 DNA 载体连接成重组 DNA，导入细胞进行复制，并随细胞分裂而扩增，最终获得该 DNA 片段的大量拷贝。

重组 DNA 技术包括以下基本过程：①获取目的 DNA：根据研究目的通过合适方式获得待克隆的目的 DNA。②选择载体：根据研究目的和目的 DNA 的特点选择。③构建重组 DNA：用限制酶切割目的 DNA 和载体，用 DNA 连接酶催化连接，形成重组 DNA。④转化细胞：将重组 DNA 导入合适的细胞，该细胞称为重组 DNA 的**宿主细胞**（host cell）。⑤筛选鉴定：检出携带目的 DNA 的宿主细胞，该细胞称为重组 DNA 的**转化细胞**。⑥应用：扩增、表达及其他研究（图 20-8）。

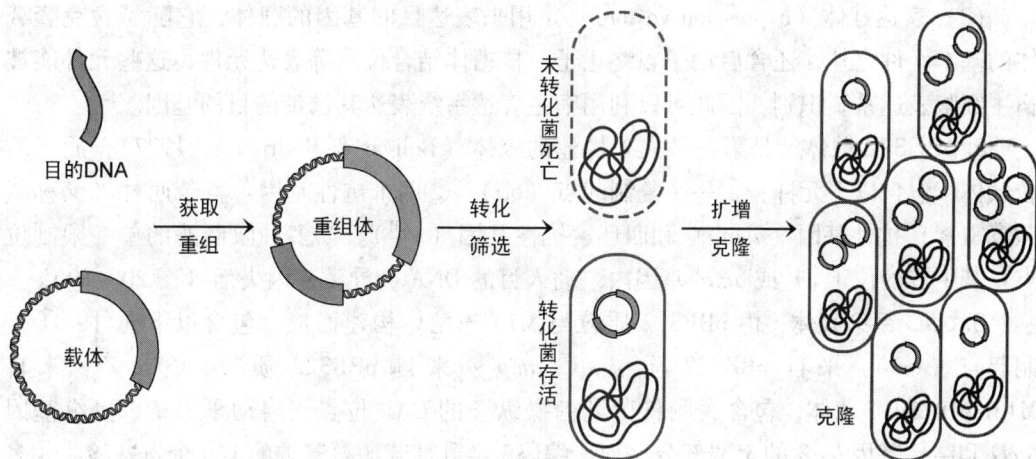

图 20-8　重组 DNA 技术基本过程

一、获取目的 DNA

制备目的 DNA 就是要保证目的 DNA 的量和纯度能满足重组要求。常用的制备方法有从组织细胞提取、逆转录合成、PCR 扩增和化学合成。

二、选择载体

大多数目的 DNA 很难自己进入宿主细胞，更不能自我复制。因此必须选择一种合适的载体，携带其进入宿主细胞，并在宿主细胞内复制甚至表达。

1. 载体结构 重组 DNA 技术的**载体**（vector）是一种 DNA 分子，由质粒、噬菌体或病毒 DNA 改造而成，可以与目的 DNA 构建重组 DNA，然后转化细胞，在细胞内复制甚至表达，并据此分为克隆载体和表达载体（图 20-9）。

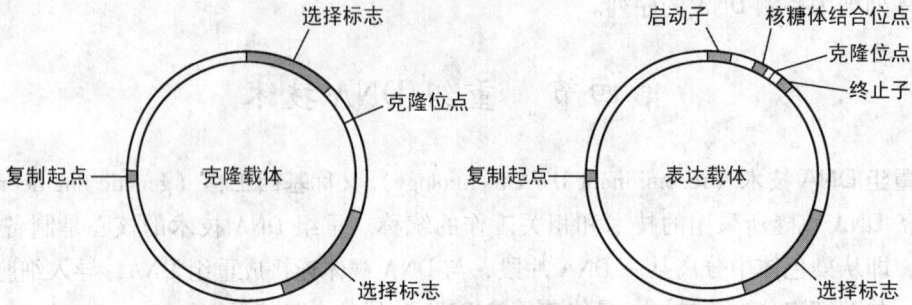

图 20-9　载体基本结构

（1）**克隆载体**（cloning vector）：是用来克隆和扩增目的 DNA 的载体，它含以下基本元件：①复制起点：能利用宿主的 DNA 合成系统启动复制和扩增，目的 DNA 也随之复制和扩增。②克隆位点：目的 DNA 的插入位点，为多种限制酶的单一限制位点。③选择标志：是一种能产生特定表型的基因，便于筛选重组 DNA 克隆。克隆载体适合于目的 DNA 的重组、克隆和保存。

（2）**表达载体**（expression vector）：是用来表达目的基因的载体，它除了含克隆载体的基本元件之外，还含启动子、终止子、核糖体结合位点等表达元件，这些元件能被宿主细胞表达系统识别，因此可以利用宿主表达系统表达其携带的目的基因。

2. pBR322 载体 是第一种人工构建的载体（Bolivar & Rodriguez, 1977），属于质粒载体，包含以下元件：①一个复制起点（ori）。②两个抗性基因：氨苄西林（又称氨苄青霉素）抗性基因（amp^R）和四环素抗性基因（tet^R）。③多种限制酶的单一限制位点：其中有的位于 tet^R 或 amp^R 基因内，插入目的 DNA 会导致基因失活（图 20-10）。

3. pUC 系列载体 由 pBR322 质粒与 M13 噬菌体构建而成，包含以下元件：①复制起点（ori）：来自 pBR322 质粒。② amp^R：来自 pBR322 质粒。③ *lacZ'*：来自 M13mp18/19 噬菌体，包含大肠杆菌乳糖操纵子的 CAP 位点、启动子 *lacP*、操纵基因 *lacO* 和结构基因 *lacZ* 的 5′端部分序列，编码β-半乳糖苷酶氨基端的 146 个氨基酸。④多克隆位点，位于 *lacZ'* 内。⑤调节基因 *lacI*（图 20-10）。

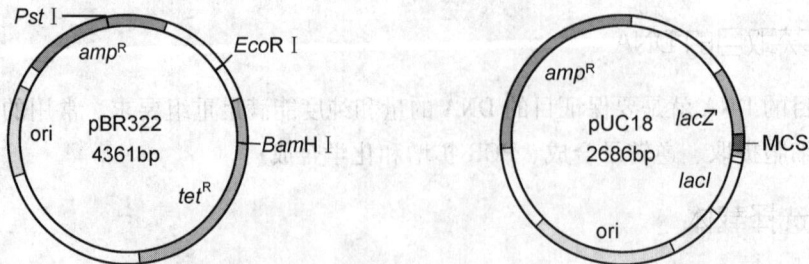

图 20-10　质粒载体 pBR322 和 pUC18

不同载体有不同特点及用途，可根据需要选择使用。

三、构建重组 DNA

重组 DNA 技术的核心内容之一是 **DNA 重组**，即将目的 DNA 与载体共价连接成**重组 DNA**（rDNA），又称**重组体**（recombinant）。DNA 重组包括两个基本环节：切——用限制酶切割目的 DNA 和载体，形成合适的末端；接——用连接酶连接目的 DNA 和载体，构建重组 DNA。限制酶和连接酶是重组 DNA 技术最重要的工具酶。

1. 限制酶（restriction enzyme） 又称限制性酶，即**限制性内切核酸酶**（restriction endonuclease），是一种内切核酸酶，由细菌产生，能识别双链 DNA 的特定序列（该序列被称为限制酶的**限制位点**，restriction site），水解该序列内部或附近的磷酸二酯键，得到各种 DNA 片段（称为**限制性片段**，restriction fragment）。

迄今为止从各种细菌中分离鉴定的限制酶有 4000 多种，分为 Ⅰ 型、Ⅱ 型、Ⅲ 型三类。重组 DNA 技术中所用的限制酶属于 Ⅱ 型，具有两个特点：①限制位点通常含 4 ~ 8bp，且多为**回文序列**。②限制酶水解限制位点特定的 $3',5'$-磷酸二酯键，形成**平端**（blunt end）或**黏端**（cohesive end，sticky end，包括 5′黏端和 3′黏端）。例如：

限制酶 *Eco*R I 切割限制位点对称中心 5′侧，形成 5′黏端。

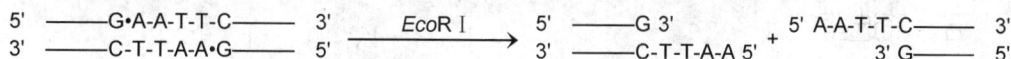

```
5' ——G•A-A-T-T-C—— 3'        EcoR I      5' ——G 3'      5' A-A-T-T-C—— 3'
3' ——C-T-T-A-A•G—— 5'   ——————————————→   3' ——C-T-T-A-A 5'  +  3' G——    5'
```

限制酶 *Pst* I 切割限制位点对称中心 3′侧，形成 3′黏端。

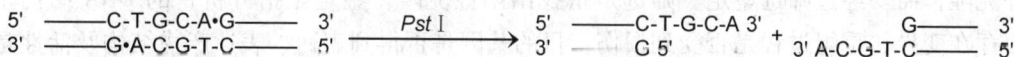

```
5' ——C-T-G-C-A•G—— 3'        Pst I       5' ——C-T-G-C-A 3'   +      G——  3'
3' ——G•A-C-G-T-C—— 5'   ——————————————→   3' ——G 5'           3' A-C-G-T-C——  5'
```

限制酶 *Sma* I 切割限制位点对称中心处，形成平端。

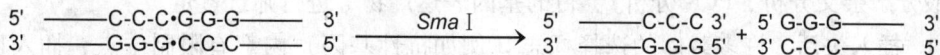

```
5' ——C-C-C•G-G-G—— 3'        Sma I       5' ——C-C-C 3'   +   5' G-G-G—— 3'
3' ——G-G-G•C-C-C—— 5'   ——————————————→   3' ——G-G-G 5'      3' C-C-C——  5'
```

2. 连接酶 常用大肠杆菌 DNA 连接酶和 T4 噬菌体 DNA 连接酶：①它们的催化活性相同：都是催化 DNA 切口处的 $5'$-磷酸基与 $3'$-羟基连接，形成 $3',5'$-磷酸二酯键。②它们催化反应消耗的高能化合物不同，用途也有差异：大肠杆菌 DNA 连接酶消耗 NAD^+，用于连接 DNA 切口或互补黏端；T4 噬菌体 DNA 连接酶消耗 ATP，用于连接 DNA 平端或互补黏端。

3. 连接方法 常用的连接方法有平端连接、互补黏端连接、加同聚物尾连接、加人工接头连接。不同的 DNA 可以用不同的连接方法重组。

（1）**平端连接**：是指有 $3'$-羟基和 $5'$-磷酸基的平端 DNA 可以由 T4 噬菌体 DNA 连接酶催化连接成重组 DNA。

（2）**互补黏端连接**：目的 DNA 与载体经过同种限制酶水解，产生相同的黏端，因而彼此互补，称为**互补黏端**（complementary sticky end）。互补黏端可以退火，由 DNA 连接酶催化以 $3',5'$-磷酸二酯键连接成重组 DNA，这就是互补黏端连接。

（3）**加同聚物尾连接**：利用末端转移酶在线性载体 DNA 分子的两端加接同聚物尾，

例如 oligo(dA)，在目的 DNA 分子的两端加接互补同聚物尾，例如 oligo(dT)。两者可以退火，用 DNA 聚合酶催化填补缺口，再用 DNA 连接酶催化连接成重组 DNA。

（4）**加人工接头连接**：人工接头（linker）是一种化学合成的 DNA 片段，含限制位点，可以用 T4 噬菌体 DNA 连接酶催化连接到目的 DNA 的平端，然后用限制酶切割，形成与载体互补的黏端，即可通过互补黏端连接制备重组 DNA。

四、转化细胞

重组 DNA 技术中的**转化**（transformation）是指将重组 DNA 导入特定细胞并被其接受，即可以利用其代谢系统复制或表达。以噬菌体或病毒载体构建重组 DNA 进行的转化称为**转导**（transduction）或**感染**（infection），重组 DNA 转化培养的真核细胞称为**转染**（transfection）。

1. 宿主细胞选择　宿主细胞既有原核细胞又有真核细胞。常用的原核细胞包括大肠杆菌、枯草杆菌和链球菌等，可以用于制备基因组文库、扩增目的 DNA、表达目的基因；常用的真核细胞包括酵母、昆虫和哺乳动物细胞等，一般仅用于表达真核基因。

2. 常用转化方法　有许多方法可以将重组 DNA 导入宿主细胞内，例如氯化钙法、噬菌体感染法、病毒感染法、电穿孔法、显微注射法。各种方法都有其适用对象、适用条件，要根据目的 DNA、载体、宿主细胞等的特性选用。

五、筛选鉴定

目的 DNA 与载体重组构建重组 DNA 并导入宿主细胞之后，经过培养，可以形成各种克隆，需要经过筛选鉴定。筛选是指找出阳性克隆，鉴定是指分析目的 DNA 结构是否存在变异、重组过程是否受到损伤、目的基因是否得到表达、表达产物结构及活性是否正常。可以根据载体标志（插入失活、蓝白筛选、遗传互补）、目的 DNA 序列特异性（核酸分子杂交分析、PCR 分析）、目的基因表达产物等进行筛选鉴定

1. 插入失活　许多载体的选择标志（例如抗性基因）内都有限制位点，插入目的 DNA 将导致该选择标志失活，称为**插入失活**（insert inaction）。例如 pBR322 有 amp^R、和 tet^R 两个抗性基因，若将外源 DNA 插入 amp^R 基因序列中，可使 amp^R 失活，其转化菌不能在含有氨苄西林的培养基上生长（图 20-11）。

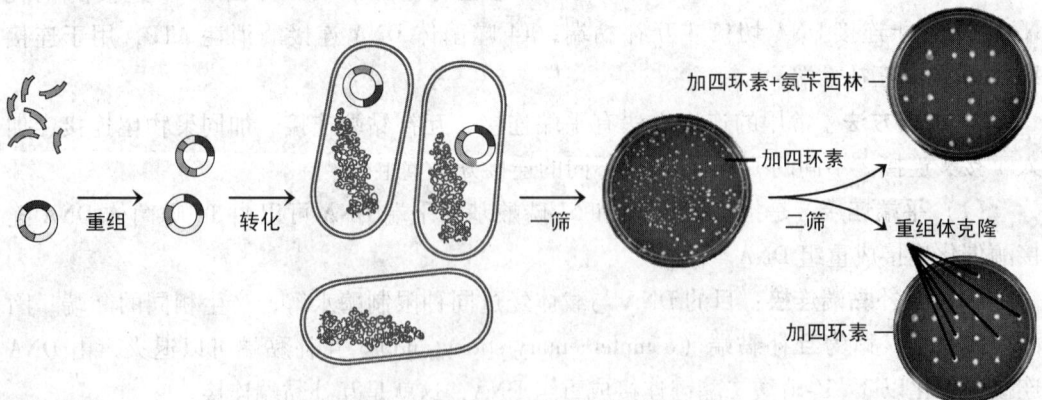

图 20-11　插入失活

2. 蓝白筛选 pUC18 的选择标志 *lacZ'* 编码产物为 β-半乳糖苷酶氨基端的 1~146 号氨基酸（α肽），其宿主菌的 *lacZ* 有缺陷，编码的 β-半乳糖苷酶缺少 11~41 号氨基酸肽段。两种编码产物都没有 β-半乳糖苷酶活性，但相互结合则有活性，这一现象称为 **α 互补**（α-complementation）。如果在培养基中加入 5-溴-4-氯-3-吲哚-β-D-半乳糖苷（BCIG），BCIG 可以被 pUC18 转化菌吸收，由通过 α 互补形成的活性 β-半乳糖苷酶催化水解，水解产物进一步氧化而呈蓝色，从而使菌落呈蓝色；另一方面，pUC18 重组体的 *lacZ'* 因插入目的 DNA 而失活，其转化菌不能通过 α 互补形成活性 β-半乳糖苷酶，菌落呈白色。因此，可以根据菌落颜色鉴别 pUC18 重组体克隆，这一方法称为**蓝白筛选**（图 20-12）。

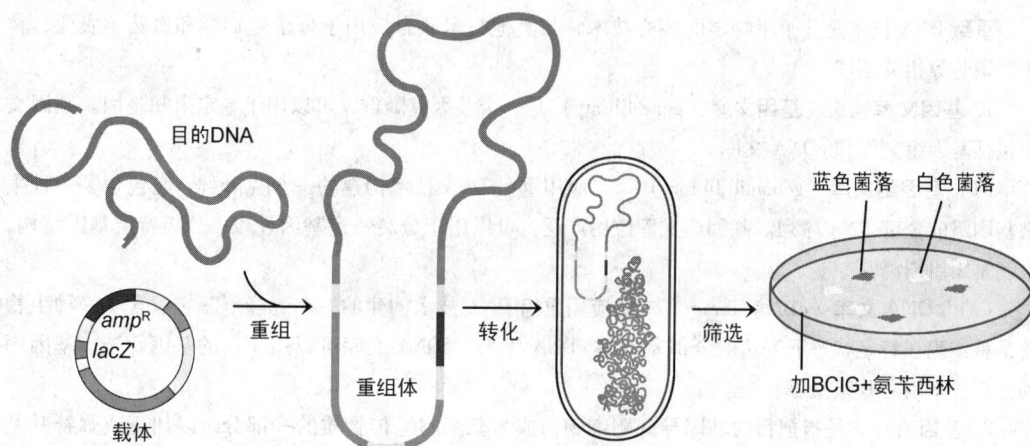

图 20-12 蓝白筛选

3. 遗传互补 又称标志补救，是指载体标志或目的基因的表达产物恰好可以弥补宿主细胞本身的遗传缺陷。例如：二氢叶酸还原酶基因（*dhfr*）缺陷的 *dhfr*⁻ 真核细胞不能用尿苷酸合成胸苷酸，因此如果培养基中不含胸腺嘧啶，只有携带目的基因的 *dhfr*⁺ 载体转化的细胞才能存活。

4. 核酸分子杂交分析 要想直接鉴定目的 DNA，可以通过核酸分子杂交，即从转化细胞提取核酸，与用目的 DNA 制备的探针进行杂交。如果转化细胞经过培养形成菌落或噬菌斑，则可以用菌落杂交法或噬菌斑杂交法鉴定阳性克隆。

5. PCR 分析 根据目的 DNA 序列设计引物对，以 DNA 克隆为模板进行 PCR 扩增，通过琼脂糖凝胶电泳分析扩增产物，可以鉴定阳性克隆。

6. 表达产物分析 如果目的基因在转化细胞内有表达，并且表达产物已经阐明，具有酶、激素等活性或免疫原性，则可以利用酶促反应、激素-受体作用或抗原-抗体作用等方法鉴定表达产物，从而间接鉴定目的基因。

六、目的基因表达

获得目的基因的表达产物是重组 DNA 技术的主要内容之一。目前已经用大肠杆菌、酵母、昆虫细胞、哺乳动物细胞等构建了各种表达系统。它们具有安全性高、无致病性、不会对环境造成污染等优点，在理论研究和生产实践上有较高的应用价值。

大肠杆菌表达系统是建立最早、研究最详尽、应用最广泛、发展最成熟的原核细胞表达系统，具有以下特点：①培养条件简单，培养成本低廉，适合于大规模生产。②增殖迅速，在对数生长期每20～30分钟即可分裂一次。③遗传背景已经阐明。④实验室应用株是安全型突变株，只能在实验室条件下存活。⑤基因组图谱已经阐明。⑥其寄生型或共生型质粒、噬菌体可以携带异源基因。⑦可以高水平表达目的基因，并且表达易于调控。

大肠杆菌表达系统可以大规模生产真核生物基因编码产物，目前是生产人体蛋白质最主要的表达系统，部分产品（例如干扰素、胰岛素等）已经上市。

七、应用

重组DNA技术是分子生物学的核心技术，与其他技术联合应用于分子生物学和医药、农业、林业、国防等相关领域。

1. 基因文库构建　基因文库（gene library）是一个基因克隆群，可以用于鉴定未知基因。基因文库包括基因组文库和cDNA文库。

（1）**基因组文库**（genomic library）　是应用重组DNA技术构建的一个克隆群，它包含了一种生物基因组的全部DNA序列。基因组文库应用广泛：可以用于分离特定基因片段，分析特定基因结构，绘制基因组图谱。

（2）**cDNA文库**（cDNA library）　是应用重组DNA技术构建的一个克隆群，它包含了一种生物的某种细胞在特定状态下表达的全部基因的cDNA序列。cDNA文库可以用于目的基因筛选，基因序列分析，基因芯片杂交等。

2. 基因治疗　是指把目的基因导入靶细胞，成为靶细胞遗传物质的一部分，以纠正或弥补其基因缺陷，达到治疗的目的。

基因治疗理论上可以采取基因增补、基因置换、基因修复、基因干预、自杀基因治疗、免疫基因治疗等策略，其中**基因增补**是指针对靶细胞的致病基因导入相应的正常基因，其表达产物可以纠正或改善细胞代谢，弥补致病基因缺陷。基因增补已经成功地应用于治疗腺苷脱氨酶缺乏症和血友病B等。

3. 基因工程技术制药　基因工程技术是现代生物技术的核心，目前临床应用的重组蛋白质等生物技术药物都是用基因工程技术生产的。

（1）基因工程药物种类：**基因工程药物**（biotech drug）是指利用基因工程技术生产的细胞因子、生长因子、激素、酶、疫苗、单克隆抗体等，基本上都是分泌蛋白。国内已经上市的基因工程药物有促红细胞生成素（EPO）、干扰素（IFN）、粒细胞集落刺激因子（G-CSF）、链激酶（SK）、表皮生长因子（EGF）、神经生长因子（NGF）、血小板源性生长因子（PDGF）等十余种。

（2）基因工程技术制药的优点：①解决来源问题：适合于生产低水平表达产物（例如许多细胞因子）、珍稀濒危生物表达产物。②解决安全问题：适合于生产危险生物（例如毒蛇）和病原体（例如细菌、病毒）代谢物，避免动物来源的药物蛋白存在病原体感染的危险。

第五节　动物转基因技术和基因打靶技术

转基因技术（transgenic technology）是把一种生物的特定基因作为外源基因整合到没有该基因的另一种生物的基因组中，使其获得新的性状并稳定地遗传给子代的基因操作技术。该外源基因称为**转基因**（transgene）。

基因打靶技术（gene targeting technology）是在转基因技术基础上建立的一项基因操作技术，基本内容是通过同源重组定点改造生物体某一内源基因，可以导致基因删除、基因插入、基因置换、基因突变等，从而在活体内研究基因、应用基因。

一、动物转基因技术

动物转基因技术是培育携带转基因的动物所采用的技术，所培育的动物称为**转基因动物**（transgenic animal）。

培育转基因动物包括以下几个环节：①选择转基因（目的基因）和载体，构建重组转基因。②将重组转基因导入受精卵细胞或胚胎干细胞等受体细胞，使转基因整合到基因组中。③将受精卵细胞植入受体动物假孕输卵管或子宫腔；或先将胚胎干细胞注入受体动物胚泡，再将胚泡植入假孕子宫腔。④鉴定转基因胚胎的发育和生长，筛选转基因动物品系。⑤检验转基因的整合率和表达效率。

培育转基因动物的关键是转基因导入。早期培育转基因动物都是用显微注射法把转基因导入小鼠体内，目前仍然是最广泛、最可靠的动物转基因方法。

显微注射法（microinjection）是在显微操作仪下将转基因用极细的微吸管注入原核期受精卵的原核中，使其整合入受体细胞基因组（图 20 – 13）。

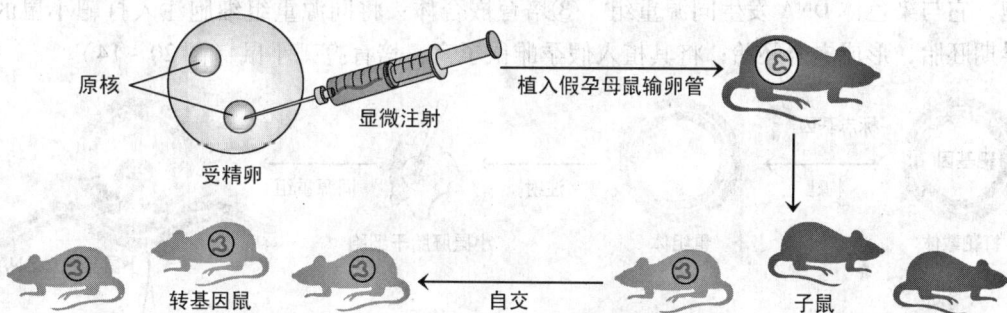

图 20 – 13 显微注射法培育转基因鼠

1. **构建重组转基因** ①转基因载体通常包含结构基因和调控序列，要根据研究目的选择调控序列。②多数转基因载体要加入**报告基因**（reporter gene），其编码产物易于检测，可以用来跟踪转基因的去向及在转基因动物体内的表达情况。

2. **同步制备供体雌鼠和假孕雌鼠** 前者是先给雌鼠腹腔注射孕马血清促性腺激素（PMSG）和人绒毛膜促性腺激素（HCG）以增加排卵量，再与正常雄鼠交配而成；后者是让正常雌鼠与结扎雄鼠交配而成。

3. **转基因导入** 从供体雌鼠取受精卵培养。刚受精的鼠卵有两个原核（pronuclei），分别来自精子和卵子，用显微注射法将重组转基因导入其中一个原核，少数受精卵内会有转基因随机整合到染色体 DNA 上。

4. **受精卵移植** 将显微注射之后经过鉴定存活的受精卵通过手术植入假孕雌鼠输卵管内，有 10% ~30% 将生长发育成子鼠，其中有少数为转基因鼠，其每个细胞都携带转基因，且可以遗传。

5. 筛选与鉴定   可以从三方面鉴定转基因鼠：①整合检测：应用 PCR、DNA 印迹等技术从子鼠基因组 DNA 中鉴定转基因。②转录检测：应用 RNA 印迹和 RT-PCR 等技术分析转基因转录水平。③表达检测：应用蛋白质印迹等技术分析转基因表达产物。

6. 建立转基因动物品系   使转基因鼠自交繁殖，可以培育出纯合子转基因鼠。

二、基因打靶技术

基因打靶（gene targeting）是通过同源重组定点改造生物体某一内源基因或打靶位点。基因打靶可能产生两种效应：①利用靶基因使基因组打靶位点内源基因失活，称为**基因敲除**（gene knockout）。②将靶基因植入基因组打靶位点，或置换该位点的内源基因，称为**基因敲入**（gene knock-in）。其中基因敲入本质上属于转基因技术，所以植入的靶基因属于转基因。

基因敲除和基因敲入等基因打靶技术是在转基因技术的基础上先后建立起来的，其原理与转基因技术基本一致，只是所用载体的结构及其在受体细胞内的转化机制不同，转基因载体是通过随机重组转化，而打靶载体是通过同源重组转化。

以基因敲除为例：①构建打靶载体：由打靶位点内源基因改造而成，因而带有打靶位点同源序列。②基因打靶：用显微注射法将重组打靶载体导入培养的小鼠胚胎干细胞，它与染色体 DNA 发生同源重组。③培育嵌合体：将同源重组细胞注入打靶小鼠的早期胚胎，形成嵌合胚胎；将其植入假孕雌鼠子宫，培育打靶小鼠（图 20 – 14）。

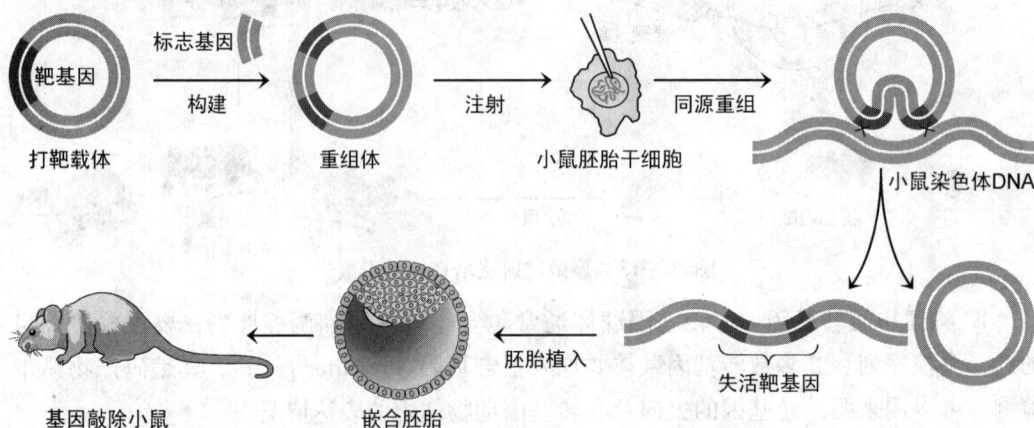

图 20 – 14　基因敲除技术

☯ 链 接

重大新药创制

针对满足人民群众基本用药需求和培育发展医药产业的需要，突破一批药物创制关键技术和生产工艺，研制 30 个创新药物，改造 200 个左右药物大品种，完善新药创制与中药现代化技术平台，建设一批医药产业技术创新战略联盟，基本形成具有中国特色的国家药物创新体系，增强医药企业自主研发能力和产业竞争力。

——摘自《国家"十二五"科学和技术发展规划》（科技部）

小　结

印迹杂交技术是将电泳分离的样品从凝胶中转移出来，结合到固相膜上，然后与标记探针进行杂交，并对样品做进一步分析。

聚合酶链反应技术是一种通过无细胞化学反应体系选择性扩增 DNA 的技术，通过变性、退火、延伸三个基本步骤构成的循环可以将微量 DNA 样品在短时间内扩增几百万倍。

Sanger 双脱氧链终止法在 DNA 体外扩增体系加入 2′,3′-双脱氧三磷酸核苷，使扩增产物具有共同特征，通过扩增、电泳、显影、读序即可从电泳图谱上读出 DNA 碱基序列，成为 DNA 测序的经典方法。

重组 DNA 技术的核心是制备 DNA 克隆，基本步骤包括获取目的 DNA、选择载体、构建重组 DNA、转化细胞、筛选鉴定。

转基因技术是把一种转基因整合到一种生物的基因组中，使其获得新的性状并稳定地遗传给子代。

基因打靶技术是通过同源重组定点改造生物体某一内源基因，可以导致基因删除、基因插入、基因置换、基因突变等，从而在活体内研究基因、应用基因。

附录一　WHO 推荐人体维生素和元素日摄取量

年龄/性别		Ca (mg)	Se (μg)	Mg (mg)	Zn (mg)	Fe (mg)	I (μg)	C (mg)	B₁ (mg)	B₂ (mg)	PP (mg)	B₆ (mg)	泛酸 (mg)	生物素 (μg)	B₁₂ (μg)	叶酸 (μg)	A (μg)	D (μg)	E (mg)	K (μg)
婴幼儿	1~6个月	300~400	6	26~36	1.1~6.6	0	90	25	0.2	0.3	2	0.1	1.7	5	0.4	80	375	5	2.7	5
	7~12个月	400	10	54	0.8~8.4	6.2~18.6	90	30	0.3	0.4	4	0.3	1.8	6	0.7	80	400	5	2.7	10
儿童	1~3岁	500	17	60	2.4~8.3	3.9~11.6	90	30	0.5	0.5	6	0.5	2	8	0.9	150	400	5	5	15
	4~6岁	600	22	76	2.9~9.6	4.2~12.6	90	30	0.6	0.6	8	0.6	3	12	1.2	200	450	5	5	20
	7~9岁	700	21	100	3.3~11.2	5.9~17.8	120	35	0.9	0.9	12	1	4	20	1.8	300	500	5	7	25
青少年 10~18岁	女	1300	26	220	4.3~14.4	9.3~65.4	150	40	1.1	1	16	1.2	5	25	2.4	400	600	5	7.5	35~55
	男	1300	32	230	5.1~17.1	9.7~37.6	150	40	1.2	1.3	16	1.2	5	25	2.4	400	600	5	10	35~55
成年 19~50岁	女	1000	26	220	3.0~9.8	19.6~58.8	150	45	1.1	1.1	14	1.3	5	30	2.4	400	500	5	7.5	55
	男	1000	34	260	4.2~14.0	9.1~27.4	150	45	1.2	1.3	16	1.3	5	30	2.4	400	600	5	10	65
成年 51~65岁	女	1300	26	220	3.0~9.8	7.5~22.6	150	45	1.1	1.1	14	1.5	5	30	2.4	400	500	10	7.5	55
	男	1000	34	260	4.2~14.0	9.1~27.4	150	45	1.2	1.3	16	1.7	5	30	2.4	400	600	10	10	65
中老年 65岁以上	女	1300	25	190	3.0~9.8	7.5~22.6	150	45	1.1	1.1	14	1.5	5	30	2.4	400	600	15	7.5	55
	男	1300	33	224	4.2~14.0	9.1~27.4	150	45	1.2	1.3	16	1.7	5	30	2.4	400	600	15	10	65
孕妇	1~3个月			220	3.4~11.0	100(片剂)	200	55	1.4	1.4	18	1.9	6	30	2.6	600	800	5		55
	4~6个月	1200	28	220	4.2~14.0	199	200	55	1.4	1.4	18	1.9	6	30	2.6	600	800	5	5	55
	7~9个月	1000	30	220	6.0~20.0	100	200	55	1.4	1.4	18	1.9	6	30	2.6	600	800	5	5	55
哺乳期 妇女	0~3个月	1000	35	270	5.8~19.0	10.0~30.0	200	70	1.5	1.6	17	2	7	35	2.8	500	850	5	5	55
	3~6个月	1000	35	270	5.3~17.5	10.0~30.0	200	70	1.5	1.6	17	2	7	35	2.8	500	850	5	5	55
	7~12个月	1000	42	270	4.3~14.4	10.0~30.0	200	70	1.5	1.6	17	2	7	35	2.8	500	850	5	5	55

附录二 专业术语索引

附录三　缩写符号

2,3-BPG	2,3-bisphosphoglyceric acid	2,3-二磷酸甘油酸
5-FU	fluorouracil	5-氟尿嘧啶
5-HT	5-hydroxytryptamine	5-羟色胺
6-MP	mercaptopurine	6-巯基嘌呤
A	adenine	腺嘌呤
A	adenosine	腺苷
A	albumin	白蛋白
AC	adenylyl cyclase	腺苷酸环化酶
ACAT	acyl-CoA cholesterol acyl transferase	脂酰辅酶 A 胆固醇酰基转移酶
ACP	acyl carrier protein	酰基载体蛋白
ADA	adenosine deaminase	腺苷脱氨酶
ADH	antidiuretic hormone	抗利尿激素
AFP	α-fetoprotein	甲胎蛋白
AIDS	acquired immune deficiency syndrome	艾滋病
ALB	albumin	白蛋白
ALP	alkaline phosphatase	碱性磷酸酶
ALT	alanine aminotransferase	丙氨酸转氨酶
AMT	amine N-methyltransferase	胺类 N-甲基转移酶
ANP	atrial natriuretic peptide	心钠素，心房钠尿肽
apo	apolipoprotein	载脂蛋白
APP	acute phase protein	急性时相蛋白
Ara	arabinose	阿拉伯糖
AS	atherosclerosis	动脉粥样硬化
ASOH	allele specific oligonucleotide hybridization	等位基因特异性寡核苷酸杂交法

AST	aspartate aminotransferase	天冬氨酸转氨酶
ATP	adenosine triphosphate	三磷酸腺苷
AZT	azidothymidine	叠氮胸苷
BCIG	5-bromo-4-chloro-3-indolyl-beta-D-galactopyranoside	5-溴-4-氯-3-吲哚-β-D-半乳糖苷
BMI	body mass index	体重指数
bp	base pair	碱基对，双链核酸长度单位
BPH	benign prostatic hyperplasia	良性前列腺增生
BSP	sulfobromophthalein sodium	四溴酚酞磺酸钠
BUN	blood urea nitrogen	血尿素氮
C	catalytic subunit	催化亚基
C	cytidine	胞苷
C	cytosine	胞嘧啶
cAMP	cyclic adenosine monophosphate	环腺苷酸
CAP	catabolite gene activator protein	分解代谢物基因激活蛋白
Cdc6	cell division cycle 6	细胞分裂周期蛋白6
cDNA	complementary DNA	互补DNA
Cdt1	cdc10-dependent transcript 1	Cdc10依赖性转录因子1
cGMP	cyclic guanosine monophosphate	环鸟苷酸
CK	creatine kinase	肌酸激酶
CM	chylomicron	乳糜微粒
CoA	coenzyme A	辅酶A，酰基辅酶
COMT	catechol O-methyltransferase	儿茶酚O-甲基转移酶
CoQ	coenzyme Q	辅酶Q，泛醌
COX-2	cyclooxygenase	环加氧酶
CPS- I	carbamoyl phosphate synthetase I	氨甲酰磷酸合成酶I
CRF	chronic renal failure	慢性肾功能衰竭
CT	calcitonin	降钙素
CYP	cytochrome P450	细胞色素P450家族
Cyt	cytochrome	细胞色素
Da	dalton	道尔顿，原子/分子质量单位
DAG	diacylglycerol, diglyceride	二酰甘油，甘油二酯
DBD	DNA-binding domain	DNA结合域

DBIL	direct bilirubin	直接胆红素
DBP	DNA-binding protein	DNA 结合蛋白
DDC	2′,3′-dideoxycytidine	双脱氧胞苷
DDI	2′,3′-dideoxyinosine	双脱氧次黄嘌呤核苷
ddNTP	2′,3′-dideoxy nucleoside triphosphate	2′,3′-双脱氧三磷酸核苷
DHA	docosahexaenoic acid	二十二碳六烯酸
DHFR	dihydrofolate reductase	二氢叶酸还原酶
DHT	dihydrotestosterone	双氢睾酮
DHU	dihydrouracil	5,6-二氢尿嘧啶
DNA	deoxyribonucleic acid	脱氧核糖核酸
dNDP	deoxynucleoside diphosphate	二磷酸脱氧核苷
dNMP	deoxynucleoside monophosphate	一磷酸脱氧核苷
dNTP	deoxynucleoside triphosphate	三磷酸脱氧核苷
Dopa	3,4-dihydroxyphenylalanine	3,4-二羟苯丙氨酸，多巴
DPA	docosapentenoic acid	二十二碳五烯酸
dscDNA	double-strand cDNA	双链互补 DNA
dsRNA	double-stranded RNA	双链 RNA
E	enzyme	酶
EC	enzyme commission	国际酶学委员会
ECM	extracellular matrix	细胞外基质
EF	elongation factor	延长因子
EGF	epidermal growth factor	表皮生长因子
EPA	eicosapentaenoic acid	二十碳五烯酸
EPO	erythropoietin	促红细胞生成素
ETS	external transcribed space	外转录间隔区
FAD	flavin adenine dinucleotide	黄素腺嘌呤二核苷酸
FAO	Food and Agriculture Organization	联合国粮农组织
Fe-S	iron-sulfur cluster	铁硫簇
FH_4	tetrahydrofolic acid	四氢叶酸
FMN	flavin mononucleotide	黄素单核苷酸
FN	fibronectin	纤连蛋白
G	globulin	球蛋白
G	guanine	鸟嘌呤

G	guanosine	鸟苷
GABA	γ-aminobutyric acid	γ-氨基丁酸
G-CSF	granulocyte-colony stimulating factor	粒细胞集落刺激因子
GGT	gamma glutamyl transferase	γ-谷氨酰转肽酶
G_i	inhibitory G protein	抑制型三聚体 G 蛋白
Gla	gamma-carboxyglutamic acid	γ-羧基谷氨酸
GLO	globulin	球蛋白
GLUT	glucose transporter	葡萄糖转运蛋白
GM1	monosialotetrahexosylganglioside	一种神经节苷脂
GOT	glutamate oxaloacetate transaminase	谷草转氨酶
GPT	glutamate pyruvate transaminase	谷丙转氨酶
G_s	stimulatory G protein	激活型三聚体 G 蛋白
GSD	glycogen storage disease	糖原贮积症
GSH	glutathione	谷胱甘肽
GTT	glucose tolerance test	糖耐量试验
H	histone	组蛋白
Hb	hemoglobin	血红蛋白
HbA	adult hemoglobin	健康成人血红蛋白
HbS	sickle hemoglobin	镰刀状血红蛋白
HCG	human chorionic gonadotropin	人绒毛膜促性腺激素
HDL	high density lipoprotein	高密度脂蛋白
HIF-1	hypoxia-inducible factor	缺氧诱导因子
HIV	human immunodeficiency virus	人类免疫缺陷病毒
HLH	helix-loop-helix	螺旋－环－螺旋
HM	hematopoietic microenvironment	造血微环境
HMG-CoA	β-hydroxy-β-methylglutaryl-CoA	β-羟基-β-甲基戊二酸单酰辅酶 A
HMT	histamine N-methyltransferase	组胺 N-甲基转移酶
HPC	hematopoietic progenitor cell	造血祖细胞
HRE	hormone response element	激素应答元件
HSC	hematopoietic stem cell	造血干细胞
HSL	hormone-sensitive lipase	激素敏感性脂肪酶
I	inhibitor	酶的抑制剂
I	hypoxanthine，inosine	次黄嘌呤（核苷）

IDD	iodine deficiency disorder	碘缺乏病
IDL	intermediate density lipoprotein	中密度脂蛋白
IF	initiation factor	翻译起始因子
IFN	interferon	干扰素
Ig	immunoglobulin	免疫球蛋白
IL-2	interleukin-2	白介素 2
IP_3	inositol trisphosphate	三磷酸肌醇
IR	inverted repeat	反向重复序列
ITS	internal transcribed space	内转录间隔区
IUBMB	International Union of Biochemistry and Molecular Biology	国际生物化学与分子生物学联合会
IUPAC	International Union of Pure and Applied Chemistry	国际纯粹与应用化学联合会
kat	katal	催量
K_{sp}	solubility product	溶度积
LBD	ligand binding domain	配体结合域
LCAT	lecithin cholesterol acyl transferase	卵磷脂 – 胆固醇酰基转移酶
LDH	L-lactate dehydrogenase	L-乳酸脱氢酶
LDL	low density lipoprotein	低密度脂蛋白
LPL	lipoprotein lipase	脂蛋白脂肪酶
LRP	LDL receptor-related protein	LDL 受体相关蛋白
LSD	lysosomal storage disease	溶酶体贮积症
LT	leukotriene	白三烯
m	molecular mass	分子质量
MAO	monoamine oxidase	单胺氧化酶
M_r	molecular weight	分子量
mRNA	messenger RNA	信使 RNA
mRNP	messenger ribonucleoprotein	信使核糖核蛋白
MSUD	maple syrup urine disease	槭糖尿病
mtDNA	mitochondrial DNA	线粒体 DNA
MTX	methotrexatum	氨甲蝶呤，甲氨蝶呤
NAD	nicotinamide adenine dinucleotide	烟酰胺腺嘌呤二核苷酸，辅酶 I

NADP	nicotinamide adenine dinucleotide phosophate	烟酰胺腺嘌呤二核苷酸磷酸，辅酶Ⅱ
NAT	arylamine N-acetyltransferase	芳香胺 N-乙酰基转移酶
NDP	nucleoside diphosphate	二磷酸核苷
NGF	nerve growth factor	神经生长因子
NMP	nucleoside monophosphate	一磷酸核苷
NPN	non-protein nitrogen	非蛋白氮
NSAID	nonsteroidal antiinflammatory drug	非类固醇抗炎药物
nt	nucleotide	核苷酸，单链核酸长度单位
NTP	nucleoside triphosphate	三磷酸核苷
ORC	origin recognition complex	复制起点识别复合体
ORF	open reading frame	开放阅读框
ori	origin of replication	复制起点
OTCase	ornithine transcarbamoylase	鸟氨酸氨甲酰基转移酶
P	product	产物
P450	cytochrome P450 hydroxylase	细胞色素 P450 羟化酶
P450R	cytochrome P450 reductase	细胞色素 P450 还原酶
PAGE	polyacrylamide gel electrophoresis	聚丙烯酰胺凝胶电泳
PAM	pyridine aldoxime methyliodide	解磷定
PAPS	3′-phosphoadenosine-5′-phosphosulfate	3′-磷酸腺苷-5′-磷酸硫酸
PC	phosphatidylcholine	磷脂酰胆碱
PCNA	proliferating cell nuclear antigen	增殖细胞核抗原
PCR	polymerase chain reaction	聚合酶链反应
PDGF	platelet-derived growth factor	血小板源性生长因子
PDI	protein disulfide isomerase	蛋白质二硫键异构酶
PE	phosphatidylethanolamine	磷脂酰乙醇胺
PG	prostaglandins	前列腺素
PGHS	prostaglandin H synthase	前列腺素 H 合酶
pI	isoelectric point	等电点
PI	phosphatidylinositol	磷脂酰肌醇
PKA	protein kinase A	蛋白激酶 A
PKC	protein kinase C	蛋白激酶 C
PKU	phenylketonuria	苯丙酮酸尿症

PLC	phospholipase C	磷脂酶 C
PLP	pyridoxal phosphate	磷酸吡哆醛
PPI	peptidyl-prolyl isomerase	肽基脯氨酰异构酶
prion	proteinaceous infectious only	朊病毒
PRPP	phosphoribosyl pyrophosphate	5-磷酸核糖焦磷酸
PTGS	post-transcriptional gene silencing	转录后基因沉默
PTH	parathyroid hormone	甲状旁腺素
Q	quencher	荧光淬灭基团
Q	ubiquinone	泛醌
QH_2	ubiquinol	二氢泛醌
Q-PCR	quantitative real time PCR	实时定量 PCR
R	fluorophore	荧光报告基团
R	regulatory subunit	调节亚基
R	unspecified purine nucleoside	嘌呤（核苷）
R-5-P	ribose-5-phosphate	5-磷酸核糖
RBF	renal blood flow	肾血流量
rDNA	recombinant DNA	重组 DNA
RFC	replication factor C	复制因子 C
RIP	ribosome-inactivating protein	核糖体失活蛋白
RISC	RNA-induced silencing complex	RNA 诱导沉默复合体
RNA	ribonucleic acid	核糖核酸
RNAi	RNA interference	RNA 干扰
RPA	replication protein A	复制蛋白 A
rRNA	ribosomal RNA	核糖体 RNA
RT-PCR	reverse transcription PCR	逆转录 PCR
rut	rho utilization	依赖 ρ 因子的终止子元件
RXR	retinoid X receptor	维甲类 X 受体
S	substrate	底物
SAM	S-adenosylmethionine	S-腺苷甲硫氨酸
SCID	severe combined immunodeficiency	重症联合免疫缺陷
SCP	sterol carrier protein	固醇载体蛋白
Scr	serum creatinine	血肌酐
scRNA	small cytoplasmic RNA	细胞质小 RNA

SDS	sodium dodecyl sulfate	十二烷基硫酸钠
SH2	Src homology 2 domain	SH2 结构域
SH3	Src homology 3 domain	SH3 结构域
SI	systeme international	国际单位制
siRNA	small interfering RNA	小干扰 RNA
SK	streptokinase	链激酶
snoRNA	small nucleolar RNA	核仁小 RNA
snRNA	small nuclear RNA	核小 RNA
snRNP	small nuclear ribonucleoprotein	核小核糖核蛋白
SOD	superoxide dismutase	超氧化物歧化酶
Src	v-src sarcoma viral oncogene	src 癌基因编码的蛋白激酶
SRP	signal recognition particle	信号识别颗粒
SSB	single-stranded DNA binding protein	单链 DNA 结合蛋白
sscDNA	single-stranded cDNA	单链互补 DNA
ST	sulfotransferase	磺基转移酶
T	ribosylthymine	胸苷
T	thymine	胸腺嘧啶
T_3	3,5,3'-triiodothyronine	三碘甲腺原氨酸
T_4	tetraiodothyronine	四碘甲腺原氨酸
TAD	trans-activating domain	转录激活域
TAG	triacylglycerol	三酰甘油，甘油三酯
TBIL	total bilirubin	总胆红素
T_m	melting temperature	解链温度
TP	total protein	总蛋白
TPMT	thiopurine S-methyltransferase	巯基嘌呤 S-甲基转移酶
TPP	thiamine pyrophosphate	焦磷酸硫胺素
TR	thyroid hormone receptor	甲状腺激素受体
tRNA	transfer RNA	转移 RNA
TSH	thyroid stimulating hormone	促甲状腺激素
TX	thromboxane	血栓素
U	unit	酶活性单位
U	uracil	尿嘧啶
U	uridine	尿苷

UA	uric acid	尿酸
UCP	uncoupling protein	解偶联蛋白
UDPGT	UDP-glucuronosyltransferase	UDP-葡糖醛酸基转移酶
UTR	untranslated region	非翻译区
V_0	initial rate	初速度
VCAM-1	vascular cell adhesion molecule	血管细胞黏附分子1
VDR	vitamin D receptor	维生素D受体
Vit	vitamin	维生素
VLDL	very low density lipoprotein	极低密度脂蛋白
V_{max}	maximum velocity	最大反应速度
WHO	World Health Organization	世界卫生组织
X	xanthosine	黄嘌呤（核苷）
XP	xroderma pigmentosa	着色性干皮病
Y	unspecified pyrimidine nucleoside	嘧啶（核苷）
Ψ	pseudouridine	假尿嘧啶核苷

附录四　主要参考书目

1. Boron WF，Boulpaep EL. Medical Physiology. 2nd ed. Saunders，2009

2. Lodish H，et al. Molecular Cell Biology. 5th ed. W. H. Freeman and Company，2004

3. Nelson DL，Cox MM. Lehninger Principles of Biochemistry. 4th ed. Worth Publishers，2005

4. Stryer L. Biochemistry. 6th ed. New York：W. H. Freeman and Company，2006

5. Weaver R. Molecular Biology. 第 3 版. 北京：科学出版社，2007

6. 查锡良. 生物化学. 第 7 版. 北京：人民卫生出版社，2008

7. 贾弘褆，冯作化. 生物化学与分子生物学. 第 2 版. 北京：人民卫生出版社，2011

8. 金国琴. 生物化学. 上海：上海科学技术出版社，2006

9. 金惠铭，王建枝. 病理生理学. 第 7 版. 北京：人民卫生出版社，2008

10. 李玉林. 病理学. 第 7 版. 北京：人民卫生出版社，2008

11. 童坦君. 生物化学. 北京：北京大学医学出版社，2003

12. 王继峰. 生物化学. 第 2 版. 北京：中国中医药出版社，2007

13. 王镜岩，朱圣庚，徐长法. 生物化学. 第 3 版. 北京：高等教育出版社，2002

14. 杨宝峰. 药理学. 第 7 版. 北京：人民卫生出版社，2008

15. 周爱儒，何旭辉. 医学生物化学. 第 3 版. 北京：北京大学医学出版社，2008

16. 朱大年. 生理学. 第 7 版. 北京：人民卫生出版社，2008